普通高等学校“十三五”规划教材

建 筑 制 图

主　编　贾黎明　汪永明
副主编　仝基斌　卢旭珍

中国铁道出版社有限公司
CHINA RAILWAY PUBLISHING HOUSE CO., LTD.

内 容 简 介

本书是编写组多年的教改成果。书中采用最新的国家标准及技术规范，以工程教育专业认证对高等教育人才培养的12条毕业要求为指导，以“高教杯”全国大学生先进成图技术与产品信息建模创新大赛对制图的引领作用为参考进行编写。内容包括：制图基本知识、投影基础、基本体与叠加体、形体表面交线、建筑形体表达方法、轴测图与透视图基本知识、建筑施工图、结构施工图、设备施工图、机械图、计算机绘图和建筑制图课程设计等。与之配套的《建筑制图习题集》同时出版。

本书内容覆盖面较广，适合作为高等工科院校土建类专业教材，也可高等院校其他专业、高等职业院校教材，亦可作为工程技术人员的参考书。

图书在版编目(CIP)数据

建筑制图/贾黎明，汪永明主编．—北京：中国铁道出版社，2018.8(2019.6重印)
普通高等学校“十三五”规划教材
ISBN 978-7-113-24888-8

Ⅰ．①建…　Ⅱ．①贾…　②汪…　Ⅲ．①建筑制图-高等学校-教材　Ⅳ．①TU204

中国版本图书馆CIP数据核字(2018)第195996号

书　　名：建筑制图
作　　者：贾黎明　汪永明　主编

策　　划：曾露平　　**读者热线：**(010)　63550836
责任编辑：曾露平
封面设计：刘　颖
责任校对：张玉华
责任印制：郭向伟

出版发行：中国铁道出版社有限公司（100054，北京市西城区右安门西街8号）
网　　址：http://www.tdpress.com/51eds/
印　　刷：三河市兴博印务有限公司
版　　次：2018年8月第1版　2019年6月第2次印刷
开　　本：787 mm×1 092 mm　1/16　**印张：**21.75　**字数：**543千
书　　号：ISBN 978-7-113-24888-8
定　　价：49.80元

前　　言

本书是编写组多年教学改革的成果，在内容和结构体系的编排上充分考虑以下几个因素的指导作用：

一、以学生为中心的教育理念

课程的组织形式要产生于学习者的需要、兴趣，目的明确的学习效果远胜被动的填鸭式教学。因此，本教材中增加建筑制图课程设计环节，前面的每一章节均服务于课程设计。课程设计题目指定为“我心中的房子”。每个初学者对房子都有自己的理解，用制图知识和制图规范去表达自己心中的建筑，通过先进成图技术使自己的房子别具一格并展示给他人，是每个学习者在学习本课程过程中自我价值实现的方式之一。这种项目贯穿课程始终的学习方式更有利于学习者创新性思维的培养，也为后续专业课学习起到牵线搭桥的作用。

二、中国工程教育专业认证对高等教育人才培养的新要求

中国工程教育专业认证实施以来，各高校加大了工程教育改革力度，人才培养更符合行业和社会需求，中国工程教育的国际竞争力有所提升。作为一门专业基础课，如何在新形式下为人才培养起到添砖加瓦的作用，是编写组一直在思考的问题。

2017 年 11 月修订的工程教育专业认证标准中对人才培养的毕业要求规定了 12 条内容：工程知识、问题分析、设计/开发解决方案、研究、使用现代工具、环境和可持续发展、职业规范、个人和团队、沟通、项目管理、终身学习。本书在编写和课程组织上尽量以这 12 条内容为指导，使学习者能够使用现代工具和工程知识分析问题，提出解决方案，贯彻国家标准，通过课程答辩和小组讨论方式培养学习者的团队与沟通能力，通过本书中的线索自学相关内容，达到自主学习的目的。

三、“高教杯”全国大学生先进成图技术与产品信息建模创新大赛的指导作用

迄今为止，“高教杯”全国大学生先进成图技术与产品信息建模创新大赛已成功举办十一届，为提高高校图学的教学水平、探索图学的发展方向、研究先进成图技术的手段，起到积极的引领与指导作用。传统的竞赛内容为尺规和计算机建模，2016 年的第九届“高教杯”增加了建筑创意公开赛赛项，2018 年的第十一届“高教杯”增加了“天正杯”BIM 创新应用赛项，为图学的教学提出了新的挑战。

本书在编写过程中融入计算机绘图的内容，加强三维图形的表达及构形训练，拓宽了传统建筑制图课程的范围，增加实践环节，使之更符合新形势下人才培养的要求。

与本书配套的《建筑制图习题集》（贾黎明、张巧珍主编）同时由中国铁道出版社出版。

本书由安徽工业大学贾黎明、汪永明主编，仝基斌、卢旭珍副主编，具体编写工作分工为：汪永明编写第1、2章，卢旭珍编写第3、6章，俞金众编写第4章，陈华编写第5章，仝基斌编写第10章，贾黎明编写绪论、第7、8、9、11、12章及附录，张巧珍、李碧研、裴善报、王秀珍参与以上章节的文字与绘图工作。本书编写过程中得到许多同志的帮助，感谢安徽工业大学的领导和同仁们的关心，感谢中国图学学会和安徽省图学学会的专家们的指导和帮助，感谢中国铁道出版社的编辑对本书的顺利出版付出的艰辛努力，感谢北京天正公司特别是秦少鹏工程师对编写组多年来的帮助与支持，感谢与老师们一起拼搏的“高教杯”历届参赛队员们。

因编者水平所限，书中难免存在错误和不足，恳请广大读者批评指正，为本书下一次的修订工作献言献策。谢谢！

编　者

2018年6月

目　　录

绪　论

一、制图的发展史

制图是一门以图形为研究对象，用图形来表达设计思维的课程。根据投影原理或有关规定绘制在纸介质上的，通过线条、符号、文字说明及其他图形元素表示工程物体形状、大小、结构等特征的图形称为工程图。

我国是世界文明古国之一，在制图方面有着悠久的历史。据考古证实，"图"在人类社会的文明进步中和推动现代科学技术的发展中起了重要作用。

春秋时代的一部技术著作《周礼 · 考工记》中有画图工具的记录；自秦汉起，我国已出现图样的史料记载，并能根据图样建造宫室。宋代李诫（仲明）所著《营造法式》一书中，总结了我国两千年来的建筑技术成就，全书 36 卷，其中有 6 卷是图样（包括平面图、轴测图、透视图），图上运用投影法表达了复杂的建筑结构。

上世纪五十年代，我国著名学者赵学田教授总结了三视图的投影规律——长对正、高平齐、宽相等。1956 年原机械工业部颁布了第一个部颁标准《机械制图》，1959 年国家科学技术委员会颁布了第一个国家标准《机械制图》，随后又颁布了国家标准《建筑制图》，使全国工程图样标准得到了统一，标志着我国工程制图进入了一个崭新的阶段。

二、建筑制图学习方法与要求

1. 建筑制图课程的任务之一是培养学生的空间思维能力。多做题，勤思考，可以强化空间思维能力。

2. 建筑制图课程的另一个任务是贯彻国家标准及技术规范。与建筑有关的国家标准、技术规范、地方规范有上千种，本书以基本的国家标准为例概括介绍，实际工作中还需查阅众多标准规范等。因此，需要养成自学的学习习惯，提高查阅文献的能力。

3. 计算机是很重要的现代化设计工具，熟练使用计算机软件绘图是必须掌握的一项技能。本书中仅概括介绍计算机绘图过程，具体绘制需要结合课程设计多加练习，多使用快捷键，熟能生巧。

4. 独立思考与创新思维能力很重要，通过课程设计表达自己的思想，通过各种软件为自己的思想成果锦上添花，是需要通过不懈努力才能提高的。因此，必须养成吃苦耐劳、勇于拼搏的精神品质。

以上不仅是建筑制图课程的要求，也是成为一名合格的工程师与设计师所必备的能力。学好建筑制图，就迈出了成为优秀建筑工程师与建筑设计师的第一步。

第 1 章　制图基本知识

1.1　制图国家标准基本规定

1.1.1　标准与技术规范简介

图样是工程界表达和交流技术思想的共同语言，是工程设计与施工的依据，为了便于交流和统一管理，图样的绘制必须遵守统一的规范，这个统一的规范就是国家标准，简称国标。技术规范是标准文件的一种形式，是规定产品生产过程或服务应满足技术要求的文件，它可以是一项标准（即技术标准）、一项标准的一部分或一项标准的独立部分，其强制性弱于标准。本教材涉及的国家标准及技术规范有：《房屋建筑制图统一标准》GB 50001—2017、《总图制图标准》GB/T 50103—2010、《建筑制图标准》GB/T 50104—2010、《建筑结构制图标准》GB/T 50105—2010、《给水排水制图标准》GB/T 50106—2010、《暖通空调制图标准》GB/T 50114—2010、《住宅建筑电气设计规范》JGJ 242—2011、《住宅设计规范》GB 50096—2011，《混凝土结构设计规范（2015 年版）》GB 50010—2010 以及 16G101 图集等。

本节介绍制图标准中的图纸、图线、字体、尺寸标注、比例、常用建筑材料图例等内容。

1.1.2　图纸幅面规格

图纸幅面及图框尺寸，应符合表 1－1 的规定及图 1－2（a）、（b）的格式要求。

由表 1－1 可知，A1 图纸是 A0 图纸的对开，以此类推，如图 1－1 所示。

表 1－1　幅面及图框尺寸（mm）

尺寸代号 \ 幅面代号	A0	A1	A2	A3	A4
$b \times l$	841 × 1189	594 × 841	420 × 594	297 × 420	210 × 297
c	10			5	
a	25				

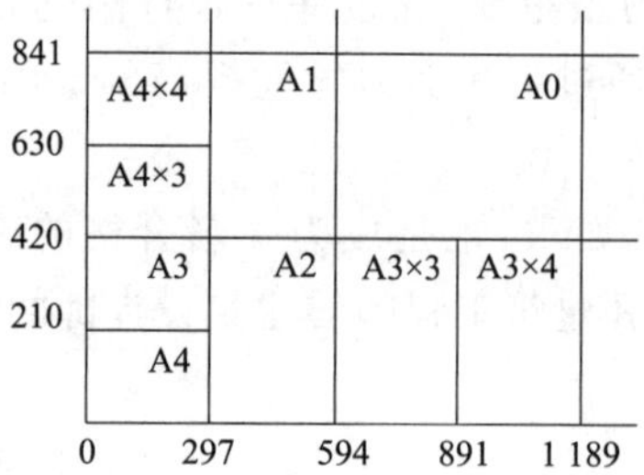

图 1－1　图纸幅面

当图纸以短边作为垂直边时为横式[图 1－2(a)],当图纸以长边作为垂直边时为立式[图 1－2(b)]。A0～A3 图纸宜采用横式,必要时,也可立式使用。在一个工程设计中,每个专业所使用的图纸,不宜多于两种幅面。

图纸中应有标题栏、图框线、幅面线、装订边线和对中标志。

对中标志应画在图纸内框各边长的中点处,线宽 0.35 mm,应伸入内框边,在框外为 5 mm。内外框间尺寸按照表 1－1 规定选取。

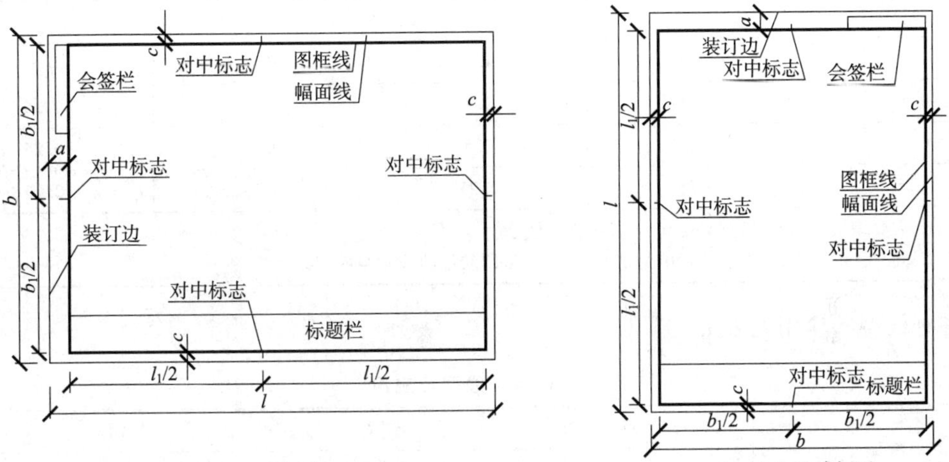

(a) A0-A3横式幅面　　(b) A0-A4立式幅面

图 1－2　图框尺寸

标题栏有横式和立式两种,横式标题栏的填写及尺寸如表 1－2 所示,签字栏应包括实名列和签名列,并应符合下列规定:涉外工程的标题栏内,各项主要内容的中文下方应附有译文,设计单位的上方或左方,应加“中华人民共和国”字样。

表 1－2　横式标题栏样式

30~50	设计单位名称	注册师签章	项目经理	修改记录	工程名称区	图号区	签字栏	会签栏

学生用标题栏可根据各校的规定,图 1－3 格式供参考。

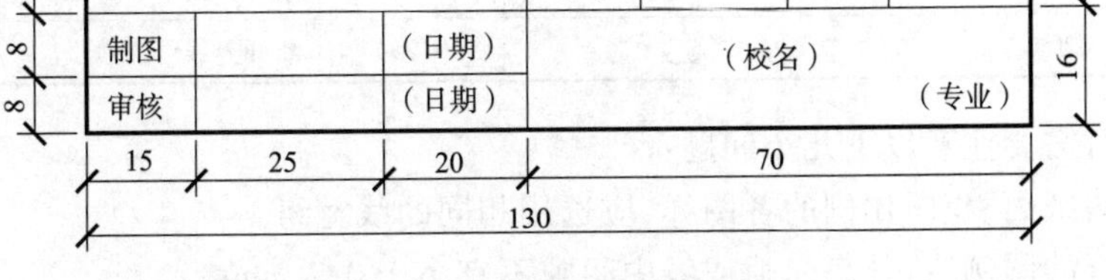

图 1－3　学生用标题栏参考样式

1.1.3 图　　线

在图纸上画的各种线条称为图线。国标规定了各种线宽和线型,并明确了各种线型的应用。图线的宽度为 b,宜从 1.4 mm、1.0 mm、0.7 mm、0.5 mm 线宽系列中选取。每个图样,应根据复杂程度与比例大小,先选定基本线宽 b,再选用表 1－3 中相应的线宽组。

表 1－3　线宽

(mm)

线宽比	线宽组			
b	1.4	1.0	0.7	0.5
$0.7b$	1.0	0.7	0.5	0.35
$0.5b$	0.7	0.5	0.35	0.25
$0.25b$	0.35	0.25	0.18	0.13

注:1. 需要缩微的图纸,不宜采用 0.18 及更细的线宽。
2. 同一张图纸内,各不同线宽中的细线,可统一采用较细的线宽组的细线。

各种线型的应用见表 1－4。

表 1－4　线型及应用

名称		线型	线宽	一般用途
实线	粗线		b	主要可见轮廓线
	中粗线		$0.7b$	可见轮廓线
	中线		$0.5b$	可见轮廓线、尺寸线、变更云线
	细线		$0.25b$	图例填充线、家具线
虚线	粗线		b	见各有关专业制图标准
	中粗线		$0.7b$	不可见轮廓线
	中线		$0.5b$	不可见轮廓线、图例线
	细线		$0.25b$	图例填充线、家具线
单点长画线	粗线		b	见各有关专业制图标准
	中线		$0.5b$	见各有关专业制图标准
	细线		$0.25b$	中心线、对称线、轴线等
双点长画线	粗线		b	见各有关专业制图标准
	中线		$0.5b$	见各有关专业制图标准
	细线		$0.25b$	假想轮廓线、成型前原始轮廓线
折断线	细线		$0.25b$	断开界线
波浪线	细线		$0.25b$	断开界线

绘制图线时需要注意以下几个问题:

①同一张图纸内,相同比例的各图样,应选用相同的线宽组。

②相互平行的图例线,其净间隙或线中间隙不宜小于 0.2 mm。

③虚线、单点长画线或双点长画线的线段长度和间隔宜各自相等。

④当在较小图形中绘制单点长画线或双点长画线有困难时,可用实线代替。

⑤单点长画线或双点长画线的两端不应是点;点画线与点画线交接点或点画线与其他图线交接时,应是线段交接。

⑥虚线与虚线交接或虚线与其他图线交接时,应是线段交接;虚线为实线的延长线时,不得与实线相接。

⑦图线不得与文字、数字或符号重叠、混淆,不可避免时,应首先保证文字的清晰。

图 1 - 4 图线画法举例,图 1 - 4(a)是正确画法,图 1 - 4(b)是常见错误画法。

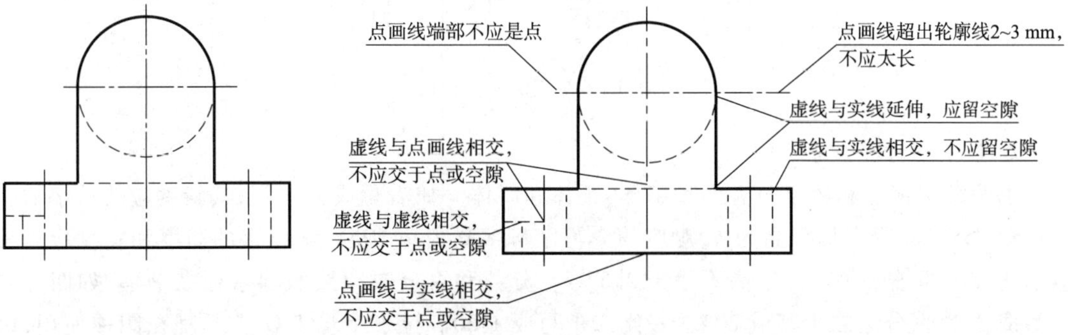

(a) 正确　　(b) 错误

图 1 - 4　图线画法举例

1.1.4　字　　体

图纸中所需注明的文字、数字符号等均应清晰端正。国家标准对字体的高度进行统一规定,高度用 h 表示,单位为 mm,字高系列有:2.5,3.5,5,7,10,14,20。字体大小用"字高号"命名,例如字高 3.5 mm,则为 3.5 号字。字高大于 10 mm 的文字宜采用 True type 字体,如需书写更大的字,其高度应按 $\sqrt{2}$ 的倍数递增。

1. 汉字

国家标准规定图纸中的汉字必须做到:字体工整、笔画清楚、间隔均匀、排列整齐。长仿宋体的书写特点是笔画偏细,辨识度高,在图纸中节省空间等,因此被定为工程制图中的标准字体。长仿宋体的高宽关系见表 1 - 5。

表 1 - 5　长仿宋体字高与字宽的关系

字高	20	14	10	7	5	3.5
字宽	14	10	7	5	3.5	2.5

长仿宋体的基本笔画如图 1 - 5 所示。横、竖、撇、捺、挑、点、钩等笔画书写时要注意横平竖直、起落分明。

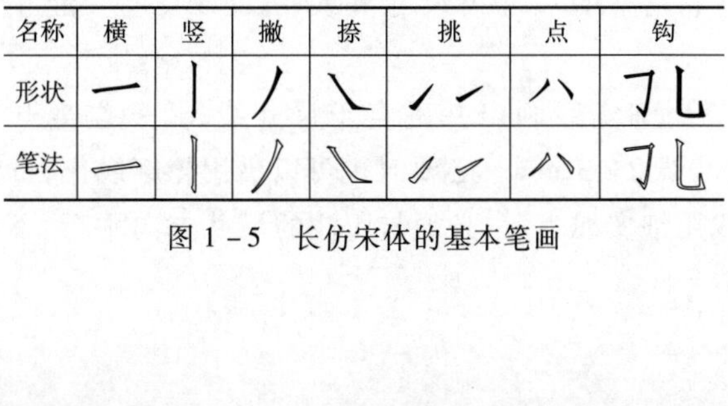

图 1 - 5　长仿宋体的基本笔画

字体举例如图 1－6 所示，整字布局要做到布局均匀、填满方格。“横平”是指起笔与落笔近似水平，运笔时略上扬，收笔时呈三角形；“竖直”一般写成铅垂线；“布局均匀”直接影响字的整体美观程度。书写长仿宋体时要对每一个字的结构笔画进行分析。如图中的“程”字，左右结构所占方格的比例均匀，“呈”中的每一横线间隔均匀并互相平行，“禾”与“呈”每一横线的呼应关系清楚。

图 1－6　长仿宋体示例

2. 拉丁字母和数字

书写拉丁字母和数字时有两种字体：正体和斜体。如需写成斜体字，其斜度应是从字的底线夹角 75°。大写字母字高为 h，对应的小写字母字高为 $7/10h$。斜体字的高度和宽度应与相应的正体字相等。手写体字高不小于 2.5 号。分数和百分数应按照国家标准书写，如四分之三写成 3/4，百分之二十写成 20%，一比二十写成 1:20。拉丁字母 I、O、Z 不宜在图中使用，以防与数字 1、0、2 混淆。小数点应采用圆点书写。拉丁字母、数字书写示例如图 1－7 所示。

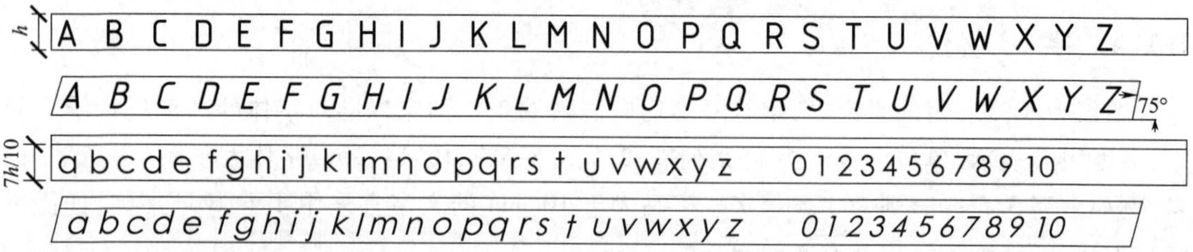

图 1－7　拉丁字母和数字

1.1.5　尺寸标注

图样中的图形仅仅确定了建筑形体的形状，其真实大小是靠尺寸确定的，因此，尺寸标注是图样中的另一重要内容，尺寸标注必须做到正确、完整、清晰。

尺寸标注的基本原则：形体的真实大小应以图样上所标注的尺寸数值为依据，与图样的大小及绘图的准确性无关。尺寸宜标注在图样轮廓线以外，不宜与图线、文字及符号等相交。图样上的尺寸，应以尺寸数字为准，不得从图上直接量取。建筑图样上的尺寸单位，除标高及总平面图以米为单位外，其他必须以毫米为单位。

尺寸的四要素：一个完整的尺寸由尺寸界线、尺寸线、尺寸起止符号和尺寸数字组成（图 1－8）。

（1）尺寸界线：一般用细实线画出并垂直于尺寸线，其一端离开图样轮廓线不应小于 2 mm，另一端宜超出尺寸线 2～3 mm。必要时也可以借用轮廓线作为尺寸界线。

（2）尺寸线：尺寸线用细实线表示，必须与所注的尺寸方向平行，不能用其他图线代替，也不能画在其他图线的延长线上;当有几条相互平行的尺寸线时,应遵循大尺寸在外小尺寸在内的原则,以免尺寸线与尺寸界线相交。圆或圆弧标注直径或半径时,尺寸线应通过圆心或在其画心的延长线上。

(3)尺寸起止符号:表示尺寸线的终端,建筑制图中常用斜线,机械图中常用箭头表示。同一张图上斜线(或箭头)大小要一致。斜线一般为 2 ~ 3 mm,与尺寸界线呈顺时针 45°。半径、直径、角度与弧长的尺寸起止符宜用箭头绘制,箭头的根部宽与箭头长度比为 1:4 或 1:5(图 1 - 9)。轴测图中尺寸起止符通常用小圆点表示。

(4)尺寸数字:线性尺寸的数字一般注在尺寸线的上方并与尺寸线平行,也可注在尺寸线的中断处。尺寸数字不得与图线重合。

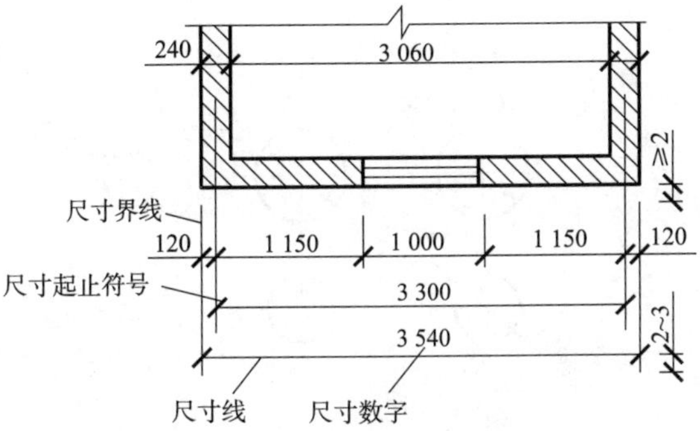

图 1 - 8　尺寸标注

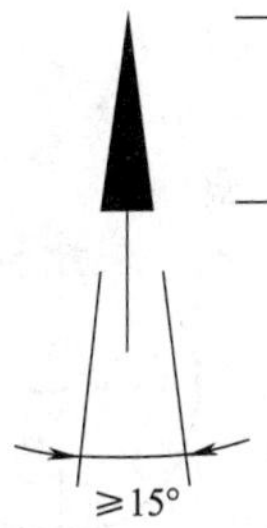

图 1 - 9　箭头画法

水平方向的尺寸数字字头朝上,垂直方向的尺寸数字字头朝左。当尺寸线的倾斜程度落在图 1 - 10(a)所示 30°阴影范围内时,平行于尺寸线书写数字会导致尺寸数字字头向下或向右,宜按照图 1 - 10(b)所示水平书写。两尺寸界线之间比较窄时,尺寸数字可注在尺寸界线外侧,或上下错开,或用引出线引出再标注(图 1 - 11)。

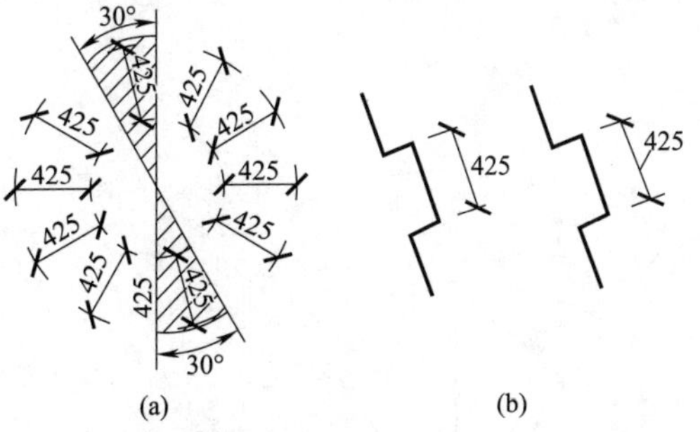

图 1 - 10　尺寸数字的注写方向

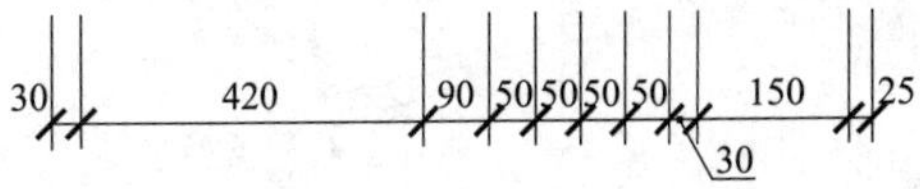

图 1 - 11　尺寸数字的注写位置

半径的尺寸线应一端从圆心开始,另一端画箭头指向圆弧。半径数字前应加注半径符号"R"(图 1 - 12)。较小圆弧的半径可按图 1 - 13 形式标注。大圆弧的半径可按照图 1 - 14 形式标注。

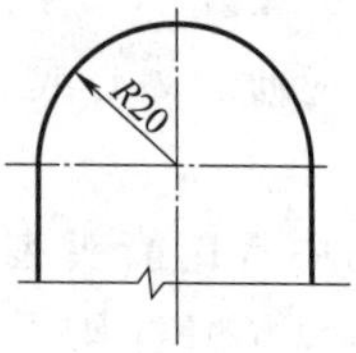

图 1－12　半径标注方法

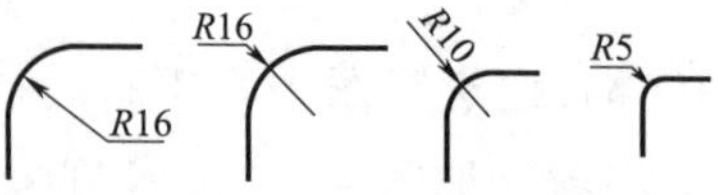

图 1－13　小圆弧半径标注方法

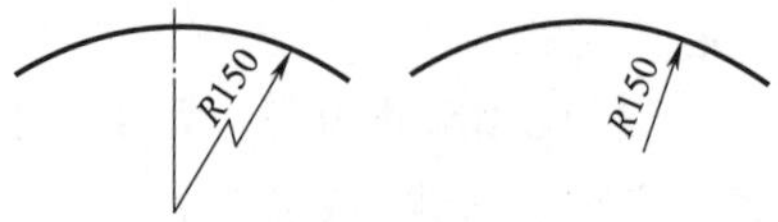

图 1－14　大圆弧半径标注方法

标注圆的直径尺寸时，直径数字前应加直径符号“ϕ”，在圆内标注的尺寸线应通过圆心，两端画箭头指至圆弧(图 1－15)。较小圆的直径尺寸，可标注在圆外(图 1－16)。标注球的半径尺寸时，应在尺寸前加注符号“SR”。标注球的直径尺寸时，应在尺寸数字前加注符号“$S\phi$”。

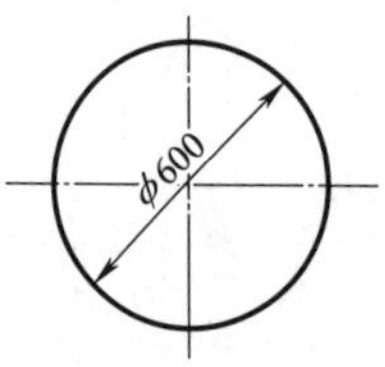

图 1－15　圆直径的标注方法

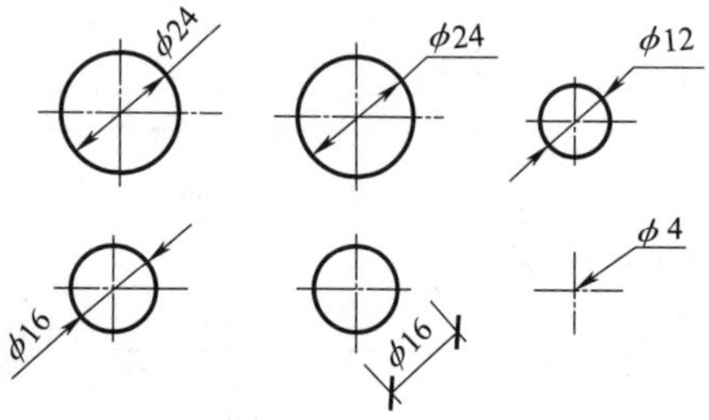

(a)

图 1－16　小圆直径的标注方法

角度、弧度、弧长的标注：角度的尺寸线应以圆弧表示，该圆弧的圆心应是该角的顶点，角的两条边为尺寸界线，起止符号应以箭头表示，如果没有足够位置画箭头，可用圆点代替，角度数字应沿尺寸线方向水平注写，位置较小时可引出注写(图 1－17)。标注圆弧的弧长时，尺寸线应以与该圆弧同心的圆弧线表示，尺寸界线应指向圆心，起止符号用箭头表示，弧长数字上方应加注圆弧符号“⌒”(图 1－18)。

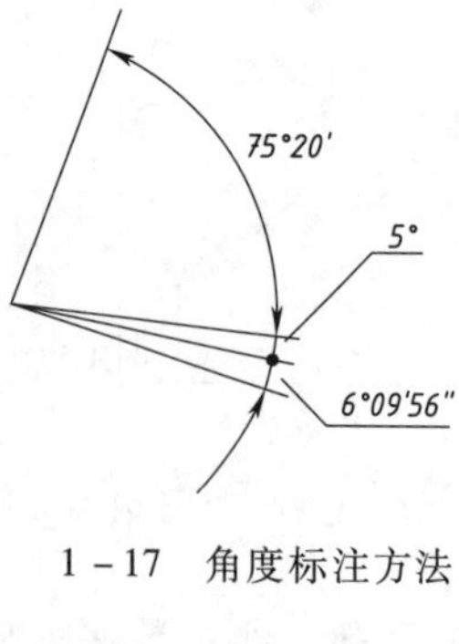

1－17　角度标注方法

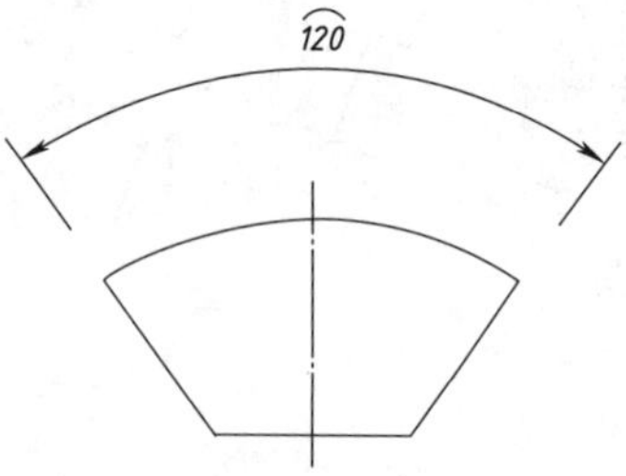

图 1－18　弧长标注方法

标注坡度时，应加注坡度符号“◢—”[图 1－19(a)、(b)]，该符号为单面箭头，箭头应指向下坡方向。坡度也可用直角三角形标注[图 1－19(c)]。

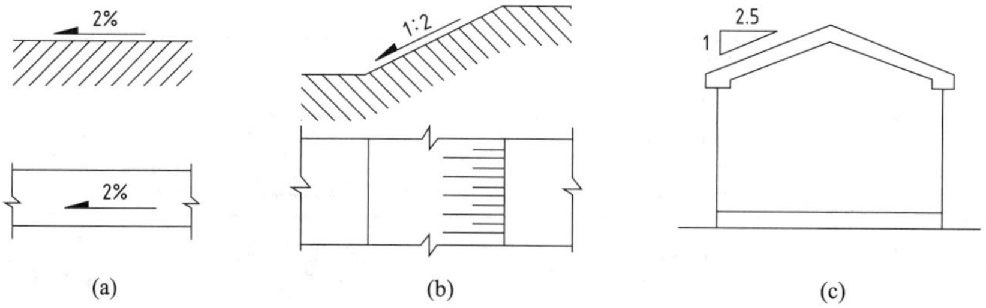

图 1 – 19　坡度标注方法

1.1.6　比　　例

比例是图线的长度与实物的尺寸之比。有放大比例、原值比例和缩小比例三种,如 2∶1, 1∶1,1∶5 即三种不同形式。

建筑图样中所用的比例见表 1 – 6。

表 1 – 6　建筑图样中所用的比例

常用比例	1∶1,1∶2,1∶5,1∶10,1∶20,1∶50,1∶100,1∶150,1∶200,1∶500,1∶1000,1∶2000
可用比例	1∶3,1∶4,1∶6,1∶15,1∶25,1∶40,1∶60,1∶80,1∶250,1∶300,1∶400,1∶600,1∶5000,1∶10000,1∶20000,1∶50000,1∶100000,1∶200000

比例宜注写在图名的右侧,字的基准线应取平;比例的字高宜比图名的字高小一号或二号。不论比例选取多少,形体标注尺寸时一律标原值,如图 1 – 20 所示。

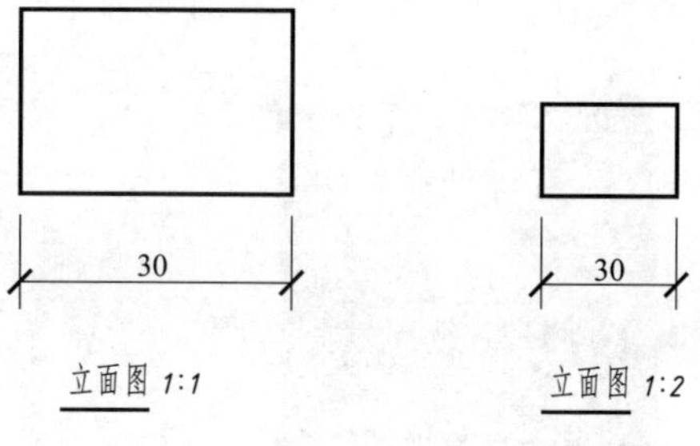

图 1 – 20　比例注写举例

1.1.7　常用建筑材料图例

建筑图样中经常会用到材料符号,表 1 – 7 选取了一些常用材料符号,未列出部分详见《房屋建筑制图统一标准》GB 50001—2017。

表 1 – 7　常用建筑材料图例

序号	图　　例	名称及备注	序号	图　　例	名称及备注
1		自然土壤	3	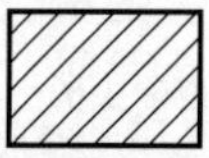	普通砖,45°细实线,间隔均匀,1∶100 及更小比例绘图时省略不画
2		夯实土壤	4	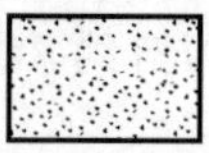	砂、灰土

续表

序号	图　　例	名称及备注	序号	图　　例	名称及备注
5	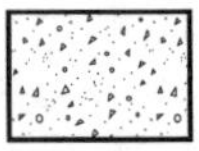	混凝土,1:100 及更小比例绘图时省略不画	10	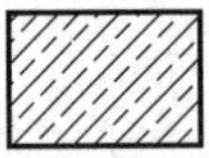	石材,45°细实线与细虚线,间隔均匀
6		钢筋混凝土,1:100 及更小比例绘图时涂黑表示	11	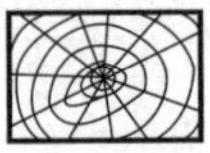	木材的横断面
7	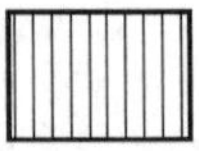	饰面砖,常用于立面图中	12	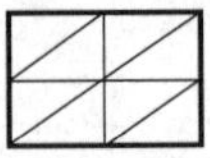	空心砖
8	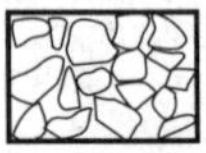	毛石	13	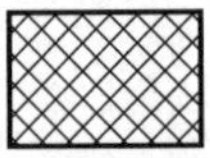	多孔材料,泡沫混凝土,沥青珍珠岩等
9	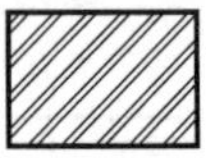	金属,45°双细线,间隔均匀	14	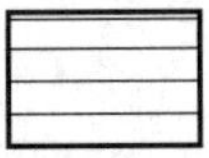	玻璃

说明:图例中的外框仅用于框定材料边界,具体线型应符合不同材料相应的图纸规范。

1.2　制图工具和仪器的用法

手工绘图时,需要用到一些绘图工具,如图 1-21 所示为常用的手工绘图工具。

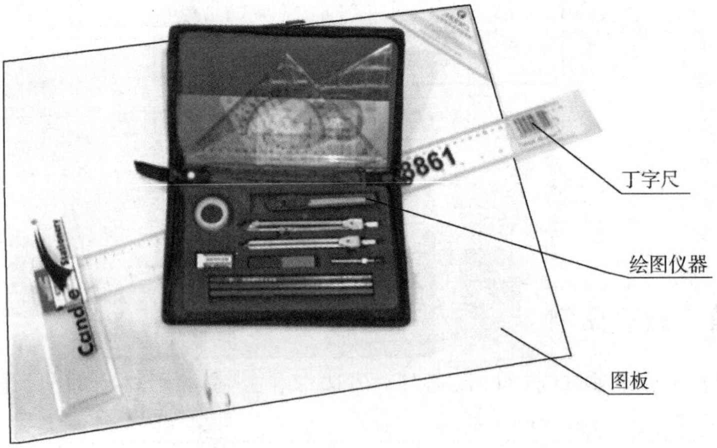

图 1-21　常用的手工绘图工具

图板:图 1-21 所示为木制图板,板面要求光滑平整,四周工作边要平直。画图时,图纸四角用胶带纸固定在图板上,图板与水平面适当倾斜,以便画图。

丁字尺:由尺头和尺身两部分组成,与图板配合使用。画图时,尺头内侧必须紧靠图板左边,铅笔贴于尺身上边,向右倾斜约 75°,自左向右画水平线。丁字尺上下移动可画出一系列水平线。

绘图仪器：绘图仪器包中有多种工具，包括三角板、圆规、分规、铅笔、模板、擦线板、橡皮、胶带、美工刀、圆规替芯等。

(1)三角板：由 45°和 30°两块三角板组成一副。用三角板和丁字尺配合，可画出重直线和 15°倍角的斜线；按住一个三角板，另一个三角板贴着第一个三角板的边平行移动，可以画出一系列平行线，如图 1－22 所示。

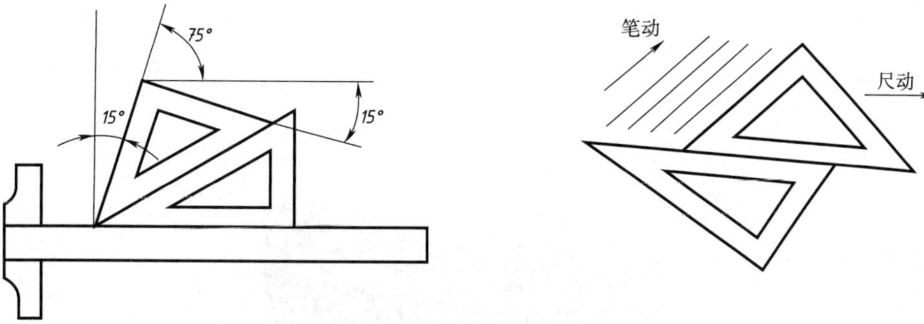

(a)　(b)

图 1－22　角度线及平行线画法

(2)圆规：一只脚是针尖，另一只脚是铅芯，通过调整两只脚的角度可以画出不同直径的圆和圆弧。绘图时针尖垂直于纸面，顺时针转动圆规画圆。注意：使用细芯画底稿，用粗芯加深底稿。

(3)分规：两只脚都是针尖，主要用来量取线段长度或等分已知线段(图 1－23)。

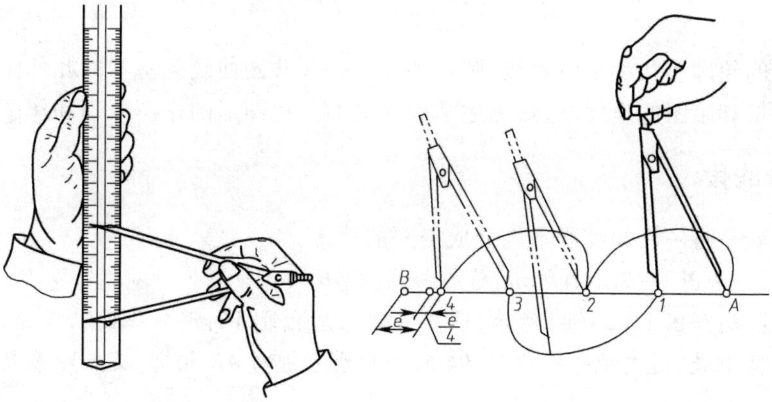

(a)　(b)

图 1－23　分规用法

(4)铅笔：铅笔的铅芯有软硬之分，分别用 B 和 H 表示，B 前的数值越大表示铅芯越软(黑)，H 的数值越大则表示铅芯越硬，HB 的铅芯软硬程度适中。削铅笔要从无字的一头开始，以保留铅芯的软硬标记。矩形铅芯用来画粗线，锥形铅芯用来画细线。图 1－24 所示为铅笔的削法及磨法。

比例尺：比例尺是用于放大或缩小实际尺寸的一种尺子。最常用的为三棱比例尺，常用比例有 1:10，1:100，1:200，1:1000。图 1－25 所示为 1:200 的比例尺。

(a) 磨成矩形　　(b) 磨成锥状　　(c) 铅笔的磨法

图 1－24　铅笔的削法及磨法

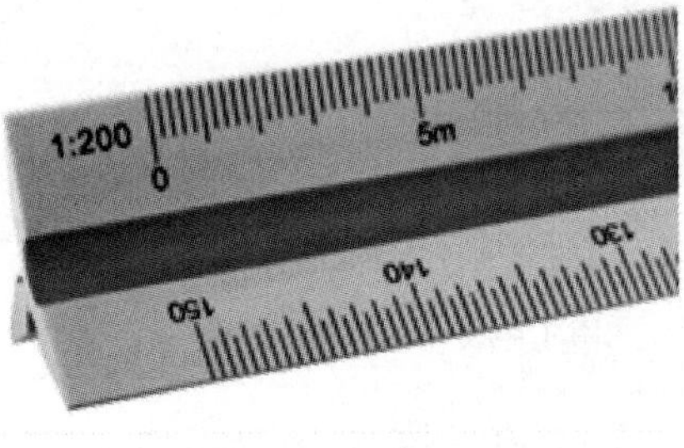

图 1－25　比例尺

1.3　几 何 作 图

建筑形体的轮廓形状都是由直线、圆弧和其他一些非圆曲线等基本的几何图形所组成的，为提高图面质量和绘图的速度，应熟练地掌握常见的几何图形的作图原理和作图方法。

1.3.1　等分线段

等分线段就是将一已知线段平均分成需要的等份。

【例 1－1】　如图 1－26(a)所示，将已知线段 *AB* 四等分。

解：作图过程：如图 1－26(b)所示，过 *A* 点做任意直线 *AC*，用分规截取四份，将 *AC* 上的第四等分点与 *B* 点相连，过其他等分点做 *B*4 的平行线分别与 *AB* 相交，交点即等分点。

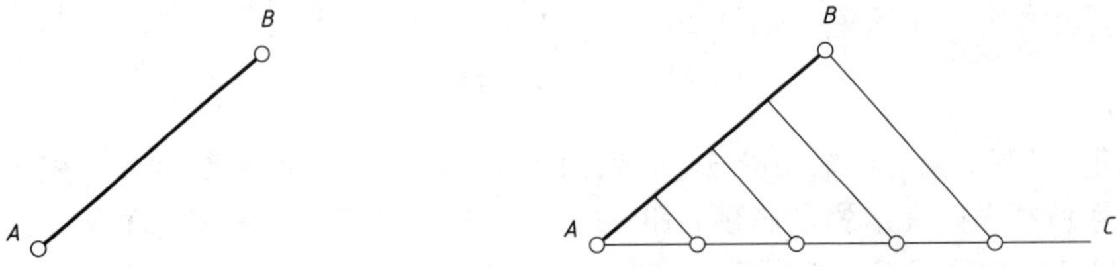

(a)　　(b)

图 1－26　四等分已知线段

任意等分两已知平行线的间距作图原理同上图。

1.3.2　圆的内接正多边形画法

正多边形可以看成是圆的内接正多边形,可以通过将圆周等分来实现。

1. 内接正六边形

内接正六边形有两种作图方法:可以利用 30°三角板与丁字尺配合作图,也可利用圆的半径等分圆周作图。例 1-2 所示为等分圆周作圆法。

【例 1-2】　如图 1-27(a)所示,已知半径为 R 的圆,求作图的内接正六边形。

解:如图 1-27(b)所示,以圆与中心线右交点为圆心,以 R 为半径画圆弧,与圆周相交得到两个点,同样以圆与中心线左交点为圆心画圆弧得到两个交点,四个交点与左右点连线得到圆的内接正六边形。

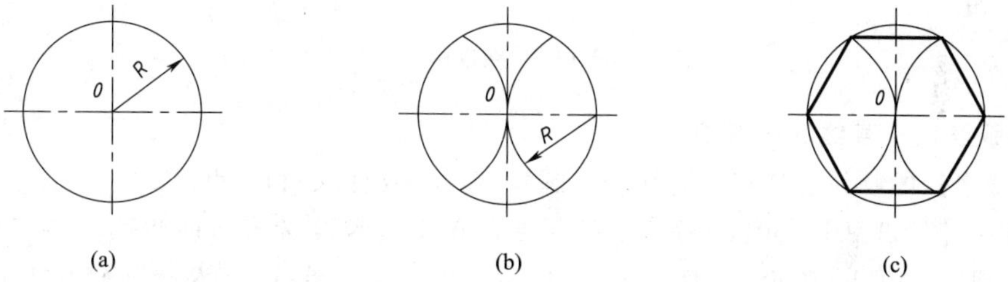

图 1-27　圆的内接正六边形画法

2. 内接正五边形

内接正五边形仍然需要将圆等分,与内接正六边形相比稍微复杂一些。

【例 1-3】　如图 1-28(a)所示,已知半径为 R 的圆,求作内接正五边形。

解:如图 1-28 图(b)所示,作 OA 中垂线 BC,求出 OA 的中点 D。以 D 为圆心,DE 为半径画圆弧,得到 F 点。

如图 1-28(c)所示,以 E 为圆心,EF 为半径画圆弧,与圆周相交得到 D 点和 G 点;以 D 点为圆心,EF 为半径画圆弧,与圆周相交得到 M 点,以 M 为圆心,以 EF 为半径画圆弧,与圆周相交得到 N 点。

如图 1-28(d)所示,顺次连接五个点并加粗各直线,即为所求正五边形。

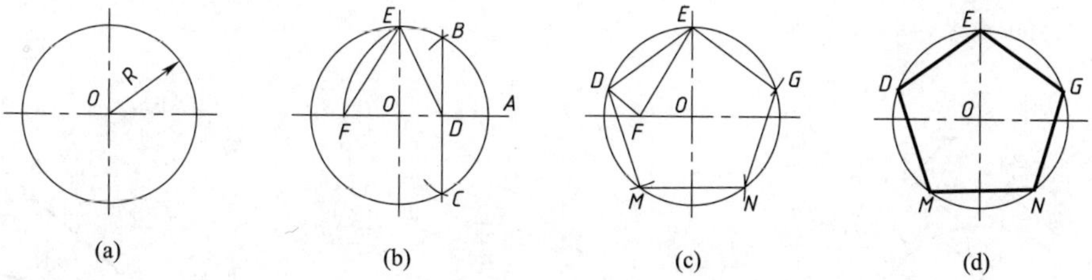

图 1-28　圆的内接正五边形画法

1.3.3　圆弧连接

1. 圆弧连接两直线

用已知半径的圆弧连接两直线,使之光滑过度,需要确定圆心和切点的位置。

【例 1-4】 用图 1-29(a)所示半径 R 连接 L_1 和 L_2。

解: 如图 1-29(b)所示,以 R 为间距分别作 L_1 和 L_2 的平行线,得到交点 O,过 O 点分别作 L_1 和 L_2 的垂线,得到切点 T_1 和 T_2。

如图 1-29(c)所示,以 O 为圆心,T_1 为起点,T_2 为终点画圆弧。

如图 1-29(d)所示,去除多余作图线,加粗直线和圆弧。当直线和圆弧都需要加粗时,需要先加粗圆弧,再根据圆弧的深浅和线宽去加粗直线。

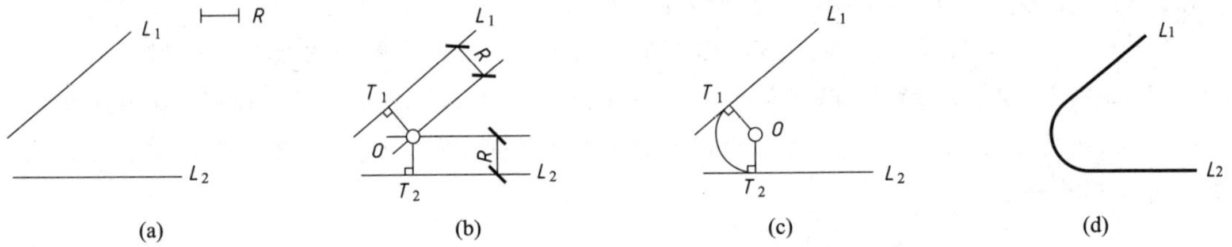

图 1-29　圆弧连接两直线画法

2. 圆弧连接一直线和一圆弧

用已知半径的圆弧去连接一直线和一圆弧,需要求出圆心和切点。

【例 1-5】 用图 1-30(a)所示半径 R 连接直线 L_1 和 R_1 为半径的圆弧。

解: 如图 1-30(b)所示,以 O 为圆心,R_1+R 为半径画圆弧,以 R 为间距作 L_1 的平行线,圆弧与平行线交于 O_1,过 O_1 作 L_1 的垂线得到 T_1,O_1O 连线与已知圆弧交于 T_2。

如图 1-30(c)所示,以 O 为圆心,T_1 为起点,T_2 为终点画圆弧。

如图 1-30(d)所示,去除多余作图线,加粗直线和圆弧。

如图 1-30(e)所示,将图 1-30(b)中的平行线延长,与辅助圆相交,得到另一个圆心 O_2 和相应的切点 T_3、T_4,最终结果与图 1-30(d)有所区别。即此题有两解。

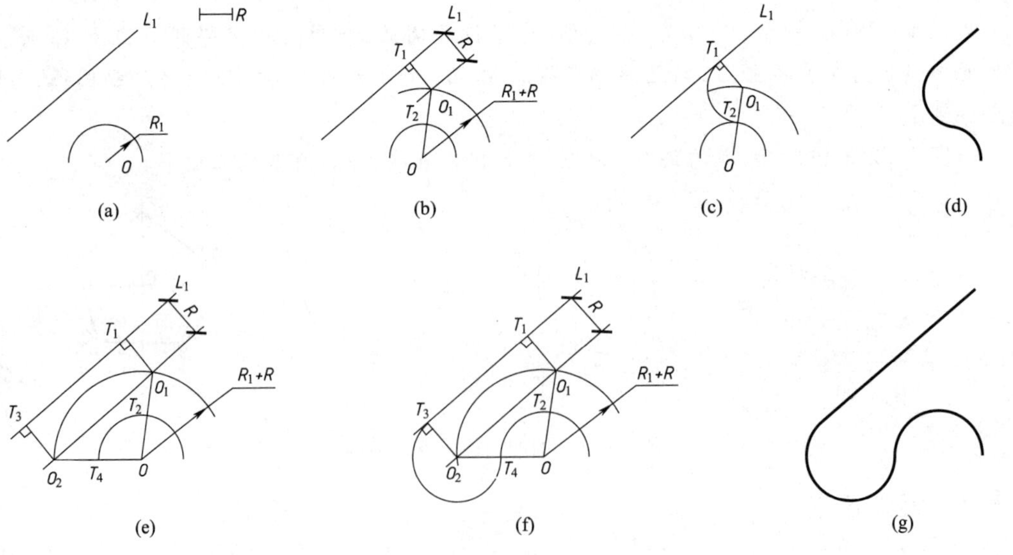

图 1-30　圆弧连接一直线和一圆弧画法

3. 圆弧与两圆弧内切

【例 1-6】 用图 1-31(a)所示半径 R 连接两个以 O_1 和 O_2 为圆心的圆。

解： 如图 1-31(b)所示，以 O_1 为圆心，R_1+R 为半径画圆弧，以 O_2 为圆心，R_2+R 为半径画圆弧，两圆弧相交于 O_3 和 O_4。O_1O_3 连线与已知圆 1 交于 T_1，O_2O_3 连线与已知圆 2 交于 T_2。

如图 1-31(c)所示，以 O_3 为圆心，T_1 为起点，T_2 为终点画圆弧，得到答案 1。同理，以 O_4 为圆心画圆弧，得到答案 2。即此题有两解。

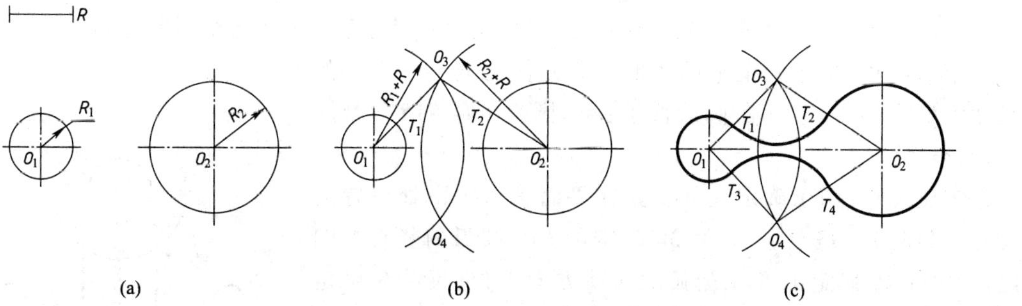

图 1-31　圆弧与两圆弧内切画法

1.3.4　椭圆的四心近似画法

椭圆的四心近似画法是指作出四个近似的圆心，作出四段首尾光滑相连接的圆弧来近似表示椭圆。

【例 1-7】 如图 1-32(a)所示，已知椭圆的长轴端点和短轴端点，画出椭圆。

解： 如图 1-32(b)所示，以 O 为圆心，OA 为半径画圆弧，与 OC 的延长线交于 E 点。以 C 为圆心，CE 为半径画圆弧，与 AC 交于 F 点。作 AF 的中垂线，与 OA 交于 O_1。

如图 1-32(c)所示：将 AF 的中垂线延长与 OD 交于 O_2。OO_1 镜像得到 O_3，OO_2 镜像得到 O_4。

如图 1-32(d)所示，以 O_1 为圆心，O_1A 为半径画圆弧，分别与 O_1O_4 和 O_1O_2 交于 T_2 和 T_1。同理得到 T_3 和 T_4。分别以其他三个圆心和相应的半径画圆弧，并加粗四段圆弧，得到椭圆。

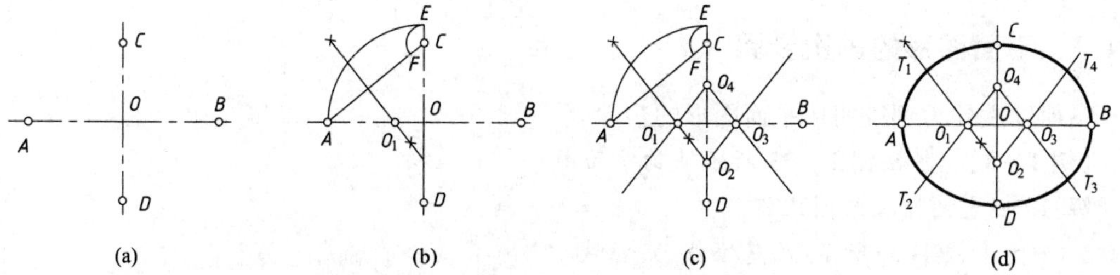

图 1-32　椭圆的四心近似画法

1.4 平面图形画法

平面图形是由许多线段连接而成的,画图前首先要对图形尺寸和线段进行分析,以便明确作图顺序,正确快速地画出平面图形和标注尺寸。

1.4.1 平面图形的尺寸分析

平面图形中的尺寸需要从定形尺寸、定位尺寸和尺寸基准三个方面进行分析。

定形尺寸:用于确定平面图形中各几何元素形状大小的尺寸。如图 1-33 所示的圆的直径 $\phi46$、圆弧半径 $R15$ 等都属于定形尺寸。

定位尺寸:用于确定几何要素在平面图形中所处位置的尺寸。如图 1-33 所示,尺寸 38 确定了 $R10$ 圆弧的竖直方向定位,尺寸 46 确定了 $R10$ 圆弧的水平方向定位;尺寸 8 确定了 $R23$ 与 $R10$ 的竖直方向定位。

尺寸基准:定位尺寸的起点称为尺寸基准。平面图形中有竖直和水平两个方向尺寸基准。通常选择图形中的对称中心线或重要边界为尺寸基准。图 1-33 中水平方向的基准为对称中心线,竖直方向基准为圆 $\phi46$ 的水平中心线。

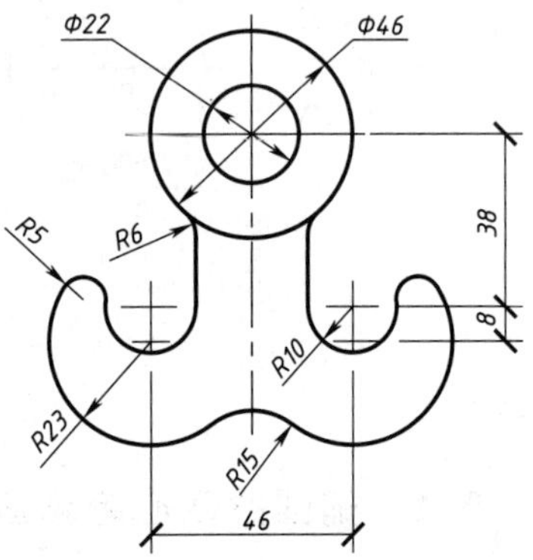

图 1-33

1.4.2 平面图形的线段分析

平面图形中的线段,根据其定位尺寸的齐全与否可分为三类:已知线段、中间线段、连接线段。

已知线段:具有定形尺寸和齐全的定位尺寸的线段。如图 1-33 中 $\phi46$、$\phi22$、$R23$、$R10$ 都是已知线段。

中间线段:具有定形尺寸和不齐全的定位尺寸的线段。如 1-33 中 $R10$ 与 $\phi46$ 之间的直线,需要画出 $R10$ 后才能确定直线,因此该直线属于中间线段。

连接线段:具有定形尺寸而没有定位尺寸的线段。如图 1-33 中 $R5$、$R6$ 和 $R15$ 都是只有定形尺寸而没有圆心位置的尺寸,需要依靠两端相邻的线段根据几何作图方法才能确定圆心。

1.4.3 平面图形的画图步骤

下面以铁钩为例说明作平面图形的步骤。

【例 1-8】 抄画图 1-33 所示铁钩平面图。

解: 1. 确定图幅及绘图比例。

2. 如图 1-34(a)所示,画基准线、定位线。

3. 如图 1-34(b)所示,画已知圆弧。

4. 如图 1-34(c)所示,画中间线段与连接线段。

5. 如图 1-34(d)所示。经检查、整理后加深图线,标注尺寸。

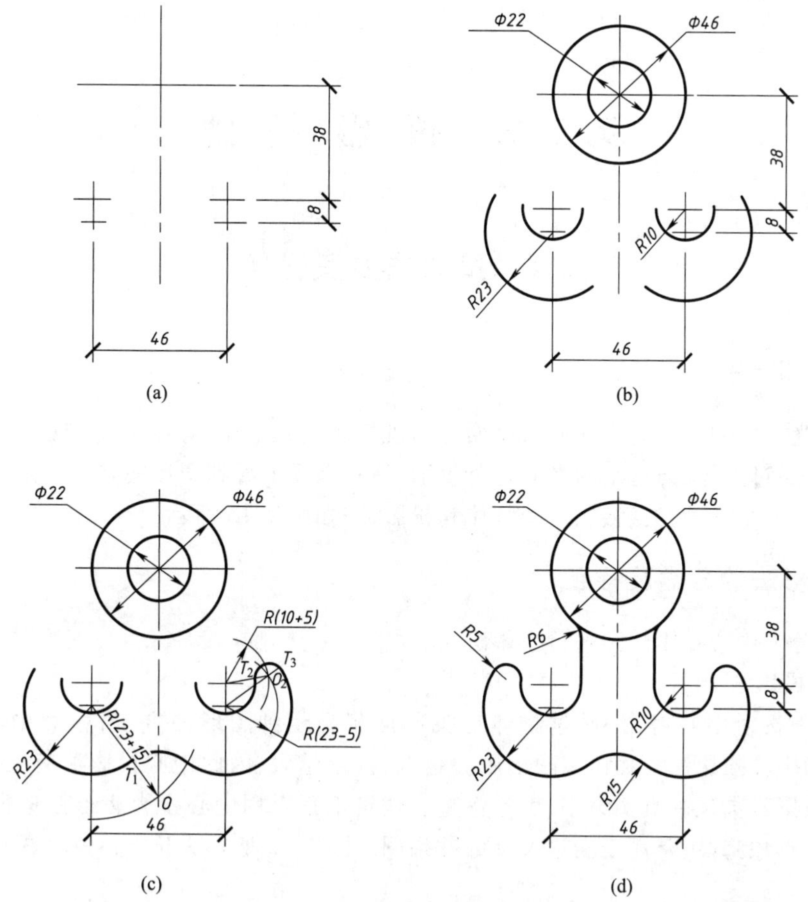

图 1 - 34　铁钩的作图步骤

思　考　题

1. 尺寸四要素是指什么？用什么规格的铅笔标注尺寸？
2. 同一个形体用不同的比例画图后，尺寸数字如何标注？
3. 绘图仪器中的模板上有多少功能？每一个功能有什么用途？
4. 如何用丁字尺和三角板绘制一组平行线？
5. 平面几何作图时，如何判断直线或圆弧是不是已知线段？

第 1 章重点难点概要

第2章 投影基础

2.1 投影法及其分类

2.1.1 投影法

物体在光源的照射下会在地面或墙面上出现影子。人们根据这个自然现象,将投影法定义为:投射线通过物体,向选定的平面进行投射,并在该面上得到图形的方法。由定义可知,投影法需要满足三个条件:投射线、空间物体和投影面,如图2-1所示。

2.1.2 投影法的分类及特点

投影法分为中心投影法和平行投影法。

1. 中心投影法

投射线由投射中心射出,通过物体与投影面相交得到图形的方法,称为中心投影法。图2-1即为中心投影法。物体离投射中心越近,投影越大,因此中心投影法有近大远小的特点;物体的投影不能反映真实大小,度量性差。建筑工程上用中心投影法绘制透视图,透视图直观性较好,形象逼真,常用于表达设计的效果图。图2-2所示为长方体的两灭点透视图。

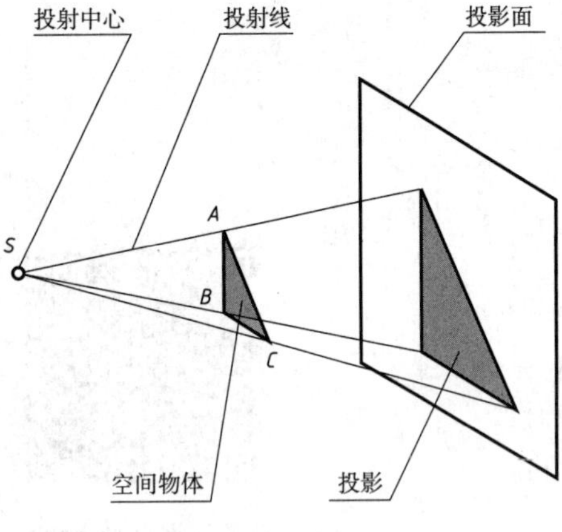

图2-1 中心投影法

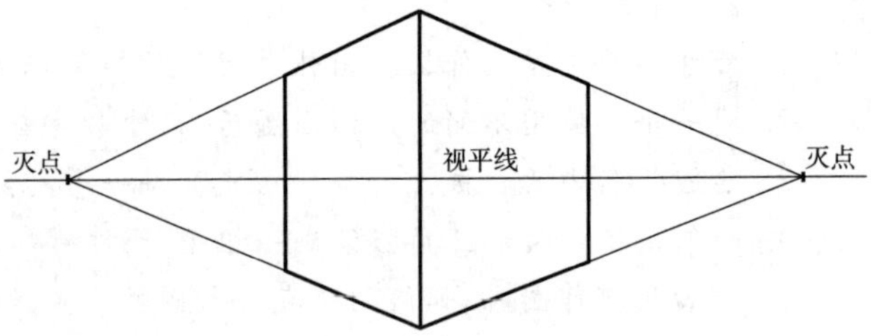

图2-2 两灭点透视图

2. 平行投影法

如果将投射中心移至无穷远处,投射线将互相平行,这样投射物体得到平面图形的方法,称为平行投影法。根据投射线是否垂直于投影面,可将平行投影法分为两类:正投影法和斜投影法。如图2-3(a)所示,正投影法的投射线垂直于投影面;如图2-3(b)所示,斜投影法的投射线倾斜于投影面。

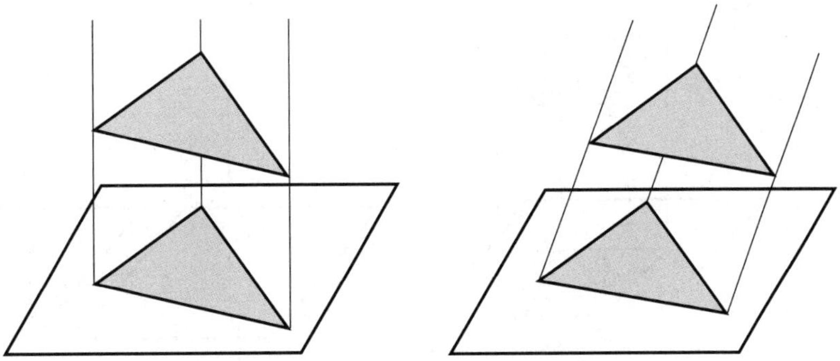

(a) 正投影法　　(b) 斜投影法

图 2－3　平行投影法

平行投影法中投影大小与物体和投影面之间的距离无关,度量性较好。工程上常用平行正投影法绘制多面正投影、轴测图等。图 2－4 为多面正投影图,可以反映物体长、宽、高三个方向的尺寸,度量性好。图 2－5 是轴测图,可以表达物体三个方向的结构特点,立体感较强,常用来辅助多面正投影图表达物体的形状。

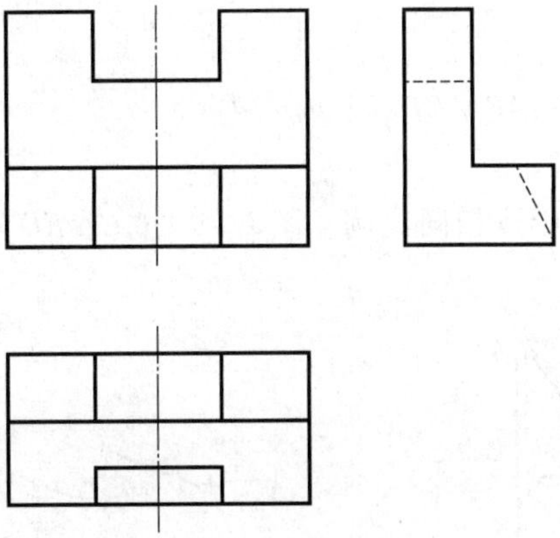

图 2－4　多面正投影图

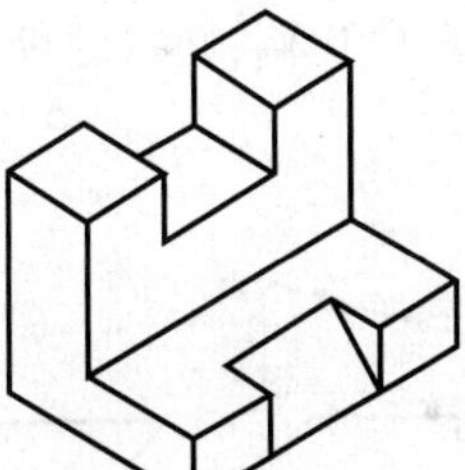

图 2－5　轴测图

3. 平行投影特性

平行投影有五个基本特性。

(1)实形性

当直线或平面平行于投影面时,它们的投影反映实长或实形。图 2－6(a)中,直线 AB 平行于 H 面,其投影 ab 反映 AB 的真实长度。图 2－6(b)中,平面 $ABCD$ 平行于 H 面,其投影反映实形。

(2)积聚性

当直线或平面平行于投射线时,其投影积聚于一点或一直线。这样的投影称为积聚性投影。图 2－7(a)中,直线 AB 平行于投射线,其投影积聚为一点 a;图 2－7(b)中,平面 $ABCD$ 平行于投射线,其投影积聚为一直线 ad。

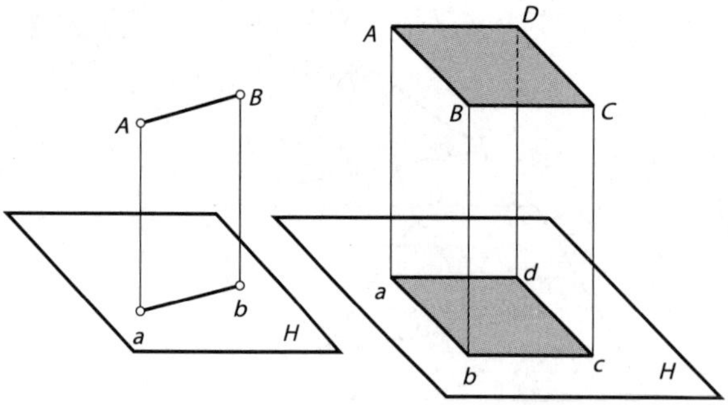

(a) 直线　　(b) 平面

图 2－6　实形性

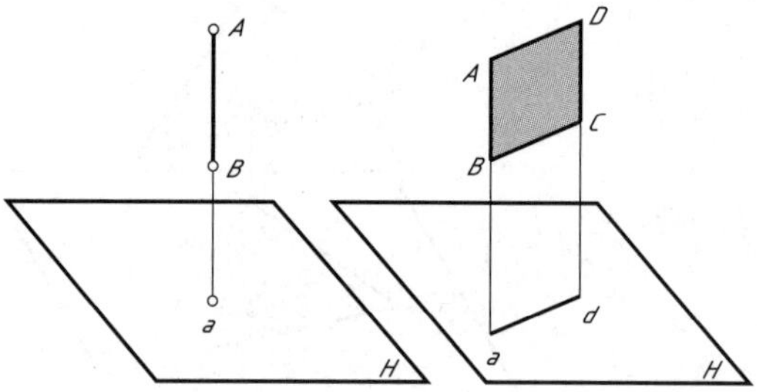

(a) 直线　　(b) 平面

图 2－7　积聚性

(3)类似性

当直线倾斜于投影面时,在该投影面上的投影不反映实长;当平面倾斜于投影面时,在该投影面上的投影不反映实形,其投影形状是空间形状的类似形。图 2－8(a)中,直线 *AB* 倾斜于投影面,*ab* 不反映 *AB* 的实长;图 2－8(b)中,平面五边形 *ABCDE* 倾斜于投影面,投影 *abcde* 是类似的五边形。

(4)平行性

两直线空间平行,投影仍平行。图 2－9 中,*AB*∥*CD*,则 *ab*∥*cd*。

(5)定比性

点分线段成比例,则点的投影分线段的投影成相同比例。图 2－9 中,*CK*∶*KD* = *ck*∶*kd*。

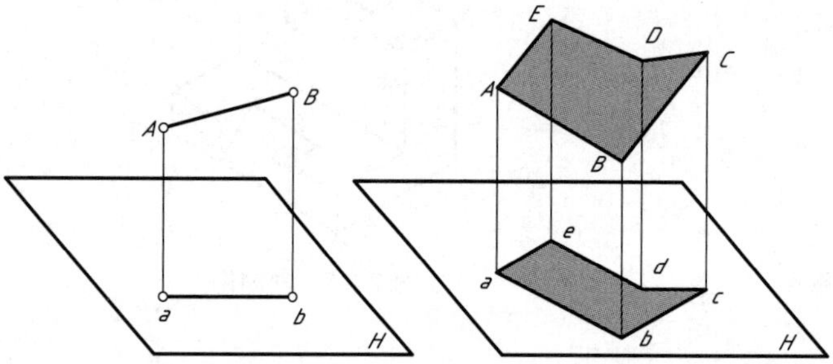

(a) 直线　　(b) 平面

图 2－8　类似性

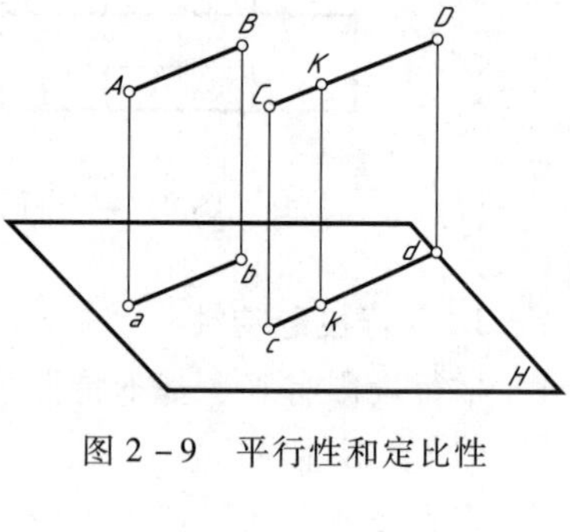

图 2－9　平行性和定比性

2.2　点的投影

过空间点 *A* 的投射线与投影面 *P* 的交点即为点 *A* 在 *P* 面上的投影。图 2－10(a)中,*A* 在投影面 *P* 上的投影为 *a′*。图 2－10(b)中,已知 *b′*,无法确定空间点 *B* 的位置。采用多面正投影可以解决这个问题。

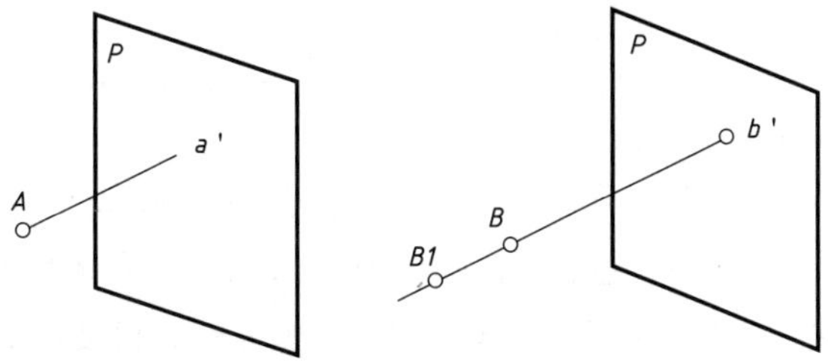

(a)　　　　　　(b)

图 2 - 10　点的一面投影

2.2.1　点的三面投影概念及投影规律

1. 点的三投影面体系

三投影面名称：正面投影面，简称正投影面或 V 面；水平投影面，简称水平面或 H 面；侧面投影面，简称侧面或 W 面，如图 2 - 11 所示。

投影轴及坐标原点：V 面和 H 面的交线是 OX 轴；H 面和 W 面的交线是 OY 轴；V 面和 W 面的交线是 OZ 轴；OX、OY、OZ 三轴的交点是坐标原点 O，如图 2 - 11 所示。

点的投影：空间点用大写字母表示，投影点用小写字母表示。空间点 A 的 H 面投影命名为 a，V 面投影命名为 a'，W 面投影命名为 a''，如图 2 - 11 所示。

2. 三投影面体系的展开方法

V 面不动，H 面绕 OX 轴旋转 90°，W 面绕 OZ 轴旋转 90°，使 H、W 面与 V 面形成同一平面。在旋转过程中，OY 轴一分为二。展开之后的投影图如图 2 - 12 所示。

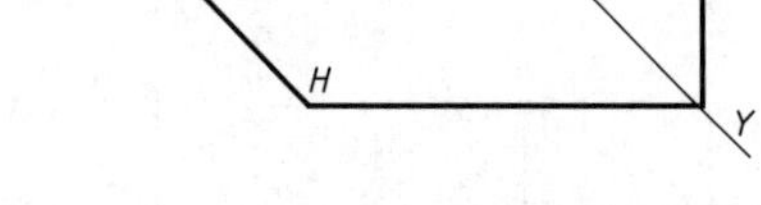

图 2 - 11　点的三投影面体系

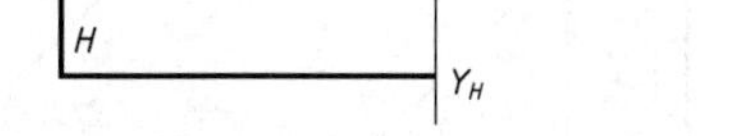

图 2 - 12　三投影面体系展开

3. 点的投影规律

空间点 A 的位置可以用坐标描述，即 $A(x,y,z)$。在图 2 - 11 和图 2 - 12 中中，a、a'和 a''之间有规律可循，总结为两点：垂直关系和等量关系。

垂直关系：$a'a \perp OX$ 轴，$a'a'' \perp OZ$ 轴。

等量关系：$aa_x = a''a_z = Aa' = A$ 点的 y 坐标；

$aa_y = a'a_z = Aa'' = A$ 点的 x 坐标；

$a'a_x = a''a_y = Aa = A$ 点的 z 坐标。

A 点的三面投影点用坐标表示为：$a(x,y,0)$，$a'(x,0,z)$，$a''(0,y,z)$。根据坐标可知，已知点的两面投影，可以求出第三面投影。

【例 2-1】 如图 2-13(a)所示，已知 A 点的两面投影 a'和 a''，求 a。

解：按照垂直规律，过 a'作 OX 轴的垂线，与 OX 轴交于 a_x；按照等量关系，截取 $a''a_z = aa_x$。等量关系可以借助 45°线，也可以用圆规直接量取，作图过程如图 2-13(b)所示。

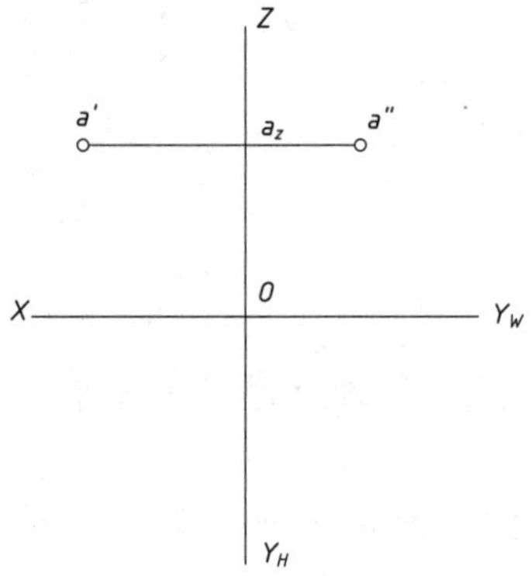

(a) 原题

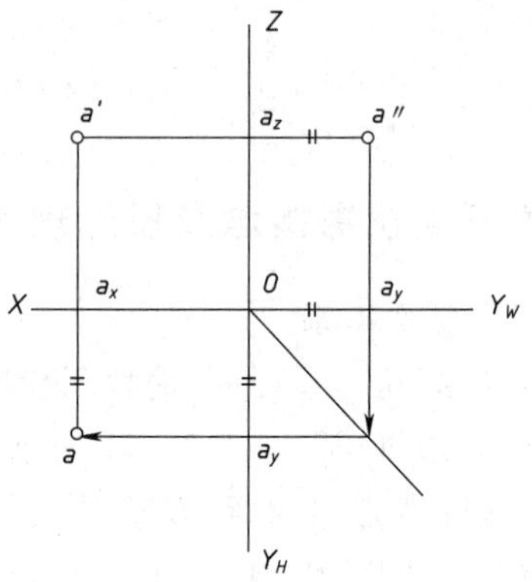

(b) 作图过程

图 2-13 已知点的两面投影求第三面投影

2.2.2 两点的相对位置

两点的相对位置指两点在空间的上下、前后、左右的位置关系。可以根据它们的坐标来判断，两点中 X 坐标数值较大的在左方，Y 坐标数值较大的在前方，Z 坐标数值较大的在上方。如图 2-14(a)所示为 A、B 两点的空间位置，图 2-14(b)为两点的投影图。A、B 两点的相对位置关系为：A 点在 B 点的左、前、上方。

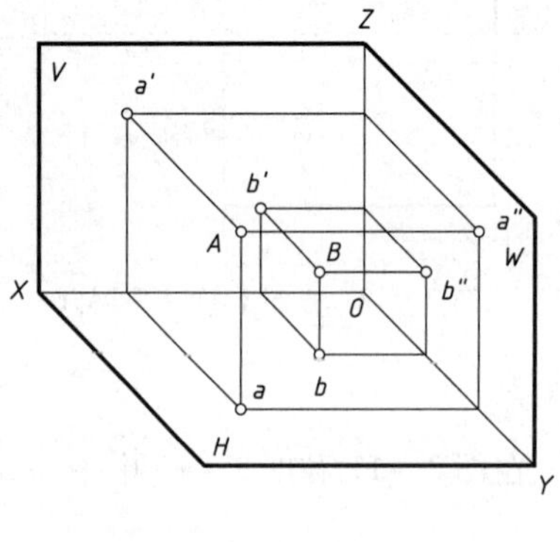

(a) 立体图

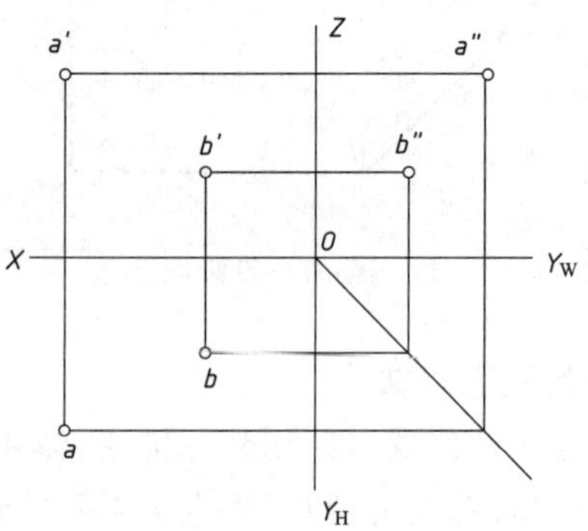

(b) 投影图

图 2-14 两点的相对位置

当两空间点的某两个坐标相同时，该两点将处于同一投射线上，在该投影面上的投影重合，这两个空间点称为对该投影面的重影点。画投影图时，第三坐标大的那个点为可见点，另一点为不可见点，需要加上括号。

图 2－15(a)中，A 点在 B 点的正上方，两点是相对于 H 面的重影点。两点的 x，y 坐标相同，A 点的 z 坐标比 B 点大，因此 A 点是可见点，B 点是不可见点，在投影图中，两点的标记为 $a(b)$，如图 2－15(b)所示。

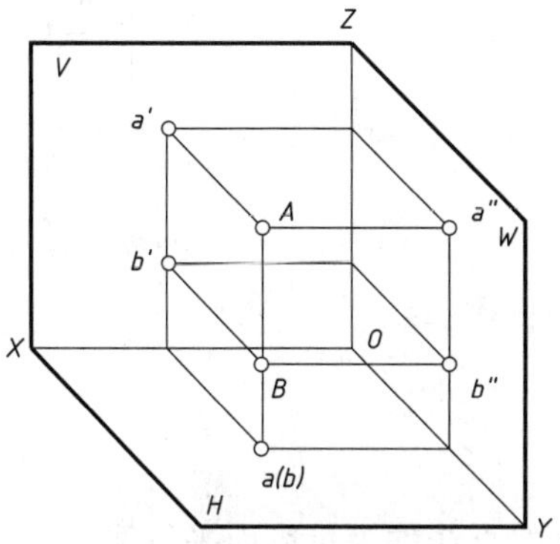

(a) 立体图

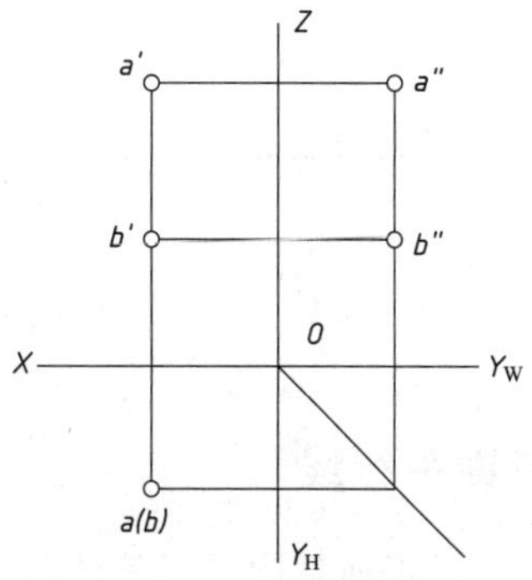

(b) 投影图

图 2－15　重影点

2.3　直线的投影

直线是无限长的，根据两点确定一条直线的原则，可以画出两点的投影，将其同面投影连线，可得到直线的投影。

在 2.1 节中我们知道，直线在一个投影面中的投影特性有实形性、积聚性、类似性、定比性和平行性五种性质。在三投影面体系中，直线按照对投影面的相对位置不同，分为三种类型：一般位置直线、投影面平行线，投影面垂直线。

在三投影面体系中，直线与 H、V、W 面之间的夹角分别用 α、β、γ 表示，如图 2－16(a)所示。

2.3.1　一般位置直线

一般位置直线简称一般线，空间上对三个投影面都倾斜，因此，在三个投影面上都不反映直线的实长。图 2－16(a)所示为一般位置直线的立体图，图 2－16(b)为对应的投影图。由图 2－16(b)可知，三面投影都与相应的投影轴倾斜，三面投影与相应投影轴的夹角不等于图 2－16(a)中的 α、β 或 γ。读图时，一条直线只要有两面投影倾斜于投影轴，即可判断为一般线。

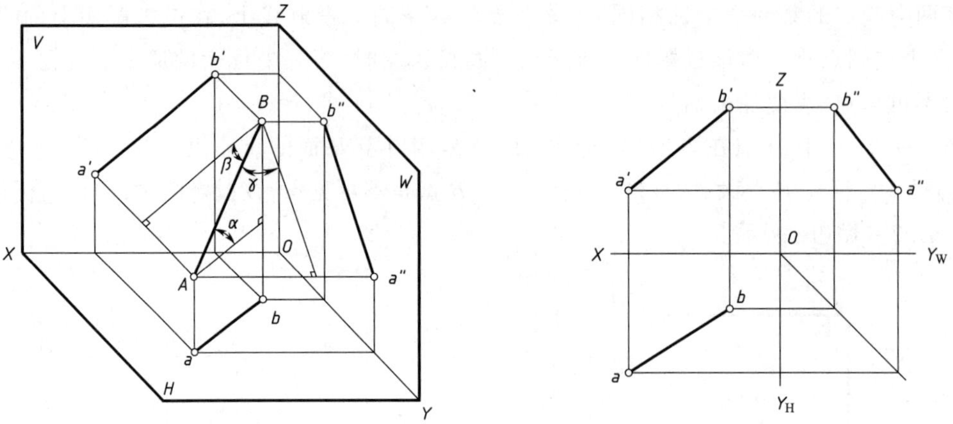

(a) 立体图　　(b) 投影图

图 2－16　一般位置直线

2.3.2　投影面平行线

平行于某一投影面且倾斜于其他两个投影面的直线称为投影面平行线。

平行于 H 面的直线称为水平线；平行于 V 面的直线称为正平线；平行于 W 面的直线称为侧平线。表 2－1 是三种投影面平行线的立体图及投影特征。

表 2－1　投影面平行线

名称	立　体　图	投　影　图	投影特征
正平线	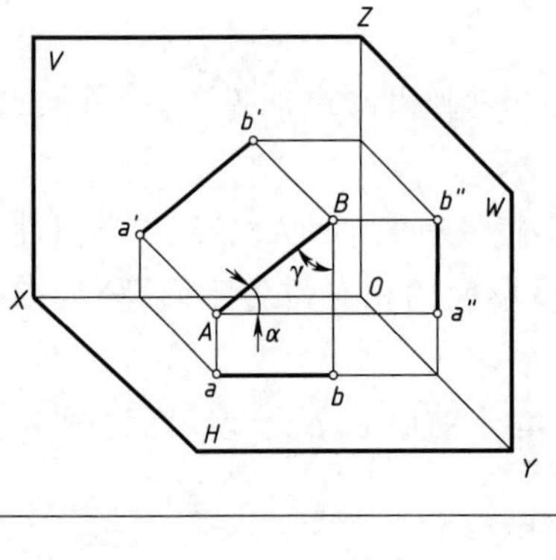	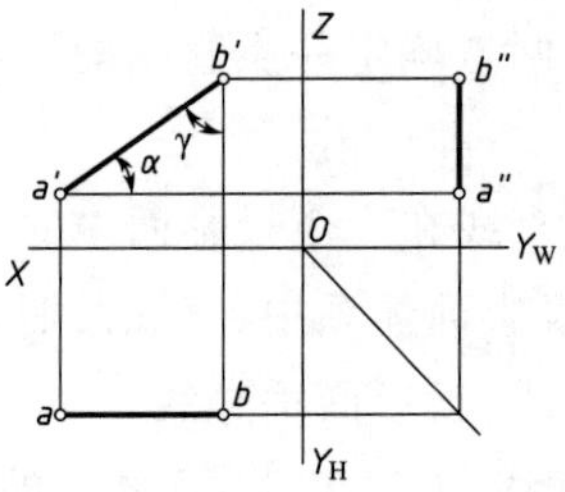	1. $a'b'=AB$，α 和 γ 角反映真实大小； 2. $ab \parallel OX$，$a''b'' \parallel OZ$
水平线	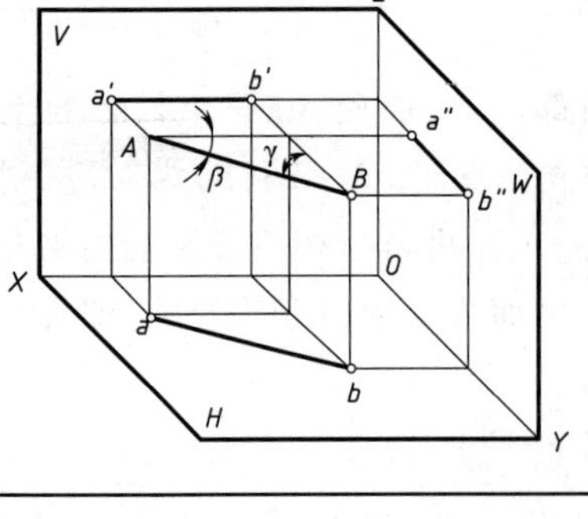	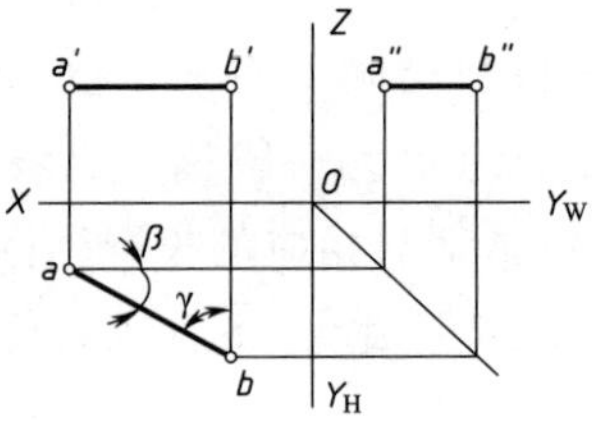	1. $ab=AB$，β 和 γ 角反映真实大小； 2. $a'b' \parallel OX$，$a''b'' \parallel OY_W$

续表

名称	立体图	投影图	投影特征
侧平线	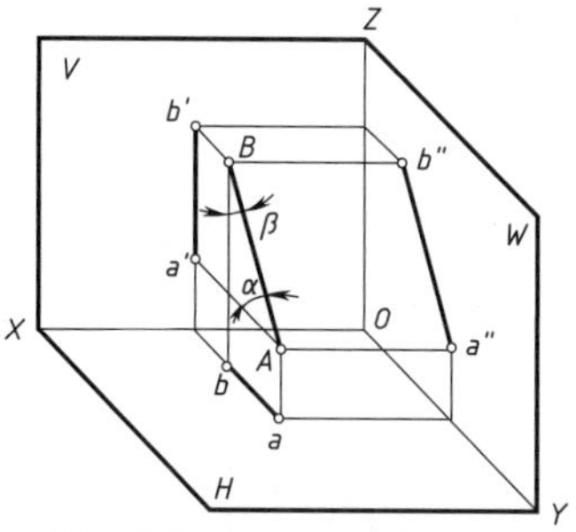	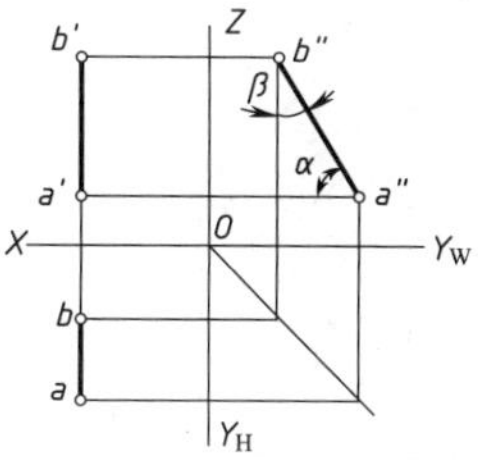	1. $a''b''=AB$，α和β角反映真实大小； 2. $a'b' /\!/ OZ$，$ab /\!/ OY_H$

由表2－1可知投影面平行线的投影特性：投影面平行线在其平行的那个投影面上的投影反映实长，并反映直线与另两投影面倾角的真实大小；另两个投影面上的投影平行于相应的投影轴，其到相应投影轴距离反映直线与它所平行的投影面之间的距离。

读图时，当直线有两个投影平行于投影轴，第三投影与投影轴倾斜时，则该直线是投影面平行线，且一定平行于倾斜投影所在的那个投影面。

2.3.3 投影面垂直线

垂直于某一投影面的直线称为投影面垂直线，其必然与其他两投影面平行，因此，投影面垂直线是特殊位置的投影面平行线。与H面垂直的直线称为铅垂线；与V面垂直的直线称为正垂线；与W面垂直的直线称为侧垂线。表2－2是三种投影面垂直线的立体图及投影特征。

表2－2 投影面垂直线

名称	立体图	投影图	投影特征
正垂线	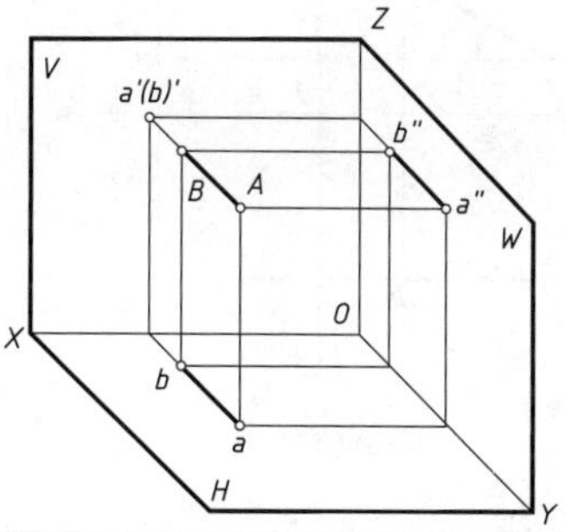	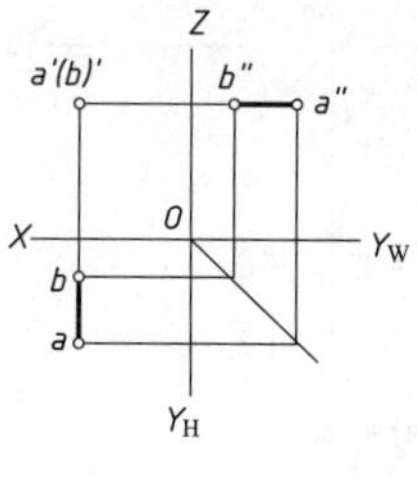	1. $a'b'$积聚为一点； 2. $ab \perp OX$， $a''b'' \perp OZ$， $ab=a''b''=AB$
铅垂线	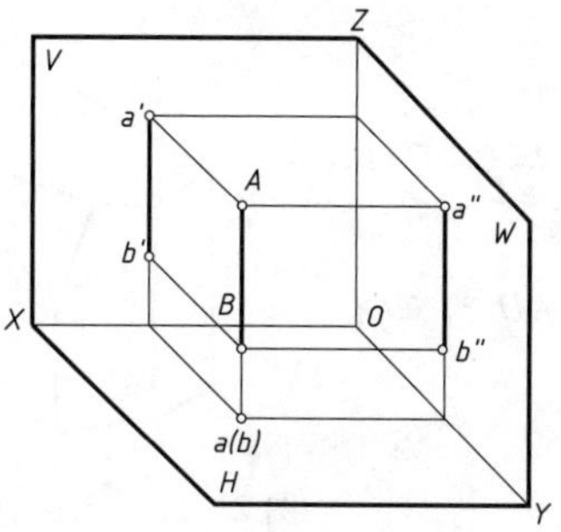	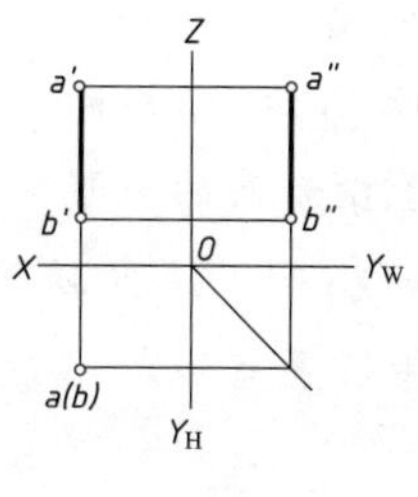	1. ab积聚为一点； 2. $a'b' \perp OX$， $a''b'' \perp OY_W$， $a'b'=a''b''=AB$

续表

名称	立 体 图	投 影 图	投影特征
侧垂线	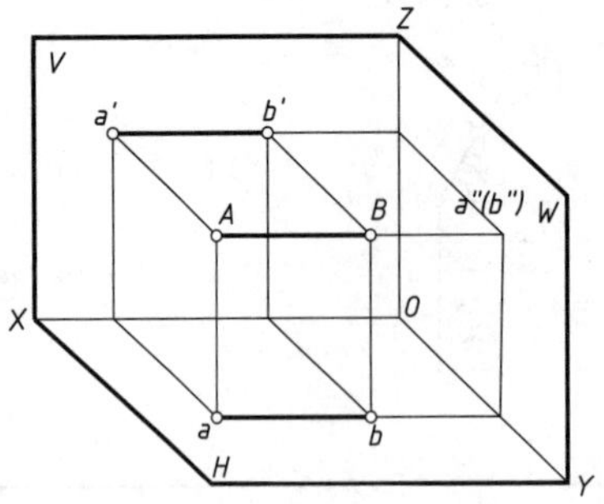	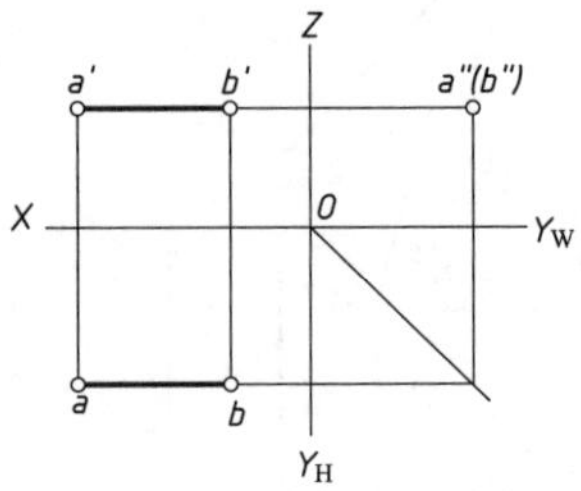	1. $a''b''$积聚为一点； 2. $a'b' \perp OZ$， $ab \perp OY_W$， $ab = a'b' = AB$

由表2－2可知，投影面垂直线在其垂直的投影面上，投影有积聚性；另外两个投影，反映线段实长，且垂直于相应的投影轴。

【例2－2】 如图2－17(a)所示，已知直线AB是正平线，$AB = 14$ mm，$\alpha = 30°$，A点的两面投影已知，补全AB的三面投影。

解：(1)分析：AB是正平线，在V面上反映实长14 mm，也反映α角的真实大小。AB的H面投影和W面投影分别平行于相应的投影轴。

(2)作图：过a'作与OX轴夹角为30°的线，在14 mm处确定b'。ab平行于OX轴，根据$b'b$连线垂直于OX轴的规律，可以确定b点。利用45°线可求出a''和b''。直线的同面投影连线并加粗，即为所求，如图2－17(b)所示。

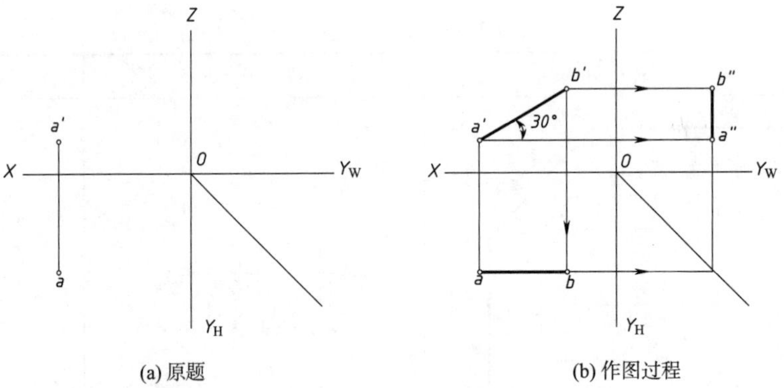

(a) 原题　　(b) 作图过程

图2－17　正平线作图

【例2－3】 如图2－18所示，已知箭头为V面的投射方向，判断已命名的各直线相对于投影面的位置。

解：AB、DC、FM为铅垂线；AE、EF、CM为水平线；AD为正平线；BC为侧垂线；DE为一般位置直线。

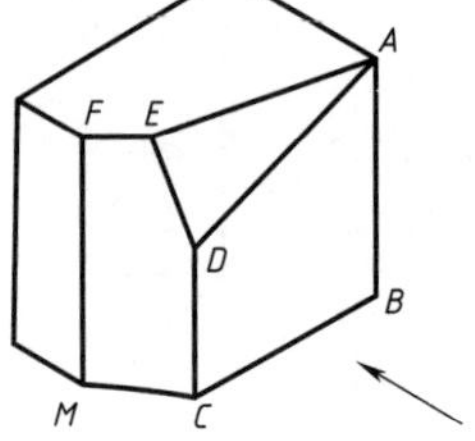

图2－18　判断直线的相对位置

2.3.4　点与直线的位置关系

点与直线的位置关系包括两种:点在直线上和点在直线外。

点在直线上时,有从属性和定比性两个投影特性。

(1)从属性:若点在直线上,则点的投影必在直线的同面投影上。如图 2－19(a)所示,C 点在直线 AB 上,则 c 在 ab 上,c'在 $a'b'$上,c''在 $a''b''$上。

(2)定比性:点的投影将线段的同面投影分割成与空间线段相同的比例。如图 2－19(a)所示,$AC:CB = a'c':c'b' = ac:cb = a''c'':c''b''$。

读图时,如果点的三面投影都落在直线的同面投影上,且符合点的投影规律,则可以判断点在直线上。反之,点在直线外。如图 2－19(b)所示,c、c′、c″分别落在直线的同面投影上,且符合点的投影规律,因此,C 点在直线 AB 上。

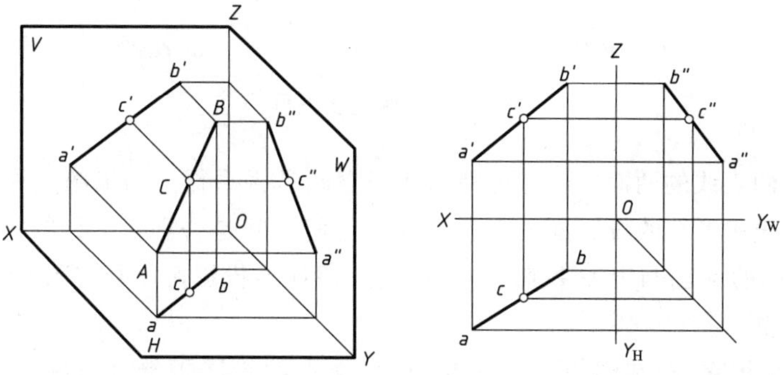

(a) 立体图　　(b) 投影图

图 2－19　点在直线上

【例 2－4】　如图 2－20(a)所示,判断 C 点是否在直线 AB 上。

解:方法一,如图 2－20(b)所示,求出第三面投影,c''不在 $a''b''$上,所以 C 点不在直线 AB 上。方法二,利用定比定则判断,$a'c':c'b' \neq ac:cb$,所以 C 点不在直线 AB 上。

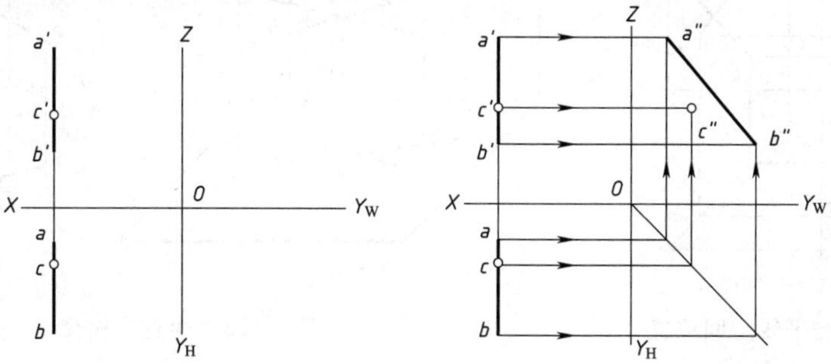

(a)　　(b) 方法一:求第三面投影

图 2－20　判断点是否在直线上

2.3.5　两直线的位置关系

空间两直线的相对位置关系分为平行、相交、交叉(异面)三种形式。

1. 两直线平行

两直线空间平行,则其各同面投影必相互平行。读图时,两直线的三面同面投影分别平行,则可以判断两直线在空间平行。图 2－21(a)所示为 *AB*∥*CD* 的立体图,图 2－21(b)所示三面投影中同面投影皆平行,则可以判断 *AB*∥*CD*。

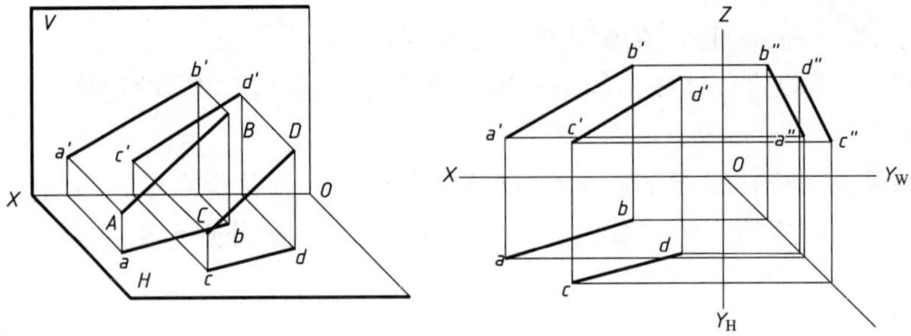

(a) 立体图　　(b) 投影图

图 2－21　两直线平行

一般情况下,两直线的两面投影即可判断他们空间是否平行。如果两直线都是投影面平行线,则需要作出直线所平行的投影面的投影来判断他们空间是否平行。如图 2－22 所示,*AB* 和 *CD* 是侧平线,它们的 *V* 面与 *H* 面投影虽对应平行,但侧面投影不平行,所以是异面直线。

2. 两直线相交

若空间两直线相交,则其同面投影必相交,且交点的投影需符合空间点的投影规律。如图 2－23 所示,*AB* 和 *CD* 相交于 *K* 点,则 *a′b′*和 *c′d′*相交于 *k′*点,*ab* 和 *cd* 相交于 *k* 点。在投影图中,*kk′*连线垂直于投影轴。

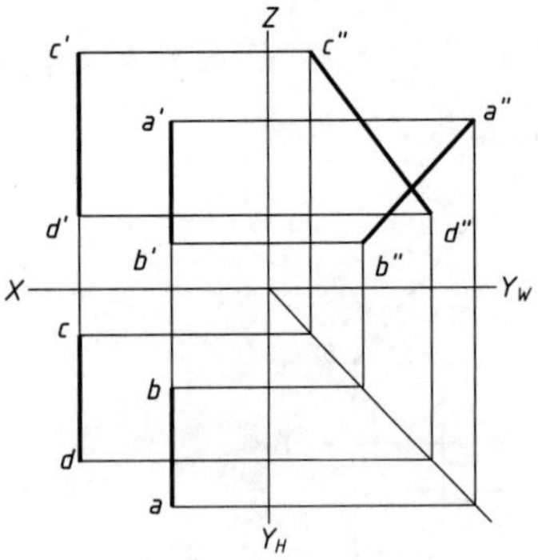

图 2－22　两侧平线空间位置

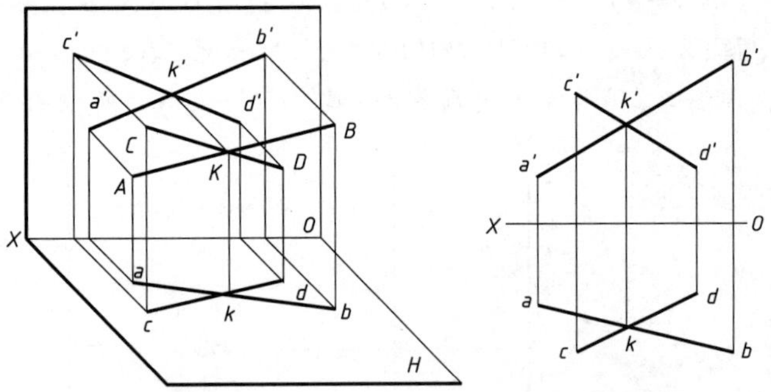

(a) 立体图　　(b) 投影图

图 2－23　两直线相交

3. 两直线交叉(异面)

如果两直线空间既不平行又不相交,就是两交叉(异面)直线。如图 2－24(a)所示,直线 *AB* 与 *CD* 是异面直线,在 *V* 面上和 *H* 面上形成两组重影点,在投影图中需要通过标点判别这两组重影点的可见性。如图 2－24(b)所示,1(2)表示直线 *AB* 上的Ⅰ点在上,直线 *CD* 上的Ⅱ点在下。3′(4′)表示直线 *CD* 上的Ⅲ点在前,直线 *AB* 上的Ⅳ点在后。

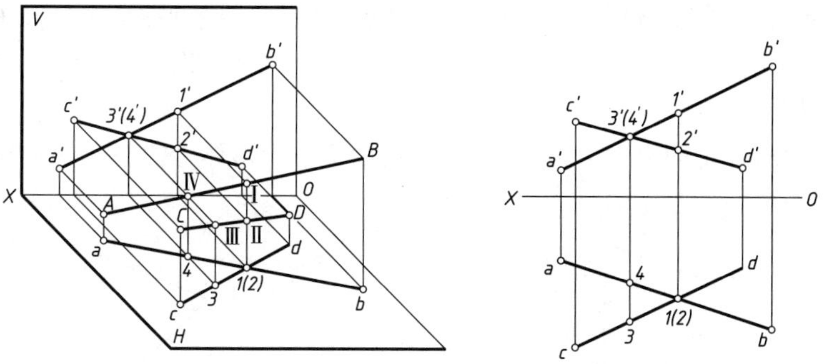

(a) 立体图　　　　(b) 投影图

图 2－24　两直线异面

【例 2－5】　如图 2－25(a)所示,过 *C* 点作一条长为 30 mm 的水平线 *CD* 并与 *AB* 相交于 *K* 点。

解:分析:*CD* 为水平线,在 *H* 面上的投影反映实长,在 *V* 面上的投影与 *OX* 轴平行。因此,先做 *V* 面投影找到两线的交点,再根据点的投影规律求出交点的 *H* 面投影,利用 30 mm 的已知条件确定 *D* 点的两面投影。

作图过程:如图 2－25(b)所示,过 *c'* 作 *OX* 轴的平行线与 *a'b'* 相交于 *k'*,由于 *K* 点在 *CD* 上,根据点的投影规律可求出 *cd* 上的 *k* 点。将 *ck* 延长,截取 30 mm 长,端点为 *d* 点。过 *d* 点作 *OX* 轴的垂线与 *c'k'* 的延长线相交于 *d'* 点。加粗 *cd* 和 *c'd'*,去掉多余的作图线。

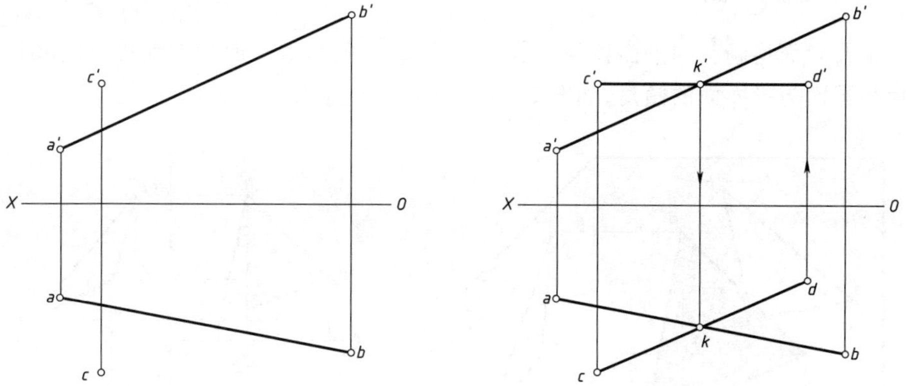

(a) 原题　　　　(b) 作图过程

图 2－25　作两直线相交

2.4　平面的投影

2.4.1　平面的表示法

通过以前学过的几何知识可以知道,有多种方式可以确定平面:不在同一条直线上的三点可确定一个平面[图2-26(a)],一直线和直线外一点确定一个平面[图2-26(b)],两平行直线确定一个平面[图2-26(c)],两相交直线确定一个平面[图2-26(d)],一个平面图形确定一个平面[图2-26(e)]。

注意:本节中所讨论的平面为无限大平面,后面章节中形体上的平面是有限大平面。

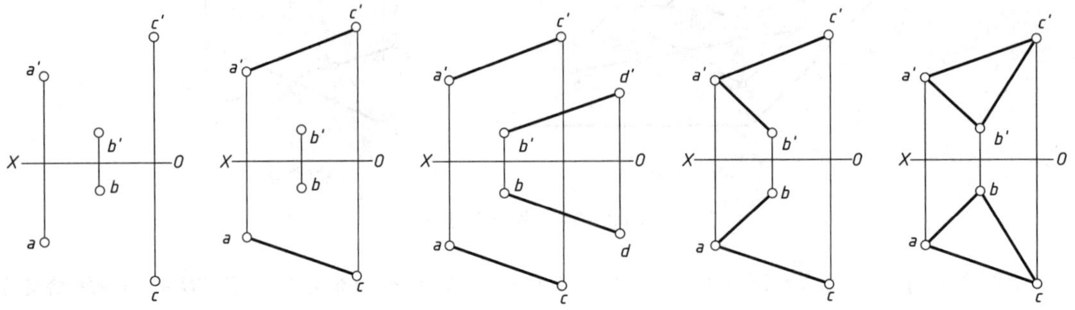

(a) (b) (c) (d) (e)

图2-26 平面的几何元素表示法

通过2.1节正投影特性的学习,我们知道平面有三种投影特性:实形性、积聚性和类似性。在三投影面体系中,平面按照对投影面的相对位置不同,分为三种类型:一般位置平面、投影面垂直面、投影面平行面。平面与H、V、W面之间的夹角分别用α、β、γ表示。

2.4.2 一般位置平面

与三个投影面均倾斜的平面称为一般位置平面,一般位置平面的三面投影图都是类似形,投影不反映平面与投影面的倾角,如图2-27所示。

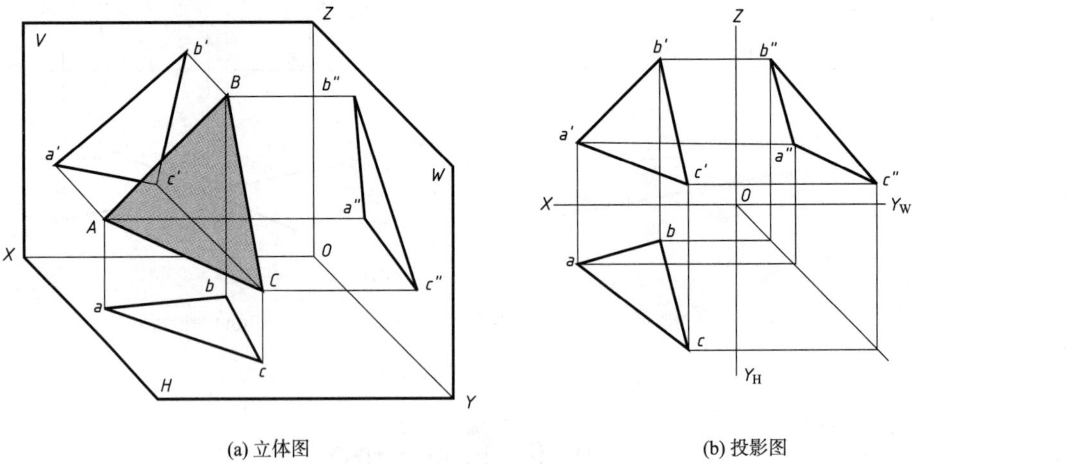

(a) 立体图 (b) 投影图

图2-27 一般位置平面

2.4.3 投影面垂直面

在三投影面体系中,垂直于某一投影面而且倾斜于另两个投影面的平面称为投影面垂直面。与 H 面垂直的平面，称为铅垂面；与 V 面垂直的平面，称为正垂面；与 W 面垂直的平面，称为侧垂面，如表 2－3 所示。

由表 2－3 可知，投影面垂直面的投影有以下特征：在它所垂直的投影面上的投影积聚成直线，该直线与投影轴的夹角反映空间平面与另外两投影面夹角的大小。另外两个投影面上的投影为类似形。

表 2－3　投影面垂直面的投影特性

名称	立　体　图	投　影　图	投 影 特 征
正垂面	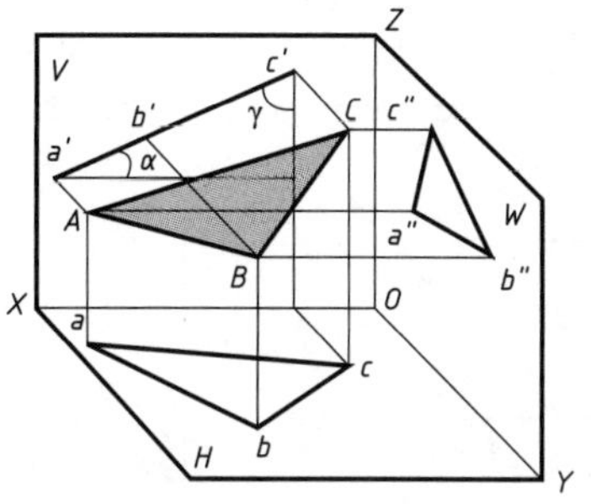	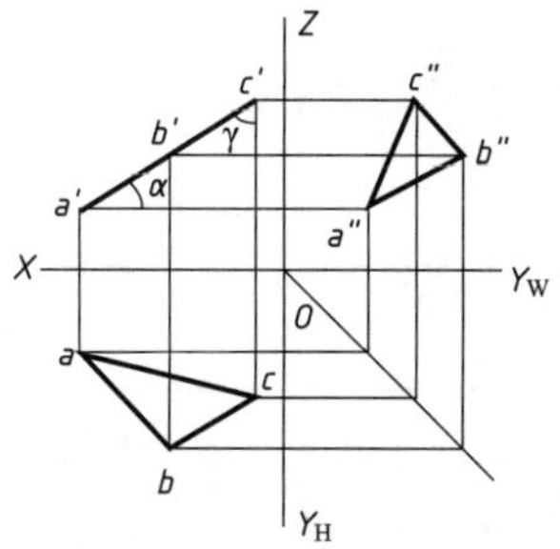	1. 正面投影有积聚性，反映 α 和 γ 真实大小； 2. 水平投影和侧面投影为类似形
铅垂面	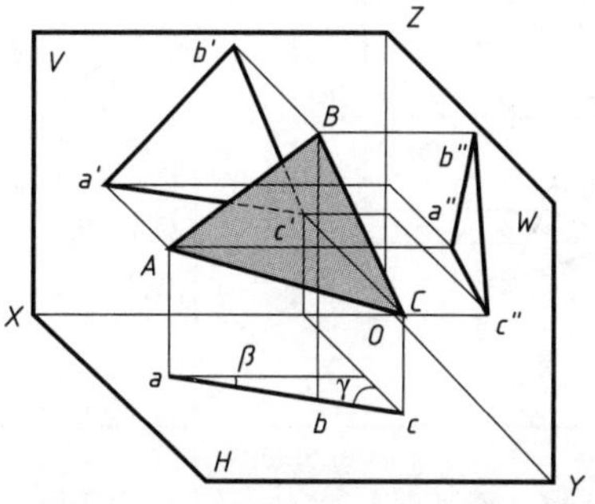	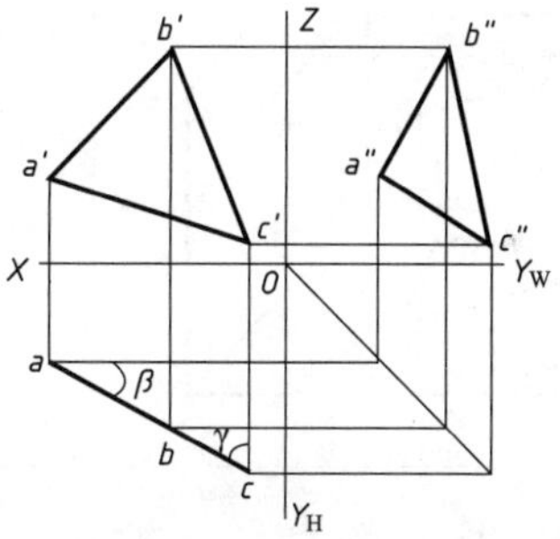	1. 水平投影有积聚性，反映 β 和 γ 真实大小； 2. 正面投影和侧面投影为类似形
侧垂面	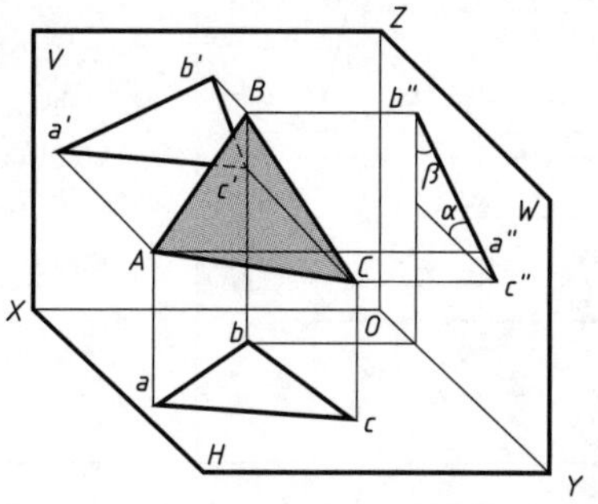	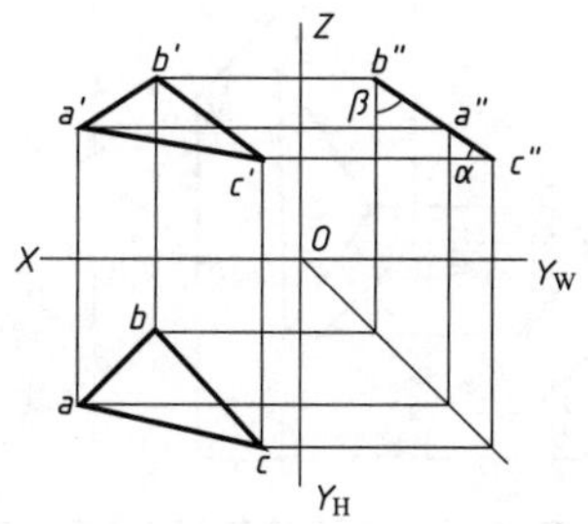	1. 侧面投影有积聚性，反映 α 和 β 真实大小； 2. 正面投影和水平投影为类似形

2.4.4　投影面平行面

在三投影面体系中，平行于某一投影面的平面称为投影面平行面，该面必然垂直于其他两个投影面，因此，投影面平行面是特殊位置的投影面垂直面。与 H 面平行的平面，称为水平面；与 V 面平行的平面，称为正平面；与 W 面平行的平面，称为侧平面，如表 2－4 所示。

由表 2－4 可知，投影面平行面的投影有以下特征：在它所平行的投影面上的投影反映实形。另两个投影面上的投影分别积聚成与相应的投影轴平行的直线。

表 2－4　投影面平行面的投影特性

名称	立　体　图	投　影　图	投影特征
正平面	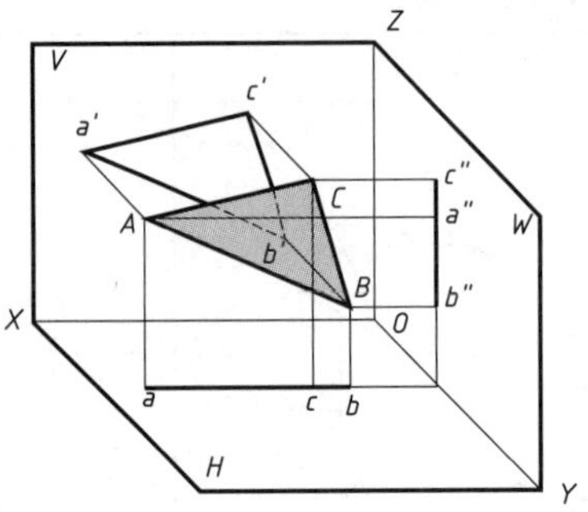	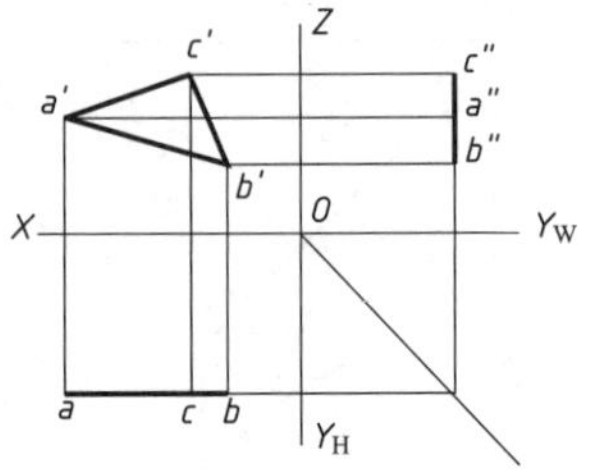	1. 正面投影反映实形； 2. 另两面投影具有积聚性，水平投影平行于 OX 轴，侧面投影平行于 OZ 轴
水平面	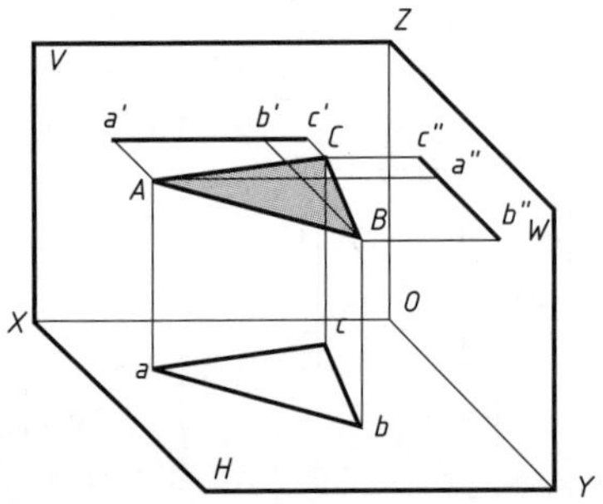	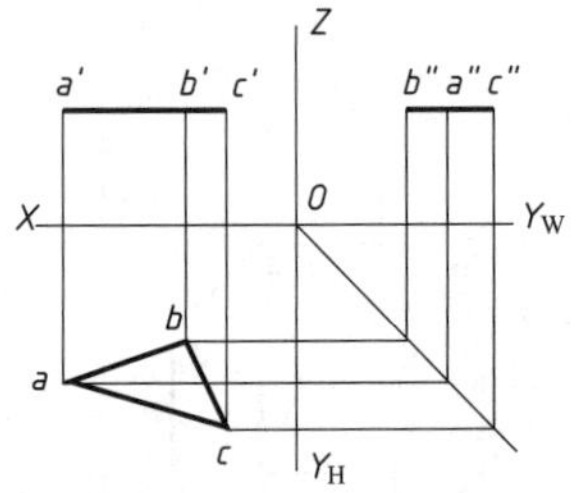	1. 水平投影反映实形； 2. 另两面投影具有积聚性，正面投影平行于 OX 轴，侧面投影平行于 OY_W 轴
侧平面	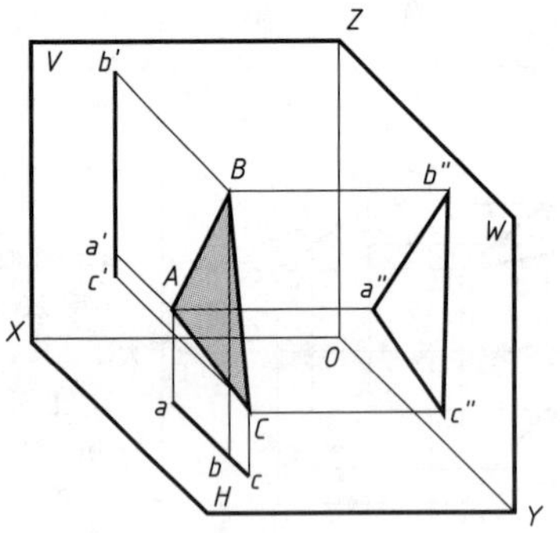	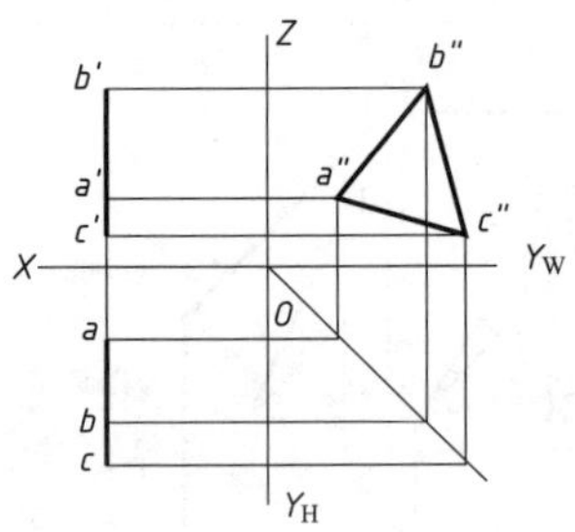	1. 侧面投影反映实形； 2. 另两面投影具有积聚性，正面投影平行于 OZ 轴，水平投影平行于 OY_H 轴

2.4.5　平面上的点和直线

点在平面上所满足的几何条件：点在平面内的一条线上，则点在面上。如图 2－28(a) 所示，若 $M \in L, L \in P$，则 $M \in P$。简言之，作图时需要定点先定线。

直线在平面上所满足的几何条件：若一直线过平面上的两点，则此直线必在该平面内，如

图2－28(b)所示，若 $A \in L, M \in L, A \in P, M \in P$，则 $L \in P$。若一直线过平面上的一点且平行于该平面上的另一直线，则此直线在该平面内。如图2－28(c)所示，若 $M \in L, L /\!/ AB, AB \in P$，则 $L \in P$。简言之，作图时需要作线先找点。

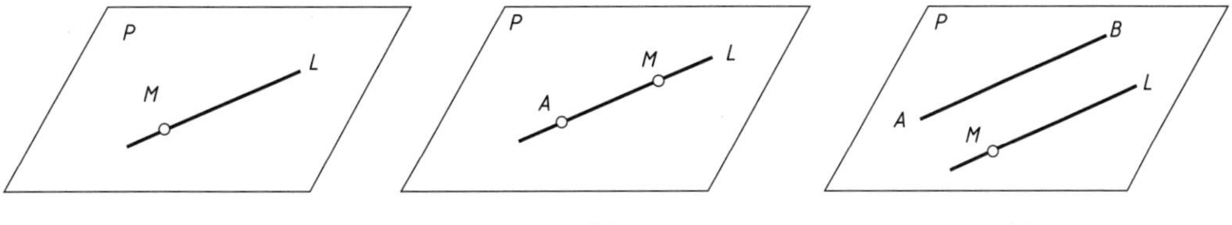

图2－28　平面上的点和直线

【例2－6】 如图2－29(a)所示，已知平面上K点的k′，求作k。(原题与答案共图)

解：平面三角形ABC为铅垂面，平面上所有点的H面投影都积聚在直线ac上。根据点的投影规律即可求出k点。作图过程如图2－29(a)所示。注意：这种利用积聚性求平面上点的方法在后面章节会经常用到。

【例2－7】 如图2－29(b)所示，已知平面上K点的k′，求作k。(原题与答案共图)

解：根据定点先定线的方法，连接a′k′并延长，与b′c′相交于d′。根据D点在BC上，其投影必然在BC的同面投影上，可求出d点。连接ad，再根据kk′连线垂直于OX轴的投影规律，可得k点。作图过程如图2－29(b)所示。

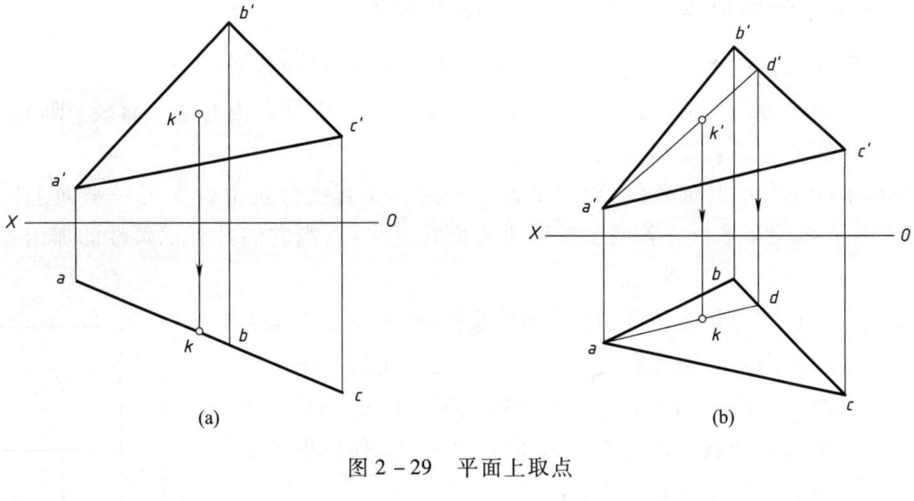

图2－29　平面上取点

【例2－8】 如图2－30(a)所示，补全平面五边形ABCDE在H面上的投影。

解：H面投影缺少d和e，可以利用定点先定线的方法，根据已知条件作出辅助线来确定这两点。

作图过程：如图2－30(b)所示，将H面中的已知条件ac连线，在V面中作出a′c′，连接b′e′与a′c相交于1′。求出H面上的1点并延长b1，可得到e点。在V面上作出a′d′，与b′e′相交于2′。求出H面上的2点并延长a2，可得到d点。连接cd、de和ae并加粗，即可得到平面五边形的H面投影。

注意:定点先定线的方法比较灵活,如过 c'点作 $a'b'$平行线或其他的方法也可以得出答案,读者可自行思考。

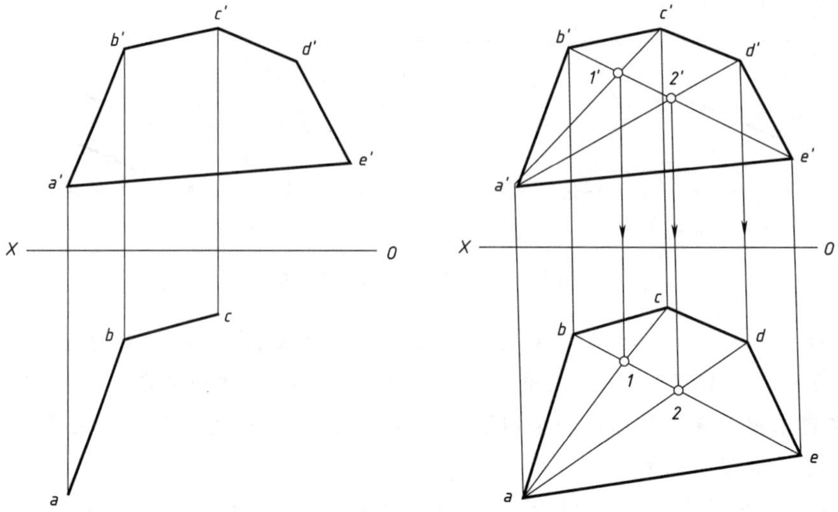

(a)　　　　(a)

图 2－30　补全平面五边形的 H 面投影

2.4.6　直线与平面以及两平面之间的位置关系

直线与平面以及两平面之间的位置关系包括两类:平行和相交。

直线与平面平行的几何条件:若平面外的一直线平行于平面内的某一直线,则该直线与该平面平行。作图时就是直线与直线平行的问题。

平面与平面平行的几何条件:若一平面上的两相交直线分别平行于另一平面上的两相交直线,则这两平面相互平行。若两投影面垂直面相互平行,则它们具有积聚性的那组投影必相互平行。

直线与平面相交的几何条件:直线与平面相交,其交点是直线与平面的共有点。作图时需要利用平面内定点先定线的方法。

平面与平面相交的几何条件:两平面相交时,交线为直线,且同时属于两个平面。交线上的点是两平面的共有点,作图时仍然需要利用平面内定点先定线的方法。

相交问题中存在可见性的判别问题。

如图 2－31 所示,AB 为一般位置直线,平面 $CDEF$ 为铅垂面,两者的交点 K 即在直线上又在平面上。直线 AB 与平面 $CDEF$H 面投影的共有点即为 k,根据点的投影规律可求出 k'。K 点为直线上的实虚分界点,由 H 面投影可以判断出 AK 在平面的前方,所以 $a'k'$可见,$k'g'$不可见。直线 AB 上的 G 点和 EF 上同样高度的点在 V 面上重影,也可以判断出 $k'g'$不可见。

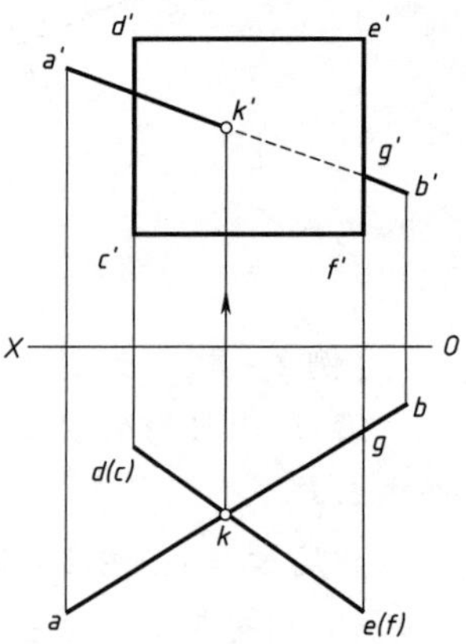

图 2－31　一般位置直线与特殊位置平面相交

直线与平面及两平面的位置关系题型变化较多，难度较大，本书不做过多讨论，感兴趣的读者可参阅其他资料。

2.5　曲线与曲面

工程上经常见到曲线与曲面所围成的形体，如螺旋楼梯，螺纹等。本节简单介绍常用的螺旋线、螺旋面、双曲抛物面、单叶双曲回转面等。

2.5.1　螺旋线与螺旋面

曲线可以看作是一个点在空间作方向不断改变且连续运动形成的轨迹。曲线分为两大类：平面曲线和空间曲线。平面曲线是指所有的点都在同一平面内的曲线，如圆、椭圆等。空间曲线是指任意连续的四个点不在同一平面内的曲线，如圆柱螺旋线、圆锥螺旋线等。

1. 螺旋线

一个动点在圆柱面上既匀速直线运动又匀速圆周运动，其轨迹线就是圆柱螺旋线。如图 2 - 32 所示。

导程与螺距：图 2 - 32(a) 所示 A 点运动一周移动到 A_1 点，$A\ A_1$ 的长度为导程，用字母 P 表示。

旋向：螺旋线有左旋和右旋之分，可以用左右手判断螺旋线的旋向。大拇指为动点的匀速直线运动方向，其余四个手指代表动点的匀速圆周运动方向，符合右手规律时，螺旋线是右旋，反之为左旋。图 2 - 32(a) 所示为右旋螺旋线，图 2 - 32(b) 为左旋螺旋线。

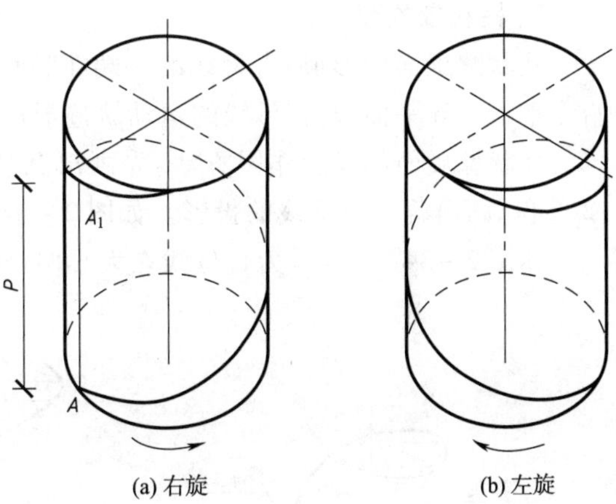

图 2 - 32　圆柱螺旋线

【例 2 - 9】　如图 2 - 33(a) 所示，已知圆柱的直径，作出以圆柱的高为导程的右旋螺旋线。

解：螺旋线在圆柱面上，圆柱面的 H 面投影积聚为圆周，因此螺旋线的 H 面投影已知，只需要画出 V 面投影。

作图过程：图 2 - 33(b) 所示，把圆柱水平投影的圆周和正面投影上的导程 P 分成 12 等分，并分别用数字沿逆时针方向顺序标出各分点 0 到 12。图 2 - 33(c) 所示，由水平投影上的各分点向上作铅垂线，与正面投影中相应的等分水平线相交于点 0′到 12′。用光滑曲线依次连接 0′到 12′，即得到右旋圆柱螺旋线的正面投影。可见性判别：0′到 6′在前半圆柱面上，可见；其余各点在后半圆柱面上，不可见，用虚线表示。

图 2 - 33(d) 为左旋圆柱螺旋线的作图过程。

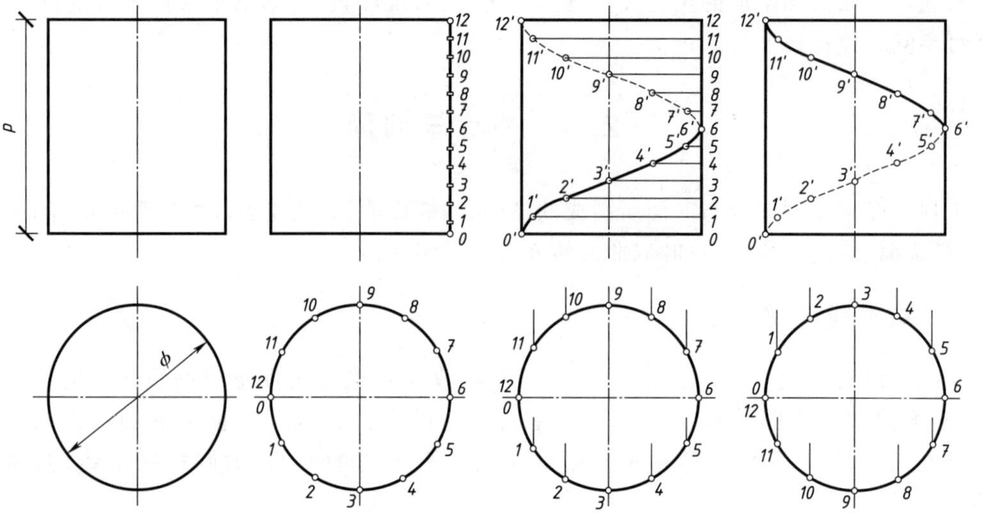

(a) 原题　(b) 等分　(c) 连线并判别可见性 (右旋)　(d) 左旋螺旋线

图 2 – 33　圆柱螺旋线作图

2. 柱状螺旋面

柱状螺旋面的形成：直母线的一端在竖直轴线上，另一端在螺旋线上，向上运动时，直母线始终平行于导平面 H，直母线的运动轨迹形成平螺旋面，如图 2 – 34(a)所示。

柱状螺旋面的投影作图方法：先画出圆柱螺旋线和其轴线的投影，再将圆柱螺旋线分成 12 等份，画出若干条素线的投影。如图 2 – 34(b)所示。

如图 2 – 34(c)所示为直母线在大小两个螺旋线之间运动形成的投影图。

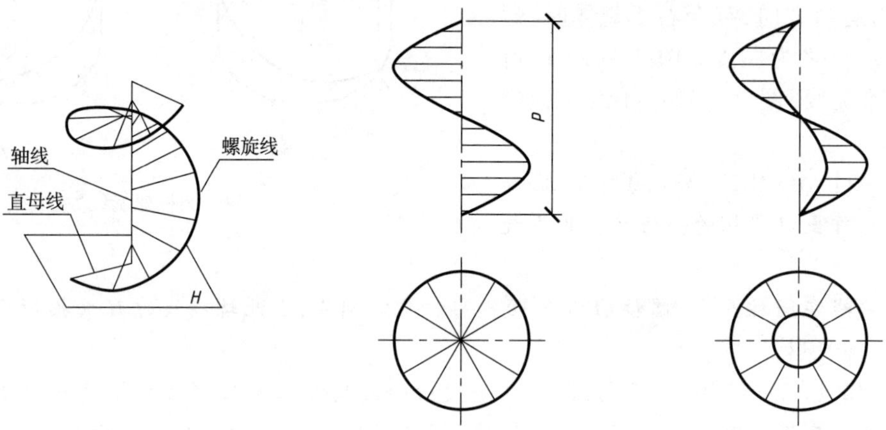

(a) 立体图　(b) 作图过程　(c) 双螺旋线形成的螺旋面

图 2 – 34　平螺旋面

柱状螺旋面常用于螺旋楼梯和楼梯扶手结构中，在螺纹连接件中也会见到。

2.5.2　双曲抛物面

非回转直纹曲面是由直母线运动形成的直纹曲面。双曲抛物面属于非回转直纹曲面中的不可展直纹曲面。

双曲抛物面的形成：一直母线的两个端点分别在两条交叉的直导线上，运动时始终平行于一导平面，这样形成的曲面称为双曲抛物面。如图 2－35 所示，双曲抛物面的两条交叉直导线为 *AB* 和 *CD*，*AB* 和 *CD* 平行于导平面 *Q*，*AC* 是母线，所有素线都平行于导平面 *P*。

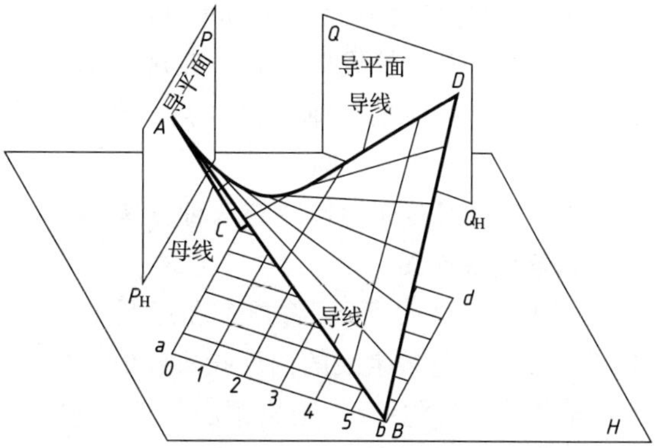

图 2－35　双曲抛物面

【例 2－10】　如图 2－36(a)所示，已知直导线的两面投影和导平面 P_H，求双曲抛物面的两面投影。

解：如图 2－36(b)所示，将直导线 *AB* 分为六等份，得到各分点的水平投影和正面投影；因各素线平行于导平面 *P*，其水平投影必平行于 P_H，过 *AB* 上各分点的水平投影作 P_H 的平行线，与 *cd* 相交于六个点，根据点的投影规律求出 *CD* 上各分点的 *V* 面投影。连接各对应点的 *V* 面投影，作出与各条素线相切的包络线，即为双曲抛物面的 *V* 面轮廓线，*a′c′*被曲面遮挡的部分用虚线表示。

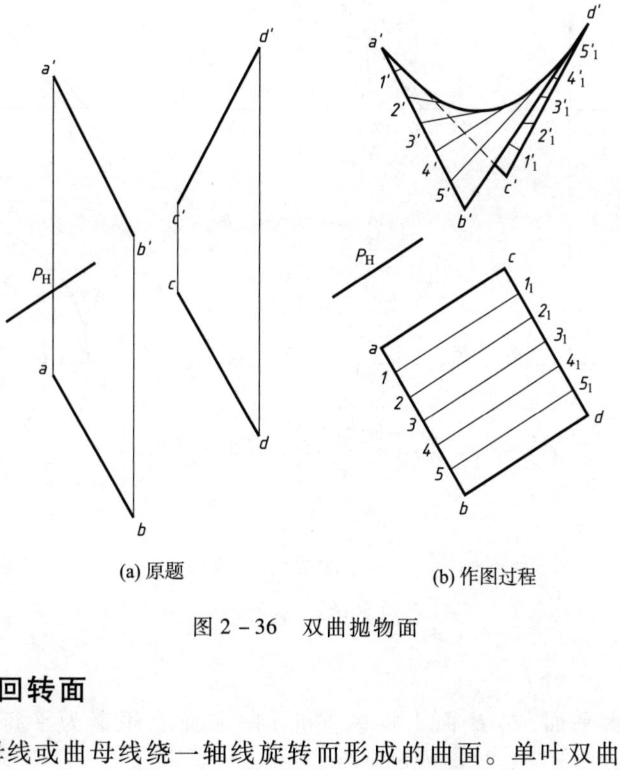

图 2－36　双曲抛物面

2.5.3　单叶双曲回转面

回转面是由直母线或曲母线绕一轴线旋转而形成的曲面。单叶双曲回转面是回转面的一种。

单叶双曲回转面的形成：直母线绕与它交叉的轴线旋转360°形成的曲面称为单叶双曲回转面。如图2－37所示，母线的两端点A和B分别在顶圆和底圆上，AB与轴线空间异面，两点以同样的角速度运动360°后，形成图示的单叶双曲回转面。母线上距轴线最近的点K旋转形成该曲面的颈圆，其半径为两交叉线的公垂线的长度。母线上每一个点旋转360°形成的轨迹称为纬圆。

单叶双曲回转面的作图有两种方法：素线法和纬圆法。

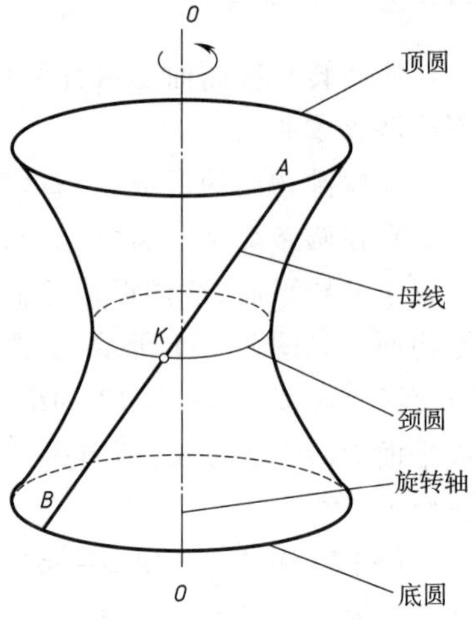

图2－37　单叶双曲回转面

1. 素线法作图

如图2－38(a)所示，将顶圆和底圆12等分；如图2－37(b)所示，求出每条素线的两面投影；如图2－37(c)所示，画出V面各素线的包络线，画出颈圆的H面投影。将不可见的素线擦去，或用虚线表示。

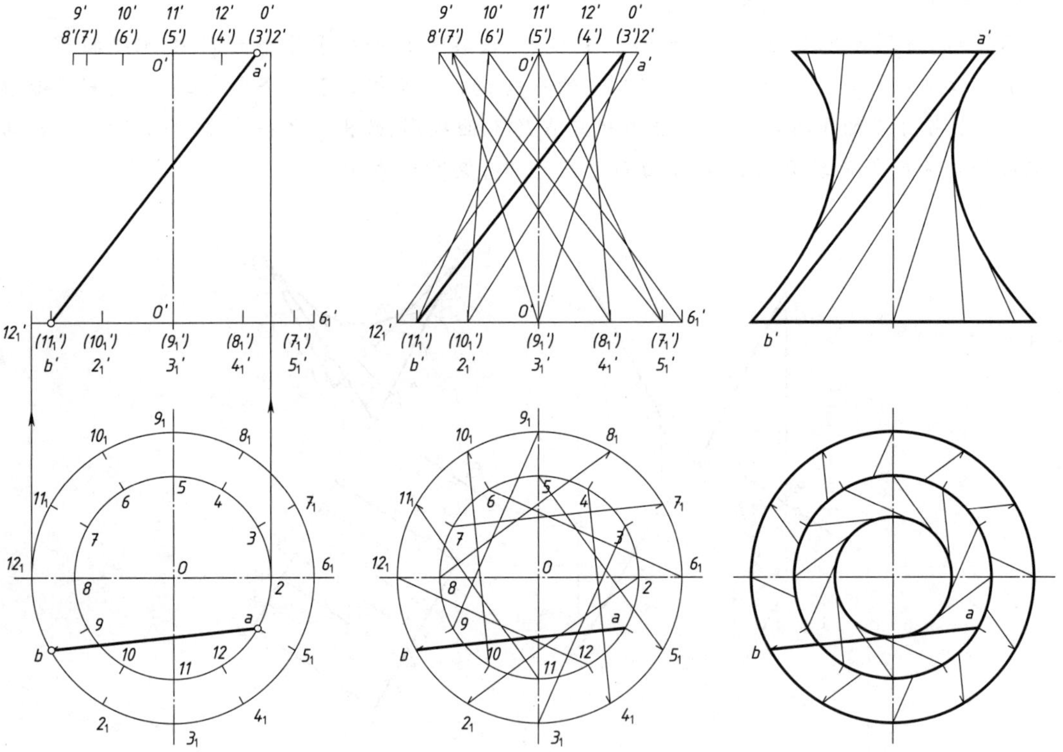

(a) 等分　　(b) 连线　　(c) 完成图

图2－38　素线法

2. 纬圆法作图

每个纬圆都是水平面，在H面上反映实形，在V面上积聚为平行于OX轴的线。如

图 2－39(a)所示，在 *H* 面上找到距离轴线最近的点 *c*，根据点的投影规律求出 *c*′，求出颈圆的两面投影。如图 2－39(b)所示，在 *ab* 上适当位置找两点 1 和 2，求出 1′和 2′，画出通过Ⅰ和Ⅱ点的纬圆的两面投影。如图 2－39(c)所示，将纬圆同侧点光滑连接起来，得到单叶双曲回转面的 *V* 面投影。将 *H* 面的底圆、顶圆和颈圆加粗，完成 *H* 面投影。

回转面中还有圆柱面、圆锥面、圆球面等，将在第 3 章中叙述。

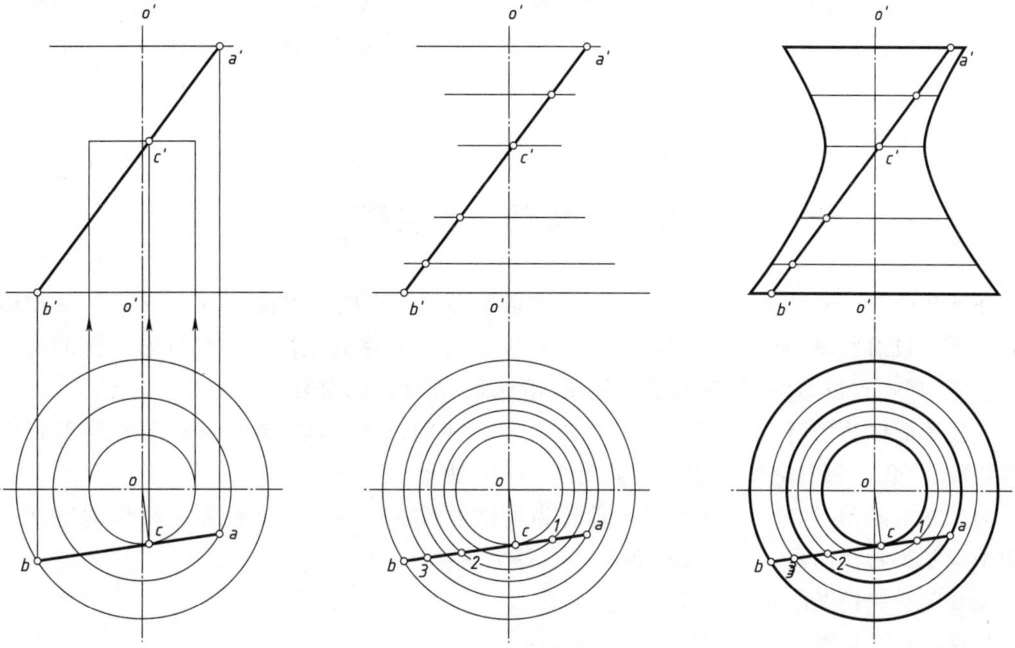

(a) 特殊点纬圆　　(b) 中间点纬圆　　(c) 完成图

图 2－39　纬圆法

思　考　题

1. 平行投影法有哪些投影特性？
2. 为什么已知点的两面投影可以求出第三面投影？
3. 简述已知直线的两面投影和直线上点的一面投影，求直线上点的另一面投影的方法。
4. 简述求平面上的点和平面上直线的投影的方法。
5. 翻阅后面章节，粗略思考本章的内容与其他章节有何关联。

第 2 章重点难点概要

第3章　基本体与叠加体

在实际生活中，工程形体的几何形状虽然多种多样，但都可以看作是一些基本几何体的叠加、切割等形式组合而成。基本几何体包括平面体和曲面体两大类。本章我们首先来介绍这些基本体的投影及其作图问题。若干个基本体叠加可以形成叠加体，叠加体的画图和读图是本章的另一个重点内容。

3.1　体的三面投影

在图3－1(a)中，从物体的前面向 V 面投射所得的视图称为主视图（V 面投影）；从物体的上面向下面投射所得的视图称为俯视图（H 面投影）；从物体的左面向右面投射所得的视图称为左视图（W 面投影）。三视图就是主视图、俯视图、左视图的总称。

三投影面体系的展开：与第2章中的展开过程相同，V 面不动，其他两面分别绕着相应的投影轴旋转90°。展开之后的投影图如图3－1(b)所示。

为了方便画图，规定 OX 轴方向坐标差为物体的长，OY 轴方向坐标差为物体的宽，OZ 轴方向坐标差为物体的高。三视图必须符合三等关系：

主视图和俯视图的长要相等——长对正；

主视图和左视图的高要相等——高平齐；

左视图和俯视图的宽要相等——宽相等。

三视图中的方位关系：物体在空间上有上、下、左、右、前、后六个方位，主视图的轮廓线表示上、下、左、右四个方位；左视图的轮廓线表示上、下、前、后四个方位；俯视图的轮廓线表示前、后、左、右四个方位。如图3－1(b)所示。

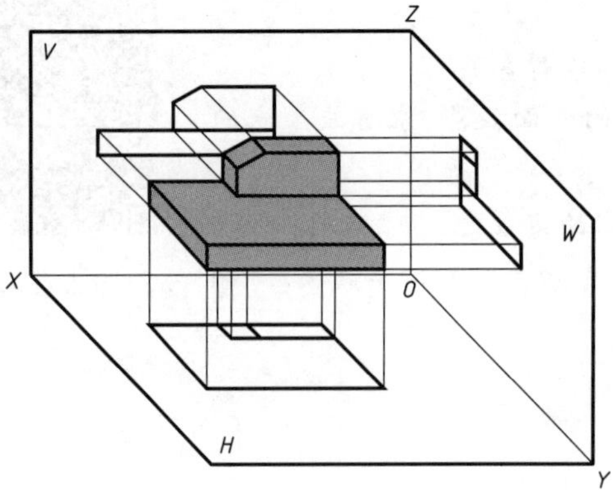

(a) 立体图

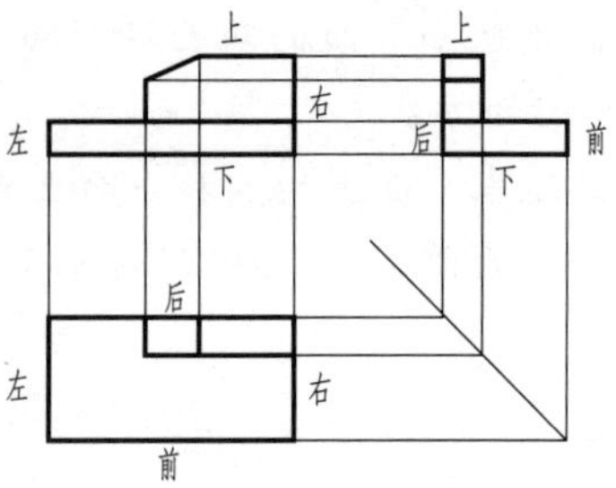

(b) 投影图

图3－1　三视图

3.2　平面体的投影及其表面取点线

由多个平面所组成的立体称为平面立体，简称平面体，有时也称多面体。平面体的每个表面都是平面多边形。最常见的平面体有棱柱、棱锥等。

1. 棱柱体的投影

棱柱是由两个互相平行的多边形底面，其余的各面均是四边形的平面所组成的基本几何体。棱柱中均是四边形的平面称为棱柱的棱面或者侧面，相邻两个棱面的交线称为棱线或侧棱，棱线之间互相平行。棱线垂直于底面的棱柱称为直棱柱，棱线与底面倾斜的棱柱称为斜棱柱，底面是正多边形的直棱柱称为正棱柱。

如图3－2(a)所示的正六棱柱，其上、下底面都是水平面，水平投影重合并反映六边形实形，正面投影和侧面投影均积聚成两段平行于相应投影轴的直线；前后两个棱面为正平面，正面投影重合并反映矩形的实形，其水平投影和侧面投影积聚成两段平行于相应投影轴的直线；其余四个棱面都是铅垂面，它们的水平投影分别积聚成四段倾斜于相应投影轴的直线，正面投影和侧面投影都是不反映矩形实形的，而是反映矩形的类似形。将六棱柱的上、下底面和六个棱面的投影画出后就得到正六棱柱的三面投影图，如图3－2(b)所示。图3－2(a)与图3－2(b)结合起来可以分析正六棱柱表面上各平面的投影情况，如平面P、平面Q，及平面ABCDEF的投影。

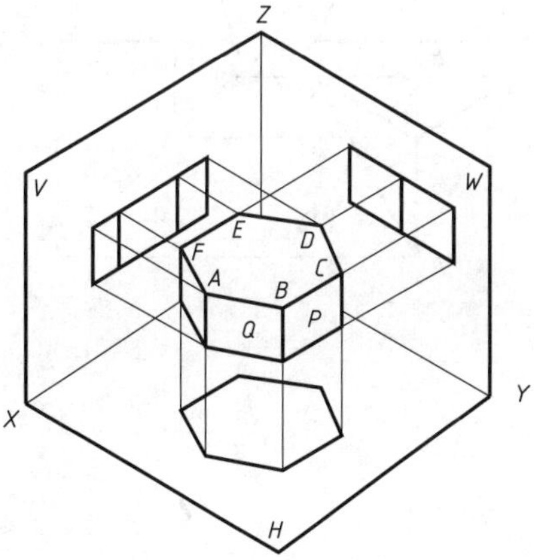

(a)

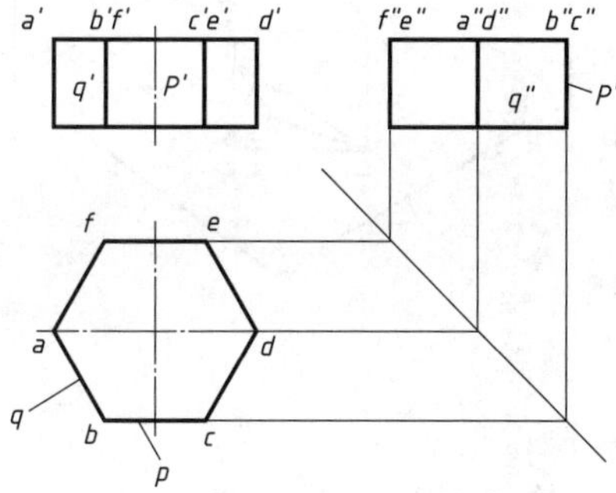

(b)

图3－2　正六棱柱的投影

画棱柱体的投影图时，一般先画出上下底面的三视图，然后将上、下底面所对应顶点的同面投影连接起来就是棱线的投影。最后，应对棱线的投影判别可见性，如果棱线相对于投影面可见，在该投影面上的投影画成粗实线，如果棱线相对于投影面是两不可见棱面的交线，则该棱线在该投影面上的投影不可见，应画成虚线。

正棱柱的三视图投影特点：一个投影面上是形状特征视图，其他两个投影面上棱线平行且相等。读正棱柱时，需要找到形状特征视图——多边形，按第三方向尺寸拉伸构思形状，这种方法称为拉伸法。如图 3－2(b)所示，俯视图的六边形为形状特征视图，拉伸出主视或左视图的高度尺寸，可构思出六棱柱的空间形状。

2. 棱锥体的投影

棱锥是由一个多边形底面，其余各面是有公共顶点的三角形平面所围成的基本几何体。棱锥中共同顶点的三角形平面称为棱锥的棱面或者侧面，相邻两个棱面的交线称为棱线或侧棱，各棱线交汇于顶点。如果棱锥的底面是正多边形，且锥顶位于通过底面中心且垂直于底面的直线上，这样的棱锥称为正棱锥。本节中仅举例介绍正棱锥的投影。

为方便画图和读图，通常使棱锥的底面平行于一个投影面，并尽量使一些棱面垂直于其他投影面。如图 3－3 所示，正三棱锥的底面 *ABC* 是水平面，其水平投影反映实形，正面投影和侧面投影分别积聚成与相应投影轴平行的直线；后棱面 *SAC* 是侧垂面，侧面投影 *s″a″c″* 积聚成一条直线，水平投影 *sac* 和正面投影 *s′a′c′* 均为三角形 *SAC* 的类似形，不反映实形；左、右两个棱面 *SAB*、*SBC* 为一般位置平面，其三面投影均是三角形的类似形，均不反映实形。

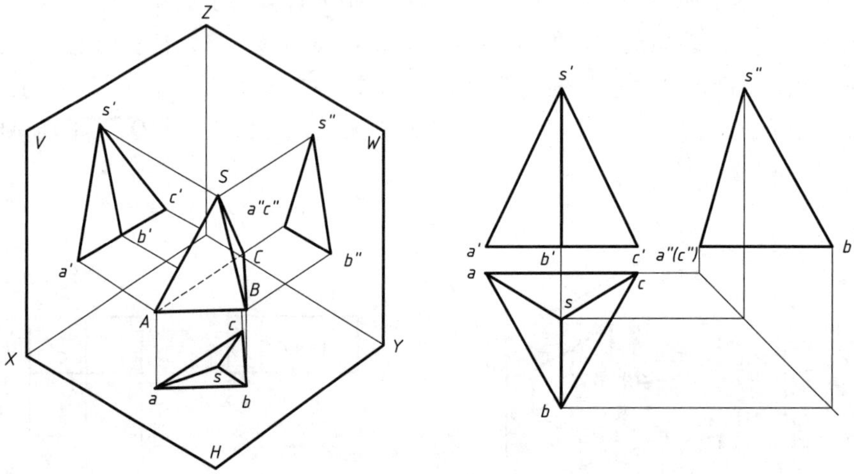

(a) (b)

图 3－3　正三棱锥的投影

3. 平面体表面上取点、取线

在平面立体上取点或线时，首先要分析平面体的投影图，弄清楚每一个表面和棱线的投影特点和可见性，然后利用可见性判断点或直线位于哪一个表面上，一般情况下，有积聚性投影的表面上的点和直线，直接利用积聚性投影来作图，没有积聚性投影的表面上的点或直线，就用面上取点和线的方法来作图。

【例 3－1】 如图 3－4(a)所示，已知四棱柱的三个投影及四棱柱表面上的点 *A*、*B* 的正面投影和点 *C* 的侧面投影，作出 *A*、*B*、*C* 三点的另外两个投影。

解：图 3－4(a)中，四棱柱的上、下底面为水平面，四个棱面为铅垂面，其中 *P* 和 *S* 棱面的正面投影可见，*Q* 和 *R* 棱面的正面投影不可见；*P* 和 *Q* 棱面的侧面投影可见，*S* 和 *R* 棱面的侧面投影不可见。因为 *a′* 不可见，*b′* 可见，*c″* 可见，所以 *A* 点位于 *Q* 面上，*B* 点位于 *S* 面上，*C* 点位于 *P* 面上。

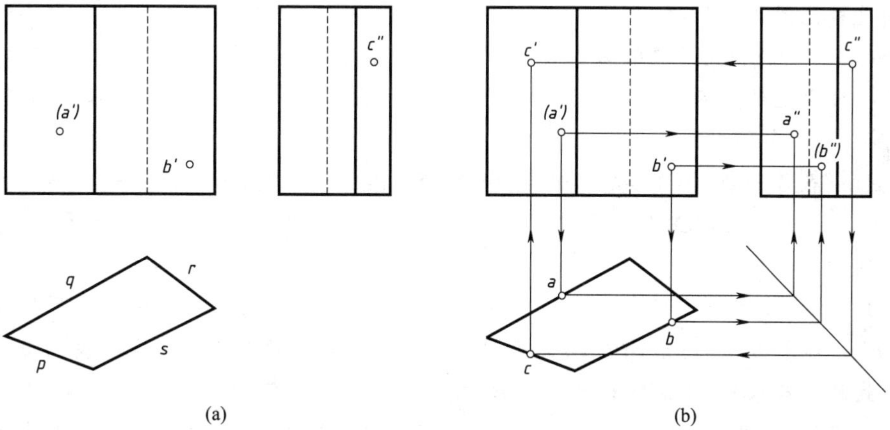

图 3－4　四棱柱表面上的点

作图过程见图 3－4(b)：

(1)过(a')点向下作竖线交 q 于点 a，由 a、(a')可求出 a''，由于 Q 棱面的侧面投影可见，所以 a''可见。

(2)过 b'点向下作竖线交 s 于点 b，由 b、b'可求出(b'')，由于 S 棱面的侧面投影不可见，所以(b'')不可见。

(3)过 c''向下作竖直线与 45°斜线相交，再由交点作水平线与 P 交于 c 点，由 c''、c 可求出 c'，也可以用宽相等直接量取宽度求解。由于 P 棱面的正面投影可见，所以 c'可见。

【例 3－2】　如图 3－5(a)所示，已知三棱锥 $S-ABC$ 的三个投影及三棱锥表面上的点 N 和点 K 的正面投影 n'和(k')，点 M 的侧面投影 m''，试求出 N 点、K 点和 M 点的另外两个投影。

解：如图 3－5(a)所示，三棱锥的下底面 ABC 为水平面，SAC 棱面为侧垂面，其余两棱面为一般位置平面。其中 SAB 和 SBC 棱面的正面投影可见，两棱面的侧面投影重影，SAB 棱面的侧面投影可见，SBC 棱面的侧面投影不可见。SAC 棱面的正面投影不可见，侧面投影积聚成一条直线。因为 n'可见，k'不可见，m''可见，所以 N 点位于 SBC 棱面上，K 点位于 SAC 棱面上，M 点位于 SBC 棱面上。

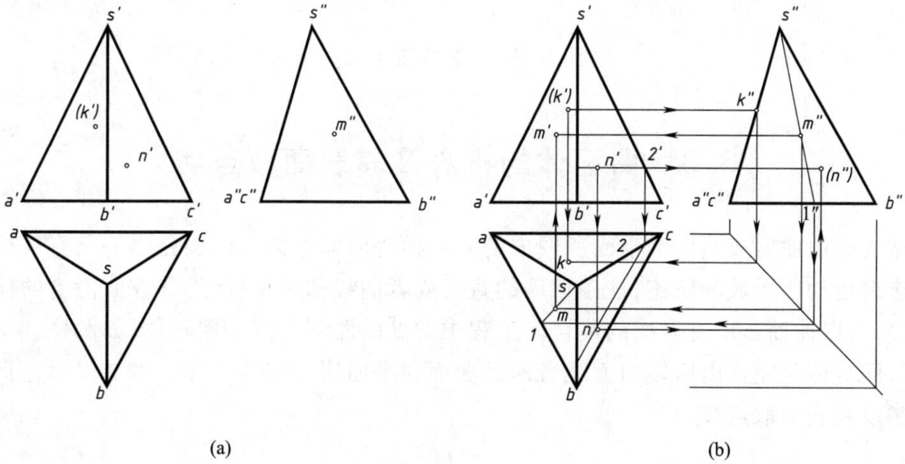

图 3－5　三棱锥表面上的点

作图过程见图 3-5(b)：

(1)根据平面的积聚性投影来求 k''，过(k')点向侧面投影作横线交 $s''a''(c'')$ 直线于点 k''，规定积聚性投影上的点不区分可见性。由 k'、k''可求出 k，由于 SAC 棱面的水平面投影可见，所以 k 可见。

(2)过 m''点作辅助线 $s''1''$，并求出 $s1$，根据 45°斜线或者宽相等理论作出 m 点，由 m、m''可求出 m'，由于 SAB 棱面的正面投影可见，所以 m'可见。这种方法称为辅助直线法，通常这种辅助直线从锥顶引出。

(3)过 n'作辅助线平行于 $b'c'$，交 $s'c'$于 $2'$，求出 2 点，过 2 点作辅助线平行于 bc，n 点在 bc 线上，由 n'、n 可求出 n''，由于 SBC 的侧面投影不可见，所以 n''不可见。这种辅助直线法是利用平行直线的原理来作图，通常称为平行线法。

【例 3-3】 如图 3-6(a)所示，已知三棱锥 $S-ABC$ 的三个投影及三棱锥表面上折线 KMN 的正面投影 $k'm'n'$，试求出 KMN 折线的另外两个投影。

解：根据三棱锥表面取点的方法，分别求出 K、M 和 N 三点的其他投影，同面投影的连线，即为折线的投影。其中 MN 的侧面投影不可见，即 $m''n''$画成虚线。

作图过程如图 3-6(b)所示。

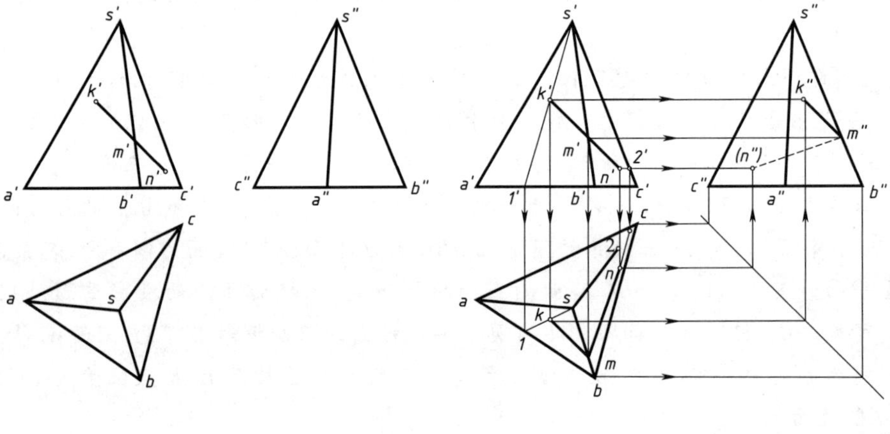

(a) (b)

图 3-6 三棱锥表面取线

3.3 曲面体的投影及其表面取点线

立体表面由曲面或曲面和平面所围成的立体称为曲面立体。曲面是由一条直线或者曲线在空间连续运动所形成的轨迹，这条运动的直线或者曲线称为母线，母线在曲面上的任一位置称为素线，所以曲面是所有素线的集合。工程中常见的曲面立体是回转体，如圆柱、圆锥、球和圆环等。回转体是完全由回转曲面或者回转曲面和平面所围成的立体。本节仅讨论常见回转体的投影以及表面取点线。

3.3.1　圆 柱 体

1. 圆柱体的投影

圆柱体是由圆柱面和与其轴线垂直的两个圆平面所围成的立体。一条直母线绕与它平行的轴线旋转一周形成圆柱面，直母线旋转时的任意轨迹为圆柱面，直母线在圆柱面上的任意位置称为素线。直母线上两端点的运动轨迹为圆柱两底面圆的圆周，直母线上任意点走过的轨迹称为纬圆。

图 3 - 7(a)所示为轴线垂直于水平投影面时圆柱体的立体图。

圆柱面上所有素线均是平行于轴线的铅垂线；圆柱面的水平投影积聚成一个圆。圆柱体上、下底面均是水平面，其水平投影反映实形，为与圆柱面水平投影重合的圆平面。圆柱面的正面和侧面投影面上的投影只画确定其投影范围的投影轮廓线。在正面投影中投影轮廓线 $a'b'$、$c'd'$是圆柱面上最左和最右两条素线 AB、CD 的投影，这两条素线的侧面投影与圆柱轴线的侧面投影重合，其水平投影积聚成两点。AB、CD 素线将圆柱面分成前、后两部分，前半个圆柱面的正面投影可见，后半个圆柱面的正面投影不可见，因此，最左和最右的轮廓素线是圆柱面在正面投影中的可见与不可见的分界线。

在侧面投影中投影轮廓线 $e''f''$、$g''h''$是圆柱面上最前与最后两条素线 EF、GH 的投影，它们的正面投影与圆柱轴线的正面投影重合，水平投影也积聚成两点。EF、GH 将圆柱面分成左、右两部分，左半圆柱面的侧面投影可见，右半圆柱面的侧面投影不可见，因此，最前和最后的轮廓素线是圆柱面侧面投影中可见与不可见的分界线。

综上所述，圆柱体不同的投射方向，圆柱面在各投影面上的投影轮廓线是不同的。画圆柱体投影时，一般先画出各投影的轴线和中心线，然后画出圆柱体顶、底面的三投影，最后连接各投影中的投影轮廓线，如图 3 - 7(b)所示。

圆柱体三视图的投影特点：一面投影是形状特征视图——圆，其他两面投影是矩形。读图时仍然使用拉伸法。如图 3 - 7(b)所示，俯视图的圆是形状特征视图，拉伸出高度方向尺寸，即可构思出圆柱体的空间形状。

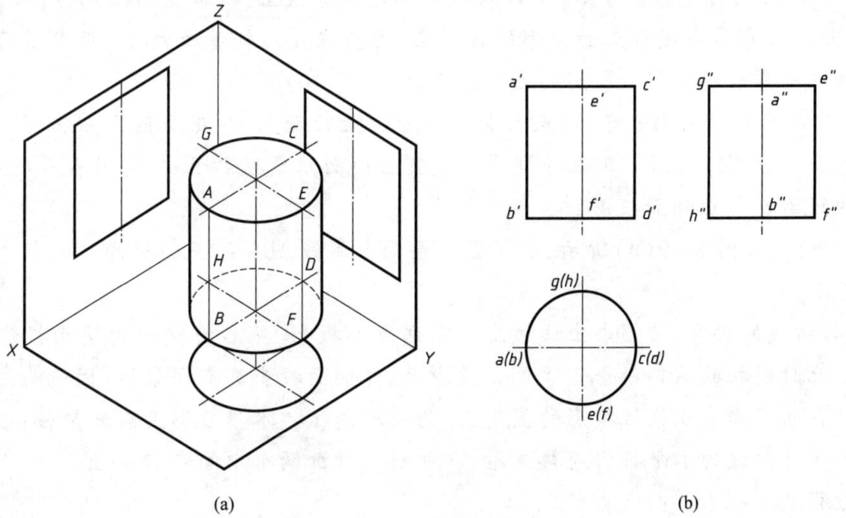

图 3 - 7　圆柱体的投影

2. 圆柱体表面取点、取线

当圆柱体轴线垂直于投影面时，转向轮廓线上的点可以根据线上取点的方法直接做出；若点不在转向轮廓线上，可以利用圆柱面投影有积聚性的特性来作图。

【例 3－4】 如图 3－8(a)所示，已知圆柱表面上的点 A、B、C 的一个投影，试完成其另外两个投影。

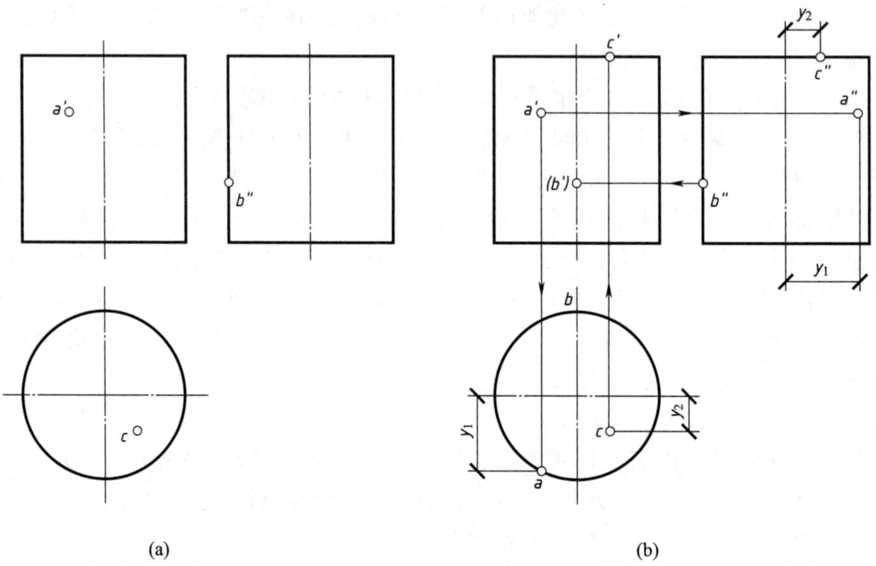

图 3－8 圆柱体表面取点

解：如图 3－8(b)所示：

(1) 由于点 A 的正面投影 a' 可见，点 A 位于前半圆柱面上，其水平投影利用积聚性原理位于水平投影圆周上，利用其 a 到圆柱轴线距离 y_1，作出 a''，A 点在左半圆柱面上，所以侧面投影 a'' 可见。最取 y_1 的方法是三等关系中的"宽相等"，与作 45°线求点得到的结果是相同的。

(2) 由点 B 的侧面投影 b'' 可知，点 B 在最后的轮廓素线上，根据点的从属性（线上求点）原理，点 B 的正面投影落在圆柱正面投影的轴线上，因为在最后轮廓素线上，所以正面投影 (b') 不可见。水平投影落在水平投影圆的最后点上。

(3) 由点 C 的水平投影 c 可知，点 C 位于圆柱的上顶面上，其正面投影 c' 和侧面投影 c'' 位于上顶面的积聚投影上。过 c 向上作投影连线交上顶面积聚投影于 c'，利用点 C 的水平投影 c 到中心线的距离 y_2 作出侧面投影 c''。

【例 3－5】 如图 3－9(a)所示，已知圆柱表面上曲线 ABC 的正面投影 $a'b'c'$，求曲线的其余两面投影。

解：要作曲线的投影，必须求出曲线上一系列点的投影，然后将它们的同面投影光滑连线即为所求。此时圆柱面的轴线垂直于侧立投影面，其侧面投影具有积聚性，因此曲线的侧面投影必定积聚在圆柱面有积聚性投影的圆周上，为一段圆弧。水平投影没有积聚性，应为曲线的类似形。为了使曲线的水平投影连接光滑，在曲线上增加两个中间点 D 和 E。

作图过程见 3－9(b)：

(1) 求特殊点。A、B、C 是圆柱转向轮廓线上的点，称为特殊点。利用积聚性可以求出三个特殊点的其他两面投影。

(2)求中间点。D、E 是在曲线的已知投影图中适当位置选取的点，根据三等关系和积聚性投影可以求出其他两面投影。

(3)连线，判别可见性。H 面投影需要按照 a,d,b,e,c 的顺序进行连线。点 B 在圆柱面的水平投影最前轮廓素线上，也是上、下半圆柱面分界线上的点，所以该点的水平投影是曲线的水平投影可见与不可见的分界点。曲线段 ADB 位于上半圆柱面上，其水平投影 adb 可见，应画成实线；而曲线段 BEC 位于下半圆柱面上，所以其水平投影 $b(e)(c)$ 一段为不可见线，应画成虚线。

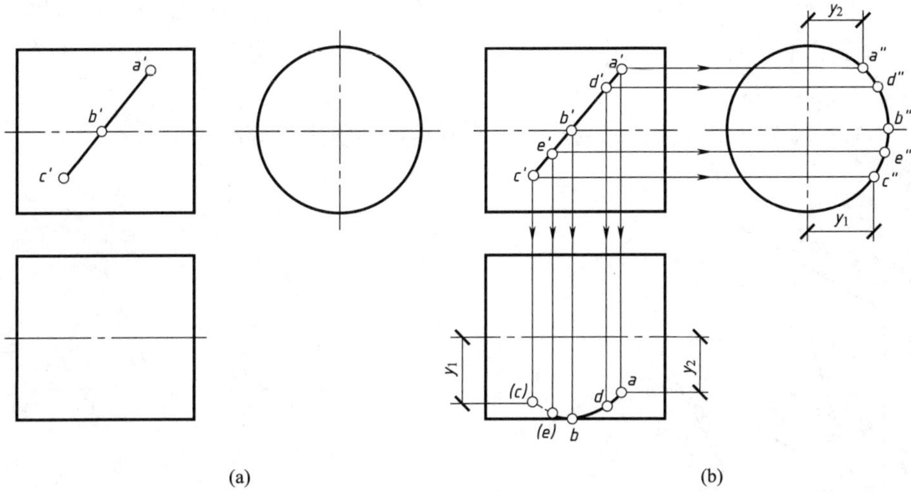

图 3-9 圆柱体表面取线

3.3.2 圆 锥 体

1. 圆锥体的投影

圆锥体是由圆锥面和垂直于轴线的底面所围成的立体。圆锥面是由一条直母线绕与它相交轴线旋转一周所形成的曲面。母线与轴线的交点即为圆锥面顶点，母线另一端运动轨迹为圆锥底面圆的圆周。因此，在圆锥面上任意位置的素线均交于锥顶。

图 3-10(a)所示为轴线垂直于水平投影面时圆锥体的立体图。圆锥体的轴线垂直于水平面，其底圆为水平面，在水平投影反映底面圆的实形，底圆的正面投影和侧面投影分别积聚成平行于相应投影轴的直线。圆锥面的水平投影与底面圆的水平投影重合，正面投影和侧面投影为等腰三角形。读图时先找到圆形投影，再根据三等关系找到其他两面三角形投影，即可构思出圆锥体的空间形状。

如图 3-10(b)所示，圆锥体的正面投影为等腰三角形 $\triangle s'a'b'$，其底边为圆锥底面圆的积聚性投影，长度等于圆锥底圆直径；两个腰 $s'a'$、$s'b'$ 分别为圆锥面上最左转向轮廓线 SA、最右转向轮廓线 SB 的正面投影，它们将圆锥面分为前、后两部分，其中前半圆锥面正面投影可见，后半部分圆锥面正面投影不可见，前、后圆锥面的正面投影重合，因此，最左和最右的转向轮廓线是圆锥面在正面投影中的可见与不可见的分界线。最左、最右转向轮廓线的水平投影 sa、sb 与投影圆的水平方向中心线重合，此处只画中心线，侧面投影 $s''a''$、$s''b''$ 均与圆锥轴线重合，此处只画轴线。

同理，如图 3－10（b）所示，圆锥的侧面投影为等腰三角形$\triangle s''c''d''$，其底边为圆锥底面圆的积聚性投影，长度等于圆锥底圆直径；两个腰 $s'c'$、$s'd'$分别为圆锥面上最前转向轮廓线 SC、最后转向轮廓线 SD 的侧面投影，它们将圆锥面分为左、右两部分，其中左半部分圆锥面侧面投影可见，右半部分圆锥面侧面投影不可见，左、右圆锥面的侧面投影重合，因此，最前和最后的转向轮廓线是圆锥面在侧面投影中的可见与不可见的分界线。最前、最后转向轮廓线的水平投影 sc、sd 与投影圆的水平方向中心线重合，此处只画中心线，正面投影 $s'c'$、$s'd'$均与圆锥轴线重合，此处只画轴线。

综上所述，圆锥体不同的投射方向，圆锥面在各投影面上的外形轮廓线是不同的。画圆锥体投影时，一般先画出各投影中的轴线和中心线，然后画出圆锥体底圆及顶点的各投影，最后连接各投影中的轮廓线。

圆锥体的三视图投影特征：一面投影为圆，其他两面投影为等腰三角形。

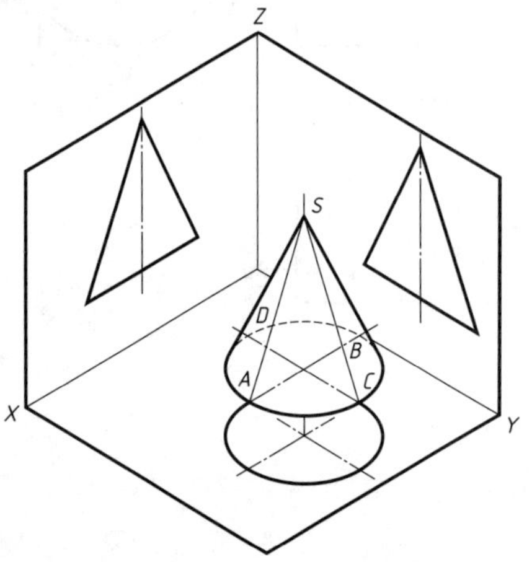

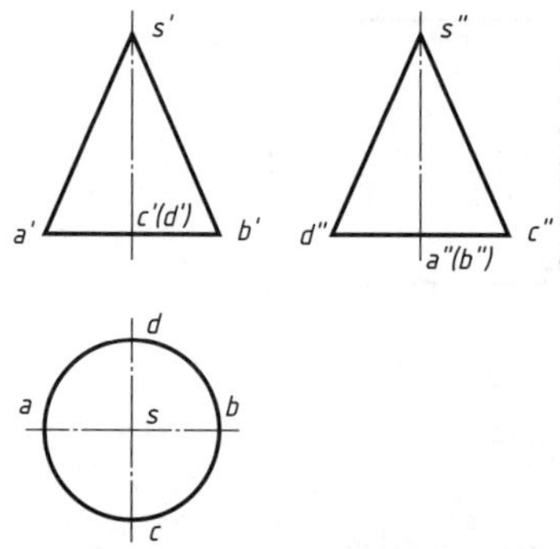

图 3－10　圆锥体的投影

2. 圆锥体表面取点取线

由于圆锥面在三个投影面上的投影都没有积聚性，其表面取点线需要作辅助线。做辅助线的方法有两种：辅助素线法和辅助纬圆法。

【例 3－6】　如图 3－11（a）所示，已知圆锥体表面上的 A、B、C 三点的一面投影，分别求出三点的其余两面投影。

解：（1）辅助素线法：过圆锥锥顶 S 与点 A 作一辅助素线交底面圆周于Ⅰ点，求出 SⅠ的各个投影后，即可按照直线上点的投影规律求出点 A 的水平投影和侧面投影。具体作图步骤如下：首先过 $s'a'$作一直线与底面圆的正面投影相交于 $1'$，求出Ⅰ点的水平投影 1，连接 $s1$，点 A 的水平投影 a 落在 $s1$ 上，再由 a'和 a 求出侧面投影 a''即可。

（2）辅助圆法：如图 3－11（b）所示，过点 B 在圆锥面上作一个平行于底面的圆，该圆的正面投影是过 b'与底圆正面投影平行的直线 $2'4'$，水平投影为直径等于 $2'4'$的圆，B 点的水平投影 b 落在该圆上，再由 b'和 b 求出侧面投影 b''即可。同理，求 C 点的正面投影时，先以水平投影 sc 为半径画圆，再过水平投影点 3 向上作竖线，与最右轮廓素线正面投影相交于 $3'$，过 C 点的圆的正面投影为过 3′平行于底边的直线，点 C 的正面投影 c'在该直线上，然后通过 C 点的正面投影 c'和水平投影 c 求出侧面投影(c'')即可。

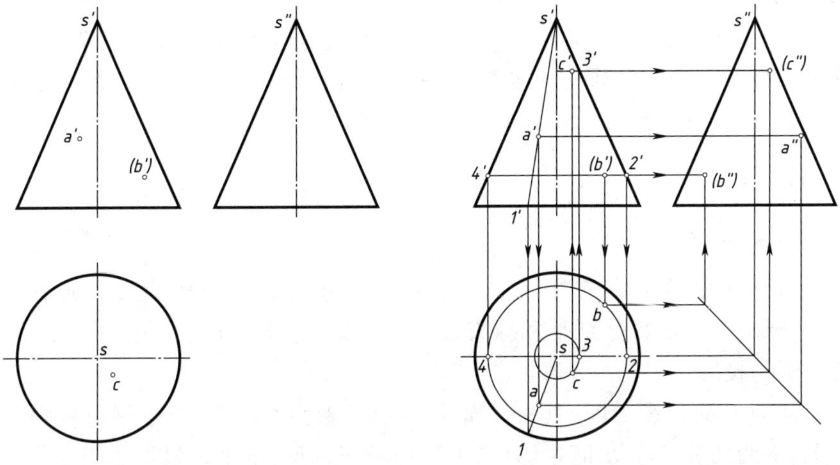

(a)　　　　(b)

图 3－11　圆锥体表面取点

【例 3－7】　如图 3－12(a)所示，已知圆锥体表面上曲线的正面投影 $a'b'c'$，求曲线的其余两面投影。

解：由投影可知，A、B、C 点在圆锥的转向轮廓线上，是特殊位置点。为了使曲线光滑连接，需要在已知投影上再定出若干中间点，最后将各点的同面投影光滑连接成曲线即为所求。

作图过程：(1)求特殊点。如图 3－12(b)所示，先求正面投影外形轮廓线上的 A、C 两点的水平投影和侧面投影。根据外形轮廓线各投影的对应关系，可直接求出其水平投影 a、c 及侧面投影 a''、c''。点 B 是在侧面投影的外形轮廓线上，所以由 b'可直接找出其侧面投影 b''，再由 b'、b''确定 b。

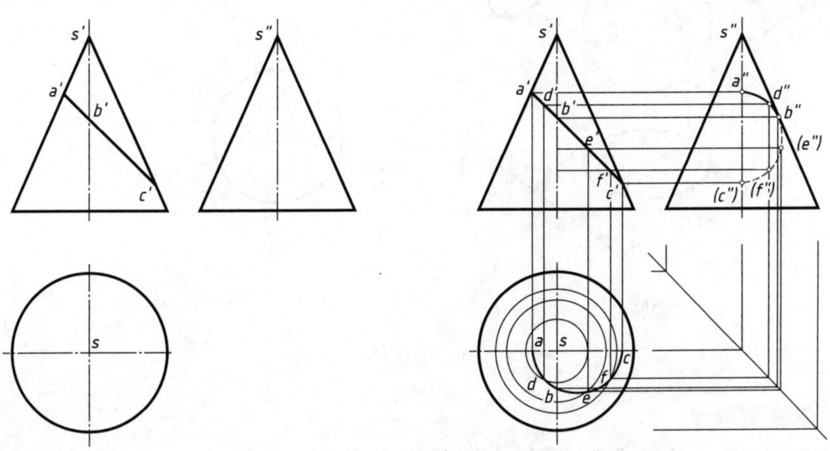

(a)　　　　(b)

图 3－12　圆锥体表面取线

(2)求中间点。如图 3－12(b)所示，在 $a'b'c'$ 上取点 D、E、F 的正面投影 d'、e'、f'，用纬圆法求出 d、e、f 及 d''、e''和 f''。

(3)连线，判别可见性。如图 3－12(b)所示，按正面投影 $a'd'b'e'f'c'$的顺序将其余两面投影连成光滑的曲线 $adbefc$ 及 $a''d''b''(e'')(f'')(c'')$。曲线的水平投影均为可见。曲线 $BEFC$ 段在右半圆锥体表面上，因此，它的侧面投影 $b''(e'')(f'')(c'')$段为不可见线，画成虚线；ADB 段在左半圆锥体表面上，其侧面投影 $a''d''b''$可见，画成实线。

3.3.3 圆球体

1. 圆球体的投影

圆球体是由圆球面所围成的立体。圆球面是圆母线绕其直径旋转所形成的曲面。如图 3－13 所示，球的三个投影分别是和球直径相等的圆，它们是球在平行于 H、V、W 投影面三个方向上最大圆的投影。

水平最大圆的 H 面投影为圆，其 V 和 W 面投影积聚为直线段，与水平对称中心线重合，它把球面分为上、下两部分。在 H 面投影中，上半球投影可见，下半球投影不可见。

正面最大圆的 V 面投影为圆，其 H 和 W 面投影积聚为直线段，并分别与水平和垂直对称中心线重合，它把球面分为前、后两部分。在 V 面投影中，前半球投影可见，后半球投影不可见。

侧面最大圆的 W 面投影为圆，其 V 和 H 面投影积聚为直线段，并与垂直对称中心线重合，它把球面分为左、右两部分。在 W 面投影中，左半球投影可见，右半球投影不可见。

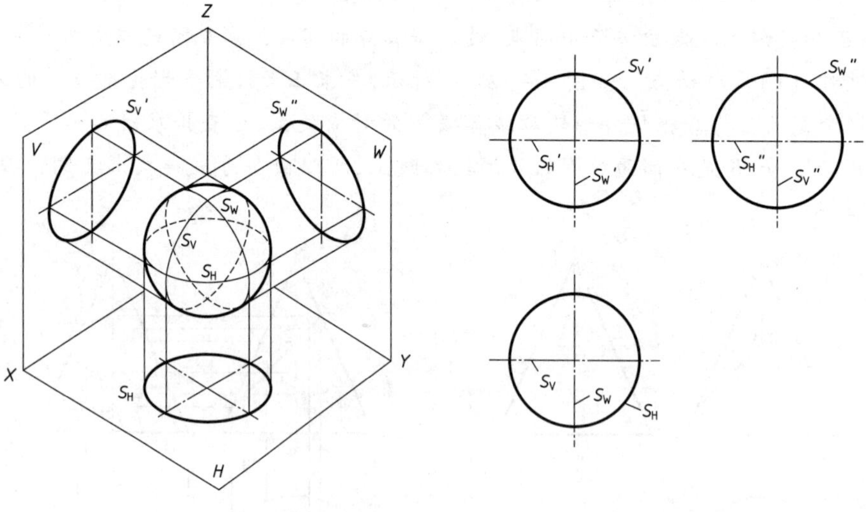

(a)　　(b)

图 3－13　圆球体的投影

2. 圆球体表面取点

由于圆球面的母线是圆或者半圆，在圆球表面上没有直线，球面上取点只能采用辅助纬圆法。

【例 3-8】 如图 3-14(a)所示,已知球面上点 M、N、K 的一个投影,求作其另外两个投影。

解:(1)作点 M 的投影。如图 3-14(b)所示,已知点 M 的水平投影 m 可见,所以点 M 位于左、前、上 1/4 球面上,过点 m 作平行于 V 面的纬圆,纬圆半径为 1 和 2 间距,过 m 作投影连线交纬圆于 m',正面投影 m' 可见,其侧面投影 m'' 可利用点的投影规律求出,侧面投影 m'' 也可见。

过点 M 所作的辅助圆(纬圆)也可以是与水平投影面或者侧立投影面平行的圆,读者可自行分析将其作出。

(2)作点 N 的投影。如图 3-14(b)所示,点 N 的正面投影 n' 位于圆球体正面投影的转向轮廓圆的最高点上,其侧面投影 n'' 位于圆球体侧面投影转向轮廓圆的最高点上,水平投影 n 位于水平投影中心线的交点。

(3)作点 K 的投影。点 K 的正面投影 k' 位于圆球面正面投影的水平中心线上,说明 K 点在上下半球的分界圆上,所以根据点的投影规律直接向下作竖线找到其水平投影 k,然后根据点的投影规律作出其侧面投影 k'' 即可。

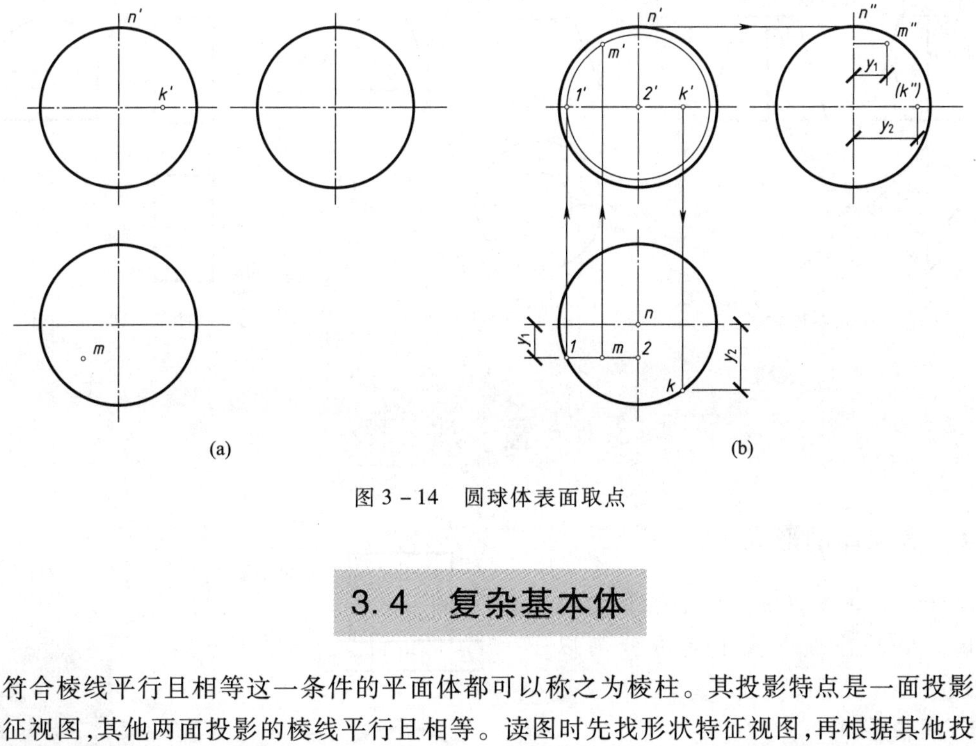

图 3-14 圆球体表面取点

3.4 复杂基本体

符合棱线平行且相等这一条件的平面体都可以称之为棱柱。其投影特点是一面投影是形状特征视图,其他两面投影的棱线平行且相等。读图时先找形状特征视图,再根据其他投影拉伸出第三方向尺寸即可。如图 3-15(a)所示,左视图是八边形,主视图和俯视图的棱线分别平行且相等,该平面体是八棱柱。如图 3-15(b)所示,将左视图的八边形拉伸出主视图或者俯视图中的长度尺寸(X),即得到该物体的空间形状。

棱台是棱锥切去锥顶之后得到的形体,投影特点是侧棱线有交于一点的趋势,如图 3-16 所示为四棱台。图 3-17 所示圆台是圆锥切去锥顶之后得到的形体。图 3-18 所示 U 形体是半圆柱与四棱柱叠加得到的形体,由于圆柱面与棱柱面相切,表面无交线。

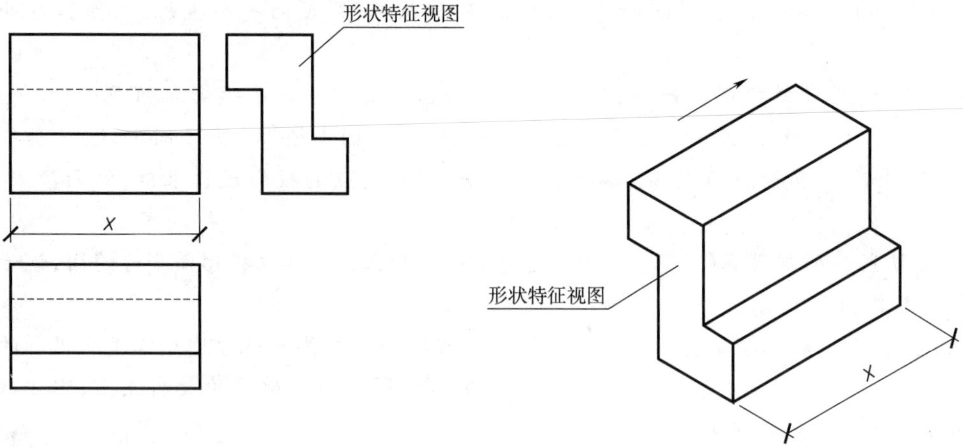

(a) (b)

图 3 - 15　复杂棱柱

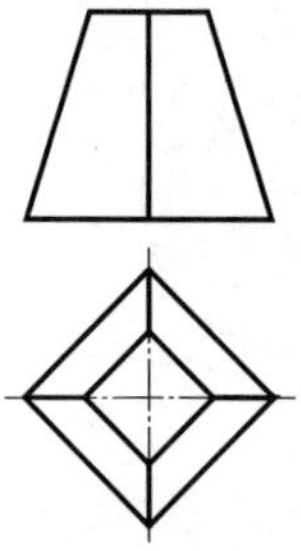

图 3 - 16　四棱台

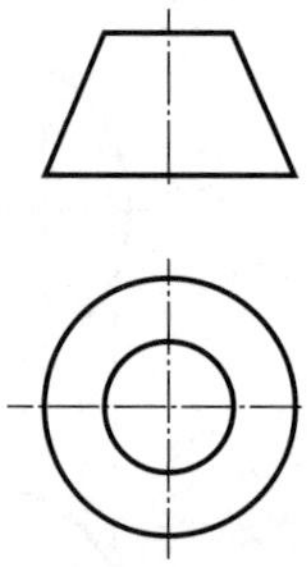

图 3 - 17　圆台

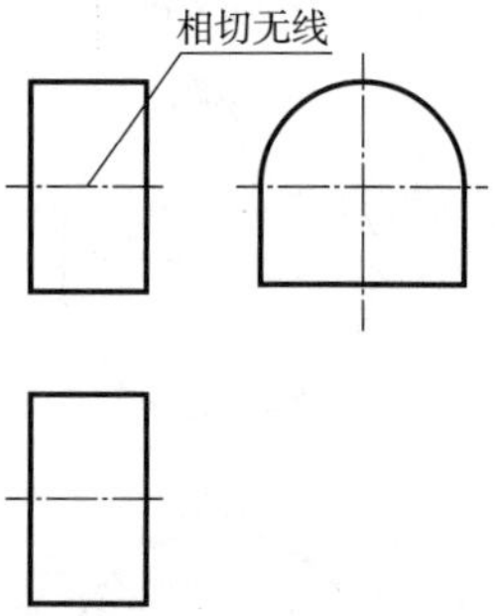

图 3 - 18　U 形体

3.5　叠　加　体

3.5.1　叠加体的形成

由若干个基本体叠加而成的形体称为叠加体。根据叠加形式不同可分为以下几类：

1. 同轴叠加

几个基本体有共同的轴线。如图 3 - 19(a)所示为大小圆柱同轴叠加,内部有通孔。俯视图为形状特征视图,主视图表示两个基本体的位置特征。根据形状特征和位置特征,利用拉伸法想形状,立体图如图 3 - 19(b)所示。

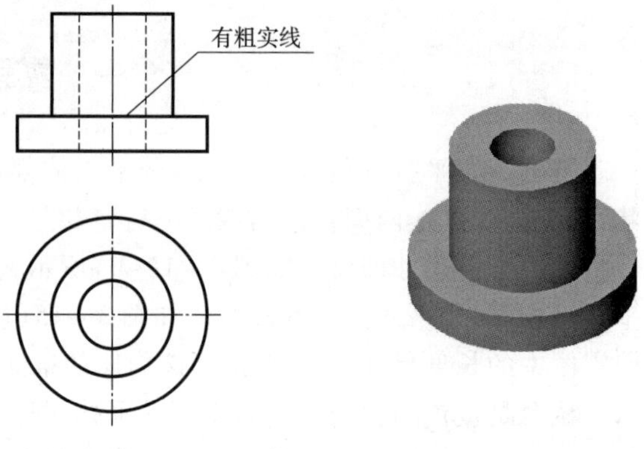

(a) (b)

图 3 - 19　同轴叠加

2. 对称(不对称)叠加

对称叠加是指相同的基本体按照对称中心线叠加。图 3 – 20 所示叠加体上部为两个打孔的 U 形体左右对称叠加,此叠加体前后不对称。

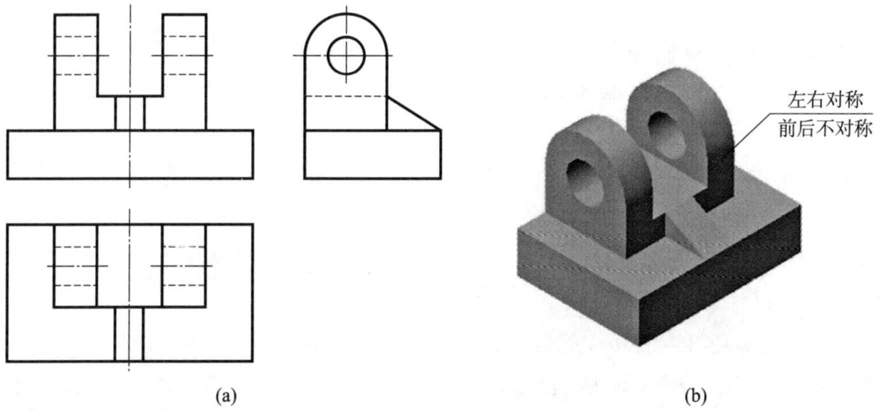

图 3 – 20　对称(不对称)叠加

3. 表面平齐(不平齐)叠加

两个基本体叠加之后表面出现共面,称为表面平齐叠加。表面平齐叠加后,画图时需遵循平齐无线的原则。图 3 – 21 为 U 形体与四棱柱叠加后的四种形式。图 3 – 21(a)中 U 形体与四棱柱后端面平齐,前端面不平齐,主视图相应位置为粗实线;图 3 – 21(b)中前后端面平齐,主视图相应位置无交线;图 3 – 21(c)中 U 形体与四棱柱前端面平齐,后端面不平齐,主视图相应位置为虚线;图 3 – 21(d)中两个 U 形体分别与四棱柱前后端面平齐,主视图相应位置为虚线。

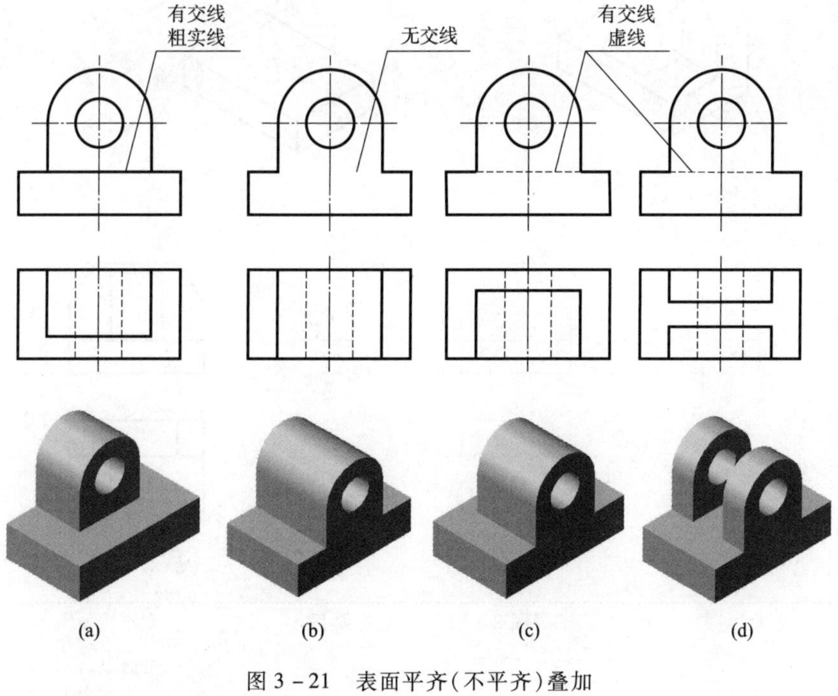

图 3 – 21　表面平齐(不平齐)叠加

3.5.2 叠加体画图

叠加体画图是由已知空间形体画平面图形的思维过程。叠加体画图时，根据叠加体的定义可分为以下几步：

(1)假想分解：将形体假想分解为若干个基本体，分析他们之间的叠加形式。

(2)分别画图：分别画出各基本体的三视图。有形状特征视图的基本体应先画出形状特征视图。

(3)检查加深：根据平齐无线、相切无线、相交有线原则检查加深图线。

【例 3－9】 根据图 3－22(a)所示立体图，画出其三视图。

解：(1)假想分解：如图 3－22(b)所示，将形体分解为三个基本体。注意分解出的基本体数量不宜过多，否则将影响作图效率。

(2)分别画图：如图 3－22(c)所示，画出形体Ⅰ的三视图。如图(d)所示，画出形体Ⅱ的三视图，应先画出主视图的六边形，再根据三等关系画出其他两面投影。画出形体Ⅲ的三视图，应先画出左视图的三角形，再画出其他两面投影。注意：本例中的尺寸是根据轴测图中量取得到的。

(3)检查加深：如图 3－22(a)所示，形体Ⅰ和形体Ⅱ左右端面平齐无线，左视图中的线要去掉。该形体的三视图如图 3－22(e)所示。

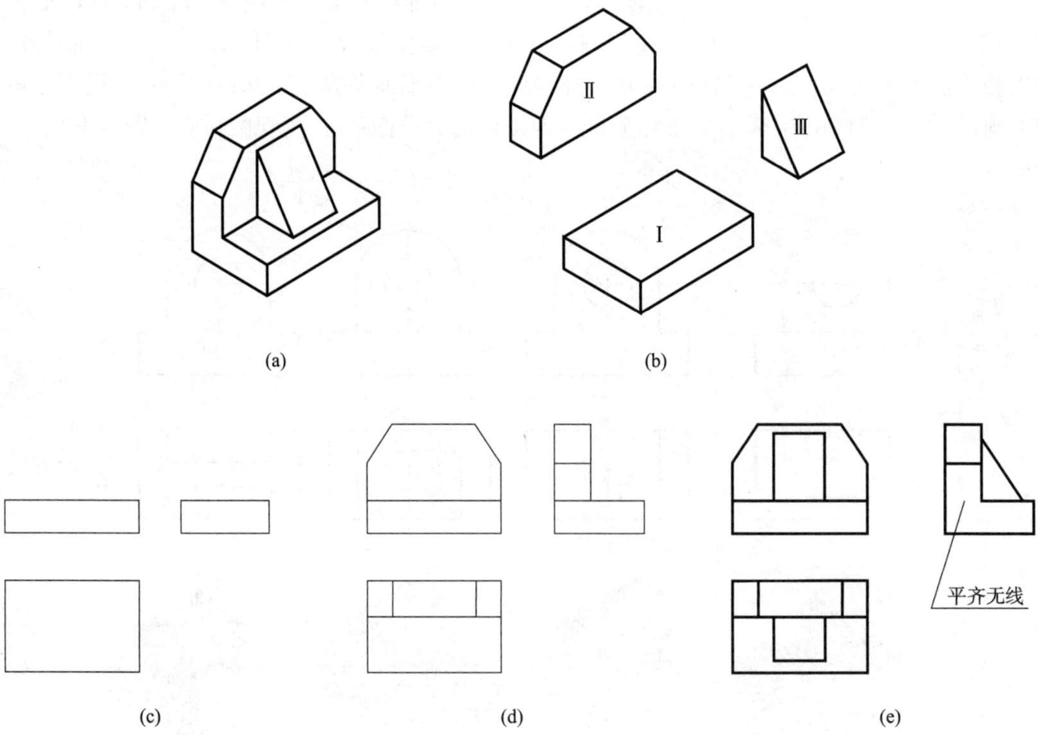

图 3－22　叠加体画图

3.5.3 叠加体读图

叠加体读图是由图想物的空间思维过程，与叠加体画图之间是逆向思维。常用的读图方法有：看图线；分线框；多视图定形状。

1. 看图线

图线的含义有多种可能：

(1)面的积聚性投影：平面或曲面在投影图中可能积聚为直线或者曲线。如图3－23所示，四棱柱的底面和侧面在相应的投影图中积聚为直线，圆柱面在 H 面投影积聚为圆。本图中还有其他有积聚性的面，读者可自行分析。

(2)两面交线：平面与平面相交，或者平面与曲面相交都会形成交线。如图3－23所示，四棱柱与四棱台表面形成直线形交线，圆柱面与四棱台表面形成圆形交线。

(3)回转体的转向轮廓线：圆柱、圆锥、圆球等的转向轮廓线有直线和曲线形式。如图3－23所示，大圆柱在 V 面与 W 面上的转向轮廓线是实线，小圆柱面在 V 面和 W 面上的转向轮廓线是虚线。

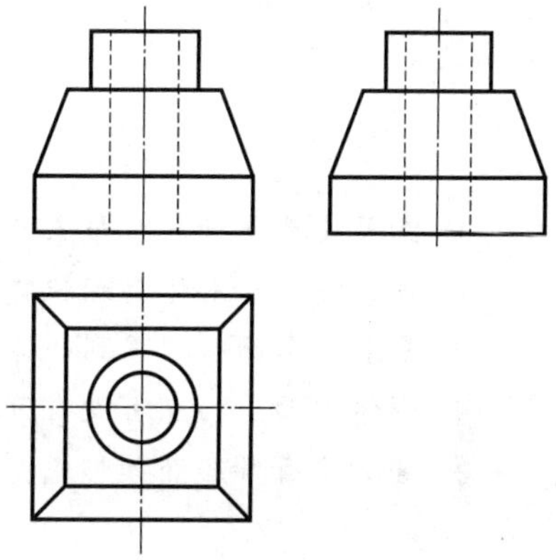

图3－23 叠加体读图

2. 分线框

(1)一个封闭线框

视图中一个封闭线框所代表的含义有多种可能：表示平面的实形或者类似形；表示曲面的投影；表示平面与曲面相切。如图3－23所示，主视图中四棱柱的前侧面投影为实形，四棱台前侧面投影为类似形；圆柱面的主视图投影是矩形。如3.4节中图3－18所示，U形体的主视图是平面与曲面相切。

(2)线框相套或者相邻：视图中两个线框相套或者相邻，表示两面平行或者相交，也可能是实体上打孔。如图3－23所示，在俯视图中，小正方形与大圆相套，表示该两面平行；大圆与小圆相套，表示圆柱体上打圆孔。主视图中等腰梯形与下方的矩形相邻，表示两面空间相交。

当两面平行时，两线框在主视图中相邻或者相套，表示两面有前后位置关系；在俯视图中相邻或者相套，表示两面有上下位置关系；在左视图中相邻或者相套，表示两面有左右位置关系。具体位置应结合其他投影图加以判断。如图3－23所示，俯视图中小正方形与大圆相套，根据主视图可知，大圆所代表的平面在上方，小正方形所代表的平面在下方。

以上看图线、分线框的读图方法是线面分析法，在后面章节会用到。

3. 多视图定形状

一个视图无法确定形体的形状，必须根据多个视图才能确定。如图3－23所示，根据主视图中的小矩形，无法确定是圆柱还是棱柱，必须根据“长对正”关系找到 H 面投影图中的形状特征视图——圆，才能确定形体是圆柱，再根据 W 面投影进行分析，得出圆柱而非棱柱的结论。

4. 读图步骤

按照上述的读图方法，将形体在投影图中假想分解为若干个基本体，分析他们之间的叠加形式。如图 3 – 23 所示，该叠加体是同轴叠加，主视图为叠加体的位置特征视图，俯视图有较明显的形状特征。两者结合起来，由下至上可以将叠加体分为四棱柱、四棱台、圆柱三个基本体。小圆和虚线表示三个基本体叠加之后打圆孔。

根据投影图分解基本体是读图的难点，分解时依据的原则是：平齐无线、相切无线、相交有线。当基本体之间平齐时，需要自行补线，然后分解。

这种将形体假想分解为若干个基本体分别想形状的方法，称为形体分析法，在后面章节也会用到。

思 考 题

1. 三等关系是什么？与点的投影规律之间有何关联？
2. 什么样的基本体有形状特征视图？
3. 基本体表面取点用到的方法有哪些？
4. 形体表面上的点有没有可见性问题？如何判断？
5. 叠加体有哪些叠加形式？投影图各有什么特点？

第 3 章重点难点概要

第 4 章　形体表面交线

在建筑物表面上，常常有一些轮廓线条，这些线条可以被认为是平面和立体表面的交线，或是两个立体表面的交线。图 4－1 所示为天窗与屋面产生的交线，图 4－2 所示为东方明珠上圆柱、圆锥与球形产生的交线。

图 4－1　平面体交线

图 4－2　曲面体交线

4.1　截　交　线

用平面截切立体产生的交线称为截交线。用来切割立体的平面称为截平面。

截交线是一个封闭图形，如果被截立体是平面体，那么截交线是一个多边形。如果被截立体是曲面体，截交线一般情况下会是一个封闭曲线。如图 4－3 所示，一个四棱锥被一个截平面所切，得到一个封闭的四边形截交线。

截交线的特点：

(1)截交线是一个封闭图形。

(2)截交线的形状取决于被截立体的形状及截平面与立体的相对位置。截交线的投影的形状取决于截平面与投影面的相对位置。

(3)截交线是截平面与立体表面的共有线。共有线又由共有点组成。因此，求截交线的实质是求截平面与立体表面的交点，再把这些点依次连接起来，就得到了截交线的投影。

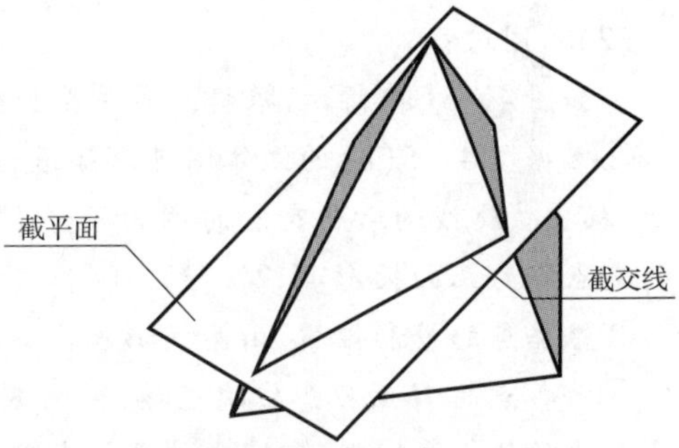

图 4－3　四棱锥截切

4.1.1 平面体截切

平面体被一个平面截切,交线为一个封闭的平面多边形。求各棱线与截平面的交点的方法称为棱线法。求各棱面与截平面的交线的方法称为棱面法。两种方法经常结合起来使用。

求截交线的步骤:

(1)空间与投影分析:分析立体未截切时的形状,画出完整的被截立体。根据平面与被切立体的棱线及棱面的相交情况,确定交线为几边形。分析截平面的空间位置及与被切立体的相对位置,确定截交线的投影特征。

(2)画出截交线的投影。

(3)整理棱线或者轮廓线,判别可见性。

【例 4-1】 如图 4-4(a)所示,已知正六棱柱被截切后的正面和侧面投影,求其水平投影。

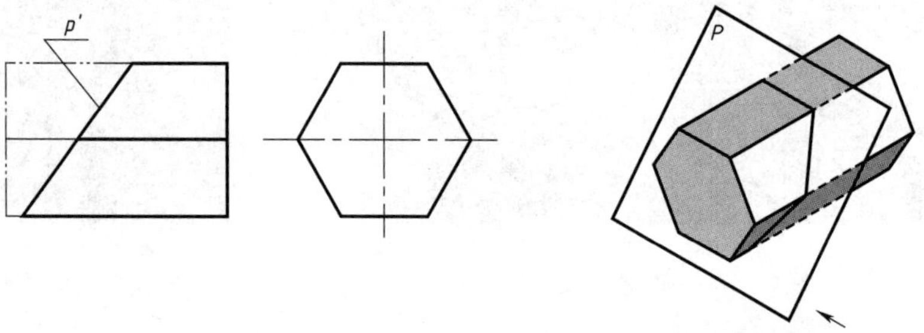

(a) 原题　　(b) 立体图

图 4-4 正六棱柱截切

解:

(1)空间及投影分析

如图 4-4(b)所示,P 平面为正垂面,P 平面与棱柱的六条棱线都相交,产生六个交点,因此截交线为六边形。同时这个六边形也是正垂面,具有正垂面的投影特征,即在正面投影上积聚为一条斜线,另两投影为类似形。

(2)作图过程

①如图 4-5(a)所示,根据三等关系画出未被截切的完整正六棱柱的水平投影。

②根据图 4-5(b)的立体图可以知道,六个交点分别位于六条侧棱线上。如图 4-5(a)所示,标出截交线的六个交点的侧面投影 1″、2″、3″、4″、5″、6″。截平面的投影 p' 与六条棱线投影的交点即为正面投影 1′、2′、(3)′、(4)′、(5)′、6′。

③根据点的投影性质,由两投影求出第三投影 1、2、3、4、5、6,如图 4-5(c)所示。

④将各点的 H 面投影依次连接,得到截交线投影。由图 4-5(a)和图 4-5(b)可知,六个交点往左的棱线被切去了,擦去被截切部分,完成被切六棱柱的水平投影,结果如图 4-5(d)所示。

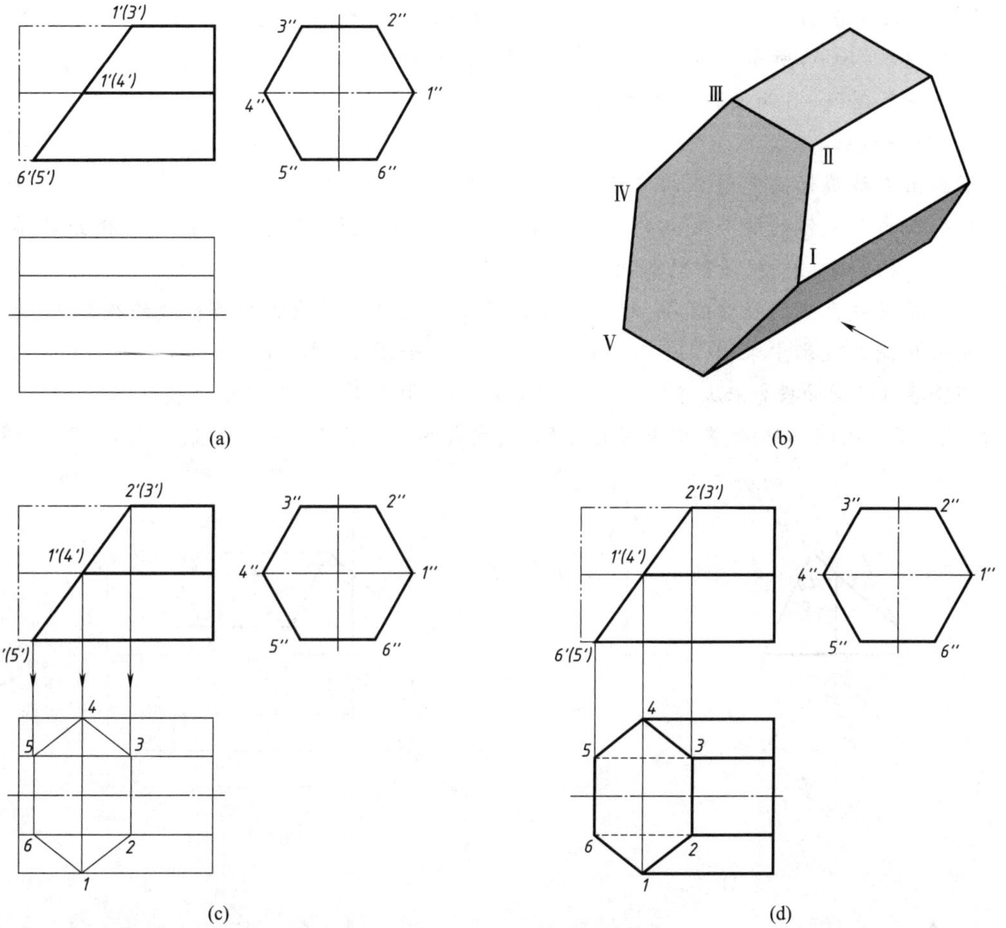

图 4－5　正六棱柱截切解题过程

【例 4－2】　如图 4－6(a)所示,求四棱锥被 P 平面截切后的三视图。

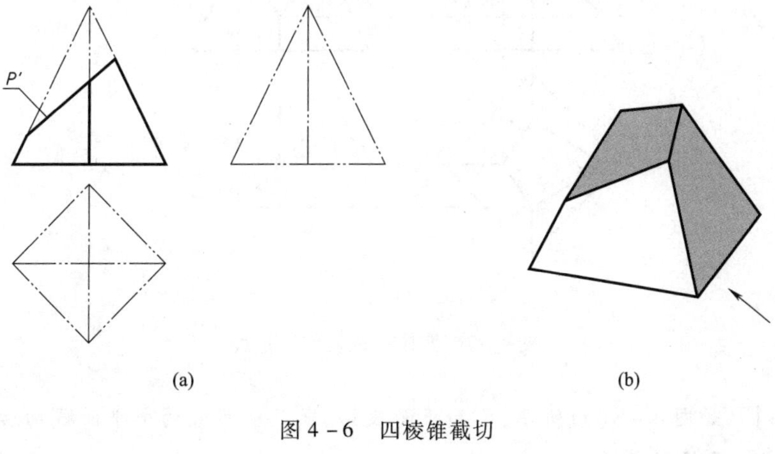

图 4－6　四棱锥截切

解:(1)空间及投影分析

*P*平面为正垂面，*P*平面与棱锥的四个棱线都相交，产生四个交点，因此截交线为四边形。立体图如图4－6(b)所示。截交线在截平面*P*上，因此这个四边形也是正垂面，即在正面投影上积聚为一条斜线，另两面投影为类似形。

(2)作图过程

①画出未被截切的完整正四棱锥的三面投影。如图4－7(a)所示。

②先求出截交线的四个交点的正面投影。截平面的投影*P'*与四棱锥四条棱线投影的交点即为正面投影1′、2′、3′、(4′)，如图4－7(a)所示。

③根据直线上点的投影性质，四个交点的投影分别位于对应的四条棱线的投影上，分别在水平投影和侧面投影中求出1、2、3、4和1″、2″、3″、4″，如图4－7(b)所示。

④将各点的同面投影依次连接，得到截交线投影。由图4－6可知，截交线到锥顶部分的棱线被切去了，擦去被截切部分，判别棱线的可见性，完成四棱锥的三视图。结果如图4－7(c)所示。

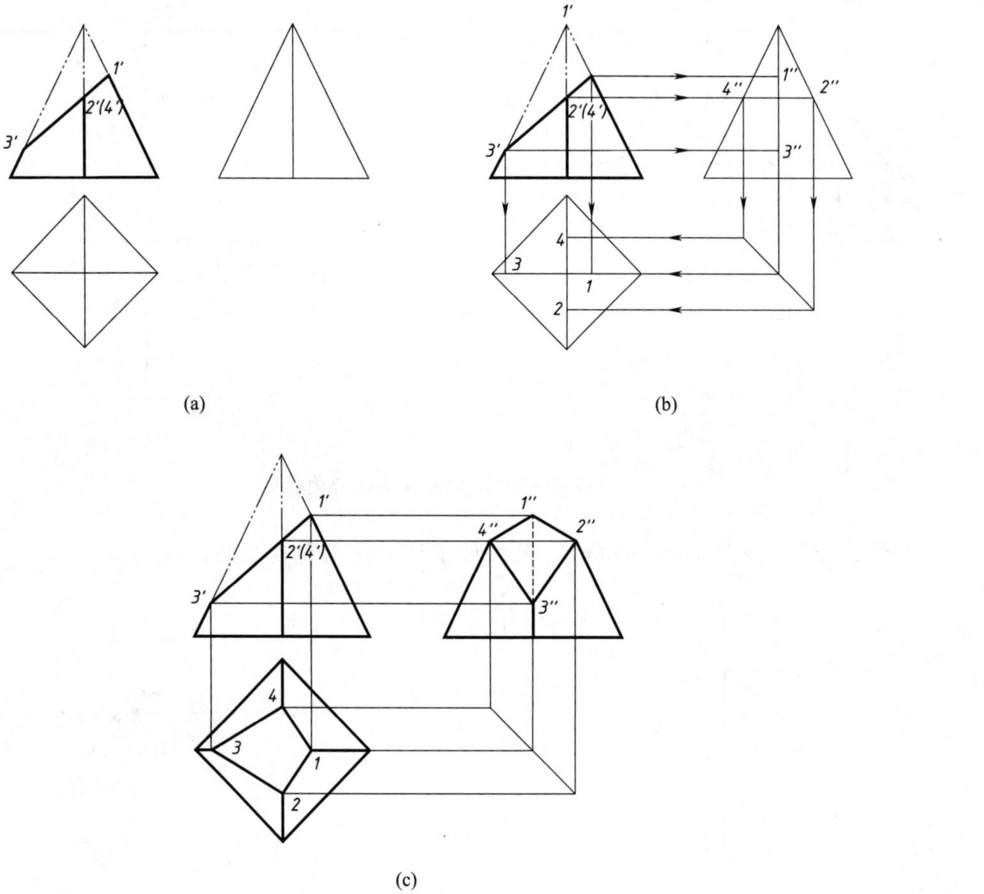

图4－7　四棱锥截切作图过程

【例4－3】　如图4－8(a)所示，已知正面投影，求三棱锥被两个平面截切后的另外投影。

解：(1)空间及投影分析

当出现两个或更多截平面时，依次分析每个截平面即可，同时要注意各个截平面之间是否

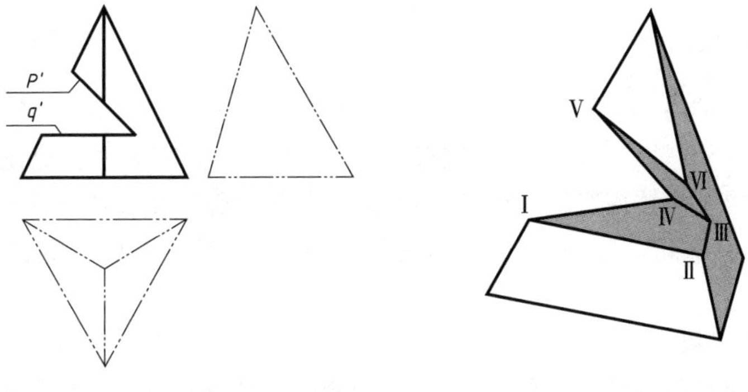

(a) (b)

图4-8 三棱锥被两个平面截切

有交线。由图4-8(b)可知,P平面为正垂面,与棱锥的两条棱线相交,产生两个交点,并且与另一截平面Q有一条交线,因此截交线为四边形。该四边形在正面投影上积聚为一条斜线,另两投影为类似形。Q平面为水平面,截切形式与P平面类似,截交线也是四边形。该四边形在正面投影上积聚为一条横线,侧面投影积聚为一条横线,而水平投影反映实形。

(2)作图过程

①画出未被截切的完整三棱锥的三面投影(题目中已给出)。

②如图4-9(a)所示,先求出Q平面截交线四个交点的正面投影,截平面的投影q′与三棱锥的两条棱线投影的交点为正面投影1′、2′,与P平面产生的交线端点3′、(4′)。

由1′得到水平投影1,由于Q平面和底面平行,过点1分别作底面对应边的平行线可以得到点2、3、4。再根据点的投影规律求出侧面投影1″、2″、(3″)、4″。

③求P平面的截交线,先求出正面投影5′和6′,由5′得到水平投影1和侧面投影1″,由6′先得到侧面投影6″,再得到水平投影6。

④将各点的同面投影依次连接,得到截交线投影。由图4-8(b)可知,I点和V点之间,II点和VI点之间的棱线被切走了,擦去被截切部分,3″此时转为可见,以此判别棱线的可见性,完成三棱锥的投影。结果如图4-9(b)所示。注:辅助作图线较多时会影响结果的清晰度,可以擦去。

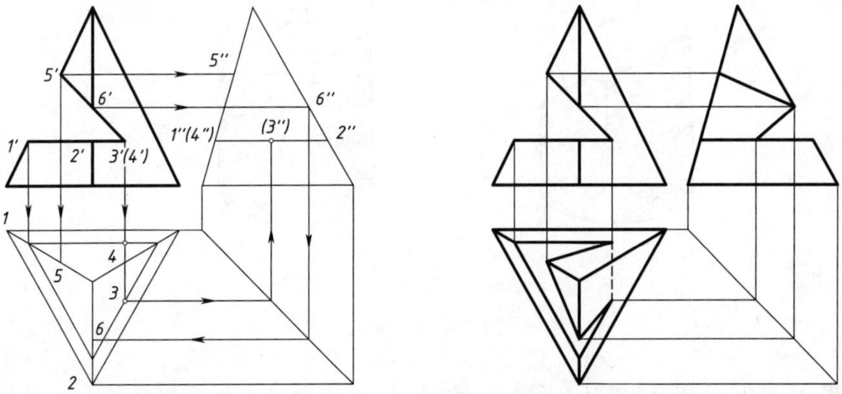

(a) (b)

图4-9 三棱锥被两个平面截切的作图过程

4.1.2 曲面体截切

本节讲述的曲面体主要是指具有回转轴线的圆柱、圆锥和球,也称回转体。与平面体截切相比,回转体的截交线不再是封闭的平面多边形,而是封闭的平面曲线(一般情况下)。回转体的截交线的解题过程与求平面体截交线一致:空间及投影分析;画截交线;判别可见性,整理轮廓线。

根据回转体类型不同,以及截平面与回转体相对位置的不同,所得截交线的形状也不同。以下分别介绍。

1. 圆柱体的截交线

根据截平面与圆柱轴线的相对位置不同,截交线有三种形状,矩形、圆和椭圆,见表 4 – 1。

表 4 – 1 圆柱体的截交线

截平面位置	与轴线平行	与轴线垂直	与轴线倾斜
截交线形状	两平行直线(矩形)	圆	椭圆
立体图	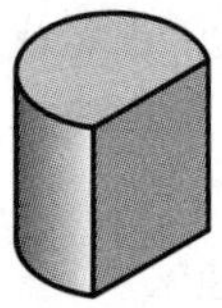	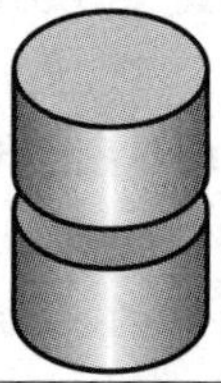	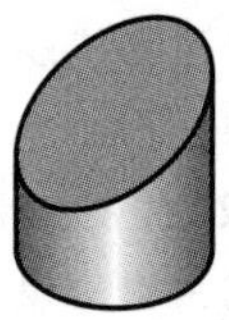
投影图	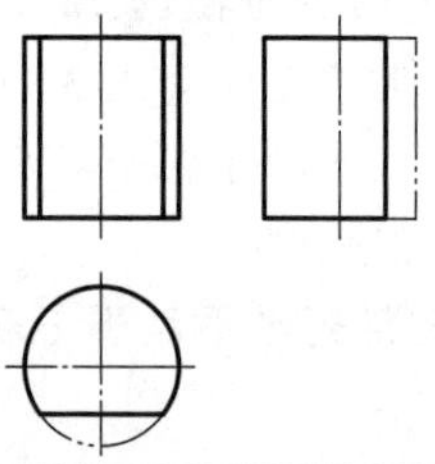	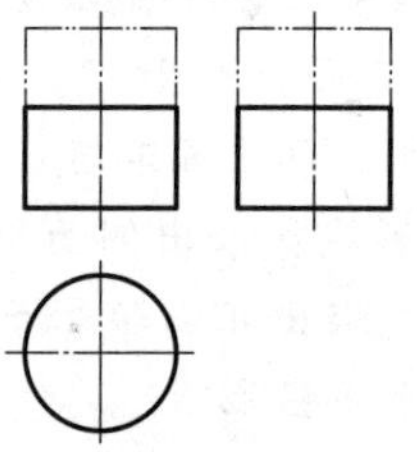	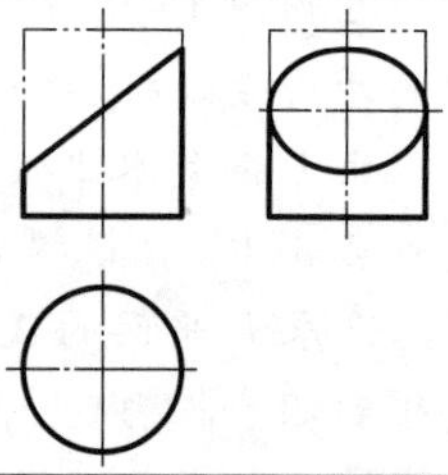

【例 4 – 4】 如图 4 – 10 所示为榫卯的示意图,箭头所示为主视图投射方向,分别画出它们的三视图。

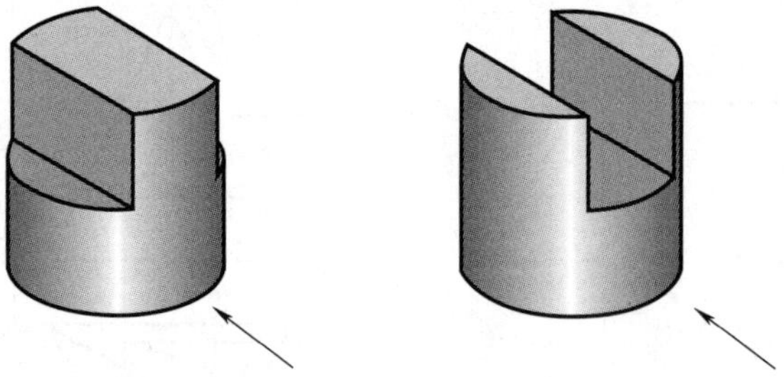

(a) (b)

图 4 – 10 榫卯

解:如图 4 – 10(a)所示,圆柱凸槽口左右对称,因此只以左侧为例分析。其左侧被一个与圆柱轴线平行的侧平面截切,得到的截交线是矩形;被一个垂直于圆柱轴线的水平面截切,得到一个不完整的圆面(由圆弧和直线围成)截交线。如图 4 – 10(b)所示,圆柱凹槽口被三个面截切，其中两个侧平面左右对称，截切圆柱体得到的截交线都为矩形，水平面截切圆柱体得到一个不完整的圆面(由两条圆弧和两条直线围成)。图 4－10(a)的投影图对应图 4－11(a)，图 4－10(b)的投影图对应图 4－11(b)。

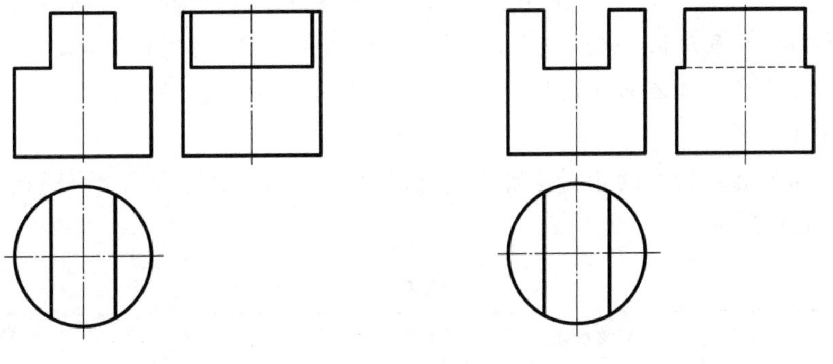

(a)　　(b)

图 4－11　榫卯

【例 4－5】　求作如图 4－12(a)所示斜切圆柱的三视图，箭头所示为主视图投射方向。

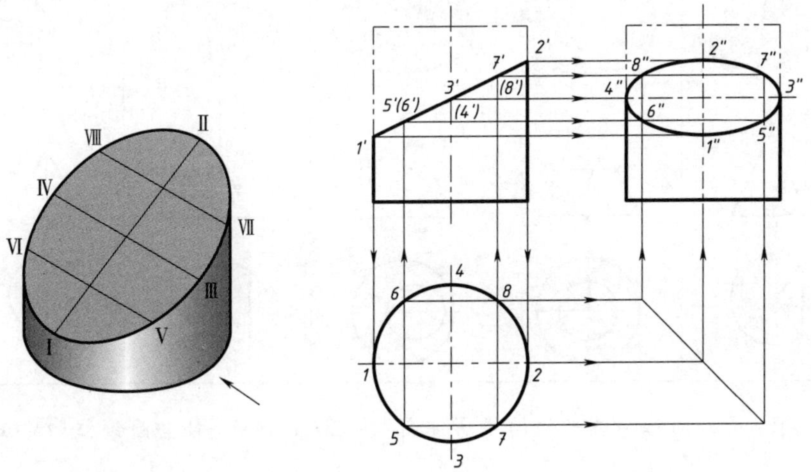

(a)　　(b)

图 4－12　圆柱体斜切

解：(1)空间及投影分析

圆柱被倾斜于圆柱轴线的正垂面截切，截交线为椭圆，其正面投影积聚为一条斜线，水平投影与圆柱面的水平投影重合，侧面投影为椭圆的类似形。

(2)作图过程

先画出完整圆柱的投影图和截平面的积聚性投影，再按下列步骤求截交线的侧面投影。

①求特殊点。特殊点一般指最高、最低、最左、最右、最前、最后等极限位置点，以及可见性分界点。从图 4－12(a)中可知，截交线上的最低点Ⅰ和最高点Ⅱ，分别是最左素线和最右素线与截平面的交点(也是截交线上最左点和最右点)。截交线上的最前点Ⅲ和最后点Ⅳ分别

是最前素线和最后素线与截平面的交点。由此作出它们的正面投影1′、2′、3′、(4′)和水平投影1、2、3、4,再根据1′、2′、3′、(4′)和1、2、3、4,求出1″、2″、3″、4″。作图过程如图4－12(b)所示。

②求中间点。为使作图准确,还需求出一定数量的中间点。先在水平投影上适当位置定出5、6、7、8,而后求得5′、(6′)、7′、(8′),最后根据点的投影规律,求出5″、6″、7″、8″。也可先通过正面投影确定中间点,再利用积聚性及三等关系求出其他两面投影。作图过程如图4－12(b)所示。

③依次光滑地连接各点的侧面投影,即得截交线的侧面投影,结果如图4－12(b)所示。

2. 圆锥的截交线

根据截平面与圆锥轴线的相对位置不同,圆锥面的截交线有五种形状:两相交直线、圆、椭圆、抛物线和双曲线,见表4－2。

表4－2 圆锥截交线类型

截平面位置	过锥顶	与轴线垂直 $\theta=90°$	与轴线倾斜 $\theta>\alpha$	平行于一条素线 $\theta=\alpha$	与轴线平行或 $\theta<\alpha$
截交线形状	两相交直线(三角形)	圆	椭圆	抛物线	双曲线
立体图	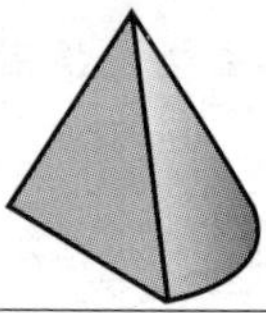	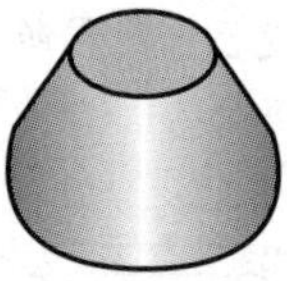	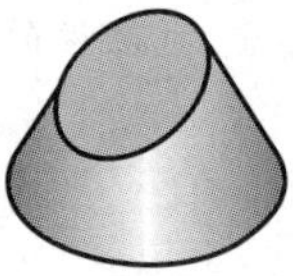	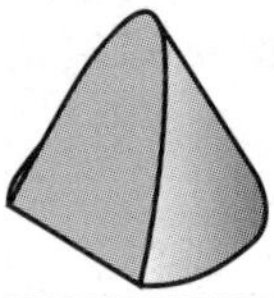	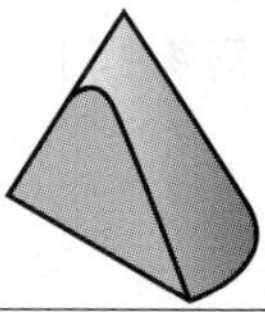
投影图	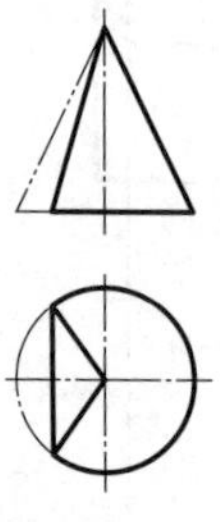	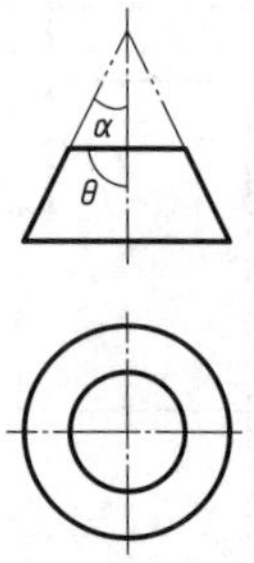	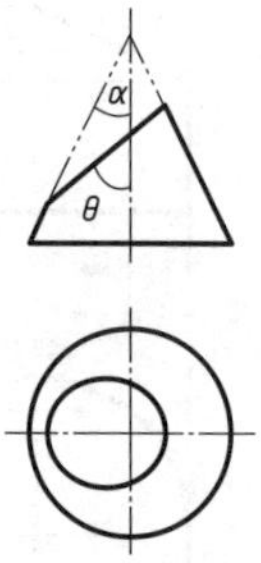	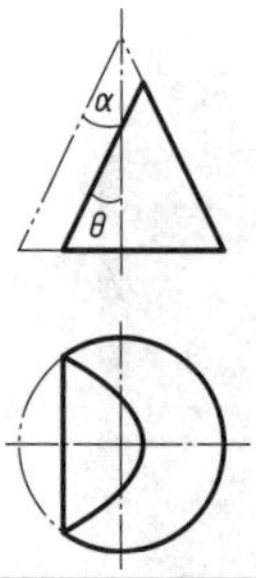	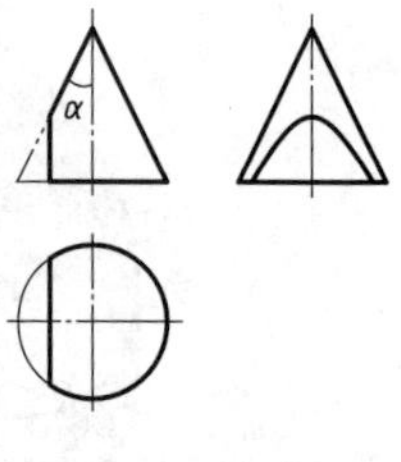

【例4－6】 已知圆锥和截平面的投影如图4－13(a)所示,补全圆锥截切的正面投影。

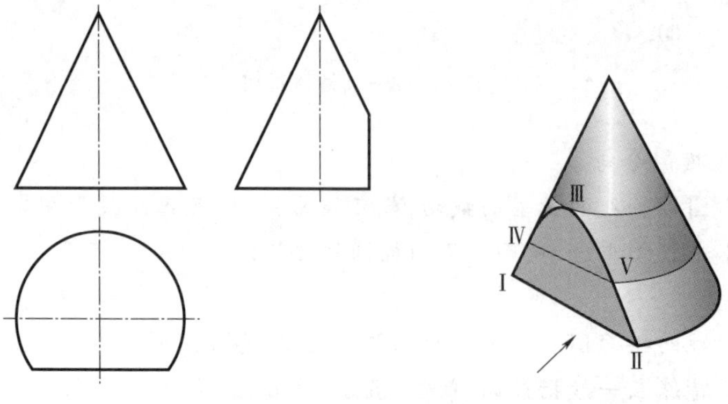

(a) (b)

图4－13 圆锥截切

解:(1)空间及投影分析

如图 4－13(b)所示,箭头所示为主视图投射方向,圆锥被平行于圆锥轴线的正平面截切,得到的截交线形状为双曲线。该双曲线具有正平面的投影特征,其水平投影积聚为横直线,侧面投影为竖直线,正面投影反映实形(双曲线)。可以用辅助线或辅助纬圆法求双曲线上的点,图 4－13(b)所示的Ⅳ、Ⅴ点为辅助纬圆法。

(2)作图过程

①求特殊点。双曲线上两端点Ⅰ、Ⅱ既在底面圆上,又在截平面上,容易得到它们的三投影。然后是顶点Ⅲ,先找到 3 和 3″,再根据点的投影特性得到 3′。

②求中间点。在 *H* 面上以适当的半径画一个水平辅助圆,与双曲线的积聚投影交于两点,水平投影 4 和 5,再根据长对正画出纬圆的 V 面投影,辅助得到 4′和 5′,光滑连接正面投影上各点,得到双曲线的正面投影。结果如图 4－14 所示。

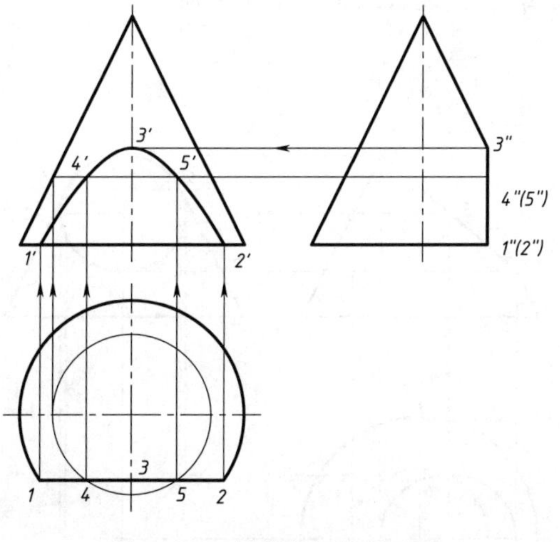

图 4－14　圆锥截切解题过程

【例 4－7】　已知圆锥和截平面的投影如图 4－15(a)所示,补全圆锥截切后的 *H* 面与 *W* 面投影。

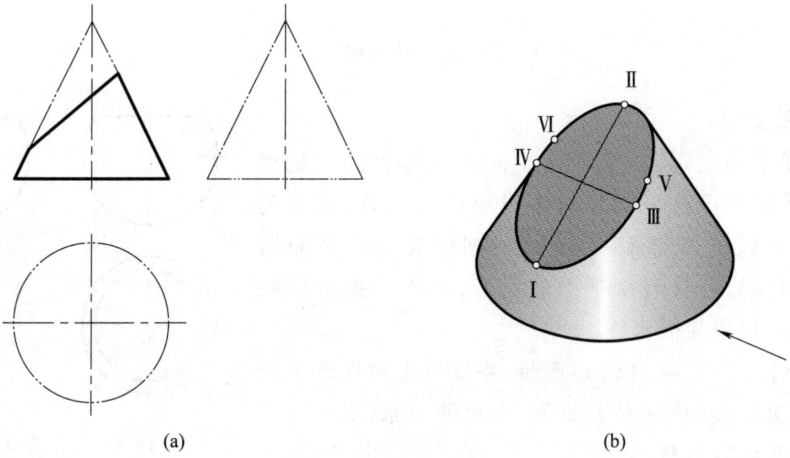

图 4－15　圆锥被斜切

解：(1)投影分析

如图 4－15(b)所示，圆锥被箭头所示为主视图投射方向，由倾斜于轴线的正垂面截切，得到的截交线为椭圆。该椭圆具有正垂面的特性，其正面投影积聚为一条斜线，另两投影均为椭圆(不反映实形)。该椭圆上有六个特殊点：Ⅰ、Ⅱ、Ⅲ、Ⅳ为椭圆的长轴和短轴端点，Ⅴ、Ⅵ为圆锥左视图转向轮廓线上的点。

(2)作图过程

如图 4－15(b)所示，长轴上两点Ⅰ和Ⅱ，分别位于圆锥左右两条轮廓转向线上。如图 4－16 所示，短轴上两点(要注意并不落在前后两条轮廓转向线上)的正面投影为 1′2′的中点，作出 1′2′的中垂线，垂足点是 3′和 4′。再通过做辅助纬圆的办法求出另两投影。5″和 6″是侧面投影中椭圆和圆锥轮廓线的切点，这两点位于圆锥的前后两条转向轮廓线上，他们的 V 面投影与中心线和截平面交点重影，W 面投影在圆锥左视图转向轮廓线上。求出六个点之后可以光滑连接。如果点之间的距离较大，还需求出一系列中间点。

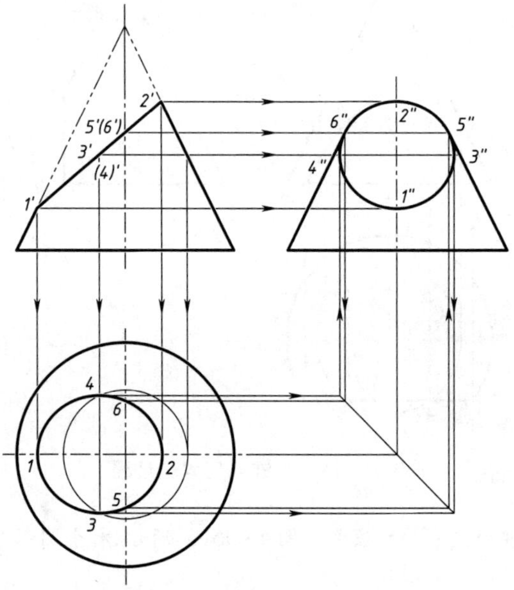

图 4－16　圆锥被斜切的作图过程

3. 球的截交线

平面与圆球相交，其截交线的空间形状都是圆。截交线投影的形状取决于截平面相对于投影面的位置，可能为圆、椭圆或者直线。如图 4－17 所示，圆球被一水平面所截，其截交线为圆，并具有水平面的特性，其水平投影反映实形，另两投影积聚为横直线。

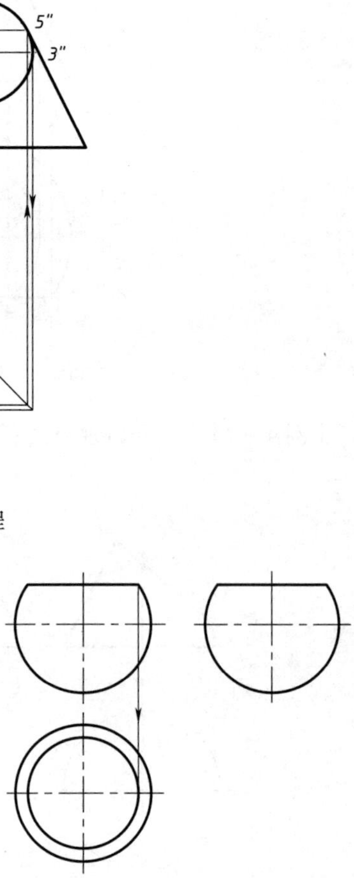

图 4－17　圆球截切

【例 4－8】　如图 4－18(a)所示，半圆球上被两个平面截切，已知正面投影，补全 H 面投影，未出 W 面投影。

解：空间及投影分析

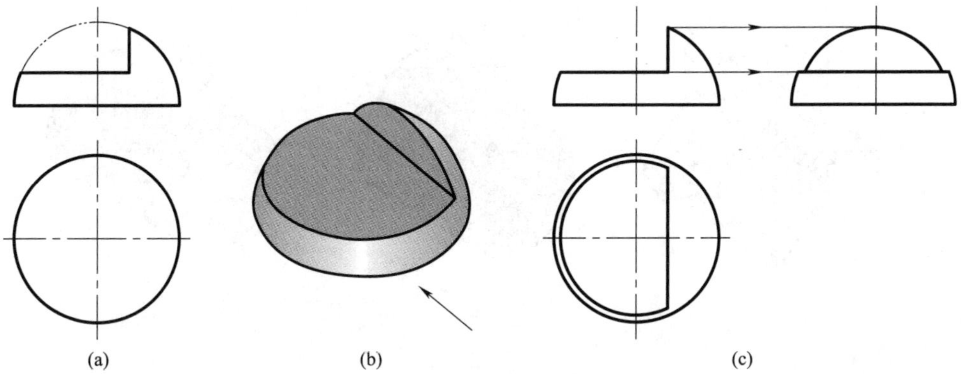

图 4 - 18　圆球被两个平面截切

由图 4 - 18(b)可知，半球被两个平面截切的截交线均为不完整的圆(圆弧)。其中水平面截切的圆弧具有水平面特性，其水平投影为圆弧，另两投影为横线。侧平面截切的圆弧具有侧平面特性，其侧面投影为圆弧，另两投影为竖直线。作图过程省略，结果如图 4 - 18(c)所示。

4.2 相 贯 线

4.2.1 相贯线的概念及分类

两立体的表面交线称为相贯线。根据基本体不同可以将相贯线分为：平面体与平面体相贯[图 4 - 19(a)]，平面体与曲面体相贯[图 4 - 19(b)]和曲面体与曲面体相贯[图 4 - 19(c)]。根据基本体实虚不同，可以将相贯线分为：实体与实体相贯[图 4 - 19(d)]，实体与虚体相贯[图 4 - 19(e)]，虚体与虚体相贯[图 4 - 19(f)]。根据基本体之间是否完全贯穿又可分为全贯[图 4 - 19(a)(d)]和互贯[图 4 - 19(b)(c)]。

不论哪种形式的相贯线，都有共同的性质：

(1)表面性：相贯线位于两立体的表面上。

(2)封闭性：相贯线一般是封闭的空间折线或空间曲线。

(3)共有性：相贯线是两立体表面的共有线。

求相贯线的作图实质是找出相贯的两立体表面的若干共有点的投影。

求相贯线的一般步骤：

(1)空间及投影分析：分析相贯的两立体的类型，分析相贯线的空间形状。分析相贯的两立体投影图，找到他们在同面投影图中的共有点。一般情况先找有积聚性的已知投影图。

(2)求共有点：利用积聚性求未知投影。如果三面投影图都没有积聚性，需要用到辅助平面法，本书不做讨论。为了使曲线能够光滑连接，需要求出特殊点，中间点，然后连线。特殊点包括：相贯线上的极限位置点，形体轮廓线或棱线上的点，实虚线的分界点等。中间点是在相贯线上适当位置选取的点。

(3)连线并判别可见性：将第(2)步的各点顺次光滑连接，判别可见性。

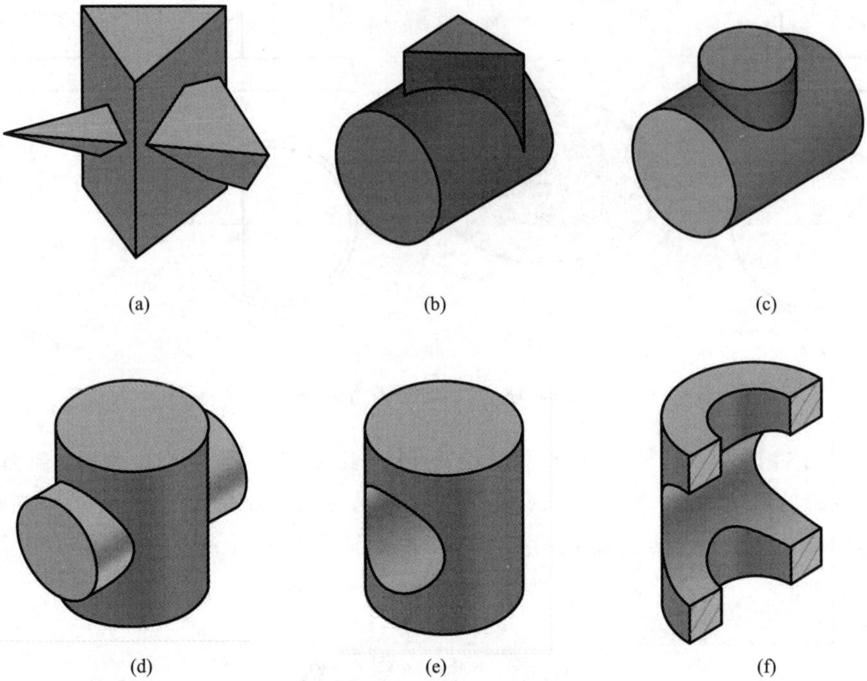

图 4-19　相贯线分类

(4)整理轮廓线:立体轮廓线只能画到另一个立体表面上,即两面的共有点处,不能画到另一个形体内部。

4.2.2　两平面体的相贯线

两平面体相交,相贯线是封闭的空间或平面多边形。可以将一个平面体分解为若干个平面,分别求这些平面与另一个平面体的截交线。因此求相贯线的过程就是求这些截交线或交点的过程。

【例 4-9】　图 4-20 所示为房屋及其同坡屋面上的烟囱、天窗的已知投影,求它们的 *W* 面投影并烟囱、天窗与屋面交线的三投影。

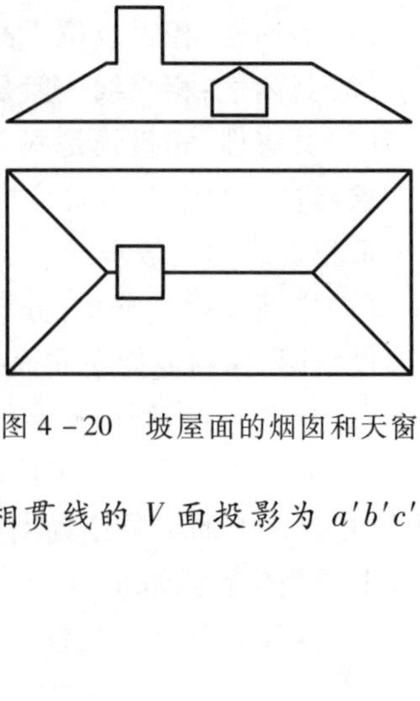

图 4-20　坡屋面的烟囱和天窗

解:(1)空间及投影分析

四棱柱烟囱与房屋的两个同坡屋面均相交,前后坡面各产生三条交线,因此相贯线为空间六边形。烟囱的四个侧棱面在 *H* 面上积聚为四条直线,六条交线落在这四条直线上,得到其六个交点的 *H* 面投影,即 123456,如图 4-21(a)的 *H* 面所示。五棱柱天窗与屋顶的一个坡屋面相交,产生的相贯线为一个平面五边形。五棱柱的五个侧棱面在 *V* 面上积聚为五边形,因此相贯线的 *V* 面投影为 $a'b'c'd'e'$,如图 4-21(b)中的 *V* 面所示。

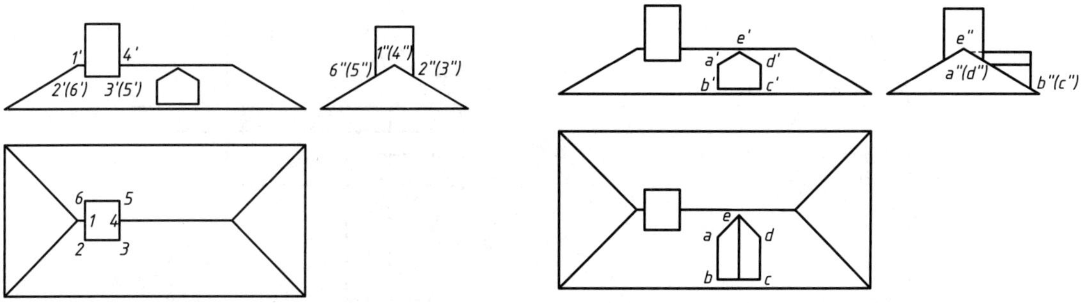

(a)　　(b)

图 4－21　坡屋面的烟囱和天窗作图过程

(2)作图过程

按照三等关系画出屋高的 W 面投影,再做烟囱交线:先标出 H 面交线的六个点的投影 123456,再根据宽相等或者积聚性分析得到 W 面投影,点的两面投影已知,可求出第三面投影,如图 4－21(a)所示。注意:如果题目中不需要求 W 面投影,则需利用平面上定点先定线的方法求解各交点。

按照投影关系画出天窗的 H、W 面投影,做天窗交线:先标出 V 面上交线的五个点的投影 $a'b'c'd'e'$,再根据高平齐或者积聚性分析得到 W 面投影,点的两面投影已知,可求出第三面投影,如图 4－21(b)所示。

【例 4－10】　如图 4－22(a)所示,三棱柱和三棱锥相交,已知 V 面投影,补全 H 面和 W 面投影。

解:(1)空间及投影分析

三棱柱全部穿过了三棱锥,产生了前后两组封闭的相贯线。按照截交线分析,前面的三棱柱被三棱锥左前和右前侧棱面截切,产生四条交线,相贯线是空间四边形。后面的三棱柱被三棱锥后侧棱面截切,产生三条交线,相贯线是一个平面三角形。可以利用三棱柱的积聚性投影找到相贯线投影的共有点。

(2)作图过程

求三角形相贯线:如图 4－22(b)所示,平面三角形的 W 面投影积聚在三棱锥后侧棱面上,V 面投影落在三棱柱的积聚性投影上,可以标出三角形 V 面投影 $5'6'7'$ 和三角形的侧面投影 $5''6''7''$。由两投影可以得到 H 面投影 567。

求空间四边形相贯线:该相贯线由四个点构成,因此求出四个点的投影即可。其中Ⅱ、Ⅳ两点位于棱线上,可以根据三等关系求得另两投影。另两点位于棱锥的一般位置上,因此需要做辅助线。如图所示,4－22(c)先在 V 面上标出 1;$2'$,$3'$点,然后作 $1'a'$平行于底边,由 a'得到 a 点,做 $a1$ 平行于底边得到 1 点投影,同理得到 3 点投影。根据三等关系得到 W 面投影。如图 4－22(c)所示。

判别可见性,整理棱线:按照棱线整理到共有点的原则补全三棱柱的投影,三棱柱遮挡住一部分三棱锥的投影,根据实际情况将对应投影改成虚线,如图 4－22(d)所示。

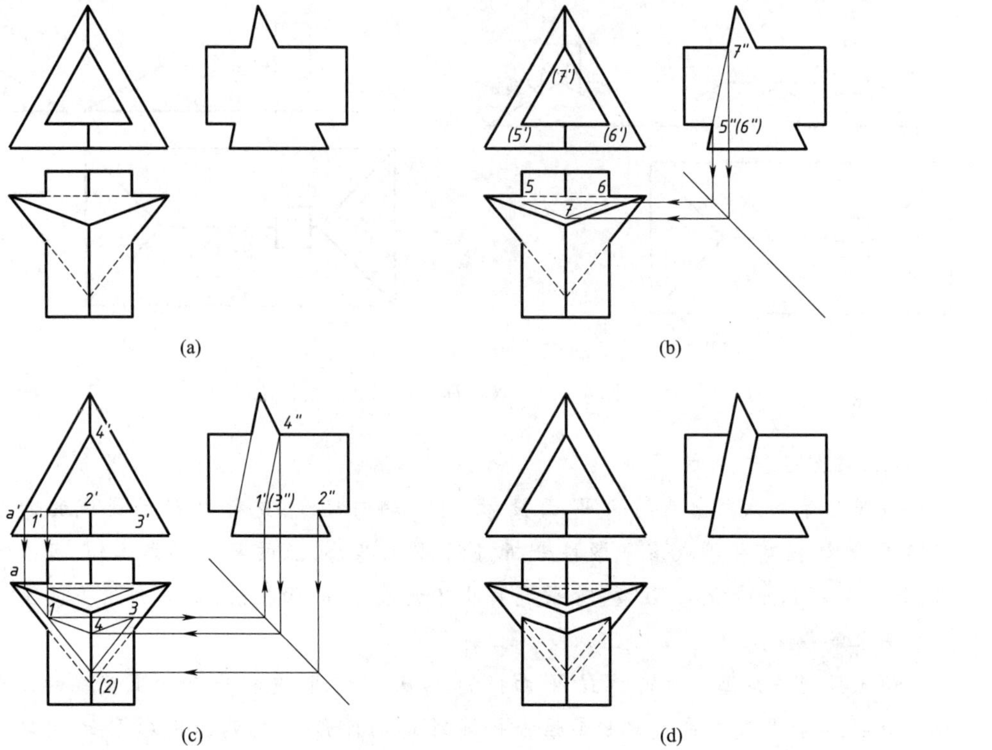

图 4－22　三棱柱与三棱锥相贯

图 4－23　三棱锥穿孔

思考: 如果上题中,将三棱柱改成孔(图 4-23),投影会是怎样。两题的相贯线是否一样?

4.2.3　平面体和曲面体的相贯线

平面体和曲面体相交,可以理解为平面体上各棱面截切曲面体所得截交线的组合。本质上相贯线和截交线并无差别,都是面和面的交线。

【例 4－11】　如图 4－24(a)所示,已知四棱柱与圆柱的 H 和 W 面投影,求其相贯线的 V 面投影。

解: 四棱柱的四个侧面和圆柱相交,交线分别为两条直线和两条圆弧。相贯线的 H 面投影分析:四棱柱的四个侧棱面在 H 面上积聚为四边形,左右两条边是相贯线中圆弧的投影,前后两条边是相贯线中两条直线的投影。相贯线的 W 面投影分析:圆柱面积聚为圆周,相贯线必然落在圆周上;四棱柱的前后两个侧棱面积聚为线,与圆周的共有点即相贯线上直线的投影;四棱柱的左右两个侧棱面反映实形,与圆周的共有部分为圆弧,即相贯线上圆弧的 W 面投影。根据高平齐可求出相贯线上直线的 V 面投影,根据长对正可求出相贯线上圆弧的 V 面投影。作图过程如图 4－24(b)所示。

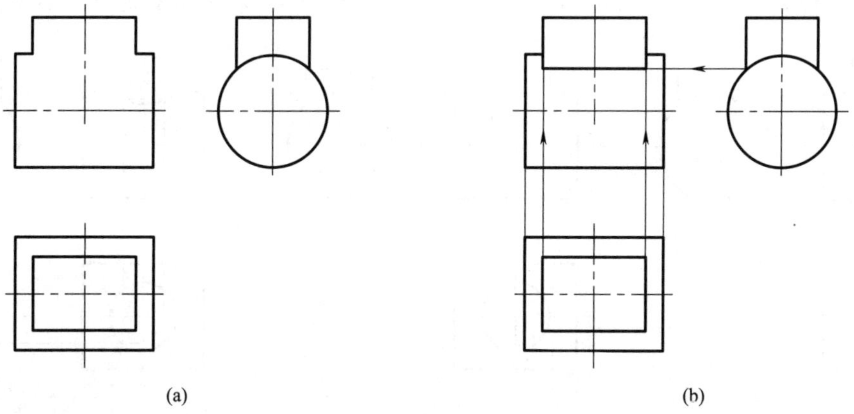

图 4－24　四棱柱与圆柱相贯

【例 4－12】　如图 4－25(a)所示,已知 H 面投影,求四棱柱与半球相贯的 V 和 W 面投影。

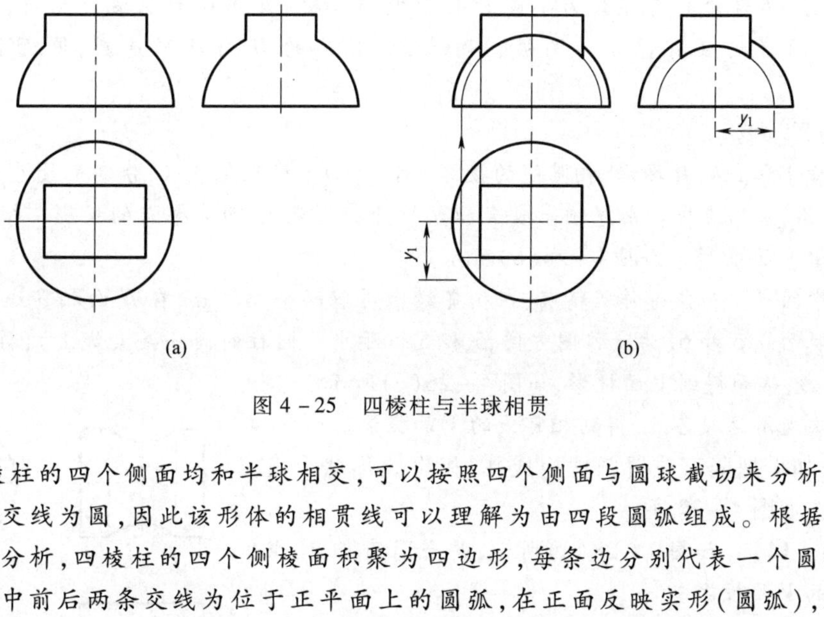

图 4－25　四棱柱与半球相贯

解:四棱柱的四个侧面均和半球相交,可以按照四个侧面与圆球截切来分析。平面与球相交的截交线为圆,因此该形体的相贯线可以理解为由四段圆弧组成。根据已知的 H 面投影进行分析,四棱柱的四个侧棱面积聚为四边形,每条边分别代表一个圆弧截交线的投影。其中前后两条交线为位于正平面上的圆弧,在正面反映实形(圆弧),在侧面积聚为两条竖线。而左右两条交线位于侧平面上,在侧面反映实形(圆弧),在正面积聚为两条竖线。圆弧的半径如图 4－25(b)所示,本题的作图利用的知识点是纬圆法求圆球表面上的点和线。

4.2.4　两曲面体的相贯线

当两曲面体相交时,相贯线一般为空间曲线,需要利用积聚性投影找两曲面体的共有点的投影。

【例 4-13】 如图 4-26(a)所示,已知两圆柱轴线正交,求其相贯线的 V 面投影。

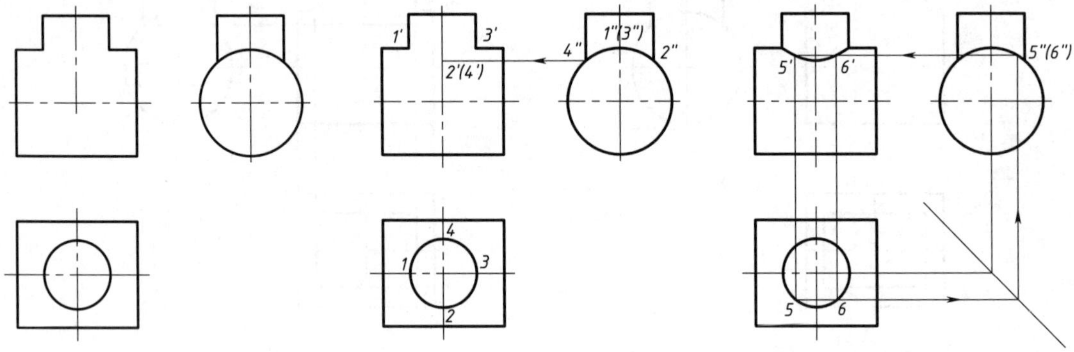

(a) (b) (c)

图 4-26 两圆柱正交

解:(1)空间及投影分析

两圆柱的相贯线为空间曲线。H 面投影分析:大圆柱面的投影没有积聚性,小圆柱面积聚为小圆,两者的共有部分为小圆。W 面投影分析:大圆柱面积聚为大圆,小圆柱面没有积聚性,两者的共有部分为圆弧。因此,相贯线的 H 面投影是圆,W 面投影为一段圆弧。

(2)作图过程

①求特殊点。从 H 面看,相贯线的投影(圆)有四个极限位置点,分别是最左点Ⅰ,最前点Ⅱ,最右点Ⅲ,最后点Ⅳ。由宽相等或者积聚性分析得到 W 面 4 个点的投影。根据点的投影规律可求出 V 面投影。如图 4-26(b)所示。

②求中间点。为使得作图精确,在相贯线上再取两个中间点,在 H 面相贯线投影(圆)上适当位置取两点 5 和 6(为使作图方便,5 和 6 位于水平圆柱的同一条素线上),再由宽相等得到 W 面投影,从而得到 V 面投影,如图 4-26(c)所示。

③依次光滑连接各点,得到相贯线的 V 面投影。

思考:如果把竖直位置圆柱换成孔,相贯线形状会发生变化吗?如图 4-27 所示。

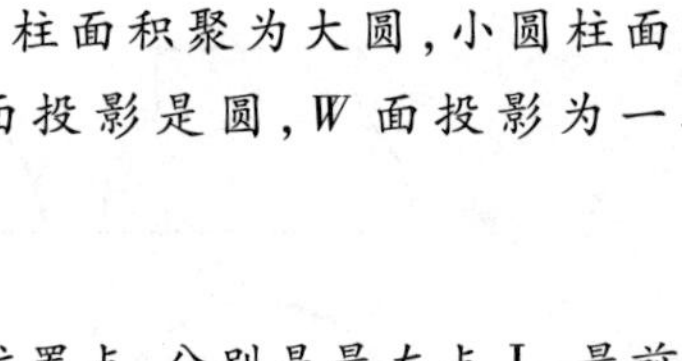

图 4-27 圆柱穿孔

【例 4-14】 如图 4-28(a)所示,两个圆筒正交,求其相贯线的 V 面投影。

解:两个圆筒相交,它们的两个外圆柱面相交有一条相贯线,两个内圆柱面(孔)相交有一条相贯线。求相贯线过程与上例相同,如图 4-28(b)所示。注意:内外圆柱面之间没有相贯线。

特殊情况,当两圆柱等径且轴线正交时,其交线为两个椭圆。如图 4-29 所示,两个椭圆的 V 面投影积聚为两条相交直线。

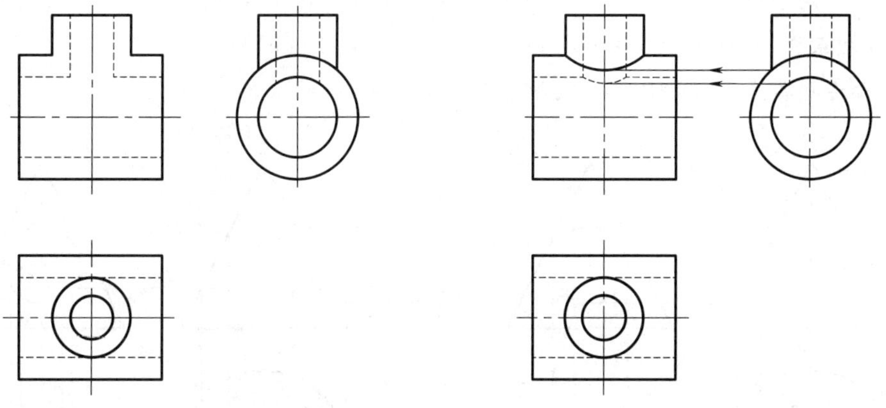

图 4－28　两圆筒正交

【例 4－15】　如图 4－30 所示，已知水平圆柱及竖直圆锥的投影，求相贯线的投影。

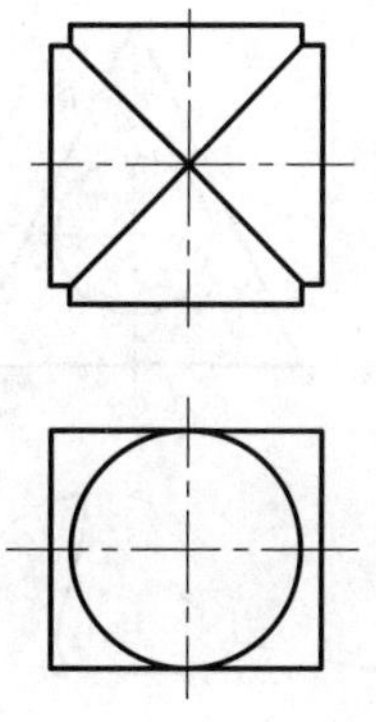

图 4－29　两圆柱等径相交

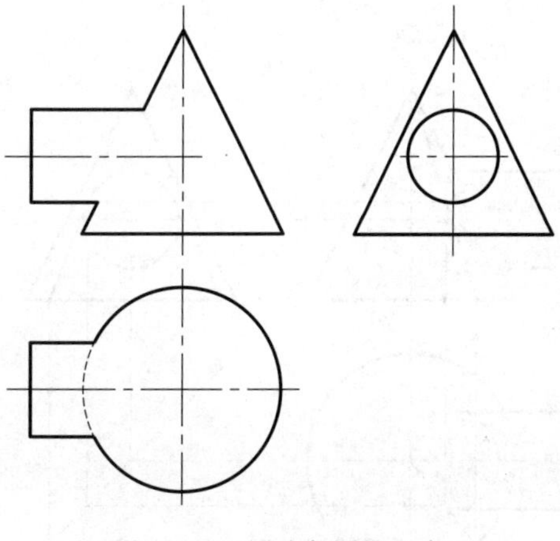

图 4－30　圆柱与圆锥正交

解：(1)空间及投影分析

圆柱与圆锥相交，相贯线也是一条空间曲线。圆锥的三面投影没有积聚性，圆柱面的 W 面投影积聚为圆周，因此，相贯线的 W 面投影为小圆。圆锥表面上求点线的方法有辅助素线法和辅助纬圆法。

(2)作图过程：

①求特殊点。在 W 面的小圆上标出 1″2″3″4″四个点，分别对应相贯线上最高，最前，最低，最后四个位置。其中Ⅰ、Ⅲ两点位于圆锥最左轮廓转向线上，可以直接求得。Ⅱ、Ⅳ两点利用纬圆法求得，如图 4－31(a)所示。

②求中间点。为作图准确，求 4 个中间点。在 W 面合适位置找 4 个点，(为作图方便，5″6″同一高度，7″8″同一高度)。利用纬圆法可以求得另两面投影，如图 4－31(b)所示。

③Ⅸ点也是个特殊点，相贯线与圆锥面上某条素线相切于该点。在 W 面过锥顶作圆的切线，找到该切点 9″，再利用素线法求得另两投影，如图 4－31(c)所示。

④光滑连接各点，并判别可见性，结果如图 4－31(d)所示。

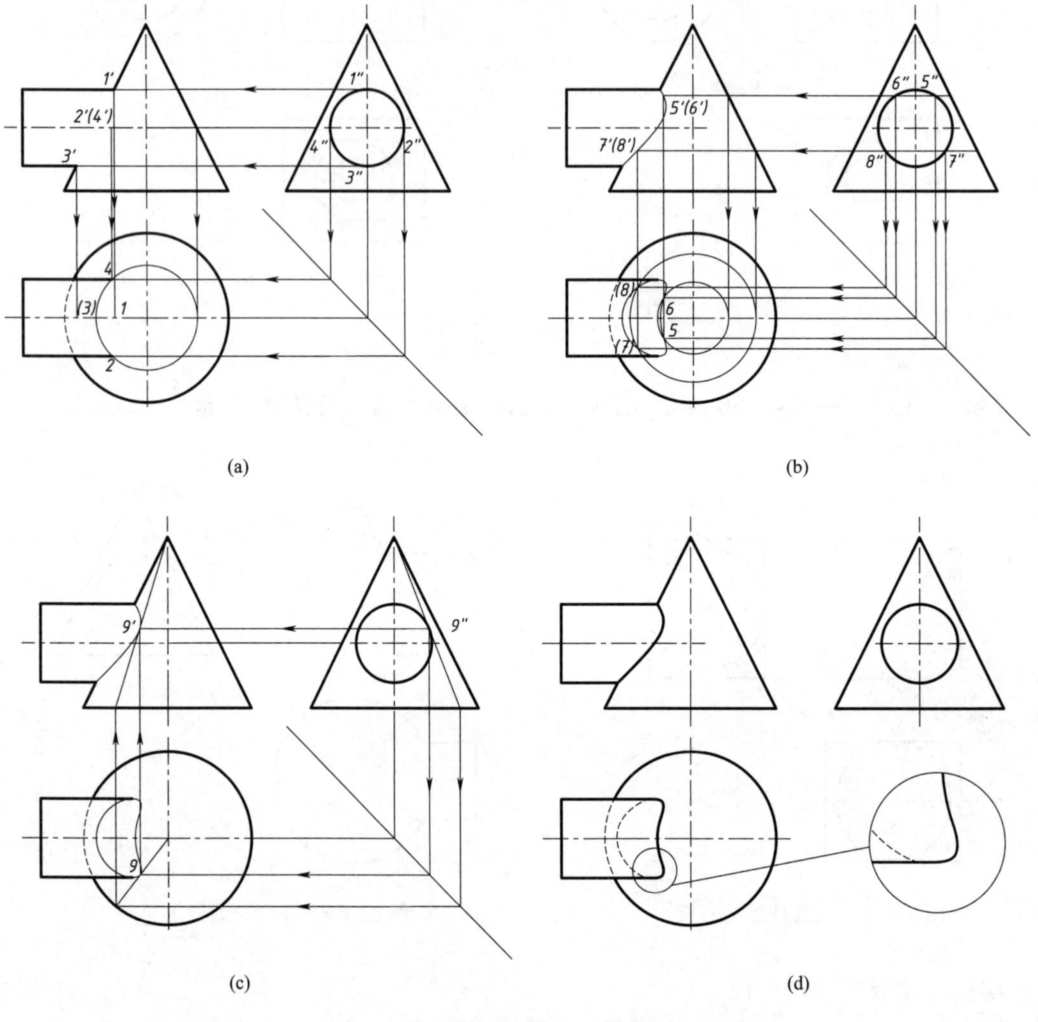

图 4－31　圆柱与圆锥正交作图过程

4.2.5　两曲面相交的特殊情况

两曲面体相交时，相贯线一般为封闭的空间曲线，在特殊情况下，相贯线可以是平面曲线或直线。

(1)具有同一轴线的两回转体相交时，相贯线为垂直于该轴线的圆。如图 4－32，图 4－33 所示为圆柱与圆锥同轴相交、圆柱与球同轴相交。其相贯线为平行于 H 面的圆，在 V 面上投影为直线，在 H 面上反映实形。

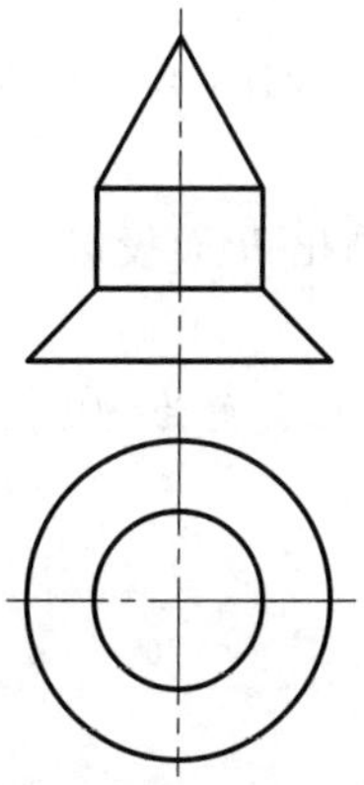

图 4 – 32　圆柱与圆锥同轴相交

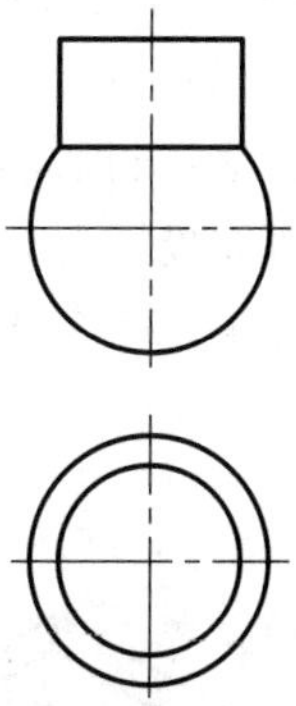

图 4 – 33　圆柱与圆球同轴相交

(2)轴线相互平行的两柱面或共锥顶的两锥面相交时,相贯线为两条直线,如图 4 – 34,图 4 – 35 所示。

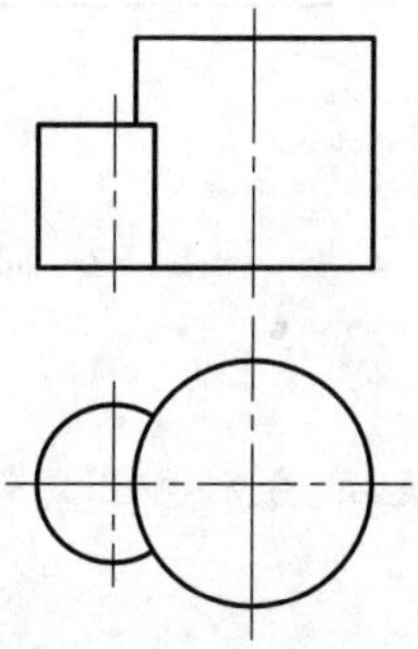

图 4 – 34　圆柱与圆柱轴线平行

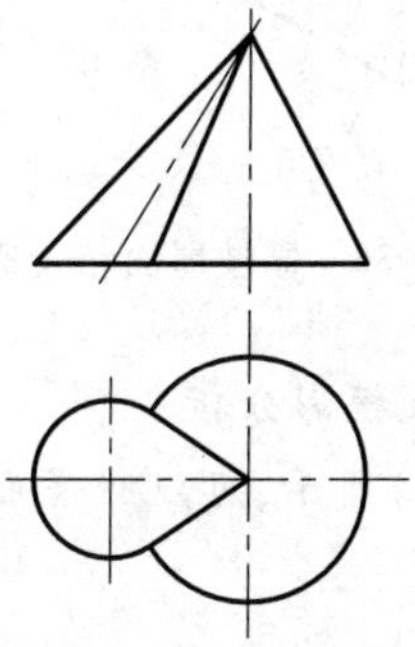

图 4 – 35　圆锥共锥顶

4.3　同坡屋面

在房屋建筑中,常以坡屋面作为屋顶形式,其中常见的为同坡屋面,即屋面各檐口同高,且各屋面对地面的倾角都相等。同坡屋面相交,可看作横置三棱柱之间相贯,其相贯线即为同坡屋面间的交线。因其作图规律的特殊性,单独作为一节进行讨论。

图 4 – 36 是简化的同坡屋面建筑模型。如图 4 – 36 所示,檐口线是指结构外墙体与屋面结构板交界处的屋面结构板顶;屋脊线指的是排水方向不同的坡面之间的交线,可细分为:平行于檐口线的屋脊线为水平屋脊线,在凸墙角上方的屋脊线为斜脊线,在凹墙角上方的屋脊线为天沟线。

由图 4 – 36 可知,同坡屋面具有以下特征:

(1)檐口线互相平行且等高的两坡面相交形成水平屋脊线,其水平投影与两檐口线的水平投影平行且等距。

(2)檐口线相交的两坡面形成斜脊线或天沟线。当檐口线相交成直角时,无论是天沟线或者斜脊线，它们的水平投影与屋檐线的水平投影都成45°角。

(3)三个相邻屋面的共有点必然是三条交线的共有点。如图4－36所示A点为三条屋脊线的交点，即三个坡面的共有点。

同坡屋面三视图画法：根据同坡屋面的投影特征，先画出H面投影；再利用坡面的积聚性和三等关系画出其他两面投影。

【例4－16】 如图4－37所示，已知同坡屋面与水平面夹角为30°，补全H面投影，画出其他两面投影。

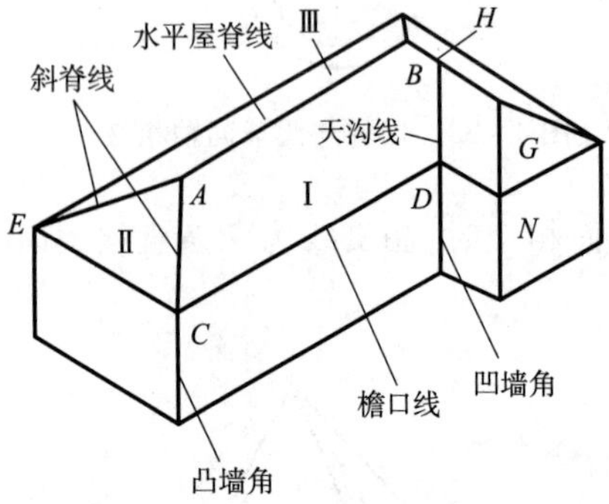

图4－36 同坡屋面相关概念

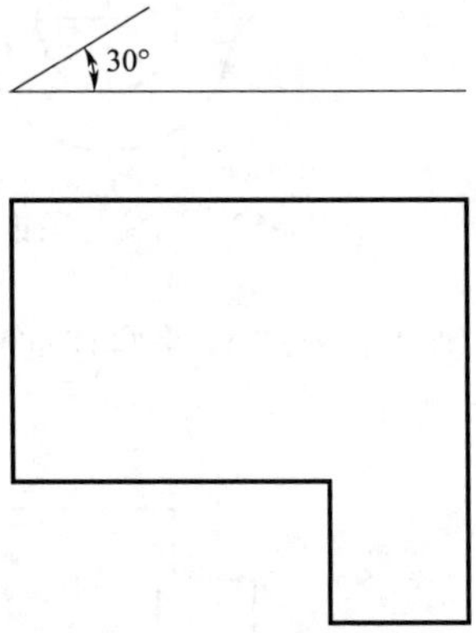

图4－37 同坡屋面

解：(1)空间及投影分析

如图4－38(a)所示，可以将屋面假想分解为两个三棱柱，分别画出截交线，再求出两个屋面的相贯线。

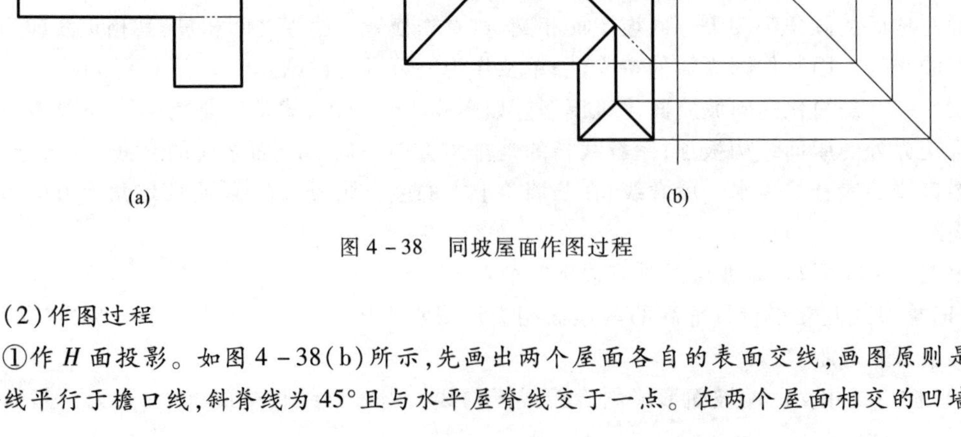

图4－38 同坡屋面作图过程

(2)作图过程

①作H面投影。如图4－38(b)所示，先画出两个屋面各自的表面交线，画图原则是水平屋脊线平行于檐口线，斜脊线为45°且与水平屋脊线交于一点。在两个屋面相交的凹墙角处

继续画出 45°线,与两个平屋脊中小屋面的屋脊交于一点。两个屋面的右侧共檐口,因此右侧屋面共面,按照平齐无线的原则去掉多余作图线。

②作 V 面与 W 面投影。如图 4 - 38(b)所示,大小屋面在 V 面上都有积聚性投影为 30°的斜线,根据长对正确定斜线的端点即可。W 面投影可以借助于 45°线作图,也可利用三等关系量取作图。

画同坡屋面时的注意事项一:当基本体的分解个数不同时,可能出现不同的结果。如图 4 - 39(a)所示,根据已知条件画出同坡屋面的三面投影。图 4 - 39(b)所示是屋面分解为三个两两垂直三棱柱的同坡屋面结果。图 4 - 39(c)所示是屋面分解为两个平行三棱柱的结果,两个屋面之间形成了水平天沟,实际工程中较少用到。

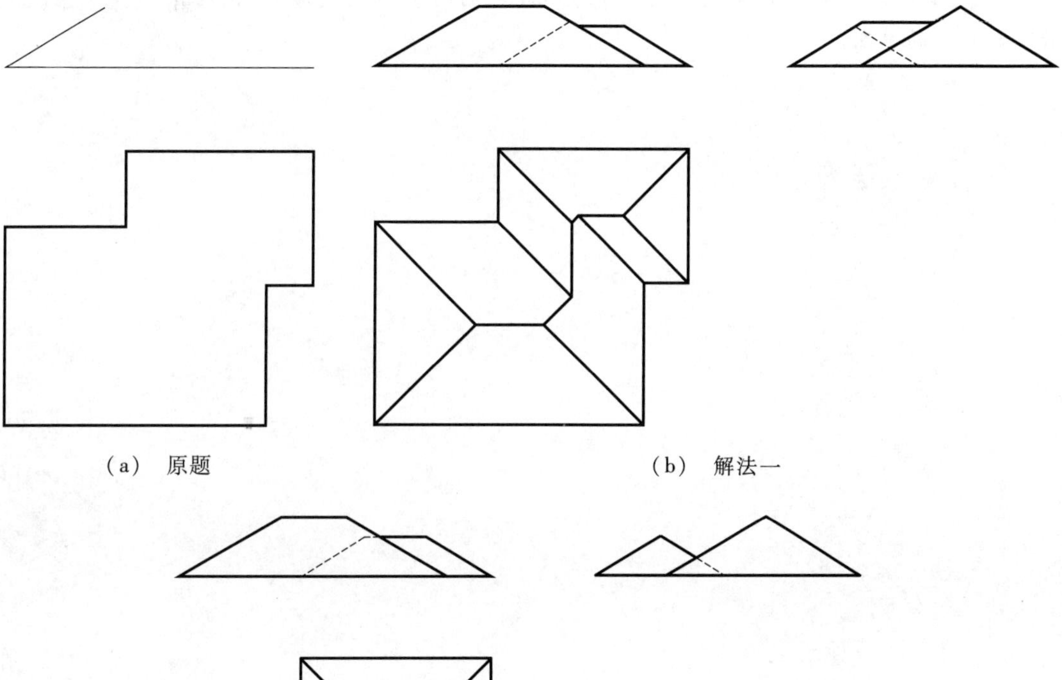

(a)　原题　　　(b)　解法一

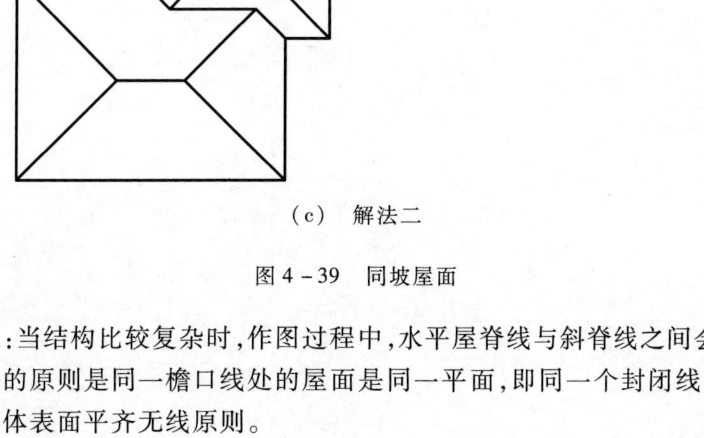

(c)　解法二

图 4 - 39　同坡屋面

注意事项二:当结构比较复杂时,作图过程中,水平屋脊线与斜脊线之间会出现多个交点,去除多余线依据的原则是同一檐口线处的屋面是同一平面,即同一个封闭线框。这是前面章节学习过的叠加体表面平齐无线原则。

思 考 题

1. 平面体表面交线的求解方法有哪些？

2. 曲面体表面取点线需要用到什么方法？

3. 平面体与平面体相贯、平面体与曲面体相贯、曲面体与曲面体相贯的相贯线有什么共同之处？有什么区别？

4. 同坡屋面的的水平屋脊线和斜脊线在 H 面投影图中的投影有什么特点？

5. 上网搜集包含平面体与平面体相贯、平面体与曲面体相贯、曲面体与曲面体相贯、坡屋面的建筑图片各一张，分析它们的表面交线形式，试着绘制它们的草图。

第 4 章重点难点概要

第 5 章　建筑形体表达方法

在第 3 章我们学习了基本体与叠加体的三视图画法。当建筑形体比较复杂时,三个视图无法完全表达清楚形体的结构,此时需要用到多种表达方法。本章学习的内容有:基本视图、辅助视图、剖面图、断面图等。

5.1　建筑形体的视图选择

5.1.1　基本视图

1. 基本视图的概念

将物体按正投影法向投影面投射时所得到的投影称为视图。当形体较为复杂时,会在三投影面体系的基础上增加三个投影面,形成六投影面体系,如图 5 - 1 所示。按照正投影规律,物体在新增加的投影面上仍然会形成投影。

为了与建筑形体及工程图样名称有所衔接,本章提到的视图名称有一些变化。

从前向后投射得到的主视图(V 面投影),建筑工程中称为正立面图。

从上向下投射得到的俯视图(H 面投影),建筑工程中称为平面图。

从左向右投射得到的左视图(W 面投影),建筑工程中称为左侧立面图。

从右向左投射得到的投影图,建筑工程中称为背立面图,在六投影面体系中与正立面图相对。

从下向上投射得到的投影图,建筑工程中称为底面图,在六投影面体系中与平面图相对。

从后向前投射得到的投影图,建筑工程中称为右侧立面图,在六投影面体系中与左视图相对。

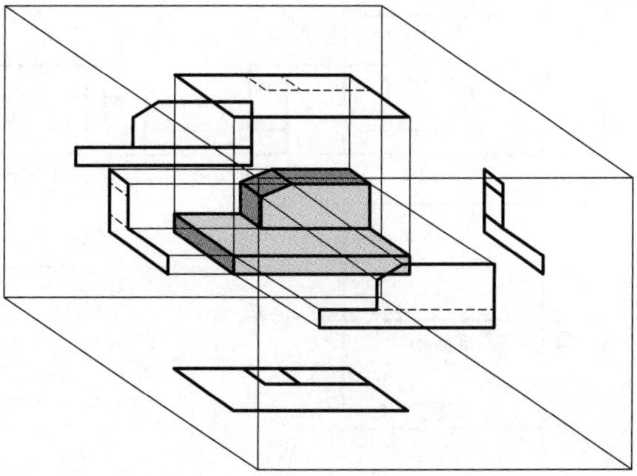

图 5 - 1　六投影面体系

2. 基本视图的展开

将图 5－1 展开的方法与三投影面体系展开类似，如图 5－2 所示，正立面图所在的 V 面不动，其他投影面绕着与 V 面相交的投影轴旋转 90°，背立面所在的投影面依次旋转。

展开之后的投影图如图 5－3 所示。六面投影图仍然符合三等关系：底面图、正立面图、平面图长对正；右侧立面图、正立面图、左侧立面图、背立面图高平齐；右侧立面图、平面图、左侧立面图、底面图宽相等。

物体的方位关系与三视图中的判断方法相同，如图 5－3 所示，物体左侧的 X 坐标大于右侧，物体上方的 Z 坐标大于下方，物体前方的 Y 坐标大于后方。

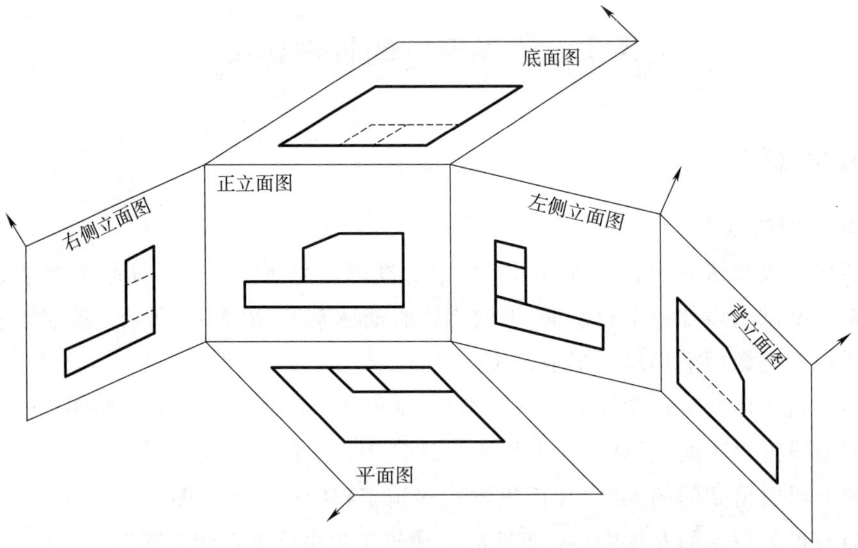

图 5－2　基本视图展开

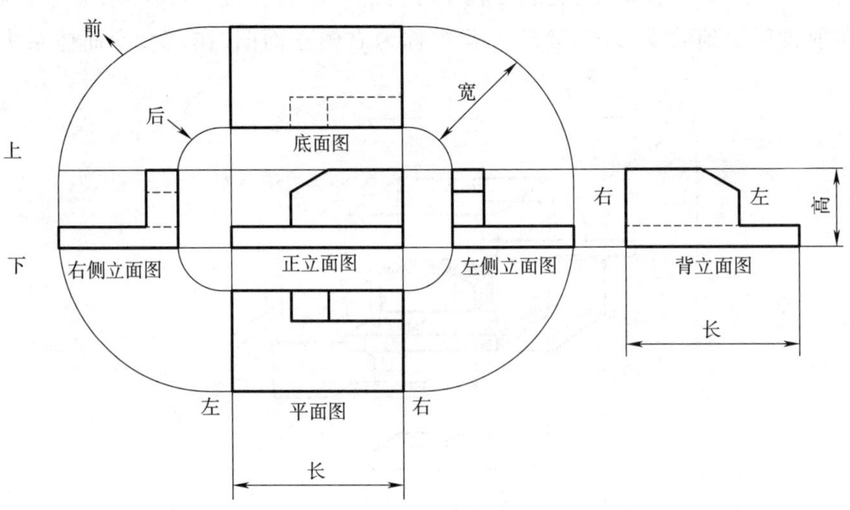

图 5－3　基本视图的投影图

各视图的位置也可按主次关系从左至右依次排列,如图5-4所示。这种布置方式必须注写视图名称。视图名称注写在图的下方为宜,并在名称下画一粗横线。

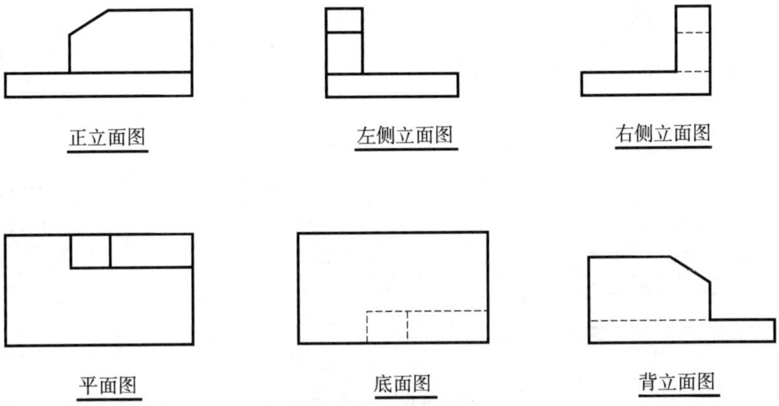

图5-4　自由配置

5.1.2　辅助视图

1. 展开图

假想把物体的某倾斜部分旋转到与基本投影面平行的位置上,然后再进行投射所得的投影图称为展开视图。如图5-5(a)所示,展开前形体右侧在立面图中的投影出现类似形,不方便表达形状;如图5-5(b)所示,将形体右侧沿着平面图弧线方向展开,其展开后的投影在立面图中反映实形,立面图需要加(展开)字样。注意:本图例的展开轨迹和双点画线仅用于说明展开过程,实际画图时不需要画出。

如果平面图中是弧形,立面图中把弧线长展开转换为直线长即可。例如,建筑形体在平面图中弧长2 000 mm,其立面图对应直线长度方向为2 000 mm。

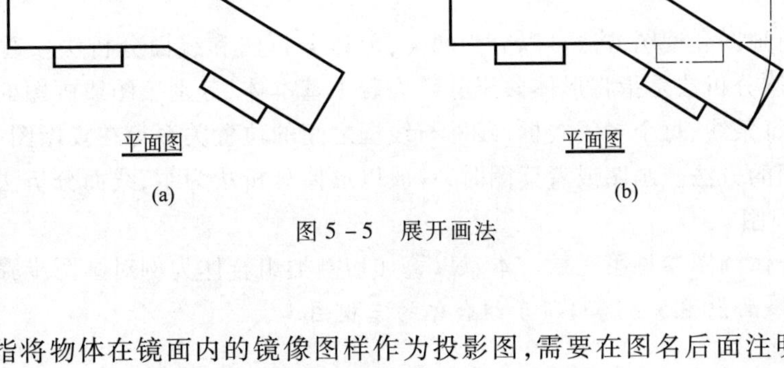

图5-5　展开画法

2. 镜像图

镜像图是指将物体在镜面内的镜像图样作为投影图,需要在图名后面注明"镜像"二字。

如图 5-6(a)、(b)所示。也可以用箭头表示镜像投影识别符号,如图 5-6(c)所示。

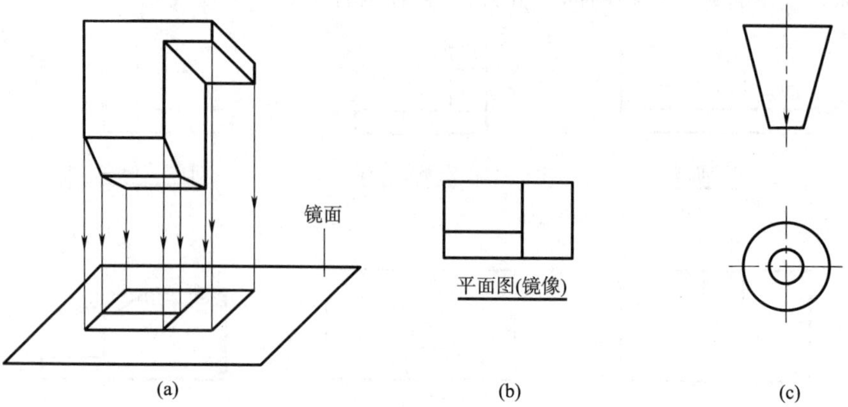

图 5-6 镜像图

5.2 建筑形体的画法

建筑形体是由基本体演变而来的,在第 3 章我们学习了基本体与简单的叠加体,第 4 章学习了基本体的表面交线。本章将建筑形体进一步细分为三类:叠加类,切割类,叠加切割类,这三类又统称为组合体。如图 5-7(a)所示为叠加类组合体,图(b)为切割类组合体,图(c)为叠加切割类组合体。

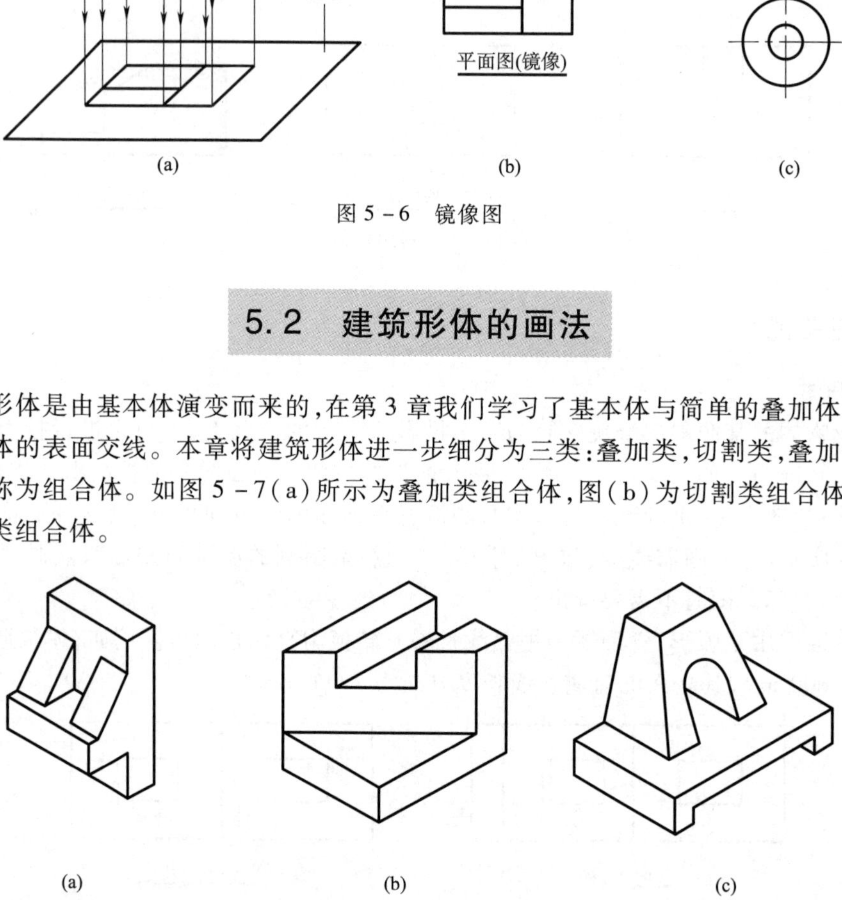

图 5-7 建筑形体分类

建筑形体的画图和读图方法可以分为两类:形体分析法和线面分析法。通过第 3 章的学习我们知道,形体分析法是指将形体假想分解为若干基本体,分别读图或画图的方法。线面分析法是指,分析每条线、每个封闭线框、线框与线框之间的位置关系等在投影图中的含义,用来辅助画图或读图的方法。画图或者读图时,一般以形体分析法为主,线面分析法为辅。

1. 组合体画图

叠加类组合体画图参见第三章。本章以叠加切割类组合体为例对画图步骤进行说明。

【例 5-1】 画出图 5-7(c)所示组合体的三视图。

解:(1)组合体分析

如图 5－8 所示,选择箭头方向为主视图投射方向。主视图的选择原则是主视图尽可能多的反映形体的形状特征和位置特征。形状特征:将形体分解为形体Ⅰ和形体Ⅱ,形体Ⅰ是八棱柱,形体Ⅱ是切割类形体,表面交线较为复杂。位置特征:形体Ⅱ在形体Ⅰ的上方,形体Ⅰ的上底面与形体Ⅱ的下底面贴合,形体Ⅰ的后侧面与形体Ⅱ的后侧面平齐,形体Ⅰ与形体Ⅱ左右对称叠加。

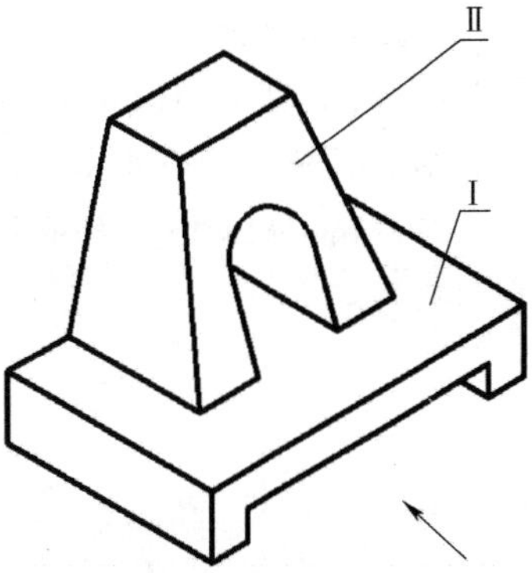

图 5－8　视图方向与分解

(2)形体Ⅱ的切割与画图

如图 5－9(a)所示,将四棱柱切去三棱柱,可以画出图 5－9(b)所示投影图,投影图中的双点划线表示被切去的三棱柱。如图 5－9(c)、(d)所示,继续切去两个三棱柱,画出投影图。如图 5－9(e)所示,挖去 U 形体,画投影图时要注意,U 形虚体表面交线相当于圆柱面被倾斜于轴线的截平面截切,截交线是椭圆,在 H 面上反映椭圆的类似形,需要找到特殊点和中间点进行光滑连线。中间点的求解过程如图 5－9(f)所示。

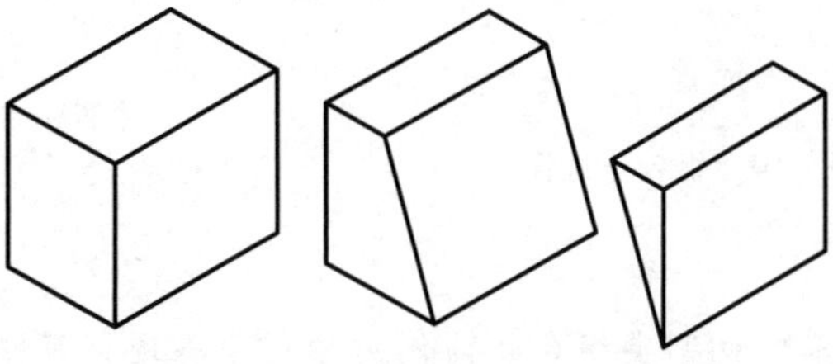

(a) 四棱柱切去三棱柱

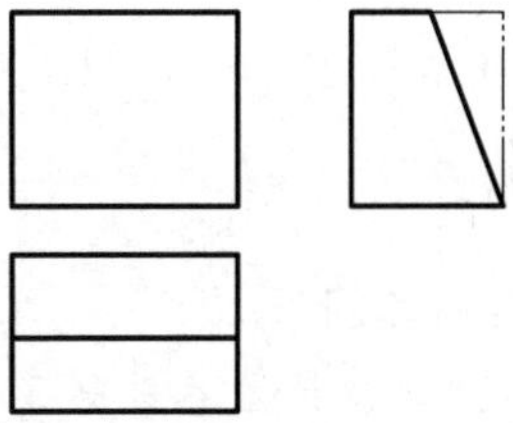

(b) 投影图(一)

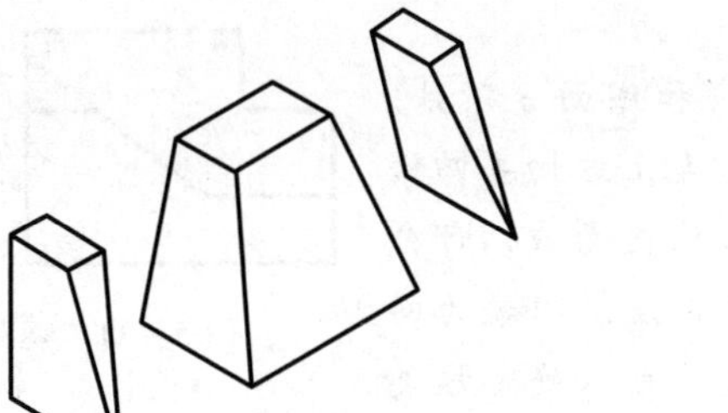

(c) 继续切去两个三棱柱

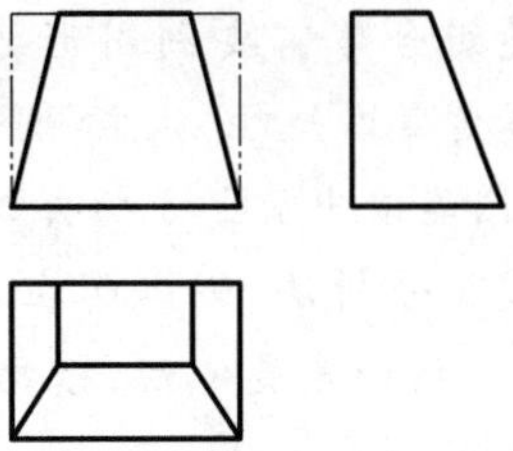

(d) 投影图(二)

(e) 继续切去U形体

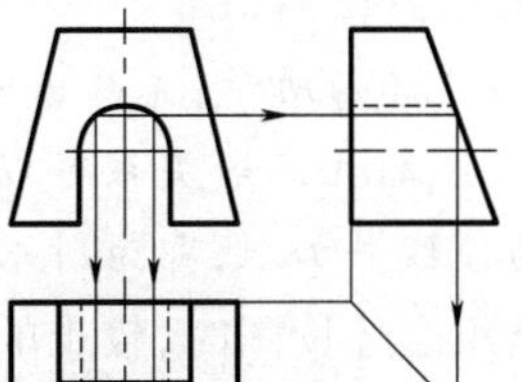

(f) 投影图(三)

图 5－9　形体Ⅱ的切割与画图

(3)组合体画图

第一步,如图5-10(a)所示,画出对称中心线,画出形体Ⅰ的形状特征视图,即主视图中的八边形。再根据三等关系画出其他两面投影。

第二步,根据图5-9的画图步骤画出形体Ⅱ。如果形体Ⅰ有被形体Ⅱ遮挡的部分,需要整理棱线。

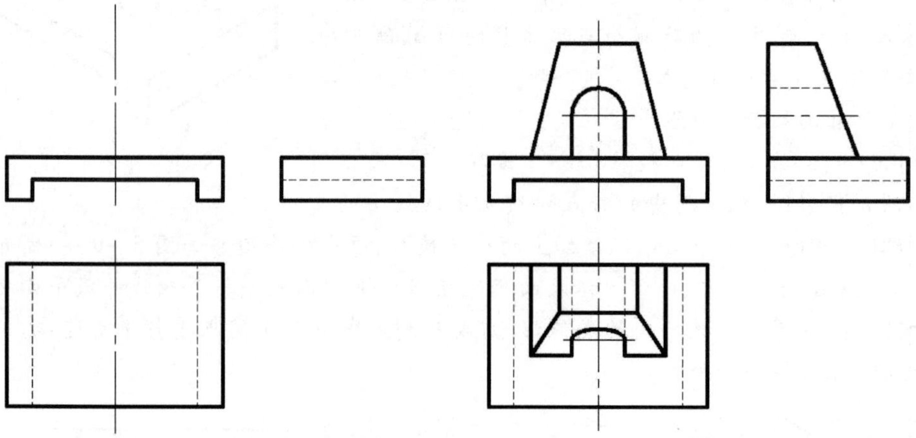

(a)　　　　(b)

图5-10　组合体画图

2. 组合体读图

叠加类组合体读图参见第3章。本章以切割类组合体为例对读图步骤进行说明。

【例5-2】 如图5-11所示,已知形体的主视图和左视图,补画俯视图。

解:(1)空间及投影分析

切割类组合体需要利用形体分析法和线面分析法。本例中整体看是四棱柱,从主视图能看出左上方切去四棱柱,从左视图能看出前上方切去四棱柱。侧垂面截切部分需要用到线面分析法:侧垂面在W面中的投影积聚为斜线,在V面的投影是类似形,根据三等关系可以确定该类似形是八边形。

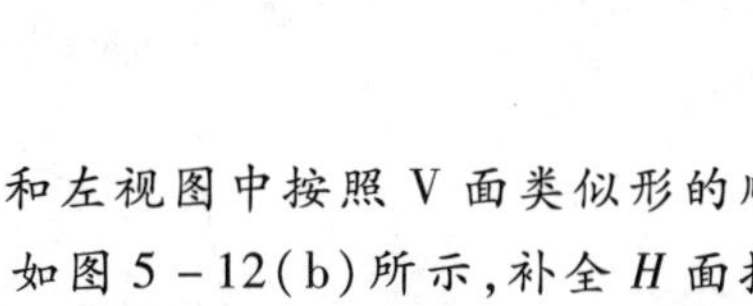

图5-11　切割类组合体

(2)作图过程

如图5-12(a)所示,先画出四棱柱的俯视图,在主视图和左视图中按照V面类似形的顺序标出八个点,根据三等关系可以求出俯视图上的八边形。如图5-12(b)所示,补全H面投影中所缺的棱线并加粗,即为所求。

切割类组合体读图时,较难的部分就是投影面垂直面切割,需要根据投影图分析找到类似形,再根据截交线的不同特点求出第三面投影。如果是一般位置平面或者投影面平行面切割形体,仍然按照线面分析法进行分析求解。

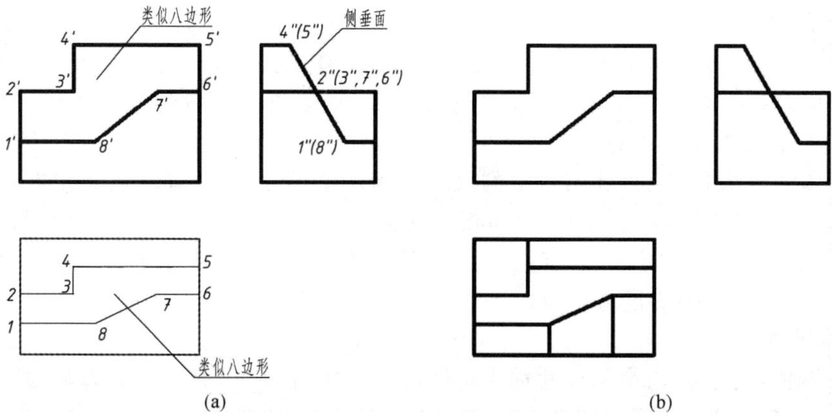

图 5 - 12　切割类组合体作图过程

5.3　建筑形体的尺寸标注

建筑形体的投影图虽然已经清楚地表达形体的形状和各部分的相互关系，还必须注上足够的尺寸，才能明确形体的实际大小和各部分的相对位置。在标注建筑形体的尺寸时，要考虑两个问题：即投影图上应标注哪些尺寸和尺寸应标注在投影图的什么位置。在第 1 章我们学习了一个平面图形需要标注的尺寸类型。本节学习建筑形体的尺寸标注。

5.3.1　尺寸的种类

1. 定形尺寸

确定形体大小的尺寸称为定形尺寸，有长宽高三个方向。如图 5 - 13 所示杯形基础，四棱柱底板的定形尺寸为：长 3000，宽 2000，高 250。

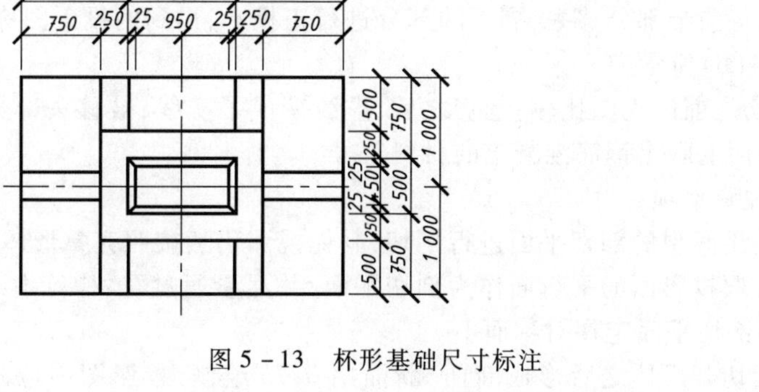

图 5 - 13　杯形基础尺寸标注

2. 定位尺寸

确定尺寸位置的点、直线或平面,称为尺寸基准。组合体在长、宽、高三个方向上都至少应该有一个尺寸基准。标注定位尺寸前需要选取尺寸基准,常选用物体上中心线、对称面、底面或端面等较大平面作为尺寸基准。

确定形体中各基本体之间相对位置的尺寸称为定位尺寸,有长宽高三个方向。如图 5-13 所示杯形基础,四棱柱底板上方的六个肋板必须标注定位尺寸。以左前肋板为例,长度方向以四棱柱底板的左端面为尺寸基准,定位尺寸是 750;宽度方向以四棱柱前后对称中心线为尺寸基准,定位尺寸是 1 000;高度方向以四棱柱下底面为尺寸基准,定位尺寸是 250。

3. 总体尺寸

反映形体总长、总宽、总高的尺寸称为总体尺寸。如图 5-13 所示杯形基础,总长为 3 000,总宽 2 000,总高 1 000。

5.3.2 尺寸标注步骤及注意事项

尺寸标注时,需要对形体进行分析,标出每个基本体的定形尺寸和定位尺寸,最后标出总体尺寸。

尺寸标注注意事项:

(1)尺寸标注要齐全,不得遗漏。

(2)尺寸标注要清晰。尽量标在形体的形状特征视图上,避免在虚线上标注尺寸。

(3)尺寸排列要整齐。尺寸尽量标在图形之外,小尺寸靠近轮廓线,大尺寸在小尺寸外侧并间隔均匀。

(4)尺寸标注不唯一。尺寸基准选取的位置不同,尺寸不同。如何标注应根据具体情况进行分析。

5.4 剖 面 图

5.4.1 剖面图的形成

画建筑形体时,视图中经常会出现不可见的棱线或者轮廓线,不便于表达形体或标尺寸。国家标准允许将形体切开,达到虚线变成实线的目的。

假想用一个剖切平面将形体剖开,把观察者和剖切平面之间的部分移去,剩下的部分正投影,所得的投影图称为剖面图。如图 5-14(a)所示,用一个假想的剖切平面 P 沿着杯形基础前后对称面剖切,将前半部分移去,剩下的部分进行正投影,得到的投影图称为形体的剖面图。剖面图如图 5-14(b)所示。

剖面图与剖切之前的视图比较:剖切之后,虚线变成了实线;被移去部分上的两条横线在剖面图中不画;断面上画出钢筋混凝土的材料符号。

剖面图画图注意事项:

(1)剖面图是用假想的剖切平面进行剖切,其他视图仍然按照完整形体画图。

(2)一般应选取投影面的平行面作为剖切平面,并尽量通过孔、槽等虚线较多的结构。如果结构对称,可将剖切平面定在对称面上。

(3)剖切平面切开形体之后形成断面,断面用 $0.7b$ 绘制,投影图中应画出国家标准规定的材料符号。

(4)剖切平面之后的可见线用中实线绘制。如果产生新的不可见线,一般情况下省略不画。如图 5－14(b)所示,杯形基础后表面上有两条表面交线,剖切之后在投影图中不可见,省略不画。

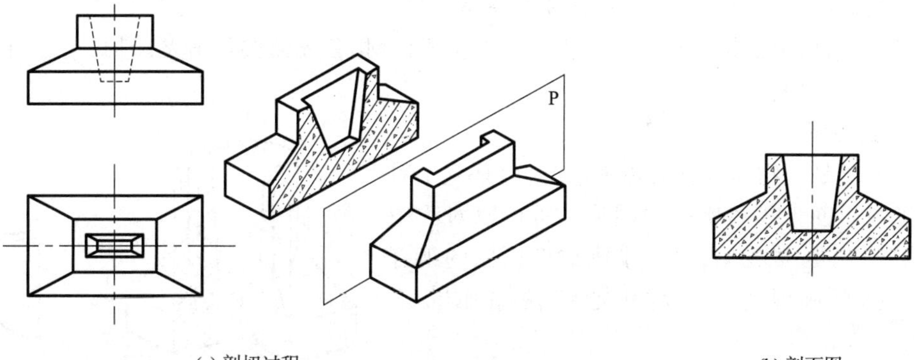

(a) 剖切过程　　　　(b) 剖面图

图 5－14　杯形基础剖切

5.4.2　剖面图的种类

1. 全剖面图

用一个剖切平面剖切之后得到的投影图称为全剖面图,简称全剖。标记剖切平面时,可以在形体外围用 6～10 mm 的粗实线表示剖切位置,与之垂直的 4～6 mm 粗实线表示投射方向。给每个剖面图编号,方便读图。国际通用剖切符号见第 7 章。

【例 5－3】 如图 5－15(a)所示,将主视图与左视图投影改画成剖面图。

解:(1)空间及投影分析

形体是前后对称结构,主视图中的虚线表示内部结构,剖切平面选择在如图 5－15(a)所示与对称面重合的 1－1 位置,剖切之后主视图中的虚线可以变成实线。形体左右不对称,左视图的虚线表示内部结构,剖切平面可选择在适当位置,如图 5－15(a)所示 2－2 位置,剖切之后左视图中的虚线可以变成实线。

(2)作图过程

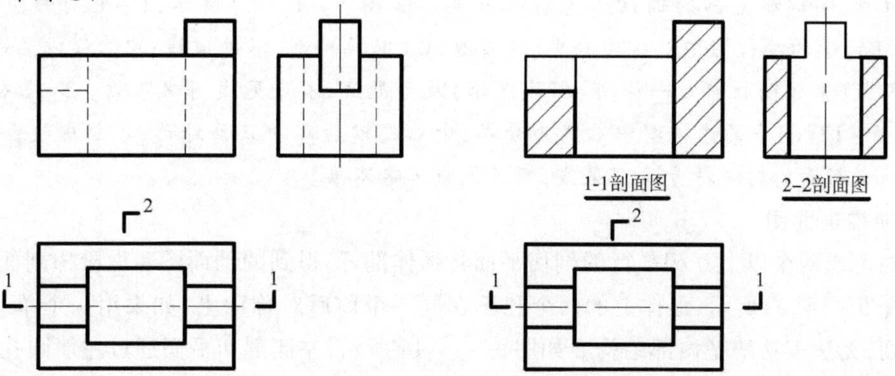

(a)　　　　(b)

图 5－15　全剖面图

如图 5-15(b)所示,将主视图中的虚线变成实线,断面上画材料符号(如果没有特别说明,一律用 45°或 135°间隔均匀的细实线表示),剖切平面后的可见线用中实线表示。沿 2-2 平面剖切后,左侧的凹槽被移去了,凹槽的左视图需要去掉,然后虚线变成实线,画上与 V 面剖面图相同的材料符号。剖面图的下方需要写上图名。

注意:当给出两面投影求作第三面投影的剖面图时,首先需要想清楚结构,确定剖切位置,分析断面,然后画图。

2. 半剖面图

半剖面图是当物体具有对称平面时,向垂直于对称平面的投影面上投射所得的图形。可以以对称中心线为界,一半画成视图,另一半画成剖面图的组合图形。形体对称时可在对称中心线两端加"="符号。

由于半剖面图既充分的表达了形体的内部形状,又保留了形体的外部形状,所以常用来表达内外部形状都比较复杂的对称形体。

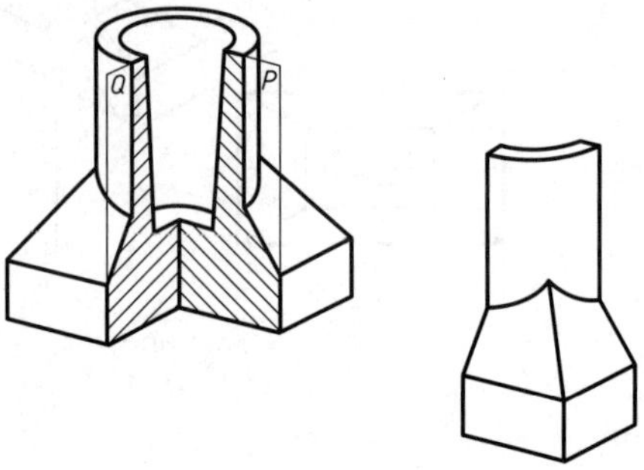

图 5-16　半剖的形成

如图 5-16 所示,形体前后对称,要在 *W* 面上即表达形体的内部结构又表达外形,将左视图画成半剖面图。剖切平面 *P* 剖切形体所得到的断面在 *W* 面上反映实形,剖切平面 *Q* 是辅助平面,不需要表示在左视图中。

【例 5-4】 如图 5-17(a)所示,将主视及左视图改画成半剖面图。

解:(1)空间及投影分析

利用形体分析法进行分析,可知形体由四棱柱、四棱锥、圆柱三个基本体叠加之后挖去圆台。视图中的虚线表示圆台虚体的投影。沿着前后对称面剖切,将右前部分除去,主视图的右半部分内部可见,左半部分保留外形。沿着左右对称面剖切,将左前部分除去,左视图的前半部分内部可见,后半部分保留外形。

(2)作图过程

如图 5-17(a)所示,在前后对称面处标记剖切位置 1-1,在左右对称面处标记剖切位置 2-2。注意:半剖和全剖的剖切平面标记相同。如图 5-17(b)所示,1-1 剖面图画法:以图 5-17(a)中的主视图中心线为分界,中心线以左只画外形,不画虚线;中心线以右画出断面的材料符号(未注明材料时一律用 45°线表示)及可见线,不可见线省略不画。2-2 剖面图画法:以图 5-17(a)中的左视图中心线为分界,中心线以后部分只画外形,不画虚线;中心线以前部分画出断面的材料符号及可见线,不可见线省略不画。

3. 阶梯剖面图

用两个或两个以上互相平行的剖切平面将形体剖开,得到的剖面图叫做阶梯剖面图。

如图 5-18(a)所示,形体上的两个孔不在同一个前后对称面上,如果用一个单一的剖切平面剖切,无法表达清楚内部结构。如图 5-18(b)所示,左侧剖切平面通过左墙圆孔,右侧剖切平面通过底部圆孔,两个剖切平面转折处的平面垂直于两个剖切平面。需注意,由于剖切平面是假想出来的,剖切平面转折产生的轮廓线不应在剖面图中画出。

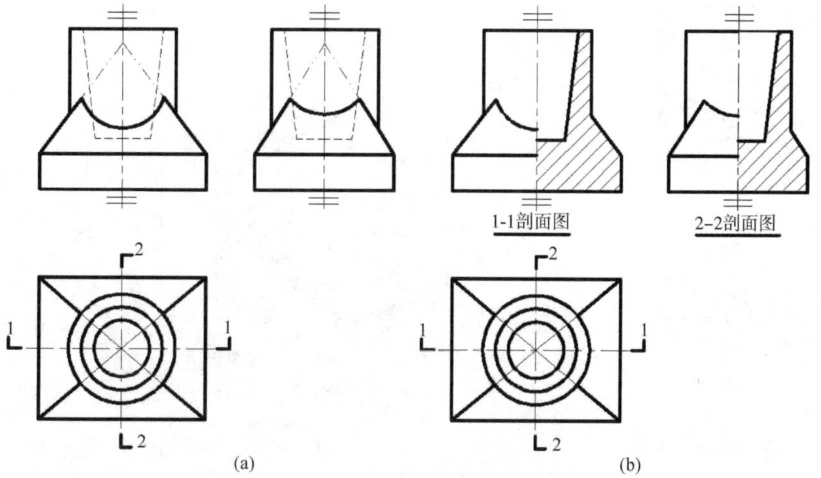

图 5 - 17　半剖

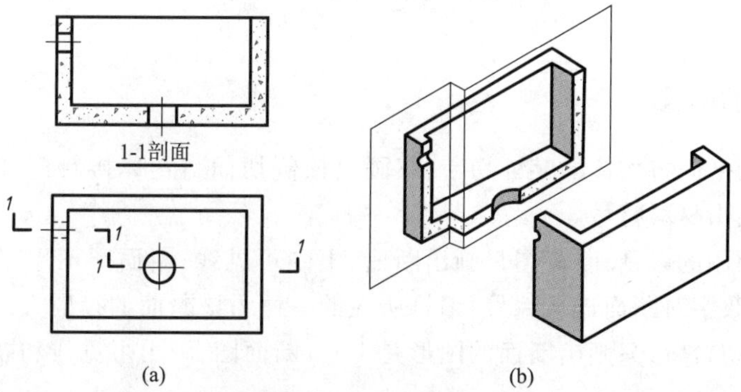

图 5 - 18　阶梯剖面图

4. 旋转剖面图

用两个相交剖切平面将形体剖切开,所得到的剖面图,经旋转展开,平行于某个基本投影面进行投射得到的投影图称为展开剖面图。展开剖面图的图名后面加“(展开)”字样。如图 5 - 19 所示,过滤池壁上有两个不在同一对称面上的孔,从左侧孔的对称面开始用正平面剖切,切到过滤池轴线处转折,再用一个通过右前方孔的铅垂面剖切,将前半部分移去,右侧的铅垂面与断面一起旋转至与正平面一致,然后进行投射,得到 1 - 1 旋转剖面图(展开)。

5. 局部剖面图

只剖切局部而保留大部分形体外形得到的投影图称为局部剖面图,在投影图中,用波浪线表示剖切之后剩下的实体边界。如图 5 - 20(a)所示,立体图表示钢筋混凝土梁板、找平层、木格栅、硬木地面之间的上下分层关系,图 5 - 20(b)所示为平面图。这种剖切属于局部剖面图中的分层局部剖面图。分层剖切时,应按层次以波浪线将各层隔开,波浪线不应与任何图线重合。

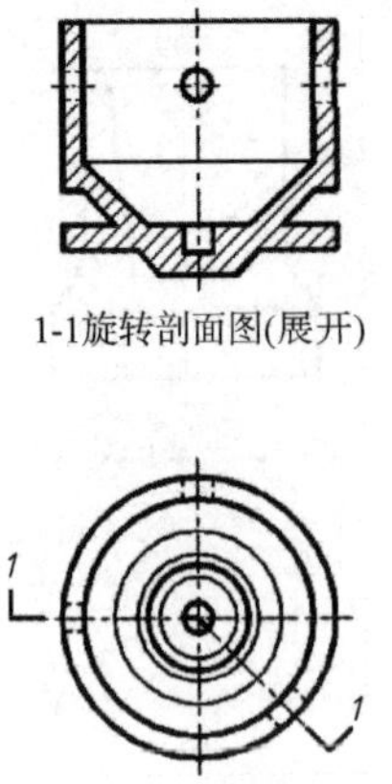

图 5－19　展开剖面图

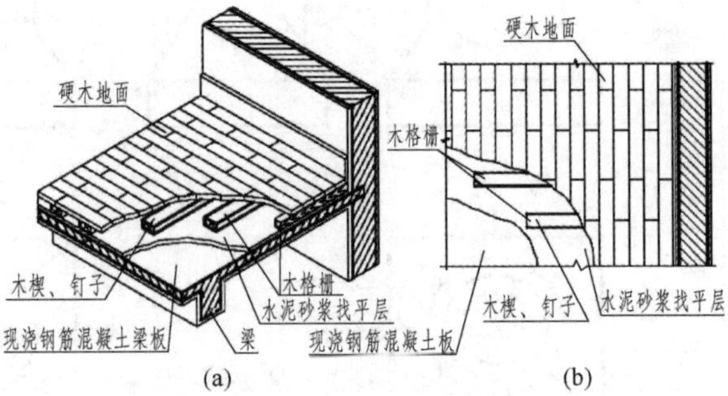

图 5－20　局部剖面图

5.5　断　面　图

5.5.1　断面图的概念

用假想的剖切平面将物体的某处切断,仅画出该剖切面与物体接触部分的图形称做断面图。断面图上应画出材料符号。

断面图与剖面图的区别:断面图只画出断面,不画可见线;断面图不用粗实线表示投射方向,而是用阿拉伯数字对断面进行编号,编号所在的一侧为该断面的投射方向。如图 5－21 所示,用剖切平面剖切台阶,只画出断面的图形是 1－1 断面图,画出可见线和断面的图形是2－2 剖面图。

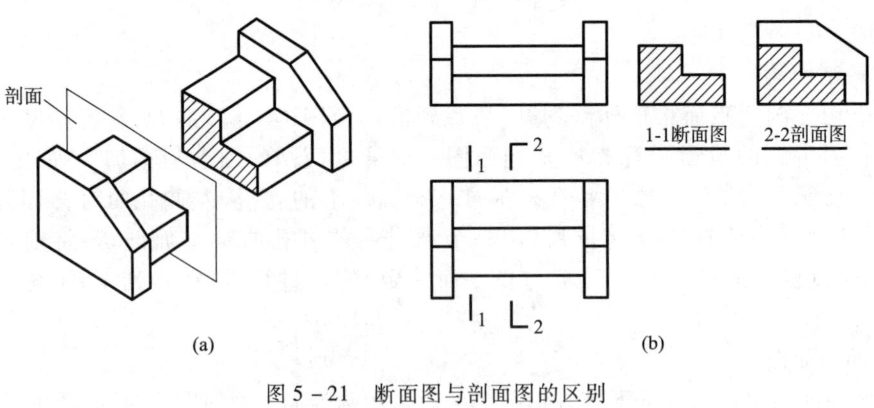

图 5－21　断面图与剖面图的区别

5.5.2　断面图的分类

根据断面图形放置的位置不同,可将断面分为移出断面图、重合断面图和中断断面图三种形式。

1. 移出断面图

画在基本投影图之外的断面图称为移出断面图。如图 5－22 所示的 1－1 和 2－2 断面图都属于移出断面图。

移出断面图常用于表达梁、柱等构件的断面形状及钢筋的配置情况。当一个形体有多个断面图时，应将各断面图按顺序依次整齐地排列在投影图的附近，可用较大的比例画出。

2. 重合断面图

重叠在基本投影图轮廓之内的断面图称为重合断面图。断面轮廓线用细实线绘制，比例与基本投影图相同，不加任何标注。

如图 5－23 所示，槽钢用一个正平面剖切，然后将断面向右旋转 90°画在视图中，画上材料符号，即重合断面图。

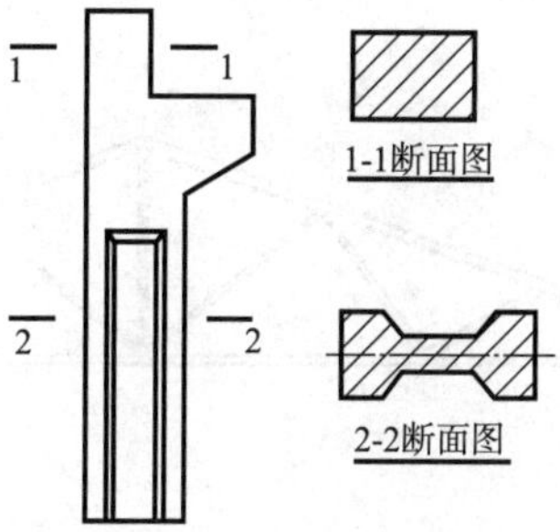

图 5－22　移出断面图

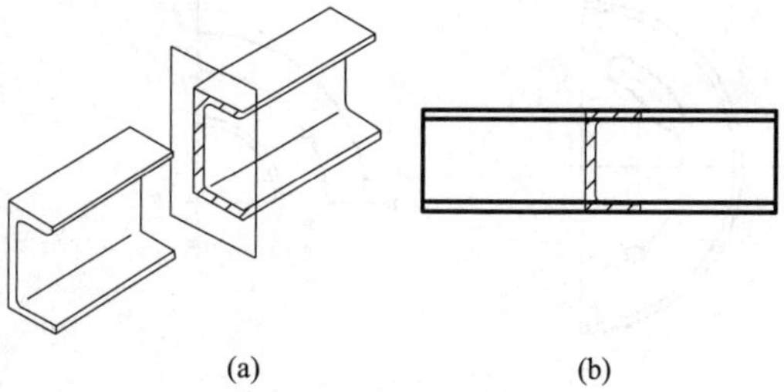

图 5－23　重合断面图

重合断面图的剖切平面可根据需要向多个方向旋转，常用于辅助表达墙壁立面上装饰花纹的凹凸情况、各种型钢的断面等。如图 5－24 所示为结构梁板的重合断面图。

3. 中断断面图

画在形体投影图中断处的断面图称为中断断面图。它主要用于表达一些较长且均匀变化的单一构件的断面形状。其画法是在构件投影图的某一处用折断线断开，然后将断面图画在当中。如图 5－25 所示为槽钢的中断断面图。

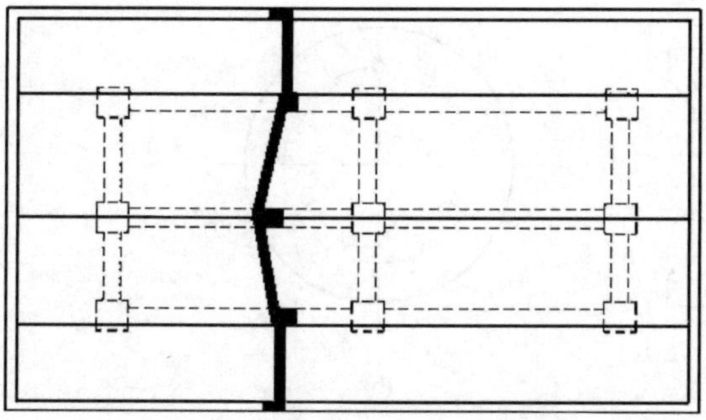

图 5－24　结构梁板的重合断面图

图 5－25　中断断面图

画中断断面图时，结构折断的部分可长可短，边界用波浪线或双折线表示，但尺寸应完整地标注。画图的比例、线型与移出断面图相同，不用标注剖切位置线和编号。

5.6 简 化 画 法

为了节省绘图时间，国家标准允许在必要时采用简化画法，如对称图形的简化、相同要素的简化、折断省略等。

1. 对称图形的简化画法

构配件的视图有一条对称线，可只画该视图的一半，如图 5－26(a)所示；构配件的视图有两条对称线，可只画该视图的 1/4，如图 5－26(b)所示；图形也可稍超出其对称线，此时可不画对称符号，如图 5－26(c)所示。

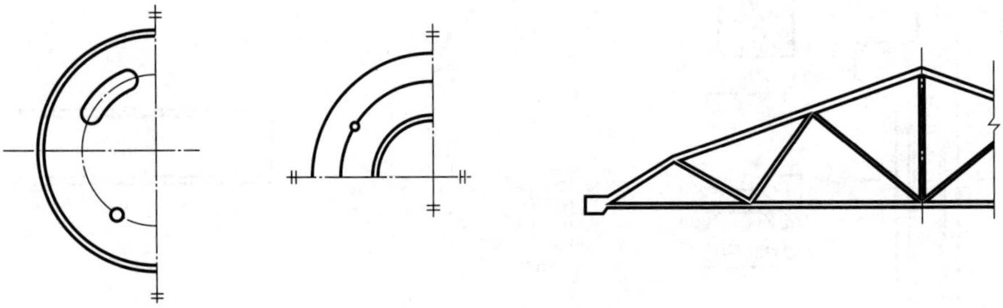

(a)　　(b)　　(c)

图 5－26　对称结构的简化画法

2. 相同要素的简化画法

构配件内多个完全相同而连续排列的构造要素，可仅在两端或适当位置画出其完整形状，其余部分以中心线或中心线交点表示，如图 5－27(a)、(b)所示。当相同构造要素少于中心线交点，则其余部分应在相同构造要素位置的中心线交点处用小圆点表示，如图 5－27(c)、(d)所示。

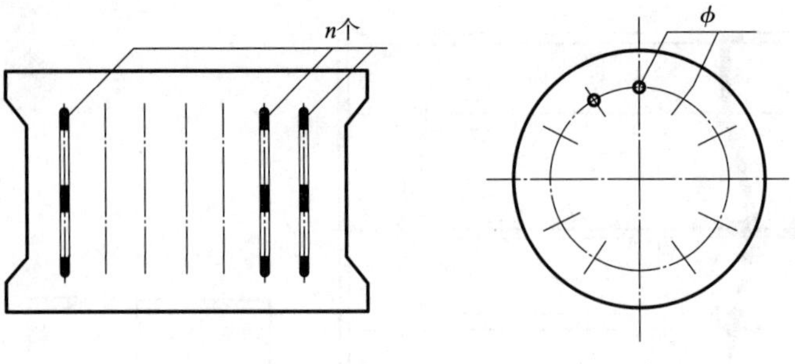

(a)　　(b)

图 5－27　相同要素的简化画法

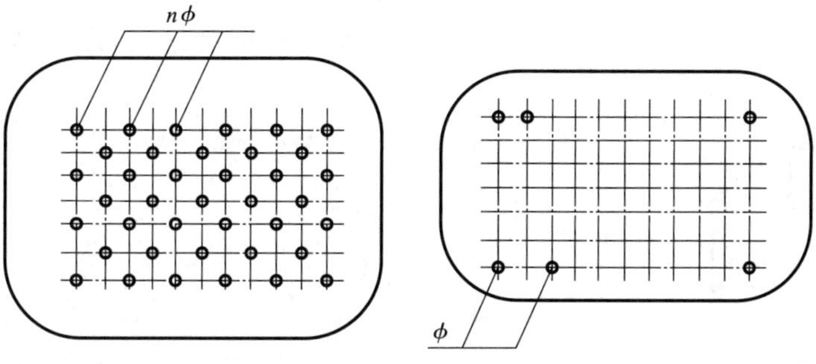

(c) (d)

图 5 - 27 相同要素的简化画法(续)

3. 折断省略的简化画法

较长的构件,当沿长度方向的形状相同或按一定规律变化时,可断开省略绘制,断开处应以折断线表示,如图 5 - 28 所示。

一个构配件如与另一构配件仅部分不相同,该构配件可只画不同部分,但应在两个构配件的相同部分与不同部分的分界线处,分别绘制连接符号,如图 5 - 29 所示。

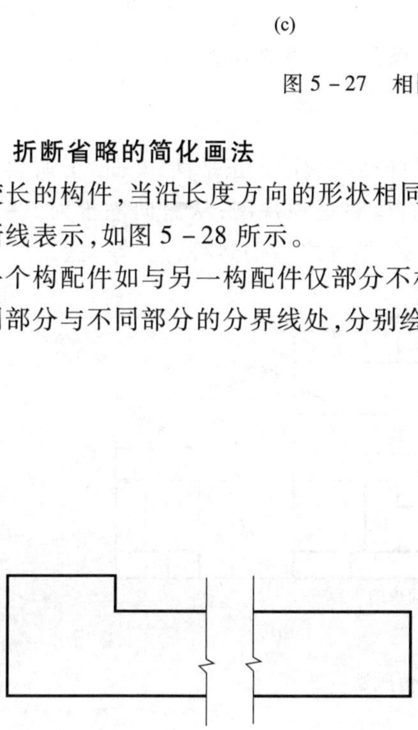

图 5 - 28 折断省略的简化画法

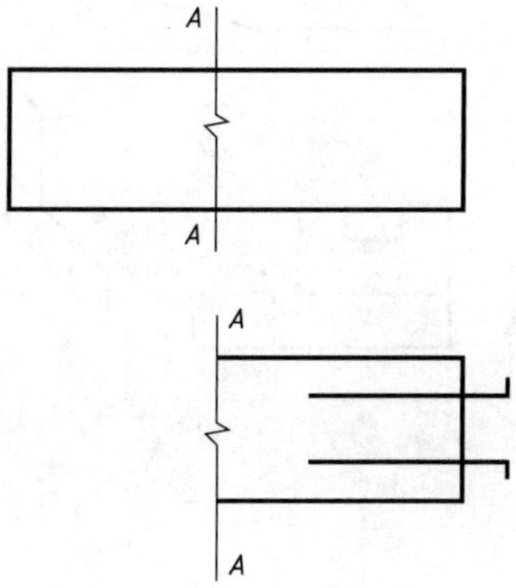

图 5 - 29 局部结构不同的构件省略画法

5.7 第三角画法简介

1. 第一角和第三角画法的区别

世界各国的工程图样有两种体系,即第一角投影法(又称“第一角画法”)和第三角投影法(又称“第三角画法”)。中国、英国、德国和俄罗斯等国家采用第一角投影,美国、日本、新加坡等国家采用第三角投影。

图 5 - 30 所示为三个互相垂直的投影面 V、H、W,将 W 面左侧空间划分为四个区域,按顺序分别称为第一角、第二角、第三角、第四角。

凡将物体置于第一分角内,按照正投影原理画图的方法,称为第一角画法。凡将物体置于第三分角内，按照正投影原理画图的方法，称为第三角画法。国际标准化组织（ISO）规定了相应的识别符号，图 5－31（a）为第一角画法符号，图 5－31（b）为第三角画法符号。

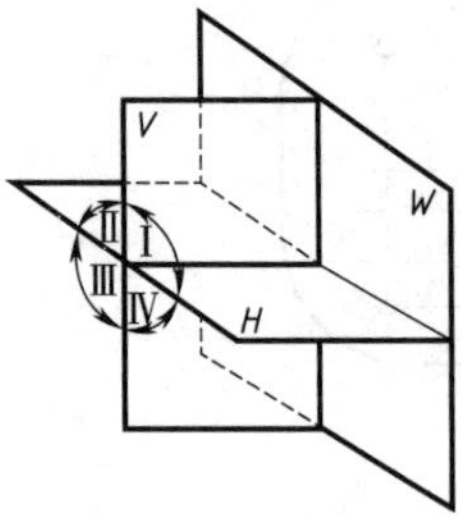

图 5－30　四个分角

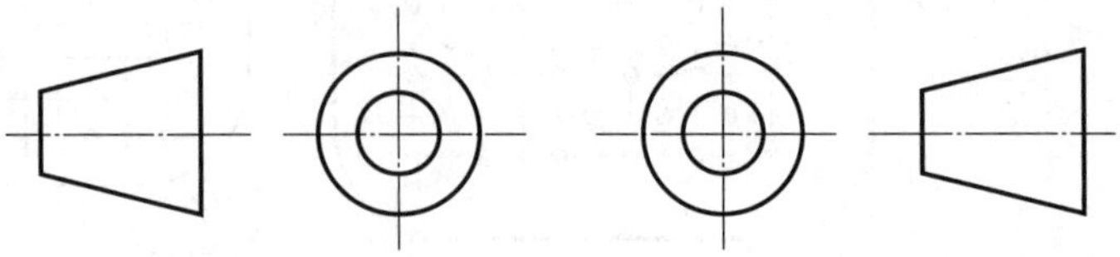

(a)　(b)

图 5－31　识别符号

2. 第三角画法

如图 5－32（a）所示，将物体放在第三角中，从前向后投射，在正平面（*V* 面）上所得的视图是前视图；从上向下投射，在水平面（*H* 面）上所得的视图是顶视图；从右向左投射，在侧平面（*W* 面）上所得的视图是右视图。如图 5－32（b）所示，展开之后仍然符合三等关系。

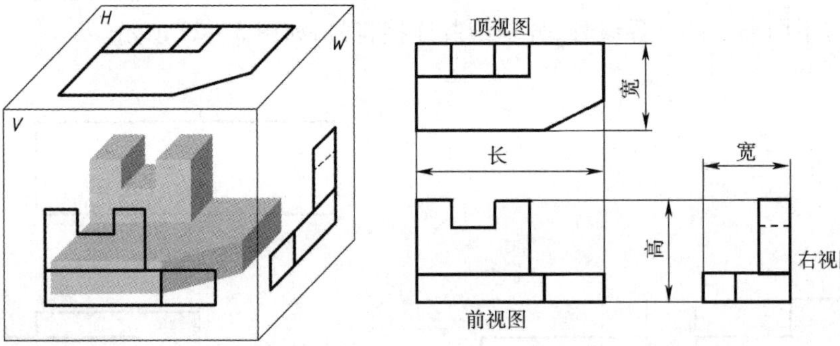

(a)　(b)

图 5－32　第三角画法

思　考　题

1. 什么情况下要用多个视图表达建筑形体？
2. 建筑形体画图和读图需要用到哪两种方法？各有何特点？
3. 剖面图是怎么形成的？用剖面图的目的是什么？
4. 什么地方需要画出材料符号？建筑中常用的材料符号有哪些？
5. 断面图与剖面图有什么异同点？
6. 什么情况可以使用简化画法？

第 5 章重点难点概要

第 6 章　轴测图与透视图基本知识

轴测投影主要掌握正等轴测图和斜二轴测图的画法；透视投影重点掌握基本形体的一点透视、两点透视的画法。轴测投影和透视投影的作图效果非常相似，都是以立体图的形式绘制图样。

6.1　轴测投影

形体的多面正投影图，可以准确地表达形体的形状和大小，且作图方便，度量性好，所以被工程图样广泛采用，如图 6－1(a)所示。但这种多面正投影图缺乏立体感，不易看懂。因此，工程上有时也采用如图 6－1(b)所示的富有立体感，但作图较繁和度量性较差的轴测图作为辅助图样来帮助人们阅读多面正投影图。

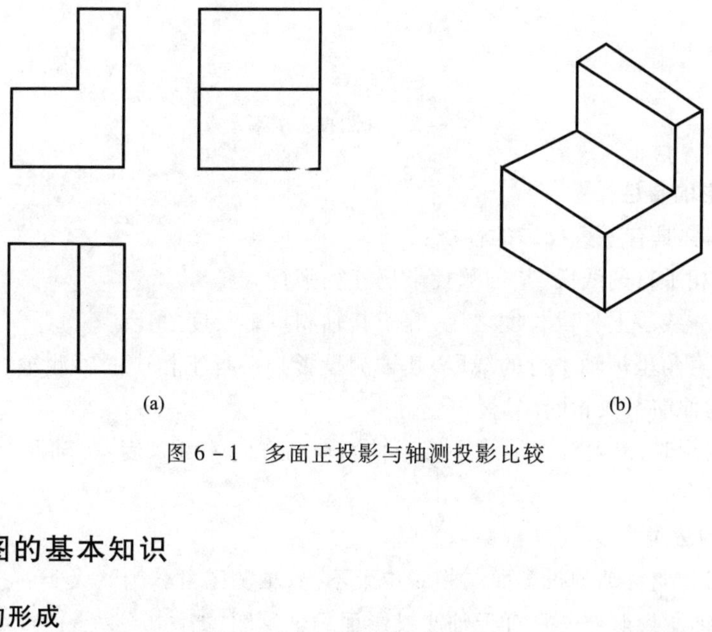

(a)　　(b)

图 6－1　多面正投影与轴测投影比较

6.1.1　轴测图的基本知识

1. 轴测图的形成

GB/T 16948—1997《技术产品文件　词汇　投影法术语》中规定：将形体连同其直角坐标系，沿不平行于任一坐标平面的方向，用平行投影法将其投射在单一投影面上所得到的图形，称为轴测投影（轴测图），如图 6－2 所示。

单一投影面 P 称为轴测投影面。

直角坐标轴 OX、OY、OZ 在轴测投影面 P 上的投影 O_1X_1、O_1Y_1、O_1Z_1 称为轴测轴。

2. 轴间角和轴向伸缩系数

(1)轴间角：两轴测轴之间的夹角 $\angle X_1O_1Y_1$、$\angle Y_1O_1Z_1$、$\angle X_1O_1Z_1$。

(2)轴向伸缩系数：轴测轴上的单位长度与相应空间直角坐标轴上的单位长度之比。

设 OA、OB、OC 分别为 OX、OY、OZ 轴上的线段，它们的轴测投影为 O_1A_1、O_1B_1、O_1C_1。用 p、q、r 分别表示 O_1X_1、O_1Y_1、O_1Z_1 轴的轴向伸缩系数，则：

$$p=\frac{O_1A_1}{OA},q=\frac{O_1B_1}{OB},r=\frac{O_1C_1}{OC}$$

注：轴测轴按 GB/T 14692—1993 标记为 OX、OY、OZ。本章文字叙述部分，为区别于直角坐标轴的标记，在每个字母右下角暂加下标“1”，具体画图时，去掉下标“1”。

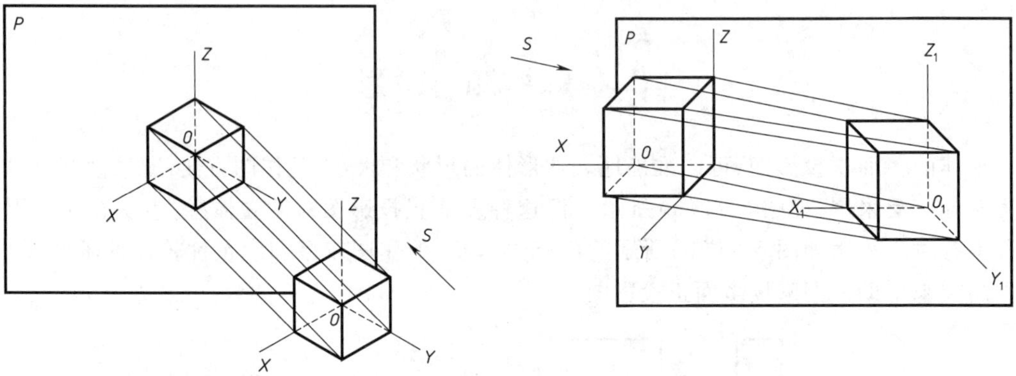

(a) 正轴测图　　(b) 斜轴测图

图 6－2　轴测投影的形成

3. 轴测投影的特性

轴测投影同样具有平行投影的性质：

(1)空间互相平行的线段，其轴测投影仍互相平行。

(2)空间同一线段上各段长度之比，等于其轴测投影长度之比。

(3)空间与直角坐标轴平行的线段，其轴测投影必平行于相应的轴测轴，且轴向伸缩系数与相应轴测轴的伸缩系数相同。

因此画轴测图时，沿着轴测轴或平行于轴测轴的方向才可以度量，轴测就是“沿轴测量”，轴测图因此而得名。

4. 轴测图的分类

按轴测投射方向对轴测投影面的相对位置不同，轴测图可分为两大类：

正轴测图：轴测投射方向垂直于轴测投影面的轴测图，如图 6－2(a)所示。

斜轴测图：轴测投射方向倾斜于轴测投影面的轴测图，如图 6－2(b)所示。

根据轴向伸缩系数之间是否相等，这两类轴测图又可分为：

(1)正(或斜)等轴测图，$p=q=r$。

(2)正(或斜)二轴测图，$p=r\neq q$。

(3)正(或斜)三轴测图，$p\neq q\neq r$。

工程上用的较多的是正等轴测图和斜二轴测图。

6.1.2　正等轴测图

1. 轴间角和轴向伸缩系数

1）轴间角。在正等轴测图中，我们让投射方向不变，形体旋转，使得形体上的三直角坐标轴与轴测投影面的倾角相等，这样与之相对应的轴测轴之间的夹角也必然相等，即 $\angle X_1O_1Y_1 = \angle X_1O_1Z_1 = \angle Y_1O_1Z_1 = 120°$，如图 6－3(a)所示。

2）轴向伸缩系数。正等轴测图中 O_1X_1、O_1Y_1、O_1Z_1 三轴的轴向伸缩系数相等。经数学推导得：$p = q = r \approx 0.82$。画出的图形如图 6－3(b)所示。为作图简便，简化轴向伸缩系数 $p = q = r = 1$，这样，画出的图形在沿各轴向长度都分别放大了约 1/0.82 = 1.22 倍，如图 6－3(c)所示。

画图时：习惯 O_1Z_1 轴竖直向上，O_1X_1、O_1Y_1、O_1Z_1 轴平分 360°。

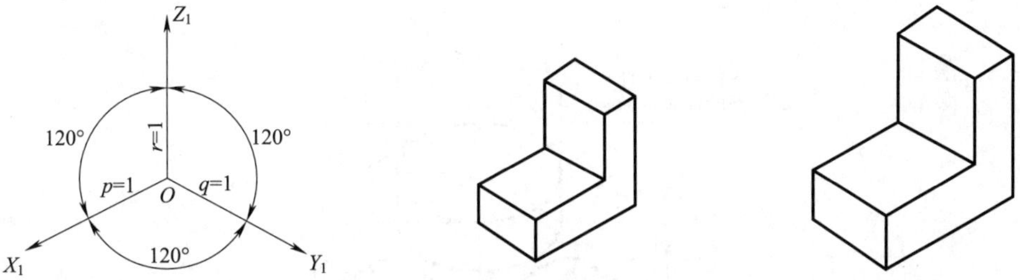

(a) 轴间角和轴向伸缩系数　　(b) $p=q=r=0.82$　　(c) $p=q=r=1$

图 6－3　正等轴测图的轴间角和轴向伸缩系数

2. 平面立体正等轴测图画法

绘制平面立体正等轴测图的基本方法是坐标法。坐标法是指根据形体的形状特点，选定合适的坐标轴，画出轴测轴，然后按坐标关系画出形体各点的轴测投影，进而连接各点完成形体的轴测图。以坐标法为基础，根据形体不同的情况，还可采用切割法和叠加法。

【例 6－1】　根据六棱柱的三视图，画出它的正等轴测图。

解：本题关键在于选定坐标轴和坐标原点，如先确定顶面顶点的坐标，可避免画不必要的作图线，因轴测图不画虚线。

作图步骤：

(1)在视图上定坐标轴和坐标原点[图 6－4(a)]；

(2)画轴测轴，根据尺寸 S、D 定出Ⅰ、Ⅱ、Ⅲ、Ⅳ点[图 6－4(b)]；

(3)过Ⅰ、Ⅱ点作直线平行 OX，并在Ⅰ、Ⅱ的两边各取 $a/2$ 和连接各顶点[图 6－4(c)]；

(4)过各顶点向下画侧棱，取尺寸 H；画底面各边；描深，完成全图[图 6－4(d)]。

3. 回转体正等轴测图画法

1）位于或平行于坐标面的圆的正等轴测图画法

位于或平行于坐标面的圆的正等轴测投影为椭圆。椭圆长轴垂直于相应的轴测轴，短轴平行于相应的轴测轴。椭圆长轴等于空间圆的直径 d，短轴约等于 $0.58d$；当采用简化伸缩系数作图时，长轴为 $1.22d$，短轴约为 $0.7d$，如图 6－5 所示。

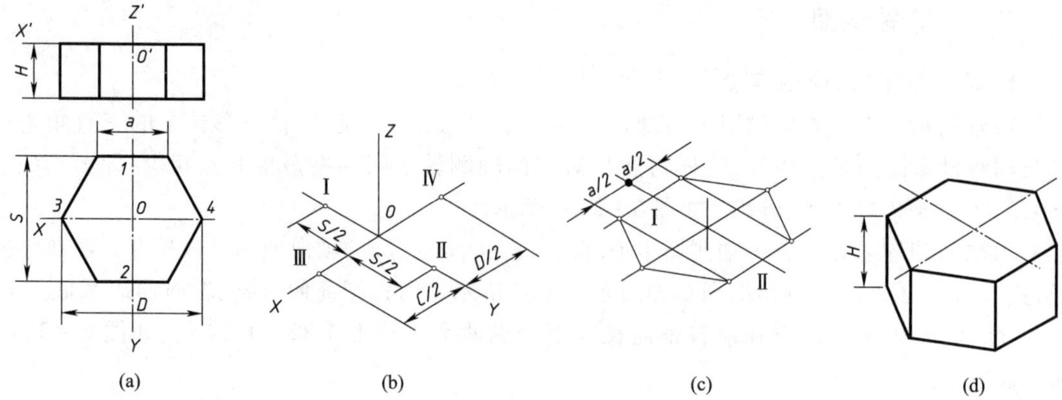

图 6－4　正六棱柱正等轴测图的画法

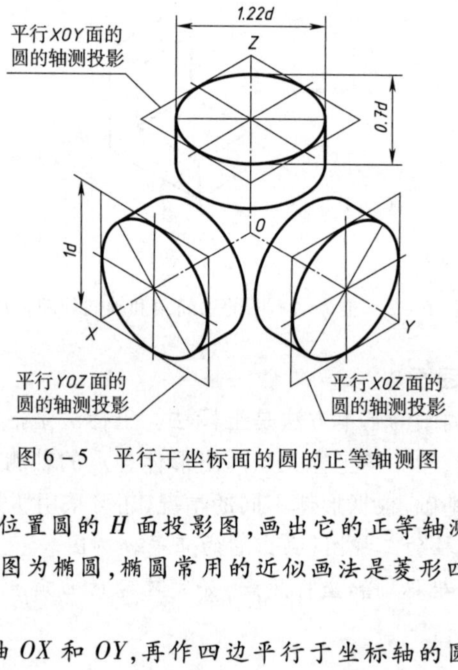

图 6－5　平行于坐标面的圆的正等轴测图

【例 6－2】　已知水平位置圆的 H 面投影图，画出它的正等轴测图。

解：水平圆的正等轴测图为椭圆，椭圆常用的近似画法是菱形四心法。

作图步骤：

(1)过圆心 O 作坐标轴 OX 和 OY，再作四边平行于坐标轴的圆的外切正方形，切点为 1、2、3、4［图 6－6(a)］。

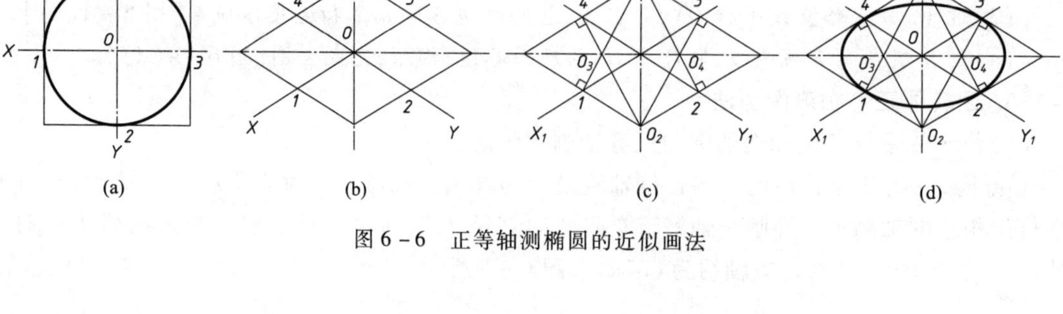

图 6－6　正等轴测椭圆的近似画法

(2)画出轴测轴 OX、OY。从 O 点沿轴向直接量圆的半径，得到切点 1、2、3、4。过各点分别作轴测轴的平行线，得到圆的外切正方形的轴测图——菱形，再作菱形的对角线[图 6－6(b)]。

(3)作菱形两钝角的顶点 O_1、O_2 和其两对边中点的连线(这些连线就是各菱形边的中垂线)，与长对角线交于 O_3、O_4，O_1、O_2、O_3、O_4 即是画近似椭圆的四个圆心[图 6－6(c)]。

(4)以 O_1、O_2 为圆心，$O_1 1$ 为半径画出两个大圆弧；以 O_3、O_4 为圆心、$O_3 1$ 为半径画出两个小圆弧。四个圆弧连成的就是近似椭圆[图 6－6(d)]。

2)常见曲面立体的正等轴测图画法

【例 6－3】　根据图 6－7(a)所示圆柱的 V、H 面投影图，画出圆柱的正等轴测图。

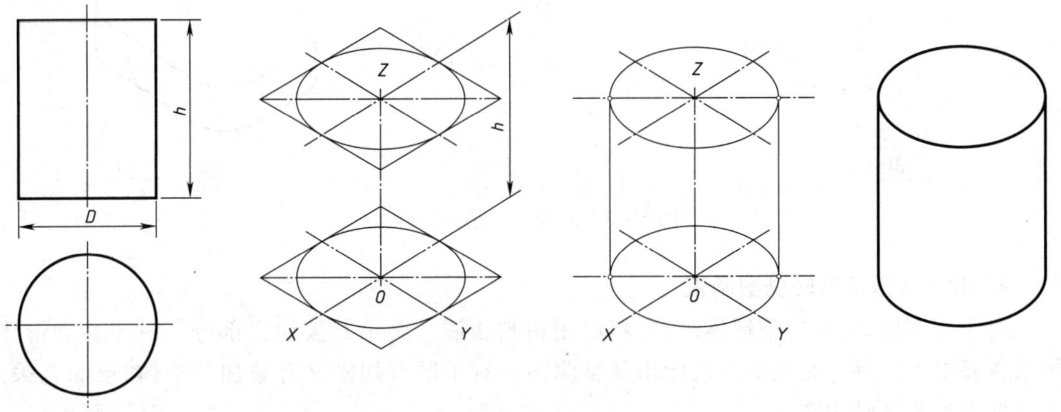

(a)　(b)　(c)　(d)

图 6－7　圆柱正等轴测图画法

解：　作图步骤：

(1)画正等轴测轴，定出上下底中心，用菱形四心法画上下底部的椭圆[图 6－7(b)]。

(2)画出两椭圆的两边轮廓线(注意切点位置)[图 6－7(c)]。

(3)擦去多余图线，加深，完成作图[图 6－7(d)]。

3)圆角的正等轴测图画法

【例 6－4】　画出如图 6－8(a)所示带圆角(1/4 圆弧)底板的正等轴测图。

解：如图 6－8(a)所示底板的两个圆角是 1/4 圆柱面，可以采用近似画法画出 1/4 圆弧的正等轴测投影，而各自的圆心在所作外切菱形各中点垂线的交点上，圆弧半径也随之而定。

作图步骤：

(1)作长方体的正等轴测图[图 6－8(b)]。

(2)求底板上端面圆角的两圆心 O_1、O_2[图 6－8(c)]。

(3)用移心法，得底板下端面圆角的两圆心 O_3、O_4。[图 6－8(d)]。

(4)以 O_1、O_2、O_3、O_4 为圆心，画出四段圆弧，并画出右侧圆弧的外公切线[图 6－8(e)]。

(5)完成正等轴测图[图 6－8(f)]。

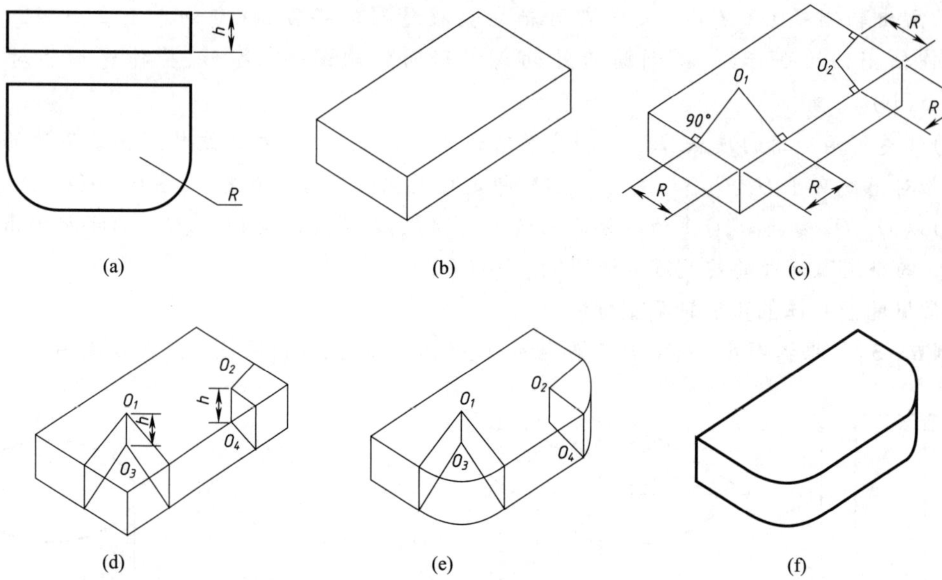

图 6－8　圆角正等轴测图画法

4. 组合形体正等轴测图画法

对于切割体，先按完整形体画出，然后用切割法逐一画出其被切去部分。对于叠加形体，可按各基本形体逐一叠加的方法画出其轴测图。对于既有切割又有叠加的形体，可综合采用上述两种方法画轴测图。

【例 6－5】　根据如图 6－9(a)所示的切割体三视图，画出它的正等轴测图。

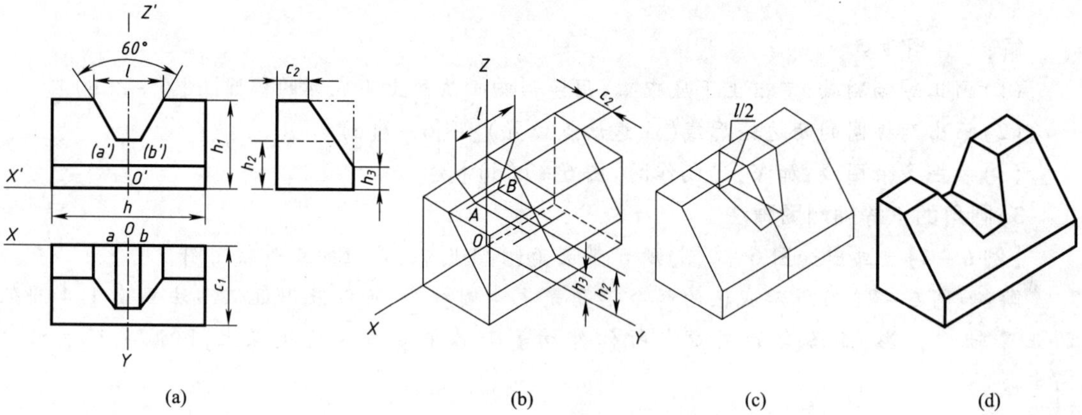

图 6－9　切割形体正等轴测图画法

解：作图步骤：

(1)在视图上建立直角坐标系[图 6－9(a)]。

(2)先画矩形块、再画前上方侧垂面切割[图 6－9(b)]。

(3)切割 V 形槽[图 6－9(c)]。

4)擦去多余作图线,加深,完成全图[图 6-9(d)]。

【例 6-6】 根据如图 6-10(a)所示形体的二视图,画出它的正等轴测图。

解:将该机件分为底板和 U 形板两部分,底板上切割有槽,所以形体既有切割又有叠加,可综合作图。

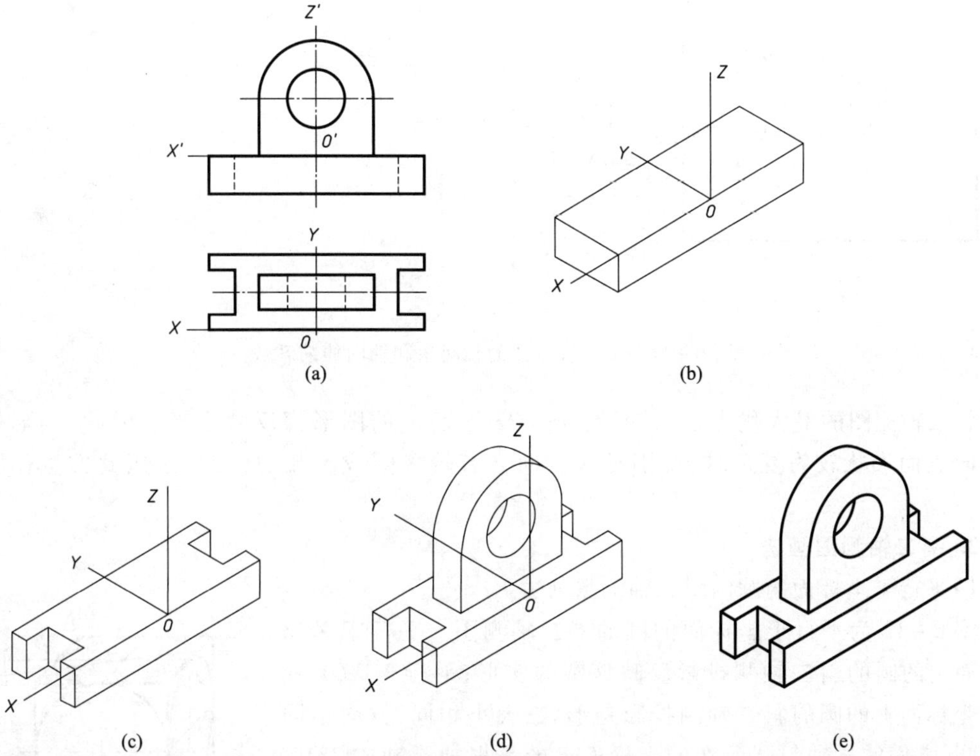

图 6-10　画组合形体的正等轴测图

作图步骤:

(1)在视图上建立直角坐标系[图 6-10(a)]。

(2)先画四棱柱形的底板部分[图 6-10(b)]。

(3)在底板左右两边切割槽[图 6-10(c)]。

(4)在底板上相应位置叠加 U 形板[图 6-10(d)]。

(5)擦去多余作图线,加深,完成全图[图 6-10(e)]。

6.1.3　斜二轴测图

1. 轴间角和轴向伸缩系数

斜二轴测图形成的条件是"形体正放,光线斜射"。该轴测图常以正平面为投影面,投射方向倾斜于投影面。

斜二轴测图的轴间角为$\angle X_1O_1Z_1 = 90°$,$\angle X_1O_1Y_1 = 135°$,$\angle Y_1O_1Z_1 = 135°$。

O_1X_1 轴和 O_1Z_1 轴的轴向伸缩系数都是 1，即 $p=r=1$；O_1Y_1 轴的轴向伸缩系数为 $q=0.5$，如图 6－11 所示。

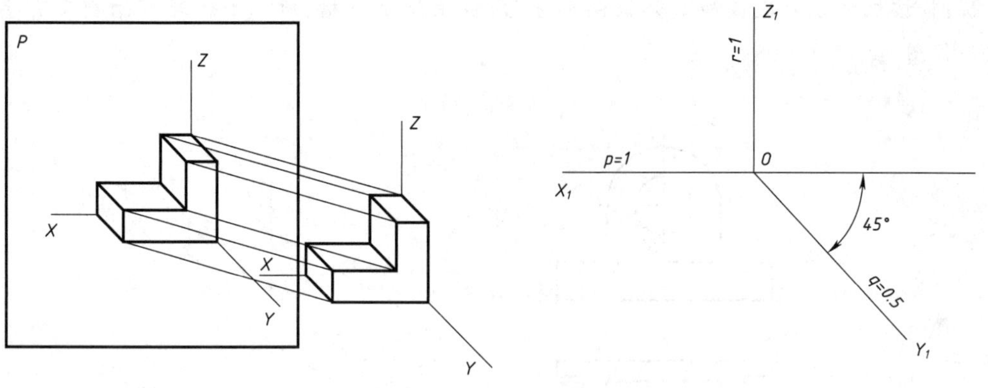

(a)　　(b)

图 6－11　斜二轴测图的轴间角和轴向伸缩系数

斜二轴测图的最大优点是：凡平行于 XOZ 平面上的图形都反映实形。因此，当形体某一轴向表面形状较为复杂时，特别是该方向上有较多圆或圆弧曲线时，采用此方法作图较简便。

2. 斜二轴测图画法

1）平行于坐标面的圆的斜二轴测图画法

图 6－12 为平行于坐标面的圆的斜二轴测图。平行于 XOZ 坐标面上的圆的斜二轴测投影反映该圆的实形；平行于 XOY 和 YOZ 坐标面上的圆的斜二轴测投影是形状、大小相同，方向不同的椭圆，它们的长轴与圆所在的坐标面上的一根轴测轴成 7°10′（≈7°）的夹角。

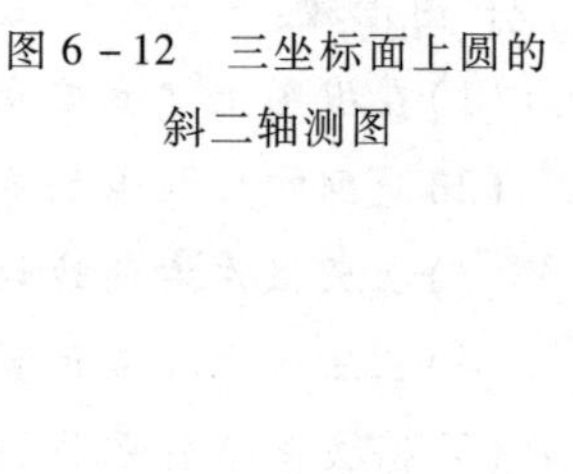

图 6－12　三坐标面上圆的斜二轴测图

由于上述椭圆画法麻烦，所以不推荐用圆弧代替的近似画法。如有需要可以通过作出圆上一系列点的轴测投影，然后用曲线板光滑连接成椭圆。

2）斜二轴测图画法举例

【例 6－7】　已知形体的二视图，画其斜二轴测图。

解：作图步骤：

（1）在视图上建立直角坐标系［图 6－13（a）］；

（2）画轴测轴，并且画出前端面的图形，该图形与主视图基本一样［图 6－13（b）］；

（3）在 OY 轴方向上从前端面 O 处向后移宽度的一半，画出后端面形状及圆弧的公切线［图 6－13（c）］；

（4）在底板上相应位置切割矩形槽［图 6－13（d）］；

（5）擦去多余作图线，加深，完成全图［图 6－13（e）］。

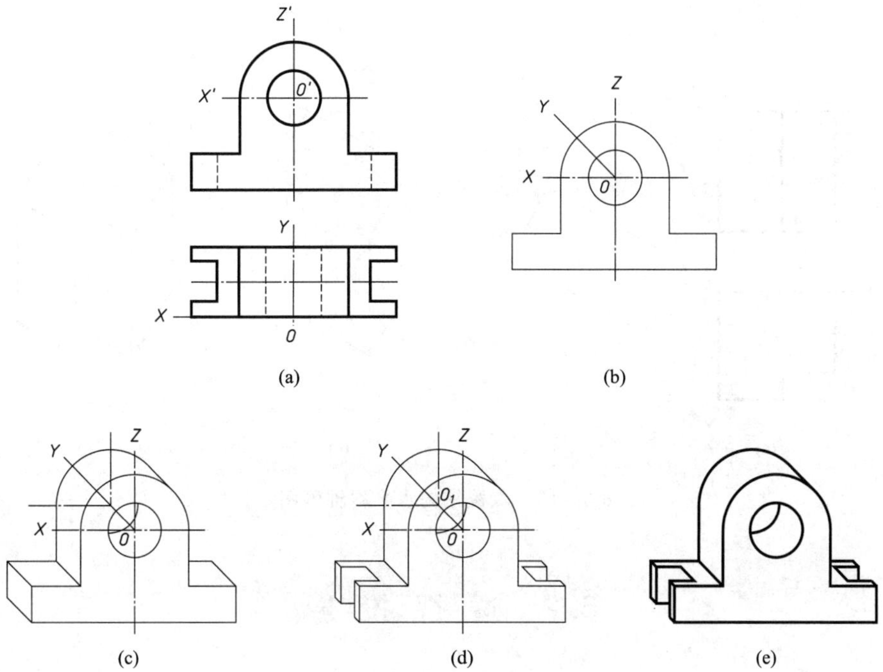

图 6 – 13　组合形体的斜二轴测图

6.1.4　水平斜轴测图

水平斜轴测图形成的条件与斜二轴测图相同,仍然是“形体正放,光线斜射”,所不同的是该轴测图以水平面为投影面,投射方向倾斜于水平投影面。水平斜轴测图的轴间角为$\angle X_1O_1Z_1 = 120°$,$\angle X_1O_1Y_1 = 90°$,$\angle Y_1O_1Z_1 = 150°$。轴向伸缩系数为 $p = q = r = 1$。如图 6 – 14 所示。

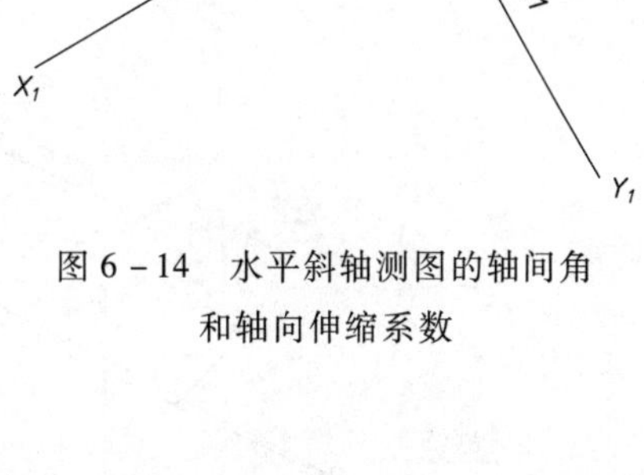

图 6 – 14　水平斜轴测图的轴间角和轴向伸缩系数

【例 6 – 8】　根据图 6 – 15(a)所示六棱柱的两面正投影,作出其水平斜轴测图。

解:(1)空间及投影分析

该形体的形状特征视图是俯视图的六边形,需要先画出六边形的水平斜轴测图,再拉伸出高度方向尺寸。

(2)作图步骤

①在投影图中建立坐标系,如图 6 – 15(a)所示。

②画出轴测轴,将投影图中的形按照坐标法绘制到轴测轴的对应位置。如图 6 – 15(b)所示。(相当于将六边形绕着 O_1点逆时针旋转 30°。)

③按照主视图中的高度尺寸向下拉伸,画出下底面的可见线,加粗棱线,得到六棱柱的水平斜轴测图。如图 6 – 15(c)、(d)所示。

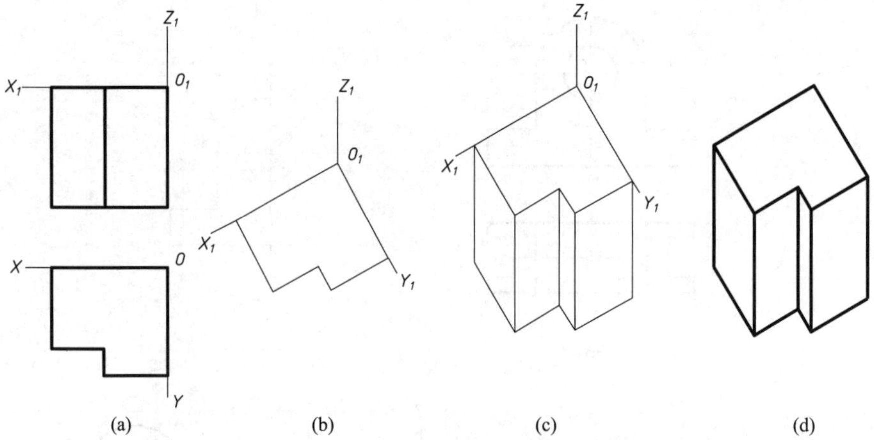

图 6－15　六棱柱的水平斜轴测图

6.2　透 视 投 影

6.2.1　透视投影的基本知识

1. 透视投影的形成

透视投影是用中心投影法将空间形体投射到单一投影面上所得到的具有立体感的投影图。如图 6－16 所示，从视点（投射中心）发出的所有视线（投射线）与画面（投影面）P 相交，把各交点连接起来所得的形体的投影图，就是该形体的透视投影（通称透视图，简称透视）。实际上，透视投影相当于以人的眼睛为投射中心的中心投影，符合人们的视觉形象，富有较强的立体感和真实感。由于透视图具有形象逼真的特点，因此在建筑设计中常用作方案比较、工程投标、审图工程中的重要辅助图样。

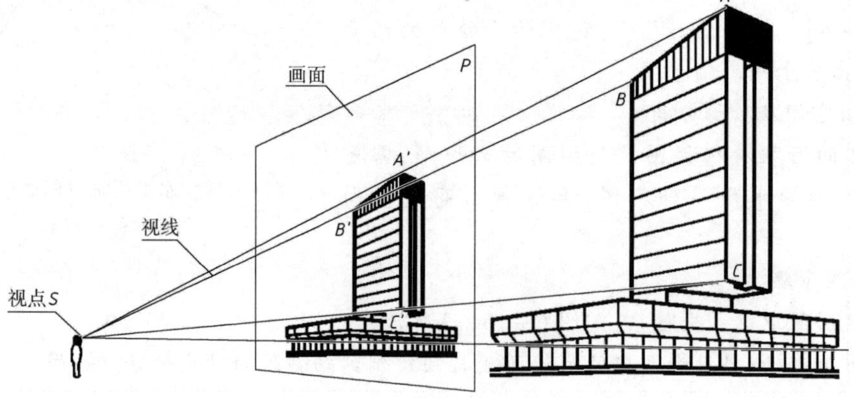

图 6－16　透视投影的形成

2. 透视术语

在透视投影中,为了便于理解透视的原理和掌握透视作图的方法,特约定以下透视图的基本术语和符号,如图 6 - 17 所示。

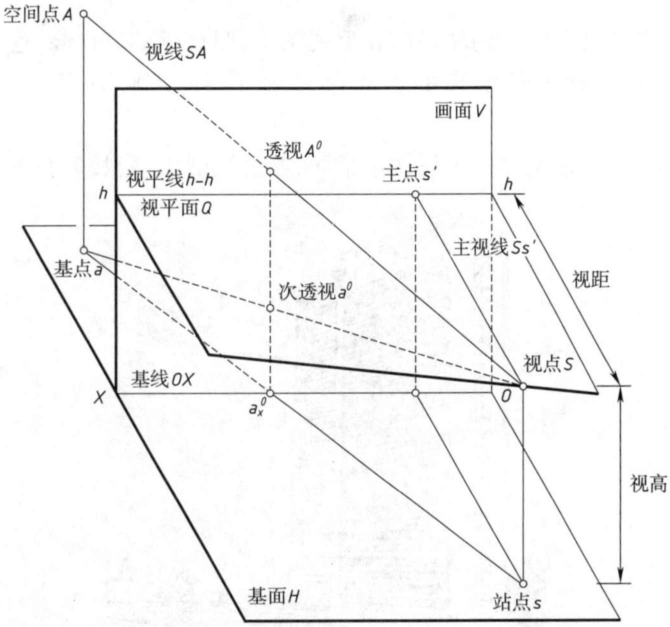

图 6 - 17　透视投影常用术语

基面 H:放置建筑形体的地平面,一般以水平投影面 H 作为基面。

画面 V:绘制透视图的投影平面,一般以正立投影面 V 作为画面。

基线 OX:画面与基面的交线。在基面上用 OX 表示画面的积聚投影位置;在画面上用 $O'X'$表示基面的积聚投影位置。

视点 S:观察者眼睛所在的位置,即投射中心,用大写字母 S 表示。

站点 s:视点 S 在基面 H 上的正投影,相当于观察者站立的位置,用小写字母 s 表示。

主点 s':视点 S 在画面 V 上的正投影(或称画面投影)。

视高 Ss:视点 S 到基面 H 的距离,即人眼的高度。

视距 Ss'视点 S 到画面 V 的距离。

视平面 Q:过视点 S 的水平面。

视平线 $h-h$:视平面 Q 与画面 V 的交线,即在画面 V 上通过主点 s'与基线 OX 平行的直线,以 $h-h$ 表示。

视线 SA:视点 S 与形体上点 A 的连线,即投射线。

主视线 Ss':通过视点 S 且垂直于画面的视线 Ss'。

基点 a:空间点 A 在基面上的正投影。

点的透视 A^0:视线 SA 与画面 V 的交点。

点的次透视 a^0:基点 a 的透视,即视线 Sa 与画面 V 的的交点。

3. 透视图的特点

如图 6－18 所示的透视投影图,从图中可以看出以下几个特点。

(1)近大远小:建筑物上等体量的构件,距离观察者近的透视投影大,远的透视投影小。

(2)近高远低:建筑物上等高的墙、柱,在透视图中,距离近的显得高,远的显得低。

(3)近疏远密:建筑物上等距离的窗和窗间墙垛、柱子等,距离近的显得疏,远的显得密。

(4)水平线交于一点,建筑物上平行的水平线,在透视图中,延长后交于一点。

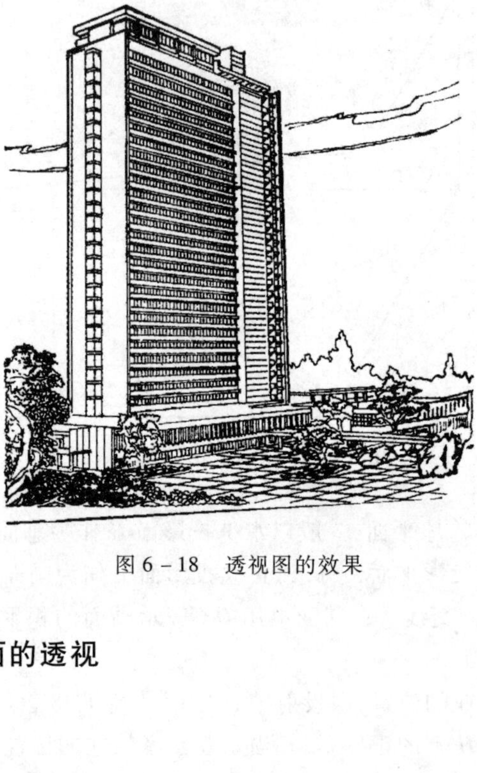

图 6－18　透视图的效果

6.2.2　点、直线和平面的透视

1. 点的透视

(1)点的透视概念

点的透视就是过该点的视线与画面的交点。有以下三种情况:

①点在画面后:视线与画面相交就得点的透视。

②点在画面上:透视就是该点本身。

③点在画面前:延长视线与画面相交得到点的透视。

(2)点的透视作法——视线迹点法

点的透视最基本的求法就是视线迹点法。所谓的视线迹点就是视线与画面的交点。

【例 6－9】　如图 6－19(a)所示,已知空间点 A 的正投影(a',a),视点 S 的正投影(s',s),画面 V 和基面 H,求点 A 的透视 A^0 和次透视 a^0。

解:作图步骤如下:

(1)将基面 H 和画面 V 展开在同一平面上,习惯上将基面 H 放在上方,画面 V 放在下方,上下对齐,使 s' 与 s,a' 与 a 分别处于同一铅直线上,符合正投影规律,如图 6－19(b)所示。由

于基面 H 和画面 V 边框与作图无关，故可省略不画，如图 6－19(c)所示。这样，画面 V 在基面 H 上的积聚投影 OX 线，基点 a 和站点 s 就表示了基面及基面上的投影；基面 H 在画面 V 上的积聚投影 $O'X'$ 线，视平线 $h-h$ 线，主点 s' 和点的画面正投影 a' 以及基点 a 在画面上的正投影 a_x' 就表示了画面及其上的投影。

(2) 作视线 SA，即在画面上连 $s'a'$，$s'a_x'$（视线 SA 和 Sa 在画面上的正投影），在基面上连 sa（视线 SA 和 Sa 在基面上的正投影）

(3) 定出基面上 sa 与基线 OX 的交点 a_x^0；再过 a_x^0 引铅直线与 $s'a'$ 和 $s'a_x'$ 交于 A^0 和 a^0，即得到点 A 的透视 A^0 和次透视 a^0。

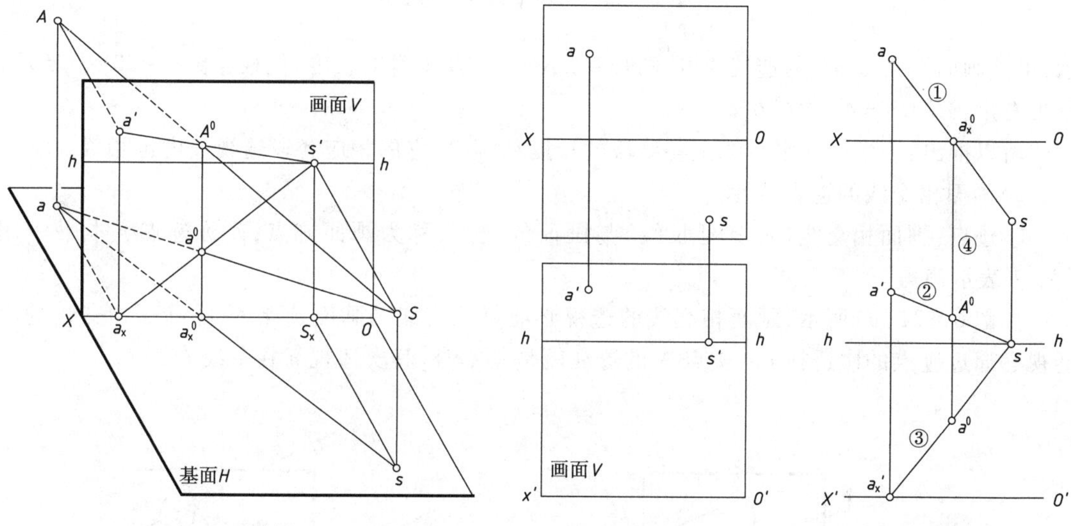

图 6－19　点的透视作法

2. 直线的透视

直线的透视，一般情况下仍为直线；当直线通过视点时，其透视成为一点；当直线在画面上时，其透视与本身重合。

根据直线对画面的相对位置，将直线分为两大类：画面平行线——与画面平行的直线；画面相交线——与画面相交的直线。下面分别介绍它们的透视特性。

1) 画面平行线的透视特性

①画面平行线的透视，与直线本身平行。如图 6－20(a)所示，直线 AB 平行于画面 V，通过它的视平面 SAB 与画面交得的直线，即透视 A^0B^0，应该与直线 AB 平行。

由于画面平行线的方向不同，将其分为：竖直线、水平线和倾斜线。当画面为竖直方向时，这种画面平行线的透视仍成竖直、水平和同样倾斜角度的方向。

②一组平行的画面平行线的透视，仍互相平行。如图 6－20(b)所示，V 面平行线 $AB /\!/ CD$，因为 $A^0B^0 /\!/ AB$，$C^0D^0 /\!/ CD$，所以 $A^0B^0 /\!/ C^0D^0$。推出：所有互相平行的画面平行线，它们的透视仍互相平行。

③画面平行线上各线段的长度之比，等于这些线段的透视长度之比。如图 6－20(a)所

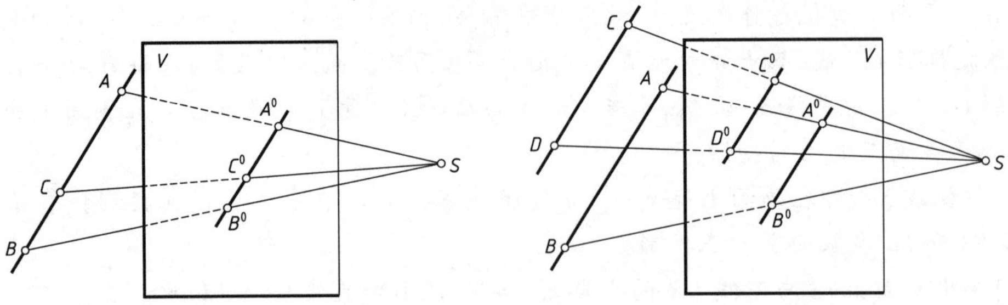

(a) (b)

图 6－20　画面平行线的透视

示，虽然画面平行线 AB 的透视 A^0B^0 的长度，不等于 AB 本身的长度，但根据图 6－20(*a*)所示，不难看出：$AC:CB = A^0C^0:C^0B^0$。

所以推出：一条画面平行线上各线段的长度相等时，它的相应各段透视长度也相等。

2)画面相交线的透视特性

①迹点：画面相交线(或其延长线)与画面的交点，称为画面迹点，简称迹点。本书中用“N”来表示迹点。

如图 6－21(a)所示，画面相交线的透视必通过该直线的画面迹点 N，此画面相交线的次透视必通过迹点的次透视 n。迹点 N 的透视就是其本身，其次透视 n 在基线 OX 上。

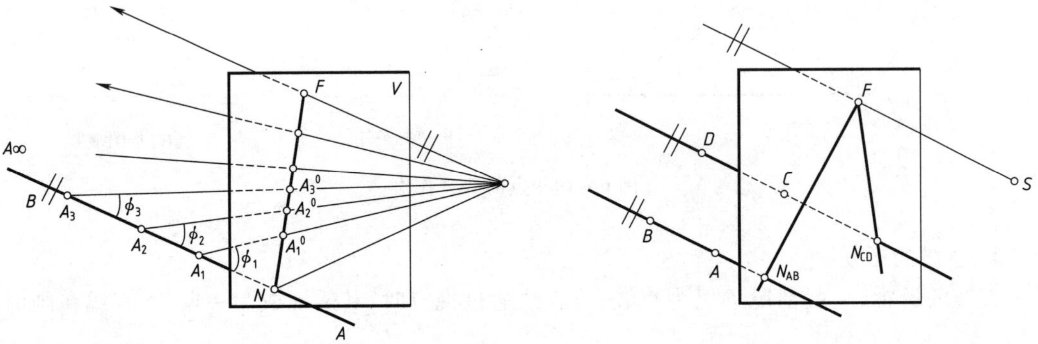

(a) (b)

图 6－21　画面相交线的透视

②灭点：画面相交线上离画面无穷远点的透视，称为直线的灭点，简称灭点。本书中用“F”来表示灭点。画面相交线的透视(或其延长线)必通过该直线的灭点 F。

设画面相交线 AB 上有许多点 $A_1, A_2, A_3\cdots$，这些点的透视为 $A_1^0, A_2^0, A_3^0, \cdots$。当直线上一点离开视点 S 越远，则其视线与直线 AB 的夹角 ϕ 越小，即 $\phi_1 > \phi_2 > \phi_3$。设直线 AB 上无穷远点为 A_∞，则通过该点的视线 SA_∞ 将平行于直线 AB，SA_∞^0 与画面交于一点 F，即为直线上无穷远点的透视 F。由于整条直线的透视好像消失于此，故称为灭点。

由上可知：欲求直线的灭点，应先通过视点 S 作视线与直线平行，该视线与画面的交点 F 就是直线的灭点。

把画面相交线的迹点和灭点相连可得到直线的全长透视，画面相交线上(位于画面后)的点的透视必在直线的全长透视上。

③一组平行的画面相交线有同一个灭点

如图 6－21(b)所示，有两条画面相交线 $AB /\!/ CD$，平行其中一条如 AB 的视线 SF，亦必平行于另一条 CD，即 $SF /\!/ AB /\!/ CD$，所以直线 AB 和 CD 的透视 A^0B^0 和 C^0D^0 必通过同一个灭点 F。结论：所有互相平行的一组画面相交线的透视，都通过同一个灭点。

3）直线的透视作图

（1）画面相交线中水平线的透视作图。

【例 6－10】 如图 6－22(b)所示，已知站点 s、水平线 AB 的基面正投影 ab，求高度为 H 的水平线 AB 的透视 A^0B^0 和次透视 a^0b^0。

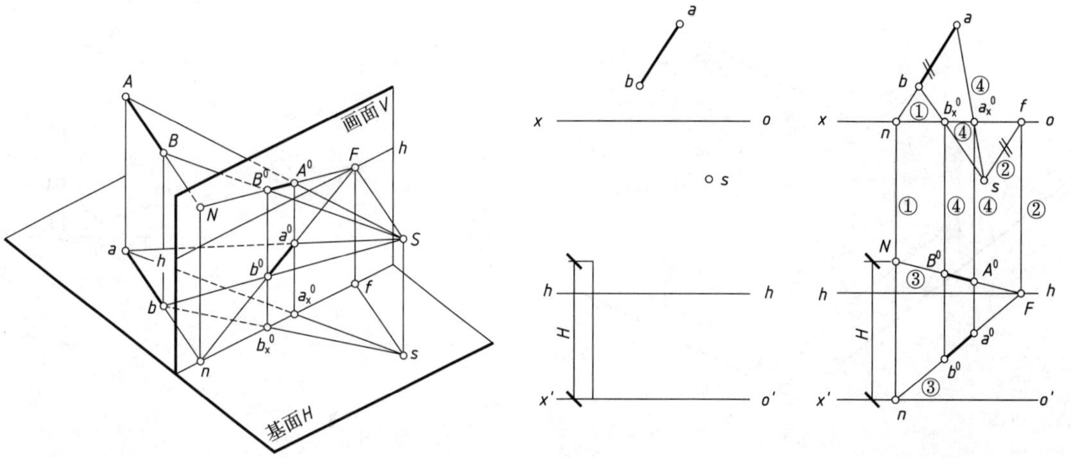

(a) 立体图　　(b) 已知条件　　(c) 作图结果

图 6－22　画面相交线中水平线透视作法

解：作图步骤如下：

①求画面迹点 N 和真高线 Nn：根据图 6－22(a)所示，延长 AB，可与 V 面相交得迹点 N，此时，直线 AB 在 H 面上正投影 ab 亦必延长，与 V 面交与基线 OX 上的 n 点，则 n 为 ab 的迹点，亦即 N 的 H 面正投影。连线 Nn 垂直基线 OX，且其长度反映了水平线 AB 距离 H 面的高度，故连线 Nn 称为 H 面平行线的真高线。

②求灭点 F：由于 $SF /\!/ AB /\!/ sf /\!/ ab$，所以水平线的灭点必在视平线 $h-h$ 上，故首先过站点 s 作 $sf /\!/ ab$，与随基面展开的基线 OX 交与 f，然后过 f 引铅直线与视平线 $h-h$ 交与 F，点 F 就是水平线 AB 的灭点。

③求全长透视：连接灭点 F 和 AB 的迹点 N，以及灭点 F 和 ab 的迹点 n，则 FN 是直线 AB 在画面上的全长透视，Fn 为 AB 在画面上的全长次透视，也即 AB 的 H 面的正投影 ab 的全长透视。

④求直线上两点 A 和 B 的透视：利用视线法，首先作出视线 SA 与 SB 的水平投影（即基面投影），即连接站点 s 与 a，s 与 b，sa 和 sb 分别与随基面的基线 OX 交与 a_x^0 和 b_x^0，然后过 a_x^0 和 b_x^0 引铅直线，与 FN 和 Fn 交与 A^0、B^0 和 a^0、b^0，连接并加粗线段 A^0B^0 和 a^0b^0 即得水平线 AB 的透视和次透视。

这种利用直线的迹点、灭点和视线的 H 面投影作透视的方法称为视线法，是作建筑物透视时的最常用的基本作法，故也称为建筑师法。

(2)画面垂直线(特殊水平线)的透视作图。

【例6-11】 如图6-23(b)所示，已知站点 s、画面垂直线 AB 的基面正投影 ab，求高度为 H 的画面垂直线(特殊水平线) AB 的透视 A^0B^0 和次透视 a^0b^0。

解: 如图6-23(a)所示：垂直于画面的直线的透视，其灭点为主点 s'。Aa 和 Bb 是垂直于基面的直线。由于图中 Aa 在画面上，故其透视就是其本身，Bb 的透视 B^0b^0 的高度比真高要小。作图步骤如图6-23(c)所示

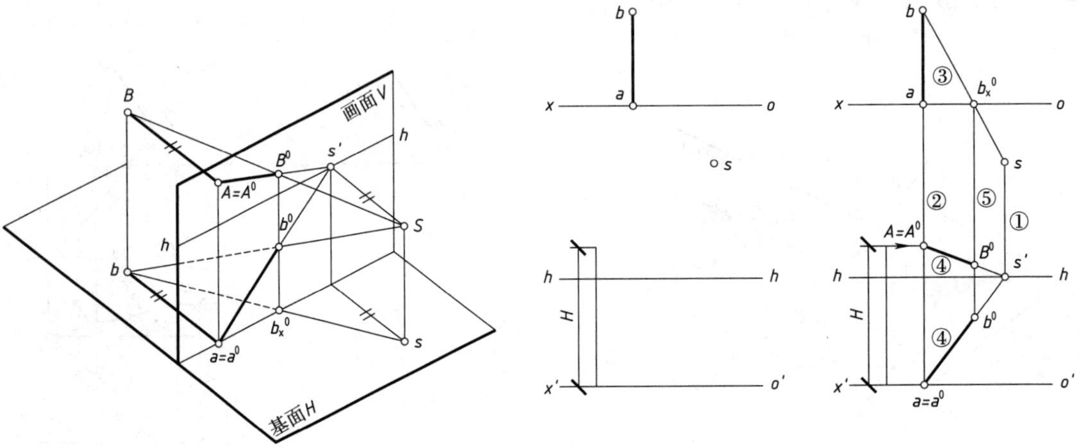

(a) 立体图　　(b) 已知条件　　(c) 作图结果

图6-23　画面垂直线透视作法

(3)画面平行线中铅垂线的透视作图。

【例6-13】 如图6-24(b)所示，已知站点 s、求高度为 H 的画面平行线中的铅垂线 Aa 的透视 A^0a^0。

解:分析: 因为铅垂线 Aa 平行于画面 V，所以其透视 A^0a^0 仍然为一条铅垂线。连接引线 sa，在它与 OX 的交点 a_x^0 处作铅垂线，则 A^0a^0 必在其上。在本例中，画面 V 和基面 H 展开时，画面 V 在上，基面 H 在下。

端点 A^0、a^0 的位置，我们可以通过做辅助线来确定。假如 Aa 沿着任意一个方向移动到画面上，如图6-24(a)所示，沿着 AA_1 和 aa_1 的方向移动到画面上，这时 A_1a_1 的高度与 Aa 的高度相等，因而也是真高线。通过做移动方向直线(相当于画面相交线中的水平线)的灭点和全透视等来求得 A^0、a^0 的位置。作图步骤如图6-24(c)所示。

本题也相当于：已知一点 A 的 H 面投影 a，及点 A 离开基面 H 的高度，求 A 点的透视 A^0 和次透视 a^0。

3. 平面的透视

平面图形的透视，由组成该平面图形的各条边线的透视确定，绘制平面图形的透视图，实际上就是求作组成平面图形的各边线的透视。平面的透视一般情况仍为平面图形，当平面通过视点时，透视就为一条直线。

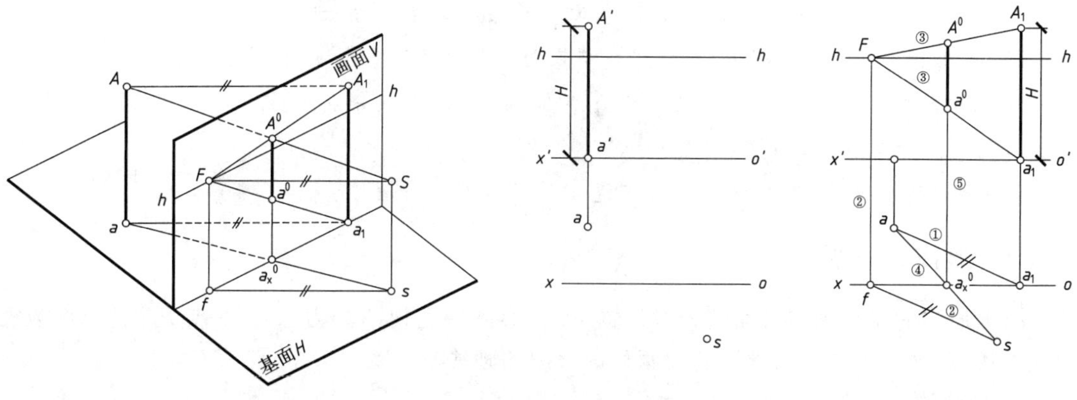

(a) 立体图　　(b) 已知条件　　(c) 作图结果

图 6－24　画面平行线中铅垂线的透视作法

下面我们介绍基面 H 面上平面图形的透视作法，为以后画立体的透视做准备。

【例 6－12】 如图 6－25(a)所示，已知站点 s、在基面 H 面上的平面图形 $ABCD(abcd)$，利用视线法求其透视 $A^0B^0C^0D^0(a^0b^0c^0d^0)$。

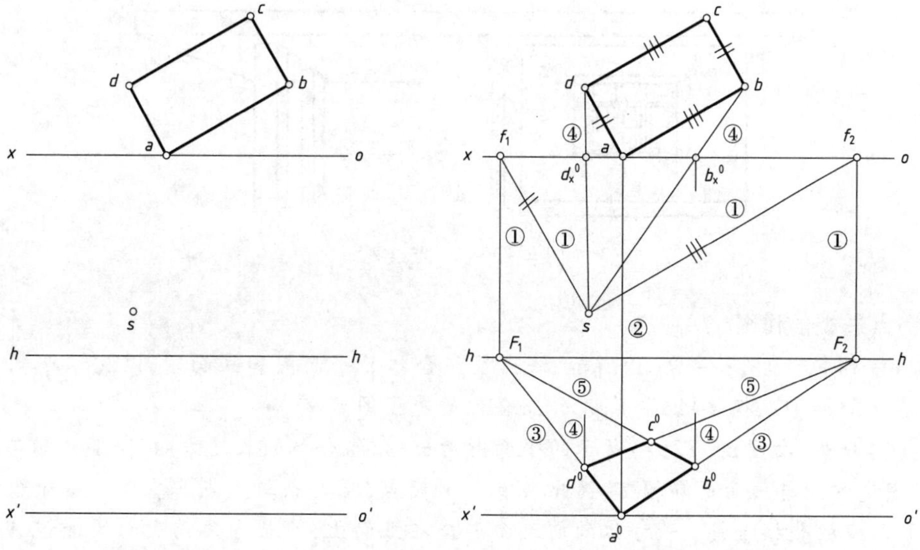

(a) 已知条件　　(b) 作图结果

图 6－25　H 面上平面的透视作法

解：(1) 求灭点：平面 $ABCD(abcd)$ 在 H 面上，相当于四条画面相交线中的水平线相连而成，根据 6－25(a)所示，有两个灭点。过站点 s 作 $sf_1 // ad$，$sf_2 // ab$，与随基面 H 的基线 OX 交于 f_1 和 f_2，然后过 f_1 和 f_2 引铅垂线，与视平线 $h-h$ 相交得到 F_1 和 F_2。

(2) 求迹点：根据 6－25(a)所示，平面 $ABCD(abcd)$ 在 H 面上，所以平面的透视 $A^0B^0C^0D^0$ 和次透视 $a^0b^0c^0d^0$ 重合。又由于 $A(a)$ 在画面上，所以 $A(a)$ 的透视 a^0 就在 $O'X'$ 上，a^0 也是 ad

和 ab 的画面迹点，连接 F_1a^0 和 F_2a^0 就得到直线 ad 和 ab 的全长透视。

(3)求透视长度：连接 sd 和 sb 分别与随基面的基线 OX 交于 d_x^0 和 b_x^0，过其引铅垂线与 F_1a^0 和 F_2a^0 分别相交于 d^0 和 b^0。又由于直线 bc 和 cd 的灭点分别为 F_1 和 F_2，所以连接 F_1b^0 和 F_2d^0，它们的交点就是 c^0。

(4)加粗线型并整理，就得平面的透视 $A^0B^0C^0D^0(a^0b^0c^0d^0)$了。

6.2.3 形体的透视

根据形体的坐标轴与画面的相对位置不同，形体的透视图分为三种：一点透视、两点透视和三点透视，这里主要介绍常用的前两种透视图的画法。

1. 形体的一点透视

当形体的主要立面与画面平行，其上的 X、Y、Z 三坐标轴中，只有一条轴与画面垂直，另两轴与画面平行，所作的透视图只有一个轴向有灭点，这种透视称为一点透视，也称为平行透视。作一点透视时，经常将画面平行于形体的长度和高度方向，这两个方向直线的透视没有灭点，而宽度方向直线垂直于画面，其透视灭点就是主点 s'，如图 6-26 所示。

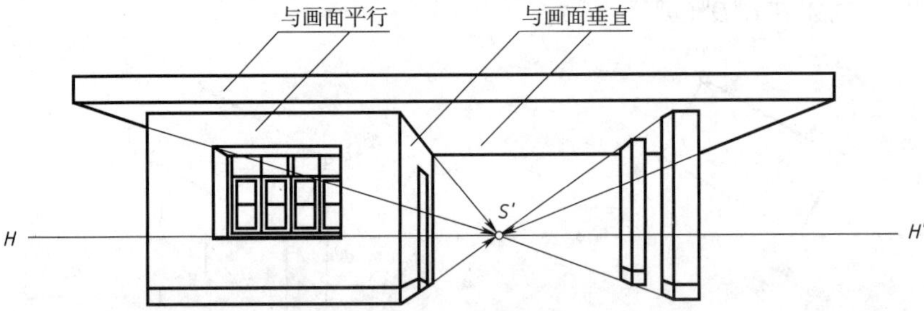

图 6-26 一点透视

1)一点透视的作图

【例 6-14】 如图 6-27(a)所示，给出了组合体的平面图和立面图，以及站点 s，基线的两面投影 $O'X'$和 OX，视平线 $h-h$，求作组合体的透视图。

解：(1)分析：由图 6-27(a)所示的平面图看出，该组合体的长度方向、高度方向与画面平行，只有宽度方向与画面垂直相交，因此只有一个灭点，此灭点与主点 s'重合。该组合体由长方体和 L 形棱柱叠加组成。长方体的前表面重合在画面上，即长方体前表面的透视 $A^0a^0d^0D^0$ 就是其本身，但 L 形棱柱的前表面不重合在画面位置上，因此，在图 6-27(b)中，表示将 L 形棱柱的前立面引至画面上的形状、大小和位置。

(2)作图：如图 6-27(b)所示，作图步骤如下：

①求灭点：因为灭点与主点 s'重合，所以过站点 s 引铅直线与 $h-h$ 相交即主点 s'。

②因为在基面上长方体前表面的透视 $A^0a^0d^0D^0$ 就是其本身，所以连接 $s'A^0$、$s'a^0$、$s'd^0$ 和 $s'D^0$ 就得到长方体宽度方向各图线的全长透视，长度方向和高度方向的图线过相应的点做平行即可。

③将 mg 延长至 n，在画面上的 N^0n^0 就是 L 形棱柱的真高线，连接 $s'n^0$ 和连接 $s'N^0$ 得到宽度方向 MG 直线的全长透视和全长次透视。

④将站点 s 分别与 b、c、e、g、m 相连，与基线 OX 相交得交点 b_x^0、c_x^0、e_x^0、g_x^0、m_x^0。

⑤过 b_x^0 引铅直线与 $s'A^0$ 和 $s'D^0$ 相交于 B^0 和 C^0。过 e_x^0 引铅直线与 $s'E_1^0$ 和 $s'd^0$ 相交于 e^0 和 E^0。过 g_x^0 和 m_x^0 引铅直线与 $s'N^0$ 和 $s'n^0$ 相交于 g^0、G^0 和 m^0、M^0。

⑥连接各点透视，并加粗线型，即得组合体的透视，如图 6－27(b)所示。

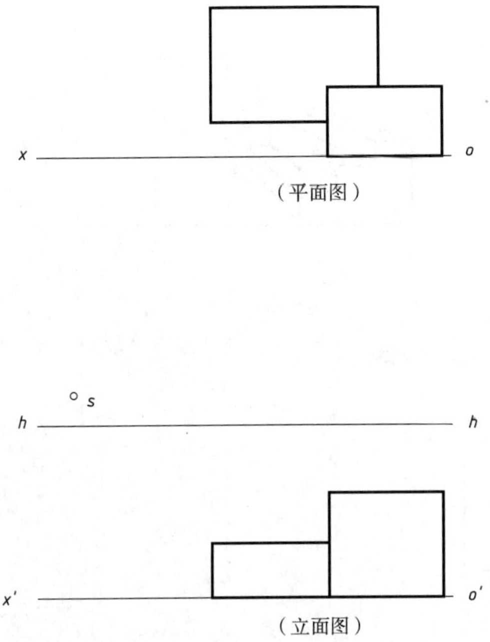

(a) 已知条件

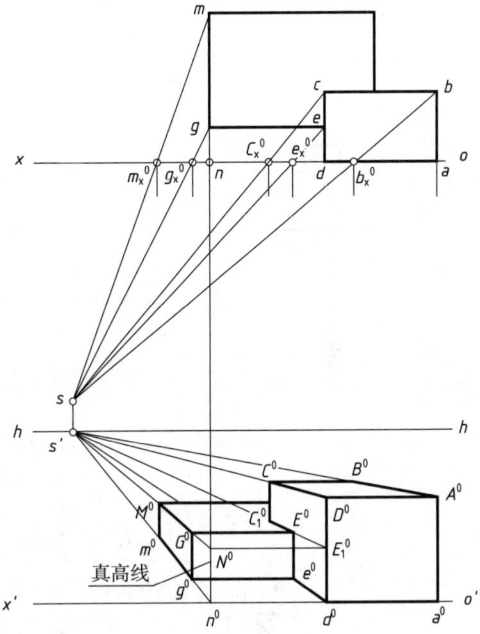

(b) 作图结果

图 6－27　组合体的一点透视作法

【例 6－15】　如图 6－28(a)所示，已知台阶的 V 面和 H 面投影，求作台阶的透视图。

解：图中的站点 s 在 $O'X'$线之下，为了节省图幅，把画面 V 和基面 H 重叠在一起，对所作的形体透视图并没有影响。台阶的前后侧面平行，且前侧面重合在画面上，故前侧面的透视就是其本身，反映实形，后侧面的透视与实形相似但缩小了。所有与画面垂直的棱线的透视均交于主点 s'。作图时，用视线迹点法先求出 A^0 和 B^0，再过 B^0 画相应的平行线，然后加粗台阶透视线型，作图结果如图 6－28(b)所示。

【例 6－16】　图 6－29 给出建筑形体的平面图和立面图，画出建筑形体的一点透视即室内透视图。作图结果如图 6－29 所示。

由平面图可以看出，室内长度方向、高度方向的图形均与画面平行，只有宽度方向图线与画面垂直相交，因此只有一个灭点，此灭点与主点 s' 重合，形体上图线的相应透视均指向主点 s'。室内 Ⅰ 点所在的正墙面与画面重合，因此 Ⅰ 点所在的正墙面位置图线反映墙高的真高线，墙的真高位置点在 I_2^0 点；左边门洞的透视高度比真高要小，门洞高的真高点在 I_1^0 点；右边门洞的真高用 IV^0 点的位置来确定；柜子的高度也由平面图中的 4 点位置图线延长至 N 点，找到迹点 N 后，找柜子的真高位置点 N_1^0，柜子透视高度也小于真高。具体作图步骤请读者自行分析。

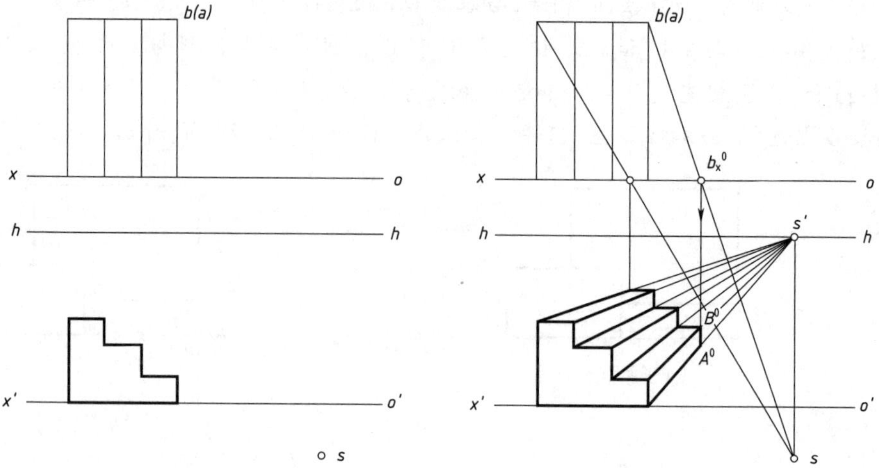

(a) 已知条件　　(b) 作图结果

图 6－28　台阶的一点透视作法

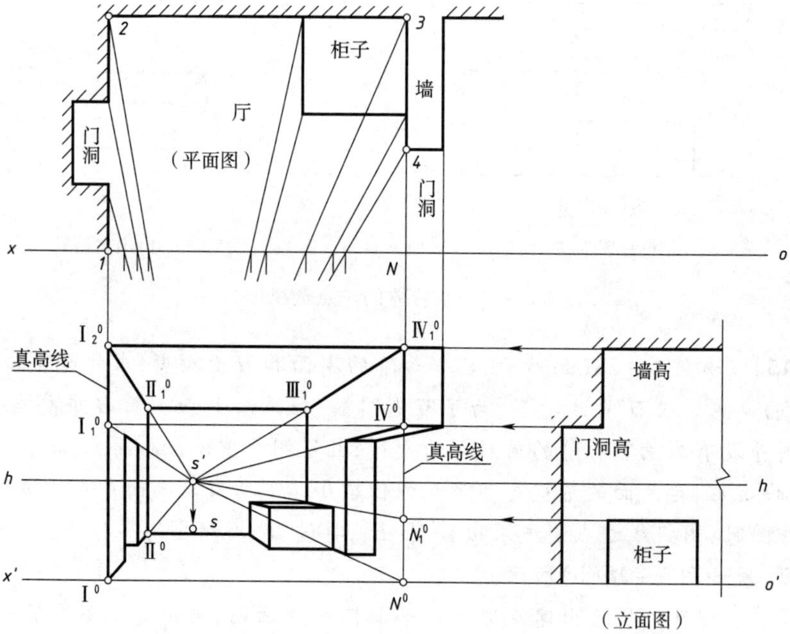

图 6－29　某室内的一点透视作法

注意：除了透视教材和作业外，在正式的建筑形体透视图上，图线完成后应擦去基线、视平线、次透视和所有作图线。也不画不可见的轮廓线，不注尺寸、字母代号等。

2）一点透视的适用范围

在一点透视中，建筑形体的主要立面平行于画面，它适合用来表达横向场面宽广、需显示纵向深度的建筑，如广场、街道以及室内或庭院布置等情况。

2. 形体的两点透视

形体上的 X、Y、Z 三坐标轴中任意两轴（通常为 X、Y 轴）与画面倾斜相交，第三轴（通常 Z 轴）与画面平行，所作的透视图在 X、Y 轴上各有一个灭点，Z 轴与画面平行，没有灭点，这种透视图称为两点透视，也称为成角透视，如图 6－30 所示。

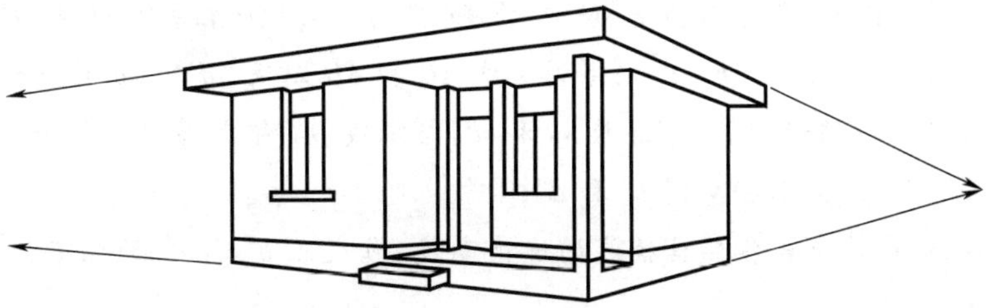

图 6－30　两点透视

1）两点透视的作图

【例 6－17】　如图 6－31 所示，给出了带屋脊房屋的平面图和立面图，以及站点 s，基线的两面投影 $O'X'$ 和 OX，视平线 $h-h$，求作房屋的两点透视图，即室外透视图。

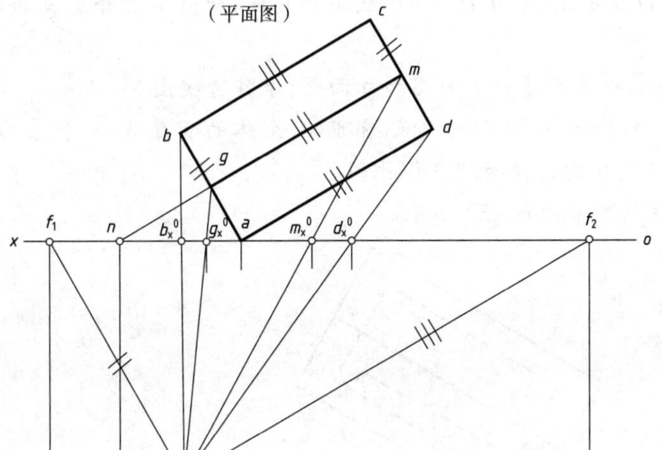

图 6－31　带屋脊房屋的两点透视作法

解：（1）分析：由图 6－31 所示的平面图可知，形体的长度方向、宽度方向与画面倾斜，故有两个灭点 F_1 和 F_2，角点 a 与基线 OX 重合，说明 Aa 棱线重合在画面上，反映真高（为简化作图,通常选择形体的一角重合在画面上,使其显示真高)。

(2)作图:

①求灭点 F_1 和 F_2:过站点 s 作 $sf_1 /\!/ ab$,$sf_2 /\!/ ad$,与随基面 H 的基线 OX 交于 f_1 和 f_2,然后过 f_1 和 f_2 引铅垂线,与视平线 $h-h$ 相交得到 F_1 和 F_2;

②求迹点:由于 A^0 和 a^0 在画面上,所以 A^0 和 a^0 分别是 AB 和 AD,ab 和 ad 的画面迹点,连接 F_1A^0 和 F_2A^0 与 F_1a^0 和 F_2a^0 就得到直线 AB 和 AD 以及 ad 和 ab 的全长透视;

③求底面各棱线段的透视长度,连接 sb 和 sd,与基线 OX 相交得交点 b_x^0 和 d_x^0,过其交点引铅直线与 F_1a^0 和 F_2a^0 分别相交得 b^0 和 d^0;

④利用真高线 A^0a^0 求出各铅垂棱线的透视高度,过交点 b_x^0 和 d_x^0 的铅直线与 F_1A^0 和 F_2A^0 交得 B^0 和 D^0;

⑤将屋脊线的 H 面投影 gm 延长,与 OX 相交于 n,过 n 引铅直线与 $O'X'$ 相交于 n^0,根据屋脊高度找到 N^0,N^0n^0 就是屋脊的真高线,连接 F_2N^0,F_2N^0 就是屋脊线的 GM 的全长透视;

⑥连接 sg、sh 与基线 OX 相交得交点 g_x^0 和 h_x^0,过其交点引铅直线与 F_2N^0 分别相交得 G^0 和 H^0;

⑦连接 G^0B^0 和 G^0A^0 以及 M^0D^0,加粗线型并整理,即得带屋脊房屋的透视图,如图 6-31 所示。

【例 6-18】 已知某房屋的平面图和立面图,求作透视图。

解:(1)分析:由图 6-32 所示的平面图可知,形体的长度方向、宽度方向与画面倾斜,故有两个灭点 F_1 和 F_2,我们选择两点透视作图。

(2)作图:作图结果如图 6-32 所示。

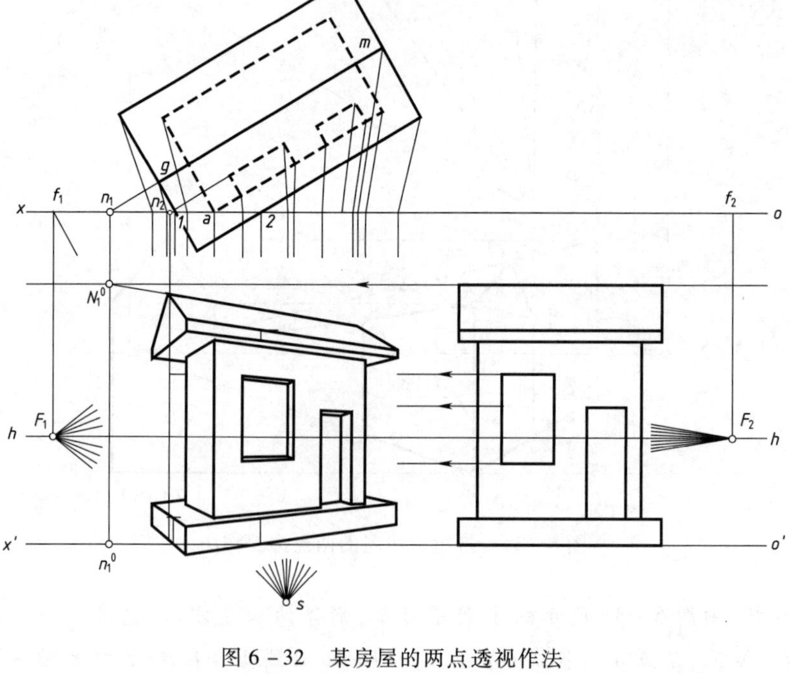

图 6-32 某房屋的两点透视作法

①求灭点 F_1 和 F_2；

②作地台的透视，利用地台上Ⅰ点和Ⅱ点在画面上，所以此处的铅垂线反映真高来作图；

③作屋身的透视，利用屋身上 A 点在画面上，A 点所在的棱线反映真高作图；

④作屋檐的透视，同样利用屋檐上相应Ⅰ点和Ⅱ点在画面上，此处的铅垂线反映真高来作出屋檐；

⑤作屋脊的透视，延长屋脊线的 H 投影 gm 至 n_1，找到迹点，此点所在图线反映屋脊真高作出屋脊线；

⑥作窗户和门，延长反映窗厚与门厚的图线至 n_2 点，n_2 点和 a 点在画面上，是画面迹点，在这两点位置上的图线分别反映窗户和门的前表面和后表面的真高来作出窗户和门。

2）两点透视的适用范围

两点透视中的画面与建筑形体的两个立面倾斜，是一种常见的透视图，它的透视效果真实自然，符合人们平时观察形体时的视觉印象，广泛应用于表达单个建筑形体。

6.2.4　圆的透视

当圆所在的平面不平行于画面 V 时，圆的透视一般为椭圆。当圆所在的平面平行于画面 V 时，圆的透视仍然为圆。

1. 平行于画面 V 的圆的透视

平行于画面 V 的圆的透视仍然是一个圆，但其圆心位置和半径发生了变化，因此，在作图时应先求出圆心的位置和半径的透视长度，然后再画圆。

【例6-19】 求圆心 O 的高为 L 的平行于画面 V 的圆的透视。

解：作图步骤如图6-33所示。

（1）连 SO 与随基面的基线 OX 相交于 O_x^0，由圆心的高度 L 确定画面迹点 N^0，连 $s'N^0$。

（2）过 O_x^0 作铅直线与 $s'N^0$ 相交，即得圆心的透视 O^0。

（3）同样，连 sa 与基线 OX 相交于 a_x^0，过 a_x^0 作铅直线求得 A^0，则 O^0A^0 即为半径的透视长度。

（4）以 O^0 为圆心，O^0A^0 为半径作圆，即得圆心高为 L 的平行于画面 V 的圆的透视。

图6-34为半圆拱门的透视，拱门的前端面重合在画面上，其透视就是它本身。后端面在

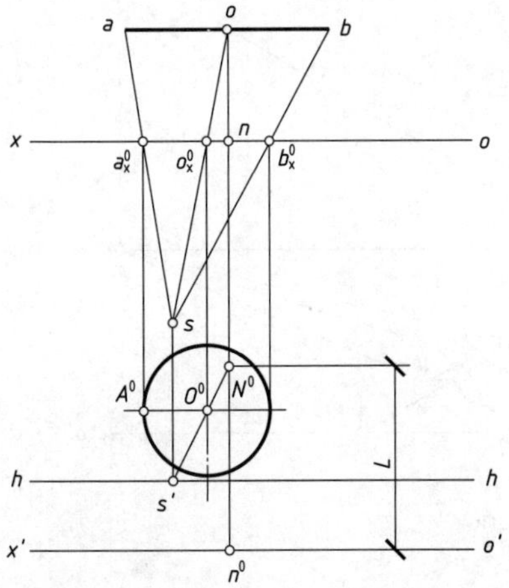

图6-33　平行于画面圆的透视

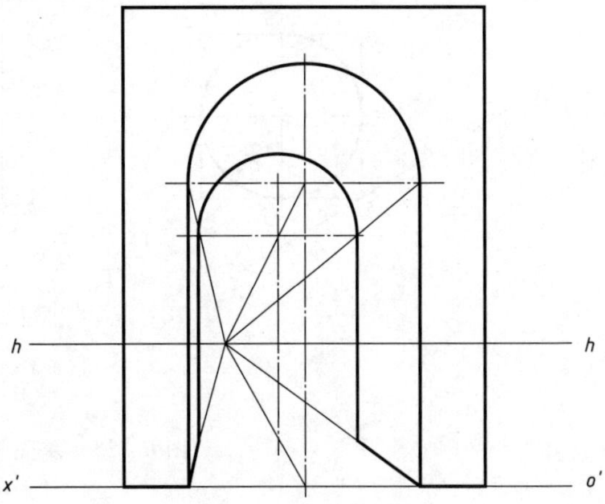

图6-34　拱门的透视

画面后方，其透视仍为半圆，但半径变小了且圆心位置改变了。

2. 不平行于画面 V 的圆的透视

不平行于画面 V 的圆的透视一般是椭圆，可用八点法作图。首先找出圆的外切正方形的四边中点及正方形对角线与圆的四个交点的透视，然后将这八个点光滑地连接成椭圆。现以位于基面 H 上的水平圆的透视为例来说明不平行于画面圆的透视作图。

【例 6-20】 求作如图 6-35(a)所示基面 H 上水平圆的透视。

解：(1)分析：首先在平面图上作圆的外切正方形 $abcd$，与圆相切于 1、2、3、4 四个点。

然后连接对角线 ac、bd，与圆相交于 5、6、7、8 四个点。分别求出这八个点的透视，最后连成曲线就是圆的透视。

(2)作图步骤如图 6-35(b)所示。

①求正方形的灭点 F_1 和 F_2，然后求出正方形的透视 $a^0b^0c^0d^0$，对角线 a^0c^0 和 b^0d^0 的交点 O^0 就是圆心的透视。

②连接 F_1O^0 并延长，F_1O^0 与 a^0d^0 和 b^0c^0 相交于 1^0 和 3^0 点，同样，连接 F_2O^0 并延长与 b^0c^0 和 a^0d^0 相交于 2^0 和 4^0 点。

③延长平面图中的 85 和 76 线，与基线 OX 相交于 n_1 点和 n_2 点，过 n_1 和 n_2 点作铅直线与 $O'X'$ 相交于 n_1^0 和 n_2^0，连接 $F_1n_1^0$ 与对角线 a^0c^0 和 b^0d^0 相交于 5^0 和 8^0，连接 $F_1n_2^0$ 与对角线 a^0c^0 和 b^0d^0 相交于 7^0 和 6^0。

④将 $1^0,2^0,3^0,\cdots,8^0$ 八点用曲线光滑连接，并加粗线型整理，即得该水平圆的透视。

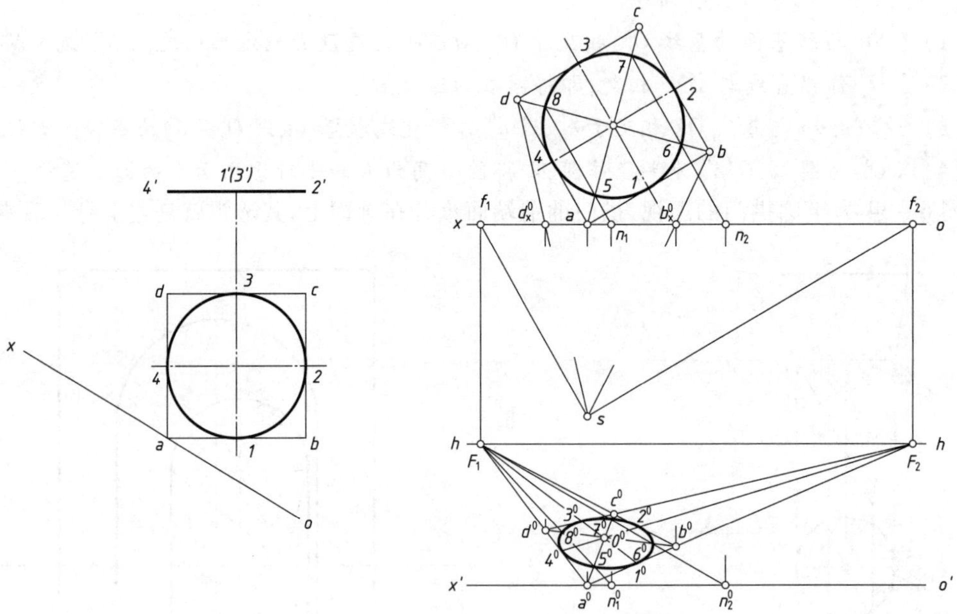

图 6-35　基面上水平圆的透视

6.2.5　透视图的选择

在学习透视图的原理和画法时，不仅要熟练掌握各种画法，还应掌握和了解怎样来选择透视图，然后在此基础上，再对视点、画面与形体之间的相对位置进行恰当的安排和布置。以上三者相对位置的变化，将直接影响所画透视图的效果，如果处理不当，则不能准确反映设计意图，如果选择合适，画出的透视图就能取得最佳视觉效果。

1. 人眼的视觉范围

如图 6－36 所示，人在某一视点位置，固定朝一个方向观察时，只能看到一定范围内的物体，其中能够清晰地看到的范围则更小，这时形成一个以眼睛 S 为顶点，以主视线 Ss' 为轴线的锥面，称为锥角，视锥的顶角称为视角。特殊情况下，如画室内透视时，由于受空间的限制，视角可用到 60°或稍大些，但绝不宜达到或超过 90°。

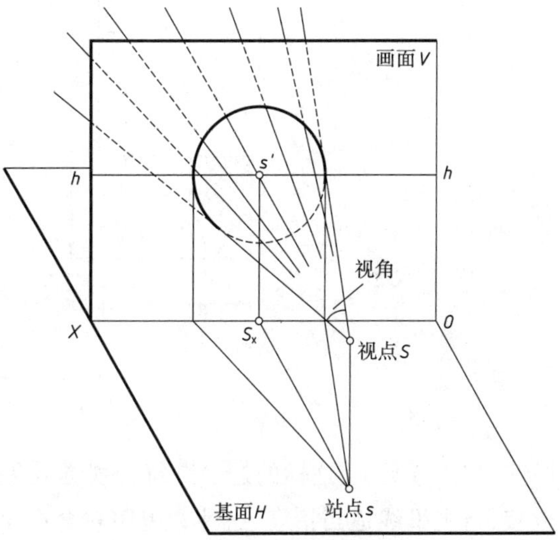

图 6－36　视锥及其视域位置

2. 视点的选择

视点 S 的选择实际是通过站点 s 的位置和视高（随画面的基线 $O'X'$ 与视平线 $h-h$ 的距离）来选择的。

（1）站点 s 的位置

站点的位置包括视距和站位两个问题，其原则是：

①保证视角的大小适宜。如图 6－37 所示，过站点 s 作左右外围视线与基线 OX 相交，两个交点之间距离 B 称为画幅宽度（简称画宽）。当视距 D 取 $2.0B$ 时，所对应的视角约为 28°；当视距 D 取 $1.5B$ 时，所对应的视角为 37°。所以一般情况下，作两点透视时，视距 D 的大小取 $1.5B \sim 2.0B$ 为宜，如图 6－37(a)所示。作一点透视表达室内透视时，由于受空间的限制，视距 D 大小取 $0.9 \sim 1.5B$ 为宜，如图 6－37(b)所示。

②保证站点 s 位置合适。通常主要立面的透视轮廓与侧立面的透视轮廓成 3:1 的比例，这样的透视图主次分明，立体感强。这时，取站点 s 在画宽 B 的中部 1/3 范围内，一般来说越接近中垂线的位置越好，画面就不会出现严重失真，如图 6－37 所示。

这是站点 s 位置选择的一般规律，但有时为了获得某种特殊效果，也可突破此规定。总之，站点位置的选择应以有利于建筑形象的表达和四面布局为原则。

（2）视高的选择（$O'X'$与 $h-h$ 线的距离）

视高的高度就是视平线的高度。视平线的高度对透视图的影响较大。

画室内透视常用的一点透视图时，通常以人座位高 1.0～1.3 m 来确定视平线的高度，这样画出的室内透视显得开阔气派。

一般建筑形体用两点透视时，通常以人的身高 1.5～1.8 m 来确定视平线的高度，如

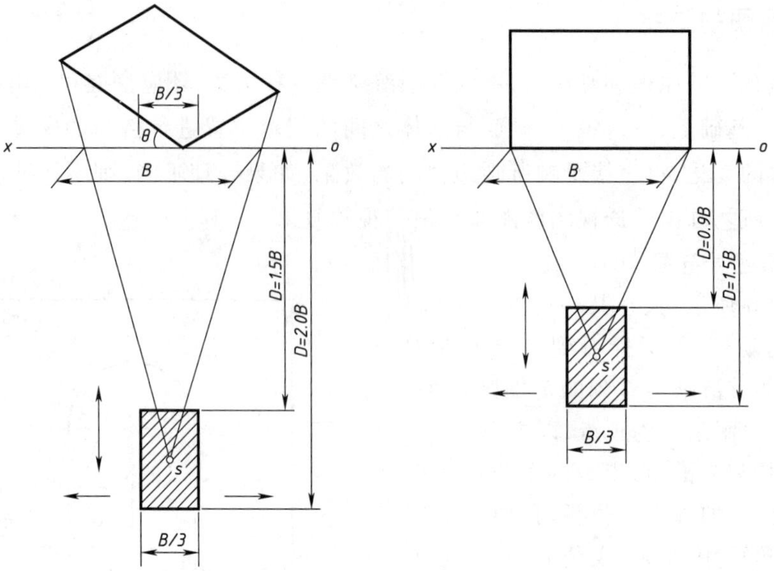

(a) 两点透视　　(b) 一点透视

图 6－37　视点的选择

图 6－38(c)所示,这样的透视图符合视觉效果,显得生动自然;当然有时为了表示建筑形体的全貌,将视平线适当抬高,这种透视图就会产生一种俯视效果,如图 6－38(a)所示;当视平线的高度与建筑形体的顶面或底面同高时,该顶面或低面的透视成一直线,这时的透视图形失真,效果最差,如图 6－38(b)、(d)所示;当为了表示建筑形的底部,将视平线降到 $O'X'$线之下时,这种透视图就会产生一种仰视效果,如图 6－38(e)所示。

3. 画面与建筑形体的相对位置的选择

(1)画面与建筑形体的前后位置

画建筑形体的一点透视时,为了作图方便,通常将画面与建筑形体主要立面重合,在视点位置不变时,前后平移画面,所得的透视图的形状不变,只是大小发生了变化。

画两点透视时,一般使建筑形体的一角位于画面上,能反映真高便于作图,当建筑形体在画面之后时,所得的透视图为缩小透视,如图 6－39(a)所示;当建筑形体在画面之前时,所得的透视图为放大透视,如图 6－39(c)所示。

(2)画面与建筑形体的夹角

在画两点透视时,建筑形体的主要立面与画面的夹角 θ 愈小,该立面上水平线的灭点愈远,透视图形变化平缓,轮廓宽阔;相反,夹角愈大,则该立面上水平线的灭点愈近,透视图形变化急剧,轮廓狭窄,如图 6－40 所示。根据这个规律,恰当地选择画面与建筑形体的夹角,透视图中建筑形体的主要立面与侧立面的透视宽度之比就会比较接近真实宽度之比。通常绘制两点透视时,选择画面与建筑形体主要立面的夹角 θ 在 20°～40°之间。

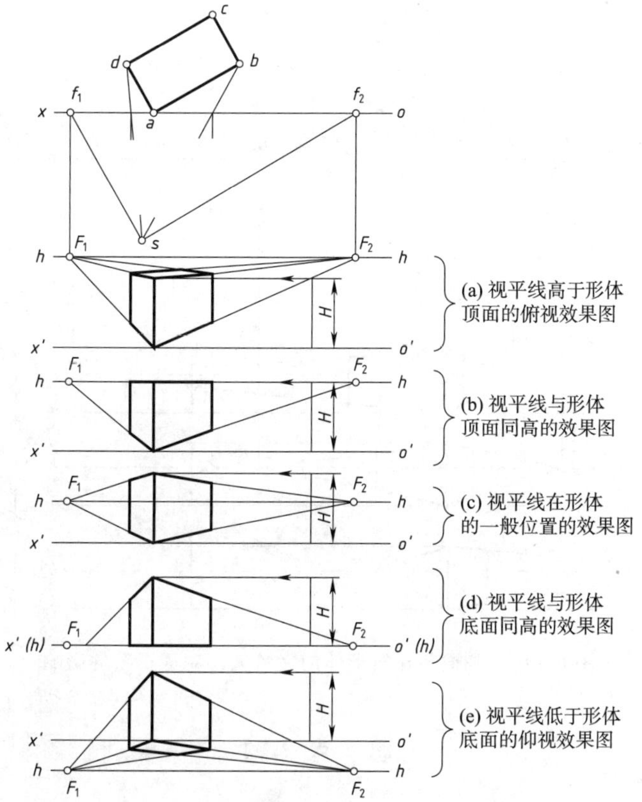

图 6－38　视平线高度的选择对透视图的影响

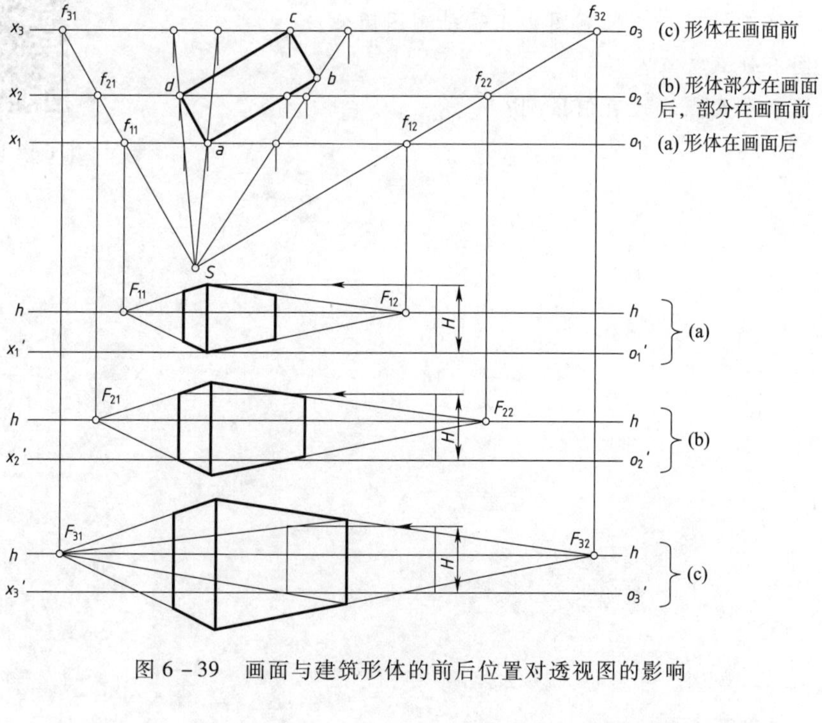

图 6－39　画面与建筑形体的前后位置对透视图的影响

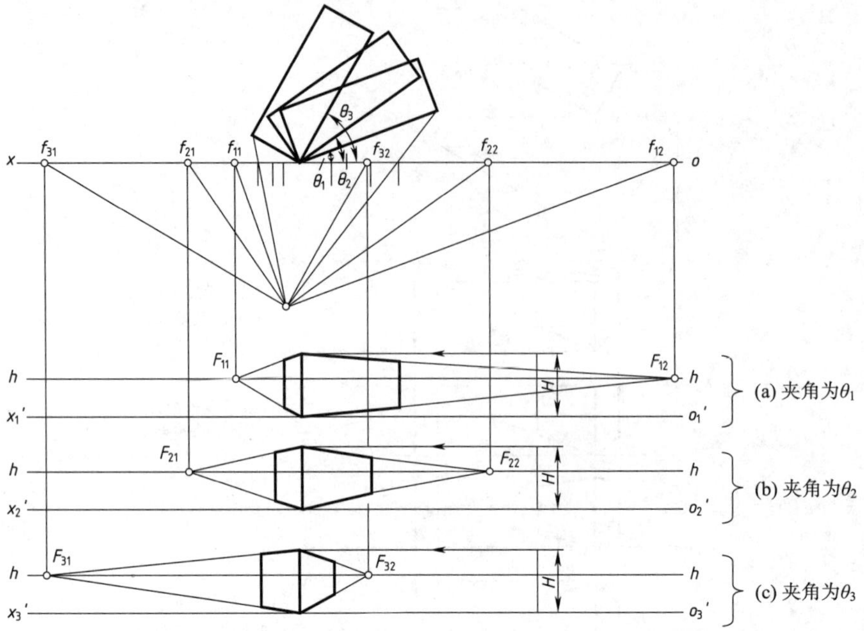

图 6-40　画面与建筑形体的夹角大小对透视图的影响

思　考　题

1. 正等轴测图和斜二轴测图有何区别?
2. 简述形体的正等轴测图的画图方法。
3. 什么情况下使用斜二轴测图比正等轴测图简便?
4. 透视图有什么特点?
5. 一点透视和两点透视有何区别?

第 6 章重点难点概要

第 7 章　建筑施工图

7.1　施工图概述

7.1.1　建筑概述

建筑是建筑物与构筑物的总称，是人们为了满足社会生活需要，利用所掌握的物质技术手段，并运用一定的科学规律和美学法则创造的人工环境。建筑构成三要素：建筑功能、建筑技术和建筑艺术形象。

按照使用性质常把建筑分为图 7－1 所示几类。

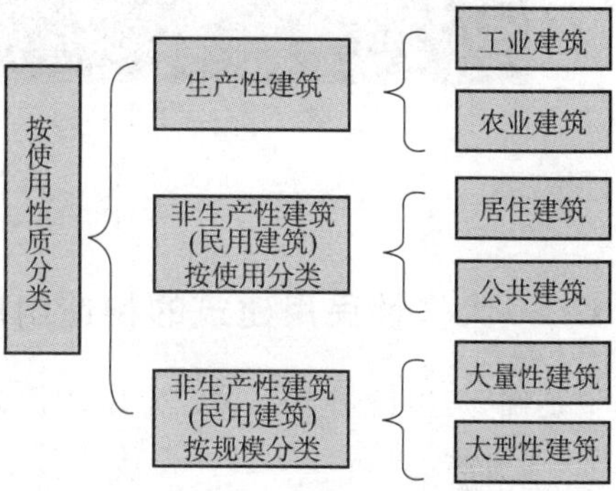

图 7－1　建筑使用分类

工业建筑是指供人们从事各类生产活动的建筑物和构筑物。如图 7－2(a)所示工业厂房属于工业建筑。农业建筑主要指农业生产性建筑，如饲养场、粮仓、拖拉机站、粮食和饲料加工站等。图 7－2(b)所示的养鸡场属于农业建筑。

居住建筑是指供人们日常居住生活使用的建筑物。住宅、别墅、宿舍、公寓等都属于居住建筑。图 7－2(c)所示别墅属于居住建筑。公共建筑是指供人们进行各种公共活动的建筑。一般包括办公建筑、商业建筑、旅游建筑、科教文卫建筑、通信建筑、交通运输类建筑等。图 7－2(d)所示扬州瘦西湖属于公共建筑。

大量性建筑是指量大面广，与人们生活密切相关的那些建筑，如住宅、学校、商店、医院等。图 7－2(e)所示住宅属于大量性建筑。大型性建筑是指规模大的建筑，如大型体育馆、大型影剧院、航空港、火车站、博物馆等。图 7－2(f)所示人民大会堂属于大型性建筑。

(a) 工业建筑　　(b) 农业建筑

图　7－2　建筑举例

(c) 居住建筑

(d) 公共建筑

(e) 大量性建筑

(f) 大型性建筑

图 7－2　建筑举例(续)

7.1.2　大量性民用建筑的构造组成及其作用

基础：是房屋最下部埋在土中的扩大构件，它承受着房屋的全部荷载，并把它传给地基，如图 7－3 所示。

墙或柱：是房屋的垂直承重构件，它承受楼地面和屋顶传来的荷载，并把这些荷载传给基础。墙体还是分隔、围护构件。外墙阻隔雨水、风雪、寒暑对室内的影响，内墙起着分隔房间的作用，如图 7－3 所示。

地坪层：是指建筑物底层与土层相接触的部分，它承受着建筑物底层的地面荷载。

楼板：承受着房间的家具、设备和人员的质量，如图 7－3 所示。

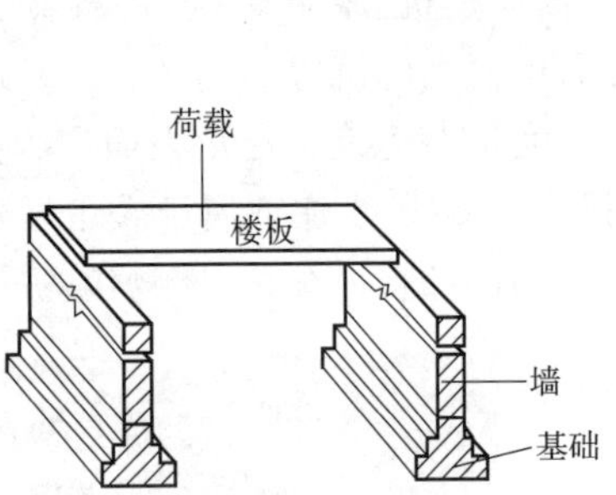

图 7－3　基础、墙、楼板

楼梯或电梯：是楼房建筑中的垂直交通设施，供人们上下楼层和紧急疏散之用。楼梯要求坡度适当，通行尺度合理，防火、防烟、防滑、坚固、耐磨。

门窗：门主要供人们出入通行。窗主要供室内采光、通风、眺望之用。同时，门窗还具有分隔和围护作用。

屋顶：屋顶是建筑最上面的围护构件，它一般由承重层、防水层和保温(隔热)层三大部分组成，主要承受着风、霜、雨、雪的侵蚀、外部荷载以及自身重量。

7.1.3　施工图的产生及分类

房屋的建造一般需经过设计和施工两个过程，而设计工作一般又分为两个阶段，即初步设计阶段和施工图设计阶段。

初步设计阶段主要任务：根据建设单位提出的设计任务和要求，进行调查研究、搜集资料，从总体布置、平面组合方式、空间形体、建筑材料和承重结构等方面进行初步考虑，提出合理的设计方案（多个方案比较）。内容包括：简略的总平面布置图及房屋的平、立、剖面图，具有视觉和造型感觉的透视效果图；设计方案的技术经济指标；设计概算和设计说明等，如图7-4所示为某小区初步设计图。

施工图设计阶段主要任务：满足工程施工各项具体技术要求，提供一切准确可靠的施工依据。内容包括：指导工程施工的所有专业施工图、详图、说明书、计算书及整个工程的施工预算书等。对于大型的、技术复杂的工程项目也有采用三个设计阶段的，即在初步设计基础上，增加一个技术设计阶段。

一套完整的施工图一般包括：首页图、建筑施工图、结构施工图、设备施工图和装饰施工图。

1. 首页图

首页图由施工图总封面、图纸目录和施工图设计说明组成，通常各自单列。

（1）施工图总封面标明：工程项目名称；编制单位名称；设计编号；设计阶段；编制单位法定代表人、技术总负责人和项目总负责人的姓名及其签字或授权盖章；编制年月（出图年、月）。

（2）图纸目录是用来方便查阅图纸用的，排在施工图的最前面。目录分项目总目录和各专业图纸目录。完整的图纸目录编排顺序为：图纸目录、总图、建筑图、结构图、给水排水图、暖通空调图、电气图等。

如表7-1所示为某项目的专业图纸目录（部分）。

表7-1　某项目专业图纸目录（部分）

图别	图号	图纸名称	备注	图别	图号	图纸名称	备注
建施	01	设计说明、门窗表		建施	10	1—1剖面图	
建施	02	车库平面图		建施	11	大样图一	
建施	03	一、五层平面图		建施	12	大样图二	
建施	04	六层平面图		结施	01	基础结构平面布置图	
建施	05	阁楼层平面图		结施	02	标准层结构平面布置图	
建施	06	屋顶平面图		结施	03	屋顶结构平面布置图	
建施	07	①~⑩轴立面图		结施	05	柱配筋图	
建施	08	⑩~①轴立面图		电施	01	一层电气平面布置图	
建施	09	侧立面图		电施	02	二层电气平面布置图	

（3）施工图设计说明包括以下内容：

施工图设计的依据性文件、批文、相关规范。

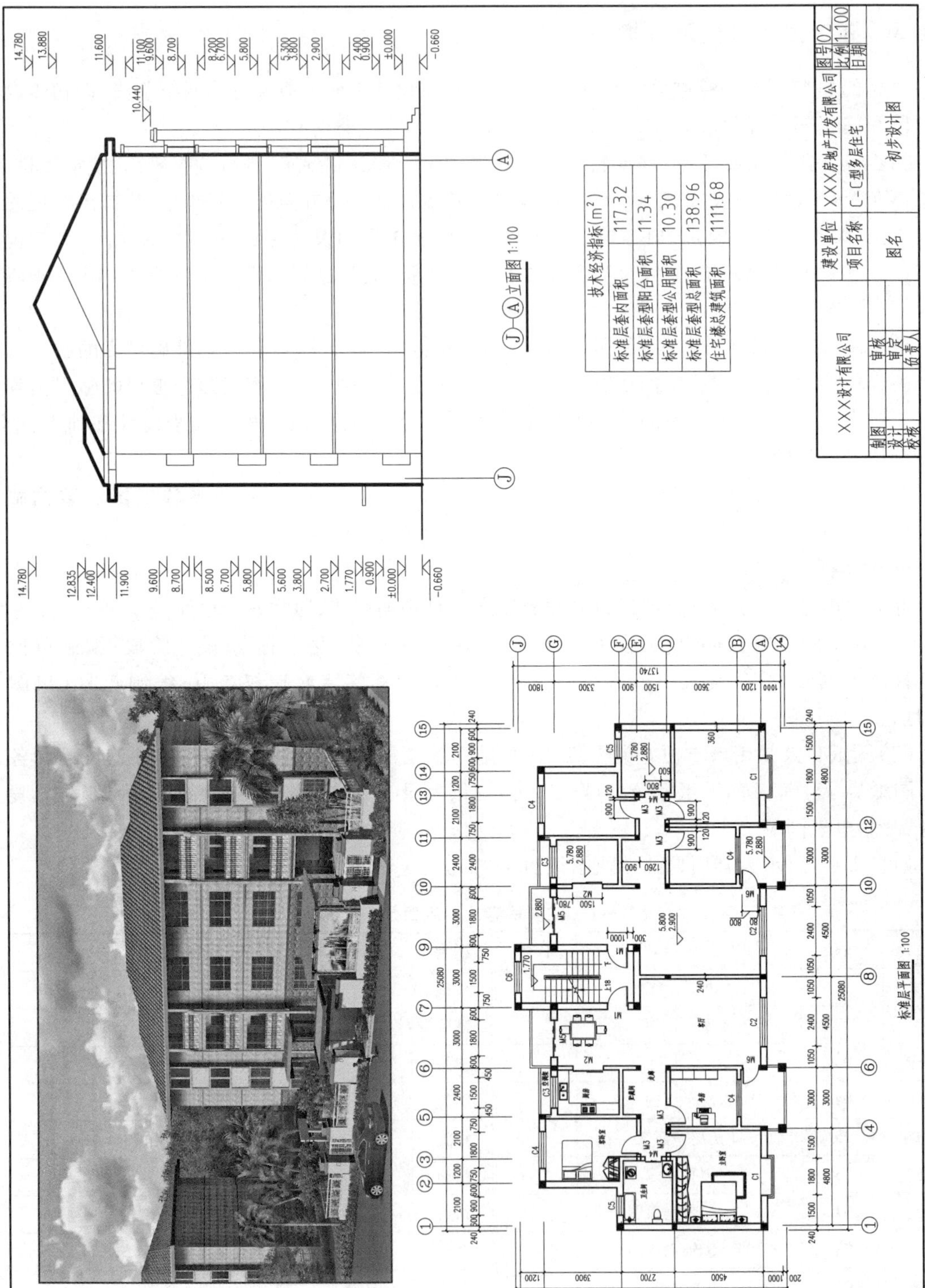
J—A立面图 1:100
技术经济指标(m²)
标准层套内面积 117.32
标准层套型阳台面积 11.34
标准层套型公用面积 10.30
标准层套型总面积 138.96
住宅楼总建筑面积 1111.68
XXX设计有限公司
建设单位 XXX房地产开发有限公司
项目名称 C-C型多层住宅
图名 初步设计图
图号 02
比例 1:100
日期
制图
设计
校核
审核
审定
负责人
标准层平面图 1:100

图7-4 初步设计图

项目概况。一般包括建筑名称、建设地点、建设单位、建筑面积、建筑基底面积、建筑工程等级、设计使用年限、建筑层数、建筑高度、防火设计建筑分类、耐火等级、人防工程防护等级、屋面防水等级、地下室防水等级、抗震设防烈度等。

设计标高。建筑设计说明中要说明相对标高与绝对标高的关系。

材料说明和室内外装修做法。

门窗性能、用料、颜色、玻璃、五金件等的设计要求。

幕墙工程、特殊屋面工程的性能及制作要求，平面图、预埋件安装图等以及防火、安全、隔音构造。

电梯、自动扶梯选择及性能说明。

建筑节能设计构造做法。

墙体及楼板预留孔洞需封堵时的封堵方式说明。

2. 建筑施工图

建筑施工图简称建施，是用来表示房屋的规划位置、外部造型、内部布置、内外装修、细部构造、固定设施及施工要求等的图纸。它包括施工图首页、总平面图、平面图、立面图、剖面图和详图。本章将学习最常见的民用建筑的建筑施工图。图 7 - 5 和图 7 - 6 所示为某项目的平面图、立面图和剖面图。

3. 结构施工图

结构施工图称结施，主要表示房屋承重结构的布置、构件类型、数量、大小及做法等。它包括结构布置图和构件详图，将在第 8 章介绍。

4. 设备施工图

简称设施主要表示各种设备、管道和线路的布置、走向以及安装施工要求等。设备施工图又分为给水排水施工图（水施）、供暖施工图（暖施）、通风与空调施工图（通施）、电气施工图（电施）等。设备施工图一般包括平面布置图、系统图和详图，将在第 9 章介绍。

5. 装饰施工图

装饰施工图是用于表达建筑物室内外装饰美化要求的施工图样。图纸内容一般有平面布置图、顶棚平面图、装饰立面图、装饰剖面图和节点详图等。装饰施工图与建筑施工图的图示方法、尺寸标注、图例代号等基本相同。因此，其制图与表达应遵守现行建筑制图标准的规定，它既反映了墙、地、顶棚三个界面的装饰构造、造型处理和装饰做法，又表示了家具、织物、陈设、绿化等的布置。装饰施工图不作为本书重点介绍内容，读者可参考其他书籍。

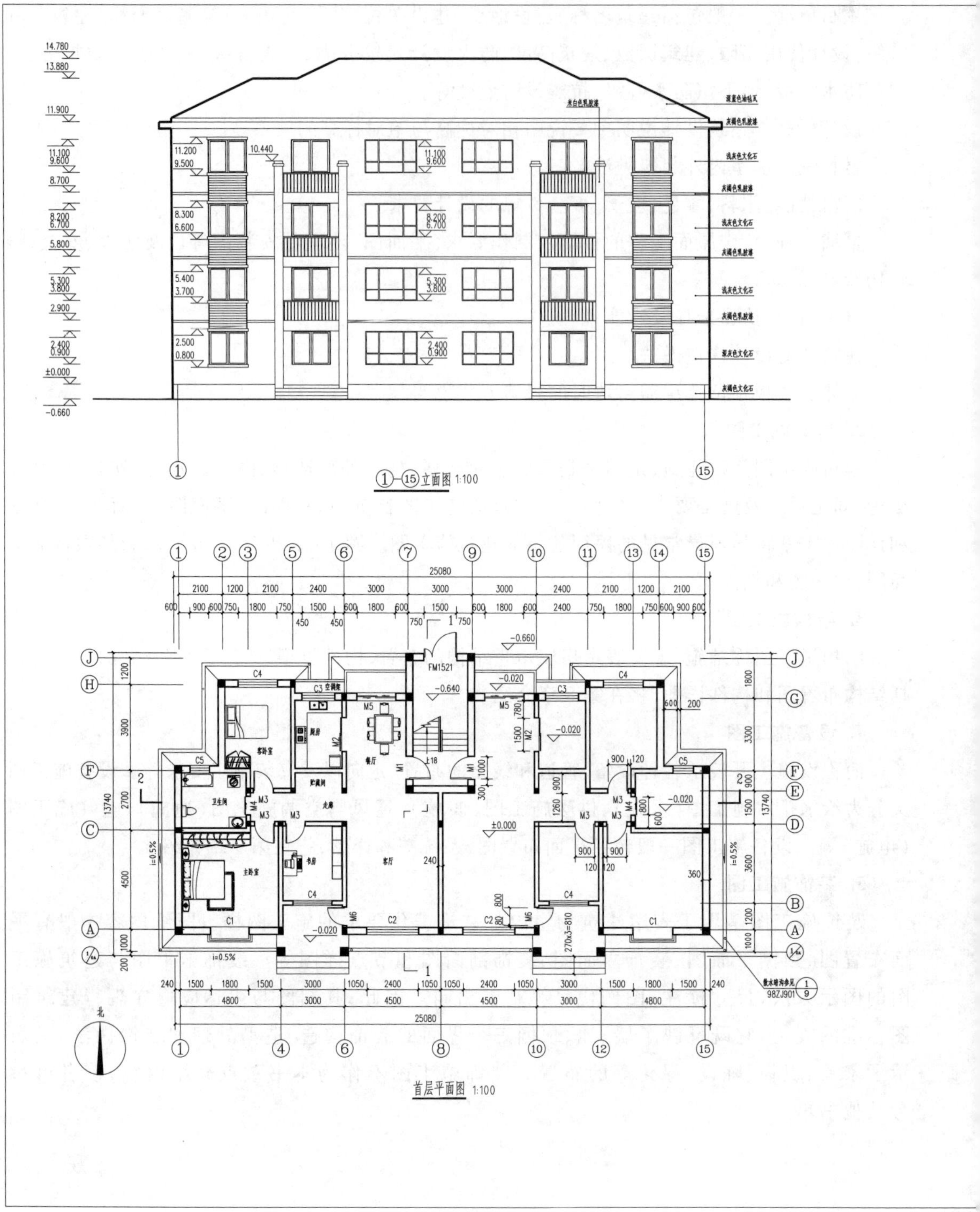

图7-5 某项目的平面图、立面图（一）

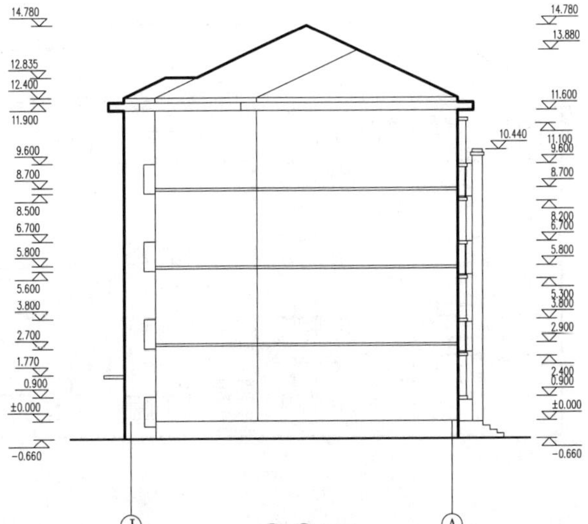

Ⓙ—Ⓐ立面图 1:100

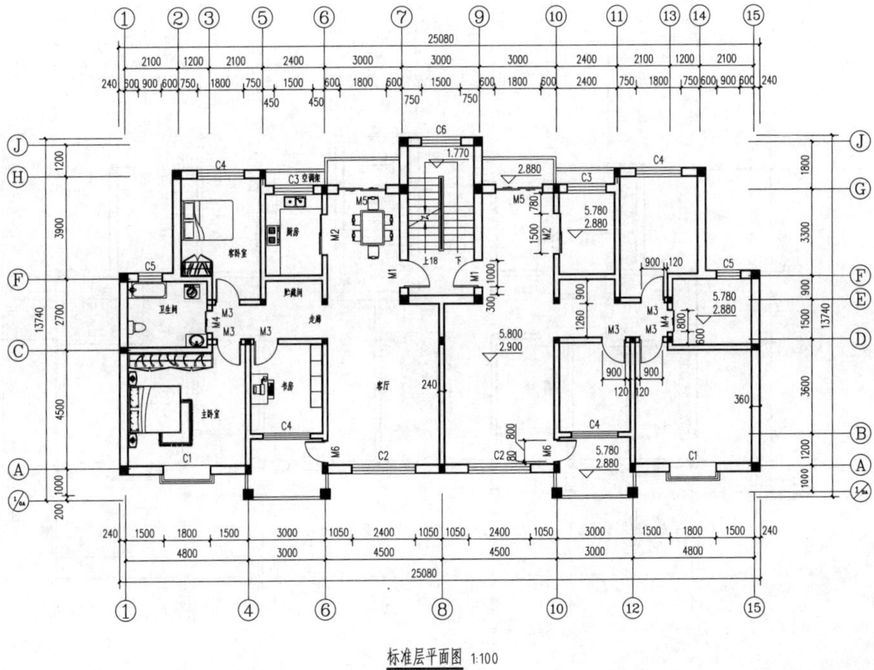

标准层平面图 1:100

XXX设计有限公司				建设单位	XXX房地产开发有限公司	图号	02
				项目名称	C-C型多层住宅	比例	1:100
						日期	
制图		审核		图名	①-⑮立面图　Ⓙ-Ⓐ立面图		
设计		审定			首层平面图　标准层平面图		
校核		负责人					

图7-5　某项目的平面图、立面图（一）（续）

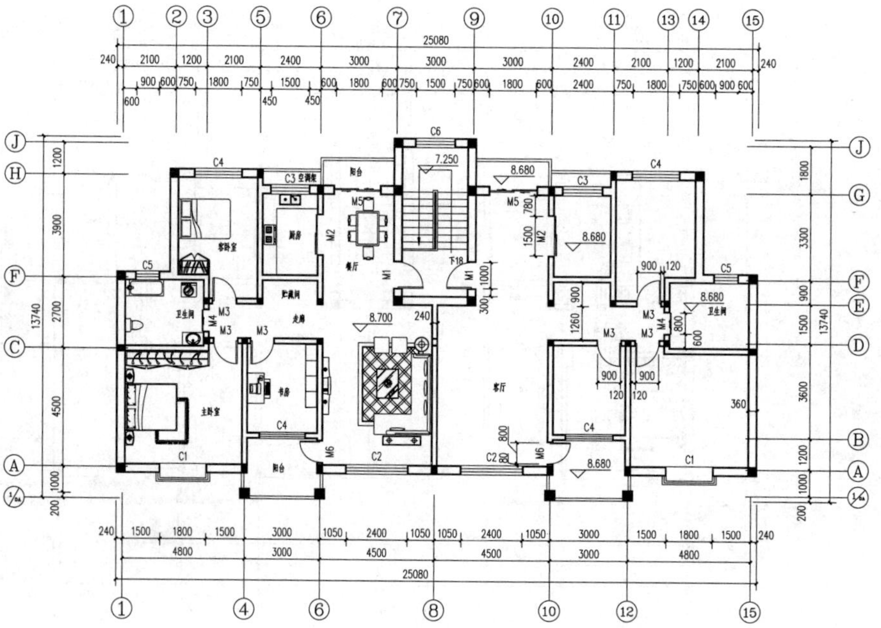

图7-6 某项目的平面图、立面图（二）

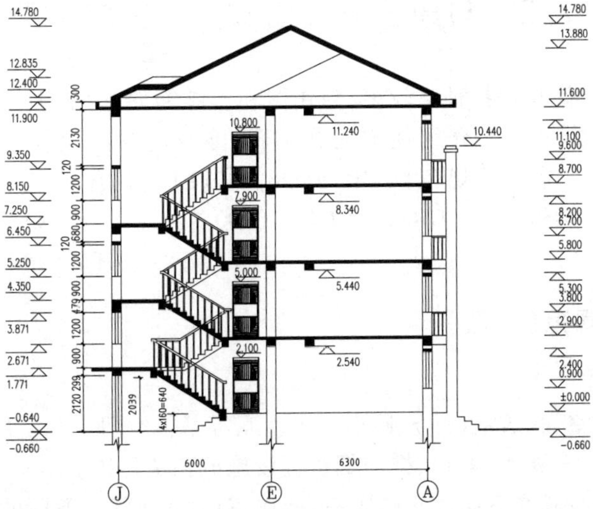

1－1 剖面图 1:100

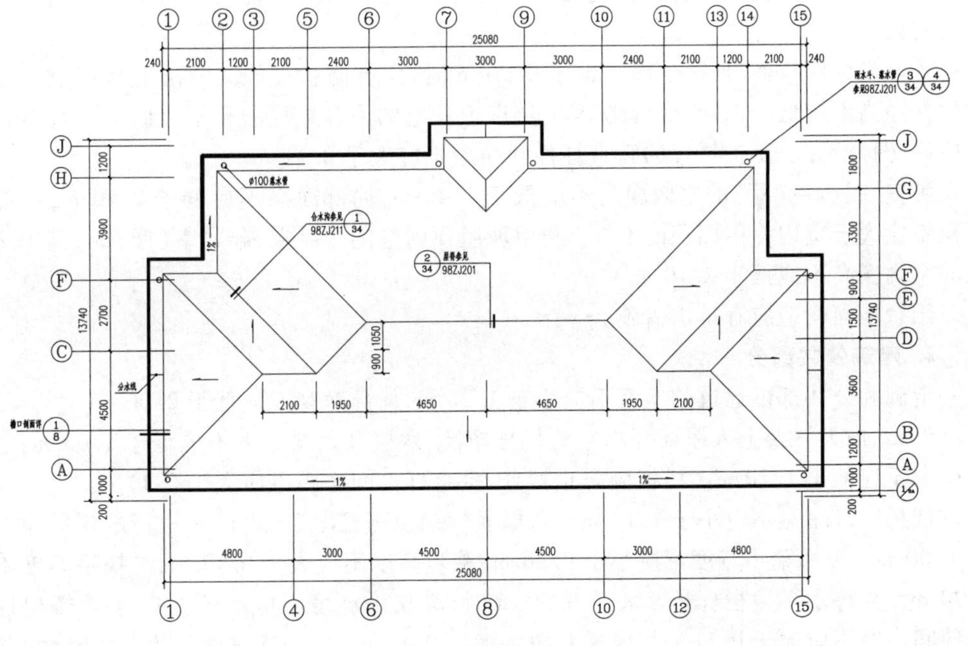

屋顶平面图 1:100

XXX设计有限公司		建设单位	XXX房地产开发有限公司	图号	02
		项目名称	C-C型多层住宅	比例	1:100
				日期	
制图	审核	图名	⑮-①立面图　1－1 剖面图		
设计	审定		顶层平面图　屋顶平面图		
校核	负责人				

图7-6　某项目的平面图、立面图（二）（续）

7.2 与建筑施工图有关的国家标准

由于房屋的构、配件和材料种类较多，为作图和读图简便起见，国家标准规定了一系列规定画法和设计规范。本书主要介绍住宅的施工图，涉及的标准及规范有：《住宅建筑规范》(GB 50368—2005)、《住宅设计规范》(GB 50096—2011)、《房屋建筑制图统一标准》(GB/T 50001—2017)、《建筑制图标准》(GB/T 50104—2010)等。本节介绍除第1章所述标准之外的其他内容。

7.2.1 住宅建筑规范(节选)

1. 建筑套内空间

每套住宅应设卧室、起居室(厅)、厨房和卫生间等基本空间。

厨房应设置炉灶、洗涤池、案台、排油烟机等设施或预留位置。

卫生间不应直接布置在下层住户的卧室、起居室(厅)、厨房、餐厅的上层。卫生间地面和局部墙面应有防水构造。

卫生间应设置便器、洗浴器、洗面器等设施或预留位置；布置便器的卫生间门不应直接开在厨房内。

外窗窗台距楼面、地面的净高低于0.90 m时，应有防护设施。六层及六层以下住宅的阳台栏杆净高不应低于1.05 m，七层及七层以上住宅的阳台栏杆净高不应低于1.10 m。阳台栏杆应有防护措施。防护栏杆的垂直杆件间净距不应大于0.11 m。

卧室、起居室(厅)的室内净高不应低于2.40 m，局部净高不应低于2.10 m，局部净高的面积不应大于室内使用面积的1/3。利用坡屋顶内空间作卧室、起居室(厅)时，其1/2使用面积的室内净高不应低于2.10 m。

阳台地面构造应有排水措施。

2. 建筑公共部分

走廊和公共部位通道的净宽不应小于1.20 m，局部净高不应低于2.00 m。

外廊、内天井及上人屋面等临空处栏杆净高，六层及六层以下不应低于1.05 m；七层及七层以上不应低于1.10 m。栏杆应防止攀登，垂直杆件间净距不应大于0.11 m。

楼梯梯段净宽不应小于1.10 m。六层及六层以下住宅，一边设有栏杆的梯段净宽不应小于1.00 m。楼梯踏步宽度不应小于0.26 m，踏步高度不应大于0.175 m。扶手高度不应小于0.90 m。楼梯水平段栏杆长度大于0.50 m时，其扶手高度不应小于1.05 m。楼梯栏杆垂直杆件间净距不应大于0.11 m。楼梯井净宽大于0.11 m时，必须采取防止儿童攀滑的措施。

七层以及七层以上的住宅或住户入口层楼面距室外设计地面的高度超过16 m的住宅必须设置电梯。

3. 建筑地下室

住宅的卧室、起居室(厅)、厨房不应布置在地下室。当布置在半地下室时，必须采取采光、通风、日照、防潮、排水及安全防护措施。

地下车库内车道净高不应低于2.20 m。车位净高不应低于2.00 m。住宅地下自行车库净高不应低于2.00 m。

4. 结构

住宅结构的设计使用年限不应少于 50 年，其安全等级不应低于二级。

抗震设防烈度为 6 度及以上地区的住宅结构必须进行抗震设计，其抗震设防类别不应低于丙类。严禁在抗震危险地段建造住宅建筑。

5. 材料

住宅结构用混凝土的强度等级不应低于 C20。

6. 日照、采光、照明和自然通风

住宅应充分利用外部环境提供的日照条件，每套住宅至少应有一个居住空间能获得冬季日照。卧室、起居室（厅）、厨房应设置外窗，窗地面积比不应小于 1/7。

套内空间应能提供与其使用功能相适应的照度水平。套外的门厅、电梯前厅、走廊、楼梯的地面照度应能满足使用功能要求。（详见第 9 章）

住宅应能自然通风，每套住宅的通风开口面积不应小于地面面积的 5%。

7.2.2　住宅设计规范（节选）

1. 相关概念

住宅：供家庭居住使用的建筑；

套型：由居住空间和厨房、卫生间等共同组成的基本住宅单位；

居住空间：卧室、起居室（厅）的统称；

卧室：供居住者睡眠、休息的空间；

起居室（厅）：供居住者会客、娱乐、团聚等活动的空间；

厨房：供居住者进行炊事活动的空间；

卫生间：供居住者进行便溺、洗浴、盥洗等活动的空间；

使用面积：房间实际能使用的面积，不包括墙、柱等结构构造的面积；

层高：上下相邻两层楼面或楼面与地面之间的垂直距离；

室内净高：楼面或地面至上部楼板底面或吊顶底面之间的垂直距离；

阳台：附设于建筑物外墙，外围设有栏杆或栏板，是居住者进行晾晒等活动的空间。

平台：建筑伸出室外的部分，可供居住者进行室外活动，可在一楼或者其他楼层。

过道：住宅套内使用的水平通道；

壁柜：建筑室内与墙壁结合而成的落地储藏空间；

凸窗：凸出建筑外墙面的窗户；

跃层住宅：套内空间跨越两个楼层且设有套内楼梯的住宅；

自然层数：按楼板、地板结构分层的楼层数；

中间层：住宅底层、入口层和最高住户入口层之间的楼层；

架空层：仅有结构支撑而无外围护结构的开敞空间层；

走廊：住宅套外使用的水平通道；

联系廊：联系两个相邻住宅单元的楼、电梯间的水平通道；

住宅单元：由多套住宅组成的建筑部分，该部分内的住户可通过共用楼梯和安全出口进行疏散；

地下室：室内地面低于室外地平面的高度超过室内净高的 1/2 的空间；

半地下室：室内地面低于室外地平面的高度超过室内净高的 1/3，且不超过 1/2 的空间。

2. 技术经济指标计算

各功能空间使用面积（m^2）：各功能空间墙体内表面所围合的水平投影面积；

套内使用面积（m^2/套）：套内使用面积应等于套内各功能空间使用面积之和，即卧室、起居室（厅）、餐厅、厨房、卫生间、过厅、过道、储藏室、壁柜等使用面积的总和。利用坡屋顶内的空间时，屋面板下表面与楼板地面的净高低于 1.20 m 的空间不应计算使用面积，净高在 1.20～2.10 m 的空间应按 1/2 计算使用面积，净高超过 2.10 m 的空间应全部计入套内使用面积；坡屋顶无结构顶层楼板，不能利用坡屋顶空间时不应计算其使用面积；

套型阳台面积（m^2/套）：阳台的面积均应按其结构底板投影净面积的一半计算；

套型总建筑面积（m^2/套）：套型总建筑面积应等于套内使用面积、相应的建筑面积和套型阳台面积之和；

住宅楼总建筑面积（m^2）：住宅楼总建筑面积应等于全楼各套型总建筑面积之和。应按全楼各层外墙结构外表面及柱外沿所围合的水平投影面积之和求出住宅楼建筑面积，当外墙设外保温层时，应按保温层外表面计算。

3. 层数

当住宅楼的所有楼层的层高不大于 3.00 m 时，层数应按自然层数计；当住宅和其他功能空间处于同一建筑物内时，应将住宅部分的层数与其他功能空间的层数叠加计算建筑层数。当建筑中有一层或若干层的层高大于 3.00 m 时，应对大于 3.00 m 的所有楼层按其高度总和除以 3.00 m 进行层数折算，余数小于 1.50 m 时，多出部分不应计入建筑层数，余数大于或等于 1.50 m 时，多出部分应按 1 层计算；层高小于 2.20 m 的架空层和设备层不应计入自然层数；高出室外设计地面小于 2.20 m 的半地下室不应计入地上自然层数。

4. 套内空间

套型：住宅应按套型设计，每套住宅应设卧室、起居室（厅）、厨房和卫生间等基本功能空间。由卧室、起居室（厅）、厨房和卫生间等组成的套型，其使用面积不应小于 30 m^2；由兼起居的卧室、厨房和卫生间等组成的最小套型，其使用面积不应小于 22 m^2。

卧室、起居室：双人卧室不应小于 9 m^2；单人卧室不应小于 5 m^2；兼起居的卧室不应小于 12 m^2。起居室（厅）的使用面积不应小于 10 m^2。套型设计时应减少直接开向起居厅的门的数量。起居室（厅）内布置家具的墙面直线长度宜大于 3 m。无直接采光的餐厅、过厅等，其使用面积不宜大于 10 m^2。

厨房：由卧室、起居室（厅）、厨房和卫生间等组成的住宅套型的厨房使用面积，不应小于 4.0 m^2；由兼起居的卧室、厨房和卫生间等组成的住宅最小套型的厨房使用面积，不应小于 3.5 m^2。厨房应设置洗涤池、案台、炉灶及排油烟机、热水器等设施或为其预留位置。排油烟机的位置应与炉灶位置对应，并应与排气道直接连通。单排布置设备的厨房净宽不应小于 1.50 m；双排布置设备的厨房其两排设备之间的净距不应小于 0.90 m。

卫生间：每套住宅应设卫生间，应至少配置便器、洗浴器、洗面器三件卫生设备或为其预留设置位置及条件。三件卫生设备集中配置的卫生间的使用面积不应小于 2.50 m^2。无前室的卫生间的门不应直接开向起居室（厅）或厨房。卫生间不应直接布置在下层住户的卧室、起居室（厅）、厨房和餐厅的上层。

5. 层高和室内净高

住宅层高宜为2.80 m。卧室、起居室(厅)的室内净高不应低于2.40 m,局部净高不应低于2.10 m,且局部净高的室内面积不应大于室内使用面积的1/3。厨房、卫生间的室内净高不应低于2.20 m。厨房、卫生间内排水横管下表面与楼面、地面净距不得低于1.90 m,且不得影响门、窗扇开启。

6. 阳台

每套住宅宜设阳台或平台。阳台栏杆设计必须采用防止儿童攀登的构造,栏杆的垂直杆件间净距不应大于0.11 m,放置花盆处必须采取防坠落措施。阳台栏板或栏杆净高,六层及六层以下不应低于1.05 m,七层及七层以上不应低于1.10 m。封闭阳台栏板或栏杆也应满足阳台栏板或栏杆净高要求。七层及七层以上住宅和寒冷、严寒地区住宅宜采用实体栏板。顶层阳台应设雨罩,各套住宅之间毗连的阳台应设分户隔板。阳台、雨罩均应采取有组织排水措施,雨罩及开敞阳台应采取防水措施。

当阳台设有洗衣设备时地面均应做防水。当阳台或建筑外墙设置空调室外机时,其安装位置应能通畅地向室外排放空气和从室外吸入空气;在排出空气一侧不应有遮挡物;应为室外机安装和维护提供方便操作的条件;安装位置不应对室外人员形成热污染。

7. 过道、储藏空间和套内楼梯

套内入口过道净宽不宜小于1.20 m;通往卧室、起居室(厅)的过道净宽不应小于1.00 m;通往厨房、卫生间、储藏室的过道净宽不应小于0.90 m。套内楼梯当一边临空时,梯段净宽不应小于0.75 m;当两侧有墙时,墙面之间净宽不应小于0.90 m,并应在其中一侧墙面设置扶手。套内楼梯的踏步宽度不应小于0.22 m,高度不应大于0.20 m,扇形踏步转角距扶手中心0.25 m处,宽度不应小于0.22 m。

8. 门窗

窗外没有阳台或平台的外窗,窗台距楼面、地面的净高低于0.90 m时,应设置防护设施。凸窗的窗台高度低于或等于0.45 m时,防护高度从窗台面起算不应低于0.90 m;可开启窗扇窗洞口底距窗台面的净高低于0.90 m时,窗洞口处应有防护措施。其防护高度从窗台面起算不应低于0.90 m;厨房和卫生间的门应在下部设置有效截面积不小于0.02 m^2 的固定百叶,也可距地面留出不小于30 mm的缝隙。

各部位门洞的最小尺寸应符合表7-2的规定。

表7-2 门洞最小尺寸

类别	洞口宽度(m)	洞口高度(m)
共用外门	1.20	2.00
户(套)门	1.00	2.00
起居室(厅)门	0.90	2.00
卧室门	0.90	2.00
厨房门	0.80	2.00
卫生间房	0.70	2.00
阳台门(单扇)	0.70	2.00

注:表中门洞口高度不包括门上亮子高度,宽度以平开门为准;洞口两侧地面有高低差时,以高地面为起算高度。

9. 窗台、栏杆和台阶

楼梯间、电梯厅等共用部分的外窗，窗外没有阳台或平台，且窗台距楼面、地面的净高小于 0.90 m 时，应设置防护设施。公共出入口台阶高度超过 0.70 m 并侧面临空时，应设置防护设施，防护设施净高不应低于 1.05 m。外廊、内天井及上人屋面等临空处的栏杆净高，六层及六层以下不应低于 1.05 m，七层及七层以上不应低于 1.10 m。防护栏杆必须采用防止儿童攀登的构造，栏杆的垂直杆件间净距不应大于 0.11 m。放置花盆处必须采取防坠落措施。

公共出入口台阶踏步宽度不宜小于 0.30 m，踏步高度不宜大于 0.15 m，并不宜小于 0.10 m，踏步高度应均匀一致，并应采取防滑措施。台阶踏步数不应少于 2 级，当高差不足 2 级时，应按坡道设置；台阶宽度大于 1.80 m 时，两侧宜设置栏杆扶手，高度应为 0.90 m。

10. 楼梯

楼梯梯段净宽不应小于 1.10 m，不超过六层的住宅，一边设有栏杆的梯段净宽不应小于 1.00 m。楼梯踏步宽度不应小于 0.26 m，踏步高度不应大于 0.175 m。扶手高度不应小于 0.90 m。楼梯水平段栏杆长度大于 0.50 m 时，其扶手高度不应小于 1.05 m。楼梯栏杆垂直杆件间净空不应大于 0.11 m。

楼梯平台净宽不应小于楼梯梯段净宽，且不得小于 1.20 m。楼梯平台的结构下缘至人行通道的垂直高度不应低于 2.00 m。入口处地坪与室外地面应有高差，并不应小于 0.10 m。

楼梯为剪刀梯时，楼梯平台的净宽不得小于 1.30 m。

楼梯井净宽大于 0.11 m 时，必须采取防止儿童攀滑的措施。

7.2.3 建筑制图标准（节选）

1. 图线

建筑施工图各专业制图采用的图线，应符合表 7－3 的规定。

表 7－3 图线

名称		线型	线宽	用途
实线	粗	————————	b	1. 平、剖面图中被剖切的主要建筑构造（包括构配件）的轮廓线； 2. 建筑立面图或室内立画图的外轮廓线； 3. 建筑构造详图中被剖切的主要部分的轮廓线； 4. 建筑构配件详图中的外轮廓线； 5. 平、立、剖面的剖切符号
	中粗	————————	$0.7b$	1. 平、剖面图中被剖切的次要建筑构造（包括构配件）的轮廓线； 2. 建筑平、立、剖面图中建筑构配件的轮廓线； 3. 建筑构造详图及建筑构配件详图中的一般轮廓线；
	中	————————	$0.5b$	小于 $0.7b$ 图形线，尺寸线、尺寸界线、索引符号、标高符号、详图材料做法引出线、粉刷线、保温层线、地面、墙面的高差分界线等
	细	————————	$0.25b$	图例填充线、家具线，纹样线等
虚线	中粗	— — — — — — — — —	$0.7b$	1. 建筑构造详图及建筑构配件不可见的轮廓线； 2. 平面图中的起重机（吊车）轮廓线； 3. 拟建、扩建建筑物轮廓线
	中	— — — — — — — — —	$0.5b$	投影线、小于 $0.5b$ 的不可见轮廓线；
	细	— — — — — — — — —	$0.25b$	图例填充线，家具线等

续表

名称		线型	线宽	用　途
单点长划线	粗		b	起重机(吊车)轨道线
	细		$0.25b$	中心线或对称线、定位轴线
折断线	细		$0.25b$	部分省略表示时的断开界线
波浪线	细		$0.25b$	1. 部分省略表示时的断开界线,曲线形体间断开界线; 2. 构造层次的断开界线

注:地平线宽可用 $1.4b$。

2. 定位轴线

定位轴线是用以确定主要结构位置的线,用细单点长画线绘制,需要编号。如图 7－7(a)所示,轴线编号应用细实线圆绘制,直径为 8～10 mm。编号应注写在轴线端部的圆内。如图 7－7(b)所示,定位轴线圆的圆心应在定位轴线的延长线上或延长线的折线上。一般情况下,平面图上定位轴线的编号,宜标注在图样的下方或左侧。横向编号应用阿拉伯数字,从左至右顺序编写;竖向编号应用大写拉丁字母,从下至上顺序编写。

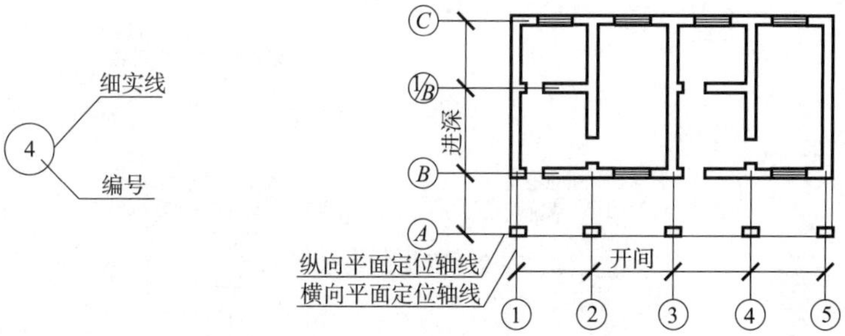

(a)　　　　(b)

图 7－7　定位轴线画法及编写顺序

拉丁字母作为轴线编号时,应全部采用大写字母,不应用同一个字母的大小写来区分轴线号。拉丁字母的 I、O、Z 不得用做轴线编号。当字母数量不够使用,可增用双字母或单字母加数字注脚。

组合较复杂的平面图中定位轴线也可采用分区编号,如图 7－8 所示。编号的注写形式应为“分区号—该分区编号”,“分区号—该分区编号”采用阿拉伯数字或大写拉丁字母表示。

附加定位轴线的编号,应以分数形式表示,并应符合下列规定:两根轴线的附加轴线,应以分母表示前一轴线的编号,分子表示附加轴线的编号。编号宜用阿拉伯数字顺序编写;1 号轴线或 A 号轴线之前的附加轴线的分母应以 01 或 0A 表示。如图 7－9 所示。

一个详图适用于几根轴线时,应同时注明各有关轴线的编号,如图 7－10 所示。通用详图中的定位轴线,应只画圆,不注写轴线编号。

圆形与弧形平面图中的定位轴线,其径向轴线应以角度进行定位,其编号宜用阿拉伯数字表示,从左下角或－90°(若径向轴线很密,角度间隔很小)开始,按逆时针顺序编写;其环向轴线宜用大写拉丁字母表示,从外向内顺序编写。如图 7－11(a)所示为圆形平面图的定位轴线示例,如图 7－11(b)所示为弧形平面图中的定位轴线示例。

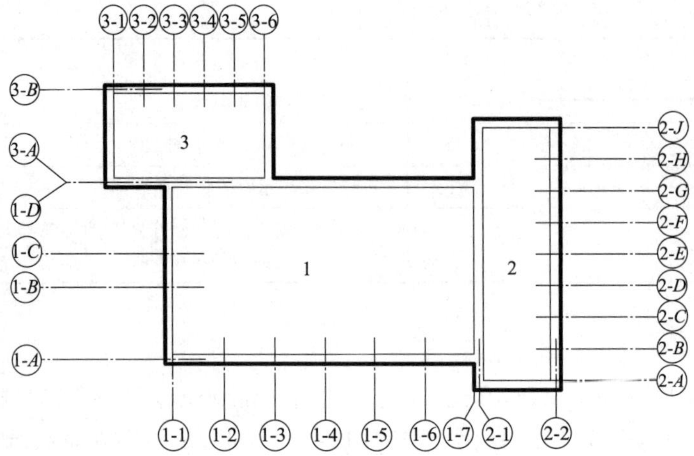

图 7－8　定位轴线的分区编号

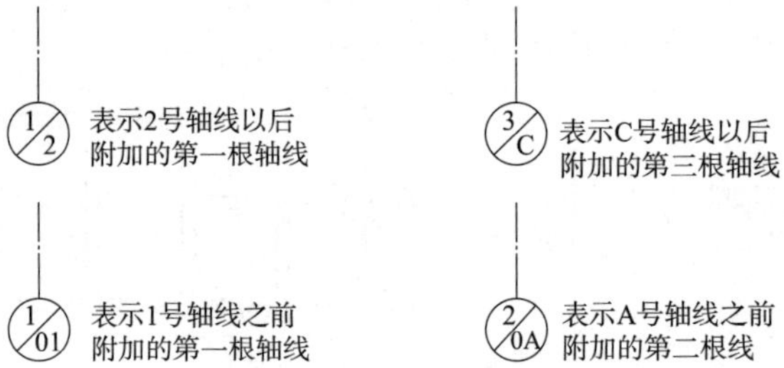

图 7－9　附加定位轴线

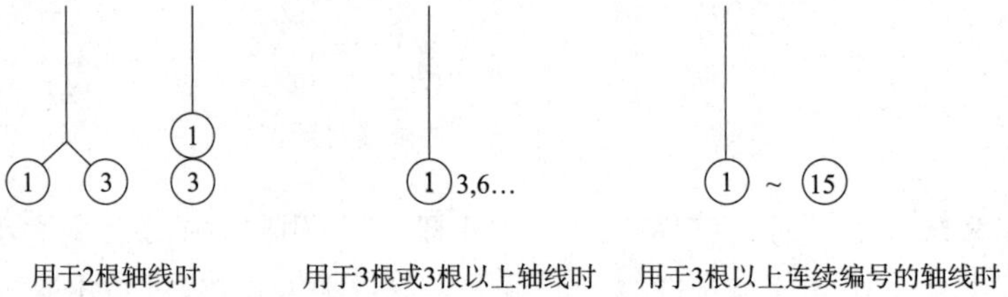

图 7－10　详图的轴线编号

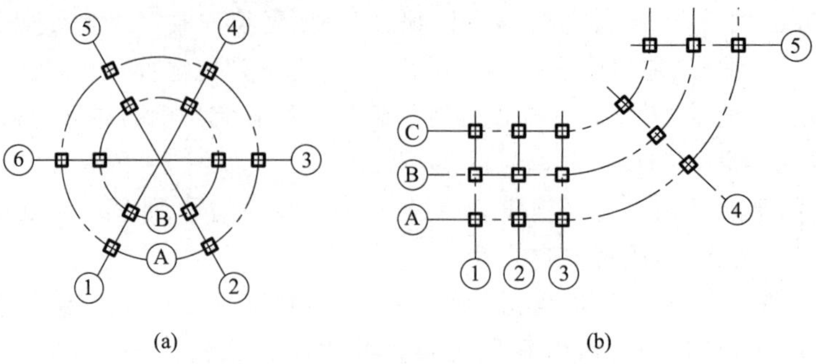

图 7－11　圆形与弧形定位轴线

折线形平面图中定位轴线的编号如图 7－12 所示。

3. 尺寸

(1)标高及其符号。标高是指平均海平面和某地最高点(面)之间的垂直距离。

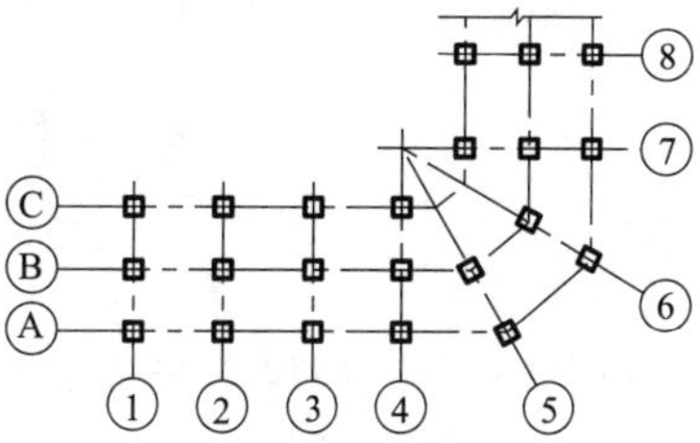

图 7－12 折线形平面图定位轴线

标高按基准面选取的不同分为绝对标高和相对标高。绝对标高:是以一个国家或地区统一规定的基准面作为零点的标高,我国规定以青岛附近黄海夏季的平均海平面作为标高的零点;所计算的标高称为绝对标高。相对标高是以建筑物室内首层主要地面高度为零作为标高的起点,所计算的标高称为相对标高。

建筑标高:在相对标高中,凡是包括装饰层厚度的标高,称为建筑标高。结构标高:在相对标高中,凡是不包括装饰层厚度的标高,称为结构标高,注写在构件的底部,是构件的安装或施工高度。一般在建筑施工图中标注建筑标高,在结构施工图中标注结构标高。

标高符号应以直角等腰三角形表示,按图 7－13(a)所示形式用细实线绘制,如标注位置不够,也可按图 7－13(b)所示形式绘制。标高符号的具体画法如图 7－13(c)、(d)所示。

总平面图室外地坪标高符号,宜用涂黑的三角形表示,具体画法如图 7－14 所示。

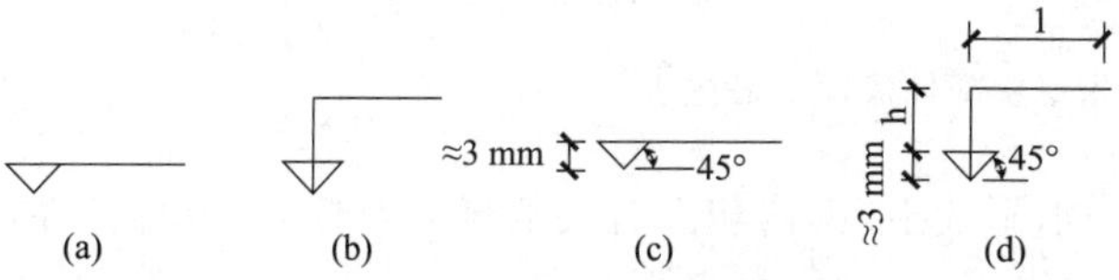

图 7－13 标高符号画法

图 7－14 总图标高画法

标高符号的尖端应指至被注高度的位置。尖端宜向下,也可向上。标高数字应注写在标高符号的上侧或下侧,如图 7－15(a)所示。

标高数字应以米为单位,注写到小数点以后第三位。在总平面图中,可注写到小数字点以后第二位。零点标高应注写成 ±0.000,正数标高不注“＋”,负数标高应注“－”,例如 2.900、－0.450。在图样的同一位置需表示几个不同标高时,标高数字可按图 7－15(b)的形式注写。

图 7－15 标高标注

(2)尺寸标注。楼地面、地下层地面、阳台、平台、檐口、屋脊、女儿墙、台阶等处的高度尺寸及标高,宜按下列规定注写:

①平面图及其详图应注写完成面标高;

②立面图、剖面图及其详图应注写完成面标高及高度方向的尺寸;

③标注建筑平面图各部位的定位尺寸时,应注写与其最邻近的轴线间的尺寸;标注建筑剖面各部位的定位尺寸时,应注写其所在层次内的尺寸。

设计图中连续重复的构配件等，当不易标明定位尺寸时，可在总尺寸的控制下，定位尺寸不用数值而用“均分”或“EQ”字样表示，如图 7 – 16 所示。

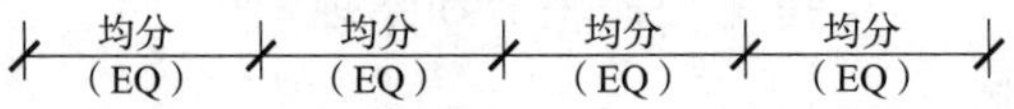

图 7 – 16　重复构件尺寸注法

数个构配件，如仅某些尺寸不同，这些有变化的尺寸数字，可用拉丁字母注写在同一图样中，另列表格写明其具体尺寸，如图 7 – 17 所示。

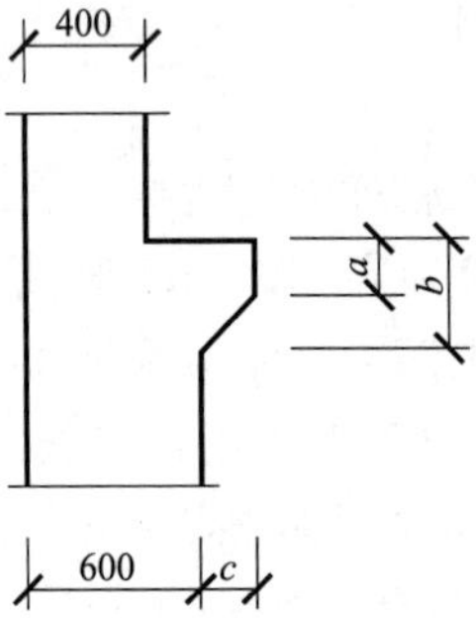

(a)

构件编号	*a*	*b*	*c*
Z-1	200	200	200
Z-1	250	450	200
Z-1	200	450	250

(b)

图 7 – 17　相似构配件尺寸表格注法

相邻的立面图或剖面图宜绘制在同一水平线上，图内相互有关的尺寸及标高，宜标注在同一竖线上。

4. 索引符号与详图符号

图样中的某一局部或构件，如需另见详图，应以索引符号索引。如图 7 – 18(a)所示，索引符号是由直径为 8 ~ 10 mm 的圆和水平直径组成，圆及水平直径应以细实线绘制。索引出的详图，如与被索引的详图同在一张图纸内，应在索引符号的上半圆中用阿拉伯数字注明该详图的编号，并在下半圆中间画一段水平细实线，如图 7 – 18(b)所示。

索引出的详图，如与被索引的详图不在同一张图纸内，应在索引符号的上半圆中用阿拉伯数字注明该详图的编号，在索引符号的下半圆用阿拉伯数字注明该详图所在图纸的编号，如图 7 – 18(c)所示。

索引出的详图，如采用标准图，应在索引符号水平直径的延长线上加注该标准图集的编号，如图 7 – 18(d)所示，J103 为图集编号。

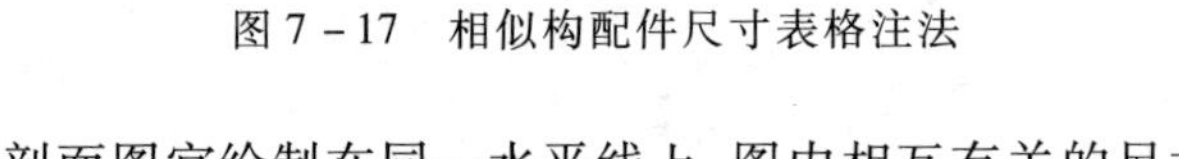

(a)　(b)　(c)　(d)

图 7 – 18　索引符号

索引符号如用于索引剖视详图，应在被剖切的部位绘制剖切位置线，并以引出线引出索引符号，引出线所在的一侧应为剖视方向。如图 7 – 19(a)所示投射方向为从左向右，图 7 – 19(b)

所示投射方向为从上向下,图7－19(c)所示投射方向为从下向上,图7－19(d)所示投射方向为从左向右。

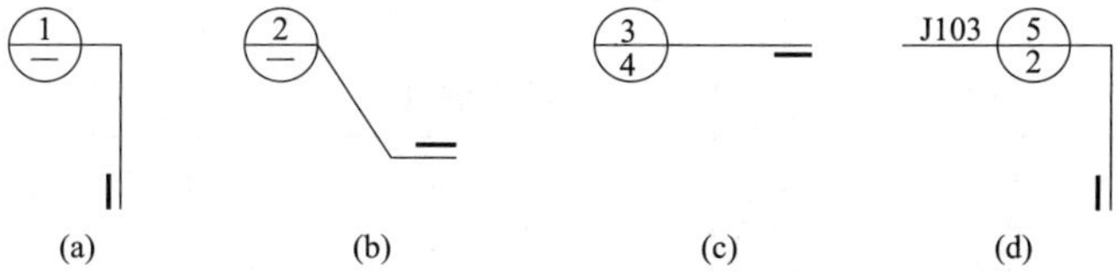

图7－19　用于索引剖面详图的索引符号

详图的位置和编号,应以详图符号表示。详图符号的圆应以直径为14 mm的粗实线绘制。详图与被索引的图样同在一张图纸内时,应在详图符号内用阿拉伯数字注明详图的编号,如图7－20(a)所示。详图与被索引的图样不在同一张图纸内时,应用细实线在详图符号内画一水平直径,在上半圆中注明详图编号,在下半圆中注明被索引的图纸的编号,如图7－20(b)所示。

5. 引出线

引出线应以细实线绘制,宜采用水平方向的直线、与水平方向成30°、45°、60°、90°的直线,或经上述角度再折为水平线。文字说明宜注写在水平线的上方,如图7－21(a)所示。也可注写在水平线的端部,如图7－21(b)所示。索引详图的引出线,应与水平直径线相连接,如图7－21(c)所示。

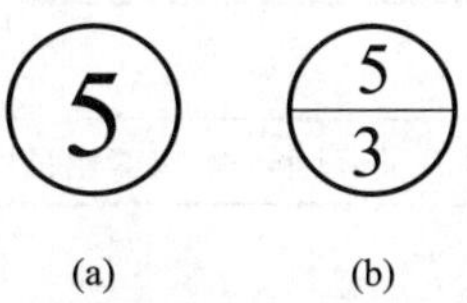

图7－20　详图符号

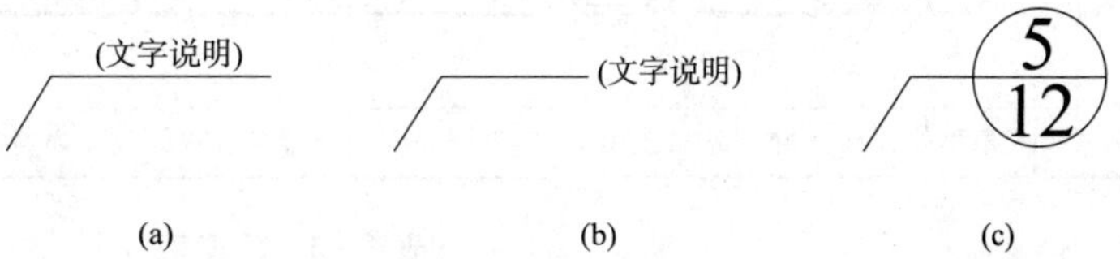

图7－21　引出线

同时引出的几个相同部分的引出线,如图7－22(a)所示。也可画成集中于一点的放射线,如图7－22(b)所示。

多层构造共用引出线,应通过被引出的各层,并用圆点示意对应各层次。文字说明宜注写在水平线的上方,或注写在水平线的端部,说明的顺序应由上至下,并应与被说明的层次对应一致,如图7－23所示。

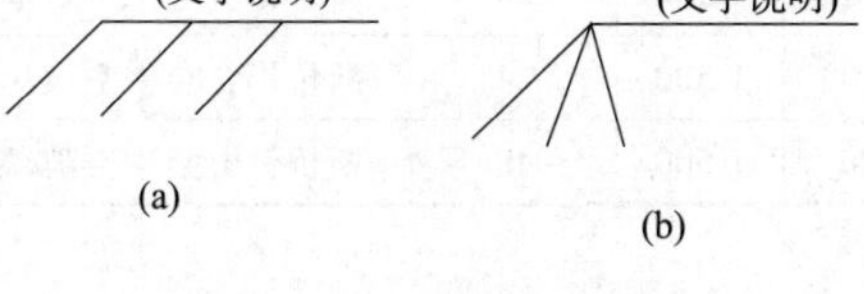

图7－22　共同引出线

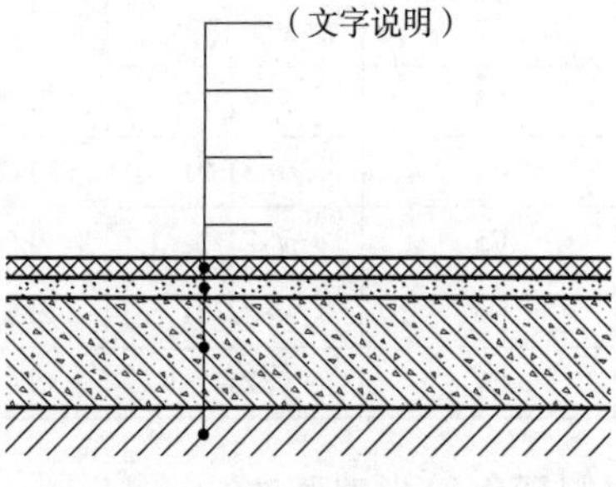

图7－23　多层构造共同引出线及文字说明

6. 门窗图例

常用的门窗图例见表 7 - 4。门的代号是 M，窗的代号是 C。同一编号表示同一类门或窗。门窗数据可读施工图确定，也可查阅门窗表辅助读图。门窗表如表 7 - 5 所示。

表 7 - 4　门窗图例

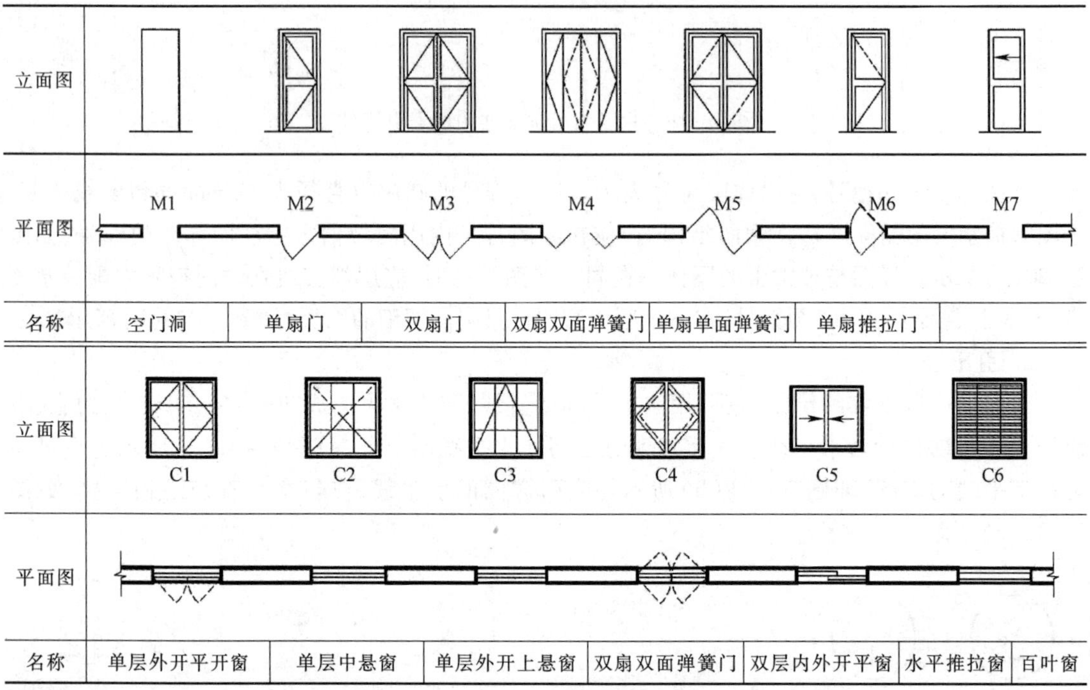

表 7 - 5　门窗表

类别	门窗编号	标准图号	图集编号	洞口尺寸		数量	备注
				宽	高		
门	M1	98ZJ681	GJM301	900	2 100	78	木门
	M2	98ZJ681	GJM301	800	2 100	52	铝合金推拉门
	MC1	见大样图	无	3 000	2 100	6	铝合金推拉门
	JM1	甲方自定	无	3 000	2 100	20	铝合金推拉门
窗	C1	见大样图	无	4 260	1 500	6	断桥铝合金中空玻璃窗
	C2	见大样图	无	1 800	1 500	24	断桥铝合金中空玻璃窗
	C3	98ZJ721	PLC70—44	1 800	1 500	7	断桥铝合金中空玻璃窗
	C4	98ZJ721	PLC70—44	1 500	1 500	10	断桥铝合金中空玻璃窗
	C5	98ZJ721	PLC70—44	1 500	1 500	20	断桥铝合金中空玻璃窗
	C6	98ZJ721	PLC70—44	1 200	1 500	24	断桥铝合金中空玻璃窗
	C7	98ZJ721	PLC70—44	900	1 500	48	断桥铝合金中空玻璃窗

7. 材料图例等省略画法

材料图例详见第 1 章。在建筑施工图中，不同比例的平面图和剖面图，其抹灰层、楼地面、材料图例有相应的省略画法。

比例大于 1:50 的平面图、剖面图，应画出抹灰层与楼地面、屋面的面层线，并宜画出材料图例。

比例等于 1:50 的平面图、剖面图，宜画出楼地面、屋面的面层线，抹灰层的面层线应根据需要而定。

比例小于 1:50 的平面图、剖面图，可不画出抹灰层，但宜画出楼地面、屋面的面层线；比例为 1:100 ~ 1:200 的平面图、剖面图，可画简化的材料图例（如砌体墙涂红、钢筋混凝土涂黑等），但宜画出楼地面、屋面的面层线。

比例小于 1:200 的平面图、剖面图，可不画材料图例，剖面图的楼地面、屋面的面层线可不画出。

8. 指北针

指北针用于标明建筑的方位，应绘在建筑物 ±0.000 标高的平面图上，并应放在明显位置，所指的方向应与总图一致。

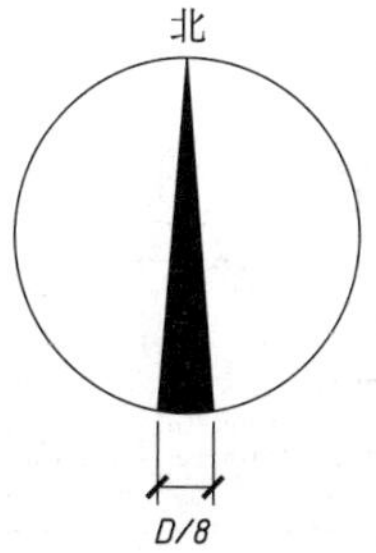

图 7 – 24　指北针画法

如图 7 – 24 所示，圆的直径宜为 24 mm，用细实线绘制；指针尾部的宽度宜为 3 mm，指针头部应注“北”或“N”字。需用较大直径绘制指北针时，指针尾部的宽度宜为直径的 1/8。

7.3　建筑总平面图

用向水平投影面正投影的方法和相应的图例，在画有等高线或加上坐标方格网的地形图上，画出新建、拟建、原有和要拆除的建筑物、构筑物的图样称为建筑总平面图。建筑总平面图表明了新建房屋所处范围内的总体布置情况，包括新建、拟建、原有和拆除的房屋、构筑物等的位置和朝向，室外场地、道路、绿化等的布置，地形、地貌、标高以及原有环境的关系和邻界情况等。由于图的比例小，房屋和各种地物及建筑设施均不能按真实的水平投影画出，而是采用各种图例作示意性表达。

建筑总平面图内容及读图顺序：

第一步，看图名、比例及图例符号。由于总平面图所包括的区域面积较大，常采用小比例绘制，如 1:500，1:1 000，1:2 000 等。总平面图中标注的尺寸一律以 m 为单位。如图 7 – 25 所示，某项目的总平面图比例为 1:500。图中右侧给出了多种图例：新建建筑，用粗实线表示；原有建筑，用细实线表示；拟扩建的建筑用细虚线表示；拆除的建筑边线上标“×”；还有人工水体、喷泉、亭子、树木、鹅卵石道路、风玫瑰、运动场、公园等图例。每个项目规划不同，涉及到的图例符号可能不同。

第二步，看风向玫瑰图。“风玫瑰”图也叫风向频率玫瑰图，因图形似玫瑰花朵，故名。它是根据某一地区多年平均统计的各个方向风向频率的百分数值，并按一定比例绘制，一般多用八个或十六个罗盘方位表示，玫瑰图上所表示风的吹向（即风的来向），是指从外面吹向地区中心的方向。风玫瑰折线上的点离圆心的远近，表示从此点向圆心方向刮风的频率的大小。实线代表常年风向频率，虚线表示夏季风频率。每个城市有固定的风玫瑰图。图 7 – 25 右上

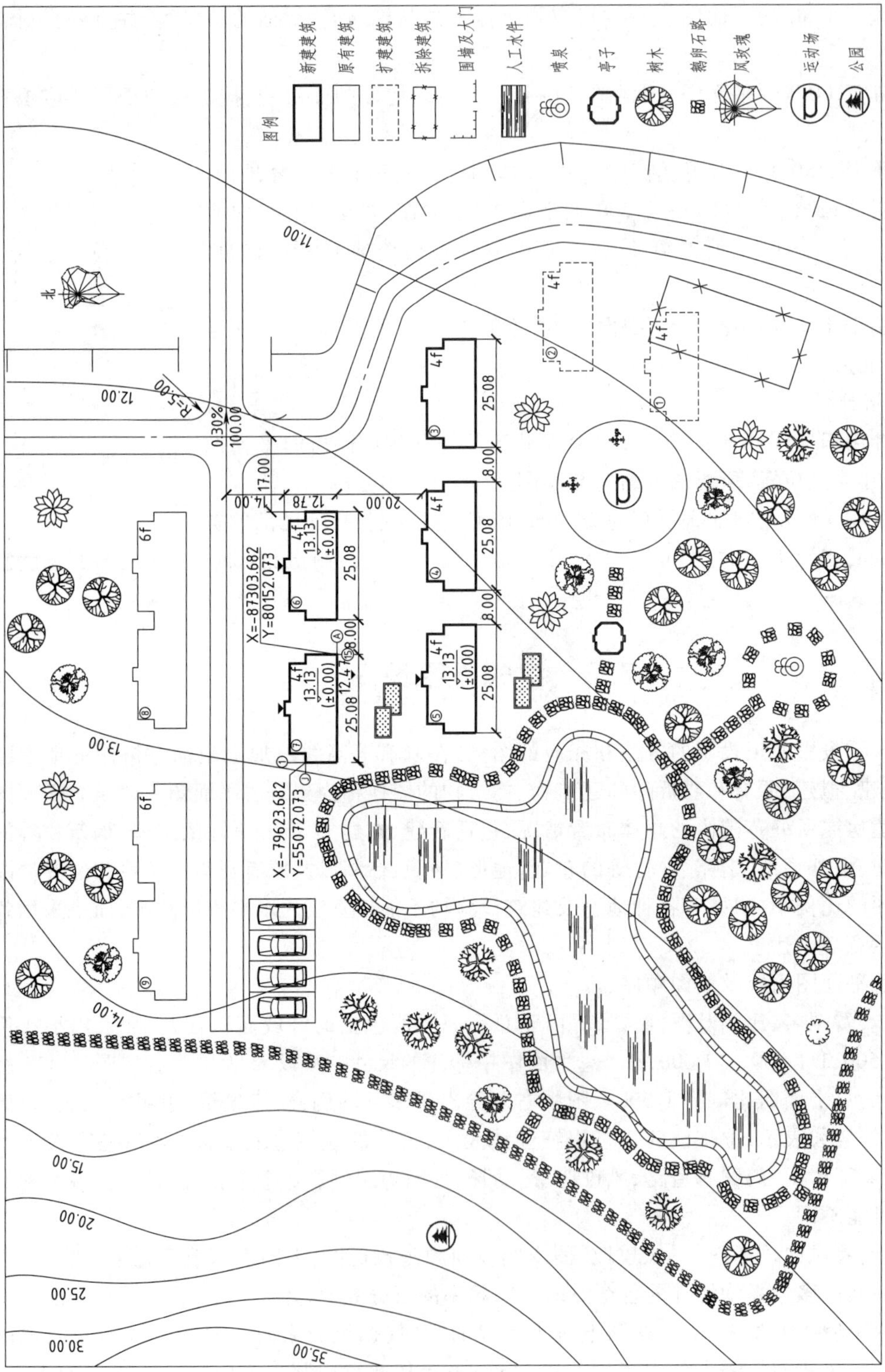

总平面图1：500

图7-25 某项目总平面图

角所示为合肥市风玫瑰,最大的常年风频率为南风,最大的夏季风频率为东风。风玫瑰上标记“北”,类似于指北针,可以知道该项目的方位布局。

第三步,了解工程的性质、用地范围和地形地物等情况。如图 7－25 所示,该项目为居住类建筑,图内右侧等高线为 11.00 m,左侧为 35.00 m,在 15 m 处地形坡度较大,根据图例可知小区的西侧为山体公园。项目西南侧有较大的人工水体,有绿化和运动场。西侧有停车位。项目东侧和北侧是小区内的原有道路。

第四步,拟建工程的具体位置和定位。五栋新建建筑为 4 层,施工编号为③～⑦,东南侧有两栋同样的拟建建筑,北面有两栋 6 层的原有建筑。⑥号楼以原有道路中心线为尺寸基准,距离东边道路中心线 17 m,距离北侧道路中心线 14 m。其他 4 栋拟建建筑以⑥号楼为基准分别定位。⑥号楼与⑦号楼间距 8 m,南北两排楼间距 20 m。楼外地面标高 12.47 m,楼内基准面标高 13.13 m。楼梯北侧黑三角表示单元门所在位置。

第五步,看坐标网。坐标网是以一定的经纬度间隔按某种地图投影方法描绘的经纬线网格,是施工放线的依据。图 7－25 省略坐标网,以 CAD 图中的用户坐标系方式标记了⑦号楼的边界坐标。

7.4　建筑平面图

7.4.1　平面图的表示方法及画图标准

假想用一个水平剖切平面沿房屋的门窗洞口适当位置把房屋切开,移去上部之后,对剖切平面以下部分进行投射,所做出的水平投影图,称为建筑平面图,简称平面图。如图 7－26 所示为平房的轴测图,沿门窗适当高度剖切后,屋顶及其他切去的部分被移去,则门窗、墙体、台阶等都变成可见部分,按照正投影原理进行投射即可得到该建筑的平面图。

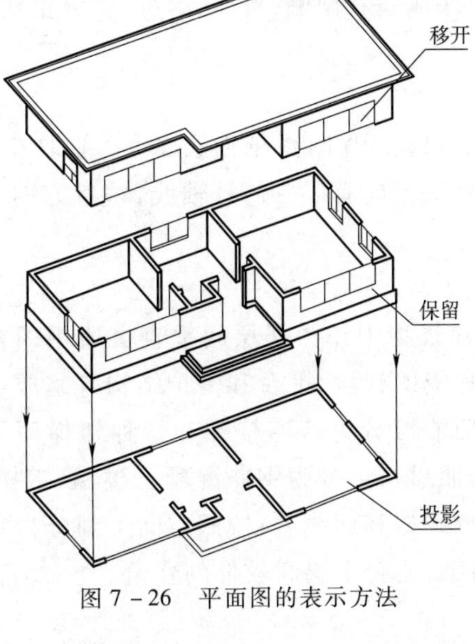

图 7－26　平面图的表示方法

国家标准对平面图的画法及内容做了以下规定：

平面图的方向宜与总图方向一致。平面图的长边宜与横式幅面图纸的长边一致。在同一张图纸上绘制多于一层的平面图时，各层平面图宜按层数由低向高的顺序从左至右或从下至上布置。除顶棚平面图外，各种平面图应按正投影法绘制。

建筑物平面图应在建筑物的门窗洞口处水平剖切俯视，屋顶平面图应在屋面以上俯视，图内应包括剖切面及投射方向可见的建筑构造以及必要的尺寸、标高等，表示高窗、洞口、通气孔、槽、地沟等不可见部分时，应采用虚线绘制。

建筑物平面图应注写房间的名称或编号。如果以编号形式标注，应注写在直径为 6 mm 细实线绘制的圆圈内，并应在同张图纸上列出房间名称表。

平面较大的建筑物，可分区绘制平面图，但每张平面图均应绘制组合示意图。各区应分别用大写拉丁字母编号。在组合示意图中需提示的分区，应采用阴影线或填充的方式表示。

顶棚平面图宜采用镜像投影法绘制。如电气施工图中灯距图（详见第 9 章）、装饰施工图中的吊顶施工图等，均采用镜像投影法绘制。

7.3.2 建筑平面图读图

平面图包括多种类型：底层平面图、标准层平面图，顶层平面图，屋顶平面图等。每幅平面图表达的内容有所不同。下面以图 7－27 所示首层平面图为例介绍读图顺序。

1. 读图名，识形状，看朝向

由图可知，图名是首层平面图，比例是 1∶100。根据左下角的指北针可知该建筑坐北朝南。

2. 懂布局

由图可知，首层图形以⑧号轴线为对称中心布局，一梯两户，⑧号轴线以左命名每个功能空间的名称，⑧号轴线以右标注各构件的尺寸。根据左侧功能空间名称可知，该建筑套型为三室两厅一卫一厨，客厅、书房、主卧室在南侧，餐厅、厨房、次卧室在北侧，卫生间位于主卧室和次卧室之间。

3. 根据轴线，定位置

定位轴线是为方便施工放线和查阅图纸而设的，一般取在墙柱中心线或距离内墙皮 120 mm 的位置。图示建筑水平方向有①～⑮号轴线，垂直方向有Ⓐ～Ⓙ号轴线，Ⓐ轴线之前有一根附加轴线(1/0A)。

4. 读楼梯

（1）楼梯概述。楼梯是建筑物中作为楼层间垂直交通用的构件，用于楼层之间和高差较大时的交通联系，由连续梯级的梯段、平台和围护结构等组成。

楼梯的分类：楼梯按照功能可分为普通楼梯和特种楼梯两大类；按梯段可分为单跑楼梯、双跑楼梯和多跑楼梯；按照材料可分为钢筋混凝土楼梯、钢楼梯、木楼梯等；按照梯面的平面形状又可分为直线型、折线型和曲线型；按照空间可划分为室内楼梯和室外楼梯。

单跑楼梯有一个连续梯级，适合于层高较低的建筑。

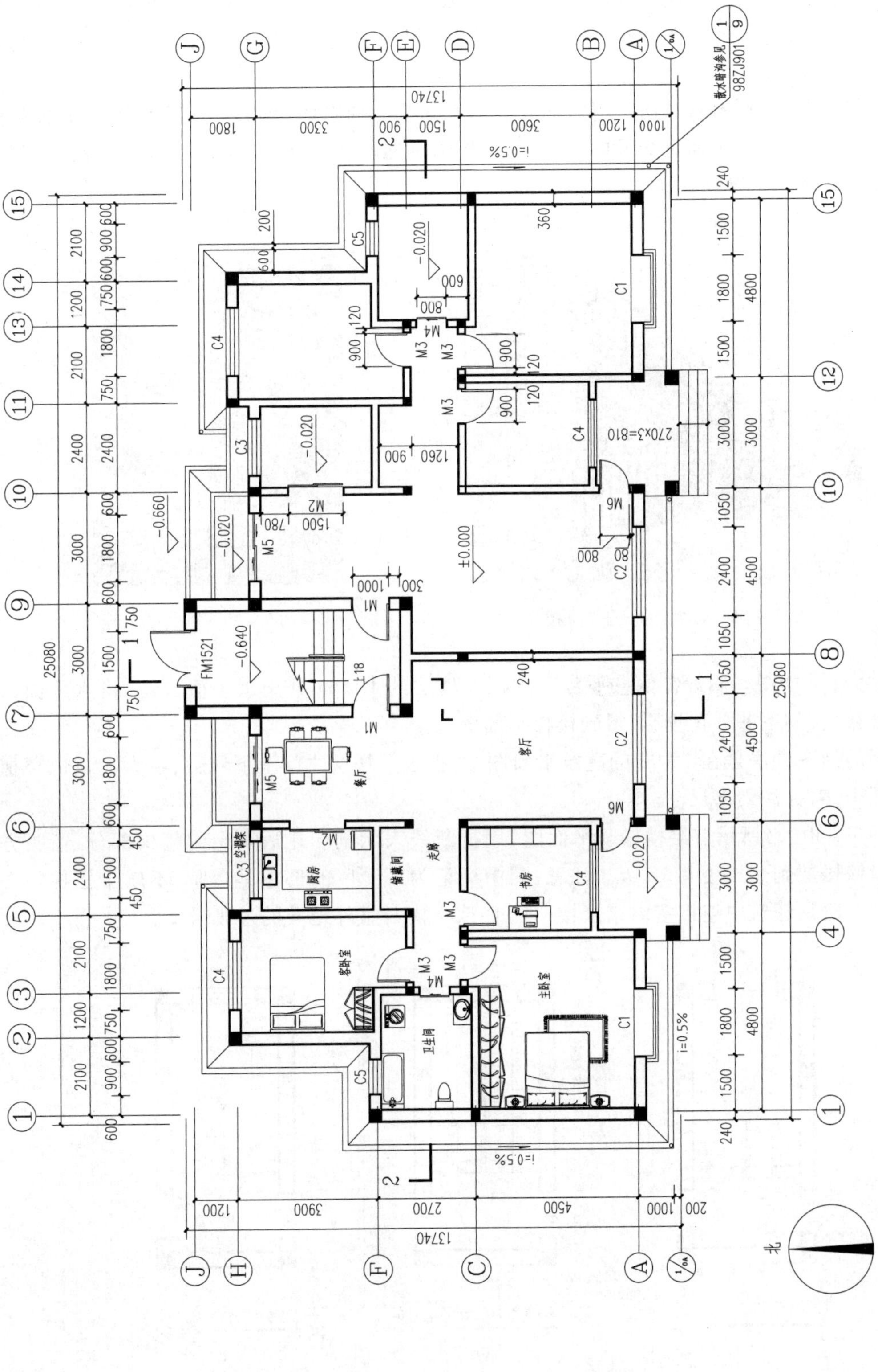

首层平面图 1:100

图7-27　某项目首层平面图

双跑楼梯最为常见,有两个连续梯级和一个休息平台。根据两个连续梯级之间的空间位置关系不同,双跑楼梯有双跑直上、双跑曲折、双跑对折(平行)等形式。图 7-28 所示为双跑对折(平行)楼梯。

剪刀楼梯属于特种楼梯,由一对方向相反的双跑平行梯组成,或由一对互相重叠而又不连通的单跑直上梯构成,剖面呈交叉的剪刀形,能同时通过较多的人流并节省空间,提高了建筑面积使用率。图 7-29 所示为剪刀梯。

楼梯种类较多,读者可参考其他专业书籍或资源自行了解。

图 7-28 双跑对折(平行)楼梯

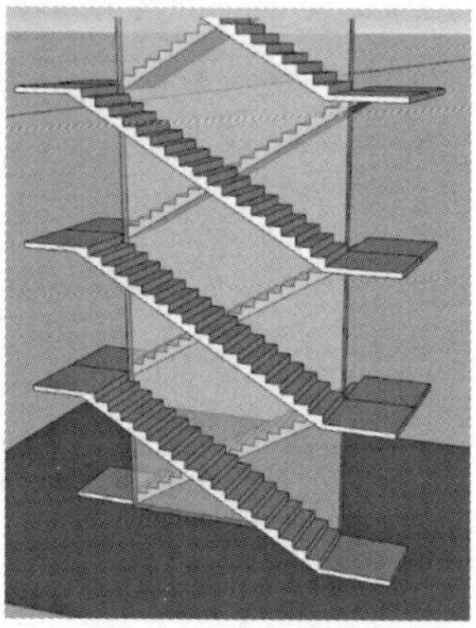

图 7-29 剪刀梯

(2)楼梯平面图。假设在休息平台下方距本楼层约 1.2 m 处用水平面剖切,将水平面以上的部分移去,剩下部分正投影,得到楼梯平面图。

常用的画图方法是在 1:100 的建筑平面图中,仅表示楼层之间上下级数,在大比例的楼梯间平面图中,需标注细部尺寸。

如图 7-30(a)所示首层楼梯间平面图,用折断线表示剖切之后剩余的楼梯部分,箭头方向表示沿该楼层到达二楼有 18 级。注意:图中标记为“下 4”的部分是台阶,不属于楼梯的一个梯段。台阶是建筑中连接室内错层楼(地)面或室内与室外地坪的过渡设施。

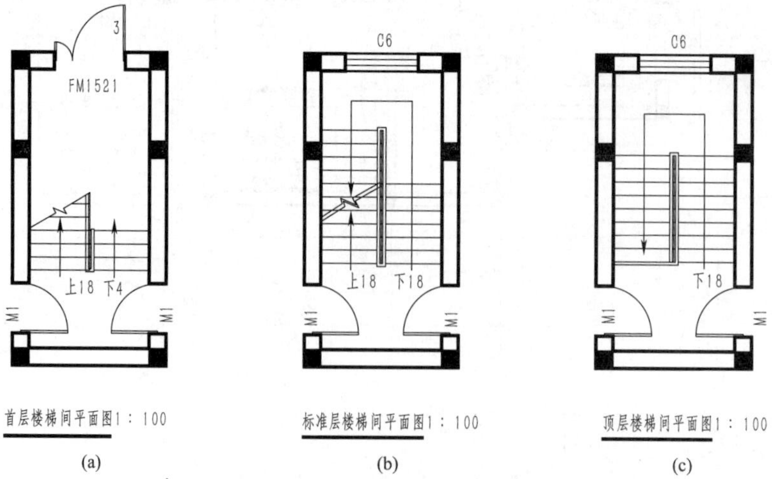

图 7-30 楼梯平面图的表示方法

如图 7-30(b)所示标准层楼梯间平面图,折断线画在梯段的中段。折断线与休息平台之间的梯段为当前层到下一层的第二部分梯段,折断线另一侧为当前层到上一层的部分梯段。“上 18”和“下 18”分别表示从该楼层到上一层和下一层的级数。

如图 7-30(c)所示顶层楼梯间平面图,剖切平面位于楼梯栏杆以上,楼梯未被切断,也没有到上一层的楼梯,故在楼梯顶层平面图上不画折断线。“下 18”表示从当前层到下一层为 18 级。注意:顶层楼梯扶手及栏杆必须到墙。

由图 7-30 可知,该建筑的楼梯是双跑对折(平行)楼梯。

5. 读尺寸,识开间和进深,识图例,读其他细部结构,算面积

尺寸包括标高、总体尺寸,轴线间定位尺寸,门窗定形与定位尺寸等。

标高:由图 7-27 可知,室内客厅、餐厅、卧室、书房、走廊地面标高 ±0.000,卫生间、厨房和室外台阶地面标高为 -0.020。

如前所述,图中 M 表示门,C 表示窗,图例见表 7-5。

多道尺寸:由图 7-27 可知,最外一道尺寸为总尺寸,建筑总长 25 080,总宽 13 740。第二道尺寸为轴线间尺寸,可读出开间和进深。水平方向间距表示该功能空间的开间,垂直方向轴线间距表示该功能空间的进深。主卧室开间为①、④轴线间距离 4 800,进深为Ⓐ、Ⓒ轴线间距离 4 500。第三道尺寸是门窗定形和定位尺寸及其他细部。如图所示,靠近⑮轴线的 C1 窗定位尺寸是:距离⑫轴线 1500,距离⑮轴线 1 500;宽度定形尺寸是 1 800。

室内门的定位和定形尺寸就近标注,卫生间门 M4 的定位尺寸是 600,定形尺寸是 800。

门窗的高度定形尺寸和定位尺寸可以借助其他视图,也可在门窗表中查阅。如果门窗编号是这样的形式:M0921,则表示门宽 900,高 2 100;C1515,表示窗宽 1 500,高 1 500。

图 7-27 中有散水和暗沟,室外台阶等结构,这是底层平面图与标准层平面图之间的区别之一。

根据每个功能空间的尺寸可计算出套型内各空间面积及套型总面积,进而可算出整栋楼的建筑面积。

6. 根据索引符号,看总图与详图的联系

图 7-27 中⑮轴线右侧有一个索引符号,如图 7-31 所示,表示散水和暗沟的详图在第 9 号图纸上,编号为 1。其设计依据是 98ZJ901 建筑图集。底层平面图除了地面结构与其他平面图不同外,比其他层平面图多了一个指北针和一个剖切符号。读剖面图时,需要根据剖切符号判断剖切位置和投射方向。读其他平面图步骤可参考以上 6 步。

图 7-31　散水暗沟索引符号

屋顶平面图与上述平面图区别较大。需要表示出屋面的排水情况,如排水分区、天沟、屋面坡度、雨水口的位置等。需要画出突出屋面的结构,如电梯机房、水箱、检查孔、天窗、烟道等。经常会有檐口、合水沟做法的索引符号。

7.4.3　建筑平面图的画图

1. 确定平面图的数量

根据房屋的外形、层数、每层的布置情况确定平面图的数量。如果几层平面图除标高之外其他结构相同,可按照标准层绘制。

2. 定图幅与比例

绘制平面图时,方向宜与总图方向一致,且平面图的长边与横式幅面图纸的长边一致。比例可选用 1:100。

3. 画图

(1)定轴线。先画出最外四条轴线,即①、⑮、Ⓐ、Ⓙ,再画其他轴线。合理的布局是指轴线在图纸中间,外围应留出足够的空间标注尺寸。如图 7－32 所示为图 7－27 首层平面图的轴线定位图。

(2)画主要结构。如图 7－33 所示,用细实线画出墙体、门窗、柱等主要结构。

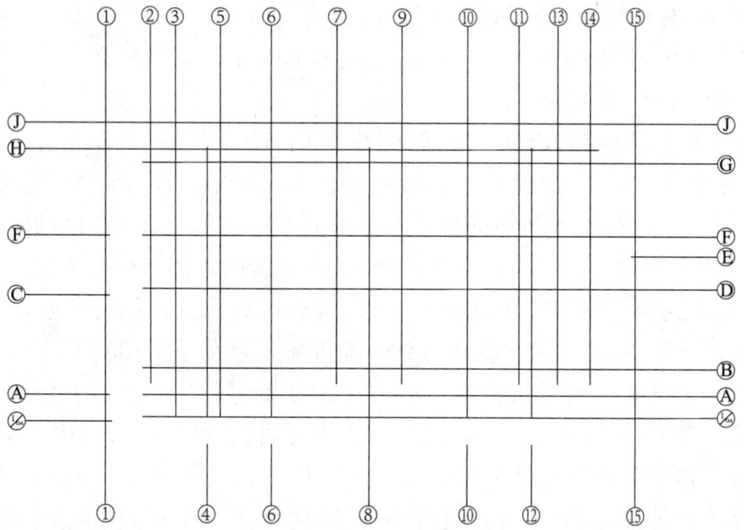

图 7－32 定轴线

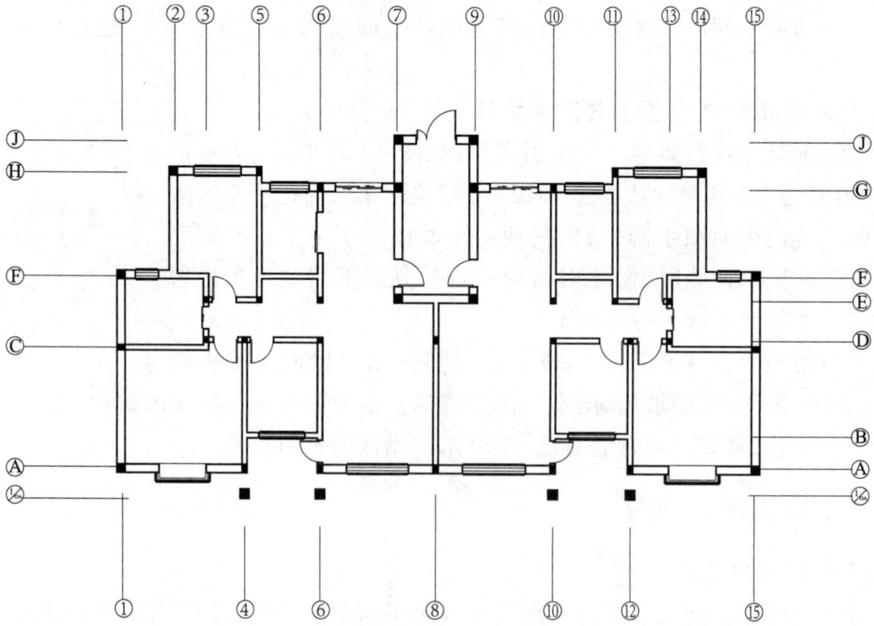

图 7－33 画主要结构

(3)画楼梯、阳台等细部。如果抄画平面图时,原图中的细部尺寸不详,可查阅配套的其他图纸。没有其他图纸时,需要按照比例估算。如图 7－34 所示,为楼梯、台阶、散水、阳台等的细部结构绘制。

(4)检查加粗线型,标注尺寸,门窗编号、图名、比例及其他部分。

结构全部画完后,需要检查有无遗漏及错误,去掉多余作图线。然后按照不同的线型进行加深。最后完成其余内容:标注尺寸、注写文本、指北针、门窗编号、图名、比例等。完成图如图 7－27 所示。

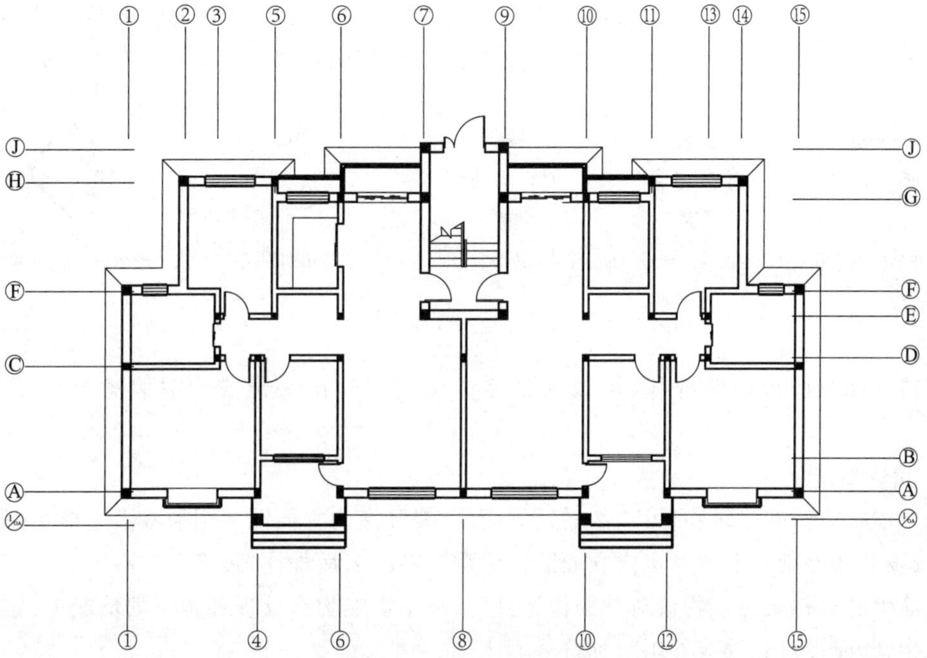

图 7－34　画其他结构

7.5　建筑立面图

7.5.1　立面图的表示方法及画图标准

建筑立面图是在与房屋立面平行的投影面上所作的正投影图。它主要反映房屋的外貌和立面装修的做法。绘制时可根据房屋的复杂程度确定立面图的数量。

国家标准对立面图的画图做了如下规定:

1. 建筑立面图画法

建筑立面图应包括投射方向可见的建筑外轮廓线和墙面线脚、构配件,墙面做法及必要的尺寸和标高等。相同的门窗、阳台、外檐装修、构造做法等可在局部重点表示,并应绘出其完整图形,其余部分可只画轮廓线。外墙表面分格线应表示清楚,应用文字说明各部分所用面材及色彩。

2. 室内立面图画法

室内立面图应包括投射方向可见的室内轮廓线和装修构造、门窗、构配件，墙面做法、固定家具、灯具、必要的尺寸和标高及需要表达的非固定家具、灯具、装饰物件等。

室内立面图的投射方向需要用内视符号在平面图中标出。应注明在平面图上的视点位置、方向及立面编号。如图 7－35(a)所示，符号中的圆圈应用细实线绘制，可根据图面比例在 8～12 mm 范围内选择圆圈直径。立面编号宜用拉丁字母或阿拉伯数字表示。图 7－35(a)为单面内视符号，符号所在位置为视点位置，黑三角表示投射方向，A 表示立面编号。图 7－35(b)为双面内视符号，图 7－35(c)为四面内视符号，图 7－35(d)为带索引的单面内视符号，图 7－35(e)为带索引的四面内视符号，含义与图 7－35(a)类似。

(a) 单面内视符号 (b) 双面内视符号 (c) 四面内视符号 (d)带索引的单面内视符号 (e)带索引的四面内视符号

图 7－35 内视符号

室内立面图的顶棚轮廓线，可根据具体情况只表达吊平顶或同时表达吊平顶及结构顶棚。

3. 特殊画法

平面形状曲折的建筑物，可绘制展开立面图、展开室内立面图。圆形或多边形平面的建筑物，可分段展开绘制立面图及室内立面图。但均应在图名后加注“展开”二字。

较简单的对称式建筑物或对称的构配件等，在不影响构造处理和施工的情况下，立面图可绘制一半，并应在对称轴线处画对称符号。

4. 立面图命名

有定位轴线的建筑物，宜根据两端定位轴线号编注立面图名称。如图 7－4 中的①～⑮立面图是根据两端定位轴线进行命名。立面图无定位轴线的建筑物可按平面图各面的朝向确定名称。如“南立面图”即是以建筑的南面朝向命名。

建筑物室内立面图的名称，应根据平面图中内视符号的编号或字母确定。如图 7－35(a)所示的内视符号画出立面图之后的命名应为Ⓐ立面图。

7.5.2 立面图读图

立面图包括多种类型：室外立面图有正立面、背立面和侧立面，室内立面图有厨房立面、卫生间立面、各种装饰立面等。每幅立面图表达的内容有所不同。下面以图 7－36 所示①～⑮立面图为例介绍读图顺序。

1. 读图名或轴线

图示名称为①～⑮立面图，轴线为①和⑮，根据首层平面图可知该图是建筑的南立面。

2. 看层数、高度和外貌

由图可知该建筑有四层，坡屋面，外立面墙面以褐灰色、灰色、浅灰色为主，屋面为深蓝色油毡瓦。南立面有窗、阳台、柱、空调隔板、台阶、墙面分隔线等结构。

由总标高可知该建筑总高 15.44 m，室内外高差为 0.660 m。

3. 看标高

建筑外立面图上一般只标标高。所注标高为外墙各主要部位的标高，如室外地坪、窗台底面和顶面、阳台、雨篷、檐口、屋脊等完成面的标高。由图可知，首层靠近 1 轴线处的窗标高为 0.900 和 2.400，窗台下沿和上沿标高为 0.800 和 2.500。檐口标高为 11.900。图形简单且对称时可只在左侧标注标高。

4. 看索引和必要的文字说明

立面图中有时会有索引符号，读图方法与其他图中的索引符号一致。

7.5.3　立面图画图

现以①～⑮立面图为例说明立面图的画图步骤。

(1) 定轴线。如图 7－37 所示，确定图幅，合理布局，用细实线画出外轮廓线、阳台柱的定位。

(2) 画出阳台、门窗、台阶等细部结构。如图 7－38 所示，用细实线画出墙阳台、门窗、台阶等细部结构。

(3) 检查加粗线型，标注标高、注写文本。如图 7－36 所示，立面图外轮廓线为粗实线，对门窗、柱、屋脊等结构的完成面进行标高标注。注写色彩文本，注写图名和比例，得到完整的立面图。

图 7－36　立面图的内容和特点

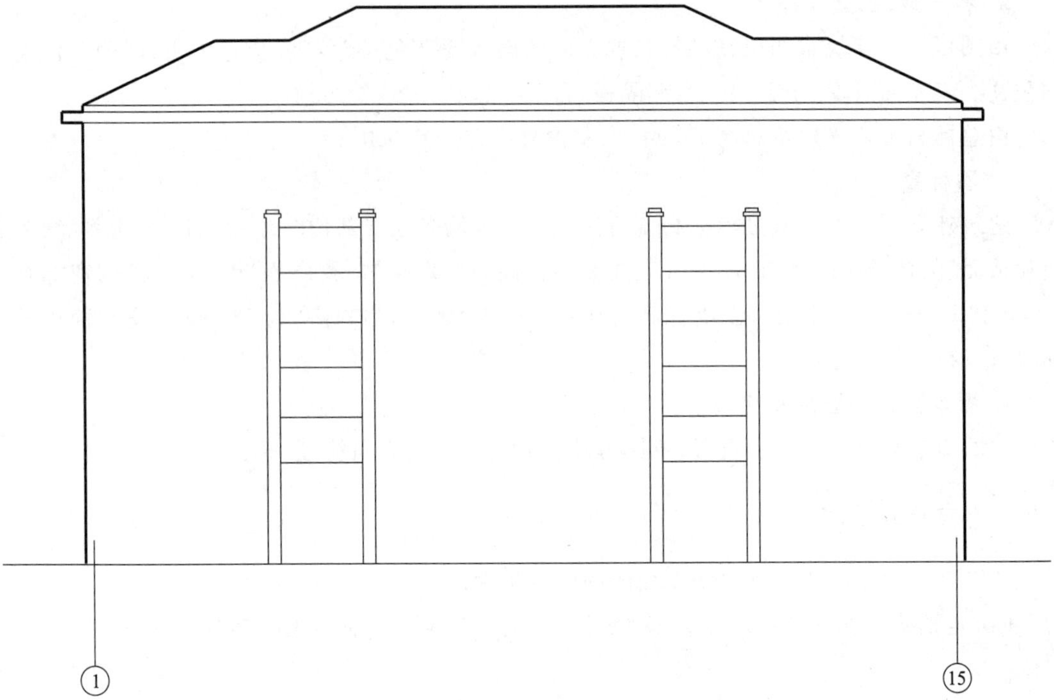

图 7－37　画出外轮廓线、阳台柱的定位

图 7－38　画出阳台、门窗细部

7.6　建筑剖面图

7.6.1　剖面图的表示方法及画图标准

假想用一个正立投影面或侧立投影面的平行面将房屋剖切开，移去剖切平面与观察者之间的部分，将剩下部分按正投影的原理投射到与剖切平面平行的投影面上，得到的图称为剖面图。

剖面图主要表示房屋的内部结构、分层情况、各层高度、楼面和地面的构造以及各配件在垂直方向的相互关系等内容。因此，剖切位置应选在能反映内部构造的部位，并尽可能通过门窗洞口和楼梯间。

剖切位置标记：剖切符号应由剖切位置线及剖视方向线组成，均应以粗实线绘制。剖切位置线的长度宜为 6 ~ 10 mm；剖视方向线应垂直于剖切位置线，长度应短于剖切位置线，宜为 4 ~ 6 mm；剖切符号不应与其他图线相接触，编号宜采用粗阿拉伯数字，按剖切顺序由左至右、由下向上连续编排，并应注写在剖视方向线的端部；需要转折的剖切位置线，应在转角的外侧加注与该符号相同的编号。如图 7 - 39 所示。

也可采用国际统一和常用的剖视方法，如图 7 - 40 所示。

建（构）筑物剖面图的剖切符号应注在 ±0. 000 标高的平面图或首层平面图上。局部剖面图（不含首层）的剖切符号应注在包含剖切部位的最下面一层的平面图上。

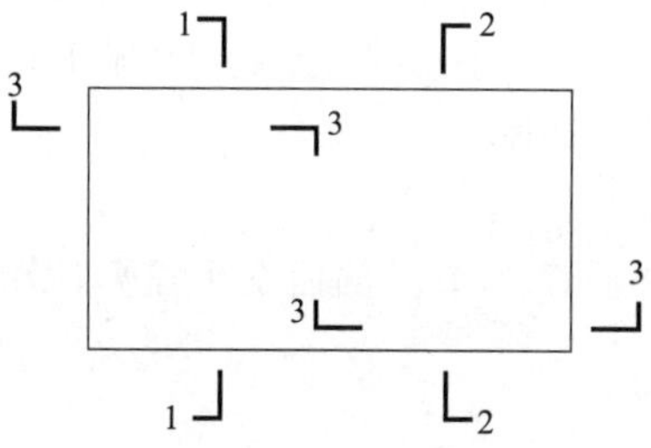

图 7 - 39　剖切位置标记

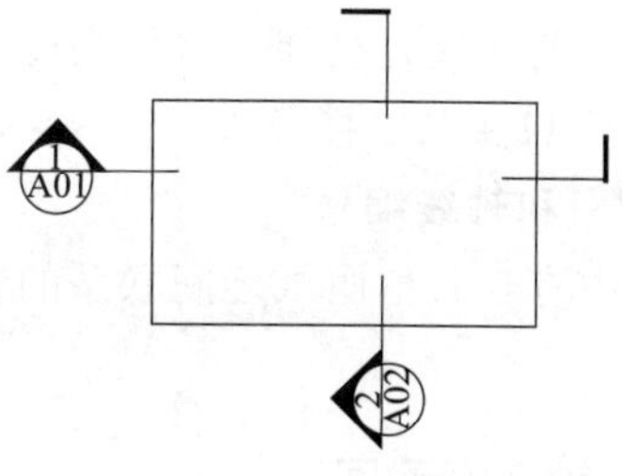

图 7 - 40　剖切位置国际统一注法

剖面图的投影方向及视图名称应与剖切位置的标注保持一致，比例与剖切位置所在的视图比例一致。建筑剖面图内应包括剖切面和投影方向可见的建筑构造，构配件以及必要的尺寸、标高等。剖面图中不画基础，而是在基础墙适当位置用双折线断开。剖切面上的材料图例可以根据绘图比例简化。画室内立面时，相应部位的墙体、楼地面的剖切面宜绘出。剖面图的数量是由房屋的复杂程度与实际施工需要确定的。

7.6.2　剖面图的读图

下面以图 7 - 41 的 1 - 1 剖面图为例说明读图步骤。

1. 读图名，定位置。

根据图名 1 - 1 剖面图和轴线编号Ⓙ、Ⓔ、Ⓐ，在图 7 - 27 平面图中找剖切位置。由

图 7－5 可知，1－1 剖切方法是阶梯剖，沿⑦、⑧轴线之间剖切，从左向右投射，或者说从西向东投射。

剖切到的结构：首层剖切到Ⓙ轴线上的 FM1521，楼梯间的第一梯段，Ⓔ轴线所在的墙，在客厅处转折，然后剖切到 A 轴线上的 C2 窗，以及散水和暗沟。将剖切符号抄到标准层和顶层平面图中观察，发现楼梯间结构与首层有所区别，其他主体结构相同。将剖切符号抄到图 7－6 中的屋顶平面图观察，发现切到楼梯间上方同坡屋面的左坡面。每层都切到楼板和梁。

可见部分：FM1521 是最北面的结构，往右看没有其他结构；楼梯间的第一梯段向右看有可见的台阶和 M1 门；客厅处向右看是一面墙；C2 窗位置向右看，一楼是台阶和柱，二楼以上是阳台。

2. 读地面、楼板、屋顶的结构

按照行走路线读图。由图 7－41 可知，Ⓙ轴线处为单元门位置，单元门上方有门过梁和雨篷。上四级台阶到一层楼面，有 M1 门的立面图投影。转身上剖切到的 11 级梯段，梯段两端有楼梯梁，上方的楼梯梁与休息平台相连。再转身上一个 7 级梯段，到达二楼楼面。三楼、四楼的结构读图过程与一楼相同。屋顶结构是同坡屋面，楼梯间上方的左坡面剖切之后有可见线。由图 7－6 中的屋顶平面图可知，屋顶四周都有檐口，因此剖面图中有可见线。屋顶内部有可见线。

3. 读尺寸

剖面图中除了像立面图那样标注主要结构标高外，还要标出细部标高以及线性尺寸。

图 7－41 中剖面图两侧外部有室外地坪、外墙窗、柱顶部、檐口、屋脊标高以及窗和过梁等的细部尺寸。内部标出门、梁的标高。注意：J 轴线附近的线性尺寸 2039 表示楼梯梁底部与地面的尺寸。前面提到楼梯进口处高度不小于 2 m，2039 满足国标要求，此处可以解释为什么一楼的楼梯是 11＋7，二楼及以上是 9＋9。未尽尺寸可参考详图。

4. 读索引和轴线编号

如果图中有与其他图纸之间联系的索引符号，读法参见 7.3 节。剖面图中需要注明剖切到的轴线。

7.6.3 剖面图的画图

画剖面图之前首先要分析结构，分析过程可参考 7.5.2。

画图步骤：

(1)确定图幅与比例，合理布局。一般情况下剖面图的比例与平面图一致。图纸上应该留出足够的尺寸标注空间。

(2)定轴线、室内外地面、楼面线及屋脊线。根据结构分析确定需要画出的轴线，在平面图中找到这些轴线间距进行画图。如图 7－42 所示。

(3)定主要结构的厚度。如图 7－43 所示，在第二步的基础上确定楼板、屋顶、地面等的厚度和位置。注意：楼梯两端的定位需要根据平面图或者楼梯详图中的平台尺寸和标高共同确定。

(4)画门窗等细部结构。如图 7－44 所示，画出门窗及过梁，阳台，台阶，雨篷，楼梯板，可见线等细部结构。检查无误后加粗相应的线型。

(5)标尺寸。标出标高及线性尺寸。完成图如 7－41 所示。

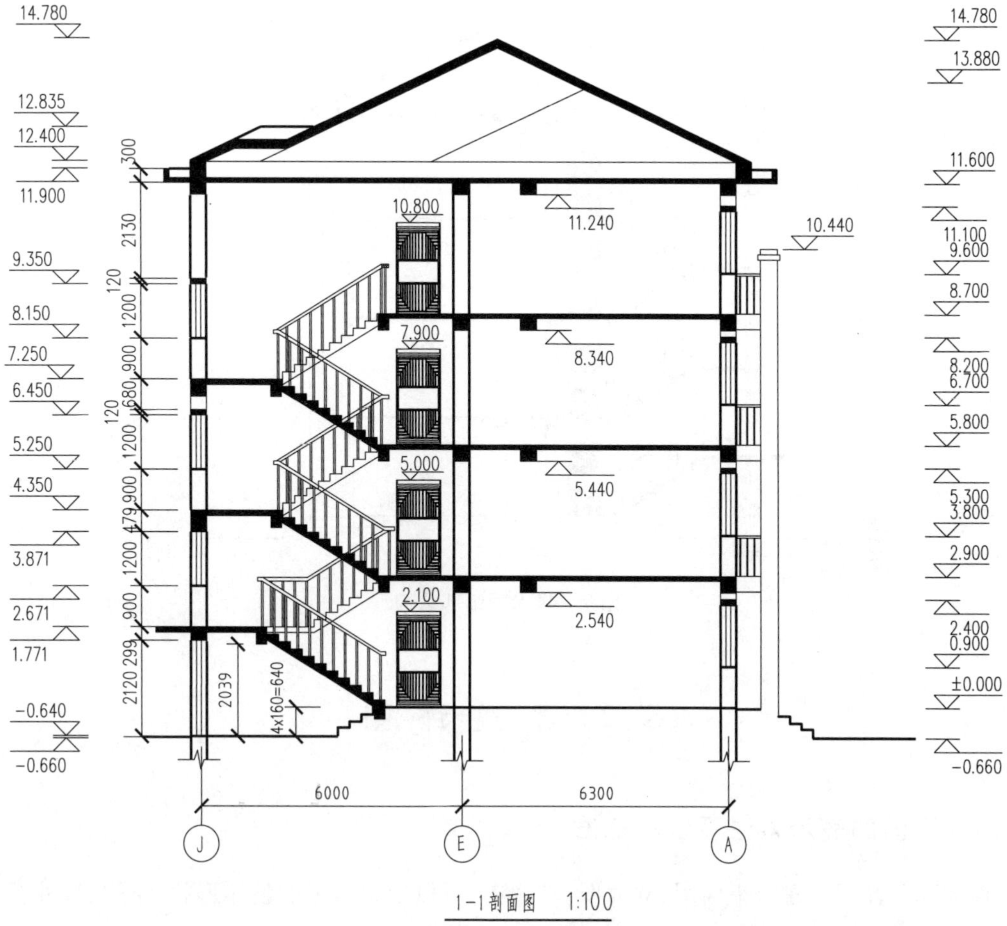

图 7-41　剖面图

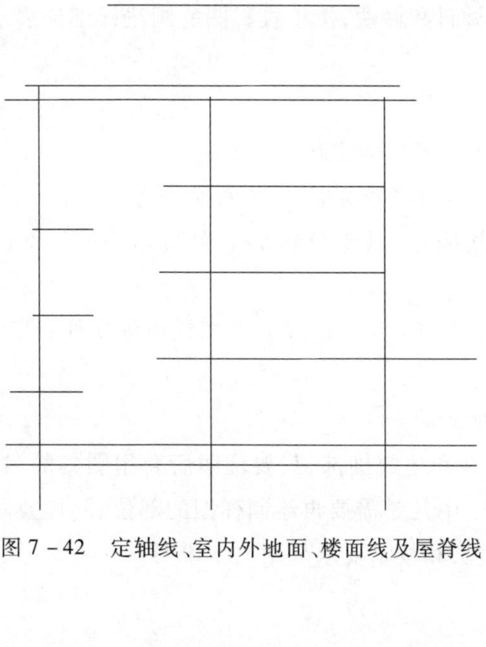

图 7-42　定轴线、室内外地面、楼面线及屋脊线

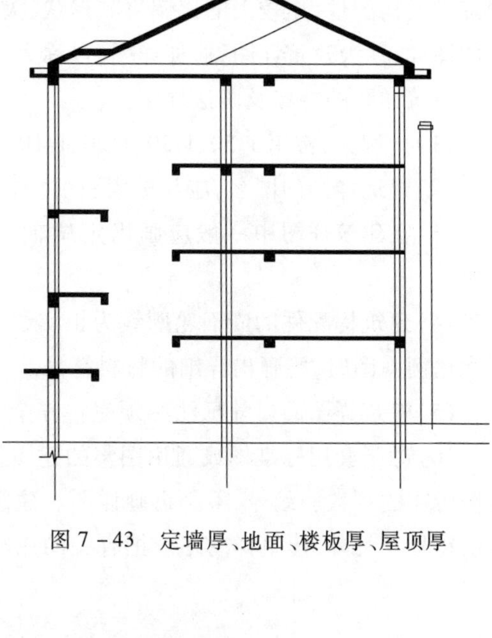

图 7-43　定墙厚、地面、楼板厚、屋顶厚

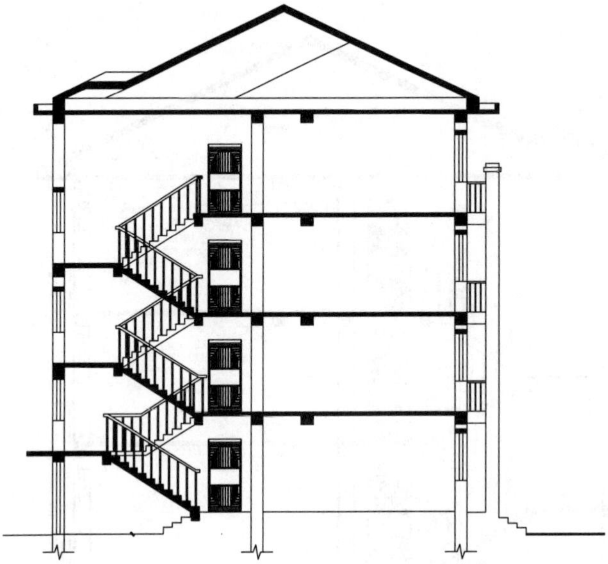

图 7-44　画细部结构

7.7 建筑详图

7.7.1 详图的表示方法及国家标准

前面几节介绍了建筑平面图、立面图、剖面图，可以了解房屋的整体形状、结构、尺寸等，但是由于画图的比例较小，许多局部的详细构造、尺寸、做法及施工要求图上都无法注写、画出。为了满足施工需要，房屋的某些部位必须绘制较大比例的图样才能清楚地表达。这种对建筑的细部或构配件，用较大的比例将其形状、大小、材料和做法，按正投影图的画法详细地表示出来的图样，称为建筑详图，简称详图，也称大样图。

建筑详图的特点及画法规定：

(1)比例大，常用 1:50、1:30、1:20、1:10、1:5、1:2 等比例绘制。

(2)建筑详图的图名，应与被索引的图样上的索引符号对应，以便对照查阅。

(3)在建筑详图中一般应画出定位轴线及其编号，以便与建筑平面图、立面图、剖面图对照。

(4)建筑构配件的断面轮廓线为粗实线；构配件的可见轮廓线为中实线或细实线；1:50 及更大比例画图时，要画出详细的材料符号。

(5)建筑详图的尺寸标注必须完整齐全、准确无误。

(6)对于套用标准图或通用图集的建筑构配件和建筑细部，只要注明所套用图集的名称，详图所在的页数和编号，不必再画详图。建筑详图中凡是需要再绘制详图的部位，同样要画上索引符号。另外，建筑详图还应把有关的用料、做法和技术要求等用文字说明。

7.7.2 建筑详图的读图与画图

常用的建筑详图有:楼梯间详图、外墙剖面详图、厨房详图、厕所详图、阳台详图和壁橱详图等。根据详图所表示的内容,阅读步骤如下:

(1)看详图名称、比例、定位轴线及其编号。

(2)看建筑构配件的形状及与其他构配件的详细构造、层次、有关的详细尺寸和材料图例等。

(3)看各部位和各层次的用料、做法、颜色及施工要求等。

(4)看标注的标高等。

本节以楼梯间详图举例说明详图的读图过程。

楼梯间详图包括楼梯间平面图和楼梯间剖面图,踏步,栏杆详图等,这些图纸尽量画在一张图纸上,画在多张图纸上时要用索引符号表明他们之间的联系。

楼梯间平面详图如图7-45所示,通常多个平面图按照轴线整齐排列,可省略一些相同的尺寸。图示Ⓔ、Ⓙ轴线间尺寸为四个平面图的共用尺寸。1:30比例画图,要画出钢筋混凝土、砖的详细材料符号和抹灰线。

在首层楼梯间平面图中,应标出台阶的踏步尺寸,踢面尺寸结合楼梯间剖面图可以读出。还需标出楼梯间剖面图的3-3剖切位置。

标准层平面图和顶层平面图中需要以墙的内墙皮为尺寸基准标注休息平台的定形尺寸。由于顶层没有向上的楼梯,栏杆需要延申到⑦轴线所在的墙。

楼梯间平面图的画图与建筑平面图中楼梯间平面图的画图过程类似,注意材料符号和细部尺寸等有所区别。

如图7-46所示为楼梯间剖面详图,包括3-3剖面图和楼梯大样图。

3-3剖面图的剖切位置在图7-45的首层平面图中标出,剖面图的比例与平面图相同,都是1:30。在楼梯间剖面图中,不仅要在两侧标出就近结构的标高,还要标出细部线性尺寸。如台阶的踏步尺寸、踢面尺寸,楼梯的踏步和梯面尺寸等。

当标尺寸受限或者需要表示更多细部结构时,需要在楼梯间剖面详图的基础上继续放大,如图所示楼梯大样,比例为1:10,是左图的3倍。

楼梯大样图中需要注明栏杆直径与定位尺寸、扶手定位尺寸、楼梯梁与休息平台的尺寸等。在图中栏杆下方的预埋件处引出标注,"预埋铁板120×60×4"表示板的长、宽、高分别为120、60和4,"ϕ8铁脚 $l=350$"表示直径为8长度为350的铁钉。

楼梯间剖面详图的画图与建筑剖面图中楼梯间的画图过程类似,首先确定轴线和楼板位置,画出墙厚、板厚,再画细部结构。手工绘制踏面和踢面时,直接根据踏面和踢面尺寸画图会有误差,可以按照图7-47所示的步骤,先根据楼梯间平面图中楼梯两端的楼板和休息平台的定位尺寸画出楼梯两端,再画出一个踢面,与另一端连线得到梯段的坡度,然后8等分(梯段9级,有8个踏面),根据等分点画出踏面和踢面。

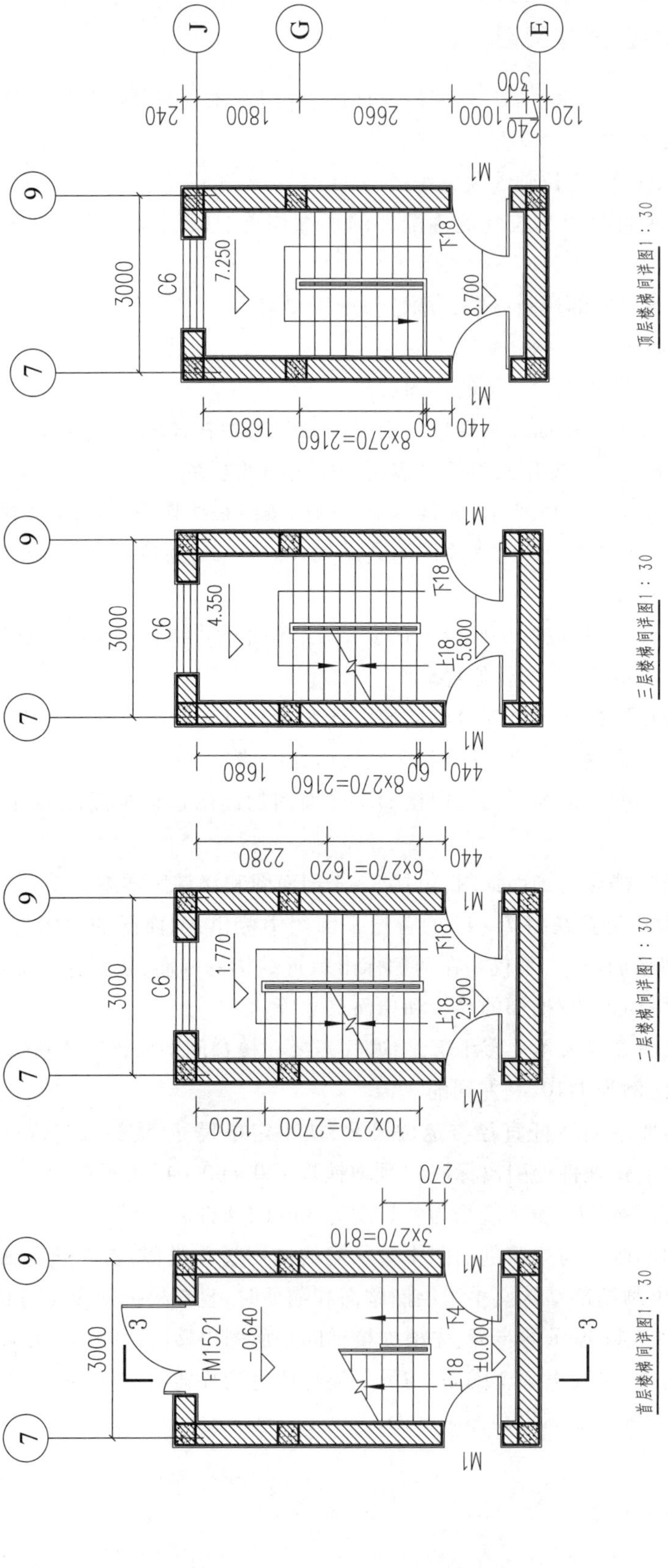
首层楼梯间详图 1：30
二层楼梯间详图 1：30
三层楼梯间详图 1：30
顶层楼梯间详图 1：30
FM1521
M1
C6
3000
±0.000
-0.640
1.770
2.900
4.350
5.800
7.250
8.700
3x270=810
10x270=2700
6x270=1620
8x270=2160
1680
2280
1200
440

图 7-45　楼梯间平面图

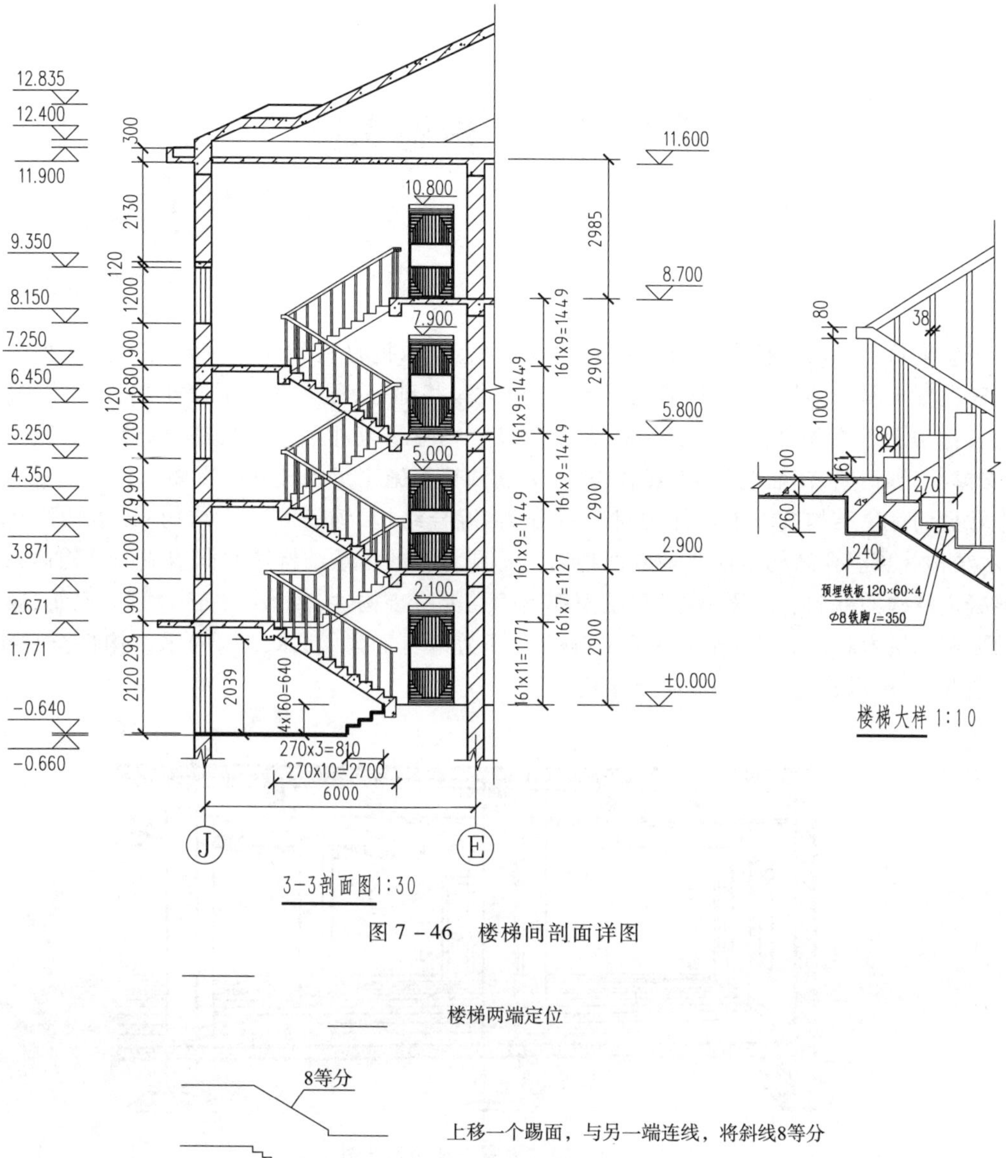

图 7-46　楼梯间剖面详图

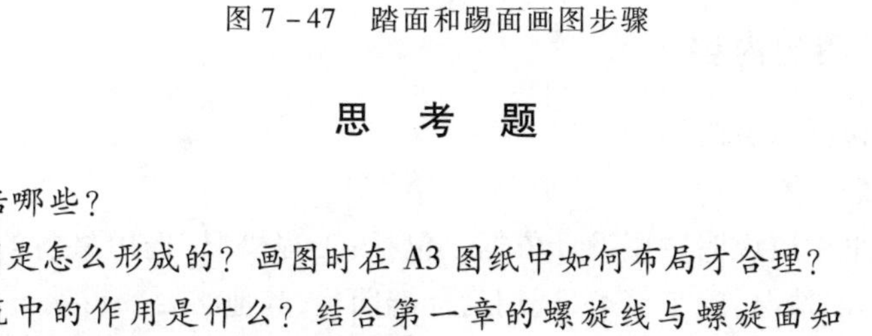

图 7-47　踏面和踢面画图步骤

思 考 题

1. 施工图包括哪些？

2. 建筑平面图是怎么形成的？画图时在 A3 图纸中如何布局才合理？

3. 楼梯在建筑中的作用是什么？结合第一章的螺旋线与螺旋面知识，分析螺旋楼梯的三视图和剖面图如何绘制。

4. 按照 1:20 绘制的图中的材料符号与 1:100 绘制的图中的材料符号有何区别？

第 7 章重点难点概要

第 8 章　结构施工图

8.1 概　　述

房屋建筑需要由各种受力构件组成结构系统,以承担自重和加在建筑物上的各种荷载。由钢筋混凝土制成的构件,如钢筋混凝土梁、板、柱、基础等,称为钢筋混凝土构件。结构施工图是表达房屋承重构件的布置、形状、大小、材料、构造及其相互关系的图样,是放灰线、挖土方、支模板、绑钢筋、浇灌混凝土、安装构件、编制预算及施工组织计划的重要依据。

常见的房屋结构按承重构件的材料可分为:混合结构、钢筋混凝土结构、砖木结构、钢结构、木结构等。混合结构是由两种或两种以上不同材料的承重结构所共同组成的结构体系;钢筋混凝土结构的基础、柱、梁、楼板和屋面都是钢筋混凝土构件;砖木结构的墙用砖砌筑,梁、楼板和屋架都用木料制成;钢结构是承重构件全部为钢材的建筑;木结构的承重构件全部为木料。图 8－1 所示建筑为钢筋混凝土结构。

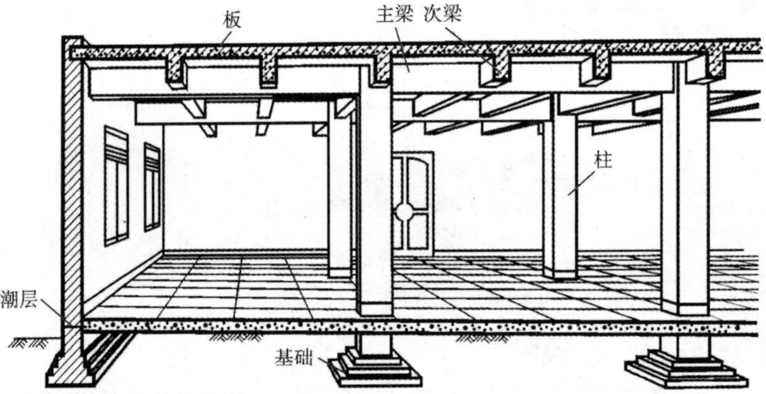

图 8－1　钢筋混凝土结构示意图

8.1.1　结构施工图的内容

结构施工图应包括以下内容:

(1)结构设计说明书

结构设计说明书中应说明主要设计依据。包括:工程概况,选用材料的情况,上部结构的构造要求,地基基础的情况,施工要求,选用的标准图集,其他必要的说明。

(2)结构平面布置图

结构平面布置图是表示房屋中各承重构件总体平面布置的图样。包括基础平面图、楼层结构平面图、屋面结构平面图。楼层结构有预制钢筋混凝土构件和现浇钢筋混凝土构件两种形式。

(3)结构构件详图

施工过程中需要用到的详细结构可以用剖面图、立面图、节点图等表达清楚。包括：

①梁、板、柱及基础结构详图；

②楼梯结构详图；

③屋面结构详图；

④其他详图，如天窗、雨篷、过梁、预埋件等。

结构形式不同，其施工图纸也不尽相同，本章以居住建筑中常见的混合结构和钢筋混凝土结构为例进行说明。

8.1.2 国家标准

在结构施工图中，为了使图形简化，《建筑结构制图标准》(GB/T 50105—2010)规定了每一类构件的代号，这些代号一般为构件名称的汉语拼音首字母。常用的构件代号见表8－1。

表8－1 常用的构件代号

序号	名称	代号	序号	名称	代号	序号	名称	代号
1	板	B	19	圈梁	QL	37	承台	CT
2	屋面板	WB	20	过梁	GL	38	设备基础	SJ
3	空心板	KB	21	连系梁	LL	39	桩	ZH
4	槽形板	CB	22	基础梁	JL	40	挡土墙	DQ
5	折板	ZB	23	楼梯梁	TL	41	地沟	DG
6	密肋板	MB	24	框架梁	KL	42	柱间支撑	ZC
7	楼梯板	TB	25	框支梁	KZL	43	垂直支撑	CC
8	盖板	GB	26	屋面框架梁	WKL	44	水平支撑	SC
9	挡雨板	YB	27	檩条	LT	45	梯	T
10	吊车安全道板	DB	28	屋架	WJ	46	雨篷	YP
11	墙板	QB	29	托架	TJ	47	阳台	YT
12	天沟板	TGB	30	天窗架	CJ	48	梁垫	LD
13	梁	L	31	框架	KJ	49	预埋件	M
14	屋面梁	WL	32	刚架	GJ	50	天窗端壁	TD
15	吊车梁	DL	33	支架	ZJ	51	钢筋网	W
16	单轨吊车梁	DDL	34	柱	Z	52	钢筋骨架	G
17	轨道连接	DGL	35	框架柱	KZ	53	基础	J
18	车挡	CD	36	构造柱	GZ	54	暗柱	AZ

注：预应力构件在代号前加“Y”。

8.1.3 结构施工图的读图方法

读结构施工图之前，应先读懂建筑施工图，对建筑的整体与局部结构有所了解。读结构施工图时，仍然要结合建筑施工图读图，以确保对结构有清晰的认识。

识读结构施工图是一个由浅入深,由粗到细的渐进过程。读图顺序:结构设计说明书——结构平面布置图——结构构件详图。

8.2 钢筋混凝土基本知识

8.2.1 混凝土和钢筋混凝土

混凝土是指由胶凝材料将骨料胶结成整体的工程复合材料的统称。混凝土的种类很多,广泛应用于土木工程的普通混凝土是由水泥、粗骨料(碎石或卵石)、细骨料(砂)、外加剂和水拌合,经硬化而成的一种人造石材。砂、石在混凝土中起骨架作用,并抑制水泥的收缩;水泥和水形成水泥浆,包裹在粗细骨料表面并填充骨料间的空隙。水泥浆体在硬化前起润滑作用,使混凝土拌合物具有良好的工作性能,硬化后将骨料胶结在一起,形成强硬整体。混凝土按标准抗压强度(以边长为150 mm的立方体为标准试件,在标准养护条件下养护28天,按照标准试验方法测得的具有95%保证率的立方体抗压强度)划分的强度等级,称为标号,按照《混凝土结构设计规范》(GB 50010—2010)规定,普通混凝土划分为十四个等级,即:C15,C20,C25,C30,C35,C40,C45,C50,C55,C60,C65,C70,C75,C80共14个等级。C15表示混凝土的立方体抗压强度标准值是15 N/mm^2。混凝土的抗拉强度仅为其抗压强度的1/10~1/20。

如图8-2(a)所示,混凝土梁受上部的压力之后会在下部产生裂缝。如图8-2(b)所示,在下部加入钢筋可以解决裂缝问题。

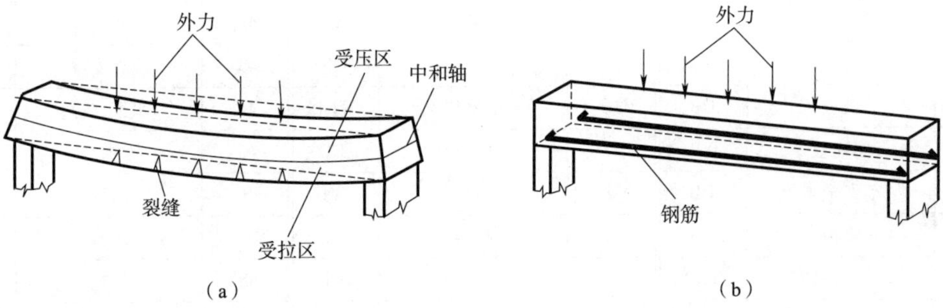

图8-2 梁的受力示意图

钢筋混凝土构件的制作过程:下料——先将不同直径的钢筋按照需要的长度截断;钢筋加工——根据设计要求进行弯曲成型;钢筋安装——将弯曲后的成型钢筋绑扎或焊接在一起形成钢筋骨架;浇注——将钢筋置于模板内,浇注混凝土;养护——按照标准养护方法养护,待混凝土凝固后拆模。

在工程现场搭建模板就地浇筑的钢筋混凝土构件是现浇构件;在工程现场以外的工厂预制好然后运到现场进行安装的钢筋混凝土构件是预制构件;在制作时通过对钢筋的张拉预加给混凝土一定的压力以提高构件的强度和抗裂性能,这样的钢筋混凝土构件是预应力钢筋混凝土构件。

8.2.2 钢筋

1. 钢筋的种类与作用

国产的建筑用热轧钢筋牌号、符号等见表 8 －2。

表 8 －2　普通钢筋强度标准值（N/mm^2）

牌　号	符　号	公称直径 d(mm)	屈服强度标准值 f_{yk}	极限强度标准值 f_{stk}
HPB300	Φ	6 ~ 22	300	420
HRB335 HRBF335	Φ $Φ^F$	6 ~ 50	335	455
HRB400 HRBF400 RRB400	Φ $Φ^F$ $Φ^R$	6 ~ 50	400	540
HRB500 HRBF500	Φ $Φ^F$	6 ~ 50	500	630

HP 表示用于钢筋混凝土的热轧光圆钢筋，HR 表示用于钢筋混凝土的热轧带肋钢筋。

HPB300 是最新的国家对一级钢材质的标准，用来取代现在较旧的 HPB235 材质的一级钢。建筑上常用于制作箍筋、板的分布筋、墙拉筋等。

HRB335 是二级钢，建筑上常用于梁、柱、剪力墙等。

HRB400 是三级钢，比二级钢强度更高，逐渐用于建筑构件。

RRB 系列是余热处理钢筋，由轧制钢筋经高温淬水、余热处理后提高强度。其延性、可焊性、机械连接性能及施工适应性降低，一般可用于对变形性能及加工性能要求不高的构件中，如基础、大体积混凝土、楼板、墙体以及次要的中小结构构件等。RRB400 是余热处理带肋钢筋。

HRBF 系列是细晶粒热轧钢筋的牌号，在热轧带肋钢筋的英文缩写后加“细”的英文(Fine)首位字母。HRBF335、HRBF400、HRBF500 都是细晶粒热轧钢筋。细晶粒热轧钢筋的强度和韧性较好，用于对地震结构要求较高的构件。

《混凝土结构设计规范》(GB 50010—2010)(2015 版)对混凝土结构中钢筋的选用做了下列规定：

(1)纵向受力普通钢筋可采用 HRB400、HRB500、HRBF400、HRBF500、HRB335、RRB400、HPB300 钢筋。梁、柱和斜撑构件的纵向受力钢筋应采用 HRB400、HRB500、HRBF400、HRBF500 钢筋。

(2)箍筋宜采用 HRB400、HRBF400、HRB335、HPB300、HRB500、HRBF500 钢筋。

(3)预应力筋宜采用预应力钢丝、钢绞线和预应力螺纹钢筋。

2. 钢筋在构件中的作用与分类

(1)受力筋：在构件中以承受拉应力和压应力为主的钢筋称为受力钢筋。受力筋用于梁、板、柱等各种钢筋混凝土构件中，受力筋分为直筋和弯起筋：图 8 －3(a)中外面两根为直筋，中间一根为弯起受力筋，梁内支座处，应设弯起钢筋。受力筋还可分为正筋(拉应力)和负筋(压应力)两种，如图 8 －3(a)、(b)、(c)所示。在梁板中，主要是承受拉应力，在柱中，承受压应力。

(2)箍筋:承受一部分斜拉应力(剪应力),并为固定受力筋、架立筋的位置所设的钢筋称为箍筋,箍筋一般用于梁和柱中,如图 8-3(a)、(c)所示。

(3)架立筋:用于固定梁内钢筋的位置,至少两根,与受力筋构成钢筋骨架,如图 8-3(a)所示。

(4)分布筋:用于各种板内。分布筋与板的受力钢筋垂直设置,其作用是将承受的荷载均匀地传递给受力筋,并固定受力筋的位置以及抵抗热胀冷缩所引起的温度变形,如图 8-3(b)所示。

(5)其他钢筋:腰筋,用于高断面的梁中;预埋锚固筋,用于钢筋混凝土柱上与墙砌在一起,起拉接作用,又叫拉接筋;吊环,在吊装预制构件时使用,图 8-3(a)中有一个预埋件,其余的钢筋在图 8-3 中未列出,可参考其他资料。

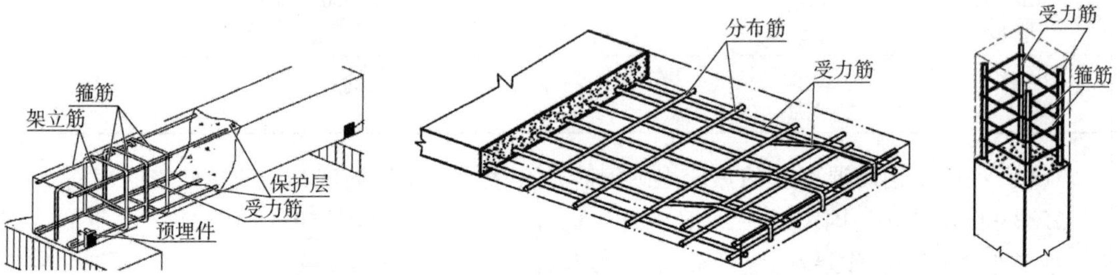

(a) (b) (c)

图 8-3 钢筋在常用构件中的作用

3. 钢筋的弯钩

带肋钢筋与混凝土黏结良好,末端不需要做弯钩。光圆钢筋两端需要做弯钩,以加强混凝土与钢筋的黏结力,避免钢筋在受拉区滑动。弯钩的形式有半圆钩、直钩、斜弯钩三种。弯钩种类及各部分弯起尺寸如图 8-4 所示。

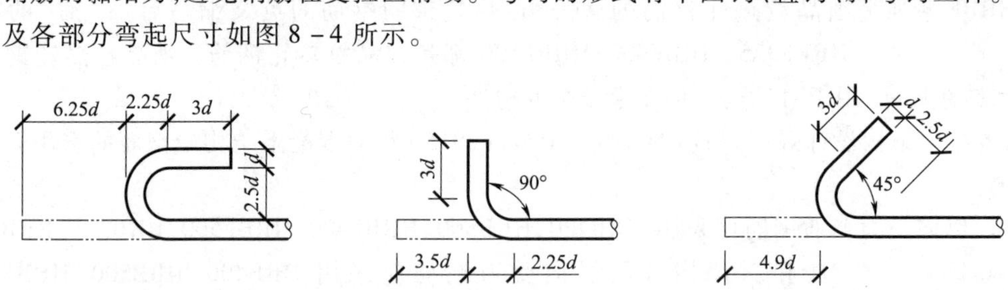

(a) 半圆钩 (b) 直钩 (c) 斜弯钩

图 8-4 弯钩种类及尺寸

4. 箍筋

箍筋的构造形式如图 8-5 所示。

5. 保护层

为了使钢筋在构件中不被锈蚀,加强钢筋与混凝土的黏结力,在各种构件中的受力筋外面,必须要有一定厚度的混凝土,这层混凝土就被称为保护层。示意图如图 8-3(a)所示。保护层的厚度因构件不同而不同,常用的保护层最小厚度见表 8-3,混凝土结构的环境类别见表 8-4。

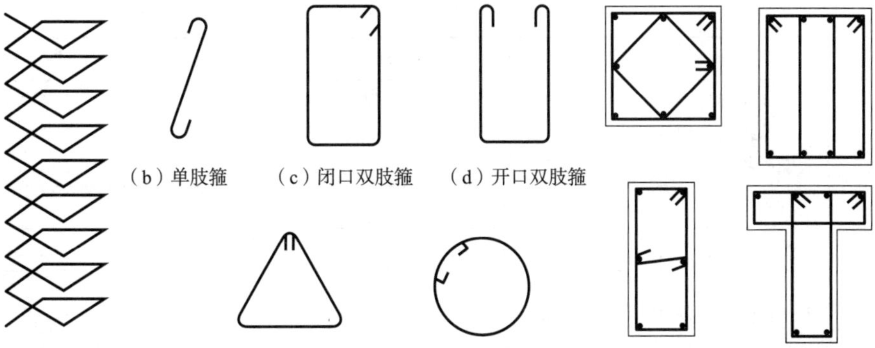

（a）螺旋形箍筋　（b）单肢箍　（c）闭口双肢箍　（d）开口双肢箍　（e）闭口三角箍　（f）闭口圆形箍　（g）各种组合箍筋

图 8－5　箍筋的构造形式

表 8－3　常用的构件保护层最小厚度

环境类别	板、墙	梁、柱
一	15	20
二 a	20	25
二 b	25	35
三 a	30	40
三 b	40	50

注:1. 表中钢筋混凝土保护层厚度指最外层钢筋外边缘至混凝土表面的距离,适用于设计使用年限为 50 年的混凝土结构。

2. 构件中受力钢筋的保护层厚度不应小于钢筋的公称直径。

3. 一类环境中,设计使用年限为 100 年的结构最外层钢筋的保护层厚度不应小于表中数 1.4 倍;二、三类环境中,设计使用年限为 100 年的结构应采取专门的有效措施。

4. 混凝土强度等级不大于 C25 时,表中保护层厚度数值应增加 5 mm。

5. 基础地面钢筋的保护层厚度,有混凝土垫层时应从垫层顶面算起,且不应小于 40 mm。

表 8－4　混凝土结构的环境类别

环境类别	条　　件
一	室内干燥环境; 无侵蚀性静水浸没环境
二 a	室内潮湿环境; 非严寒和非寒冷地区的露天环境; 非严寒和非寒冷地区与无侵蚀性的水或土壤直接接触的环境; 严寒和寒冷地区的冰冻线以下与无侵蚀性的水或土壤直接接触的环境
二 b	干湿交替环境; 水位频繁变动环境; 严寒和寒冷地区的露天环境; 严寒和寒冷地区冰冻线以上与无侵蚀性的水或土壤直接接触的环境
三 a	严寒和寒冷地区冬季水位变动环境; 受除冰盐影响环境; 海风环境

续表

环境类别	条　　件
三 b	盐渍土环境； 受除冰盐作用环境； 海岸环境
四	海水环境
五	受人为或自然的侵蚀性物质影响的环境

6. 钢筋的一般表示法和标注方法

钢筋的一般表示法见表 8－5。

表 8－5　钢筋的表示方法及画法

序号	名　称	图　例	说　明	序号	名　称	图　例	说　明
1	钢筋横断面			7	带半圆弯钩的钢筋搭接		
2	无弯钩的钢筋端部	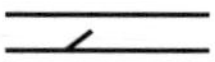	图例表示长、短钢筋投影重叠时，短钢筋的端部用 45°斜划线表示	8	带直钩的钢筋搭接		
3	带半圆形弯钢的钢筋端部			9	花篮螺丝钢筋接头	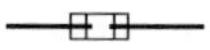	
4	带直钩的钢筋端部			10	机械连接的钢筋接头	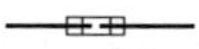	用文字说明机械连接的方法
5	带丝扣的钢筋端部			11	在结构平面图中配置双层钢筋时，底层钢筋的弯钩向上或向左，顶层钢筋的弯钩向下或向右	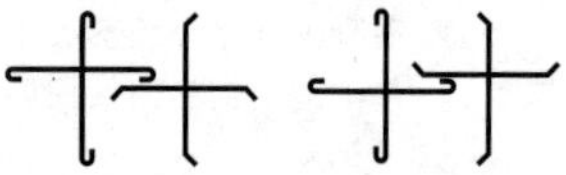	
6	无弯钩的钢筋搭接			12	钢筋混凝土墙体双层配筋时，在钢筋立面图中，远面钢筋的弯钩应向上或向左，而近面钢筋弯钩向下或向右。(JM 近面；YM 远面)	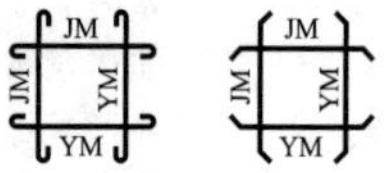	

钢筋(或钢丝束)的标注应包括钢筋的编号、数量或间距、代号、直径及所在位置，通常应沿钢筋的长度标注或标注在有关钢筋的引出线上。梁、柱的箍筋和板的分布筋，一般应注出间距，不注数量。对于简单的构件，钢筋可不编号。具体标注方式如图 8－6 所示，编号细实线图的直径为 4～6 mm。

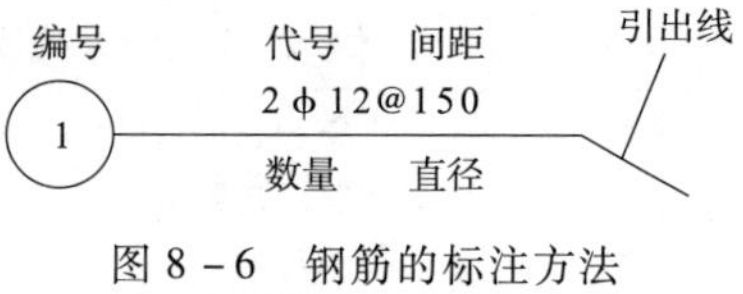

图 8－6　钢筋的标注方法

8.3　基础平面图和基础详图

基础图主要用来表示基础、地沟等的平面布置及基础、地沟等的做法,包括基础平面图、基础详图和文字说明三部分。主要用于放灰线、挖基槽、砌基础和管沟等,是结构施工图的重要组成部分之一。

8.3.1　基础的有关术语

现以条形基础为例说明各部分的术语,如图 8-7 所示。

地基——承受建筑物荷载的天然土壤或经过加固的土壤。

垫层——把基础传来的荷载均匀地传递给地基的结合层。

大放脚——把上部结构传来的荷载分散传给垫层的基础扩大部分,目的是使地基上单位面积的压力减小。

基础墙——把 ±0.000 以下的墙称为基础墙。

防潮层——为了防止地下水对墙体的浸蚀,在地面稍低处(约 -0.060 m)设置一层能防水的材料隔层。

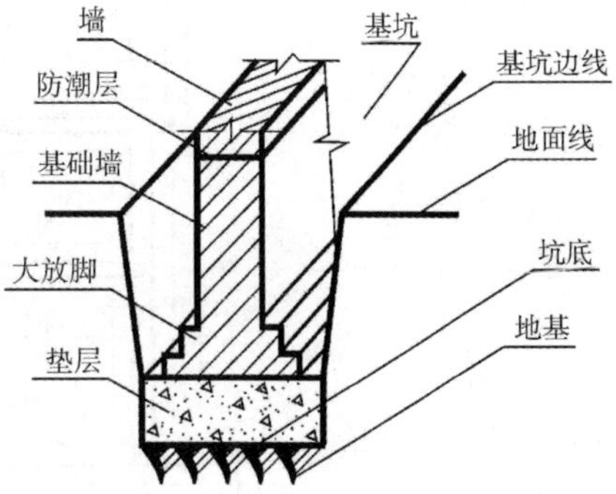

图 8-7　条形基础

8.3.2　基础平面图

1. 基础平面图的形成

基础平面图的形成:假想用水平面在地面与基础墙或柱之间剖切,移去剖切平面以上部分,剩下的部分正投影,所得的水平剖面图称为基础平面图。

2. 基础平面图的内容及绘图规范

(1)在基础平面图中,绘图的比例、轴线编号及轴线间的尺寸必须同建筑平面图一样。图 8-8 所示为第 5 章的某项目建筑施工图对应的基础平面图,比例、轴线编号及轴线间的尺寸与建筑施工图一致。

(2)剖切到的基础墙、柱的边线用粗实线表示,基坑边线用细实线表示,柱在 1:100 比例绘图时涂黑。如图 8-8 所示。如果墙下有管沟,用细虚线表示。

(3)应表明基础的平面布置,墙的厚度和它们与轴线的位置关系,基础底面的宽度和它们与轴线的位置关系。如图 8-8 所示,①轴线处的基础墙厚度为 360,基坑尺寸为 1000。

(4)表明基础墙上留洞的位置,洞的尺寸及洞底标高,预制过梁的型号与数量。

(5)基础宽度、墙体厚度、大放脚、基底标高及管沟做法等不同时,均应标有不同编号的断面剖切符号,表示画有不同的基础详图。根据断面剖切符号的编号可以查阅基础详图。如图 8-8 所示,该结构平面图中标出 1-1 至 5-5 五种不同的断面剖切符号,详图中对应五种不同的断面。

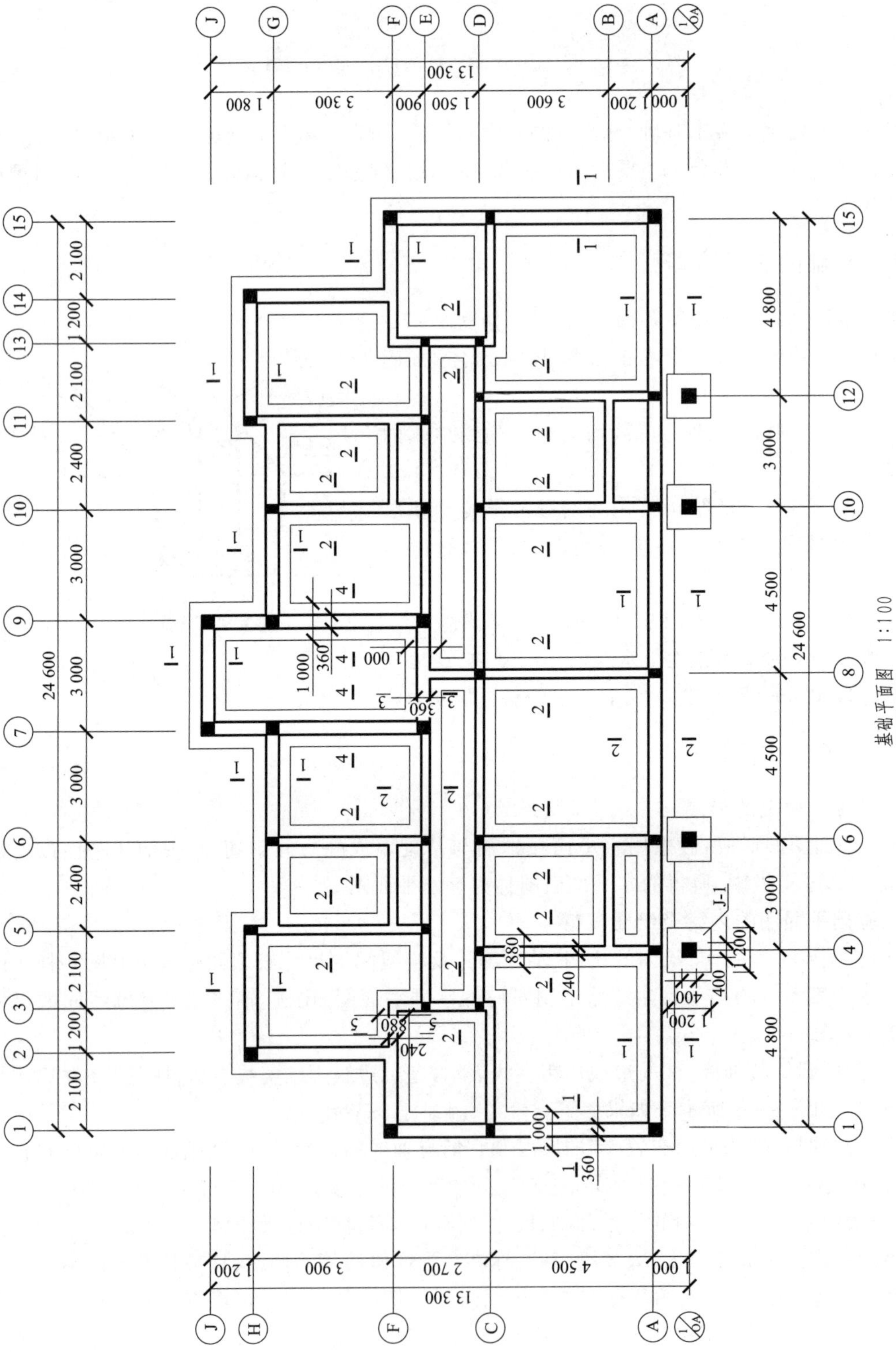

图8-8 基础平面图

(6)不同类型的独立基础分别用代号 J－1、J－2、…表示。如图 8－8 所示，J－1 为独立基础，图中有 4 个相同的独立基础，其他三个省略标注。

8.3.3　基础详图

在基础的某一处，用垂直于轴线的剖切平面切开基础，按照正投影法投射，所得到的断面图称为基础详图。基础详图表示了基础的断面形状、大小、材料、构造、埋深及主要部位的标高等。常用 1:10、1:20、1:50 的比例绘制。对于每一种不同的基础，都要画出它的断面图。

基出详图的画图和读图注意事项：

(1)基础详图的轮廓线用中实线表示，钢筋符号用粗实线绘制，如图 8－9 和图 8－10 所示。

(2)基础断面除钢筋混凝土材料外，其他材料宜画出材料图例符号。如图 8－9 所示，画出混凝土和砖的材料符号，钢筋混凝土不画材料符号，而是用引出标注说明钢筋混凝土断面的结构特征。JQL(420×240)表示基础圈梁的横断面为 420×240；6 Φ12 表示有 6 根 HRB400 牌号的带肋钢筋，直径均为 12；Φ8@250 表示箍筋为 HPB300 牌号的光圆钢筋，直径为 8，箍筋间距为 250。

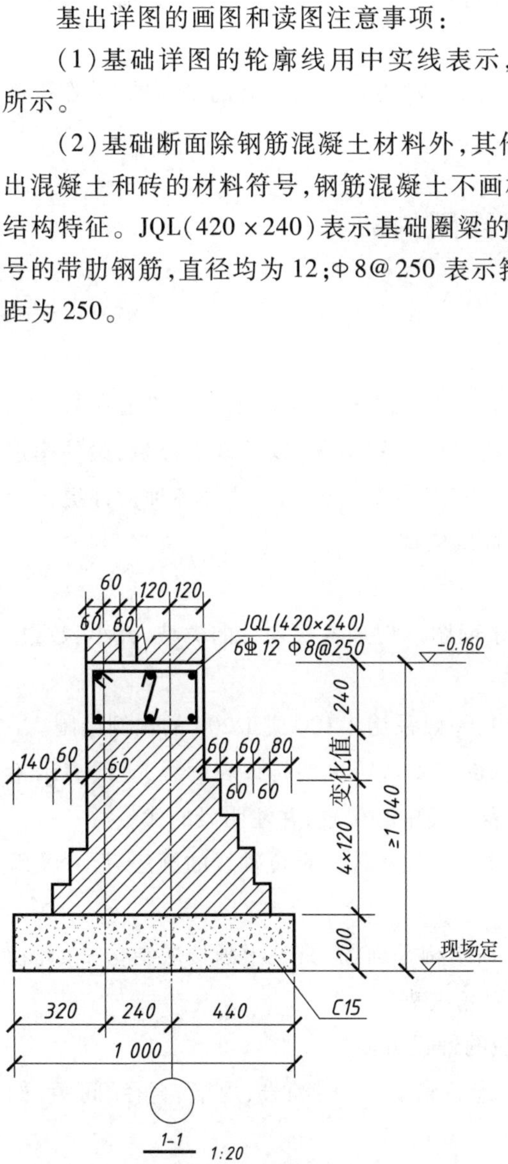

图 8－9　条形基础详图

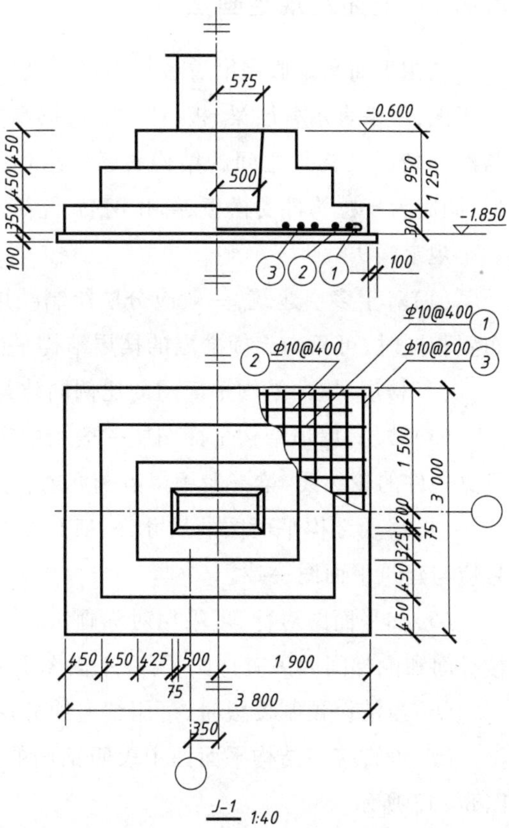

图 8－10　独立基础详图

注:为了增强建筑物的整体稳定性,提高建筑物的抗风、抗震和抵抗温度变化的能力,防止地基不均匀沉降等对建筑物的不利影响,常常在基础顶面、门窗洞口顶部、楼板和檐口等部位的墙内设置连续而封闭的水平梁,这种梁称为圈梁。设在基础顶面的圈梁称为基础圈梁。

(3)了解基底标高和基础顶面标高有无变化,有变化时是如何处理的。如图 8 – 9 所示,基础顶面标高为 – 0.160,基底标高现场定。

(4)了解基础的形式和做法,各个部位的尺寸、配筋等。如图 8 – 9 所示,从下往上依次为垫层、基础、基础圈梁和墙体,轴线以左有两个大放脚,右侧有四个大放脚,分别标出细部尺寸。

(5)钢筋混凝土独立基础除画出基础的断面图外,有时还要画出基础的平面图,并在平面图中采用局部剖面表达底板配筋,如图 8 – 10 所示。

8.4 楼层结构平面图的阅读

8.4.1 概述及规定画法

结构平面图是假想沿着楼板面将建筑物水平剖开,按照正投影法从上向下投射所得到的投影图,用来表示各层梁、板、柱、墙、过梁和圈梁等的平面布置情况,以及现浇楼板、梁的构造与配筋情况及构件之间的结构关系。结构平面图为施工中安装梁、板、柱等各种构件提供依据,同时为现浇构件支模板、绑扎钢筋、浇筑混凝土提供依据。

规定画法:

(1)对于多层建筑,一般应分层绘制楼层结构平面图。但如各层构件的类型、大小、数量、布置相同时,可只画出标准层的楼层结构平面图。

(2)楼层、屋顶结构平面图的比例同建筑平面图,一般采用 1:100 或 1:200 的比例绘制。

(3)楼层、屋顶结构平面图中一般用中实线表示剖切到或可见的构件轮廓线,虚线表示不可见构件的轮廓线,梁一般用单点画线或粗点画线表示其中心位置,并注明梁的代号。

(4)楼层结构平面图的尺寸,一般只注开间、进深、总尺寸等。定位轴线的画法、尺寸及编号应与建筑平面图一致。

(5)如平面图对称,可采用对称画法,一半画屋顶结构平面图,另一半画楼层结构平面图。楼梯间和电梯间因另有详图,可在平面图上用相交对角线表示。

(6)当铺设预制楼板时,可用细实线分块画出板的铺设方向。

(7)可直接在结构平面图中表明钢筋的弯曲及配置情况,注明编号、规格、直径、间距,如图 8 – 13 所示。

(8)圈梁、门窗过梁等应编号注出,若结构平面图中不能表达清楚时,则需另绘其平面布置图。

8.4.2　现浇钢筋混凝土结构平面图读图

图 8 - 11 所示为标准层结构平面柱定位图，图中表明柱的种类有四种：Z1、GZ1、GZ2 和 GZ3。图中标注了柱相对于轴线的定位尺寸。图 8 - 12 为 GZ3 的断面图，图中不仅表明了断面尺寸、比例，还标注了箍筋及受力筋。

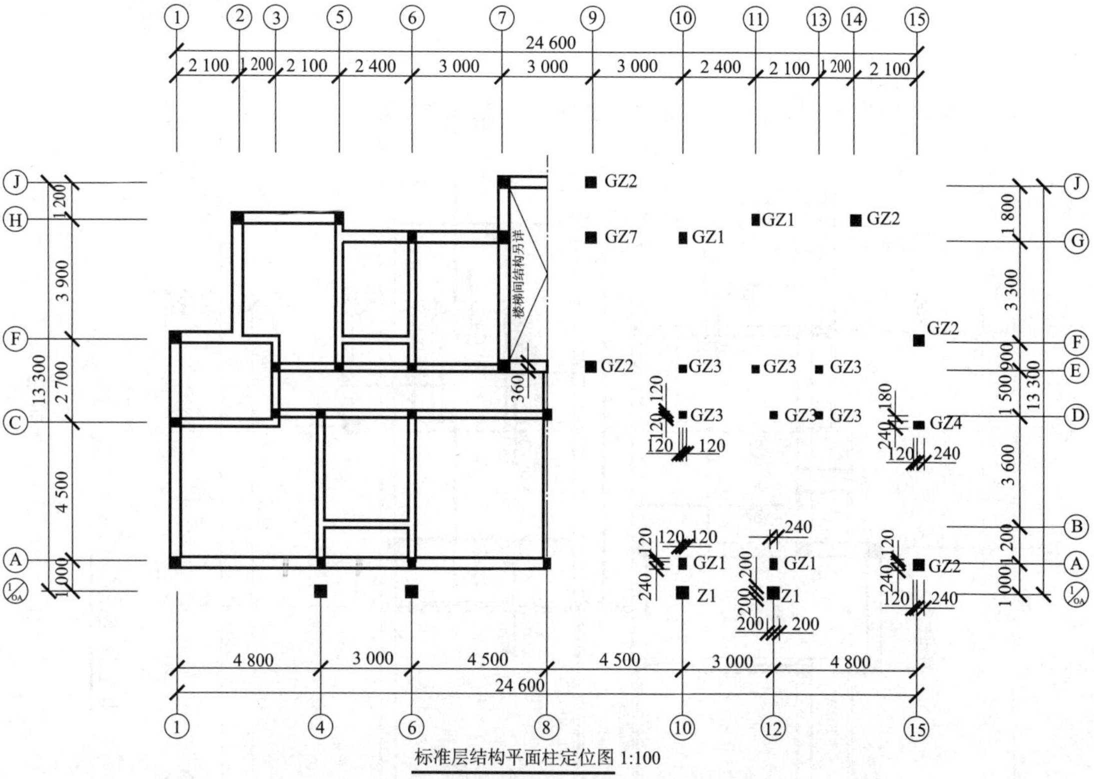

图 8 - 11　标准层结构平面柱定位图

注：在砖混结构中需要增加构造柱，构造柱的位置设在外墙转角、内外墙交接处和楼梯间。构造柱的作用是使现浇钢筋混凝土柱和圈梁形成钢筋混凝土骨架，增强建筑物的刚度，提高抗震能力。

图 8 - 13 所示为标准层结构平面图，该图采用对称画法，⑧轴线以左画出梁配筋平面图，⑧轴线以右画出板配筋平面图。⑧轴线以左：各楼板被梁分割为 B1 - B11，L1(3)表示 1 号梁，3 跨，横断面尺寸为 240 × 360。从文字说明可知，ⓐ表示该处梁内箍筋加密。⑧轴线以右：以 8 ~ 10 之间的 B5 板为例，横向和纵向配置的底筋相同，都表示 HRB400 牌号的带肋钢筋，直径为 8，间距为 150。⑧轴线有负筋连接两块 B5 板，10 轴线处有负筋连接 B5 板和 B2 板。

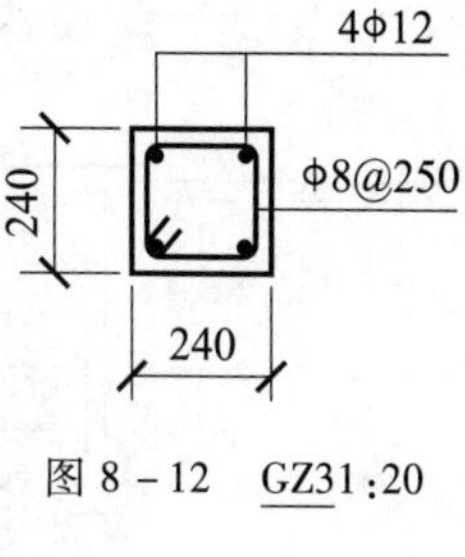

图 8 - 12　GZ31:20

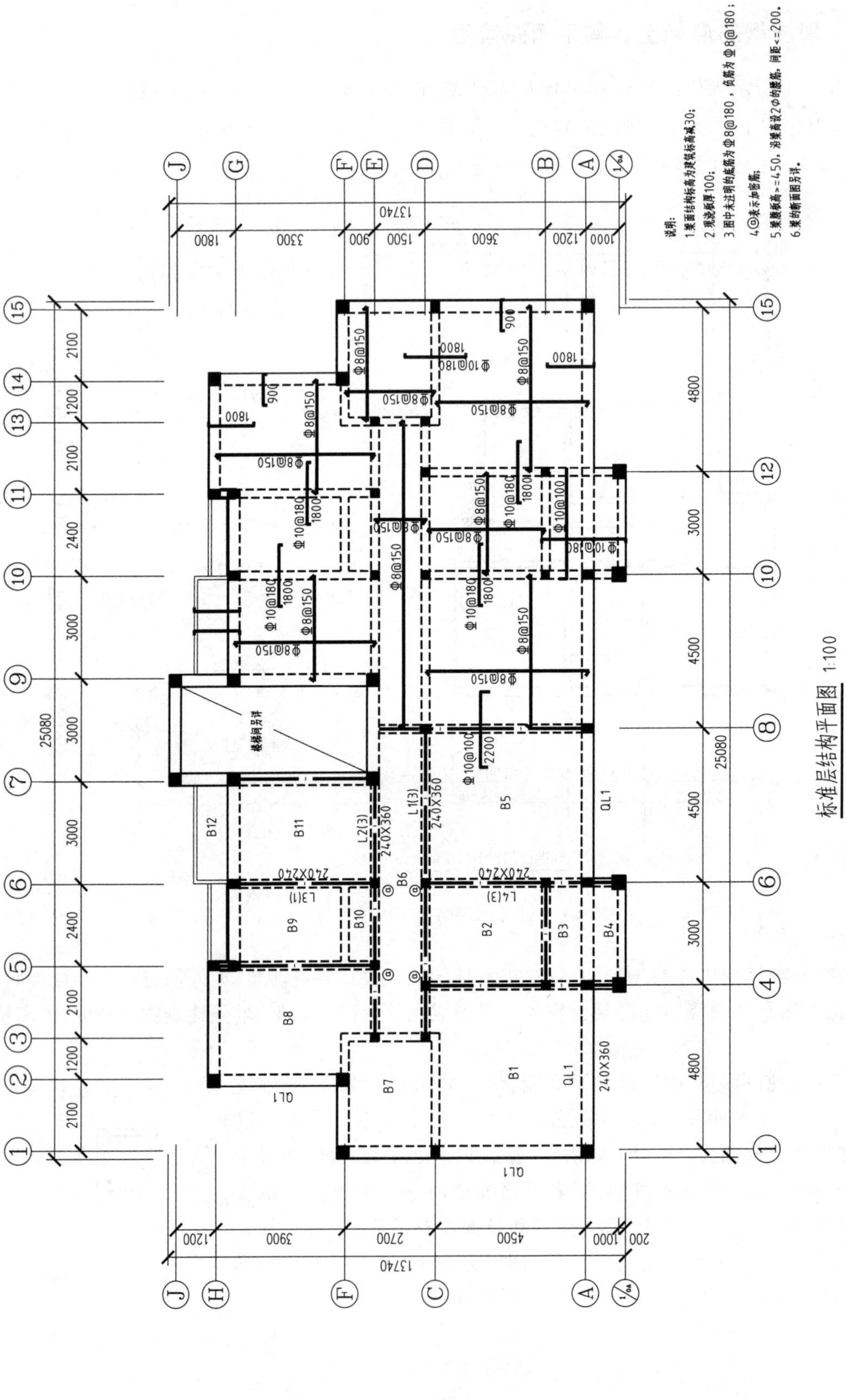

图 8-13 标准层结构平面图

8.4.3　预制钢筋混凝土板在结构平面图中的标注

预应力钢筋混凝土空心板的代号见表 8 – 6。

表 8 – 6　预应力钢筋混凝土空心板代号意义

板长代号	板的标志长度(mm)	板宽代号	板的标志宽度(mm)	荷载等级代号	荷载允许设计值
24	2 400	5	500	1	4.0 kN/m²
27	2 700	6	600		
30	3 000	7	700	2	7.0 kN/m²
…	…	9	900	3	10.0 kN/m²
42	4 200	12	1 200		

YKB3052 在施工图中的含义：单箭头表示预制板的铺设方向；YKB 表示预应力混凝土空心板；30 是板长代号，标志长度为 3000；5 是板宽代号，板的宽度为 500；2 为荷载等级为 7.0 kN/m^2。

8.5　钢筋混凝土构件详图

如果钢筋混凝土构件无法在结构平面图中表达清楚，需要画出详图。构件详图有楼板、梁、柱、楼梯、阳台、雨篷、女儿墙等。

钢筋混凝土构件的详图包括模板图、配筋图(由立面和剖面组成)，钢筋表和文字说明。

(1)模板图：主要表明钢筋混凝土构件的外形、预埋铁件、预留插筋、预留孔洞的位置和各部尺寸，有关标高以及构件与定位轴线的位置关系等。模板图常由构件的立面图和剖面图组成，可用于模板的制作和安装等。

(2)配筋图：配筋图包括立面图、断面图和钢筋详图，主要表示构件内部各种钢筋的位置、直径、形状和数量等。假想构件的混凝土部分是透明体，钢筋用粗实线表示，其横断面用小圆点表示，构件的外形轮廓用细实线表示。

(3)钢筋表：为便于编制预算，统计钢筋用料，对配筋较复杂的钢筋混凝土构件应列出钢筋表，以计算钢筋用量。钢筋表的内容包括构件编号、钢筋的编号、形状尺寸、规格、长度(设计长度)、根数、重量等，见表 8 – 7。

表 8 – 7　钢筋表举例

构件名称	构件数	钢筋编号	钢筋规格	简　图	长度(mm)	每件支数	总支数	累计质量(kg)
L1	1	1	Φ12		3 640	2	2	7.41
		2	Φ12		4 204	1	1	4.45
		3	Φ6		3 490	2	2	1.55
		4	Φ6		650	18	18	2.60

图 8－14 为钢筋混凝土梁结构详图，从上向下依次为：梁的断面图、梁配筋图、钢筋详图。

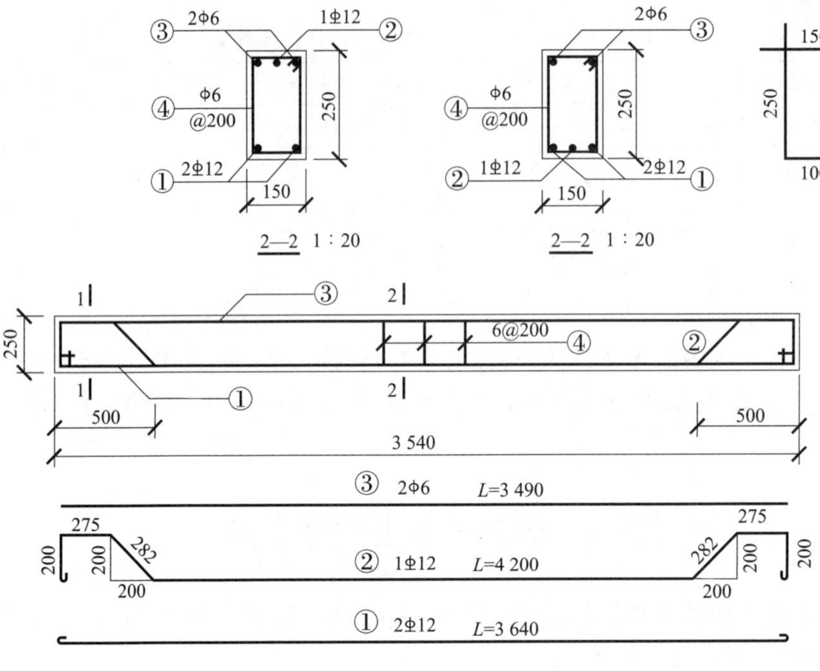

图 8－14 钢筋混凝土梁结构详图

8.6 平面整体注写方式

建筑结构施工图平面整体设计法，简称平法，所谓“平法”的表达方式，是将结构构件的尺寸和配筋按照平面整体表示法的制图规则直接表示在各类构件的结构平面布置图上，再与标准构造详图相配合，即构成一套完整的结构施工图。它改变了传统的将构件从结构平面图中索引出来，再逐个绘制配筋详图的繁琐表示方法。平法从 1991 年产生至今，逐渐形成图集并在全国推广。现行的 16G101 图集是以《中国地震动参数区划图》(GB 18306—2015)、《混凝土结构设计规范》(GB 20010—2010)(2015 年版)、《建筑抗震设计规范》(GB 50011—2010)(2016 年局部修订)、《高层建筑混凝土结构技术规程》(JGJ 3—2010)、《建筑结构制图标准》(GB/T 50105—2010)为依据修订和编制的。16G101 图集包括：《混凝土结构施工图平面整体表示方法制图规则和构造详图(现浇混凝土框架、剪力墙、梁、板)》(16G101－1)，《混凝土结构施工图平面整体表示方法制图规则和构造详图(现浇混凝土板式楼梯)》(16G101－2)，《混凝土结构施工图平面整体表示方法制图规则和构造详图(独立基础、条形基础、筏形基础及桩基承台)》(16G101－3)。

8.6.1　梁平法施工图

梁平法施工图是在梁平面布置图上采用平面注写方式或截面注写方式分别在不同编号的梁中各选一根梁，在其上注写截面尺寸和配筋具体数值。梁的编号需符合表8－8的规定。

表8－8　梁的编号

梁类型	代号	序号	跨数及是否带有悬挑
楼层框架梁	KL	××	(××)、(××A)或(××B)
楼层框架扁梁	KBL	××	(××)、(××A)或(××B)
屋面框架梁	WKL	××	(××)、(××A)或(××B)
框支梁	KZL	××	(××)、(××A)或(××B)
托柱转换梁	TZL	××	(××)、(××A)或(××B)
非框架梁	L	××	(××)、(××A)或(××B)
悬挑梁	XL	××	(××)、(××A)或(××B)
井字梁	JZL	××	(××)、(××A)或(××B)

注：(××A)表示一端有悬挑，(××B)表示两端有悬挑。悬挑不计入跨数。

例：KL1(2A)表示1号楼层框架梁，2跨，一端有悬挑。

1. 梁的平面注写方式

平面注写包括原位标注和集中标注，原位标注表达梁的特殊数值。施工时，原位标注取值优先。集中标注表达梁的通用数值。如图8－15所示，上部是梁的平面注写方式；下部四个梁截面图采用传统表示方法绘制，用于对比上部1－1至4－4四个断面，实际施工图中不用画出。

(1)原位标注(以图8－15中的1－1为例)。梁上部：2⌀25＋2⌀22　表示有一排HRB400的带肋钢筋，前两根直径为25的钢筋在角部，是架立筋，后两根直径为22的钢筋在中部，均匀布置。

梁下部：6⌀25/2/4表示有两排钢筋，上排筋有2根，下排筋有4根，全部伸入支座。如果2/4之前有负号表示钢筋不伸入支座。

(2)集中标注。KL2(2A)300×650表示2号框架梁，有2跨，一端悬挑，断面宽300，高650。如果有标记为Y500×250，表示梁下加腋。

Φ8@100/200(2)2⌀25　表示箍筋为HPB300牌号的光圆钢筋，直径为8，加密区间距100，非加密区间距200，两肢箍。架立筋为HRB400牌号的带肋钢筋，有2根，直径为25。

G4Φ10表示梁中部有4根HPB300牌号的光圆钢筋，属于构造钢筋。

注：腰筋，即梁侧钢筋，分为构造配筋G和受扭纵筋N。当梁的腹板高度≥450 mm时，就需要配置构造梁侧钢筋。

(－0.100)表示梁顶高差，是指梁顶与相应的结构层的高度差值，当梁顶与相应的结构层标高一致时，则不标此项。负值表示梁顶比相应的结构层低，正值表示梁顶比相应的结构层高。

注意：当梁上部和下部均为通长钢筋，而在集中标注时已经注明，则不需在梁下部重复做原位标注。

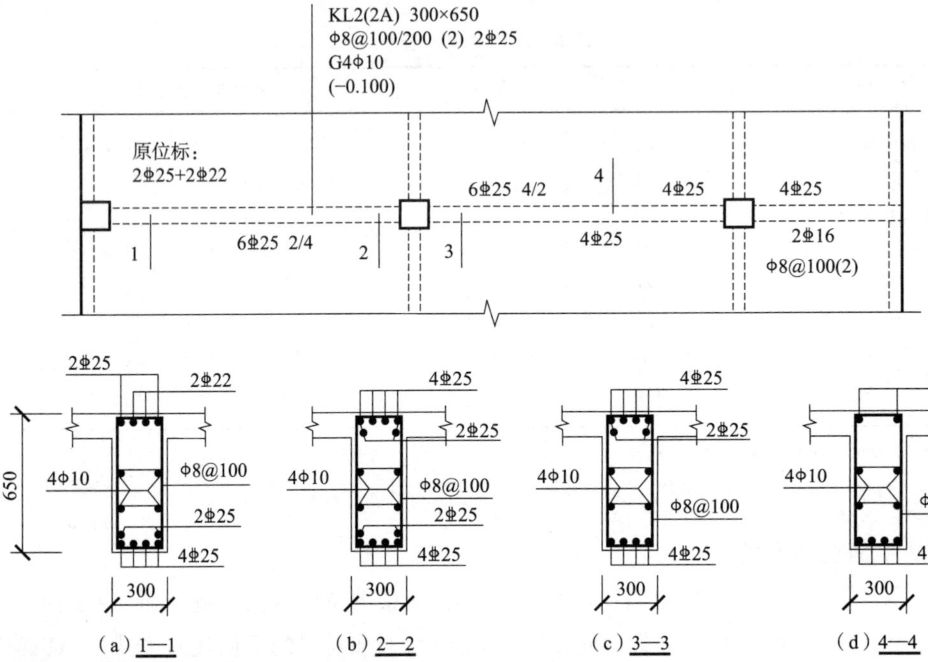

图 8－15　梁的平面注写方式

2. 梁的截面注写方式

梁的截面注写方式是在按层绘制的梁平面布置图上分别在不同编号的梁中各选择一根梁用剖面符号引出配筋图，并在剖面上注写截面尺寸和配筋的具体数值表示梁的施工图。采用这种表达方式，适用于表达异形截面梁的尺寸与配筋，或平面图上梁距较密的情况。

图 8－16 为梁的截面注写方式，对应于图 8－15 中的 1－1 断面图。所不同的是，在梁端截面配筋图上注写的上部纵筋后面括号内加注具体伸出长度值。

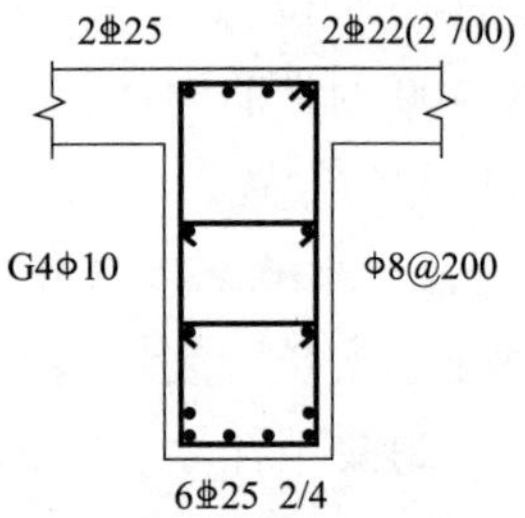

图 8－16　梁的截面注写方式

8.6.2　板式楼梯平法施工图的表示方法

1. 梯段板的类型及编号

16G101－2 中板式楼梯有 12 种类型，见表 8－9 和表 8－10。

表 8－9　楼梯类型

梯板代号	适用范围		梯板代号	适用范围	
	抗震构造措施	适用结构		抗震构造措施	适用结构
AT	无	剪力墙、砌体结构	GT	无	剪力墙、砌体结构
BT			ATa	有	框架结构、框剪结构中框架部分
CT	无	剪力墙、砌体结构	ATb		
DT			ATc		
ET	无	剪力墙、砌体结构	CTa	有	框架结构、框剪结构中框架部分
FT			CTb		

表 8－10　梯段板的截面形状及支座位置

AT 型

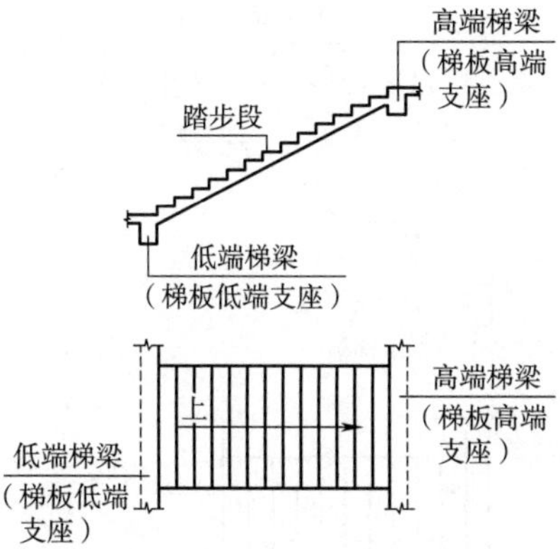

BT 型

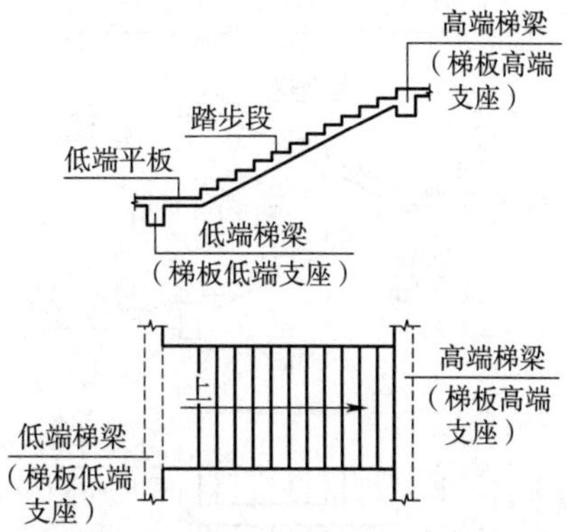

CT 型

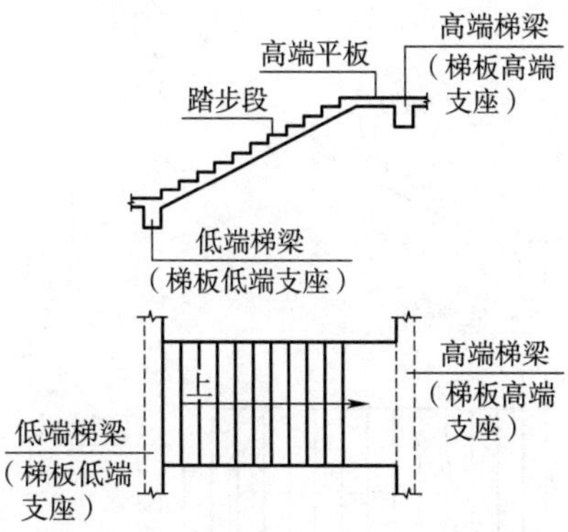

DT 型

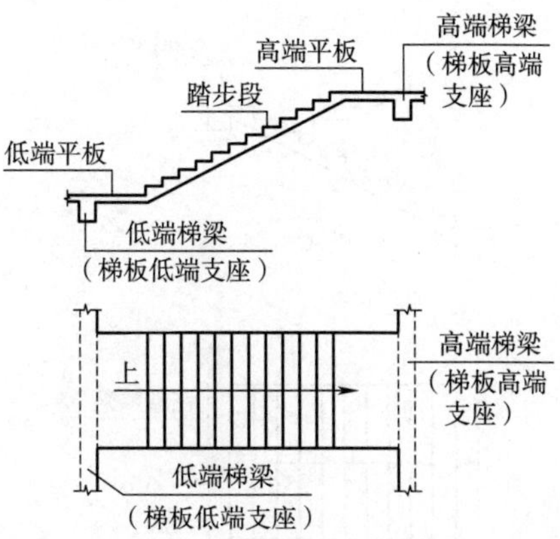

续表

ET 型	FT 型（有层间和楼层平台板的双跑楼梯）
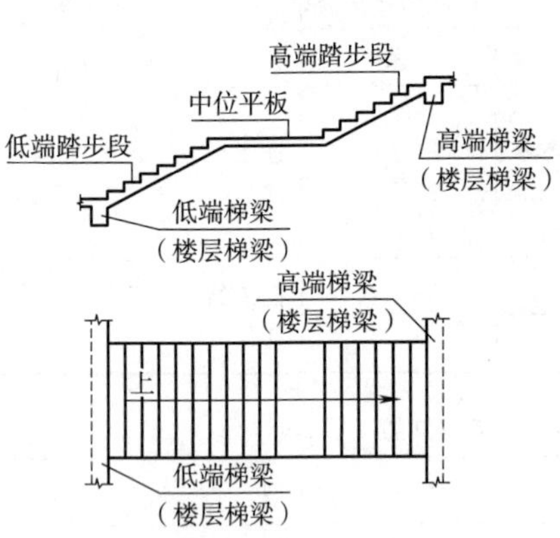	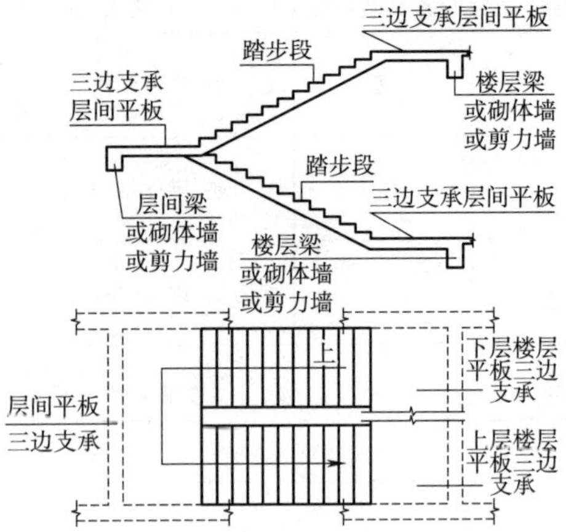
GT 型（有层间平台板的双跑楼梯）	**ATa 型**
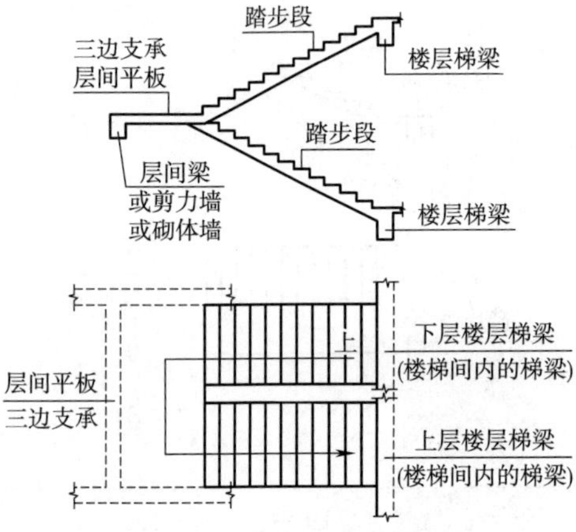	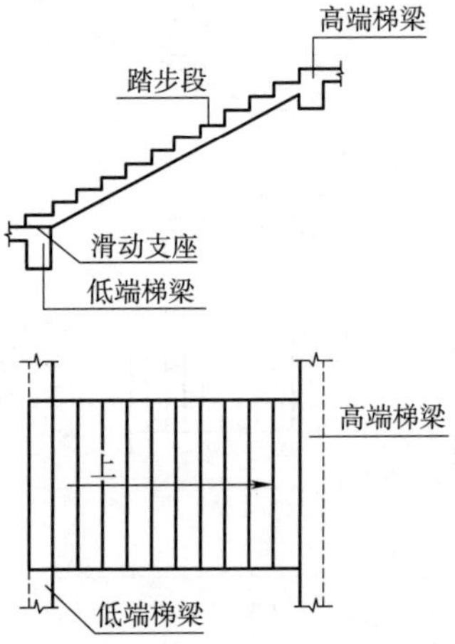
ATb 型	**ATc 型**
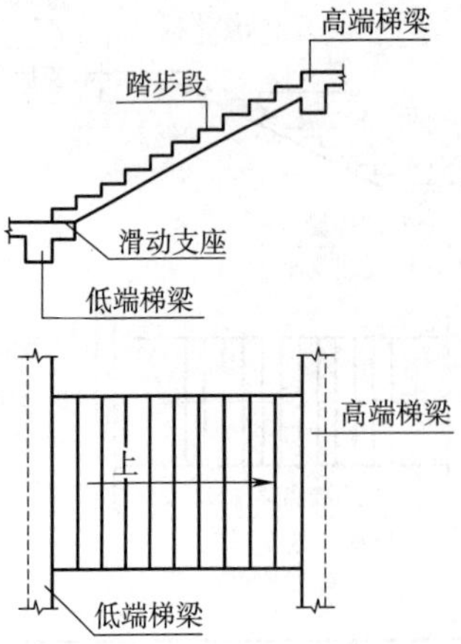	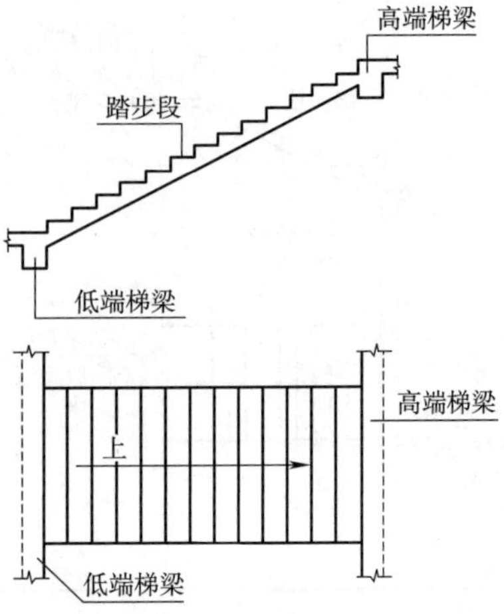

续表

CTa 型	CTb 型
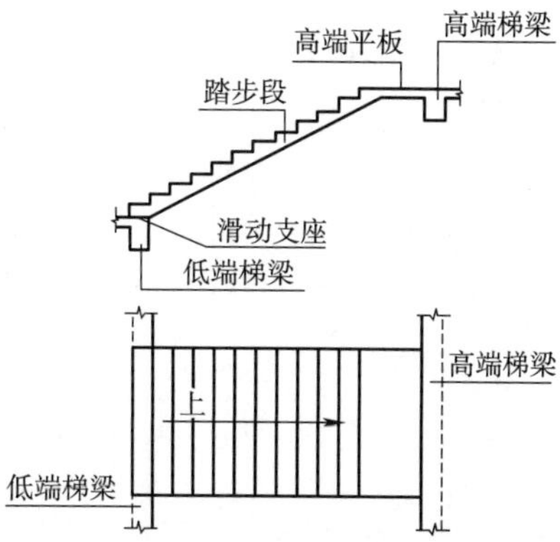	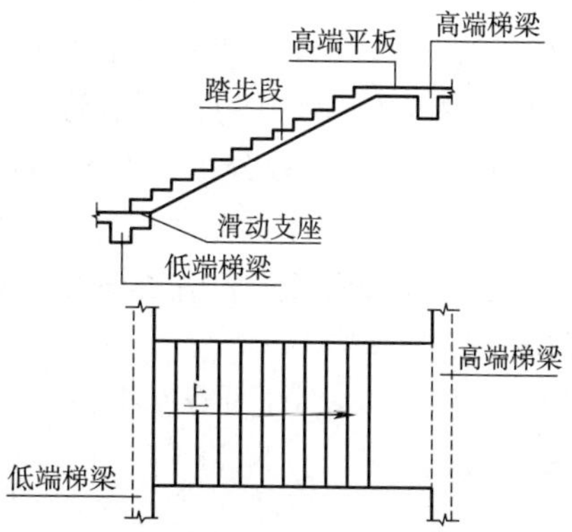

2. 楼梯的平面注写方式

在楼梯平面布置图上用注写截面尺寸和配筋的数值来表达楼梯平法施工图，包括集中标注和外围标注。

集中标注需要表达5项内容：梯板的类型代号及序号 AT××；梯板的厚度 h = xxx；踏步段总高度和踏步级数，以"/"隔开；梯板支座的上部纵筋和下部纵筋，以"；"隔开；

梯板分布筋，以F打头注写分布筋具体值。

外围标注需要表达梯板的平面几何尺寸、楼层结构标高、层间结构标高、楼梯的上下方向、平台板配筋、楼梯间的平面尺寸、梯梁及梯柱配筋等。

如图8-17所示为AT3楼梯平面布置图。

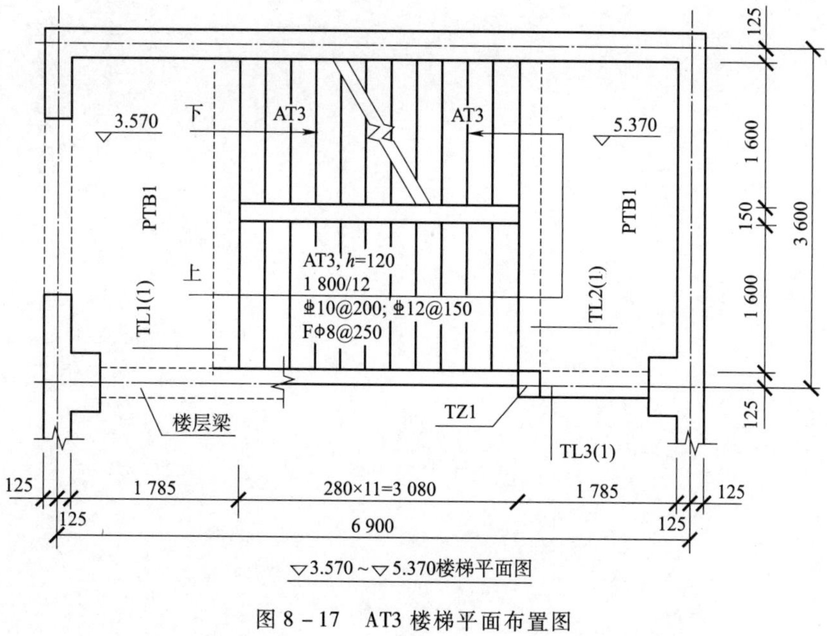

图8-17 AT3楼梯平面布置图

集中标记：

AT3，$h=120$ 表示梯板类型为 AT 型，编号为 3，梯板厚度为 120。

1 800/12 表示总高度为 1800，踏步级数为 12 级。

Φ10@200；Φ12@150 表示上部纵筋和下部纵筋，上部为 HRB400 的带肋钢筋，直径为 10，间距 200；下部为 HRB400 的带肋钢筋，直径为 12，间距 150。

F Φ8@250 表示梯板分布筋为 HPB300 的光圆钢筋，直径为 8，间距 250。

外围标注：梯板的平面几何尺寸为 $280\times11=3080$ 和 1600；楼层结构标高为 3.570、层间结构标高为 5.370；用箭头表明楼梯的上下方向；楼梯间的平面尺寸为 6900、3600 和 125；梯梁为 TL3(1)；梯柱为 TZ1。

其他构件的平法标注可查阅 16G101 或其他资料。

思 考 题

1. 同一项目的结构施工图与建筑施工图之间有什么联系？
2. 混凝土中加入钢筋的作用是什么？
3. 上网搜集除教材表 8－2 之外的普通钢筋的牌号。
4. 结构施工图中，钢筋用什么线型表示？建筑的投影用什么线型表示？
5. 平面整体注写方式与传统注写方式相比有什么优点？

第 8 章重点难点概要

第 9 章　设备施工图

9.1　概述及国家标准

设备施工图，简称设施，主要表示各种设备、管道和线路的布置、走向以及安装施工要求等。设备施工图又分为供暖施工图（暖施）、通风与空调施工图（通施）、给水排水施工图（水施）、电气施工图（电施）等。学习设备施工图的读图和画图之前，有必要了解一下《住宅建筑规范》（GB 50368—2005）、《住宅设计规范》（GB 50096—2011）、《民用建筑设计通则》（GB 50352—2005）和《房屋建筑制图统一标准》（GB50001—2010）中与设备有关的规定。

9.1.1　设备的一般规定

住宅应设室内给水排水系统。严寒地区和寒冷地区的住宅应设采暖设施。住宅应设照明供电系统。住宅的给水总立管、雨水立管、消防立管、采暖供回水总立管和电气、电信干线（管）、采暖管沟和电缆沟的检查孔不应布置在套内，设置在开敞式阳台的雨水立管除外。公共功能的阀门、电气设备和用于总体调节和检修的部件，应设在共用部位。

9.1.2　采暖、通风与空调

1. 采暖

严寒和寒冷地区的住宅宜设集中采暖系统。严寒和寒冷地区、夏热冬冷地区的住宅不应设计直接电热作为室内采暖主体热源。住宅采暖系统应采用不高于 95℃的热水作为热媒。

设置集中采暖系统的住宅，室内采暖计算温度不应低于表 9－1 的规定：

设有洗浴器并有热水供应设施的卫生间宜按沐浴时室温为 25℃设计。

套内采暖设施应配置室温自动调控装置。

室内采用散热器采暖时，室内采暖系统的制式宜采用双管式；如采用单管式，应在每组散热器的进出水支管之间设置跨越管。

设计地面辐射采暖系统时，宜按主要房间划分采暖环路。

表 9－1　采暖计算温度

空间类别	采暖计算温度
卧室、起居室（厅）和卫生间	18℃
厨房	15℃
设采暖的楼梯间和走廊	14℃

2. 通风

厨房和无外窗的卫生间应有通风措施，且应预留安装排风机的位置和条件。

当采用竖向通风道时,应采取防止支管回流和竖井泄漏的措施。

排气道断面尺寸应根据层数确定,排气道接口部位应安装支管接口配件,厨房排气道接口直径应大于150 mm,卫生间排气道接口直径应大于80 mm。

住宅内各类用气设备排出的烟气必须排至室外。多台设备合用一个烟道时不得相互干扰。厨房燃具排气罩排出的油烟不得与热水器或采暖炉排烟合用一个烟道。

在有顶盖的公共空间下不应设置直接排气的空调机、排气扇等设施或排出有害气体的通风系统。

3. 空调

空气调节系统的民用建筑,其层高、吊顶高度应满足空调系统的需要;

空气调节系统的风管管道应选用不燃材料;

空气调节机房不宜与有噪声限制的房间相邻;

空气调节系统的新风采集口应设置在室外空气清新、洁净的位置;无集中新风供应系统的住宅新风换气宜为1次/h。

空调机房的隔墙及隔墙上的门应符合防火规范的有关规定。

卧室、起居室室内设计温度宜为26℃;空调系统应设置分室或分户温度控制设施。

9.1.3 给水排水国家标准

生活给水系统应充分利用城镇给水管网的水压直接供水。

生活饮用水供水设施和管道的设置,应保证二次供水的使用要求。供水管道、阀门和配件应符合耐腐蚀和耐压的要求。套内分户用水点的给水压力不应小于0.05 MPa,入户管的给水压力不应大于0.35 MPa。采用集中热水供应系统的住宅,配水点的水温不应低于45℃。

卫生器具和配件应采用节水型产品,不得使用一次冲水量大于6L的坐便器。

住宅厨房和卫生间的排水立管应分别设置。排水管道不得穿越卧室。排水立管不应设置在卧室内,且不宜设置在靠近与卧室相邻的内墙。

设有淋浴器和洗衣机的部位应设置地漏,其水封深度不得小于50 mm。构造内无存水弯的卫生器具与生活排水管道连接时,在排水口以下应设存水弯,其水封深度不得小于50 mm。

地下室、半地下室中卫生器具和地漏的排水管,不应与上部排水管连接,应设置集水设施用污水泵排出。

排水通气管的出口,设置在上人屋面、住户平台上时,应高出屋面或平台地面2.00 m;当周围4.00 m之内有门窗时,应高出门窗上口0.60 m。

厨房、卫生间内排水横管下表面与楼面、地面净距不得低于1.90 m,且不得影响门、窗扇开启。

阳台、雨罩均应采取有组织排水措施,雨罩及开敞阳台应采取防水措施。应设置专用给、排水管线及专用地漏,阳台楼、地面均应做防水。

8层及8层以上的住宅建筑应设置室内消防给水设施。

35层及35层以上的住宅建筑应设置自动喷水灭火系统。

建筑物和建筑突出物均不得向道路上空直接排泄雨水、空调冷凝水及从其他设施排出的废水。安装空调机的室外机位置冷凝水应有组织排水。

9.1.4　电气

1. 强电

住宅套内的电源插座与照明，应分路配电。

每套住宅的用电负荷应根据套内建筑面积和用电负荷计算确定，且不应小于2.5 kW。

电气线路应采用符合安全和防火要求的敷设方式配线，套内的电气管线应采用穿管暗敷设方式配线。导线应采用铜芯绝缘线，每套住宅进户线截面不应小于10 mm^2，分支回路截面不应小于2.5 mm^2。

套内的空调电源插座、一般电源插座与照明应分路设计，厨房插座应设置独立回路，卫生间插座宜设置独立回路。

除壁挂式分体空调电源插座外，电源插座回路应设置剩余电流保护装置。

每套住宅应设置户配电箱，其电源总开关装置应采用可同时断开相线和中性线的开关电器。

安装在1.8 m及以下的插座均应采用安全型插座。

35层及35层以上的住宅建筑应设置火灾自动报警系统。

10层及10层以上住宅建筑的楼梯间、电梯间及其前室应设置应急照明。

暗敷在楼板、墙体、柱内的缆线（有防火要求的缆线除外），其保护管的覆盖层不应小于15 mm。

住宅套内电源插座应根据住宅套内空间和家用电器设置，电源插座的数量不应少于表9－2的规定。

表9－2　电源插座

空　　间	设置数量和内容
卧室	一个单相三线和一个单相二线的插座两组
兼起居的卧室	一个单相三线和一个单相二线的插座三组
起居室（厅）	一个单相三线和一个单相二组的插座三组
厨房	防溅水型一个单相三线和一个单相二线的插座两组
卫生间	防溅水型一个单相三线和一个单相二线的插座一组
布置洗衣机、冰箱、排油烟机、排风机及预留家用空调器处	专用单相三线插座各一个

住宅建筑共用部位的照明，应采用延时自动熄灭或自动降低照度等节能措施。当应急疏散照明采用节能自熄开关时，应采取消防时强制点亮的措施。

除设置单个灯具的房间外，每个房间照明控制开关不宜少于两个。

在具有天然采光条件或天然采光设施的区域，应采取合理的人工照明布置及控制措施；合理设置分区照明控制措施，具有天然采光的区域应能独立控制；可设置智能照明控制系统，并应具有随室外自然光的变化自动控制或调节人工照明照度的功能。

照度：光照强度，是一种物理术语，指单位面积上所接受可见光的光通量。照度单位是勒克斯（Lux或lx），用于指示光照的强弱和物体表面积被照明程度的量。1 lx＝1 lm/m^2，即被光均匀照射的物体在1平方米面积上所得的光通量是1流明时,它的照度是1勒克斯。

智能照明是指利用物联网技术、有线/无线通信技术、电力载波通信技术、嵌入式计算机智能化信息处理,以及节能控制等技术组成的分布式照明控制系统,来实现对照明设备的智能化控制。

智能化控制可以控制很多方面,比如控制路灯开关、亮度调节、电流、电压采集、被盗报警等,并且可进行温度采集、灯杆倾斜检测等。

住宅建筑照明标准值见表9-3。

表9-3　住宅建筑照明标准值

房间或场所		参考平面及其高度	照度标准值(lx)	R_s
起居室	一般活动	0.75 m水平面	100	80
	书写、阅读		300 *	
卧室	一般活动	0.75 m水平面	75	80
	床头、阅读		150 *	
餐厅		0.75 m餐桌面	150	80
厨房	一般活动	0.75 m水平面	100	80
	操作台	台面	150 *	
卫生间		0.75 m水平面	100	80
电梯前厅		地面	75	60
走道、楼梯间		地面	50	60
车库		地面	30	60

注:* 指混合照明照度。

2. 弱电

每套住宅应设有线电视系统、电话系统和信息网络系统,宜设置家居配线箱。有线电视、电话、信息网络等线路宜集中布线,并应符合下列规定:

(1)有线电视系统的线路应预埋到住宅套内。每套住宅的有线电视进户线不应少于1根,起居室、主卧室、兼起居的卧室应设置电视插座。

(2)电话通信系统的线路应预埋到住宅套内。每套住宅的电话通信进户线不应少于1根,起居室、主卧室、兼起居的卧室应设置电话插座。

(3)信息网络系统的线路宜预埋到住宅套内。每套住宅的进户线不应少于1根,起居室、卧室或兼起居室的卧室应设置信息网络插座。

9.2　暖通空调施工图

9.2.1　暖通空调系统简介

一个工程设计中同时有供暖、通风、空调等两个及以上的不同系统时,应进行系统编号。暖通空调系统编号、入口编号,应由系统代号和顺序号组成。

系统代号用大写拉丁字母表示，顺序号用阿拉伯数字表示，见表 9－4。

表 9－4　系统代号

序号	字母代号	系统名称	序号	字母代号	系统名称
1	N	（室内）供暖系统	9	H	回风系统
2	L	制冷系统	10	P	排风系统
3	R	热力系统	11	XP	新风换气系统
4	K	空调	12	JY	加压送风系统
5	J	净化系统	13	PY	排烟系统
6	C	除尘系统	14	P(PY)	排风兼排烟系统
7	S	送风系统	15	RS	人防送风系统
8	X	新风系统	16	RP	人防排风系统

9.2.2　建筑供暖方式

供暖是用人工方法通过消耗一定能源向室内供给热量，使室内保持生活或工作所需温度的技术、装备、服务的总称。供暖系统由热媒制备（热源）、热媒输送和热媒利用（散热设备）三个主要部分组成。供暖系统种类较多，常用的供暖方式有锅炉房集中供暖、地板辐射供暖。

1. 锅炉房集中供暖

热源和散热设备分别设置，用热媒管道相连接，由热源向多个热用户供给热量的供暖系统，称为集中供暖系统。

如图 9－1 所示为机械循环热水供暖系统图。具体流程为：由锅炉将水加热成热水（或蒸汽），然后由室外供热管送至各个建筑物，由各干管、立管、支管送至各散热器，经散热降温后由支管、立管、干管、室外管道送回锅炉重新加热继续循环供热。

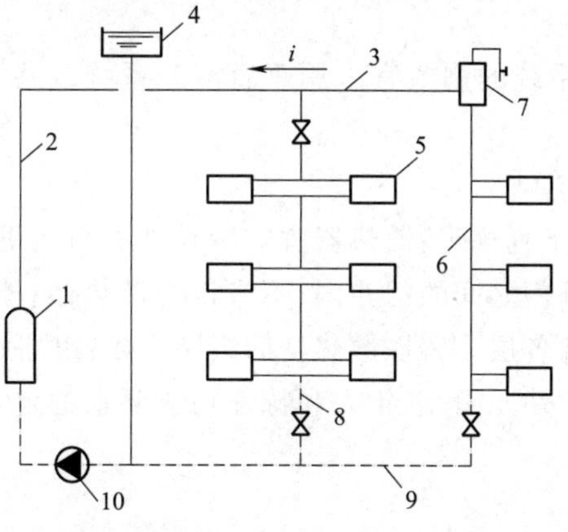

图 9－1　机械循环热水供暖系统图

1—锅炉；2—供水立管；3—供水干管；4—膨胀水箱；5—散热器；6—供水立管；7—集气罐；8—回水立管；9—回水干管；10—循环水泵

室内热水供暖分类及注意事项如下。

(1)按照供回水的方式分类:"上供式"是热媒沿垂向从上向下供给各楼层散热器的系统;"下供式"是热媒沿垂向从下向上供给各楼层散热器的系统;"上回式"是热媒从各楼层散热器沿垂向从下向上回流;"下回式"是热媒从各楼层散热器沿垂向从上向下回流。因此,室内热水供暖系统按照供回水的方式分为:上供下回式、上供上回式、下供下回式、下供上回式,如图 9-2 所示。

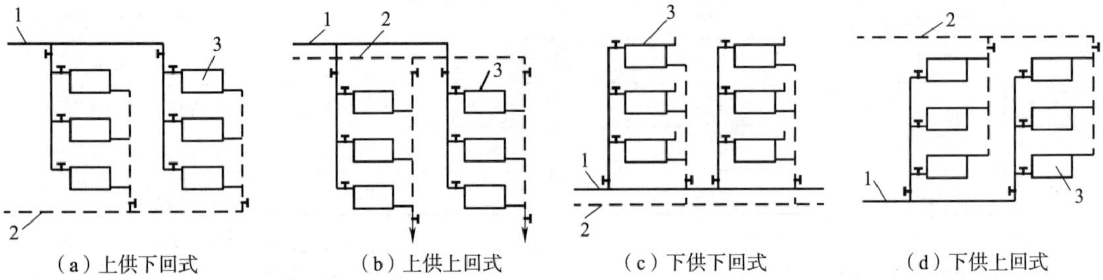

图 9-2 按照供回水的方式分类的供暖系统

1—供水干管;2—回水干管;3—散热器

(2)按照连接散热器的数量分类:垂直单管、垂直双管、水平单管、水平双管,如图 9-3 所示。

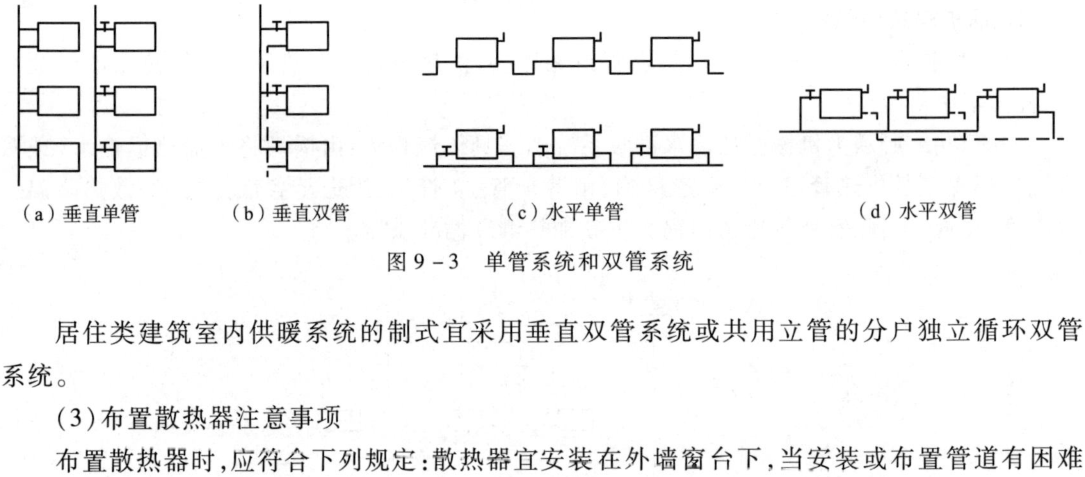

图 9-3 单管系统和双管系统

居住类建筑室内供暖系统的制式宜采用垂直双管系统或共用立管的分户独立循环双管系统。

(3)布置散热器注意事项

布置散热器时,应符合下列规定:散热器宜安装在外墙窗台下,当安装或布置管道有困难时,也可靠内墙安装;两道外门之间的门斗内,不应设置散热器;楼梯间的散热器,应分配在底层或按一定比例分配在下部各层。铸铁散热器的组装片数:粗柱型(包括柱翼型)不宜超过 20 片;细柱型不宜超过 25 片。幼儿园、老年人和特殊功能要求的建筑的散热器必须暗装或加防护罩。

2. 地板辐射供暖

热媒通过散热设备的壁面,以辐射方式向房间传热,称为辐射供暖系统。将加热管埋设于地板下的供暖系统为地板辐射供暖。热媒有热水、蒸汽、空气和电,热水为首选热媒。图 9-4 为低温地板辐射供暖水管敷设方式。

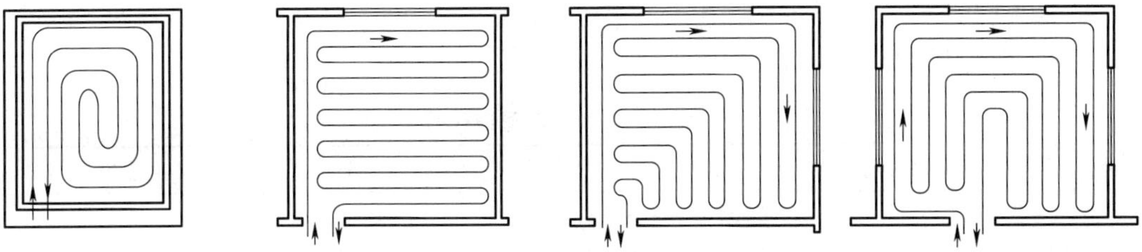

（a）回字形（逆向螺旋形）　（b）S形（单螺旋形）　（c）L形（双螺旋形）　（d）U形（三螺旋形）

图 9－4　低温地板辐射供暖水管敷设方式

9.2.3　暖通空调制图标准

暖通空调施工图绘制时应符合《暖通空调制图标准》（GB/T 50114—2010）规定。

1. 线型

线型应符合表 9－5 所示国家标准。

表 9－5　线型及其含义

名称		线型	线宽	一般用途
实线	粗		b	单线表示的供水管线
	中粗		$0.7b$	本专业设备轮廓、双线表示的管道轮廓
	中		$0.5b$	尺寸、标高、角度等标注线及引出线；建筑物轮廓
	细		$0.25b$	建筑布置的家具、绿化等；非本专业设备轮廓
虚线	粗		b	回水管线及单根表示的管道被遮挡的部分
	中粗		$0.7b$	本专业设备及双线表示的管道被遮挡的轮廓
	中		$0.5b$	地下管沟、改造前风管的轮廓线；示意性连接
	细		$0.25b$	非本专业虚线表示的设备轮廓等
波浪线	中		$0.5b$	单线表示的软管
	细		$0.25b$	断开界线
单点长画线			$0.25b$	轴线、中心线
双点长画线			$0.25b$	假想或工艺设备轮廓线
折断线			$0.25b$	断开界线

注：图样中也可使用自定义图线及含义，但应明确说明。

总平面图、平面图的比例应与建筑施工图中的总平面图、平面图的比例一致，其余比例按照表 9－6 选用。

表 9－6　暖通空调施工图比例

图名	常用比例	可用比例
剖面图	1:50、1:100	1:150、1:200
局部放大图、管沟断面图	1:20、1:50、1:100	1:25、1:30、1:150、1:200
索引图、详图	1:1、1:2、1:5、1:10、1:20	1:3、1:4、1:15

2. 常用图例

水、汽管道代号见表 9 - 7。

表 9 - 7　水、汽管道代号

序号	代号	管道名称	备　注	序号	代号	管道名称	备　注
1	RG	采暖热水供水管	可附加 1、2、3 等表示一个代号、不同参数的多种管道	22	Z2	二次蒸汽管	—
2	RH	采暖热水回水管	可通过实线、虚线表示供、回关系省略 G、H	23	N	凝结水管	—
3	LG	空调冷水供水管	—	24	J	给水管	—
4	LH	空调冷水回水管	—	25	SR	软化水管	—
5	KRG	空调热水供水管	—	26	CY	除氧水管	—
6	KRH	空调热水回水管	—	27	GG	锅炉进水管	—
7	LRG	空调冷、热水供水管	—	28	JY	加药管	—
8	LRH	空调冷、热水回水管	—	29	YS	盐溶液管	—
9	LQG	冷却水供水管	—	30	X1	连续排污管	—
10	LQH	冷却水回水管	—	31	XD	定期排污管	—
11	n	空调冷凝水管	—	32	XS	泄水管	—
12	PZ	膨胀水管	—	33	YS	溢水(油)管	—
13	BS	补水管	—	34	R_1G	一次热水供水管	—
14	X	循环管	—	35	R_1H	一次热水回水管	—
15	LM	冷媒管	—	36	F	放空管	—
16	YG	乙二醇供水管	—	37	FAQ	安全阀放空管	—
17	YH	乙二醇回水管	—	38	O1	柴油供油管	—
18	BG	冰水供水管	—	39	O2	小组油回油管	—
19	BH	冰水回水管	—	40	OZ1	重油供油管	—
20	ZG	过热蒸汽管	—	41	OZ2	重油回油管	—
21	ZB	饱和蒸汽管	可附加 1、2、3 等表示一个代号、不同参数的多种管道	42	OP	排渍管	—

水、汽管道阀门和附件的图例见表 9 - 8。

表 9－8　水、汽管道阀门和附件图例

序号	名　称	图　例	备　注	序号	名　称	图　例	备　注
1	截止阀		—	29	上出三通		—
2	闸阀		—	30	下出三通		—
3	球阀		—	31	变径管		—
4	柱塞阀		—	32	活接头或法兰连接		—
5	快开阀		—	33	固定支架		—
6	蝶阀			34	导向支架		—
7	旋塞阀		—	35	活动支架		—
8	止回阀			36	金属软管		—
9	浮球阀		—	37	可屈挠橡胶软接头		—
10	三通阀		—	38	Y 形过滤器		—
11	平衡阀		—	39	疏水器		—
12	定流量阀		—	40	减压阀		左高右低
13	定压差阀		—	41	直通型(或反冲型)除污器		—
14	自动排气阀		—	42	除垢仪	E	—
15	集气罐、放气阀		—	43	补偿器		—
16	节流阀		—	44	矩形补偿器		—
17	调节止回关断阀		水泵出口用	45	套管补偿器		—
18	膨胀阀		—	46	波纹管补偿器		—
19	排入大气或室外		—	47	弧形补偿器		—
20	安全阀		—	48	球形补偿器		—
21	角阀		—	49	伴热管		—
22	底阀		—	50	保护套管		—
23	漏斗		—	51	爆破膜		—
24	地漏		—	52	阻火器		—
25	明沟排水		—	53	节流孔板、减压孔板		—
26	向上弯头		—	54	快速接头		—
27	向下弯头		—	55	介质流向	→ 或 ⇒	在管道断开处时，流向符号宜标注在管道中心线上，其余可同管径标注位置
28	法兰封头或管封		—	56	坡度及坡向	i=0.003 或 → i=0.003	坡度数值不宜与管道起、止点标高同时标注，标注位置同管径标注位置

风道代号见表9－9。

表9－9 风道代号

序号	代号	管道名称	备注	序号	代号	管道名称	备注
1	SF	送风管	—	6	ZY	加压送风管	—
2	HF	回风管	一、二次回风可附加1、2区别	7	P(Y)	排风排烟兼用风管	—
3	PF	排风管	—	8	XB	消防补风风管	—
4	XF	新风管	—	9	S(B)	送风兼消防补风风管	—
5	PY	消防排烟风管	—				—

风道、阀门及附件的图例见表9－10。

表9－10 风道、阀门及附件图例

序号	名称	图例	备注	序号	名称	图例	备注
1	矩形风管		宽×高(mm)	17	插板#	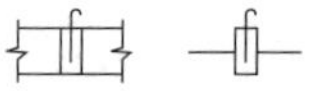	—
2	圆形风管	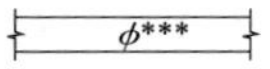	ϕ直径(mm)	18	止回风阀	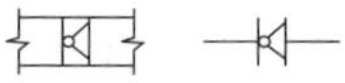	—
3	风管向上	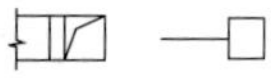	—	19	余压阀	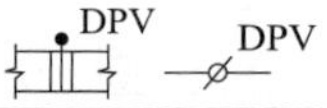	—
4	风管向下	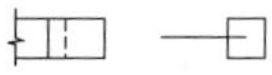	—	20	三通调节阀	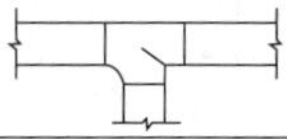	—
5	风管上升摇手弯		—	21	防烟、防火阀	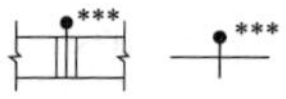	***表示防烟、防火阀名称代号，代号说明另见附录A防烟、防火阀功能表
6	风管下降摇手弯	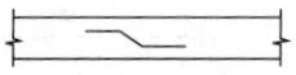	—	22	方形风口	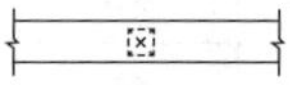	—
7	天圆地方	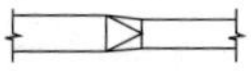	左接矩形风管、右接圆形风管	23	条缝形风口		—
8	软风管	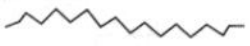	—	24	矩形风口	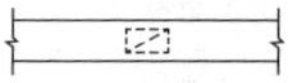	—
9	圆弧形弯头		—	25	圆形风口		—
10	带导流片的矩形弯头		—	26	侧面风口	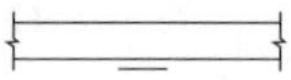	—
11	消声器		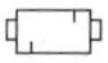	27	防雨百叶		—
12	消声弯头		—	28	检修门		—
13	消声静压箱		—	29	气流方向		左为通用表示法，中表示送风，右表示回风
14	风管软接头	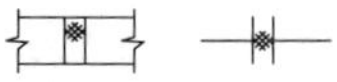	—	30	远程手控盒	B	防排烟用
15	对开多时调节风阀	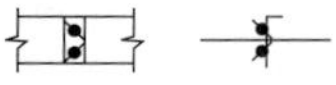	—	31	防雨罩		—
16	蝶阀	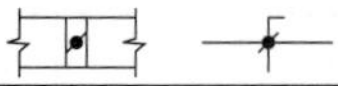	—				

暖通空调设备的图例见表 9－11。

表 9－11　暖通空调设备图例

序号	名　称	图　例	备　注	序号	名　称	图　例	备　注
1	散热器及手动放气阀	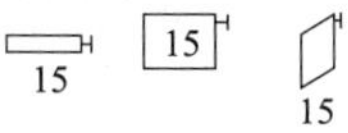	左为平面图画法，中为剖面图画法，右为系统图（轴测）画法	13	加湿器	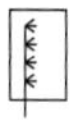	—
2	散热器及温控阀	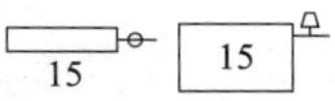	—	14	电加热器	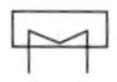	—
3	轴流风机	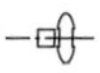	—	15	板式换热器	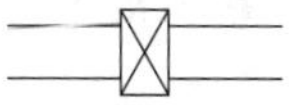	—
4	轴（混）流式管道风机	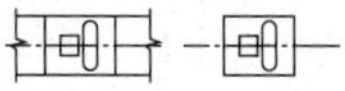	—	16	立式明装风机盘管		—
5	离心式管道风机	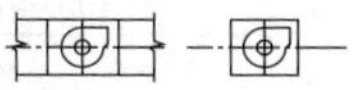	—	17	立式暗装风机盘管		—
6	吊顶式排气扇		—	18	卧式明装风机盘管	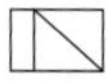	—
7	水泵	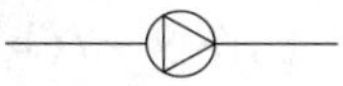	—	19	卧式暗装风机盘管	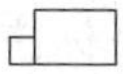	—
8	手摇泵	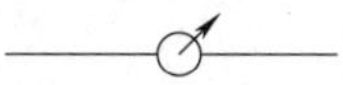	—	20	窗式空调器	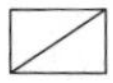	—
9	变风量末端	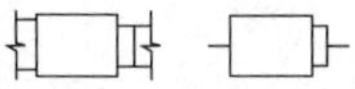	—	21	分体空调器	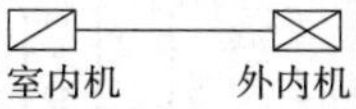	—
10	空调机组加热、冷却盘管		从左到右分别为加热、冷却及双功能盘管	22	射流诱导风机	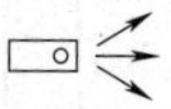	—
11	空气过滤器	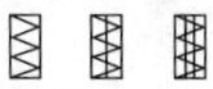	从左至右分别为粗效、中效及高效	23	减振器		—
12	挡水板		—				左为平面图画法，右为剖面图画法

3. 管道标高、管径（压力）、尺寸标注

在无法标注垂直尺寸的图样中，应标注标高。标高应以 m 为单位，并应精确到 cm 或 mm。

标高符号应以直角等腰三角形表示。当标准层较多时，可只标注与本层楼（地）板面的相对标高，如图 9－5 所示。

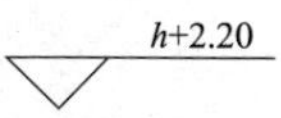

图 9－5　相对标高

水、汽管道所注标高未予说明时，应表示为管中心标高。

矩形风管所注标高应表示管底标高；圆形风管所注标高应表示管中心标高。

输送流体用无缝钢管、螺旋缝或直缝焊接钢管、铜管、不锈钢管，可采用公称直径表示。如图 9－6（a）所示 DN32，表示管的公称直径为 32 mm。当需要注明外径和壁厚时，应用“*D*（或

ϕ)外径×壁厚”表示。如图 9-6(b)所示,ϕ159×4.5 表示管外径为 159 mm,壁厚为 4.5 mm。

塑料管外径应用“de”表示。

圆形风管的截面定型尺寸应以直径“ϕ”表示,单位应为 mm。

矩形风管(风道)的截面定形尺寸应以“$A\times B$”表示。“A”应为风管在该视图的边长尺寸,“B”应为另一边尺寸。A、B 单位均应为 mm。如图 9-6(c)所示 800×400,表示当前投影面断面尺寸为 800 mm,与其垂直的断面尺寸为 400 mm。

平面图中无坡度要求的管道标高可标注在管道截面尺寸后的括号内。必要时,应在标高数字前加“底”或“顶”的字样。

水平管道的规格尺寸宜标注在管道的上方;竖向管道的规格尺寸宜标注在管道的左侧。双线表示的管道,其规格可标注在管道轮廓线内,如图 9-7 所示。

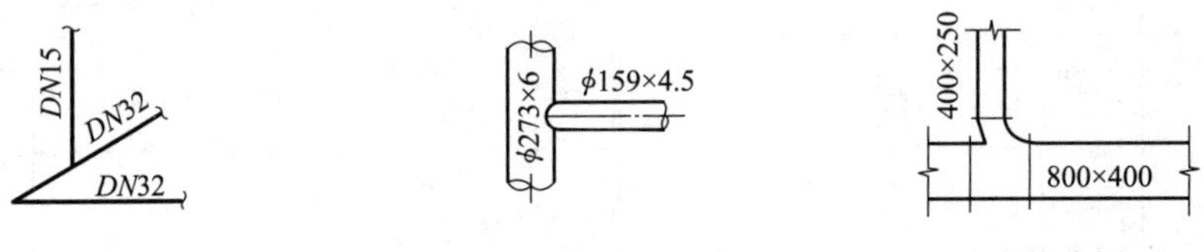

(a)单线管道　(b)水平管道与竖直管道　(c)管道内标注

图 9-6　管道标注

多条管线的规格标注方法如图 9-7,图 9-7(a)是分别标注,图 9-7(b)和图 9-7(c)是引出标注。

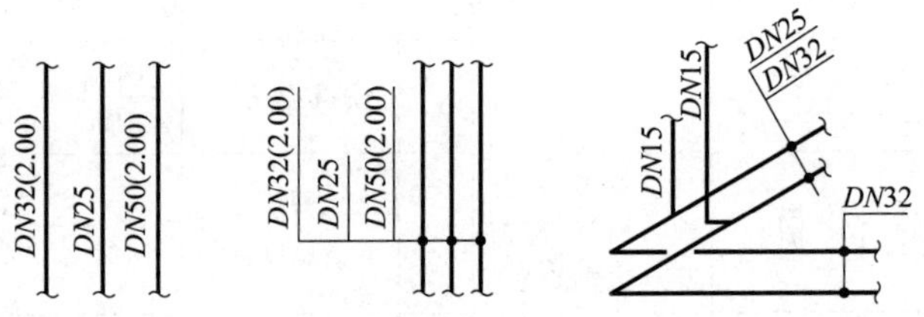

(a)　(b)　(c)

图 9-7　多条管线

管线相交画法如图 9-8(a)所示,管线交叉画法如图 9-8(b)所示。

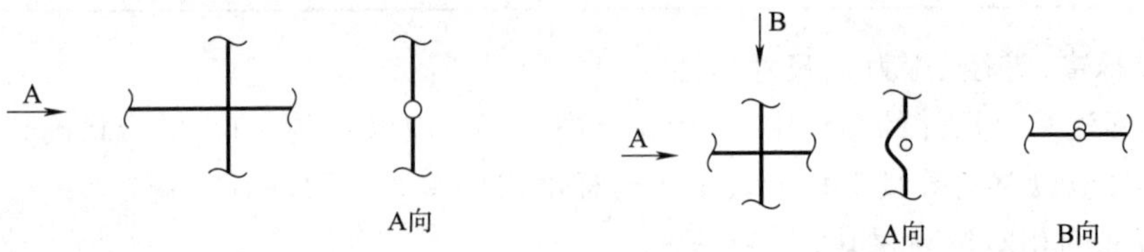

(a)　(b)

图 9-8　多条管线

4. 图样表示方法

管道和设备布置平面图、剖面图应以正投影法绘制。剖面图应在平面图中标明剖切符号。

用于暖通空调系统设计的建筑平面图、剖面图，应用细实线绘出建筑轮廓线和与暖通空调系统有关的门、窗、梁、柱、平台等建筑构配件，并应标明相应定位轴线编号、房间名称、平面标高。

平面图上应标注设备、管道定位(中心、外轮廓)线与建筑定位(轴线、墙边、柱边、柱中)线间的关系；剖面图上应注出设备、管道(中、底或顶)标高。必要时，还应注出距该层楼(地)板面的距离。

建筑平面图采用分区绘制时，暖通空调专业平面图也可分区绘制。但分区部位应与建筑平面图一致，并应绘制分区组合示意图。

除方案设计、初步设计及精装修设计外，平面图、剖面图中的水、汽管道可用单线绘制，风管不宜用单线绘制。

9.2.4 暖通空调施工图识读

1. 暖通施工图的图样类别

暖通空调施工图包括：设计、施工说明，图例、设备材料表，平面图，暖通系统图，详图，暖通流程图等。

(1)设计、施工说明：设计概况，设计参数；冷热源情况；冷热媒参数；空调冷热负荷及负荷指标；水系统总阻力；系统形式和控制方法。使用管道、阀门附件、保温等材料，系统工作压力和试压要求；施工安装要求及注意事项；管道容器的试压和冲洗等；标准图集的采用。

(2)图例、设备材料表：列出该系统中使用的图形符号或文字符号，列出系统主要设备及主要材料的规格、型号、数量、具体要求。设备材料表是编制工程预算，编制购置主要设备、材料计划的重要参考资料。

(3)暖通平面图：需要绘制建筑轮廓、主要轴线、轴线尺寸、室内外地面标高、房间名称。风管平面为双线风管、空调水管平面为单线水管；平面图上标注风管、水管规格、标高及定位尺寸；各类空调、通风设备和附件的平面位置；设备、附件、立管的编号。

(4)暖通系统图：小型空调系统，当平面图不能表达清楚时，绘制系统图，比例宜与平面图一致，按45°或30°轴测投影绘制。系统图需要绘出设备、阀门、控制仪表、配件、标注介质流向、管径及设备编号、管道标高。

(5)暖通系统流程图：大型空调系统，当管道系统比较复杂时，绘制流程图。流程图可不按比例，但管路分支应与平面图相符，管道与设备的接口方向与实际情况相符。

(6)详图：绘出通风、空调、制冷设备的轮廓位置及编号，注明设备和基础距墙或轴线的尺寸；连接设备的风管、水管的位置走向；注明尺寸、标高、管径。

暖通施工图的图纸应按照以上(1)~(6)图样顺序排列并编号，方便读图。

2. 识读平面图

要了解各层平面图上风管、水管平面布置，立管位置及编号，空气处理设备的编号及平面位置、尺寸，空调风口附件的位置，风管、水管的规格等，了解暖通平面对土建施工、建筑装饰的要求，统计平面上器具、设备、附件的数量。

图9-9是散热器在平面图中的画法，图9-9(a)表示双管系统，图9-9(b)表示单管系

统,n 表示散热器片数。

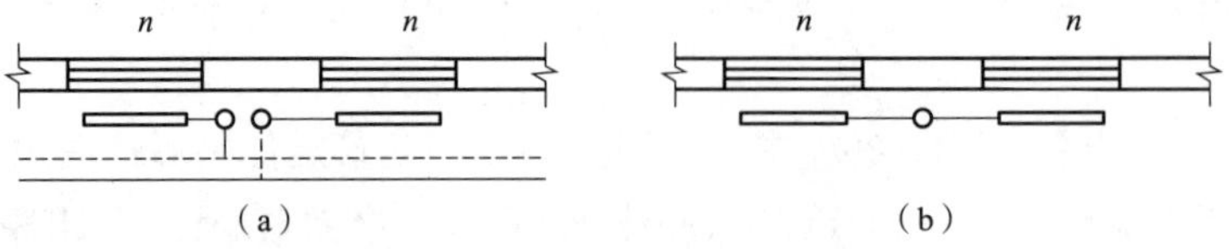

图 9-9　散热器在平面图中的画法

图 9-10 所示为某公寓地下室通风平面图。通风平面图中需要画出图例,风管的投影,风管断面尺寸、排风口尺寸,风机型号等。根据设计说明可知,地下室设置了机械排风(兼排烟)系统 PJ-1 和机械补风系统 J-1。由图可知通风平面图的绘图比例是 1:100,建筑结构线为细实线,风管及排风口为粗实线。靠近图例标注了排烟风机和送风机的类型代号:GYF6-S1-BX,GXF5.5-1-BX。A-B 轴线之间的风管断面尺寸为 1000×400,排风口尺寸为 600×300,排风口定位尺寸为 1000、2600、2600。

图 9-11 所示为某公寓地下室采暖平面图。采暖平面图中需要画出供热总管和回水总管的进出口,并注明管径、标高及回水干管的位置,固定支架、平衡阀、温控阀和阀门位置等,立管的位置及编号,散热器的位置及每组散热器的片数,散热器的安装与立、支管的连接方式。图中立管有 ZL、⑪-⑳。供热总管 DN70,回水干管 DN32,供水干管和支管有 DN50、DN40、DN32、DN25 等直径。散热器均为 16 片散热片。可按照水流的方向读采暖平面图。

图 9-12 所示为某公寓首层采暖平面图。该层属于地下室上层,需要表示出散热器的位置及每组散热器的片数,散热器的安装与立、支管的连接方式。该图中有一种公共建筑特有的采暖方式:热风幕,型号为 RM-090。

图 9-13 为某别墅底层采暖平面图,采暖方式为地板辐射供暖。从图中可以看出,燃气壁挂炉产生热源,供给分集水器。1#分集水器有三个供回水管路,靠近 2 轴线的一组向次卧 1 供暖,管路敷设为回字形;中间的一组向次卧 2 供暖,管路敷设为回字形;第三组向健身房及卫生间供暖,管路敷设为 S 形。图中注明管路敷设间距、与墙内壁的定位尺寸、管路长度等信息。

3. 识读暖通系统图

采暖系统轴测图表示整个建筑内采暖管道系统的空间关系,一般和平面图对照阅读,要求了解系统编号,管道的走向,管径、管道标高、设备附件的连接情况,立管上设备附件的连接数量和种类。轴测图中的比例、标注必须与平面图保持一致。

系统图为了避免出现各环路与散热器交叉重叠,而将其断开绘制,相应的断开处均用相同的字母表示。

图 9-14 所示为某公寓地下室和首层的采暖系统图。由系统图可知,该采暖系统为中分式双管热水采暖系统,供回水干管敷设在地下室。系统图中有 A、B、C、D 四个字母,本图中 B、C、D 有对应的连接,A 部分只画出地下室和首层,二层及以上的连接部分未画出。图中根据管径可以看出沿着热水的流向供水管的管径由大变小。散热器上注明散热器片数。固定支架、平衡阀、温控阀和阀门位置等与平面图位置一致。

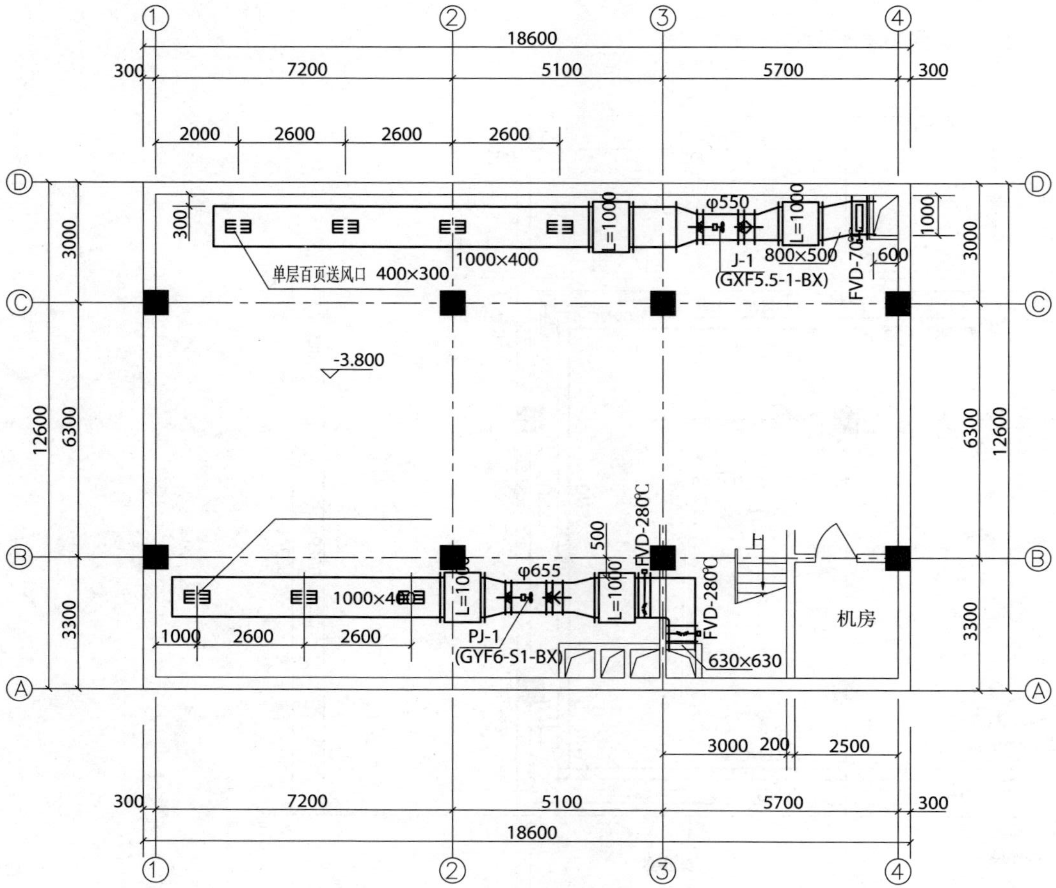

地下室通风平面图 1：100

说明：

1.地下室设置了机械排风(兼排烟)系统PJ–1和机械补风系统J–1；火灾时PJ–1高速运转，进行排烟，同时J–1开启补风。

2.平时PJ–1低速运转，进行机械排风，通过楼梯等进行自然补风。

3.设备参数

(1)双速排烟风机PJ–1：GYF6–S1–BX，L=1500m^3/h/7500m^3/h，H=600Pa/150Pa，N=5.9kW/1.4kW；

(2)单速送风机J–1：GXF5.5–1–BX，L=8000m^3/h，H=345Pa，N=1.5kW。

图 9-10　某公寓地下室通风平面图

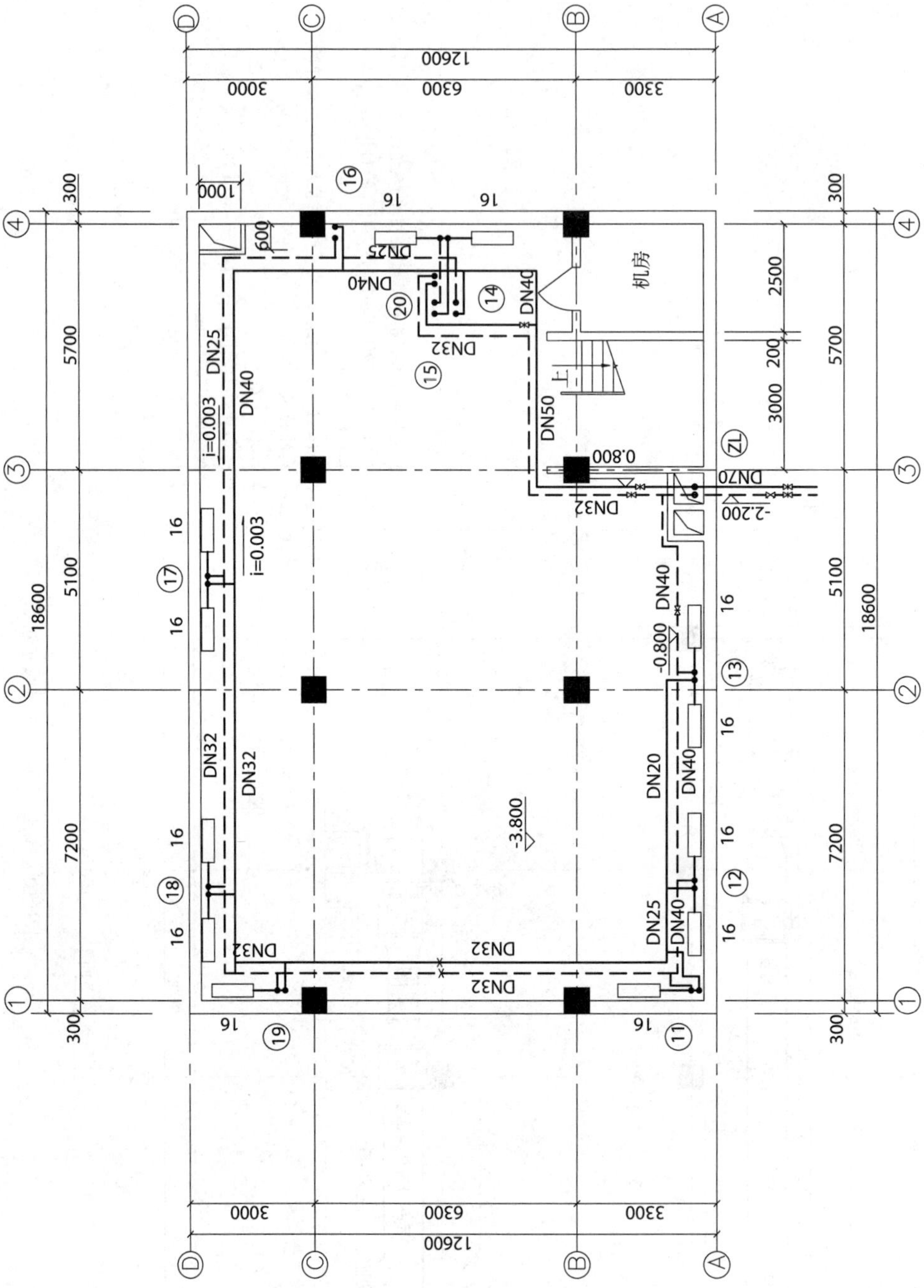

地下室采暖平面图 1 : 100

图 9-11 某公寓地下室采暖平面图

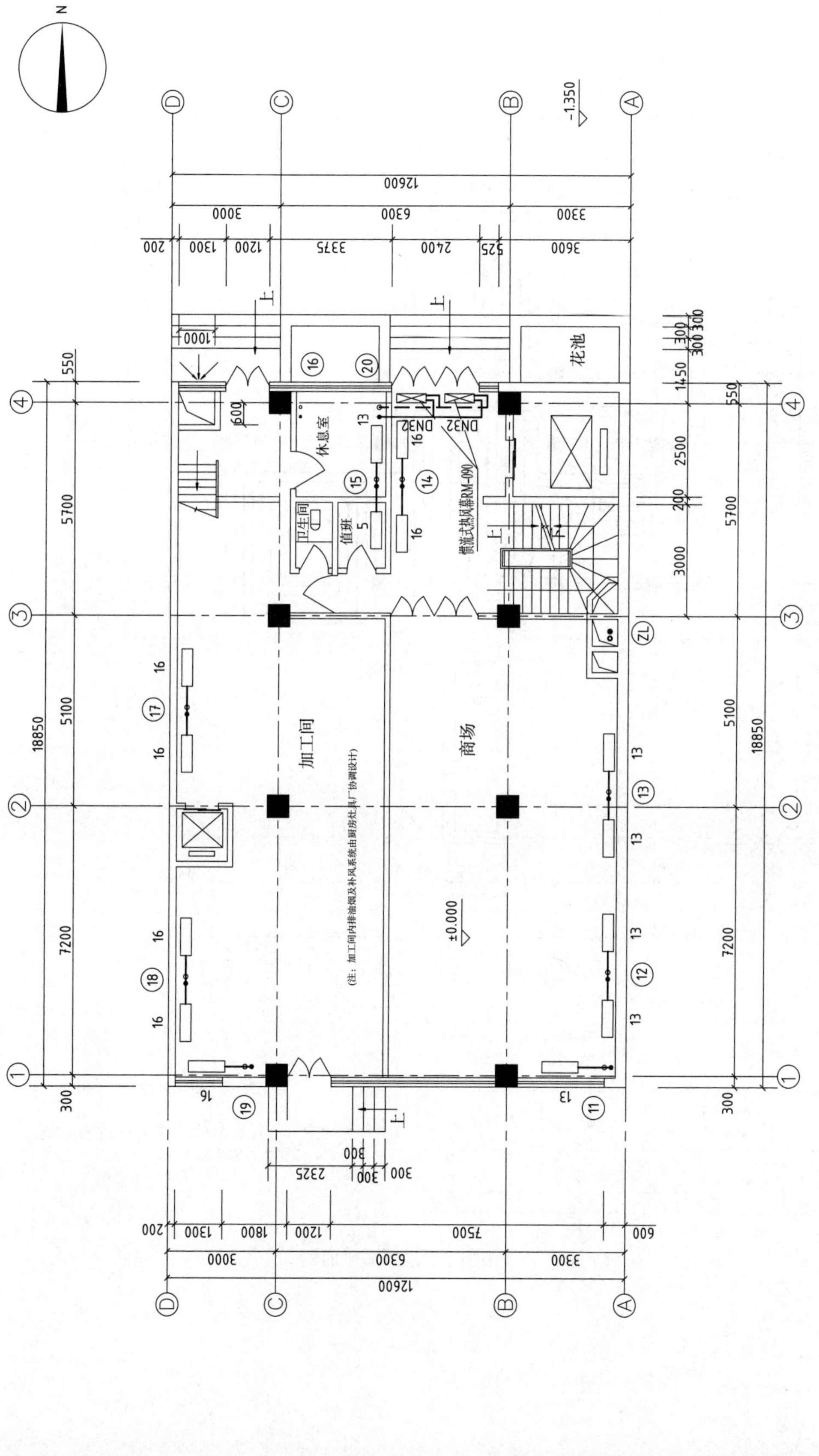

首层采暖平面图 1：100

图 9-12　某公寓首层采暖平面图

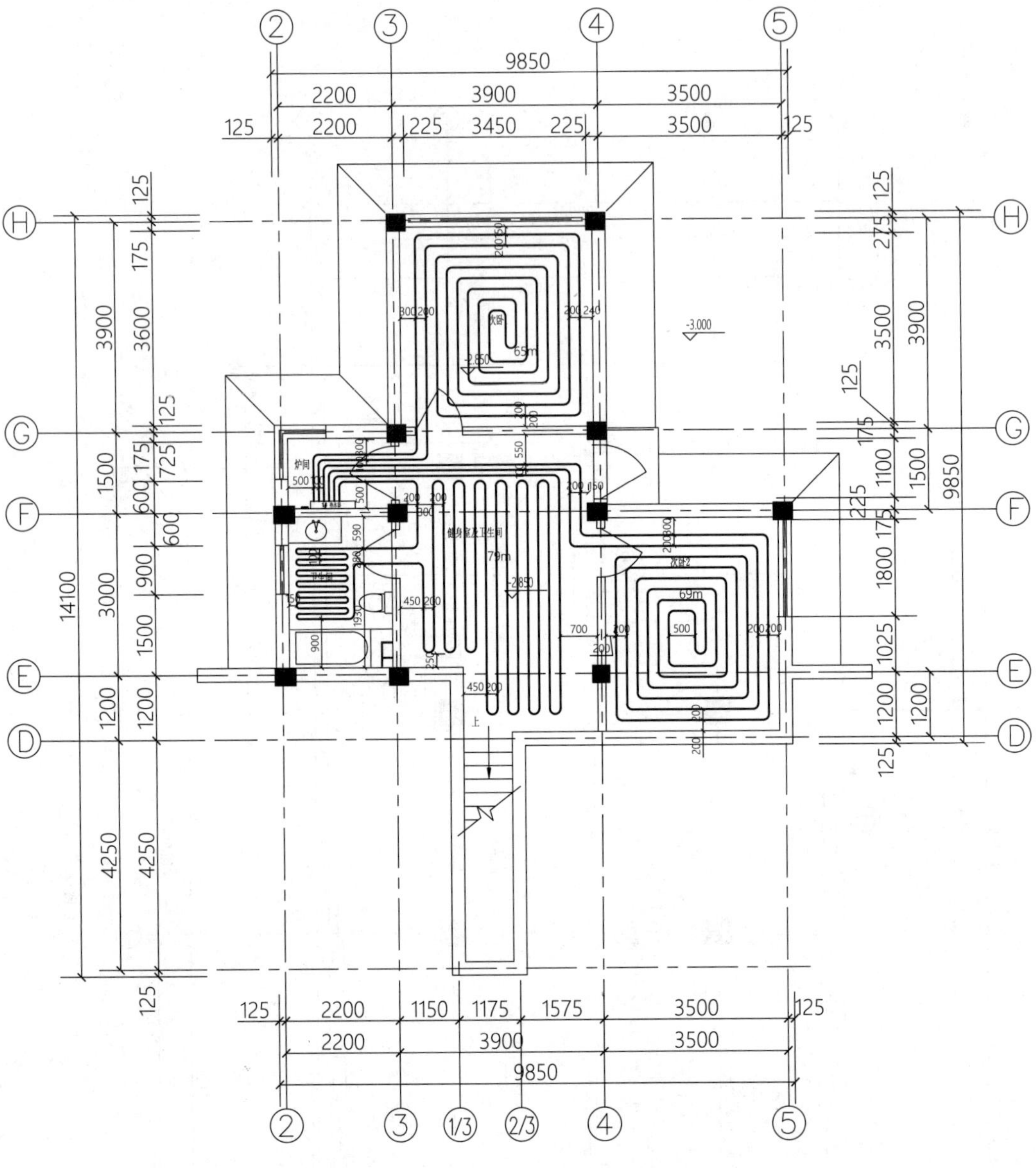

B2底层采暖平面图　1 : 50

单元	分配器型号	房间号 / 数据	健身房/卫生间	次卧 1	次卧 2
首层	FPQ－5	d / mm	20	16	16
		L / m	79	65	69
		S / mm	200/100	200	200

说明：表中d代表地板辐射采暖排管配制间距，L代表房间所需管子总长度。

图 9-13　某别墅底层采暖平面图

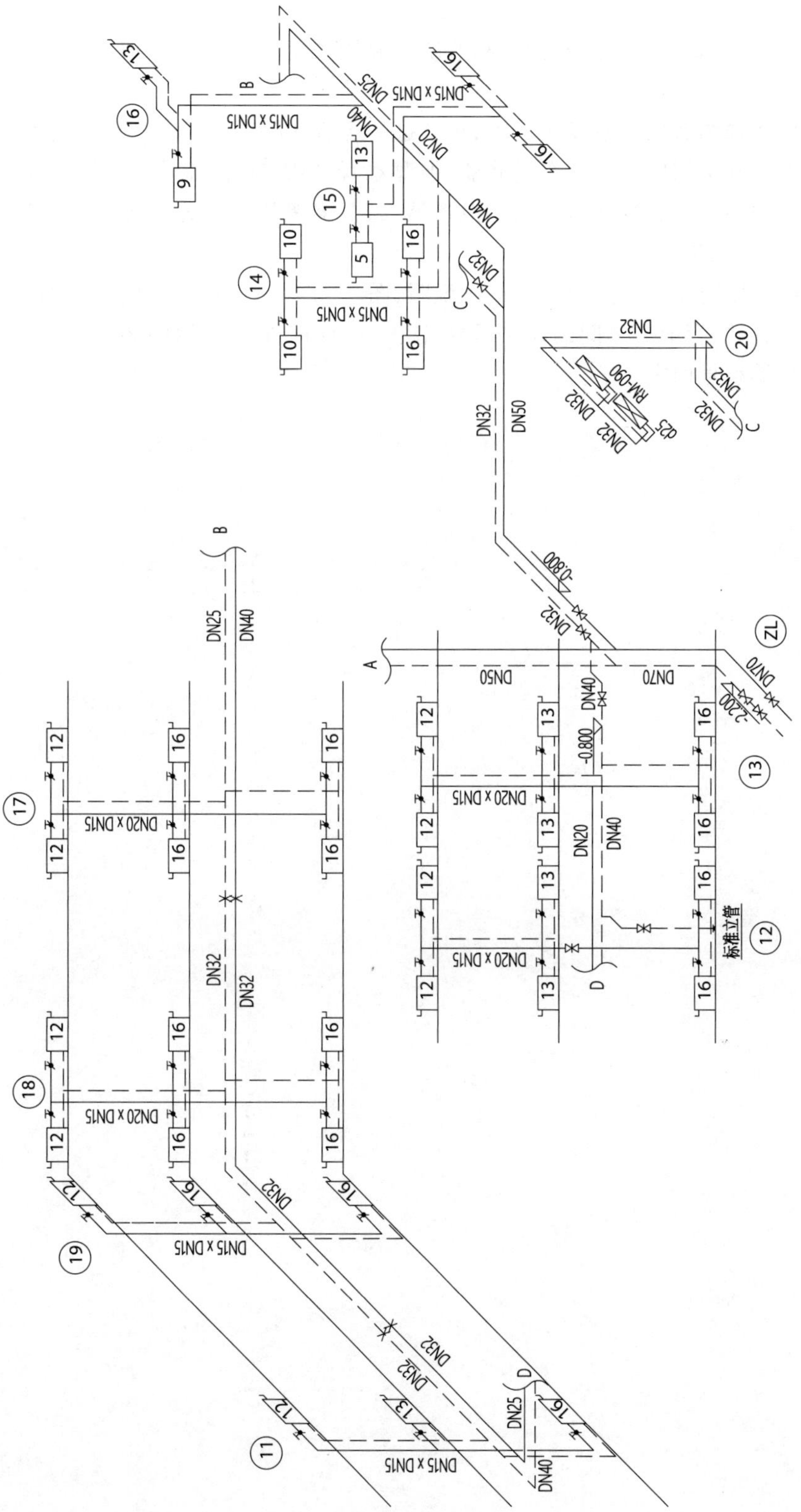

采暖系统图 I　1 : 100

图 9-14　某公寓地下室和首层采暖系统

4. 详图

详图又称大样图,主要表明暖通平面图和系统轴测图中复杂节点的详细构造及设备安装方法。

采暖施工图中的详图有散热器安装详图,集气罐的构造、管道的连接详图,补偿器、疏水器的构造详图等。通风施工图中的详图有过滤器、加湿器、各种阀门、散流器、通风口等的安装详图等。空调施工图中的详图有制冷机、支架、散流器、减振器等详图。各种施工图的详图可参阅《建筑安装工程施工图集》(1－8 册)。

图 9－14 为散热器安装示意图和详图举例说明,图 9－14(a)中用平面图和立面图表示散热器与墙体、阀门、管件、管卡等之间的连接示意,图 9－14(b)是散热器安装的定位尺寸。具体尺寸应根据散热器型号而定。

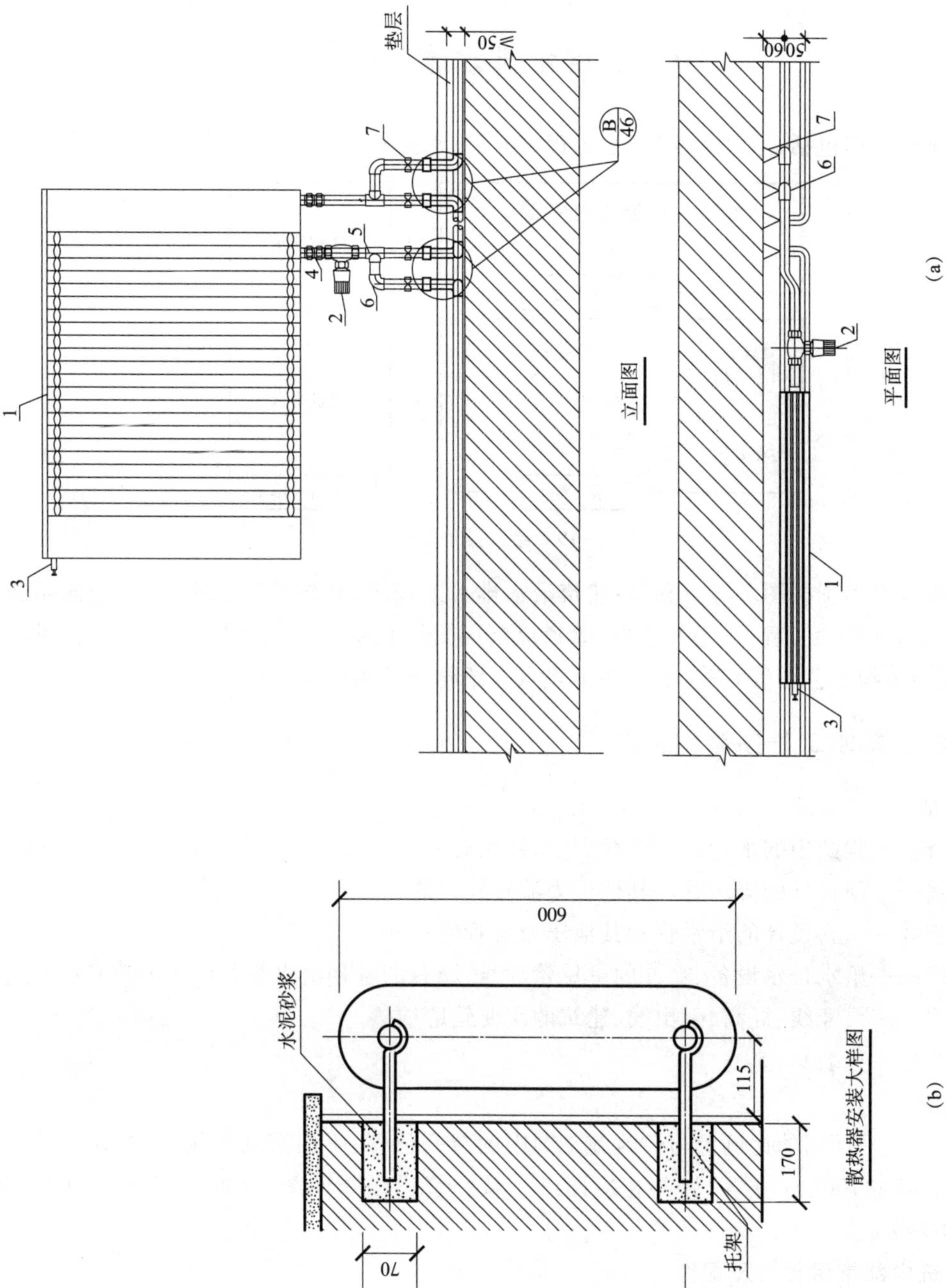
垫层
≥50
50 60
B
46
1
2
3
4
5
6
7
立面图
平面图
(a)
600
水泥砂浆
115
170
70
505
托架
散热器安装大样图
(b)

图 9-15　散热器安装图

9.3 给水排水施工图

给水排水工程包括：给水工程、排水工程、建筑给水排水工程，流程图如图9－15所示。

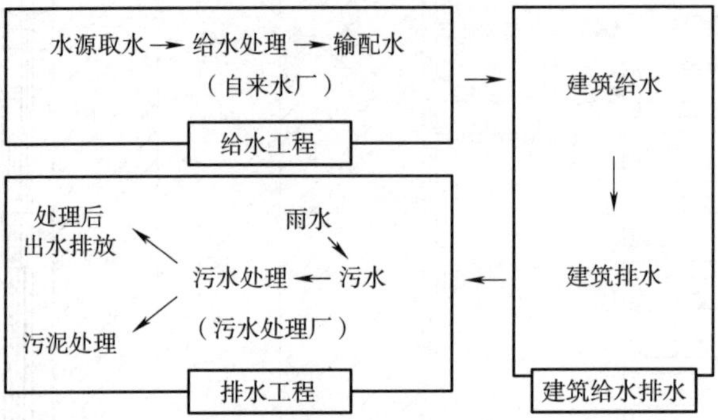

图9－19 给水排水工程

给水排水工程图按图示特点分为：建筑给水排水工程图（建筑给排水平面图、建筑给排水轴测图等）、室外管道工程图（总平面图、管道纵断面图等）、水处理工程图（水处理厂或站平面图、水处理构筑物工艺图等）三部分。本节重点介绍建筑给水排水工程图。

9.3.1 给水排水工程图制图标准

1. 线型

给水排水工程图中的水管常用单线表示，线型有：

粗虚线——新设计的排水管和其他重力流管线；

中粗实线——新设计的给水管和其他压力流管线；

中实线——给水排水设备、零件的可见轮廓线，原有的各种给水和其他压力流管线；

细实线——尺寸线、标高、引出线、建筑的次要轮廓线等。

其他线型参见表9－5。

2. 比例

总平面图、平面图的比例应与建筑施工图中的总平面图、平面图的比例一致；建筑给排水轴测图宜采用1:100、1:50等，并与相应图纸一致。管道纵断面图、水处理厂宜采用1:500、1:200、1:100等。

3. 建筑内部常用管材及配件

（1）塑料管：聚氯乙烯管（UPVC）、聚乙烯管（PE）、聚丙烯管（PP－R）、聚丁烯管（PB）和ABS管。

（2）复合管：铝塑复合管（以铝合金为骨架，内外层为聚乙烯）和钢塑复合管（衬塑和涂塑），一般用于工作压力不大于1.0 MPa的冷热水管道中。

（3）钢管：焊接钢管（水煤气管）和无缝钢管，前者又分镀锌钢管（白铁管）和非镀锌钢管（黑铁管）承受流体压力大、抗振性能好，但抗腐蚀性差。冷浸镀锌管因污染水抽而被淘汰，热浸镀锌管也限制场合使用。

(4)铜管:连接方法有焊接和螺纹连接。

(5)给水铸铁管:铸铁管采用铸造生铁以离心法或砂型法铸造而成。采用承插连接,其接口方式有胶圈接口、铅接口、膨胀水泥接口、石棉水泥接口。

4. 管材连接方法

(1)螺纹连接:可拆卸,多用于钢管、塑料管等。有圆锥形螺纹和圆柱形螺纹连接。

(2)法兰连接:可拆卸,多用于钢管、塑料管、承压铸铁管等。有铸铁和钢制两类。

(3)焊接:不可拆卸,属永久性连接,多用于钢管、塑料管等。焊接方法一般有电弧焊、气焊、热空气焊等。

(4)承插连接:可拆卸,多用于铸铁管。接口方式有胶圈接口、铅接口、膨胀水泥接口、石棉水泥接口。

管道的连接件有外接头、异径管、四通、法兰、活接头、内外螺纹接头、管堵、锁紧螺母、伸缩器、水龙头等。

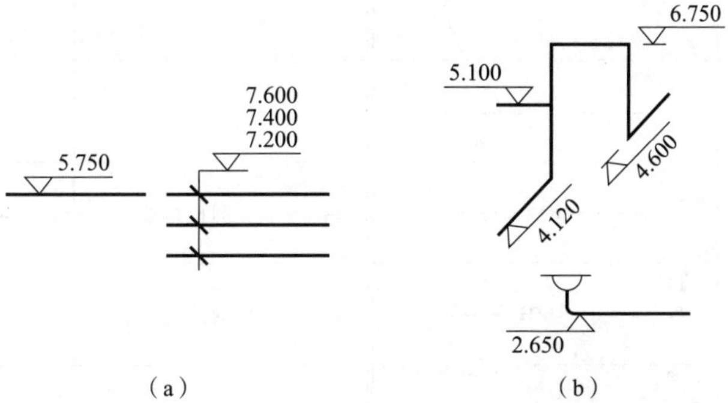

图 9-16 标高

注:(1)、(2)、(4)的读图与绘图见第 10 章,(3)的制图知识可查阅《焊缝符号表示法》(GB/T 324—2008)、《技术制图焊缝符号的尺寸、比例及简化表示法》(GB/T 12212—2012)等国家标准。

5. 标高与管径

平面图中的标高标注见图 9-17(a),多条管线平行时,标高按照管线的次序排列。

轴测图中的标高见图 9-17(b)。

注:重力流管线的标高位置是管内底高,压力流管线的标高位置是管中心高。

管径在给水排水施工图中的标注方法同图 9-3,具体符号见表 9-12。

表 9-12 不同材料的管径标注

管径表达方式	宜以公称直径表示	宜以外径 $D\times$壁厚表示	宜以内径 d 表示	宜按产品标注的方法表示
适用管材	水煤气输送钢管(镀锌或非镀锌)、铸铁管等	无缝钢管、焊接钢管(直缝或螺旋缝)、铜管、不锈钢管等	钢筋混凝土(或混凝土)管、陶土管、耐酸陶瓷管、缸瓦管	塑料管
标注举例	DN15、DN50	D108×4、D159×4.5	d230、d380	

6. 图例

给水排水工程图中常用的图例见表 9-13。

表 9－13　给水排水工程图图例

序号	名　　称	图　　例	序号	名　　称	图　　例
1	生活给水管	—— J ——	18	空调凝结水管	—— KN ——
2	热水给水管	—— RJ ——	19	立管检查口	
3	热水回水管	—— RH ——	20	清扫口	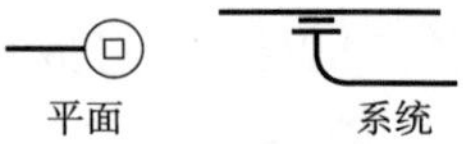
4	中水给水管	—— ZJ ——	21	通气帽	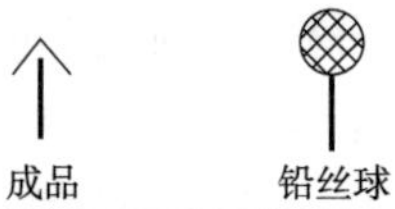
5	循环给水管	—— XJ ——	22	雨水斗	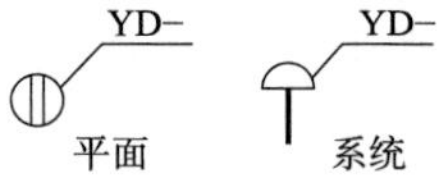
6	循环回水管	—— Xh ——	23	排水漏斗	
7	热媒给水管	—— RM ——	24	圆形地漏	
8	热媒回水管	—— RMH ——	25	自动冲洗水箱	
9	蒸汽管	—— Z ——	26	法兰连接	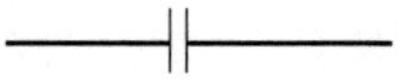
10	凝结水管	—— N ——	27	承插连接	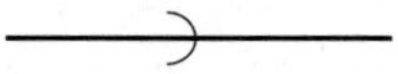
11	废水管	—— F ——	28	活接头	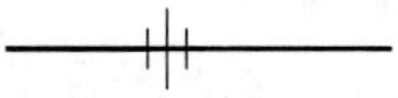
12	压力废水管	—— YF ——	29	管堵	
13	通气管	—— T ——	30	法兰堵盖	
14	污水管	—— W ——	31	弯折管	
15	压力污水管	—— YW ——	32	三通连接	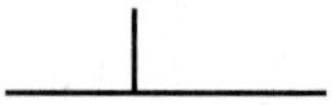
16	雨水管	—— Y ——	33	四通连接	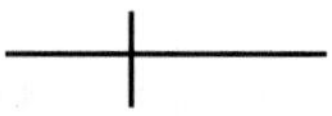
17	管道立管	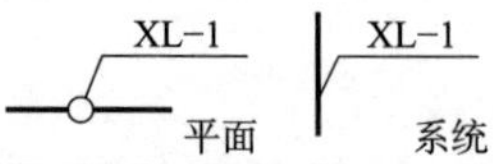	34	管道丁字上接	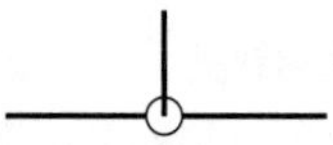

续表

序号	名　　称	图　　例	序号	名　　称	图　　例
35	管道丁字下接	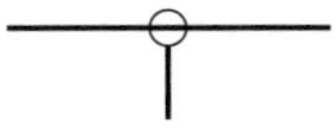	52	挂式洗脸盆	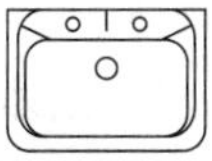
36	管道交叉	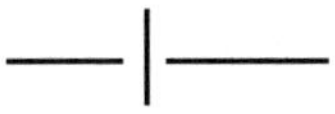	53	浴盆	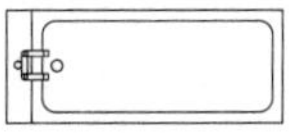
37	存水弯		54	洗衣机	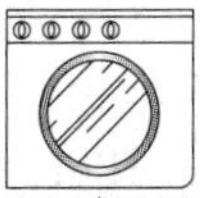
38	正三通	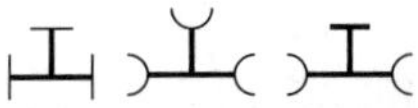	55	污水池	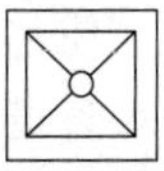
39	斜三通		56	蹲式大便器	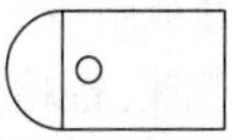
40	正四通		57	坐式大便器	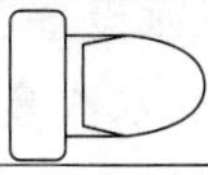
41	闸阀		58	小便槽	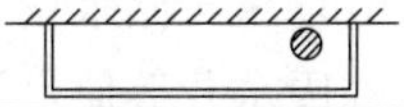
42	角阀	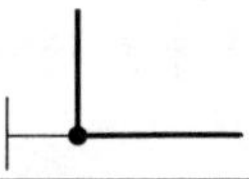	59	淋浴喷头	
43	三通阀		60	矩型化粪池	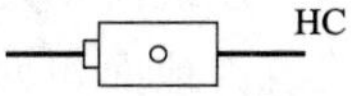
44	四通阀	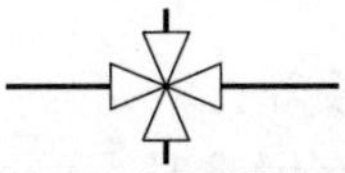	61	圆型化粪池	
45	球阀		62	隔油池	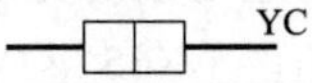
46	延时自闭冲洗阀		63	沉淀池	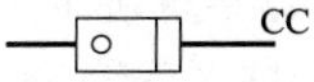
47	放水龙头		64	降温池	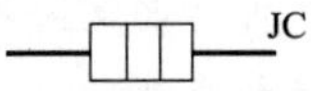
48	浴盆带喷头混合水龙头	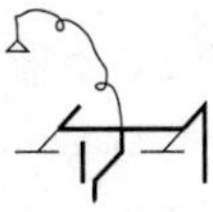	65	中和池	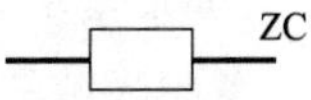
49	室外消火栓		66	雨水口	
50	立式洗脸盆	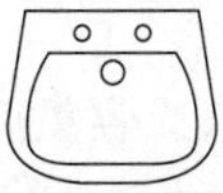	67	水表	
51	台式洗脸盆	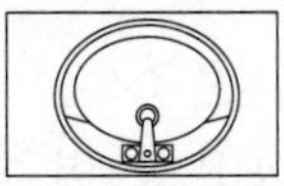	68	检查井	

9.3.2 建筑给水排水工程图

1. 概述

(1)建筑给水工程的组成

一般建筑的给水包括:生活给水,消防给水,通常情况都是指代自来水。建筑给水系统主要由引入管,给水管道,给水附件,配水设备,增压与储水设备,计量仪表等组成。

①引入管:从室外给水管网的接管点引至建筑物内的管道,又称进户管。

②水表节点:水表节点是指引入管上装设的水表及其前后设置的阀门、泄水阀等装置的总称。水表用以计量建筑物总用水量;阀门用以水表检查、更换时关闭管路;泄水阀用于系统检修时放空。住宅建筑每户均应安装分户水表。

③给水管道:包括干管、立管和支管,用于输送和分配用水。

④给水附件:管道系统中调节水量、水压、控制水流方向、改善水质,以及关断水流,便于管道、仪表和设备检修的各类阀门和设备。

⑤配水设备:生活、生产和消防给水系统管网的终端用水点上的装置即为配水设施。如:水龙头、热水器等。

⑥增压与储水设备:包括升压设备和储水设备。如水泵、水泵-气压罐升压设备;水箱、储水池和吸水井等储水设备。

⑦室内消防设备:根据其防火要求及规定,需要设置消防给水系统时,一般应设置消火栓灭火设备。特殊要求时,需设置自动喷水灭火设备。

以下建筑需要设置不小于 DN65 的消火栓:

建筑占地面积大于 300 m^2的厂房,体积大于 5 000 m^3的车站、图书馆建筑等;

超过 800 座位的其他等级的剧场和电影院等;

超过五层或体积大于 10 000 m^3的办公楼、教学楼等;

超过七层的住宅应设置室内消火栓系统。当确有困难时,可设置干式消火栓管和不带消火栓箱的 DN65 室内消火栓,消防竖管的直径不应小于 DN65。

(2)建筑排水工程的组成

①排水系统。一般建筑的排水系统包括:生活污水,生活废水,雨水、空调冷凝水系统。

生活污水系统:一般指代卫生间内的排水,收集后经此区域化粪池进行初步处理后排放至市政污水管网。

生活废水系统:一般指除卫生间以外的排水,有些建筑会采取"污废合流"方式将废水进行排放,经此区域的化粪池或污水处理站进行统一处理再排放到市政污水管网。而有些区域会将处理过后的废水作为中水进行循环使用。

雨水系统:一般将此区域的雨水收集排放到地表或集中汇集排放到市政雨水管网。处理过后的雨水作为中水进行循环使用。

空调冷凝水系统:空调中产生的冷凝水可直接外排,或收集后排放至此区域的排水主管。

②排水设备。

a. 卫生器具:如大便器、浴盆、洗脸盆、洗涤盆等。

b. 排水管道及附件:包括存水弯、排水横管、排水立管、排出管、清扫口等。

存水弯(水封管):存水弯是设置在卫生器具排水支管上及生产污(废)水受水器泄水口下方的排水附件。其构造有S型和P型两种。在弯曲段内存有50～100 mm高度的水柱,称作水封,其作用是阻隔排水管道内的气体通过卫生器具进入建筑内而污染环境。存水弯的最小水封高度不得小于50 mm。当卫生器具的构造已有存水弯时,在排水口以下可不设存水弯。

检查口:是一个带盖板的开口短管,安装高度从地面至检查口中心为1.0 m。

清扫口:一般设在排水横管上,清扫口顶与地面相平。横管始端的清扫口与管道垂直的墙面距离不得小于0.15 m。

通气帽:在通气管顶端应设通气帽,以防止杂物进入管内。

识读给水系统图时,可由建筑的给水引入管开始,沿水流方向经干管、立管、支管到用水设备;识读排水系统图时,可由排水设备开始,沿排水方向经支管、横管、立管、干管到排出管。

图9－18为建筑内部给水排水系统示意图。给水系统:市政给水管网的水供给地坪面以下的室外给水管,再通过水表井进入引入管,在基础墙位置分两路,一路向上穿过室内地坪通过给水立管1供给卫生间各配水设备,另一路进入水平干管和给水立管2,供给室内消火栓。排水系统:大便器、浴盆、洗脸盆、洗涤盆等产生的生活污水通过排水横管,排出到排水立管,再到排出管排至检查井,检查井中的室外排水管与市政排水管网相连。

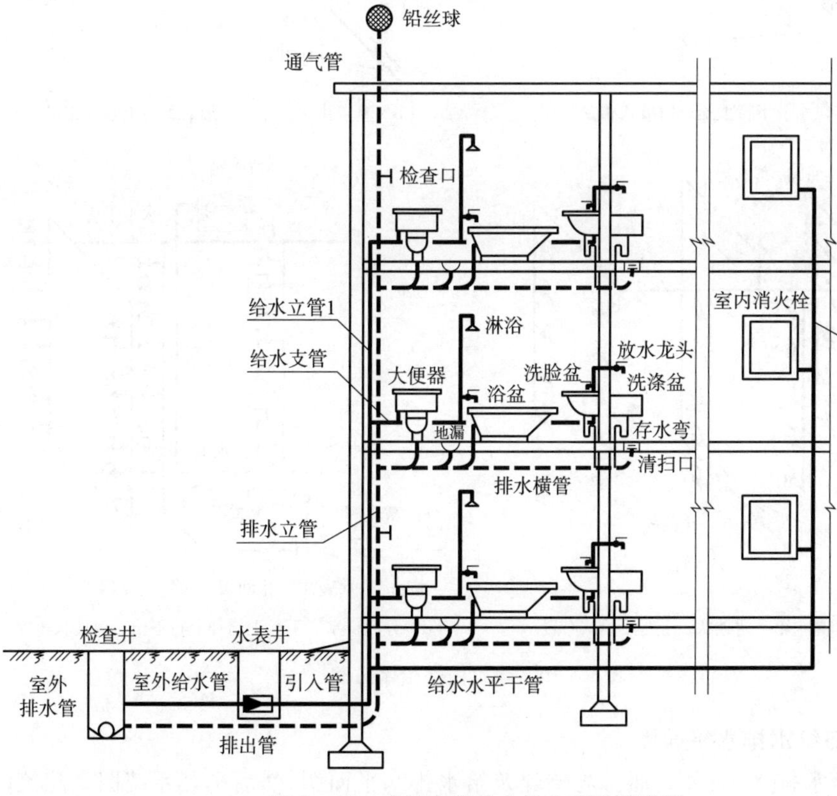

图9－18　建筑内部给水排水系统示意图

(3)建筑给水布置方式

①按照有无加压和调节设备分为:直接供水,如图 9 - 19(a)、(b)所示;设水泵、水箱供水,如图 9 - 19(c)、(d)所示;按照楼层分区供水,如图 9 - 19(d)所示。

②按照水平干管的敷设位置分为:下行上给式和上行下给式。下行上给式给水干管设于建筑物底部,由下向上供水,如图 9 - 19(a)、(b)、(d)所示;而上行下给式给水干管设于建筑物顶部,由上向下供水,如图 9 - 19(c)、(d)所示。

③按照水平干管是否连接成环形分为:环状,如图 9 - 19(b)所示;树枝状,如图 9 - 19(a)、(c)、(d)所示。

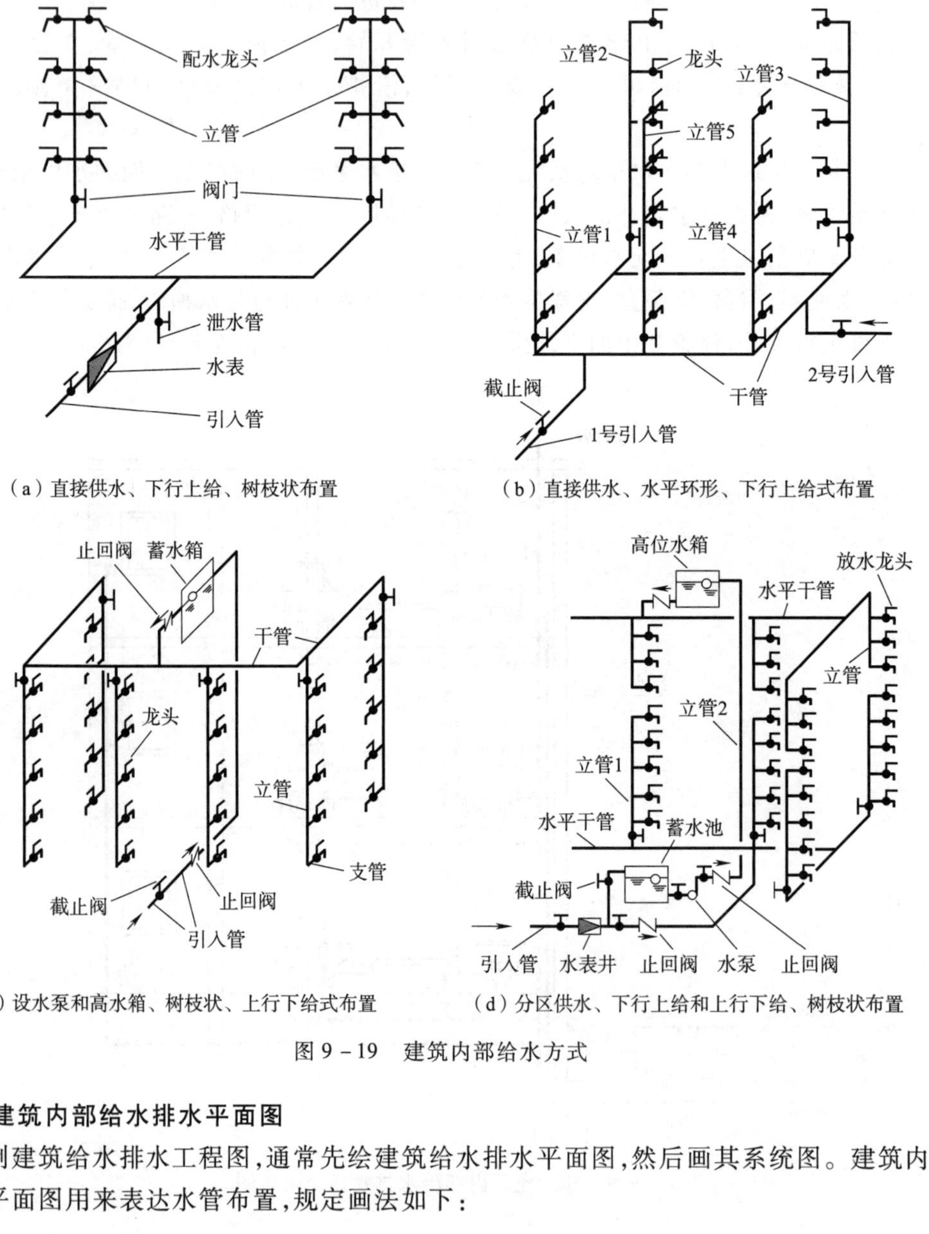

(a) 直接供水、下行上给、树枝状布置

(b) 直接供水、水平环形、下行上给式布置

(c) 设水泵和高水箱、树枝状、上行下给式布置

(d) 分区供水、下行上给和上行下给、树枝状布置

图 9 - 19　建筑内部给水方式

2. 建筑内部给水排水平面图

绘制建筑给水排水工程图,通常先绘建筑给水排水平面图,然后画其系统图。建筑内部给水排水平面图用来表达水管布置,规定画法如下:

(1)建筑平面图的墙身、门窗等一律用细实线表示,不需标注门窗代号;

(2)比例与相应的建筑施工图相同;

(3)需要用图例来表示给水排水的设备,给水管与排水管需要编号。

如图9-20所示为建筑内部给水排水平面图中的管道标注画法。在平面图中引入管编号如图9-20所示,细实线圆直径为10~12 mm,分子为管道类型,分母为该类型编号,中粗实线表示给水管。

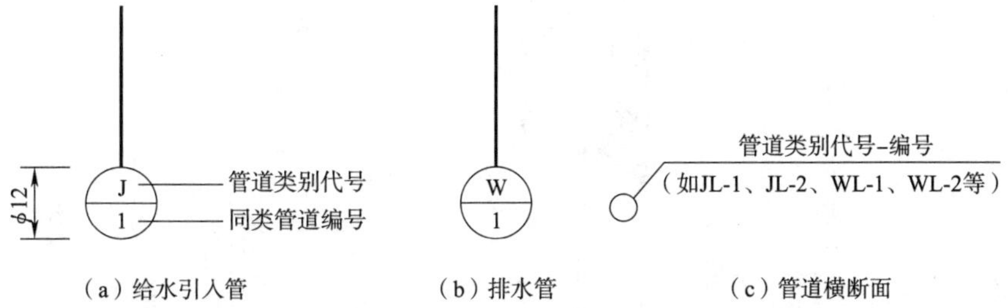

图9-20 管道编号

(4)需要标出建筑的总体尺寸、墙柱定位尺寸、轴线间尺寸,其他细部尺寸不需标出。需要注出该楼层的标高。

如图9-21所示为第7章中的某项目建筑首层给水排水平面图。图中标注了给水管、给水立管、排水管、排水立管的位置和走向、代号、直径等信息;卫生间的给水排水设备有:坐式大便器、浴盆、柜式洗脸盆、洗涤池、洗衣机、地漏等;厨房有水槽。

图中未表明水管的敷设方式是明装还是暗装,沿墙敷设还是地埋式敷设,未表明冷热水管的定位尺寸,需要按照水电安装规范而定。

建筑给排水平面图画图步骤:

绘制给水排水平面图,通常先绘制给水排水首层平面图,然后再画其余各楼层给水排水平面图,或标准层给水排水平面图。

首层给水排水平面图的画图步骤:

(1)画建筑平面图。给水排水平面图的建筑轮廓线、轴线号、房间名称等均与建筑专业一致。绘图步骤也与画建筑平面图一样,先画定位轴线,再画墙(柱)、门窗洞,最后画其他。属于建筑±0.000标高层的给水排水平面图在左下角画出指北针。

(2)画用水器具平面图。用图例画管道附件(如自动冲洗水箱等)、卫生设备及水池(如浴盆、污水池等)及其他给水排水设备和构筑物。

(3)画给水排水管道平面图。一般先画立管,然后画给水引入管和排水排出管(底层给排水平面图画),最后按照水流方向画出各干管、支管及阀门、给水配件和管道附件。

(4)布置应标注的尺寸、标高、编号及必要的文字。

(5)检查底稿,加深图线,书写文字,完成全图。

3. 给排水系统图

(1)画图。建筑给排水系统图一般按照轴测图绘制,包括:

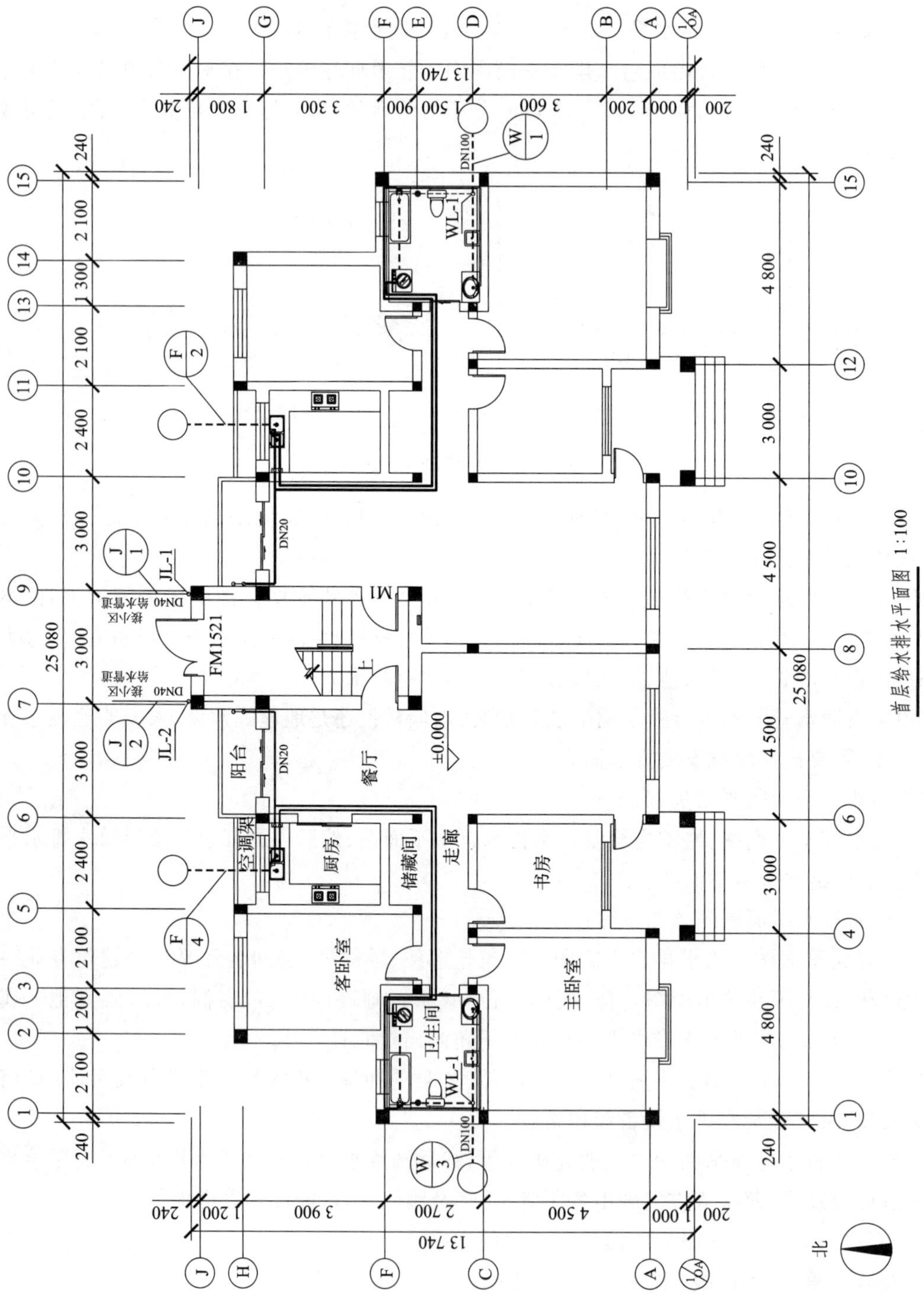

图 9-21 首层给水排水平面图

①管道的空间走向及水流方向；

②立管编号；

③管径；

④管道附件和设备，有阀门、检查口、波纹管、热水器等；

⑤楼地面线和轴线等辅助线；

⑥标高，包括主设计的管线、附件和设备标高或相对高度，以及楼层标高。

注意：在给水系统图上，卫生器具不画出，只须画出水龙头、淋浴器莲蓬头、冲洗水箱等符号；用水设备如锅炉、热交换器、水箱等则画出示意性的立体图，并在旁边注以文字说明。在排水系统图上也只画出相应的卫生器具的存水弯或器具排水管。

(2)读图。

①给水管道系统：需要了解管道具体走向，干管的布置方式，管径尺寸及其变化情况，阀门的设置，引入管、干管及各支管的标高。

如图9－22(a)所示给水系统图，1号给水引入管直径为DN40，所在标高为－1.100；与1号引入管连接的JL－1为1号给水立管，管径为DN32，进入每户的支管管径为DN20。图中的箭头表示水流方向，可以看出冷水管分为两个分路：一路向热水器、水槽供水；另一路向洗衣机、淋浴喷头、坐便器、洗涤池、洗脸盆等依次供水。热水器的热水管分为两路：一路向水槽供水，另一路向淋浴喷头和洗脸盆供水。立管入户处的总阀高度为450；管路的标高未另外标注，说明与本层建筑标高H相同；洗脸盆处的标高 $H+0.450$ 表示三角阀的布置为 $0.000+0.450$ 的高度。二层、三层、四层的管道布置同首层。

②排水系统：需要了解排水管道的具体走向，管路分支情况，管径尺寸与横管坡度，管道各部分标高，存水弯的形式，清通设备的设置情况。识读排水管道系统图时，一般按卫生器具或排水设备的存水弯、器具排水管、横支管、立管、排出管的顺序进行。

图9－22(b)所示排水系统图，排水器具有洗衣机、浴盆、地漏、坐便器、洗涤池、洗脸盆等；存水弯为S型；排水横支管直径为DN50；WL－1为1号排水立管，直径为DN100；排水横支管的敷设位置是当前建筑标高向下500；1号排水排出管的标高为－1.200。

注：民用建筑的给水排水系统图因每户的装修而异，管道敷设方式、用水设备的布置方式不同，系统图不同。

4. 给排水详图

凡平面布置图、系统图中局部构造因受图面比例限制而表达不完善或无法表达的，为使施工概预算及施工不出现失误，必须绘出施工详图。通用施工详图系列，如卫生器具安装、排水检查井、雨水检查井、阀门井、水表井、局部污水处理构筑物等，均有各种施工标准图，施工详图宜首先采用标准图。

图9－23是排水检查井详图；图9－24是排水管穿基础墙安装详图。图中未注明的尺寸可通过安装说明的文字部分或尺寸表了解。

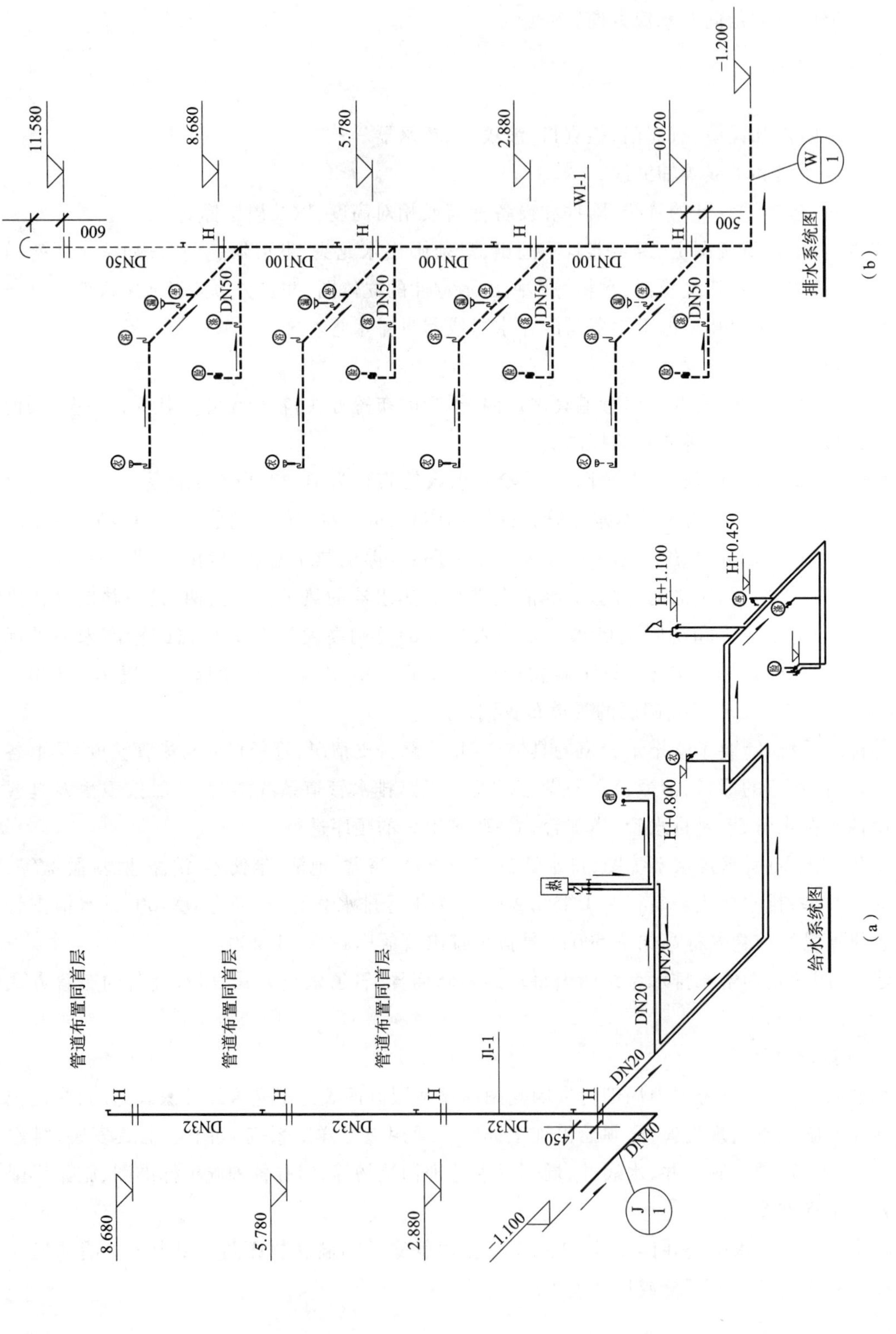

图 9-22　给水排水系统图

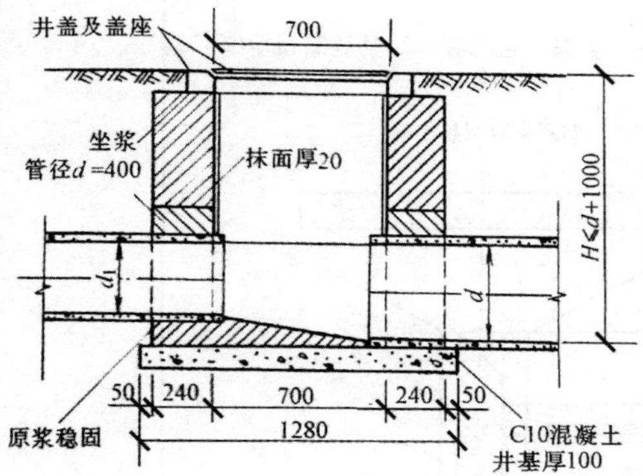

1—1

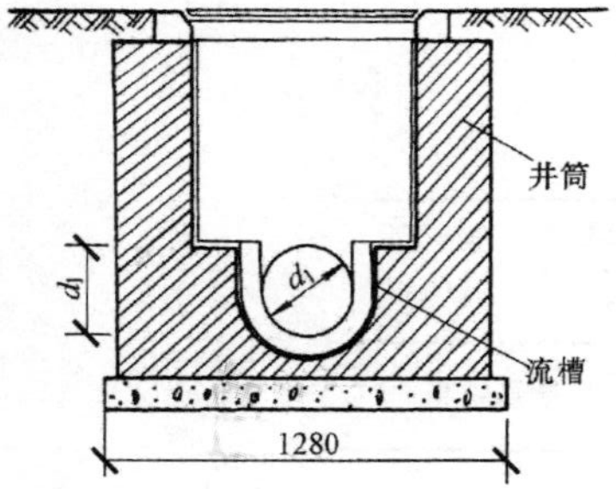

2—2

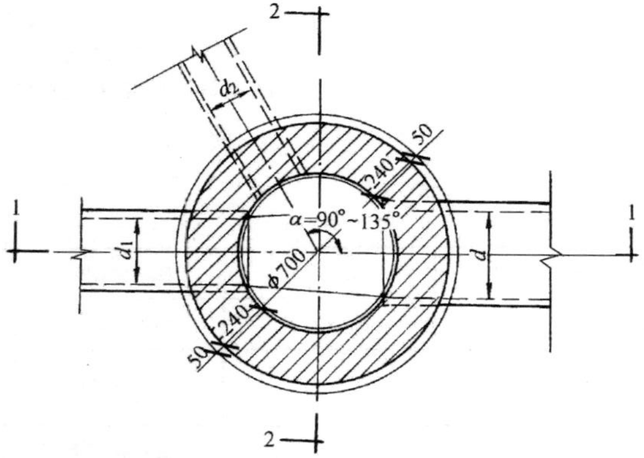

平面图

工程数量表

管径 d (mm)	砖砌体（m³）		C10混凝土（m³）	砂浆抹面（m²）
	流槽	井筒		
200	0.05	0.71	0.13	3.16
300	0.08	0.71	0.13	3.16
400	0.10	0.71	0.13	3.16

安 装 说 明

1. 抹面、勾缝、坐浆均用1∶2水泥砂浆。
2. 遇地下水时，井外壁抹面至地下水位以上500mm，厚20mm，井底铺碎石，厚100mm。
3. 接入支管，超挖部分用级配砂石、混凝土或砌砖填实。
4. 本图适用于$d \leqslant 400$mm的排水管。

图9-23 排水检查井

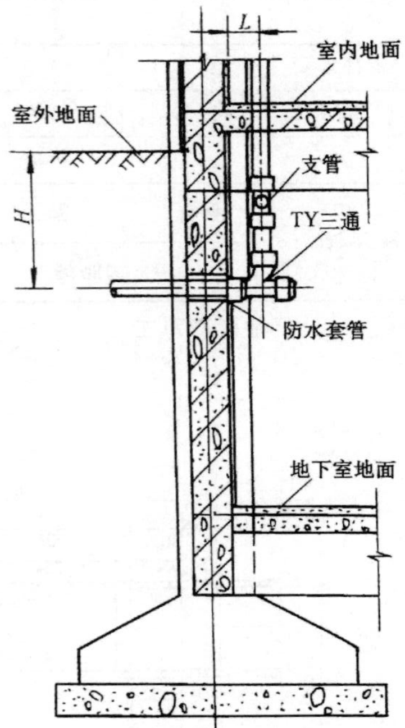

排水管穿地下室墙

注：如承口在套管内，套管尺寸按承口外径选择。

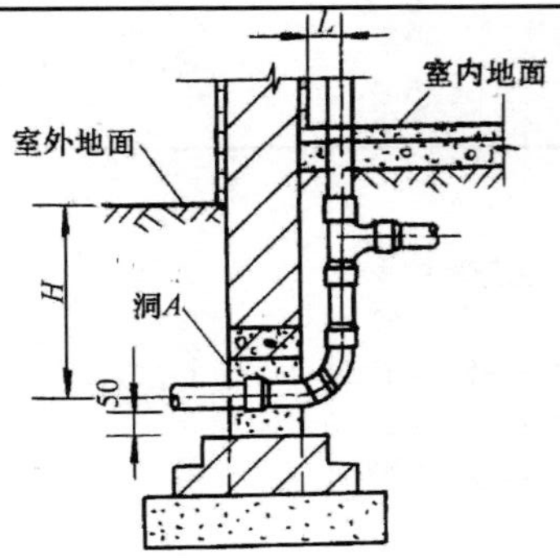

Ⅰ型

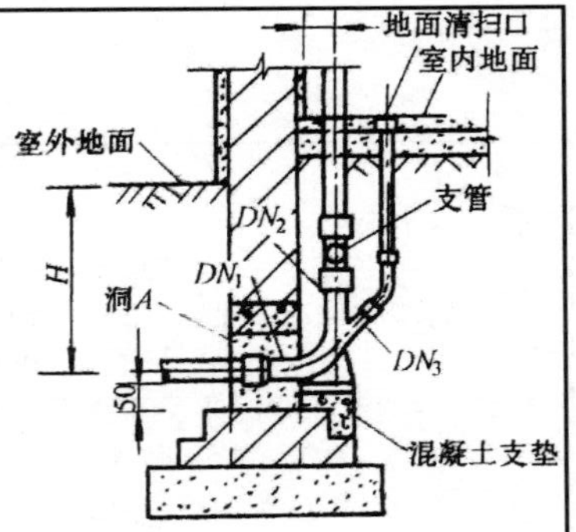

Ⅱ型

排水管穿基础墙

排出管穿基础墙预留洞尺寸表（mm）

排出管直径 DN		50～100	125～150	200～250
洞 A 宽×高	混凝土墙	300×300	400×400	500×500
	砖　　墙	240×240	360×360	490×490

安 装 说 明

1. H 和 L 由设计定。管道闭水试验合格后，洞 A 用黏土填实。
2. Ⅰ型用标准 45°弯头组成 90°弯。
3. Ⅱ型用带检查孔的变径 90°弯。（$DN_1>DN_2>DN_3$，各大 1 号。）

图9-24　排水管穿基础墙

9.4　电气施工图

电气施工图所涉及的内容往往根据建筑物功能的不同而有所不同，主要有建筑供配电、动力与照明、防雷与接地、建筑弱电等方面，用以表达不同的电气设计内容。

9.4.1　概　　述

1. 电气施工图的特点

(1)建筑电气工程图大多是采用统一的图形符号并加注文字符号绘制而成的。

(2)电气线路都必须构成闭合回路。

(3)线路中的各种设备、元件都是通过导线连接成为一个整体的。

(4)在进行建筑电气工程图识读时应阅读相应的土建工程图及其他安装工程图，以了解相互间的配合关系。

(5)建筑电气工程图对于设备的安装方法、质量的要求以及使用维修方面的技术要求等往往不能完全反映出来，所以在阅读图纸时涉及有关安装方法、技术要求等问题，要参照相关图集和规范。

2. 电气施工图的组成

(1)图纸目录与设计说明：包括图纸内容、数量、工程概况、设计依据以及图中未能表达清楚的各有关事项。如供电电源的来源、供电方式、电压等级、线路敷设方式、防雷接地、设备安装高度及安装方式、工程主要技术数据、施工注意事项等。

(2)主要材料设备表：包括工程中所使用的各种设备和材料的名称、型号、规格、数量等，它是编制购置设备、材料计划的重要依据之一。

(3)系统图：如变配电工程的供配电系统图、照明工程的照明系统图、电缆电视系统图等。系统图反映了系统的基本组成、主要电气设备、元件之间的连接情况以及它们的规格、型号、参数等。

(4)平面布置图：平面布置图是电气施工图中的重要图纸之一，如变、配电所的电气设备安装平面图、照明平面图、防雷接地平面图等，用来表示电气设备的编号、名称、型号及安装位置、线路的起始点、敷设部位、敷设方式及所用导线型号、规格、根数、管径大小等。通过阅读系统图，了解系统基本组成之后，就可以依据平面图编制工程预算和施工方案，然后组织施工。

(5)控制原理图：包括系统中所用电气设备的电气控制原理，用以指导电气设备的安装和控制系统的调试运行工作。

(6)安装接线图：包括电气设备的布置与接线，应与控制原理图对照阅读，进行系统的配线和调校。

(7)安装大样图(详图)：安装大样图是详细表示电气设备安装方法的图纸，对安装部件的各部位注有具体图形和详细尺寸，是进行安装施工和编制工程材料计划时的重要参考。

3. 电气施工图的阅读方法

(1)熟悉电气图例符号，弄清图例、符号所代表的内容。常用的电气工程图例如表9－14所示。未涉及的符号可查阅《电气简图用图形符号》系列标准。

表 9－14　常用电气图例

图形符号	名　　称	图形符号	名　　称
	照明配电箱	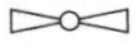	风扇
	动力或动力－照明配电箱		电度表
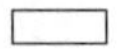	低压配电柜		单联开关
	事故照明配电箱		双联开关
	多种电源配电箱		三联开关
	单管荧光灯		四联开关
	双管荧光灯		双控开关
	三管荧光灯		延迟开关
	自带电源事故照明灯		吊扇调速开关
	专用线路事故照明灯		钥匙开关
	防水防尘灯		按钮
	壁灯		暗装单相插座
	球形灯		明装单相插座
	花灯		密闭单相插座
	嵌入式筒灯		防爆单相插座
	普通灯		带接地插孔明装三相插座
	天棚灯		带接地插孔密闭三相插座
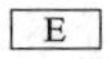	安全出口标志灯		带接地插孔暗装三相插座
	双向疏散指示灯		带接地插孔防爆三相插座
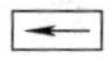	单向疏散指示灯		

注：若统一图例不能满足图纸表达的需要时，可以根据工程的具体情况，自行设定某些图形符号，并在设计图纸中进行图例说明。一般而言，每项工程都应有图例说明。

（2）电气施工图读图顺序：看标题栏及图纸目录——看设计说明——看设备材料表——看系统图——看平面布置图——看控制原理图——看安装接线图——看安装大样图。

配电系统图说明配电关系，平面布置图说明电气设备、器件的具体安装位置，控制原理图说明设备工作原理，安装接线图表示元件连接关系，设备材料表说明设备、材料的特性、参数。

电气施工图各图纸间应配合阅读，还要结合土建施工图了解电气设备的立体布设情况。

4. 照明灯具、配电线路、开关及熔断器的标注

（1）照明灯具。电光源按工作原理分类，可分为热辐射光源和气体放电光源两大类。热辐射光源主要利用电流的热效应，把具有耐高温，低挥发性的灯丝加热到白炽程度而产生可见光，如白炽灯、卤钨灯等；气体放电光源主要是利用电流通过气体（蒸汽）时，激发气体（或蒸汽）电离和放电而产生可见光，按其发光物质可分为：金属、惰性气体和金属卤化物三种；荧光灯、高压汞灯、高压钠灯和金属卤化物灯都属于气体放电光源。白炽灯和荧光灯被广泛应用在建筑物内部照明，金属卤化物灯、高压钠灯、高压汞灯和卤钨灯应用在广场道路、建筑物立面、体育馆等。

灯具的标注是在灯具旁按灯具标注规定标注灯具数量、型号、灯具中的光源数量和容量、悬挂高度和安装方式。

照明灯具按安装方式可分为：吸顶式 C、嵌入式 R、悬吊式（线吊式 CP、链吊式 Ch 和管吊式 P）、壁式 W、嵌墙式 WR、台式 T 等。以上安装方式为英文字母，还有对应的中文字母，通常以汉语拼音表示。

照明灯具的标注格式为：

$$a-b\frac{c\times d}{e}f$$

其中，a 为灯具的套数；b 为灯具的型号；c 为灯泡或灯管的个数；d 为单个光源的容量（W）（灯泡容量）；e 为灯具的安装高度（m）；f 为灯具的安装方式。

例如：

$$5-\mathrm{YZ40}\frac{2\times 40}{2.5}\mathrm{Ch}$$

表示 5 盏 YZ40 直管型荧光灯，每盏灯具中装设两只功率为 40 W 的灯管，灯具的安装高度为 2.5 m，灯具采用链吊式安装方式。如果灯具为吸顶安装，*f* 可省略，安装高度可用“—”号表示。在同一房间内的多盏相同型号、相同安装方式和相同安装高度的灯具，可以标注在一处。

灯具安装高度：室内一般不低于 2.5 m，室外不低于 3 m。地下建筑内的照明装置，应有防潮措施，灯具低于 2.0 m 时，灯具应安装在人不易碰到的地方，否则应采用 36 V 及以下的安全电压。

（2）配电线路标注　配电线路的标注用以表示线路的敷设方式及敷设部位，采用英文字母表示，见表 9－15，常用的电缆编号如表 9－16 所示。

表 9－15　线路敷设方式及敷设位置标注

序号	名　　称	文字符号	序号	名　　称	文字符号
1	穿焊接钢管敷设	SC	21	钢索敷设	M
2	穿电线管敷设	MT	22	穿聚氯乙烯塑料波纹电线管敷设	KPC
3	穿硬塑料管敷设	PC	23	穿金属软管敷设	CP
4	穿阻燃半硬聚氯乙烯管敷设	FPC	24	直接埋设	DB
5	电缆桥架敷设	CT	25	电缆沟敷设	TC
6	金属线槽敷设	MR	26	混凝土排管敷设	CR
7	塑料线槽敷设	PR	27	沿或跨梁(屋架)敷设	AB
8	用钢索敷设	M	28	暗敷在梁内	BC
9	穿聚氯乙烯塑料波纹电线管敷设	KPC	29	沿或跨柱敷设	AC
10	穿金属软管敷设	CP	30	暗敷在柱内	CLC
11	直接埋设	DB	31	沿墙面敷设	WS
12	电缆沟敷设	TC	32	暗敷在墙内	WC
13	混凝土排管敷设	CE	33	沿天棚或顶板面敷设	CE
14	穿焊接钢管敷设	SC	34	暗敷在屋面或顶板内	CC
15	穿电线管敷设	MT	35	吊顶内敷设	SCE
16	穿硬塑料管敷设	PC	36	暗敷在不能上人的吊顶内	ACC
17	穿阻燃半硬聚氯乙烯管敷设	FPC	37	在能进人的吊顶内敷设	ACE
18	电缆桥架敷设	CT	38	地板或地面下敷设	F
19	金属线槽敷设	MR	39	暗敷设在地面内	FC
20	塑料线槽敷设	PR			

表 9－16　常用的电缆编号

型　　号	名　　称	用　　途
BX(BLX) BXF(BLXF) BXR	铜(铝)芯橡皮绝缘线 铜(铝)芯氯丁橡皮绝缘线 铜芯橡皮绝缘软线	适用交流 500 V 及以下或直流 1 000 V 及以下的电气设备及照明装置
BV(BLV) BVV(BLVV) BVVB(BLVVB) BVR BV－105	铜(铝)芯聚氯乙烯绝缘线 铜(铝)芯聚氯乙烯绝缘氯乙烯护套圆形电线 铜(铝)芯聚氯乙烯绝缘氯乙烯护套平形电线 铜(铝)芯聚氯乙烯绝缘软线 铜芯耐热 105℃聚氯乙烯绝缘软线	适用于各种交流、直流电器装置,电工仪表、仪器,电讯设备,动力及照明线路固定敷设之用
RV RVB RVS RV－105 RXS RX	铜芯聚氯乙烯绝缘软线 铜芯聚氯乙烯绝缘平行软线 铜芯聚氯乙烯绝缘绞型软线 铜芯耐热 105℃聚氯乙烯绝缘连接软电线 铜芯橡皮绝缘棉纱编织绞型软电线 铜芯橡皮绝缘棉纱编织圆型软电线	适用于各种交流、直流电器、电工仪表、家用电器、小型电动工具、动力及照明装置的连接

续表

型 号	名 称	用 途
BBX BBLX	铜芯橡皮绝缘玻璃丝编织电线 铝芯橡皮绝缘玻璃丝编织电线	适用电压分别为 500 V 及 250 V 两种，用于室内外明装固定敷设或穿管敷设

注：电线电缆的规格命名较为复杂，每个字母都有不同的含义，本表仅列出适用于电器仪表设备及动力照明固定布线用的电缆，未列出部分可参阅其他资料。

配电线路的标注格式为：

$$a\ b-c(d\times e+f\times g)i-jh$$

其中，a 为线缆编号；b 为型号；c 为线缆根数；d 为电缆线芯数；e 为线芯截面，mm^2；f 为 PE、N 线芯数；g 为线芯截面，mm^2；i 为线缆敷设方式；j 为线缆敷设部位；h 为线缆敷设安装高度，m。上述字母无内容则省略该部分。

【例 9-1】 解释 WP201 YJV-0.6/1kV-2(3×150+2×70) SC80—WS3.5。

答：WP201 为线缆编号；

YJV-0.6/1 kV-2(3×150+2×70)为电缆的型号、规格，其中 YJV 表示交联聚乙烯绝缘聚氯乙烯护套铜芯电缆，0.6/1 kV 表示线电压为 1 kV，相电压为 0.6 kV；2 根电缆并联连接；

SC80 表示电缆穿 DN80 的焊接钢管；WS3.5 表示沿墙面明敷，高度距地面 3.5 m。

【例 9-2】 解释 BLV(3×60+2×35)SC70—WC。

答：BLV 表示线路为铝芯塑料绝缘导线，3 根 60 mm^2，2 根 35 mm^2，穿管径为 70 mm 的钢管沿墙暗敷。

(3)照明配电箱的标注照明配电箱的标注格式如图 9-25 所示。例如：型号为 XRM1—A312M 的配电箱，表示该照明配电箱为嵌墙安装，箱内装设一个型号为 DZ20 的进线主开关，单相照明出线开关 12 个。

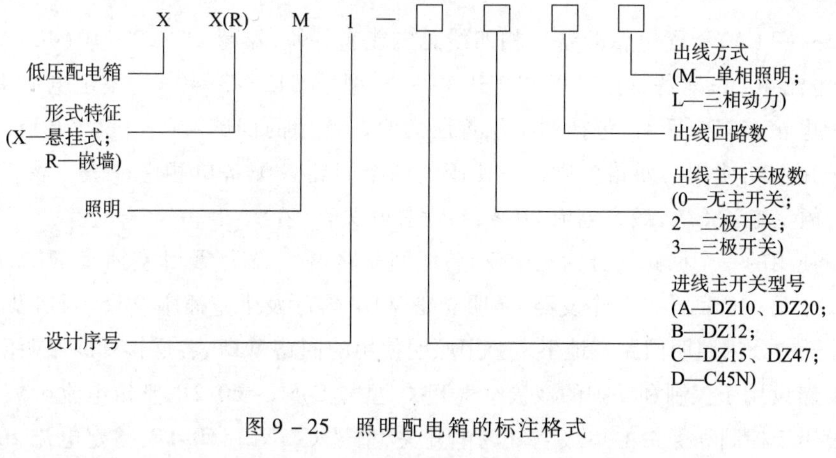

图 9-25 照明配电箱的标注格式

(4)开关及熔断器的标注 例如：标注 Q3DZ10—100/3—100/60，表示编号为 3 号的开关设备，其型号为 DZ10—100/3，即装置式 3 极低压空气断路器，其额定电流为 100 A，脱扣器整定电流为 60A。

9.4.2 照明配电系统图

照明配电系统图是用图形符号、文字符号绘制的，用以表示建筑照明配电系统供电方式、配电回路分布及相互联系的建筑电气工程图，能集中反映照明的安装容量、计算容量、计算电流、配电方式、导线或电缆的型号、规格、数量、敷设方式及穿管管径、开关及熔断器的规格型号等。通过照明系统图，可以了解建筑物内部电气照明配电系统的全貌，它也是进行电气安装调试的主要图纸之一。

照明系统图的主要内容包括：

①电源进户线、各级照明配电箱和供电回路，表示其相互连接形式；

②配电箱型号或编号，总照明配电箱及分照明配电箱所选用计量装置、开关和熔断器等器件的型号、规格；

③各供电回路的编号，导线型号、根数、截面和线管直径，以及敷设导线长度等；

④照明器具等用电设备或供电回路的型号、名称、计算容量和计算电流等。

如图 9－26 所示为某居民住宅楼照明配电线路系统图。

1. 线路引入部分

第一单元引入部分标注为 BX(3×35＋1×25)SC50 380/220 V 架空引入，解释为：系统采用三相四线制，架空引入，导线为 3 根 35 mm^2 加一个 25 mm^2 的橡皮绝缘铜线，引入后穿过直径为 50 mm 的焊接钢管进入第一单元的总配电箱。第二单元至第五单元引入部分标注为 BX(3×35＋2×25)SC50，总配电箱的电源来自第一单元的总配电箱。

2. 照明配电箱

首层配电箱标注为 XRB03－G1(A)改，其他层配电箱标注为 XRB03－G2(B)改，分别表示配电箱型号。其主要区别是前者有单元的总计量电度表，并增加了地下室照明和楼梯间照明回路。

XRB03－G1(A)型配电箱配备三相四线总电能表一块，型号 DT862－10(40)A，额定电流 10 A，最大电流 40 A；配备总控三极空气开关一块，型号 C45N/3(40A)，整定电流 40 A。

首层配电箱有三个回路，包括两个供首层的两户使用的回路和一个供该单元各层楼梯间及地下室公用照明使用的回路。供住户使用的两个回路各配备单相电能表一块，型号 DD862－5(20)A，额定电流 5 A，最大电流 20 A，不设总开关。

供住户使用的一个回路又分为三个支路：照明支路 WL1、客厅及卧室插座 WL2、厨房及卫生间插座 WL3。另一个回路的三个支路：照明支路 WL4、客厅及卧室插座 WL5、厨房及卫生间插座 WL6。该单元的公用照明回路有地下室公用照明使用的回路 WL7、各层楼梯间照明回路 WL8。

照明支路设用于控制和保护的双极空气开关，型号 C45N－60/2P，整定电流 6 A；另外两个插座支路均设用于控制和保护的单极空气漏电开关，型号 C45NL－60/1P，整定电流 10A。公用照明回路的每个支路均设双极空气开关作为控制和保护，型号为 CN45－60/2P，整定电流 6 A。

照明支路 BV(2×2.5)PVC15 WL1 解释：从配电箱引至 WL1 的导线采用塑料绝缘铜线穿阻燃塑料管(PVC)，管径 15 mm，2 根 2.5 mm^2 的导线，即一零一相。插座支路 BV(3×2.5)

PVC15 WL2 的含义:从配电箱引至 WL2 的导线采用塑料绝缘铜线穿阻燃塑料管(PVC),管径 15 mm,3 根 2.5 mm^2的导线,即相线、工作零线、保护零线各一根。其余支路解释同上。

XRB03—G2(B)型配电箱不设总电能表,只分两个回路,供每层的两户使用,每个回路又分三个支路,其他内容与 XRB03—G1(A)型相同。

图中线上的斜线数量说明管路内的导线数量。进户四根线,1 ~2 层管内五根线,2 ~3 层管内四根线,3 ~4 层管内四根线,4 ~5 层管内三根线,5 ~6 层管内三根线,每层都有相线和零线,其具体分配常画在电气系统图中,本节未列出。

9.4.3　照明平面图

照明平面图主要用来表示电源进户装置、照明配电箱、灯具、插座、开关等电气设备的数量、型号规格、安装位置、安装高度,表示照明线路的敷设位置、敷设方式、敷设路径、导线的型号规格等。

住宅照明线路的敷设方式有暗敷和明敷两种。暗敷线路用虚线表示,在平面图上的线路无一定规律,总以最短的距离达到灯具。明敷线路一般沿墙走,用实线表示其长度一般可参照建筑平面尺寸算得。

图 9 -27 所示为某居民住宅楼标准层照明平面布置图。

电源是从楼梯间的照明配电箱 E 引入的,分左、右两户,共引出 WL1 - WL6 六条支路,为避免重复,从左户的三条支路看起。其中 WL1 是照明支路,共带有 8 盏灯分别画成①、②、③ ⊢⊣ ⊗ 表示五种不同的灯具。

$6\frac{1\times 40}{-}S$ 表示此灯为吸顶安装,每盏灯泡的功率为 40 W,6 表示图中该类灯的数量为 6 盏,分别安装于四个阳台、储藏室和楼梯间。

$3\frac{1\times 40}{-}S$ 是指标为①的灯具,安装于卫生间。

$2\frac{1\times 40}{-}S$ 是指标为②的灯具安装于厨房。

$3\frac{1\times 32}{-}S$ 是指标为③的灯具安装于客厅。

$4\frac{1\times 30}{2.2}ch$ 为卧室照明的灯具,$\frac{1\times 20}{2.2}ch$、$\frac{1\times 40}{2.2}ch$ 为单管荧光灯,链吊安装(Ch),灯距地的高度为 2.2 m,每盏灯的功率各不相同,有 20、30、40 三种,共 6 盏。

WL2,WL3 支路为插座支路,共有 13 个两用插座,通常安装高度为距地 0.3 m,若是空调插座则距地 1.8 m。图中标有 1 号、2 号、3 号、4 号处,应注意安装分线盒。

图中楼道配电盘 E 旁有立管,里面的电线来自总盘,并送往上面各楼层以及为楼梯间各灯送电。WL4,WL5,WL6 是送往右户的三条支路,其中 WL4 是照明支路。

标注在同一张图样上的管线,凡是照明及其开关的管线均由照明箱引出后向上翻至该层顶板上敷设安装,并由顶板再引下至开关上。而插座的管线均由照明箱引出后下翻至该层地板上敷设安装,并由地板上翻引至插座上。只有从照明回路引出的插座才从顶板引下至插座处。

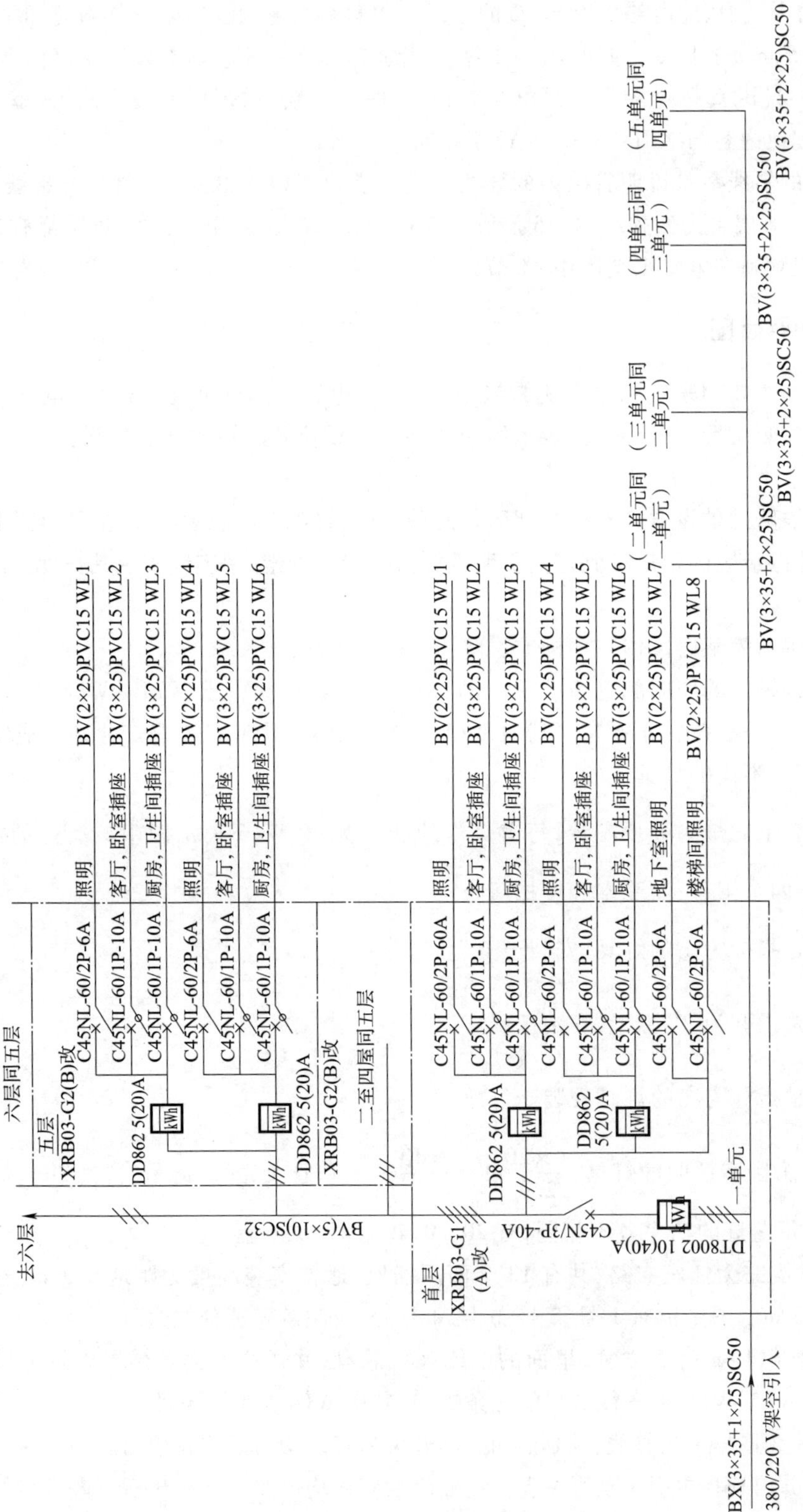

图 9-26　某居民住宅楼照明配电线路系统图

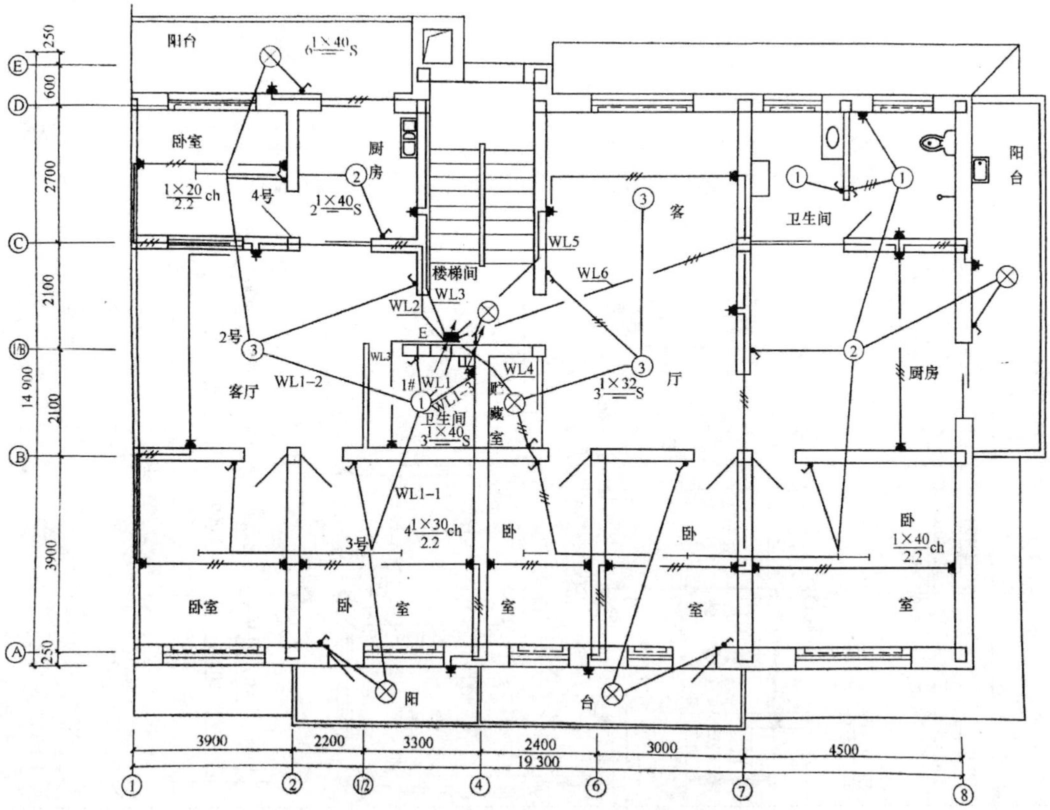

图 9 - 27　某居民住宅楼标准层照明平面布置图

开关知识补充："联"与"控"。"联"是指同一个开关面板上有几个开关按钮，如图 9 - 28(a)所示为三联开关。

"控"是指开关按钮的控制方式，一般分为："单控"和"双控"两种，如图 9 - 28(b)所示为双控开关的接线方式。

"单联单控"是指一个按钮控制一组灯源；"双联单控"是指一个开关面板上有两个按钮，分别控制两组灯具。"单联双控"是指两个单联开关控制同一组灯源。

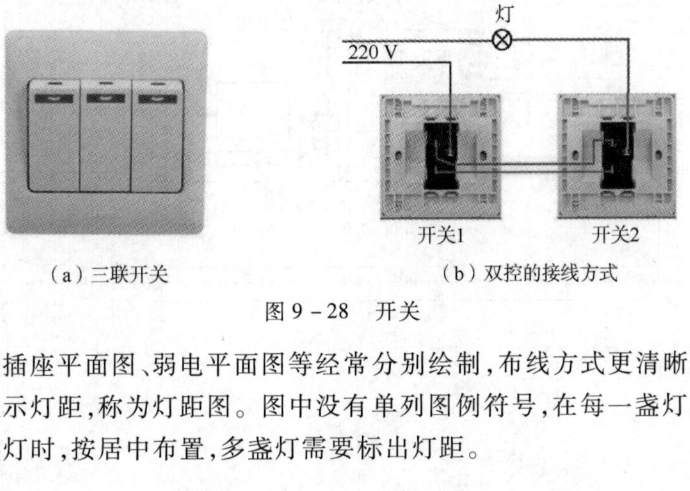

(a) 三联开关　　(b) 双控的接线方式

图 9 - 28　开关

照明平面图、插座平面图、弱电平面图等经常分别绘制，布线方式更清晰。如图 9 - 29 所示，该图仅用于表示灯距，称为灯距图。图中没有单列图例符号，在每一盏灯具旁注明灯的类型；房间只有一盏灯时，按居中布置，多盏灯需要标出灯距。

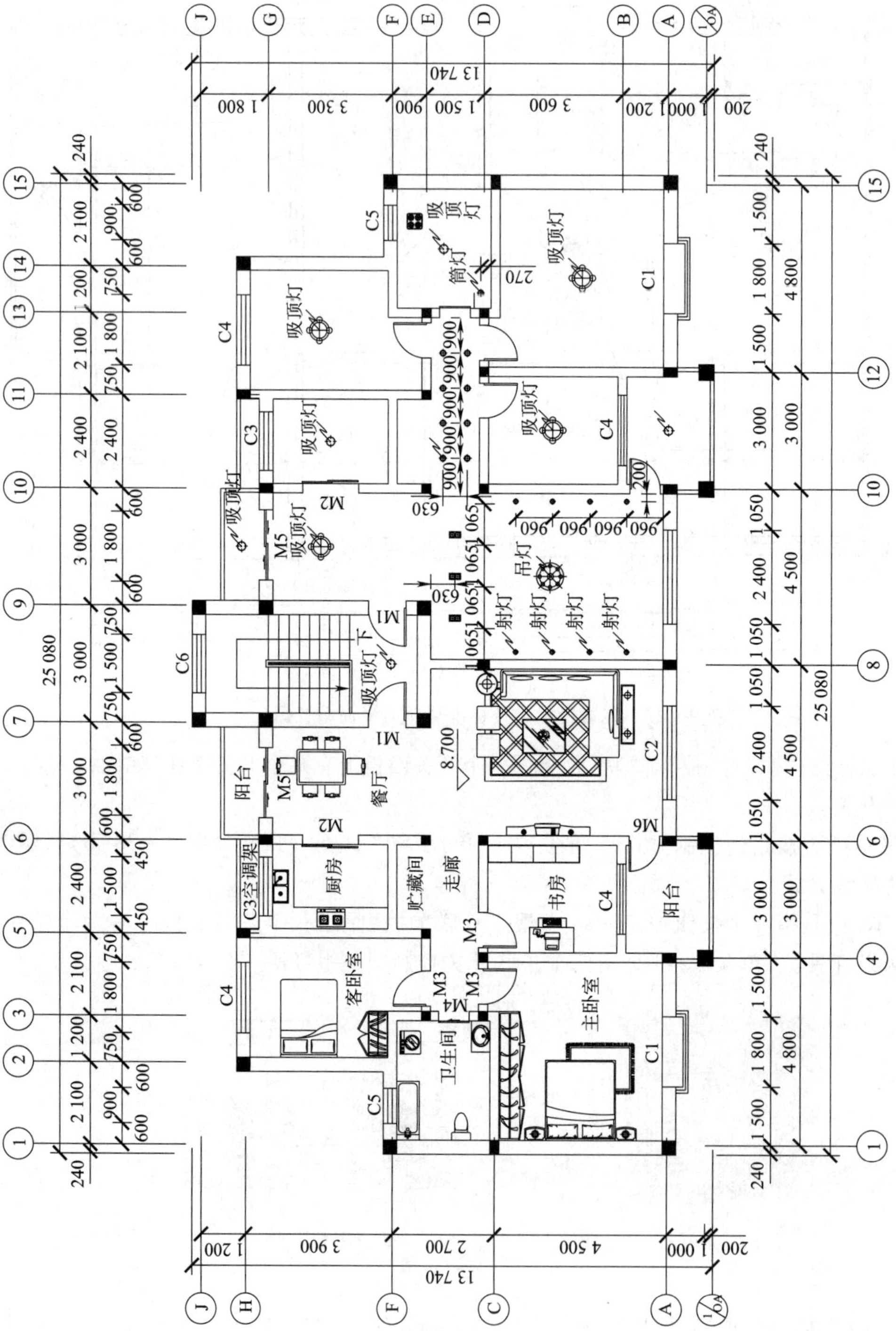

图 9-29　居室灯距图

9.4.4 详　　图

电气施工图中局部构造因受图面比例限制而表达不完善或无法表达的，必须绘出施工详图。如变配电设备安装施工图、开关柜安装施工图、低压电器安装施工图、防雷及接地装置安装施工图等。这些详图均有施工标准图，详见《建筑安装工程施工图集》。

如图 9－30 所示为接地线过建筑物伸缩（沉降）缝安装方法，图 9－30(a) 表示挂锡铜板和铜编制带的尺寸，图 9－30(b) 表示混凝土板、接地端子板、挂锡铜板和铜编制带之间的连接关系。

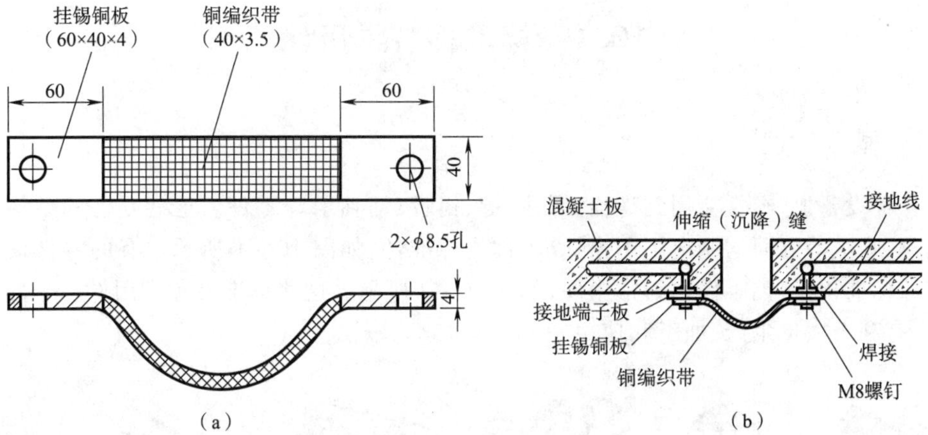

图 9－30　接地线过建筑物伸缩（沉降）缝安装方法

思　考　题

1. 哪些施工图属于设备施工图？
2. 暖通系统图为何要断开绘制？断开图之间如何联系？
3. 上网搜索什么样的建筑需要分区供水？
4. 设备施工图中的详图有哪些？列举出 10 种以上的详图，要求配以图文说明。
5. 一套三室两厅的住宅，至少需要多少开关、插座、照明灯具、卫生洁具？

第 9 章重点难点概要

第10章　机　械　图

在设备施工图中，各种设备的结构、连接关系、加工的技术要求等未详细标出，需要用机械图样来表示。机械图样用来表示机械的结构形状、尺寸大小、工作原理和技术要求，图样由图形、符号、文字和数字等组成，是表达设计意图和制造要求以及交流经验的技术文件。

10.1　标准件与常用件

10.1.1　概　　述

在各种设备上，经常会用到螺栓、螺柱、键、销、滚动轴承等零件。这些零件的结构、尺寸、产品质量、画法等方面均制定了国家标准，称为标准件，如图10－1所示。有的零件仅有一些重要参数标准化，这类零件称为常用件，如图10－2所示。这些标准件和常用件已全部或部分标准化，有利于大量生产、加工和使用。

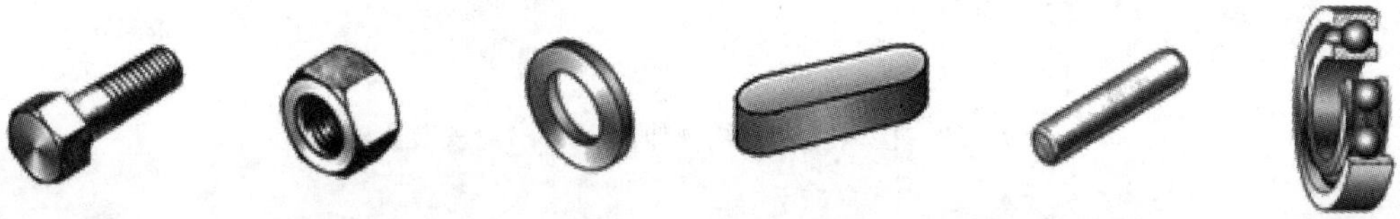

（a）螺栓　（b）螺母　（c）垫圈　（d）键　（e）销　（f）轴承

图10－1　常见的标准件

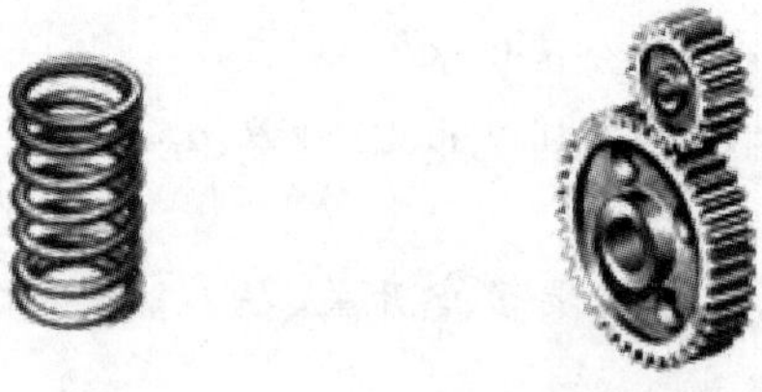

（a）弹簧　（b）圆柱齿轮

图10－2　常见的常用件

10.1.2　螺纹连接件

螺纹连接是一种用螺纹将被连接件连成一体的可拆连接方式。常用的螺纹连接件有螺栓、螺柱、螺钉和紧定螺钉等。

1. 螺纹的形成及基本要素

螺纹可以看成平面图形绕着与其共面的轴线作螺旋运动而形成的。平面图形的形状称为牙形,螺旋运动的形式分为左旋和右旋,牙形之间的距离称为螺距,运动形成的柱体直径为螺纹的直径,螺旋线的数量称为线数。当内外螺纹连接时,牙形、旋向、螺距、大径、线数这五要素必须一致。

(1)牙型:常用的牙型有三角形、梯形、锯齿形等。不同种类的螺纹牙型有不同的用途,见表10－1。

表10－1　螺纹的牙型

螺纹名称		特征代号	牙型示意图	螺纹名称	特征代号	牙型示意图
普通螺纹	粗牙	M	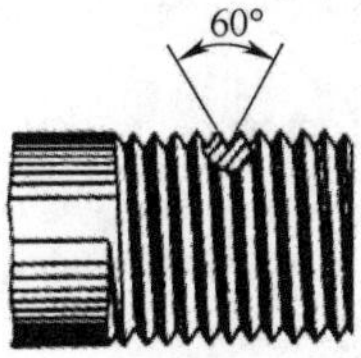	螺纹密封管螺纹	Rc Rp R	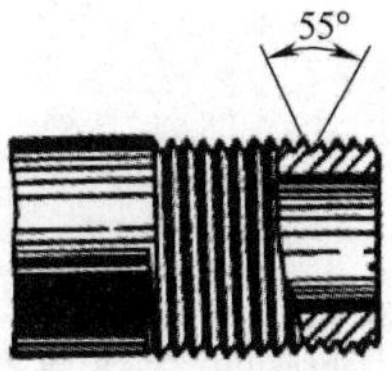
	细牙			梯形螺纹	Tr	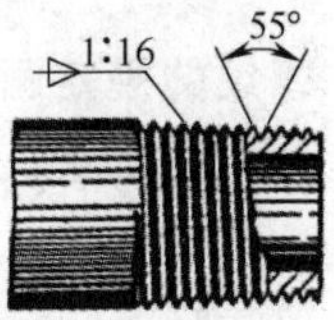
非螺纹密封管螺纹		G	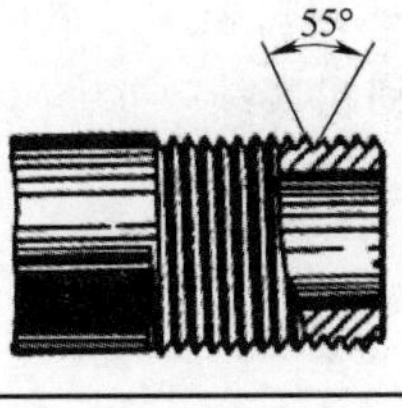	锯齿形螺纹	B	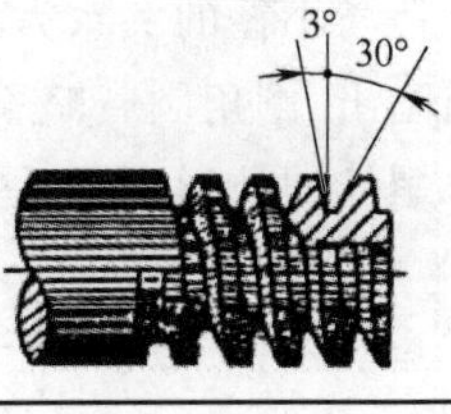

(2)基本大径、基本小径和基本中径:螺纹的直径可分为基本大径(外螺纹 d、内螺纹 D)、基本小径(外螺纹 d_1、内螺纹 D_1)、基本中径(外螺纹 d_2、内螺纹 D_2),如图10－3所示。此图是普通螺纹,在圆柱面上加工而成,每种直径即图中对应的一组细实线所在的圆柱面直径。

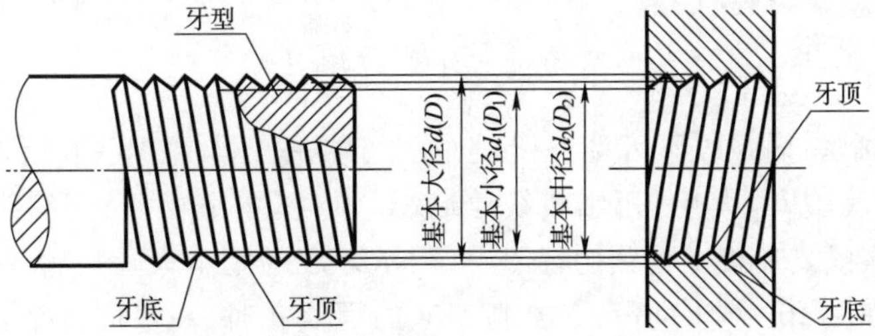

(a)外螺纹　　(b)内螺纹

图10－3　螺纹的直径

(3)线数(n):螺纹有单线和多线之分,沿一条螺旋线形成的螺纹称为单线螺纹,沿两条螺旋线形成的螺纹称为双线螺纹,沿两条以上螺旋线形成的螺纹称为多线螺纹。线数用 n 表示。

(4)螺距(P)、导程(P_h):相邻两牙在中径线上对应两点的轴向距离称为螺距,以 P 表示。同一条螺旋线上的相邻两牙在中径上对应两点间的轴向距离称为导程,用 P_h 表示。

导程和螺距的关系:单线螺纹 $P_h = P$,多线螺纹 $P_h = nP$,如图 10-4 所示。

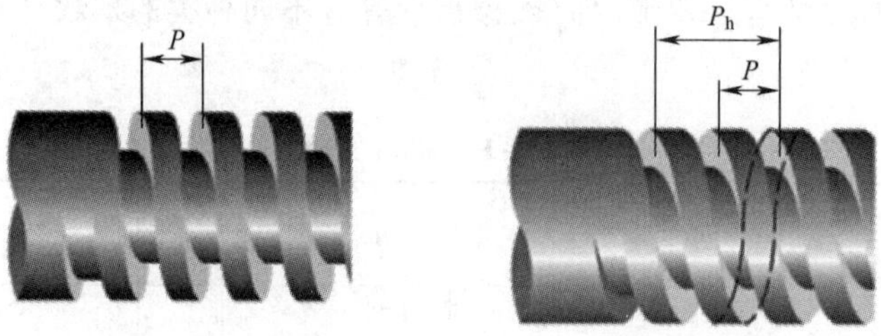

(a)单线螺纹　　(b)双线螺纹

图 10-4　螺纹的线数、螺距和导程

(5)旋向:螺纹有左旋和右旋之分。顺时针旋入的螺纹称为右旋螺纹;逆时针旋入的螺纹称为左旋螺纹。

2. 螺纹的规定画法

螺纹的参数较多,为了便于绘图,国家标准《技术制图》GB/T 4459.1—1995 对螺纹和螺纹紧固件做了规定画法。

(1)外螺纹的画法:螺纹的牙顶线及螺纹终止线用粗实线绘制,牙底线用细实线绘制。螺纹大径与小径的关系为 $d_1 \approx 0.85d$。在投影为圆的视图中,表示牙底的基本小径用约 3/4 细实线圆画出,倒角圆省略不画。在剖视图中,剖面线画到粗实线。如图 10-5 所示,图 10-5(a)为外螺纹的外形画法,图 10-5(b)为外螺纹的局部剖切画法。

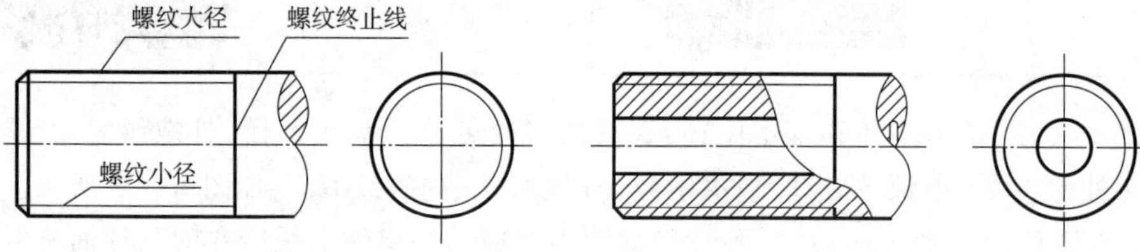

(a)　　(b)

图 10-5　外螺纹的画法

(2)内螺纹的画法:内螺纹不可见,一般应画成剖视图。如图 10-6 所示为内螺纹的剖切画法。内螺纹的牙底(基本大径)用细实线绘制,牙顶(基本小径)及螺纹终止线用粗实线绘制,剖面线画到粗实线。在投影为圆的视图中,表示牙底的基本大径用约 3/4 细实线圆画出,倒角圆省略不画,如图 10-6(a)所示。绘制不通的螺纹孔时,一般应将钻孔深度和螺孔深度分别画出,钻孔底部的锥顶角应按钻头的锥面大小画成 120°,如图 10-6(b)所示。

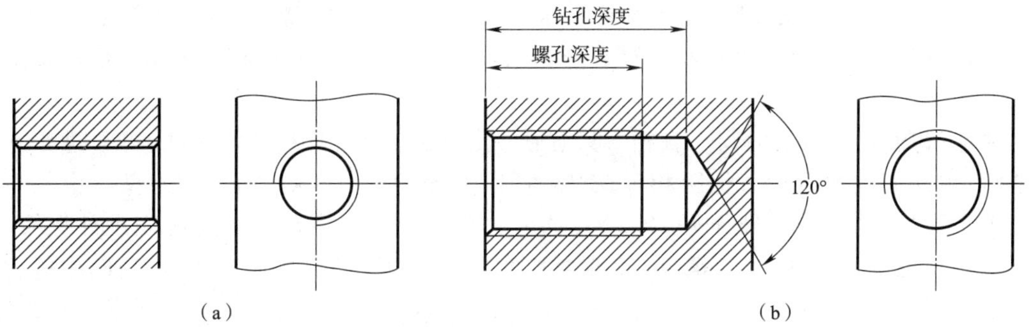

图 10－6 内螺纹的画法

3. 螺纹连接的画法

以剖视图表示内外螺纹连接时，其旋合部分应按外螺纹的规定画法绘制，其余部分按各自的规定画法绘制。由于内外螺纹旋合时，两者直径必须相等，因此，表示基本大、小径的粗实线和细实线应分别对齐，如图 10－7(a)所示。图 10－7(b)所示为两个不同剖切位置得到的剖视图画法。(机械图中的剖切符号与建筑制图略有不同)

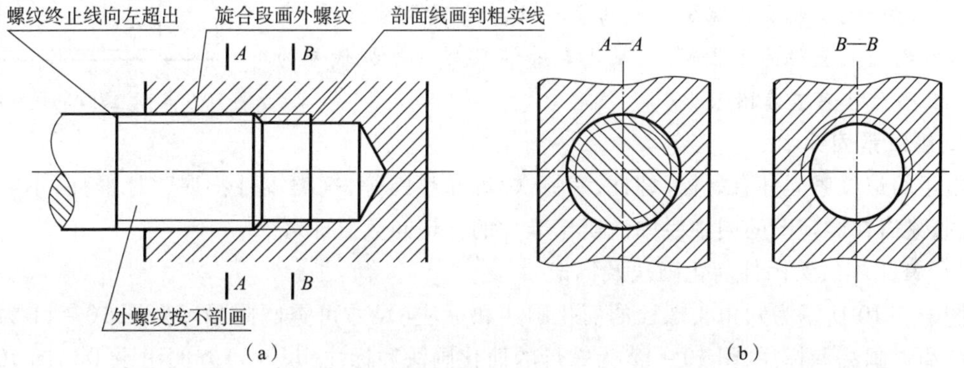

图 10－7 内、外螺纹旋合的画法

4. 螺纹的标注

在上述规定画法的基础上对螺纹进行标注，可以得到螺纹的种类、直径等参数信息。

(1)普通螺纹、梯形螺纹和锯齿形螺纹标记格式

特征代号 公称直径×导程(P_h)螺距(P)－旋向－公差带代号－旋合长度代号

【例 10－1】 解释图 10－8 中的 M24×1 LH－6H－S。

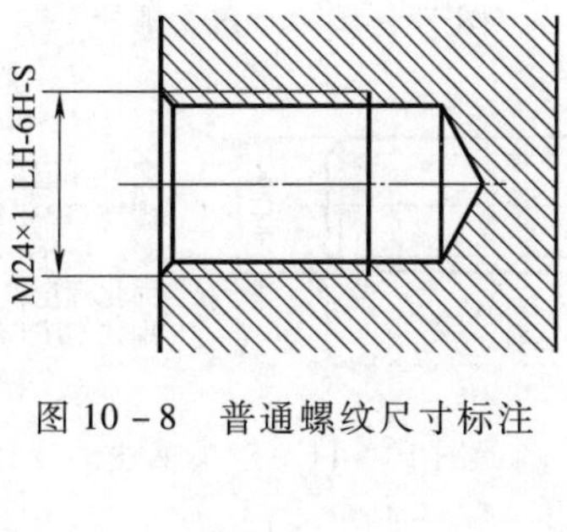

图 10－8 普通螺纹尺寸标注

答:M表示普通螺纹,24表示螺纹的公称直径(大径),1表示螺纹的螺距(普通细牙),LH表示左旋,6H表示螺纹的中径公差带代号和顶径公差带代号,S表示短旋合。该螺纹是内螺纹。

注意:普通粗牙螺纹的同一直径下只有唯一的螺距,所以螺距省略标注,可通过查附录A获得;单线螺纹的导程与螺距相等,省略标注;右旋的螺纹不标旋向代号;基本中径和顶径公差带代号(公差带代号详见10.2)相同时,只标注一个,字母为小写时表示外螺纹,大写时表示内螺纹;两个配合的螺纹,其旋合长度分为L(长)、N(中)、S(短)三种,中等(N)旋合长度,可省略不注。

【例10-2】 解释M12-5G。

答:M表示普通螺纹,12表示螺纹的公称直径(大经),粗牙,右旋,5G表示螺纹的中径公差带代号和顶径公差带代号,中等(N)旋合长度。该螺纹是内螺纹。具体尺寸可查看附录A。

(2)管螺纹标记格式

特征代号　尺寸代号　公差带代号-旋向代号

【例10-3】 解释图10-9中的G1/2A。

答:管螺纹,G表示非螺纹密封的管螺纹,1/2是尺寸代号,表示管螺纹的通孔直径为1/2英寸,A代表外螺纹公差等级代号为A级。具体尺寸可查看附录B。

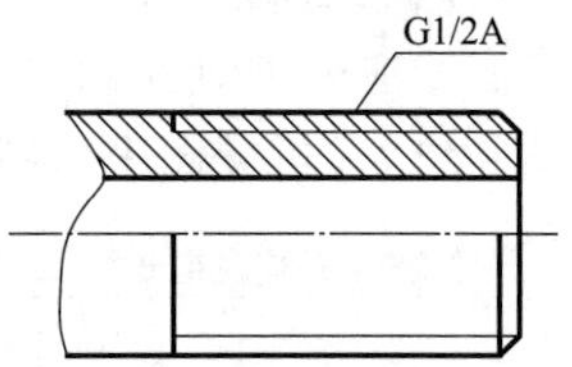

图10-9　管螺纹的尺寸标注

5. 螺纹紧固件

常用的螺纹紧固件有螺栓、螺柱、螺钉、螺母和垫圈等,这类零件都属于标准件,不需画出零件图,只需在装配图的明细栏中注明标准件的标记和数量即可。

(1)常用螺纹紧固件简化画法及标记

图10-10所示为六角头螺栓的简化画法和标注(尺寸可查阅附录C),图10-11为双头螺柱的简化画法和标注,图10-12为螺母的简化画法和标注(尺寸可查阅附录D),图10-13为垫圈的简化画法和标注。更多标准件的画法和标注可查阅机械手册。

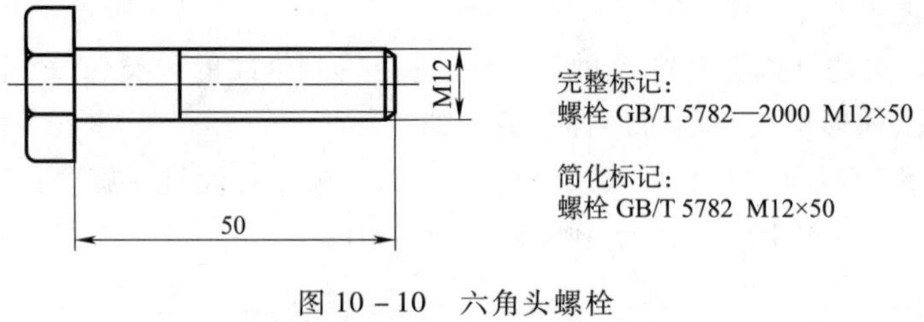

图10-10　六角头螺栓

图10-11　双头螺柱

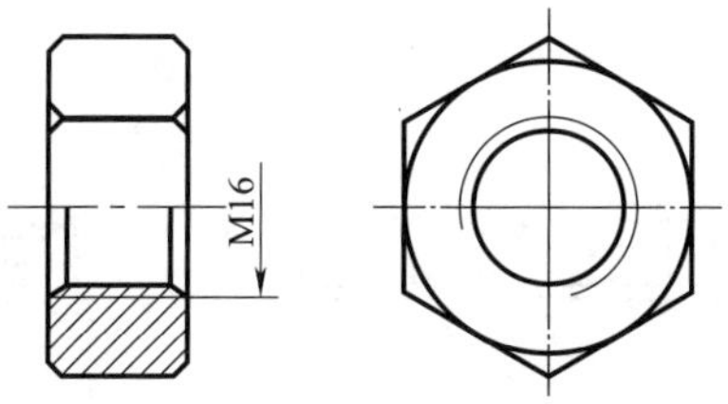

图 10-12 螺母

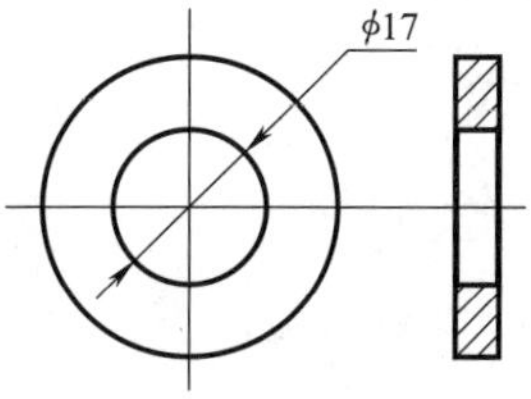

图 10-13 垫圈

(2)螺纹连接的画法

螺纹连接的规定画法:两零件接触表面只画一条线,非接触表面画两条线。剖视图中,被连接的相邻两零件剖面线方向应相反或间隔不同,同一零件的剖面线倾斜方向和间隔,在各剖视图中应保持一致;当剖切平面通过螺纹紧固件的轴线时,实心杆件、标准件均按不剖绘制。

①螺栓连接:螺栓连接用于连接两个板状零件。被连接的两个零件上的光孔直径为1.1d,螺栓插穿过两个被连接件的光孔,套上垫圈,旋紧螺母。起连接紧固作用的结构是螺栓上的外螺纹和螺母上的内螺纹。图10-14(a)所示为六角头螺栓连接,主视图和左视图全剖,俯视图是外形图。两个板件贴合面用一条线绘制,被螺栓遮挡的部分不画;两个光孔的直径大于螺栓,回转轮廓线在螺栓的轮廓线外侧;螺栓、螺母和垫圈按照不剖切绘制;三视图中的螺纹需按照螺纹的规定画法绘制。

②双头螺柱连接:当两个被连接件中有一个零件较厚时,可以用双头螺柱连接。被连接件中的板状零件上加工光孔,厚零件上加工内螺纹。双头螺柱的一端旋入厚零件(称旋入端),另一端与螺母连接,起到紧固连接两个被连接件的作用。图10-14(b)所示为双头螺柱连接,主视图全剖,左视图和俯视图是外形图。两个板件贴合面用一条线绘制,被双头螺柱遮挡的部分不画;薄零件上光孔的直径(1.1d)大于双头螺柱,回转轮廓线在双头螺柱的轮廓线外侧;双头螺柱、螺母和垫圈按照不剖切绘制;旋入端的螺纹终止线必须与盲孔的上沿平齐;厚零件上的盲孔内螺纹和双头螺柱的外螺纹连接画法需按照螺纹的规定画法绘制。

③螺钉连接:当两个被连接件中有一个零件较厚且不经常拆卸时,可以用螺钉连接。被连接件中的薄零件上加工光孔或者沉孔,厚零件上加工内螺纹。螺钉穿过薄零件的孔旋入厚零件的内螺纹,起到紧固连接两个被连接件的作用。图10-14(c)所示为开槽沉头螺钉连接,主视图全剖,俯视图是外形图。薄零件上沉孔的直径(1.1d)大于螺钉,回转轮廓线在螺钉的轮

廓线外侧；螺钉按照不剖切绘制；厚零件上的盲孔内螺纹和螺钉的外螺纹连接画法需按照螺纹的规定画法绘制；俯视图中螺钉的开槽应按照45°绘制。

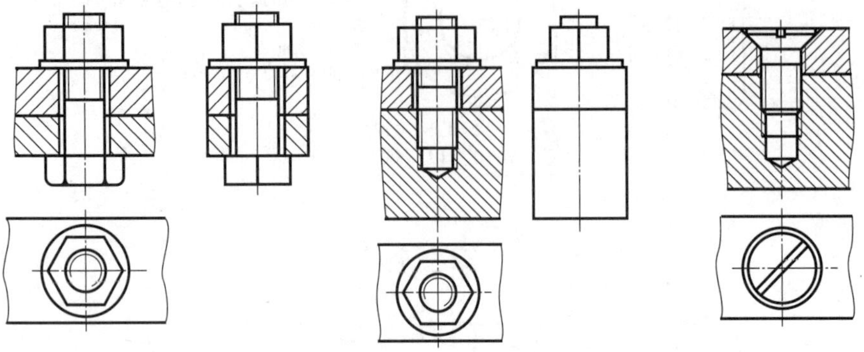

（a）六角头螺栓连接　　（b）双头螺柱连接　　（c）开槽沉头螺钉连接

图 10－14　常用的螺纹紧固件装配画法

以上仅列举螺纹连接件的图示画法，每个标准件的具体尺寸可查阅机械手册。

10.1.3　弹　　簧

弹簧是一种储存能量的零件，可用来减震、夹紧和测力等。其主要特点是当外力去除后，可立即恢复原状。按受力性质，弹簧可分为拉伸弹簧、压缩弹簧、扭转弹簧和弯曲弹簧，按形状可分为碟形弹簧、环形弹簧、板弹簧、螺旋弹簧、截锥涡卷弹簧以及扭杆弹簧等，按制作过程可以分为冷卷弹簧和热卷弹簧。本节以圆柱螺旋压缩弹簧为例介绍其规定画法。

圆柱螺旋压缩弹簧的规定画法：在平行于弹簧轴线的投影面的视图（非圆视图）上，各圈的轮廓应画成直线；当弹簧有效圈数大于 4 圈时，可只画两端的 1～2 圈，中间各圈可省略不画，且允许适当缩短图形的长度。无论支承圈的圈数多少，均可按 2.5 圈的形式绘制；弹簧有左旋和右旋之分，画图时均可画成右旋，但左旋弹簧要在技术要求中加注“左”字。

圆柱螺旋压缩弹簧的画图步骤：

根据自由高度 H_0 和弹簧中径 D 作矩形 $ABCD$，如图 10－15（a）所示。

画出支承圈数，d 为簧丝直径，如图 10－15（b）所示。

根据节距 t 作簧丝断面和有效圈数，如图 10－15（c）所示。

按右旋向作簧丝断面圆的公切线，校对、加深、画剖面线，完成弹簧的剖视图，如图 10－15（d）所示。

在装配图中，弹簧可按照图 10－15（d）画法表示。当簧丝直径在图形上小于或等于 2 mm 时，允许示意表示，如图 10－16 所示。

键、销、齿轮、轴承的画法可查阅相关手册。

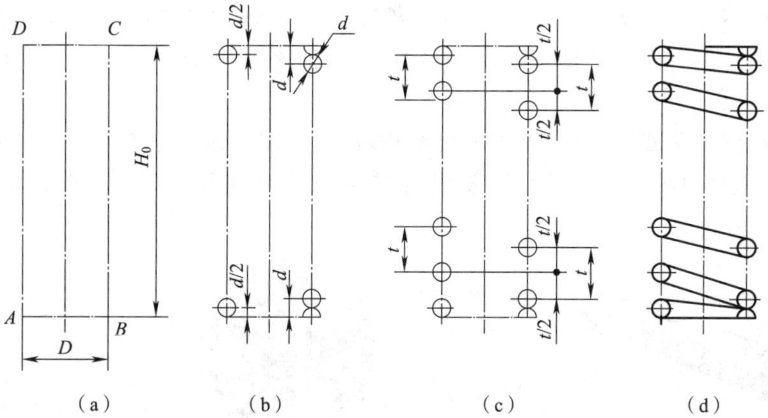

图 10 - 15 圆柱型螺旋压缩弹簧画图过程

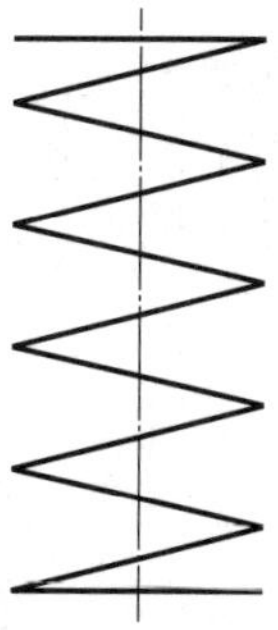

10 - 16 弹簧示意图

10.2 零 件 图

10.2.1 零件图的内容

零件图是表达单个零件形状、大小和特征的图样,也是在制造和检验机器零件时所用的图样。零件图样是进行生产准备、加工制造及检验的重要依据。

一张完整的零件图应包括下列内容:

(1)一组图形:用图样的表达方法及其他规定画法来正确、完整、清晰地表达零件的各部分形状和结构。可能用到的表达方法有:全剖、半剖、阶梯剖、旋转剖、局部剖、断面图、局部放大图、基本视图等。

(2)完整的尺寸:正确、完整、清晰、合理地标注零件的全部尺寸。

(3)技术要求:用符号或文字来说明零件在制造、检验等过程中应达到的一些技术要求,如表面粗糙度、尺寸公差、形状和位置公差、热处理要求等。

(4)标题栏:标题栏位于图纸的右下角,应填写零件的名称、材料、数量、图的比例以及设计、描图、审核人的签字、日期等各项内容。

10.2.2 零件的种类及视图选择

零件种类很多,可分为轴套类零件、轮盘类零件、箱体类、叉架类零件 4 种典型零件。

轴套类:轴套类零件一般在车床上加工,要按形状和加工位置确定主视图,轴线水平放置,键槽和孔结构可以朝前。轴套类零件的主要结构形状是回转体,一般只画一个主视图。可用移出断面图表达零件上的键槽、孔等结构,用局部放大图表达砂轮越程槽、退刀槽等结构。图 10 - 17(a)所示为轴类零件。

轮盘类零件:盖、各种轮、法兰盘等都属于轮盘类零件。以车床上加工为主,主视图一般按加工位置水平放置。这类零件通常有轮辐、肋板、均布孔等结构,需要两个以上基本视图。图 10 - 17(b)所示为端盖。

箱体类:阀体、减速器箱体、泵体、阀座等都属于箱体类零件,以铸造方式居多,一般起支承、容纳、定位和密封等作用。由于内外结构较为复杂,常需要多个图形和辅助表达方法。图10-17(c)所示为箱体体类零件(阀体)。

叉架类:连杆、支架等都属于叉架类零件,这类零件结构较复杂,需经多种加工方式。一般需要两个以上基本视图,并用斜视图、局部视图,以及剖视、断面等表达内外形状和细部结构。图10-17(d)所示为叉架类零件。

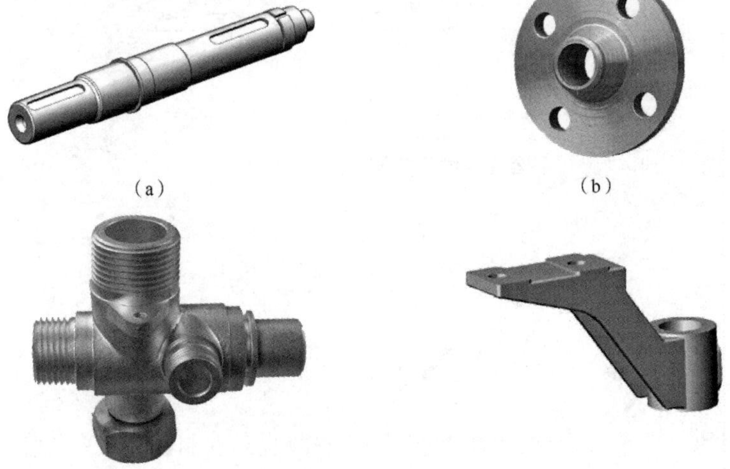

(a) (b) (c) (d)

图10-17 典型零件

10.2.3 零件的加工工艺结构

常见的零件加工工艺结构有铸造工艺结构和机械加工工艺结构。

1. 铸造工艺结构

(1)铸造圆角

在铸件毛坯各表面的相交处,都有铸造圆角,如图10-18(a)所示。这样既便于起模,又能防止在浇铸时铁水将砂型转角处冲坏,还可避免铸件在冷却时产生裂纹或缩孔。铸造圆角半径在图上一般不注出,而写在技术要求中。

由于铸造圆角的存在,使得铸件表面的相贯线变得不明显,为了区分不同表面,以过渡线的形式画出,如图10-18(b)所示。

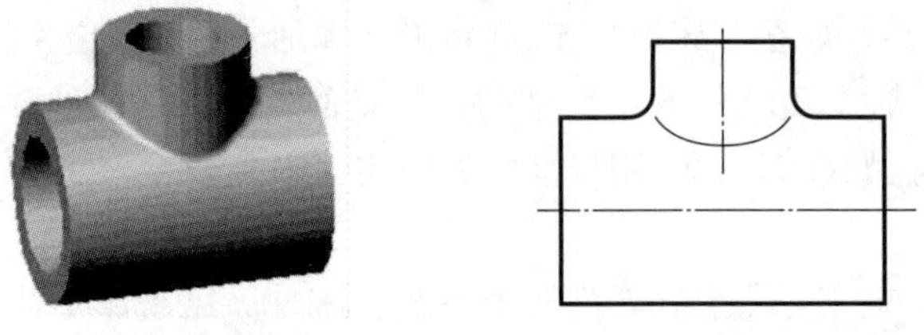

(a)铸造圆角　(b)过渡线

图10-18 铸造圆角

(2)拔模斜度

用铸造方法制造零件的毛坯时,为了便于将木模从砂型中取出,一般沿木模拔模的方向作成斜度,称为拔模斜度。必要时,可在技术要求中注明拔模斜度的斜度值,如图10-19所示。

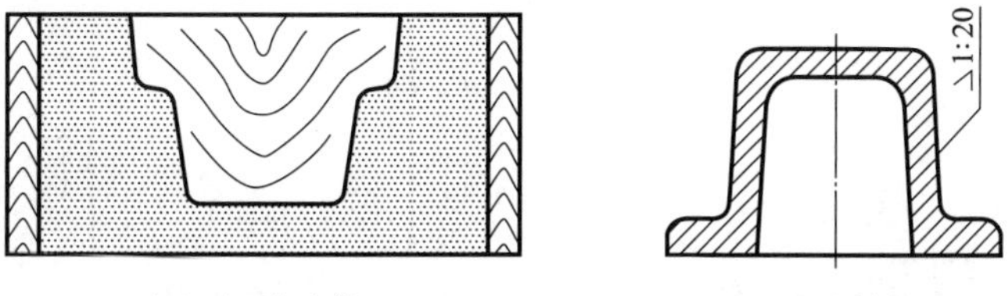

(a)砂型与木模　　(b)铸件

图10-19　拔模斜度

2. 机械加工工艺

(1)倒角和退刀槽

为了便于装配和操作安全,通常在轴及孔端部加工倒角;为了便处退刀,在轴上加工退刀槽。如图10-20(a)、(b)所示,*n* 表示倒角轴向尺寸,*a* 表示倒角角度,一般取45°,用C表示;*b* 表示退刀槽的宽度尺寸;ϕ 表示退刀槽的直径。

(2)凸台和凹坑

为了减少机械加工量及保证两表面接触良好,零件上常有凸台和凹坑结构,如图10-21所示。

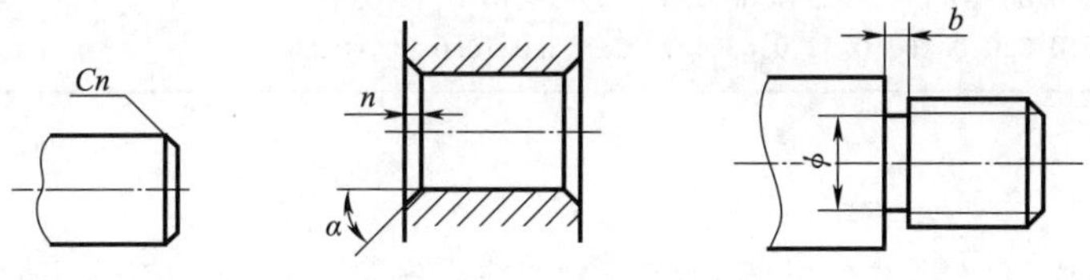

(a)外表面倒角　　(b)内表面倒角　　(c)退刀槽

图10-20　倒角和退刀槽

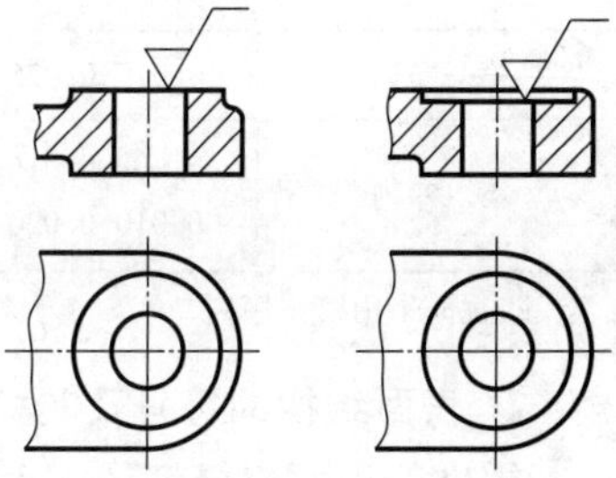

(a)凸台　　(b)凹坑

图10-21　凸台和凹坑

10.2.4　零件的技术要求

1. 零件的表面粗糙度

在机械加工过程中,由于刀具或砂轮切削后遗留的刀痕、切削过程中切屑分离时的塑性变形以及机床的振动等原因,会使被加工零件的表面存在一定的几何形状误差,在显微镜下观察如图10-22所示。零件加工表面上具有的这种微观几何形状特征,称为表面粗糙度。

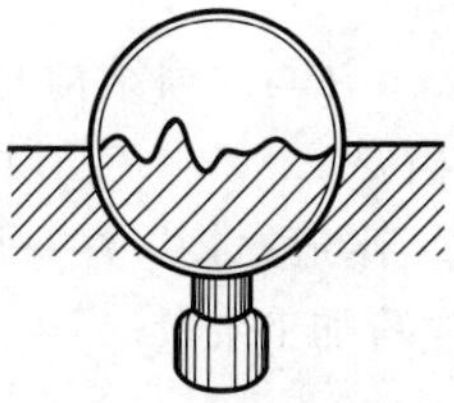

图10-22　显微镜下的表面

零件的表面粗糙度的评定有:轮廓算术平均偏差 Ra,轮廓最大高度 Rz 两项参数。使用时宜优先选用 Ra 参数。

在用以判别具有表面粗糙度特征的一段基准线长度 L(取样长度)内,轮廓线上的点与基线之间的距离 y(轮廓偏距)绝对值的算术平均值为 Ra,单位是 μm。图 10 - 23 为示意图,式(10 - 1)为 Ra 的计算公式。

$$Ra = \frac{1}{l}\int_0^l \left| y(x) \right| \mathrm{d}x \tag{10 - 1}$$

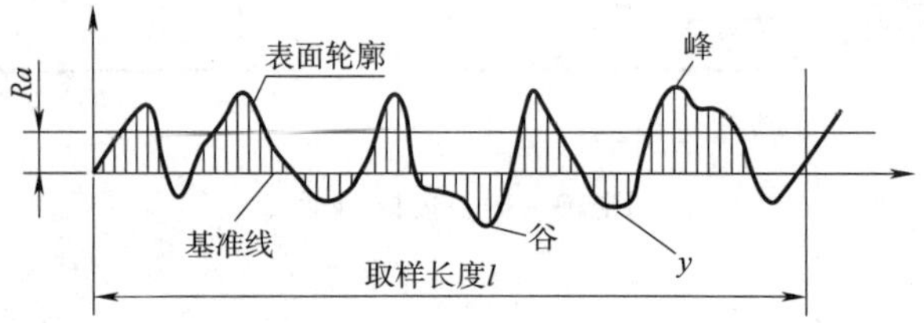

图 10 - 23　轮廓算术平均偏差

国标规定的轮廓算术平均偏差 Ra 值见表 10 - 2。Ra 值的选择可参照生产中的实例,用类比法确定,并遵循以下原则:在满足表面性能要求的前提下,应尽量选用较大的粗糙度参数值。工作表面的粗糙度参数值应小于非工作表面的粗糙度参数值。配合表面的粗糙度参数值应小于非配合表面的粗糙度参数值。运动速度高、单位压力大的摩擦表面的粗糙度参数值应小于运动速度低、单位压力小的摩擦表面的粗糙度参数值。

表 10 - 2　轮廓算术平均偏差 *Ra* 系列

第一序列	0.012,0.025,0.05,0.100,0.20,0.40,0.80,1.60,3.2,6.3,12.5,25,50,100
第二序列	0.008,0.016,0.032,0.063,0.125,0.25,1.00,2.0,4.0,8.0,16.0,32,63 0.010,0.020,0.040,0.080,0.160,0.32,0.63,1.25,2.5,8.0,10.0,20,40,80

注:优先采用第一序列

2. 表面结构的符号及其标注

零件的表面粗糙度属于表面结构,《产品几何技术规范(GPS)技术产品文件中表面结构的表示法》(GB/T 131—2006)和《产品几何技术规范(GPS)表面结构轮廓法表面粗糙度参数及其数值》(GB/T 1031—2009)规定了表面粗糙度的符号及标注方法。

(1)表面结构完整图形符号的组成

在完整符号中,对表面结构的单一要求和补充要求应注写在图 10 - 24(a)中所示的指定位置。

a 注写表面结构的单一要求;a 和 b 同时存在,a 注写第一表面结构要求,b 注写第二表面结构要求。

补充要求:c 注写加工方法"车""铣""镀"等;d 注写表面纹理方向,如" = "" × ""M"等;e 注写加工余量。

图 10 - 24(b)所示为图形符号的画法,d 表示图的粗实线线宽,$H_1 \approx 1.4h$,$H_2 = 2H_1$,h 是字高。

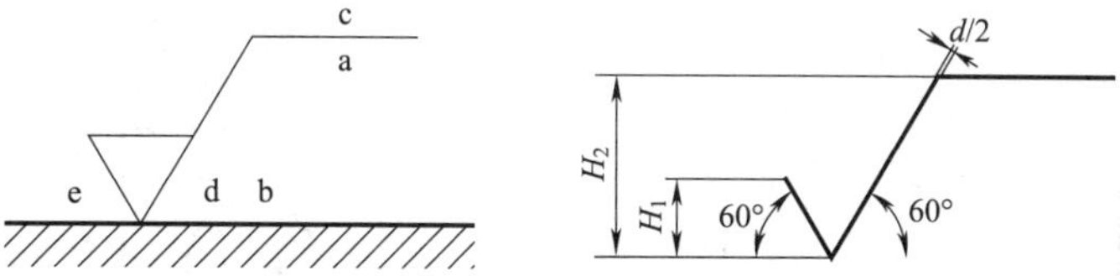

（a）　　（b）

图 10－24　表面结构完整图形符号的组成及画法

（2）表面结构符号、代号的含义

表面结构符号、代号的含义见表 10－3。

表 10－3　表面结构符号、代号的含义

No	符　号	含义/解释
B. 2. 1	*Rz* 0.4	表示不允许去除材料，单向上限值，默认传输带，*R* 轮廓，粗糙度的最大高度 0. 4 μm，评定长度为 5 个取样长度（默认），“16% 规则”（默认）
B. 2. 2	*Rz* max 0.2	表示去除材料，单向上限值，默认传输带，*R* 轮廓，粗糙度最大高度的最大值 0. 2 μm，评定长度为 5 个取样长度（默认），“最大规则”
B. 2. 3	0.008–0.8/*Ra* 3.2	表示去除材料，单向上限值，传输 0. 008 － 0. 8 mm，*R* 轮廓，算术平均偏差 3. 2 μm，评定长度为 5 个取样长度（默认），“16% 规则”（默认）
B. 2. 4	–0.8/*Ra* 3 3.2	表示去除材料，单向上限值，传输带：根据 GB/T 6062，取样长度 0. 8 μm（λ_s 默认 0. 0025 mm），*R* 轮廓，算术平均偏差 3. 2 μm，评定长度包含 3 个取样长度，“16% 规则”（默认）
B. 2. 5	U *Ra* max 3.2 L *Ra* 0.8	表示不允许去除材料，双向极限值，两极限值均使用默认传输带，*R* 轮廓，上限值：算术平均偏差 3. 2 μm，评定长度为 5 个取样长度（默认），“最大规则”，下限值：算术平均偏差 0. 8 μm，评定长度为 5 个取样长度（默认），“16% 规则”（默认）

（3）表面结构要求在图样中的注法

表面结构的注写和读取方向与尺寸的注写和读取方向一致。表面结构要求可标注在轮廓线上，其符号应从材料外指向并接触表面，如图 10－25（a）所示。必要时，表面结构也可用带箭头或黑点的指引线引出标注，如图 10－25（b）所示。表面结构要求可以直接标注在延长线上，或用带箭头的指引线引出标注，如图 10－25（c）、（d）所示。圆柱和棱柱的表面结构要求只标注一次，如果每个棱柱表面有不同的表面要求，则应该分别标注，如图 10－25（e）所示。

如果工件的多数表面结构要求相同，可以在标题栏附近简化标注。如图 10－26（a）所示，括号外为工件相同的表面结构要求，括号内为工件的两个不同表面结构要求。也可以用带字母的完整符号，以等式的形式在标题栏附近对有相同表面结构的表面进行简化标注。如图 10－26（b）所示。

3. 极限与配合

（1）极限尺寸

在成批或大量生产时，要求在同一规格的一批零件中，任意取出一个零件，无需修配就能顺利地进行装配，并达到规定的技术要求，这种性质叫做互换性。

基本尺寸：设计时确定的尺寸。

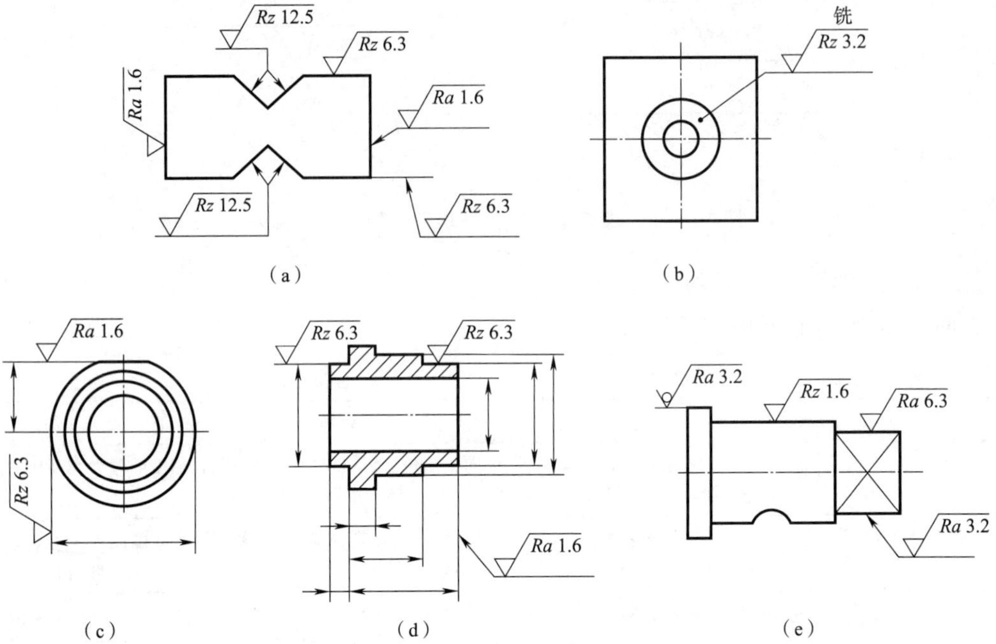

图 10-25　表面结构要求在图样中的注法

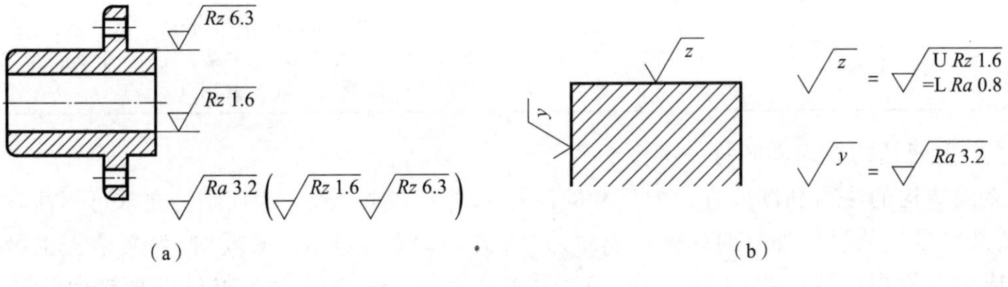

图 10-26　表面结构的简化标注

实际尺寸:零件制成后实际测得的尺寸。

极限尺寸:允许零件实际尺寸变化的两个界限值。包括最大极限尺寸和最小极限尺寸。

零件合格的条件:最大极限尺寸≥实际尺寸≥最小极限尺寸。

【例 10-4】　解释图 10-27 中的尺寸。

答:$\phi50$ 是零件的基本尺寸,$\phi50.008$ 是零件的最大极限尺寸,$\phi49.992$ 是零件的最小极限尺寸。

如果零件的实际尺寸落在 $\phi50.008$ 和 $\phi49.992$ 之间,该零件为合格品。

该零件允许的尺寸变动量为 0.016。0.008 为零件尺寸的上根限偏差,-0.008 为零件尺寸的下根限偏差。

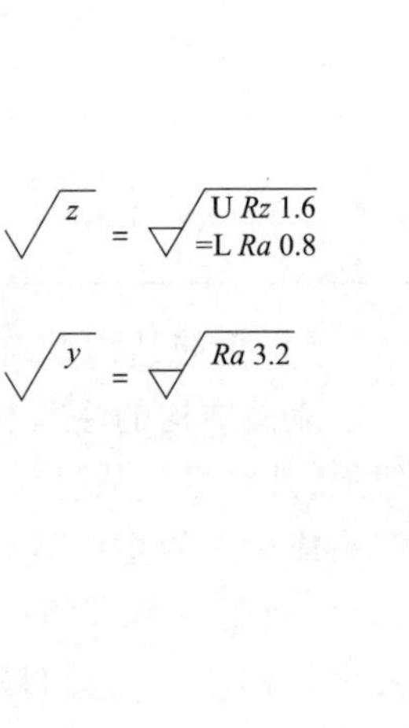

图 10-27　例 10-4

(2)标准公差

为了保证零件的互换性,国标对零件加工后的实际尺寸规定了一个允许的变动范围。零件实际尺寸允许的变动量,叫做尺寸公差,简称公差。

尺寸公差分成 20 级,即 IT01、IT0、IT1 至 IT18。IT 表示标准公差,后面的数字表示公差等级。从 IT01 至 IT18,等级依次降低,通常 IT01 ~ ITl2 用于配合尺寸,ITl3 ~ IT18 用于非配合尺寸。表 10 – 4 为节选的标准公差等级。

表 10 – 4 标准公差等级

基本尺寸 (mm)		标准公差等级(μm)													
		IT1	IT2	IT3	IT4	IT5	IT6	IT7	IT8	IT9	IT10	IT11	IT12	…	IT18
—	3	0.8	1.2	2	3	4	6	10	14	25	40	60	100	…	1400
>3	6	1	1.5	2.5	4	5	8	12	18	30	48	75	120	…	1800
>6	10	1	1.5	2.5	4	6	9	15	22	36	58	90	150	…	2200
>10	18	1.2	2	3	5	8	11	18	27	43	70	110	180	…	2700
>18	30	1.5	2.5	4	6	9	13	21	33	52	84	130	210	…	3300
>30	50	1.5	2.5	4	7	11	16	25	39	62	100	160	250	…	3900

图 10 – 28 为公差带图,可以直观地表示出公差的大小及公差带相对于零线的位置。零线代表零件的基本尺寸线。

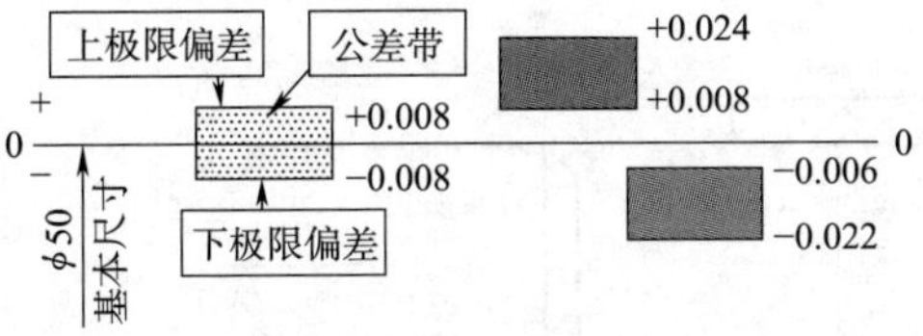

图 10 – 28 公差带

(3)基本偏差 用以确定公差带相对于零线的位置,一般为靠近零线的偏差。孔用大写字母表示,轴用小写字母表示。孔与轴的基本偏差各 28 个,如图 10 – 29 所示。

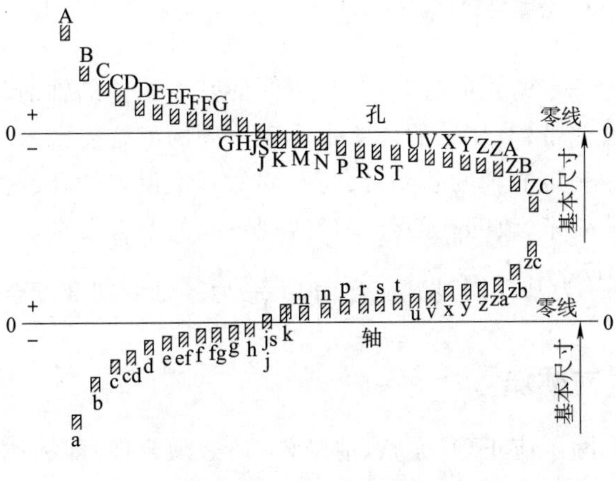

图 10 – 29 基本偏差系列

(4)公差带代号　孔、轴的公差带代号用基本偏差代号与标准公差等级代号组成。基本偏差代号确定公差带位置,标准公差等级确定公差带大小。例如:孔的公差带代号 H8、F8、K7等;轴的公差带代号 h7、f7、p6 等。公差带代号的具体数据可查阅附录 E 和附录 F。

图 10－30 为公差带代号在零件图中的标注示例。图 10－30(a)中,ϕ18H7 为孔的公差带代号,经查附录 F 可知,$\phi18H7=\phi18^{+0.018}_{0}$。

图 10－28(b)中,$\phi18^{+0.029}_{+0.018}$为与(a)图配合的轴的公差带代号,$\phi14^{+0.045}_{+0.016}$为与图 10－28(c)配合的孔的公差带代号。

(5)配合　基本尺寸相同的两个相互结合的孔和轴公差带之间的关系称为配合。配合分为三类:间隙配合、过盈配合、过渡配合。

间隙配合:孔的实际尺寸 > 轴的实际尺寸(A ~ H、a ~ h)。

过盈配合:孔的实际尺寸 < 轴的实际尺寸(J ~ N、j ~ n)。

过渡配合:介于间隙与过盈配合之间的配合(P ~ ZC、p ~ zc)。

在装配图中,配合的代号由孔、轴公差带代号组合写成分数形式来表示。

标注形式为:

$$基本尺寸\frac{孔的公差带代号}{轴的公差带代号}$$

如图 10－31 所示为两组配合尺寸在装配图中的标注。

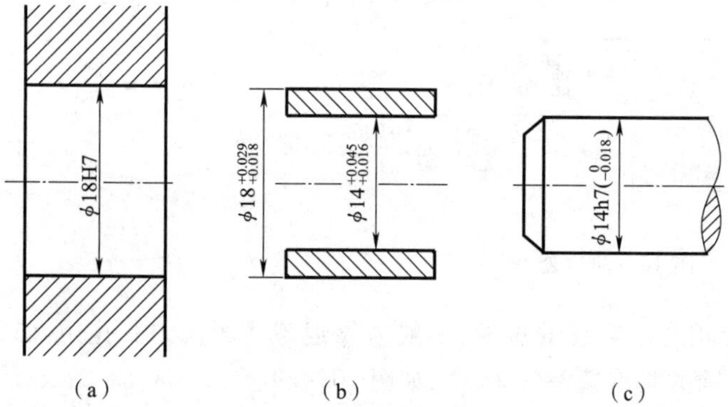

图 10－30　公差带代号标注

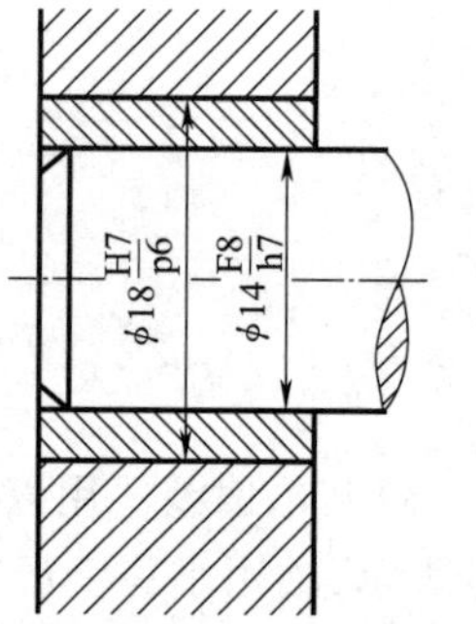

图 10－31　配合尺寸标注

基孔制:基准偏差为一定的孔的公差带,与不同的基本偏差的轴的公差带形成各种配合称为基孔制,即固定孔的公差带,改变轴的公差带实现不同的配合要求。

基轴制:基本偏差为一定的轴的公差带,与不同的基本偏差的孔的公差带形成各种配合称为基轴制,即固定轴的公差带,改变孔的公差带实现不同的配合要求。

图 10－31 中,$\phi18\frac{H7}{p6}$为基孔制过渡配合,$\phi14\frac{F8}{h7}$为基轴制间隙配合。

10.2.5　零件图的尺寸标注

零件图的尺寸标注,除了应正确、完整、清晰外,还必须合理,即标注的尺寸,既要满足设计要求,以保证机器的工作性能,又要满足工艺要求,以便于加工制造和检测。

标注零件的尺寸时，尺寸基准选取原则与建筑图类似。重要尺寸是指影响产品性能、工作精度和配合的尺寸，必须直接标出；非主要尺寸是指非配合的直径、长度、外轮廓尺寸等，可间接标注，即通过计算得到该尺寸。

根据尺寸在图中的形式，可归纳为坐标式、链状式和综合式，如图 10－32 所示。

坐标式：同一方向尺寸，都从同一基准注起，尺寸误差互不影响。

链式：同一方向尺寸，彼此首尾相接，前一尺寸终点即为后一尺寸起点，尺寸互为基准，形成链状。

综合式：同一方向尺寸，既有坐标式，又有链式，是前两种的综合。

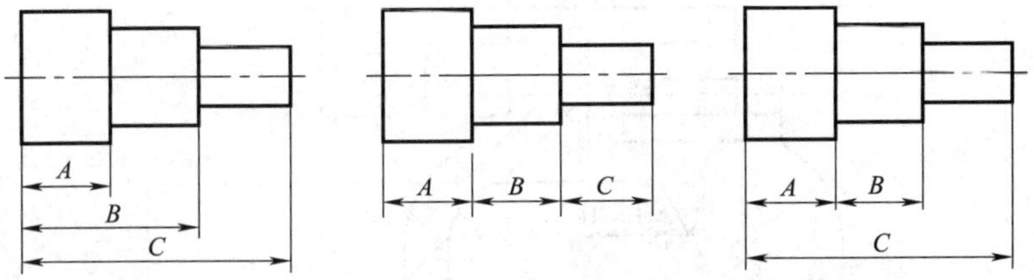

（a）坐标式　　（b）链状式　　（c）综合式

图 10－32　尺寸形式

注意：在标注机械零件的尺寸时，应避免出现封闭尺寸链。如图 10－33（a）所示，每个轴端都有加工误差，无法保证 $A+B+C=L$。因此，标注尺寸时应在尺寸链中选一个不重要的环不注尺寸，该环称为开环。如图 10－33（b）所示，（C）为尺寸链中的开环。

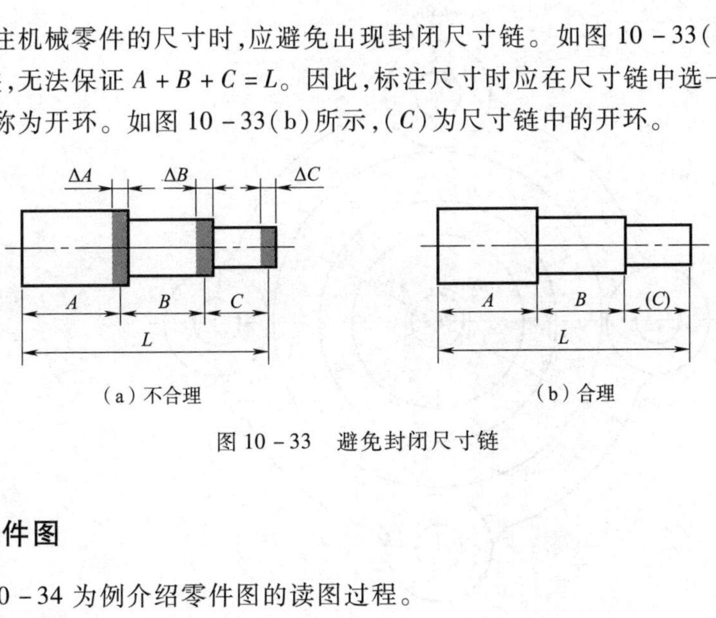

（a）不合理　　（b）合理

图 10－33　避免封闭尺寸链

10.2.6　读零件图

下面以图 10－34 为例介绍零件图的读图过程。

1. 看标题栏

从标题栏内了解零件的名称、材料、比例等，并浏览视图，初步得出零件的用途和形体概貌。由图 10－34 可知，零件名称是阀盖，属于轮盘类零件；材料为 HT200，说明材料是灰铸铁；比例为 1:1。

2. 分析视图

分析视图布局，找出主视图、其他基本视图和辅助视图。根据剖视、断面的剖切方法、位置，分析剖视、断面的表达目的和作用。由图 10－34 可知，阀盖采用两个视图表达，主视图为半剖，俯视图是视图。

3. 分析投影，想象零件的结构形状。

先从主视图出发，联系其他视图进行分析。用形体分析法分析零件各部分的结构形状，难于看懂的结构，运用线面分析法分析，最后想出整个零件的结构形状。由图 10－34 可知，阀盖为圆柱形基本体，有内腔和凸缘，凸缘上加工了四个均匀分布的圆孔。

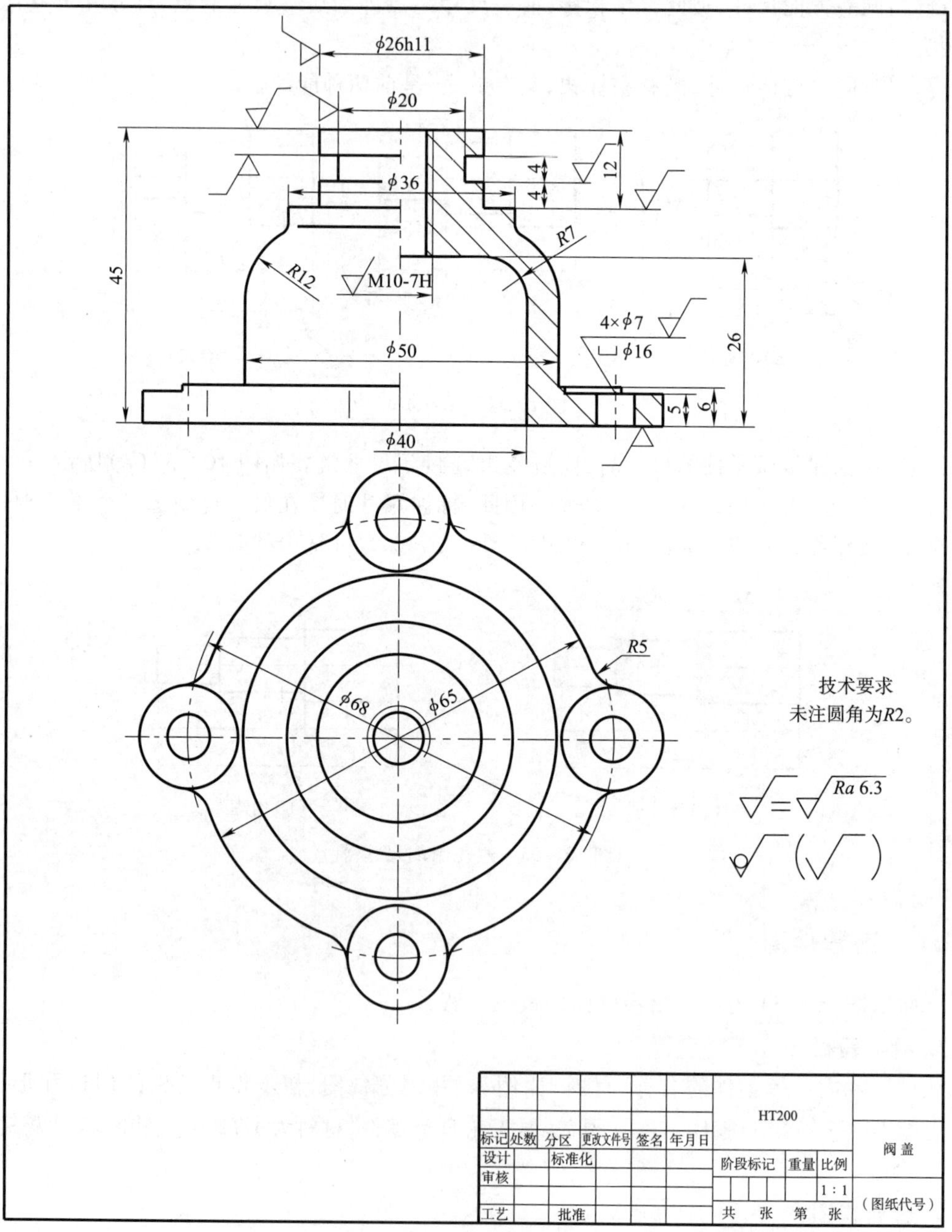

图 10－34　阀盖零件图

4. 分析尺寸和技术要求

首先找出长、宽、高三个方向的尺寸基准,然后找出主要尺寸。由图10-34可知,阀盖的长度方向和宽度方向的尺寸基准是零件的轴线,高度方向的尺寸基准是阀盖的下端面。主要尺寸包括阀盖的总体尺寸、细部定形和定位尺寸等。图10-30所示的ϕ26h11说明阀盖上端的外表面与其他零件之间有配合关系。M10-7H表示阀盖的上段内部有螺纹,与其他零件之间有旋合关系。

技术要求的文字部分写明未注圆角为$R2$,用于辅助说明零件未标注的小尺寸。技术要求的图例部分用于说明未标注的零件表面粗糙度。

综合前面的分析,把图形、尺寸和技术要求等全面系统地联系起来思索,并参阅相关资料,得出零件的整体结构、尺寸大小、技术要求及零件的作用等完整信息。

10.3 装 配 图

10.3.1 装配图的基本知识

1. 装配图的作用与内容

(1)作用 部件或机器都是根据其使用目的,按照有关技术要求,由一定数量的零件装配而成的。表达部件或机器这类产品及其组成部分的连接、装配关系的图样称为装配图。

在设计过程中,一般都是先画出装配图,再根据装配图绘制零件图。在生产过程中,装配图是制订装配工艺规程,进行装配、检验、安装及维修的技术文件。

(2)内容 装配图的内容一般包括以下四个方面。

①一组视图。用来表示装配体的结构特点、各零件的装配关系和主要零件的重要结构形状。

②必要的尺寸。装配图的作用是表达零、部件的装配关系,需要标出以下几类尺寸。

规格尺寸:表示装配体规格或性能的尺寸,它是设计和选用产品时的主要依据。

装配尺寸:包括保证零件间配合性质的尺寸、保证零件间相对位置的尺寸、装配时进行加工的有关尺寸等。

安装尺寸:装配体安装在地基或其他机器上时所需的尺寸。

外形尺寸:装配体的外形轮廓尺寸,即总长、总宽和总高。它为包装、运输和安装过程所占的空间大小提供了数据。

其他重要尺寸:如运动零件的极限尺寸、主体零件的重要尺寸等。

上述五类尺寸,并非在每张装配图上都需注全,有时同一个尺寸,可能有几种含义,因此在装配图上到底应注哪些尺寸,需根据具体装配体分析而定。

③技术要求。在装配图的空白处(一般在标题栏、明细栏的上方或左面),用文字、符号等说明对装配体的工作性能、装配要求、试验或使用等方面的有关条件或要求。

④标题栏、零件序号和明细栏。说明装配体及其各组成零件的名称、数量和材料等一般概况。如图10-35所示为学生用装配图的标题栏与明细栏样式。

2				
1				
序号	零件名称	数量	材料	附注及标准
标题栏				

20				
19				
序号	零件名称	数量	材料	附注及标准

图 10 - 35　装配图中的标题栏与明细栏样式

2. 装配图中的零件序号、明细栏和标题栏

(1)一般规定　为了便于看图和图样管理,在装配图中需对每个零、部件进行编号。编号规则如下:

装配图中所有的零、部件都必须编注序号。规格相同的零件只编一个序号,标准化组件整体编注一个序号。装配图中零件序号应与明细栏中的序号一致。

(2)序号的组成　装配图中的序号一般由指引线、圆点(或箭头)、横线(或圆圈)和序号数字组成,如图 10 - 36(a)所示。标准化组件序号如图 10 - 36(b)所示。

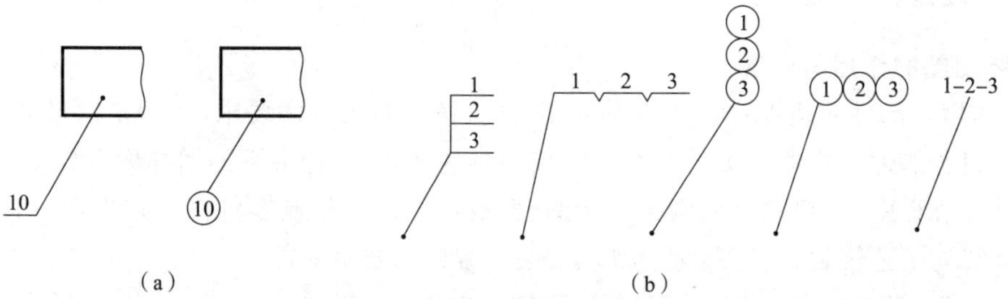

图 10 - 36　零件序号的编写形式

10. 3. 2　装配图的规定画法和特殊画法

1. 规定画法

(1)相邻零件的接触表面和配合表面只画一条线;不接触表面和非配合表面画两条线,如图 10 - 37 所示。

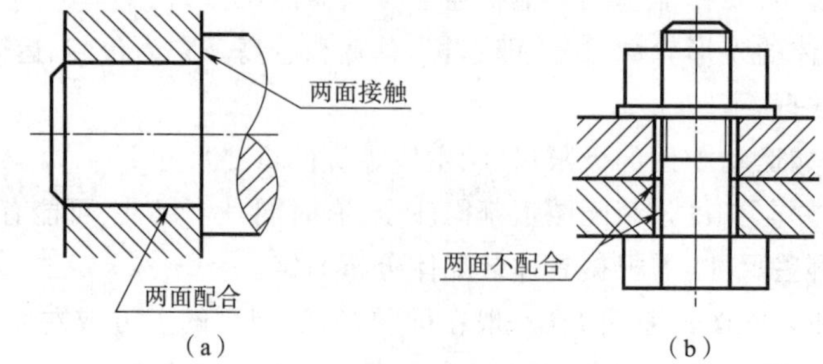

图 10 - 37　接触与不接触表面画法

(2)两个(或两个以上)零件邻接时,剖面线的倾斜方向应相反或间隔不同。但同一零件在各视图上的剖面线方向和间隔必须一致,如图 10 - 38 所示。

(3)对于标准件和实心杆件,当剖切平面通过其基本轴线时按不剖绘制,如图 10 - 39 所示。

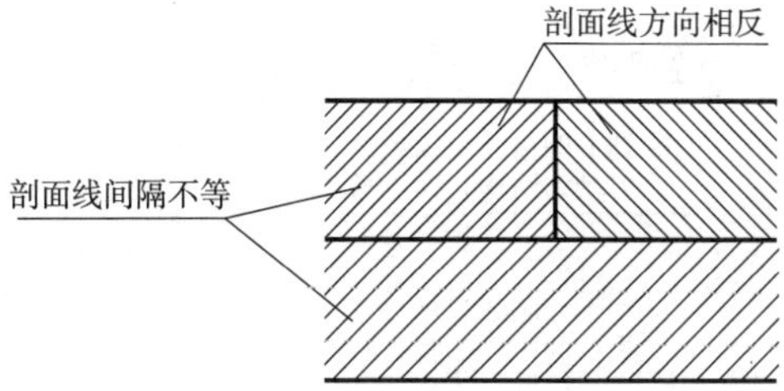

图 10 - 38 装配图剖面线的画法

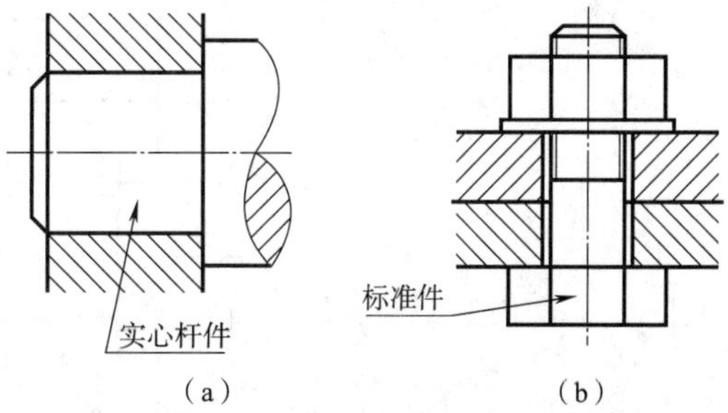

图 10 - 39 装配图通过剖切面不剖的规定

2. 特殊画法

(1)沿零件结合面剖切和拆卸画法 假想沿某些零件的结合面剖切,绘出其图形,以表达装配体内部零件间的装配情况,如图 10 - 40 所示,俯视图是沿着轴承上盖和下盖之间的结合面剖切之后得到的半剖视图。

(2)假想画法 与本装配体有关,但不属于本装配体的相邻零部件,以及运动机件的极限位置,可用双点画线画出,以表示连接关系,如图 10 - 41 所示。

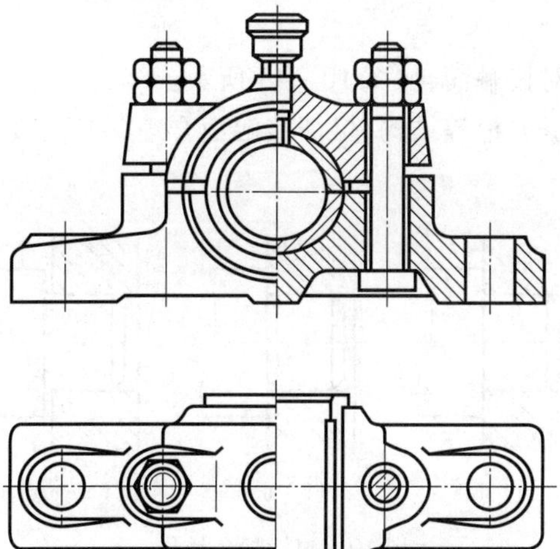

图 10 - 40 滑动轴承装配图

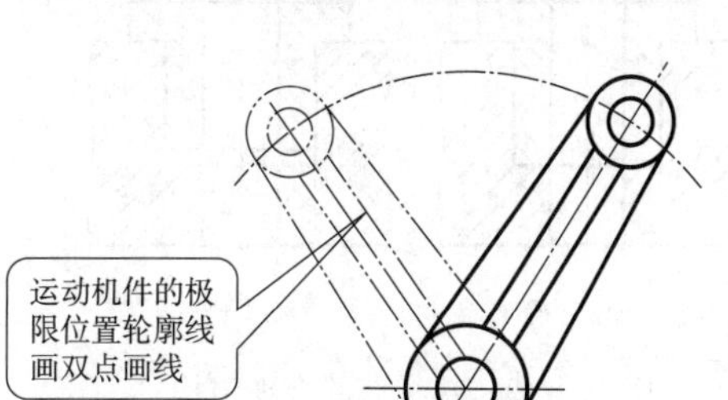

图 10 - 41 装配图的假想画法

(3)夸大画法 画装配图时,遇到薄壁件和微小间隙,按实际尺寸无法画出,可采用夸大画法,如图 10 - 42 中①所示。

(4)简化画法 画装配图时,圆角、倒角、退刀槽等结构可省略不画,如图 10 - 42 中②所示。螺栓、螺母和螺钉等标准件允许采用简化画法,如图 10 - 42 中③所示。当遇到螺纹紧固件等相同零件组时,在不影响理解的前提下,允许只画一处,其余可用细点画线表示其中心的位置，如图 10－42 中④所示。滚动轴承一般一半采用规定画法，一半采用通用画法，如图 10－42 中⑤所示。

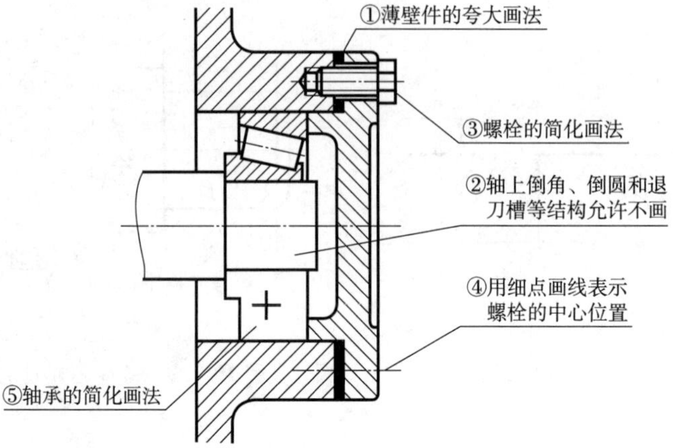

图 10－42　夸大画法和简化画法

10.3.3　装配结构合理性

在设计和绘制装配图的过程中，应该考虑装配结构的合理性，以保证机器（或部件）的使用性能和装拆的方便。下面列举了一些常用的装配结构法，及正、误辨析，供同学们在画装配图时参考。

（1）两个零件同一方向接触面的结构只有一对接触面，如图 10－43 所示。

（2）两零件接触处的拐角结构：应加工倒角、退刀槽等结构，保证接触面合理，如图 10－44 所示。

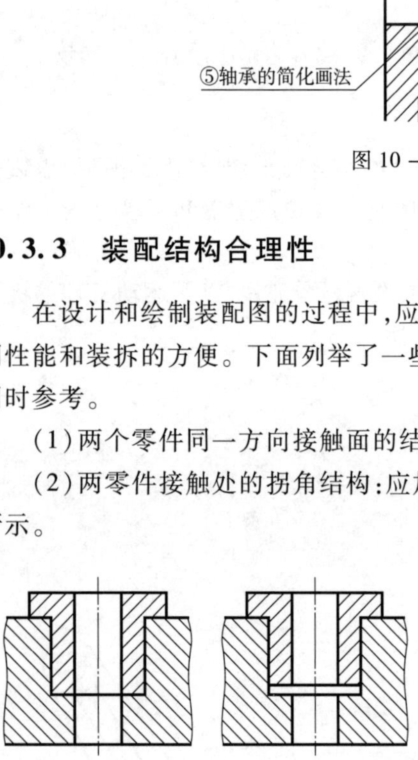

（a）正确　（b）错误

图 10－43　接触面的合理结构

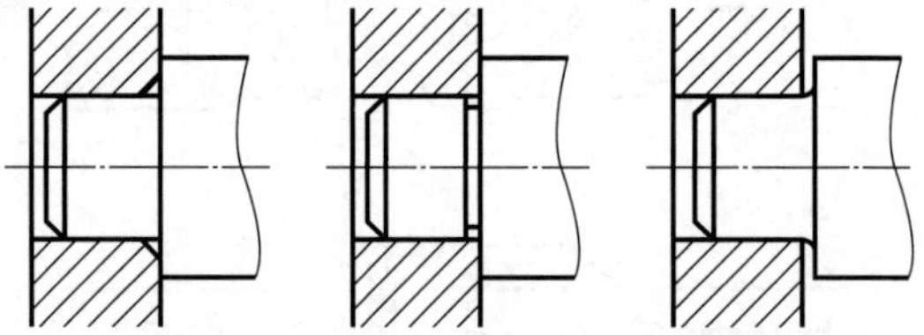

（a）正确　（b）正确　（c）错误

图 10－44　拐角结构

（3）装配图中滚动轴承的合理安装：滚动轴承常用轴肩或孔肩轴向定位，设计时应考虑维修、安装、拆卸的方便。为了方便滚动轴承的拆卸，轴肩（轴径方向）应小于轴承内圈的厚度，孔肩（孔径方向）高度应小于轴承外圈的厚度，如图 10－45 所示。

（4）标准件的合理装拆：标准件安装时，要考虑扳手、螺丝刀等的活动空间，如图 10－46 所示。

（5）轴向定位的结构：需要通过轴端挡圈和螺钉来保证轴和轴承的轴向定位，如图 10－47 所示。

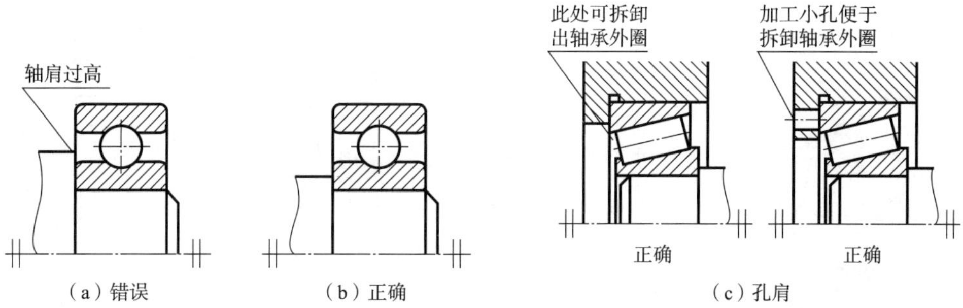

图 10－45　轴承的合理安装

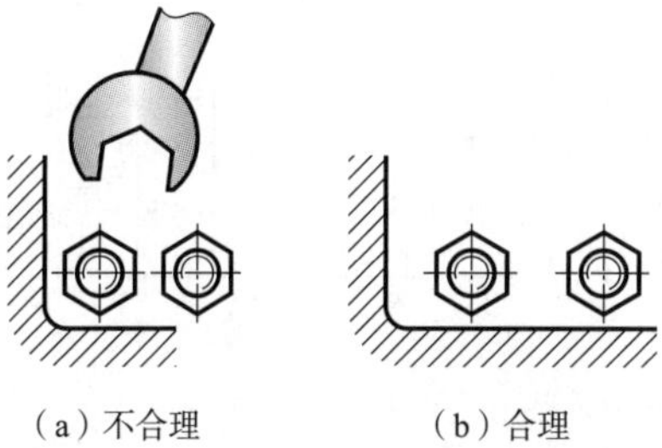

图 10－46　扳手的活动空间

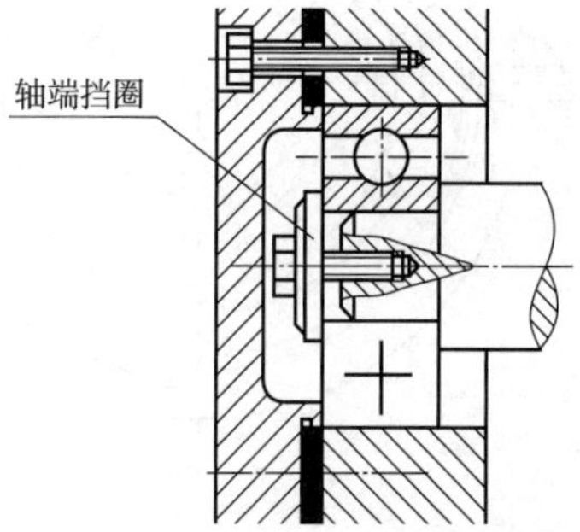

图 10－47　轴向定位

10.4　识读装配图

1. 读装配图的方法和步骤

在设备施工图中，经常会遇到读装配图的问题。读一张装配图，必须明确了解以下内容。

(1) 了解机器或部件的名称、用途、性能和工作原理。

(2) 弄清机器或部件的结构和各零件间的装配关系和装拆顺序。

(3) 读懂各零件的主要结构形状及作用。

(4) 了解其他系统，如润滑系统、密封系统等的原理和构造。

2. 读装配图举例

所有安装设备的进出管道、阀门及闭环回路中，一定要安装可拆卸零件，利于管道维护和修理。这个"可拆卸零件"是指活接头、卡箍、卡盘、快速接头和法兰盘等。按照常规，活接头仅仅用于 DN50 以下的常温常压、常温低压管道及常见的水箱、暖气片、阀门等设备，管道都有活接头。下面以图 10－48 所示球心管活节的装配图为例来说明读装配图的方法和步骤。

(1) 概括了解

了解工作原理，结合图中的零件编号和明细栏了解零件的名称、数量和它在图中的位置。

如图 10－48 所示，根据工作原理可知各零件之间工作时的相互关系。

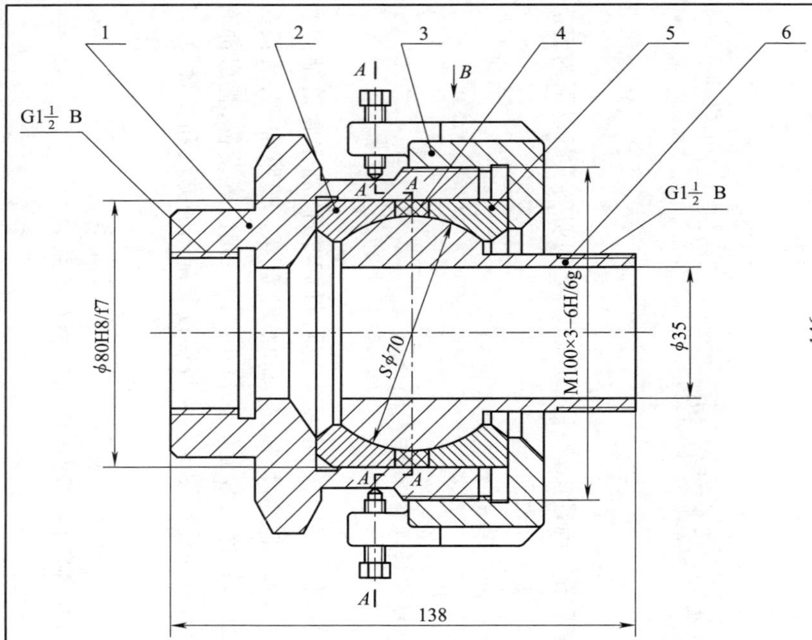

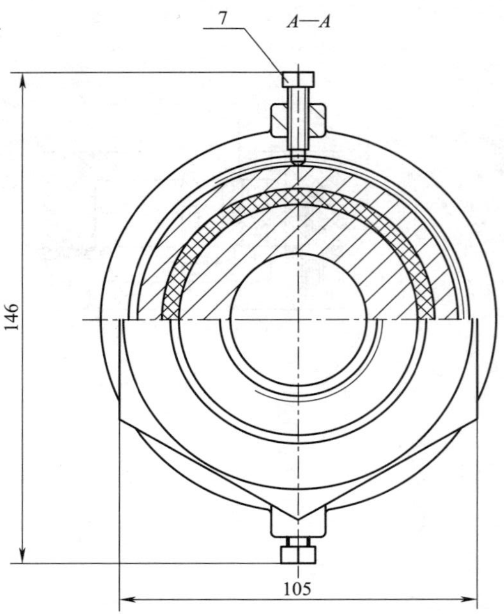

零件3B

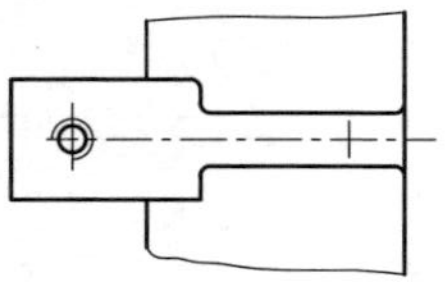

工作原理

球心管活节安装在管路中，用来连接两根不在同一轴线上的管子。球管节6能绕$S\phi70$轴心线转动，确保两端的G1$\frac{1}{2}$B管螺纹与管路中的管子连接。盖螺母3可压紧可动垫块5固定球管节。螺钉7旋紧后可防止盖螺母松动。

序号	代号	名称	数量	材料	单重	总重量
7		螺钉M6（非标准件）	1	35		
6		球管节	1	35		
5		可动垫块	1	ZCuSn5Pb5Zn5		
4		垫片	1	石棉		
3		盖螺母	1	HT200		
2		不动垫块	1	ZCuSn5Pb5Zn5		
1		活节体	1	HT200		

标记	处数	分区	更改文件号	签名	年月日	装配图	球心管活节
设计		标准化				阶段标记 重量 比例	
审核						1:1	(图纸代号)
工艺		批准				共 张 第 张	

图10-48 球心管活节的装配图

工作原理说明了零件之间的安装关系。由明细栏可知,球心管活节由 7 种零件组成,可以看出每种零件的数量及材料。

(2)分析视图和尺寸

①通过分析装配图中各个视图的表达内容,确定各视图的表达重点。

球心管活节共采用了两个基本视图和一个辅助视图。主视图采用了全剖视图,表达了球心管活节的 7 个零件的主要装配关系(装配干线)为水平装配干线。左视图采用了半剖视图,既表达了活节体 1 的外形结构,又补充表达了球心管活节的装配关系,剖切方法是阶梯剖。"零件 3B"为 *B* 向局部视图,表达了盖螺母 3 的局部结构。

②通过分析装配图中的尺寸可以知道机器(或部件)的规格、性能、外形、安装和零件间的配合性质。

ϕ35 属于规格(性能)尺寸,决定球心管活节流量大小;ϕ80H8/f7 是配合尺寸,表示活节体 1 和不动垫块 2 之间有配合关系,属于基孔制间隙配合;G1 $\frac{1}{2}$B 是安装尺寸,表示球心管活节与其他连接件之间的连接关系为非密封管螺纹连接;138、146 是总体尺寸,决定球心管活节所占空间大小,为将来运输定制包装箱提供依据。

(3)分析装配干线和零件的装拆顺序

通过分析装配干线上各个零件的定位和连接方式来了解机器(或部件)的装拆顺序。球心管活节的装配顺序是:以活节体 1 为基础,水平方向依次装入不动垫块 2、球管节 6、垫片 4、可动垫块 5,将盖螺母 3 的内螺纹与活节体 1 的外螺纹旋合,最后将螺钉 M6 旋入盖螺母 3 的内螺纹中并抵住活节体 1,完成装配。

拆卸顺序是装配顺序的逆顺序。

(4)确定零件的结构形状

分析零件的目的是弄清每个零件的结构形状和零件间的装配关系。一台机器或部件上有标准件、常用件和一般零件。标准件和常用件较为简单。首先从主要零件开始分析,确定零件的结构、形状、功能和装配关系。球心管活节中的活节体 1 就是一个主要零件,要确定它的结构形状,必须把该零件的视图从装配图的各个视图中分离出来。首先由零件的序号找到该零件的位置,其次由投影关系和剖面线的方向、间距确定零件轮廓。最后用形体分析法分析零件的结构形状。

思　考　题

1. 你的身边有哪些螺纹连接件?列举出 5 种以上。
2. 零件图与建筑形体的三视图有何异同点?
3. 大批量生产的零件为什么要有极限与配合要求?
4. 装配图的内容有哪些?
5. 装配图中零件与零件之间如何区分?

第 10 章重点难点概要

第 11 章　计算机绘图

手工绘图使用三角板、丁字尺、圆规等简单工具，效率低、周期长，不易于修改。与手工绘图相比，计算机绘图是一种高效率、高质量的绘图技术。在熟练掌握各项建筑制图国家标准和绘图规律之后，有必要学习计算机绘图提高绘图效率。

本章将介绍 AutoCAD 和天正建筑软件。AutoCAD 是国际通用的制图绘图软件，天正建筑软件是以 AutoCAD 为基础的建筑绘图软件，可以很方便地绘制建筑施工图。

11.1　AutoCAD 基础

11.1.1　AutoCAD 软件简介

AutoCAD 软件是由美国欧特克有限公司（Autodesk）出品的一款自动计算机辅助设计软件，可以用于绘制二维制图和基本三维设计，通过它无需懂编程，即可自动制图，因此它在全球广泛使用，可以用于土木建筑，装饰装潢，工业制图，工程制图，电子工业，服装加工等多方面领域。

AutoCAD 软件的特点：

（1）具有完善的图形绘制功能。

（2）有强大的图形编辑功能。

（3）可以采用多种方式进行二次开发或用户定制。

（4）可以进行多种图形格式的转换，具有较强的数据交换能力。

（5）支持多种硬件设备。

（6）支持多种操作平台

（7）具有通用性、易用性，适用于各类用户，此外，从 AutoCAD2000 开始，该系统又增添了许多强大的功能，如 AutoCAD 设计中心（ADC）、多文档设计环境（MDE）、Internet 驱动、新的对象捕捉功能、增强的标注功能以及局部打开和局部加载的功能。

11.1.2　AutoCAD 软件基本操作

1. 界面

AutoCAD 软件已经更新了很多版本，目前使用较多的是 AutoCAD2010，最新版本是 AutoCAD2018。高版本已经逐渐向智能化，多元化方向发展。

由于多个版本的界面有所变化，本节以 AutoCAD2018 的界面为主进行介绍，兼顾 AutoCAD2010。

图 11－1 所示为 AutoCAD2018 的原始界面，包括标准工具条、下拉菜单、标题条、绘图工具、修改工具、注释工具、图层工具、图块工具、特性工具、绘图区、命令输入行、坐标动态显示、

状态设置区、世界坐标系等。

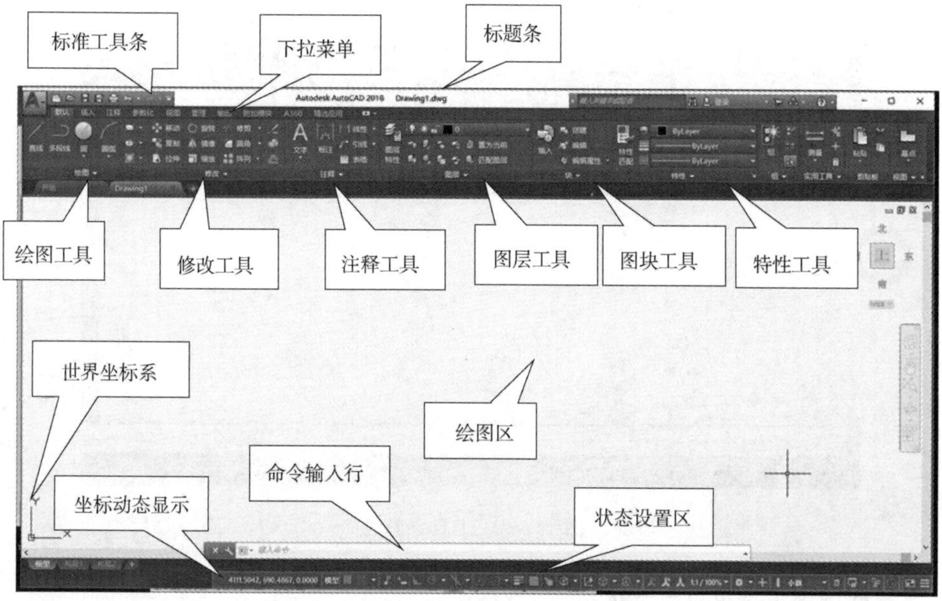

图 11－1　AutoCAD2018 的原始界面

如果电脑上安装有低版本的 AutoCAD，安装 AutoCAD2018 时可以选择将原有的界面使用习惯移植到新版本中。

如图 11－2 所示为 AutoCAD2010 移植到 AutoCAD2018 后的界面。鼠标左键单击"切换工作空间"按钮，选择 AutoCAD 经典，得到图 11－2 所示界面，与图 11－1 相比最主要的变化是绘图工具和修改工具分别位于绘图区两侧。

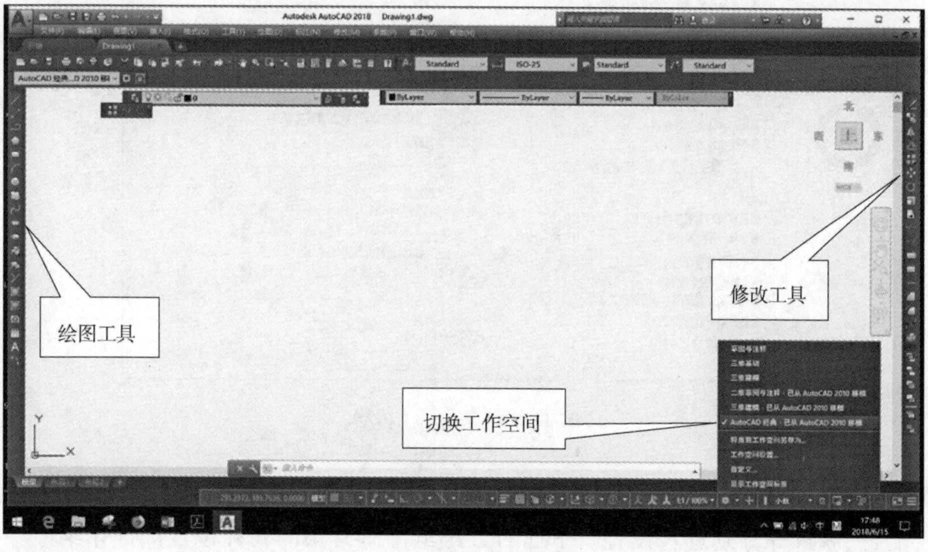

图 11－2　AutoCAD2018 的 AutoCAD 经典界面

当然,绘图工具和修改工具等可以不在默认位置,鼠标左键按住工具条端部,拖动工具条,可以将它放在界面的其他位置,如图 11-3 所示。

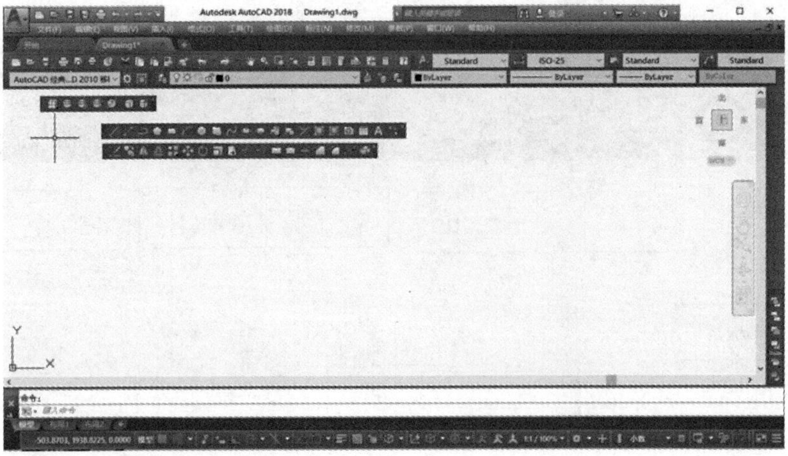

图 11-3 工具条移位

2. 常用的绘图工具设置——选项

下拉菜单 Tools(工具)→Options(选项),回车,打开图 11-4 所示选项对话框。或者在命令行中输入"op"也可以打开选项对话框。

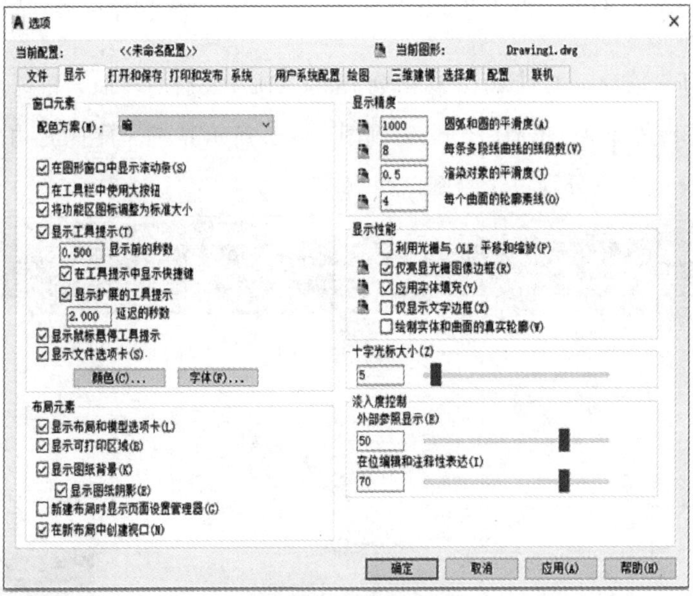

图 11-4 "显示"设置

选项对话框可以对显示、打开与保存、打印与发布、系统、用户系统配置、绘图、三维建模、选择集、配置、联机等分别进行设置。下面对二维绘图时常用的几种设置进行介绍。

(1)显示:如图 11-4 所示,点击"显示"按钮,窗口元素中 颜色(C)... 字体(F)... ,

“颜色”按钮上的“…”表示有新的对话框。单击“颜色…”按钮，弹出 11-5 所示“图形窗口颜色”对话框，可以对绘图区背景颜色进行设置，然后单击“应用并关闭”按钮，设置完成。

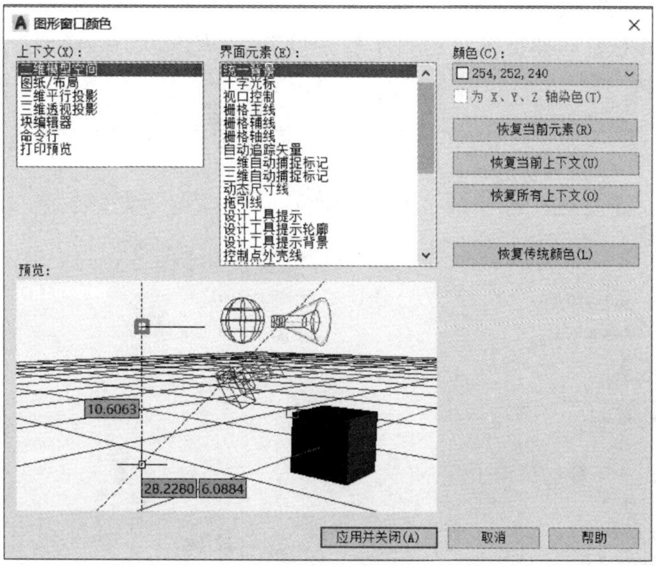

图 11-5 “图形窗口颜色”对话框

在图 11-4 中，“显示性能”一栏有个“应用实体填充”，默认是勾选状态，如果取消勾选，在后面执行图案填充命令时将无法填充图案。“十字光标大小”一栏可以调整十字光标的大小。

(2)打开与保存：如图 11-6 所示，“文件保存”栏可以设置保存文件的版本。如果用高版本软件绘图，需要在低版本中打开，必须保存成低版本文件。“文件安全措施”栏默认每间隔 10 分钟保存一次文件，可以预防绘图过程中误操作或者死机等意外状况。

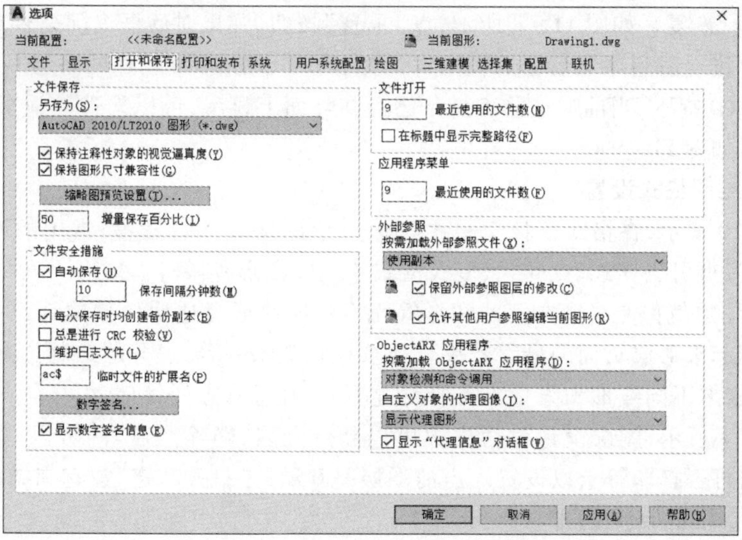

图 11-6 “打开与保存”设置

绘图后保存的文件后缀名为.dwg,也会有一个.bak 备份文件,如果.dwg 不慎丢失,可以尝试将.bak 备份文件的后缀名改为.dwg 对图形进行恢复。

(3)绘图:如图 11-7 所示,“自动捕捉”栏可以对自动捕捉标记的颜色进行设置;“自动捕捉标记大小”栏可以对自动捕捉标记的大小进行设置。“靶框大小”栏可以对靶框的大小进行设置。

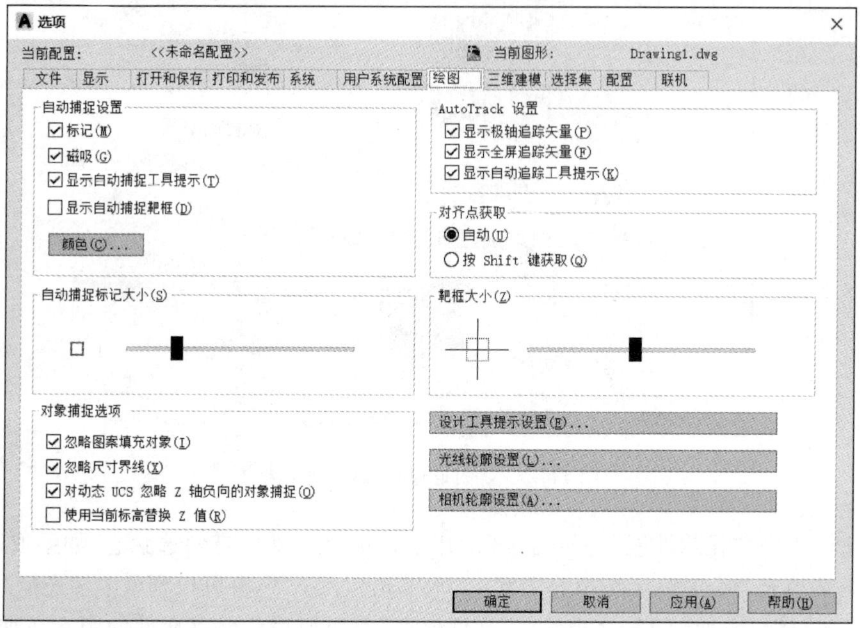

图 11-7 “绘图”对话框

(4)配置:当遇到工具条、下拉菜单、标准工具条等意外消失时,可以使用配置对话框中的“重置”功能进行恢复。如图 11-8 所示,点“重置”按钮,弹出对话框询问是否重置,单击“是”按钮,绘图界面将返回到原始状态,即图 11-1。也可以在绘图区外的适当位置单击鼠标右键,弹出 AutoCAD 提示,当前勾选的工具条已经在界面上显示,可以勾选其他工具条或者取消当前的工具条,如图 11-9 所示。

3. 常用的绘图格式设置

如图 11-10 所示,在格式下拉菜单中可以对绘图格式进行设置,常用的有图层、文字样式、标注样式、多重引线样式、点样式、多线样式、单位、图形界限等。

(1)图层:图层就像是含有文字或图形等元素的胶片或者透明的玻璃纸,一张张按顺序叠放在一起,组合起来形成页面的最终效果。虽然视觉效果一致,但分层绘制具有很强的可修改性。我们可以根据不同线形和线宽等需要设置不同的图层,方便管理。

如图 11-11 所示,图层设置对话框中可以新建图层,删除图层等,可以对每个图层的颜色、线型、线宽、可否打印等予以设置。当前图层是 0 层,是打开状态,没有冻结或锁定,颜色为黑色,线型是 Continuous,可打印。

下面以虚线图层为例介绍图层的具体创建过程。

点击图 11-11 中的“新建图层”,得到如图 11-12 所示的界面。图层 1 延续了 0 层的所

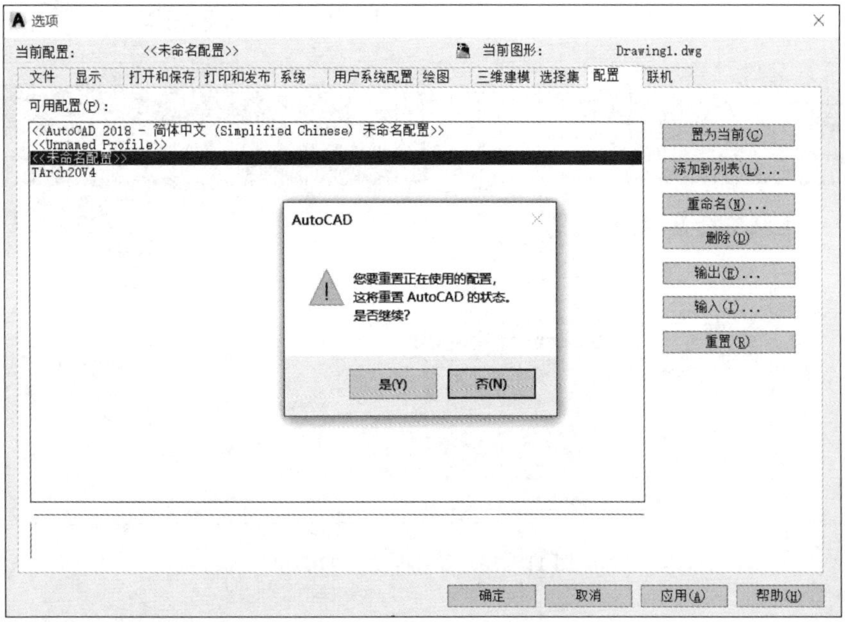

图 11－8　“配置”对话框

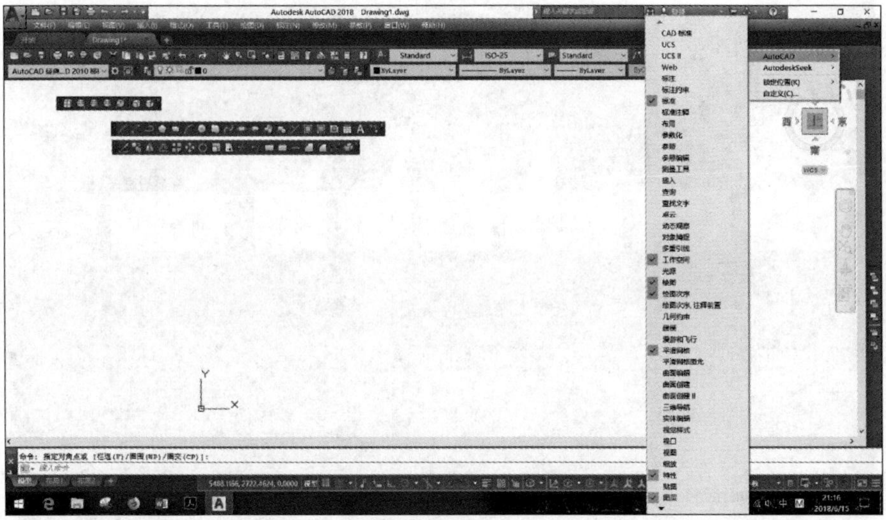

图 11－9　调用工具条

有设置格式，需要对它进行修改。

修改图名：鼠标左键单击“图层 1”，将图层名改为“虚线”。

修改颜色：单击颜色，弹出图 11－13 所示选择颜色对话框，可以选择颜色对比较明显的几种索引颜色为图层颜色，此处选择 6 号索引颜色为“虚线”图层的颜色。

修改线型：鼠标左键单击“Continuous”，可修改线型，弹出如图 11－14(a)所示对话框，已加载的线型中只有“Continuous”，需要单击“加载(L)…”按钮，得到图 11－14(b)所示对话框，从几种虚线线型中选择一种，比如“DASHED”，单击“确定”按钮，图 11－14(a)所示对话框变成图 11－14(c)，选中“DASHED”，单击“确定”按钮，虚线线型设置完毕。

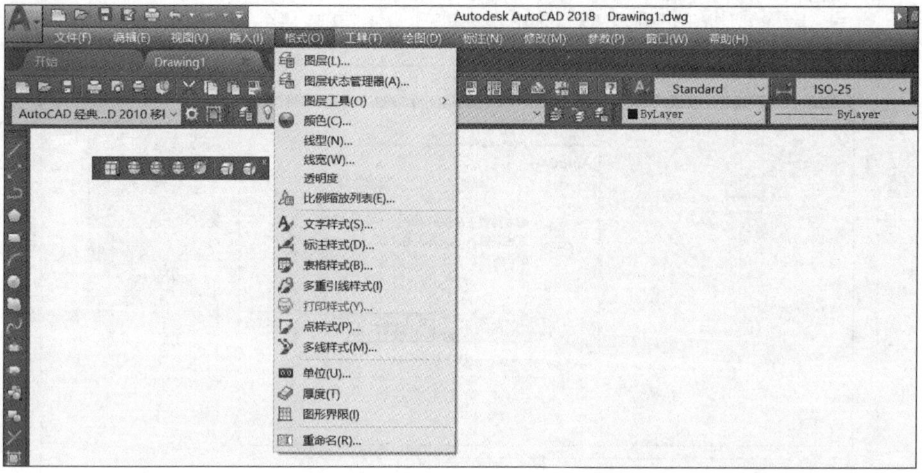

图 11－10　绘图格式下拉菜单

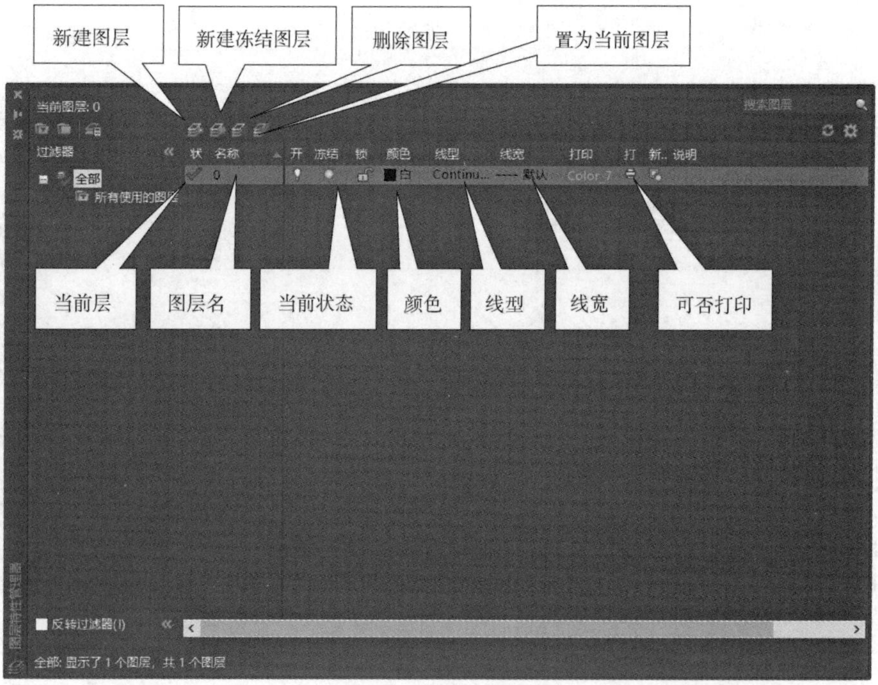

图 11－11　图层设置界面

图层名、颜色、线型是图层中最常用的基本内容。读者可以自行设置图层中的其他项目。

打开、关闭、冻结和锁定图层：

图层默认是打开状态，当图形复杂时，可以使用关闭或者冻结图层的功能。

关闭某个图层后，该图层中的对象将不再显示，但仍然可以在该图层上绘制新的图形对象，不过新绘制的对象也是不可见的。被关闭图层中的对象可以编辑修改。

冻结图层后，该层不可见，实体不可选择，不可编辑修改，对整图执行“重新生成”命令时忽略冻结层中的实体。冻结图层后，不能在该层上绘制新的图形对象。

锁定图层后，被锁定层上的实体可见，不能编辑，但是可以新增实体。

图层的删除：0 层、当前层、Defpoints 层、包含对象的图层和依赖外部参照的图层不能被删除。

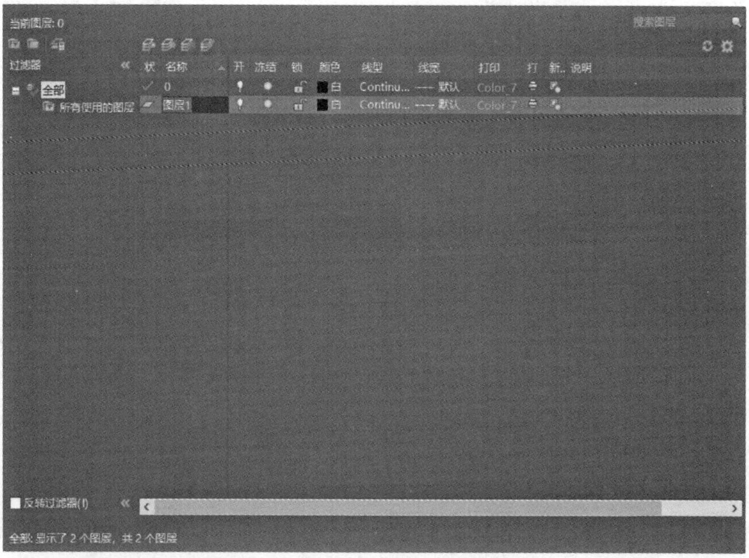

图 11－12　新建图层界面

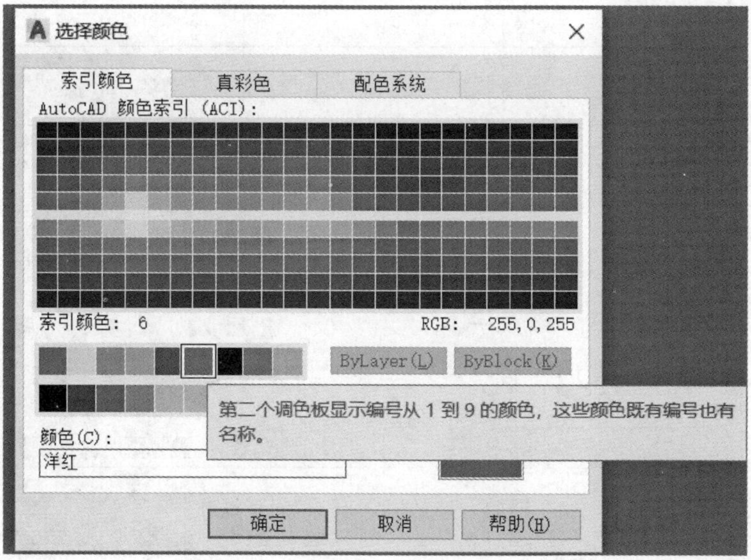

图 11－13　“选择颜色”对话框

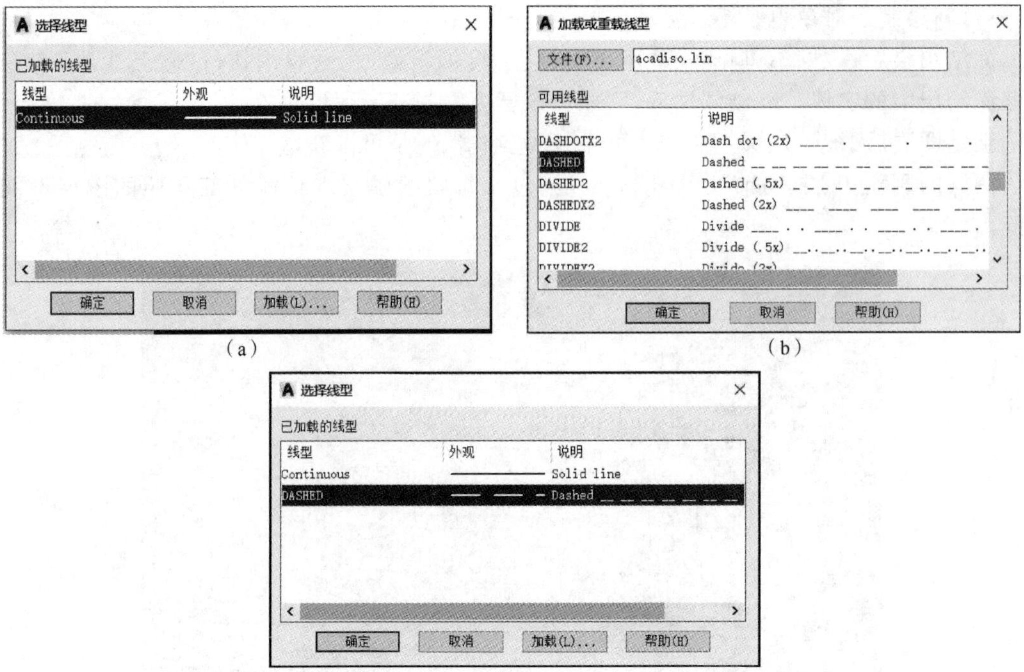

(a)　　(b)　　(c)

图 11－14　加载线型

(2)文字样式:单击“格式”下拉菜单,选择“文字样式…”选项,弹出图 11－15 所示对话框。单击“字体名”选项框,可以选择需要的字体。注意:AutoCAD 中有两种格式的字体:如“仿宋”和“@ 仿宋”,在图 11－16 所示“字体名”中选中“@ 仿宋”选项。两种不同格式的字体显示结果如图 11－17 所示。

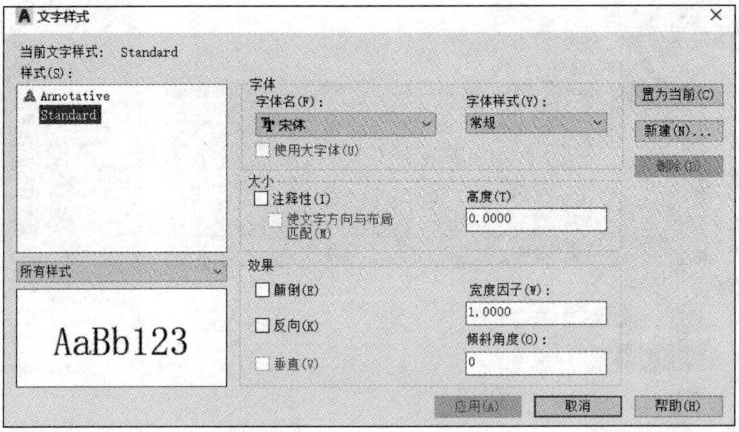

图 11－15　“文字样式”对话框

注意:当打开其他电脑上的文件发现文字显示为“?”时,说明字体不匹配,可以更换文字样式,然后单击“置为当前”选项。如果 AutoCAD 安装目录下字体库类型较少,也会出现“?”,

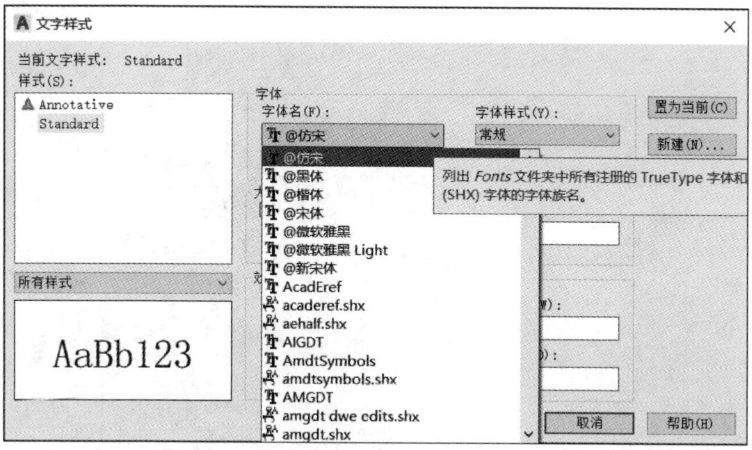

图 11 – 16　选择字体名设置

（a）@仿宋

（b）仿宋

图 11 – 17　“@ 仿宋”与“仿宋”字体的区别

可以更新字体库，用新的字体库文件包替换 AutoCAD 安装目录下的 CAD fonts 文件包，重新启动 AutoCAD 软件即可。

图 11 – 15 中有个“注释性”选项，勾选上以后可以使显示的字体适应不同绘图比例。如：绘图比例为 1:100，文字样式的字高为 2.5 号字，应用注释性选项后显示为 250 号字，不需要对字体另行放大。

(3)标注样式：单击“格式”下拉菜单，选择“标注样式…”选项，弹出图 11 – 18 所示对话框。预览样式中显示为机械制图标注样式。单击“新建…”按钮，弹出图 11 – 19 所示对话框，可以以 ISO – 25 为基础样式创建一个新样式，取名为“建筑标注”，单击“继续”按钮，弹出图 11 – 20所示对话框。图 11 – 20 对话框中有线、符号和箭头、文字、调整、主单位、换算单位、公差等选项，每一个选项对应新的对话框，可以根据需要分别进行设置。

如图 11 – 20 所示，可以调整尺寸线与尺寸界线的线型、线宽和颜色等，还可以设置是否隐藏。

如图 11 – 21 所示，可以设置箭头为建筑标记，其他自行设置。

当尺寸较小时，需要调整箭头或文字的位置。如图 11 – 22 所示，默认的最佳效果是文字或箭头从尺寸线移出。右侧“标注特征比例”栏中有“注释性”选项，勾选上该选项可以适应不同比例的绘图要求。

如图 11 – 23 所示，可以调整主单位的精度和小数分隔符。“测量单位比例”栏有一个比例因子，默认为 1，标注的尺寸数字为测量的实际尺寸。如果修改为 100，则标注的尺寸数字是测量尺寸的 100 倍。

所有设置完成后，单击“确定”按钮，图 11 – 18 变成图 11 – 24 对话框，预览中的样式即为建筑标注样式。将该样式“置为当前”，即可标注建筑尺寸。如果需要修改，可以在图 11 – 24 对话框中单击“修改”按钮，继续修改建筑标注样式。

角度标注可以通过新建角度子样式，调整文字朝向和箭头样式设置。

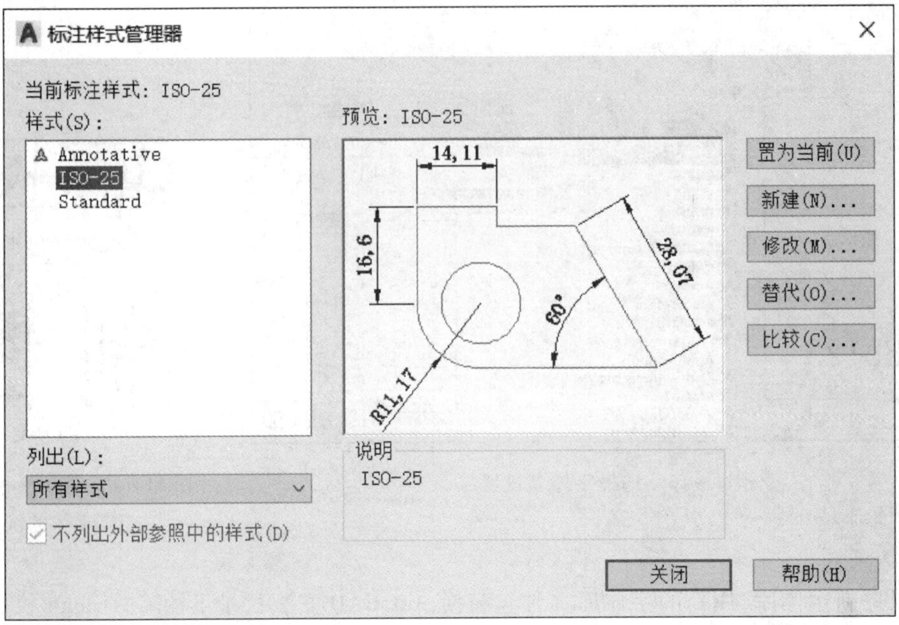

图 11－18　“标注样式管理器”对话框

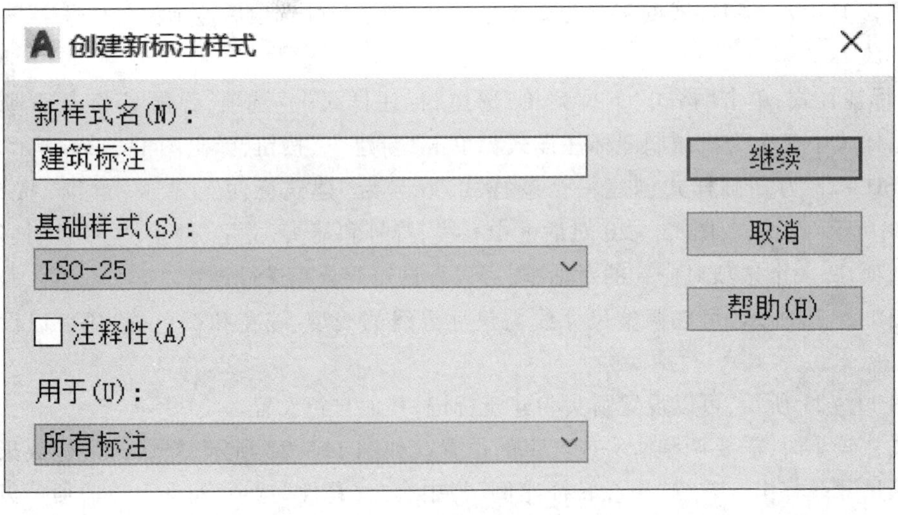

图 11－19　“创建新标注样式”对话框

半径和直径标注通过新建标注子样式在标注样式对话框中修箭头和文字,调整先期卡。

(4)点样式:单击“格式”下拉菜单,选中“格式…”选项,弹出 11－25 所示对话框,可以选择绘制的点的样式,并设置点的大小。

(5)多线样式:单击“格式”下拉菜单,选择“多线样式…”选项,弹出 11－26 所示对话框。图示为 AutoCAD 默认的多线样式。如果需要新的多线样式,单击“修改”或者“新建”按钮进行设置即可。单击“修改”按钮,弹出如图 11－27 所示对话框,按照提示进行修改。

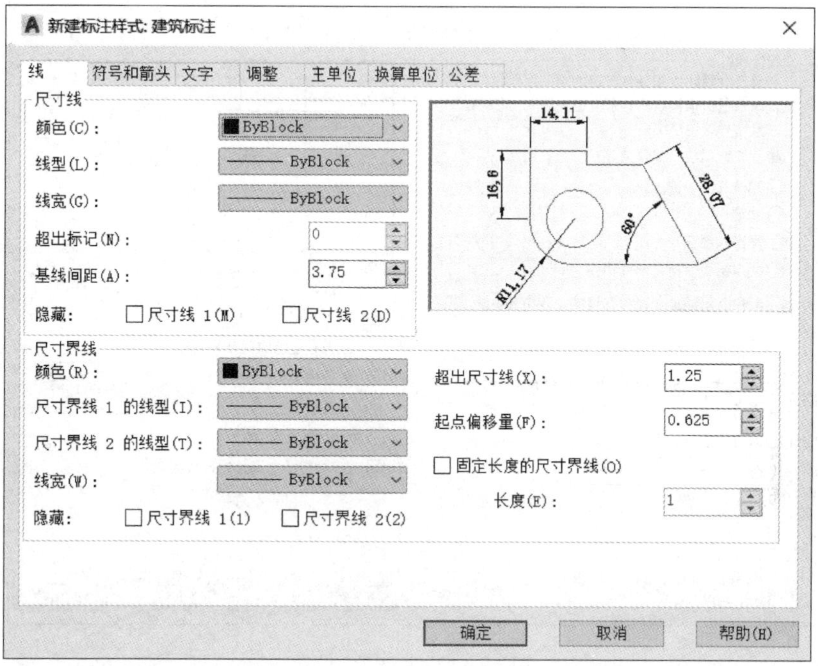

图 11-20 "线"设置

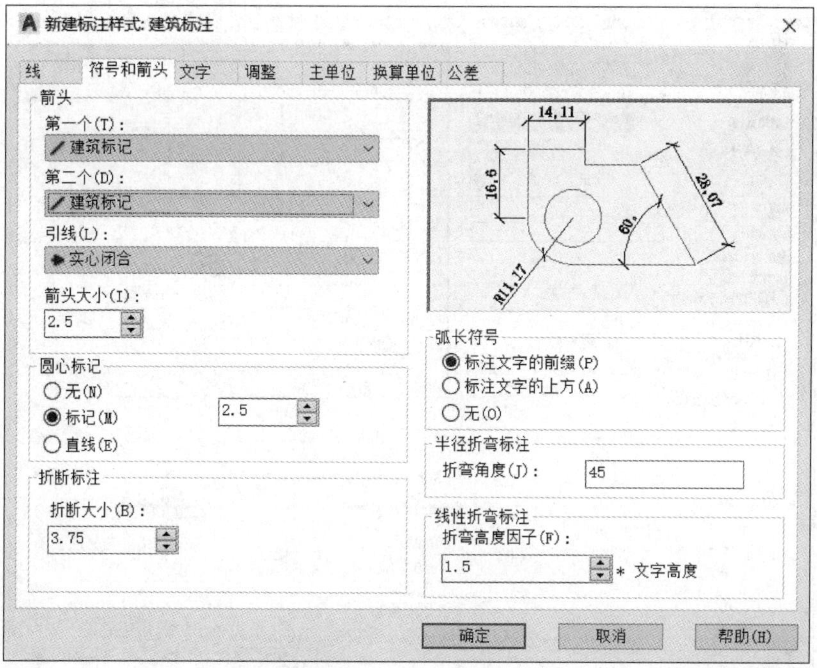

图 11-21 "符号和箭头"设置

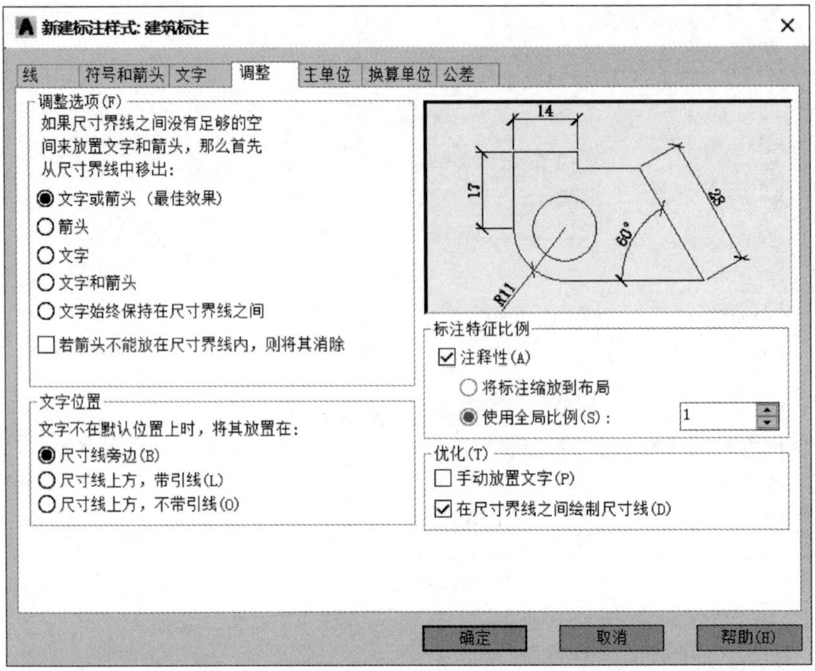

图 11－22 “调整”设置

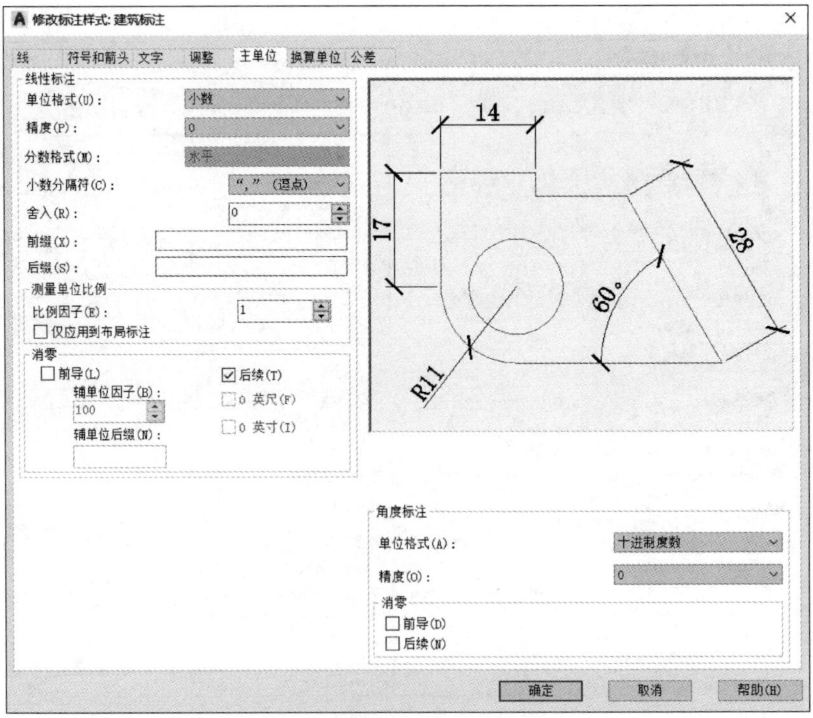

图 11－23 “主单位”设置

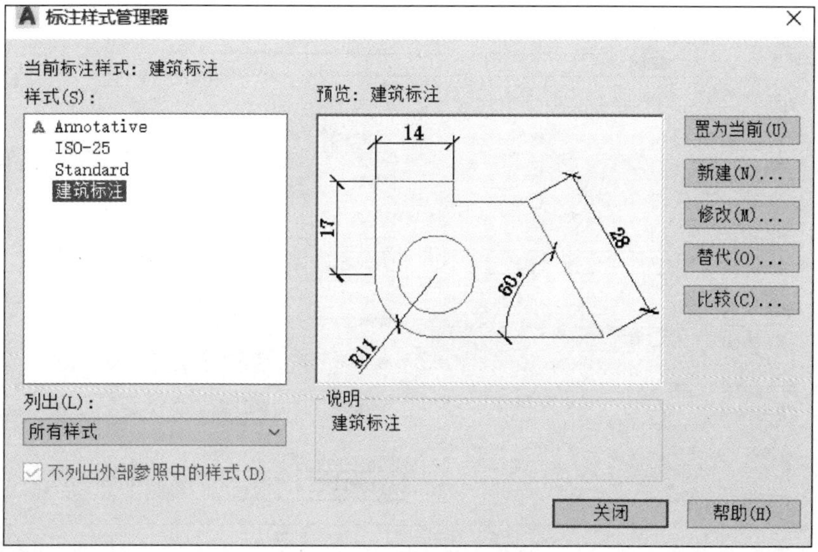

图 11 - 24　设置完成界面

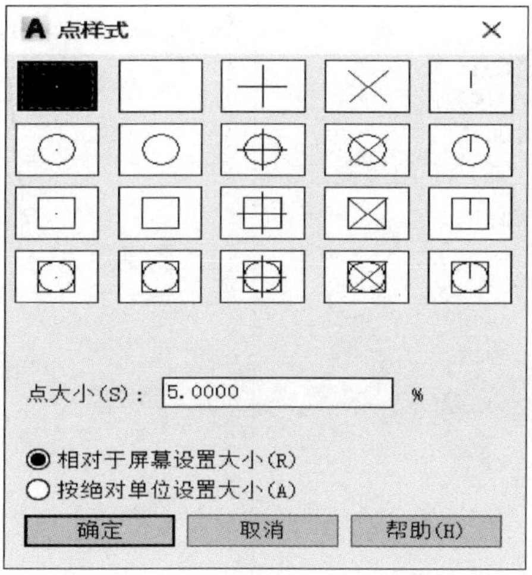

图 11 - 25　"点样式"对话框

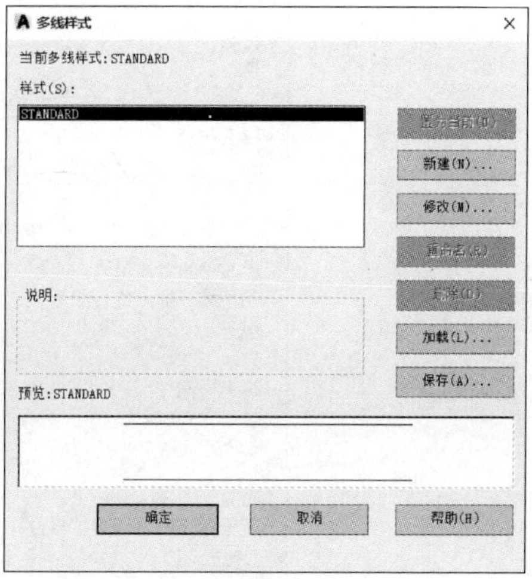

图 11 - 26　"多线样式"对话框

（6）图形单位：单击"格式"下拉菜单，选择"单位…"选项，弹出 11 - 28 所示对话框。可以对长度和角度的类型与精度进行设置。注意："角度"设置栏有"顺时针"选项，默认不勾选，即与角度有关的图形或算法一律是逆时针，勾选上则按顺时针计算。

（7）图形界限：单击"格式"下拉菜单，选择"图形界限"选项，按照命令行提示进行如下操作：

重新设置模型空间界限：

指定左下角点或[开(ON)/关(OFF)] <0.0000,0.0000>：回车

指定右上角点 <420.0000,297.0000>：回车

图形界限设置为 A3 图纸，按空格键重复上一个命令，按照命令行提示进行如下操作：

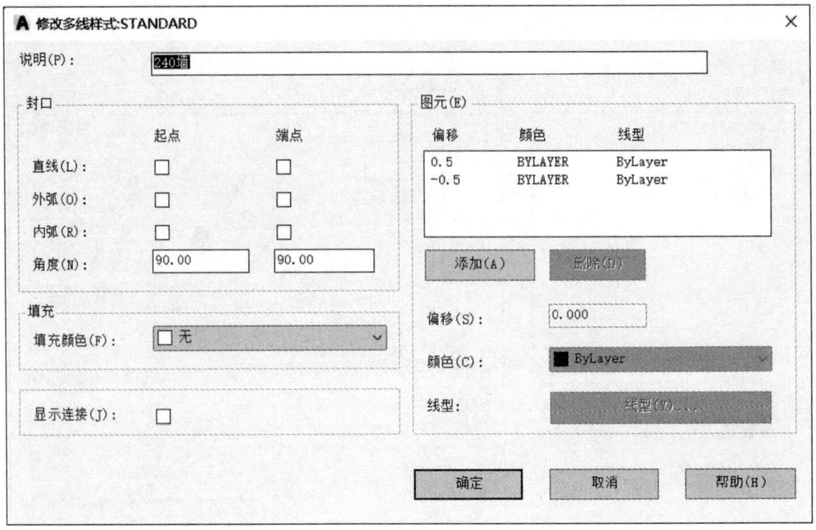

图 11－27 “修改多线样式”对话框

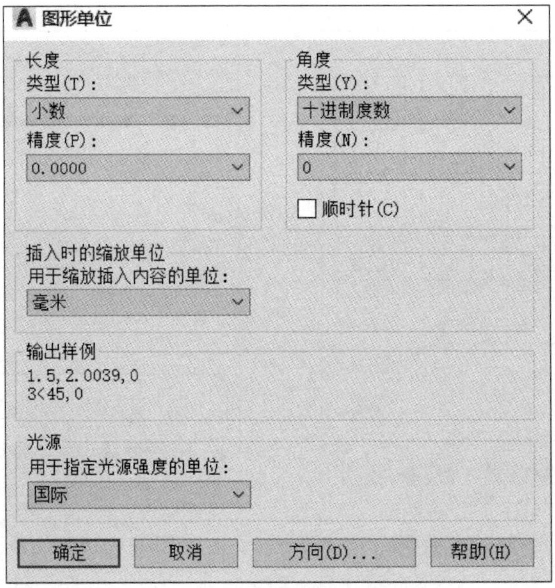

图 11－28 “图形单位”对话框

命令:limits

重新设置模型空间界限:

指定左下角点或[开(ON)/关(OFF)]<0.0000,0.0000>:输入 on 回车

表示绘图界限已经限定在 A3 图纸范围内,其他位置不能绘图。如果需要取消图形界限限制,重新执行 LIMITS 命令,输入 OFF,回车。

4. 状态设置区中常用的设置

在状态设置区某一按钮处单击鼠标右键,选择“设置”选项,弹出如图 11－29 所示对话框可在该对话框中分别设置捕捉和栅格、极轴追踪、对象捕捉、三维对象捕捉、动态输入、快捷特性、选择循环等。下面介绍最常用的极轴追踪和对象捕捉设置。

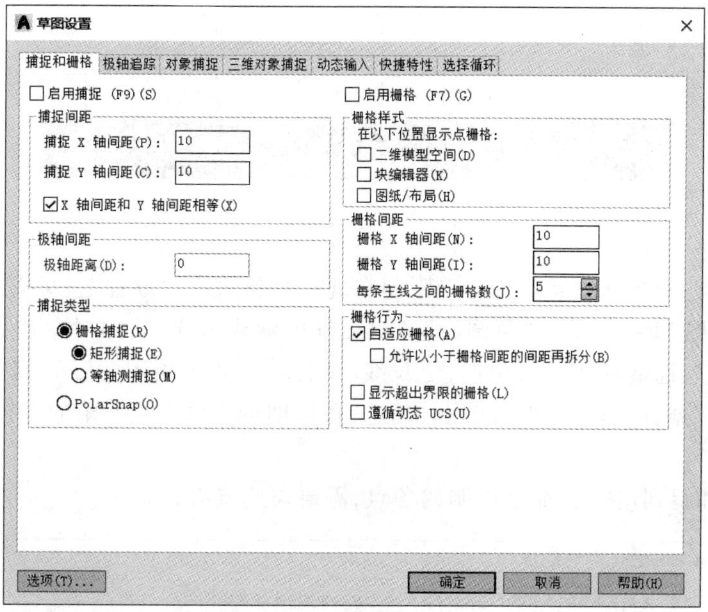

图 11 - 29　“草图设置”对话框

(1)极轴追踪:极轴追踪是 AutoCAD 中作图时可以沿某一角度追踪的功能。可用快捷键 F10 打开或关闭极轴追踪功能。(AutoCAD 中有很多快捷键,使用快捷键可加快绘图速度,常用快捷键见附录 G)。如图 11 - 30 所示,AutoCAD 中默认勾选“启用极轴追踪”,增量角“90°”。也可选择或者输入其他增量角。

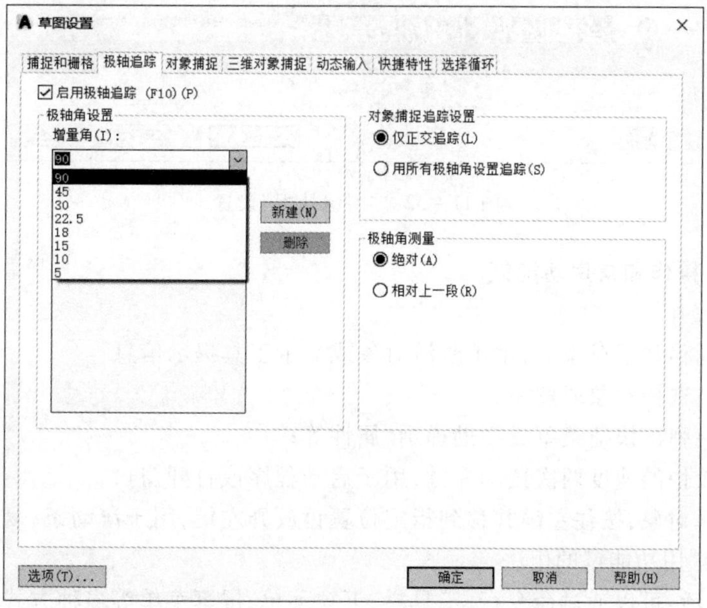

图 11 - 30　“极轴追踪”设置

使用极轴追踪时要确保极轴处于开启状态,如图 11－31 所示。

图 11－31　极轴追踪打开

(2)对象捕捉:对象捕捉是将指定点限制在现有对象的确切位置上,可以迅速定位对象上的精确位置。在图 11－32 所示“草图设置”对话框中默认勾选“启用对象捕捉”和“启用对象捕捉追踪”,默认勾选端点、圆心、交点、延长线、垂足等。如果绘图时需要捕捉到中点或者其他点,选中“中点”或其他选项,然后单击“确定”按钮即可。单击左下角的“选项(T)…”按钮,弹出图 11－7。

注意:若需捕捉到用“点”命令绘制的各点,需要勾选节点。

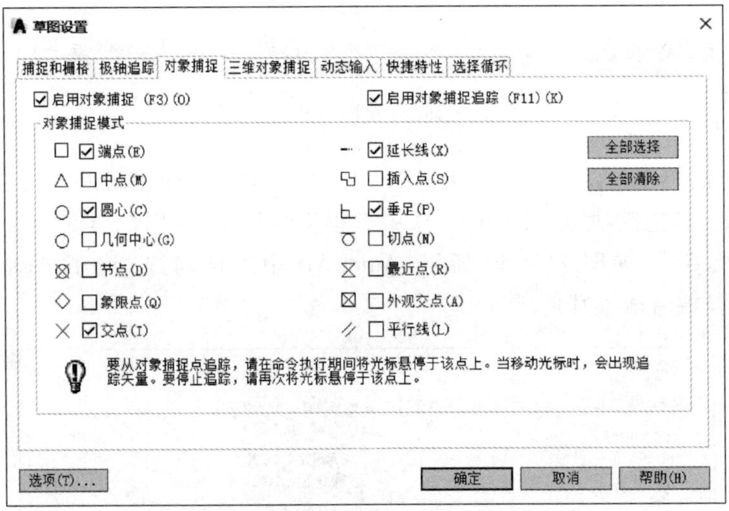

图 11－32　“对象捕捉”设置

5. 鼠标基本操作和常用功能键

(1)鼠标的操作

①指向:鼠标移到某对象上,用于激活对象或显示工具提示信息;

②左键单击:选择对象或按钮;

③右键单击:弹出快捷菜单或帮助提示、属性等;

④双击:用较快的速度两次按动左键,用于启动程序或打开窗口;

⑤拖动:选择对象,按住左键并移到指定位置再放开左键,用于滚动条、复制对象等操作。

(2)命令和常用功能键的用法

①命令的激活:可以通过命令行,工具栏,下拉菜单,屏幕菜单等多种方式激活命令;

②命令的中断、结束与重复:Enter 键、Esc 键、空格键都可以中断或结束当前命令;空格键

可以重复上一个命令。

③取消操作(Undo)、恢复取消的操作(Redo);

④命令的输入方法:从工具条输入;从下拉菜单输入;从键盘输入。

(3)数据的输入方法

数据输入时有两种参照坐标系:世界坐标系 WCS 和用户坐标系 UCS。AutoCAD 中默认的是世界坐标系 WCS。

①1. 绝对直角坐标:x,y,z

如图 11 -1 所示左下角为世界坐标系。命令行输入 x,y,z 即相对于世界坐标系的原点 0,0,0 的坐标。注意:必须在电脑输入法是英文状态时才能输入“,”(中文状态下的“,”无法识别)。

②绝对极坐标:距离 < 角度

③相对直角坐标:@ d x,d y

d x,d y 是相对于上一点的 x,y 坐标差。

④相对极坐标:@ 距离 < 角度

⑤方向加距离输入法:用鼠标确定方向后,从键盘输入的数即为到前一点的距离。当极轴追踪开启时,这种方法可以非常快速地绘制一系列直线。

⑥动态输入法:动态输入法是按照相对直角坐标和相对极坐标的方式输入数据的。如图 11 -33(a)所示,动态输入开启。如图 11 -33(b)所示,绘图区的十字光标右侧出现坐标动态输入框,可以输入 x,y 的坐标值。图 11 -33(c)所示为相对极坐标输入方式。

(a)　　(b)　　(c)

图 11 -33　动态输入法

如果绘图较为复杂,需要用到用户坐标系时,在命令行输入 UCS,回车,根据以下提示进行操作:

命令:UCS

当前 UCS 名称:* 世界 *

指定 UCS 的原点或[面(F)/命名(NA)/对象(OB)/上一个(P)/视图(V)/世界(W)/X/Y/Z/Z 轴(ZA)] <世界>:

在屏幕上指定新的坐标原点,命令行提示:

指定 X 轴上的点或 <接受>:

指定 XY 平面上的点或 <接受>:

分别指定以后,新的坐标原点设置完成。

6. 显示控制

显示控制用于控制图形在屏幕上的显示范围,同放大镜功能一样。显示控制命令改变的只是图形的显示尺寸,不改变图形的实际尺寸。标准工具条上的相关按钮如图 11 - 34 所示。小手图标用于平移画面,相当于在桌面上移动图纸,单击此命令按钮,绘图区内的十字光标变为手型光标。按住鼠标左健可在绘图区内移动图形。使用这个命令可以在不改变图形显示比例的情况下观察图形的各个部分。快捷方式:按住滚轮并移动鼠标可以平移画面;向上滚动滚轮,图形以十字光标为中心放大,向下滚动滚轮,图形以十字光标为中心缩小。

注意:有时会遇到滚轮或控制按钮无法改变图形的情况,可以在命令行输入 Zoom 回车,命令行提示如下:

命令:_Zoom

指定窗口的角点,输入比例因子(nX 或 nXP),或者

[全部(A)/中心(C)/动态(D)/范围(E)/上一个(P)/比例(S)/窗口(W)/对象(O)]<实时>:a

正在重生成模型。

如果图形无法正常显示,比如图形中的圆看起来像多边形等,需要选择视图下拉菜单中的"重画"或者"重生成"命令,如图 11 - 35 所示。执行重画命令,系统自动刷新当前窗口的图形显示区。执行全部重生成命令,系统自动刷新当前窗口所有打开视区中的所有图形。

图 11 - 34 显示控制

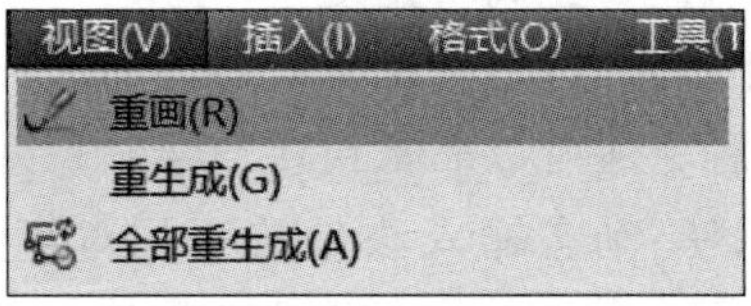

11 - 35 重画、重生成、全部重生成

7. 新建与保存文件

(1)新建文件:单击文件下拉菜单中的"新建"按钮,弹出图 11 - 36 所示对话框,可以选择

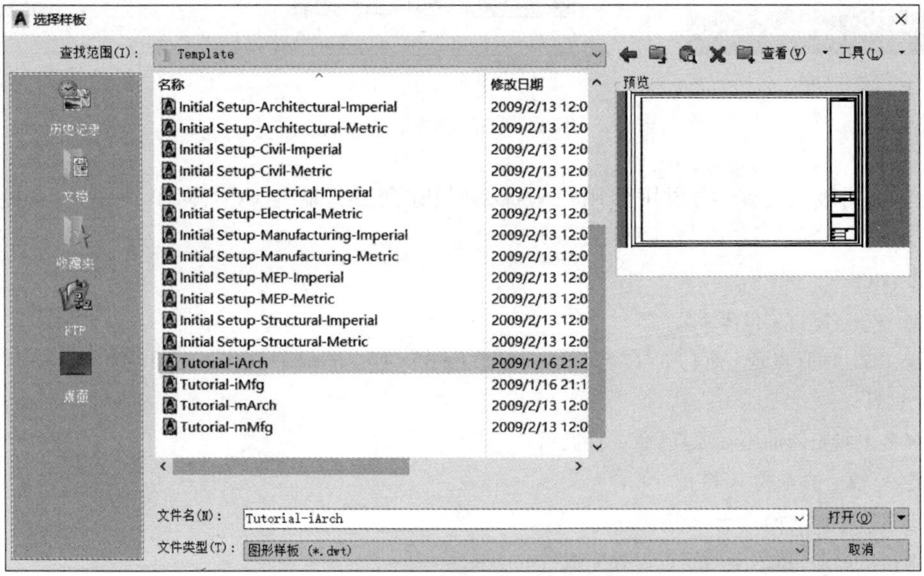

图 11 - 36 "选择样板"对话框

软件中自带的图形样板，右侧的预览窗口即为选中的图形样板样式。样板文件的后缀名为.dwt，如果自己设计 A3 图纸框，也可以存储为样板文件供后期调用。

（2）保存文件：单击文件下拉菜单的“保存”按钮或者可以快速保存正在编辑的文件。如果当前文件没有命名，系统将打开图 11－37 所示所示的对话框。选择合适的文件夹，输入新的文件名，点击保存即可。图形文件后缀名为.dwg。如果需要保存成更低版本的文件，需要单击文件类型右侧的下拉箭头选择文件版本。

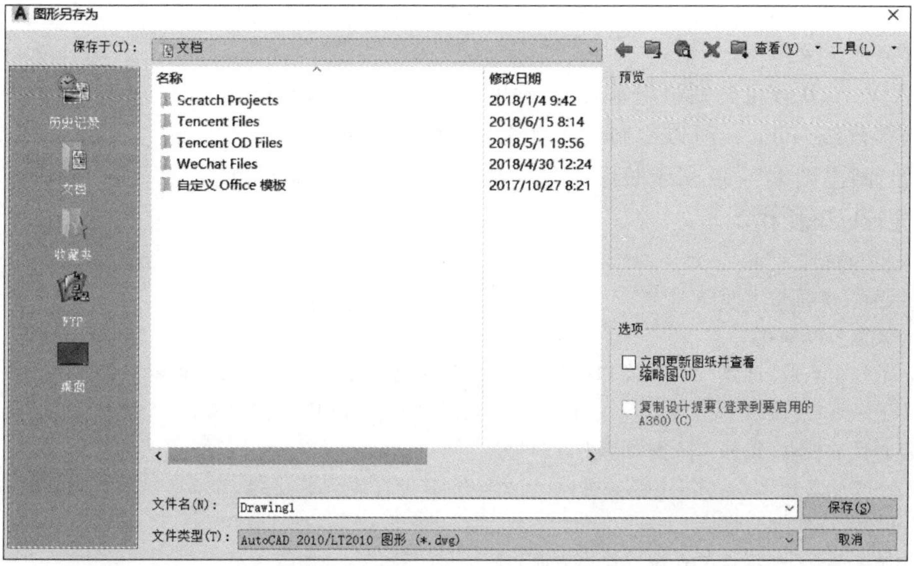

图 11－37　“图形另存为”对话框

11.1.3　二维绘图命令

二维命令工具条如图 11－38 所示。下面对常用的二维绘图命令加以说明。

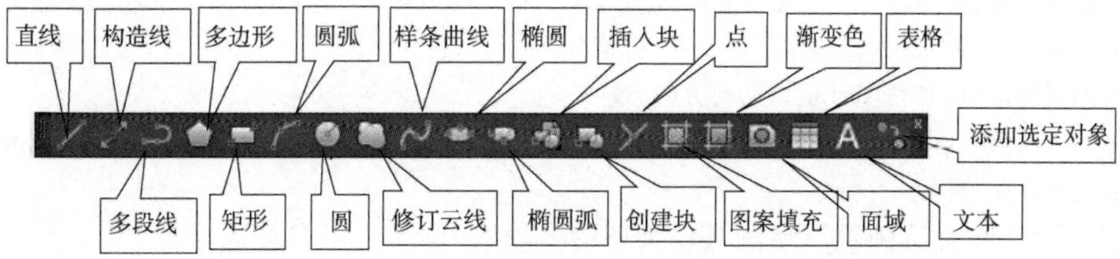

图 11－38　绘图命令工具条

1. 直线类

（1）直线（line “L”）：用于绘制直线段。

例如：要画一条起点坐标为（0，0），终点坐标为（50，50）的直线，可执行直线命令，按照命令提示进行以下操作。

命令:_Line

指定第一个点:0,0 回车

指定下一点或[放弃(U)]:50,50 回车

指定下一点或[放弃(U)]:回车

(2)构造线(xline):用于绘制无限长的直线。

例如:画一条水平构造线,执行 xline 命令,按照命令提示行进行以下操作。

命令:_xline 回车

指定点或[水平(H)/垂直(V)/角度(A)/二等分(B)/偏移(O)]:H 回车

指定通过点:在屏幕上指定

输入 V、A、B 等可分别绘制垂直线、角度线、二等分线和偏移等。

(3)多段线(Pline):可以绘制包含直线和圆弧的图形块。

例如:画出图 11-39 所示长腰圆形。执行 Pline 命令,按照命令行提示进行以下操作。

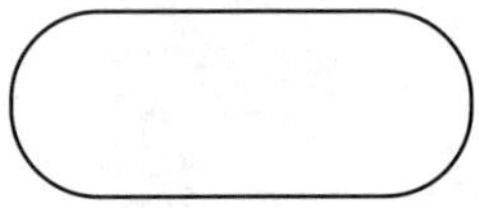

图 11-39

命令:_Pline

指定起点:屏幕指定,回车

当前线宽为 0.0000

指定下一个点或[圆弧(A)/半宽(H)/长度(L)/放弃(U)/宽度(W)]:屏幕指定 ,回车

指定下一点或[圆弧(A)/闭合(C)/半宽(H)/长度(L)/放弃(U)/宽度(W)]:A 回车

指定圆弧的端点(按住 Ctrl 键以切换方向)或

[角度(A)/圆心(CE)/闭合(CL)/方向(D)/半宽(H)/直线(L)/半径(R)/第二个点(S)/放弃(U)/宽度(W)]:屏幕指定,回车

指定圆弧的端点(按住 Ctrl 键以切换方向)或

[角度(A)/圆心(CE)/闭合(CL)/方向(D)/半宽(H)/直线(L)/半径(R)/第二个点(S)/放弃(U)/宽度(W)]:L 回车

指定下一点或[圆弧(A)/闭合(C)/半宽(H)/长度(L)/放弃(U)/宽度(W)]:屏幕指定,回车

指定下一点或[圆弧(A)/闭合(C)/半宽(H)/长度(L)/放弃(U)/宽度(W)]:A 回车

指定圆弧的端点(按住 Ctrl 键以切换方向)或

[角度(A)/圆心(CE)/闭合(CL)/方向(D)/半宽(H)/直线(L)/半径(R)/第二个点(S)/放弃(U)/宽度(W)]:屏幕指定,回车

指定圆弧的端点(按住 Ctrl 键以切换方向)或

[角度(A)/圆心(CE)/闭合(CL)/方向(D)/半宽(H)/直线(L)/半径(R)/第二个点(S)/放弃(U)/宽度(W)]:屏幕指定,回车

输入 C、H、W 等选项可以绘制其他类型的多段线,读者可以自行练习。

(4)多线(mline):可以绘制建筑平面图中的墙体。执行 mline 命令,按照命令行提示进行以下操作。

命令:_mline

当前设置:对正 = 上,比例 = 20.00,样式 = STANDARD

指定起点或[对正(J)/比例(S)/样式(ST)]:j 回车

输入对正类型[上(T)/无(Z)/下(B)]<上>:z 回车

当前设置:对正 = 无,比例 = 20.00,样式 = STANDARD

指定起点或[对正(J)/比例(S)/样式(ST)]:s 回车

输入多线比例 <20.00>:240 回车

当前设置:对正 = 无,比例 = 240.00,样式 = STANDARD

指定起点或[对正(J)/比例(S)/样式(ST)]:在屏幕上指定起点

因为默认的多线样式中线间距为 1,这样绘制的多线间距为 240。

2. 圆弧类

(1)绘制圆(circle):输入 circle,按照命令提示行进行以下操作。

命令:_Circle

指定圆的圆心或[三点(3P)/两点(2P)/切点、切点、半径(T)]:

指定圆的半径或[直径(D)]:50

以上命令执行完毕,绘制出一个半径为 50 的圆。按空格键,重复上一个命令。

命令:Circle

指定圆的圆心或[三点(3P)/两点(2P)/切点、切点、半径(T)]:3p 回车

指定圆上的第一个点:屏幕指定,回车

指定圆上的第二个点:屏幕指定,回车

指定圆上的第三个点:屏幕指定,回车

以上命令执行完毕,画出一个任意半径的圆。还可以输入 2P、T 等绘制圆。

(2)绘制圆弧(arc):执行 arc 命令,按照命令提示行进行以下操作。

命令:_Arc

指定圆弧的起点或[圆心(C)]:屏幕指定,回车

指定圆弧的第二个点或[圆心(C)/端点(E)]:屏幕指定,回车

指定圆弧的端点:屏幕指定,回车

以上命令执行完毕,画出一个任意半径的圆弧。还可以输入 C、E 绘制圆弧。

(3)绘制椭圆(ellipse):执行 ellipse 命令,按照命令提示行进行以下操作。

命令:_ellipse 回车

指定椭圆的轴端点或[圆弧(A)/中心点(C)]:屏幕指定,回车

指定轴的另一个端点:屏幕指定,回车

指定另一条半轴长度或[旋转(R)]:屏幕指定,回车

如果屏幕上有长轴和短轴,以上命令执行完毕,画出一个确定尺寸的椭圆。还可以输入 A、C 绘制其他椭圆。

(4)椭圆弧(ellipse):执行 ellipse 命令,按照命令提示行进行以下操作。

命令:_ellipse

指定椭圆的轴端点或[圆弧(A)/中心点(C)]:_a 回车

指定椭圆弧的轴端点或[中心点(C)]:屏幕指定,回车

指定轴的另一个端点:屏幕指定,回车

指定另一条半轴长度或[旋转(R)]:屏幕指定,回车

指定起点角度或[参数(P)]:屏幕指定,回车

指定端点角度或[参数(P)/夹角(I)]:屏幕指定,回车

以上命令执行完毕,画出一个根据屏幕确定尺寸的椭圆弧。

3. 多边形类

(1)正多边形(polygon):执行 polygon 命令,按照命令提示行进行以下操作。

命令:_polygon 输入侧面数 <4>:6 回车

指定正多边形的中心点或[边(E)]:屏幕指定,回车

输入选项[内接于圆(I)/外切于圆(C)]<I>:回车

指定圆的半径:50 回车

以上命令执行完毕,画出一个半径为 50 的正六边形。

(2)矩形(rectang):执行 Rectang 命令,按照命令提示行进行以下操作。

命令:_rectang

指定第一个角点或[倒角(C)/标高(E)/圆角(F)/厚度(T)/宽度(W)]:屏幕指定,回车

指定另一个角点或[面积(A)/尺寸(D)/旋转(R)]:屏幕指定,回车

以上命令执行完毕,画出一个屏幕指定边长的矩形。

空格键重复上一个命令。

命令:_Rectang

指定第一个角点或[倒角(C)/标高(E)/圆角(F)/厚度(T)/宽度(W)]:c 回车

指定矩形的第一个倒角距离 <0.0000>:5 回车

指定矩形的第二个倒角距离 <5.0000>:回车

指定第一个角点或[倒角(C)/标高(E)/圆角(F)/厚度(T)/宽度(W)]:屏幕指定,回车

指定另一个角点或[面积(A)/尺寸(D)/旋转(R)]:屏幕指定,回车

以上命令执行完毕,画出一个屏幕指定边长的倒角为 5 的矩形。还可以输入 E、F、T、W 等绘制其他矩形。

4. 图案填充和渐变色

执行 Hatch 命令,弹出图 11-40 所示对话框。单击右下角的展开按钮,得到图 11-41。

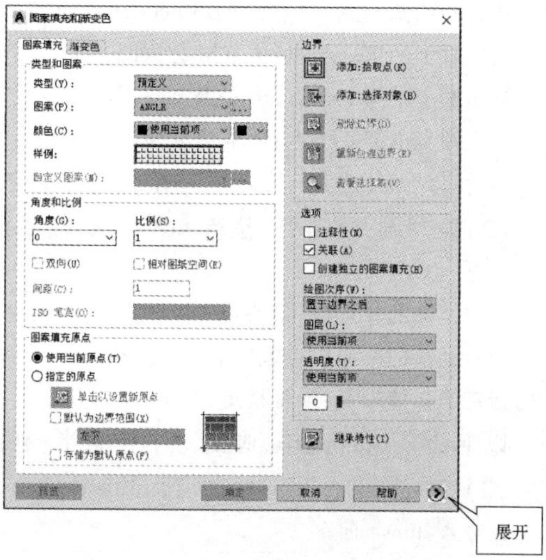

图 11-40 “图案填充和渐变色”对话框

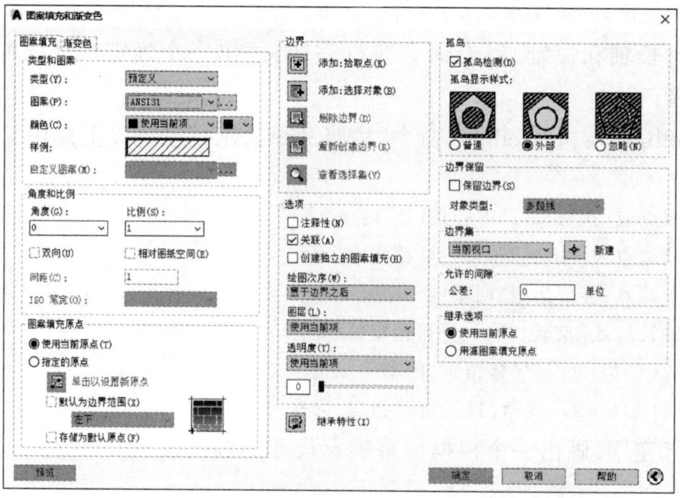

图 11-41 “图案填充展开和渐变色”对话框

单击图案右侧的“…”按钮，弹出图 11－42 所示“填充图案选项板”对话框，图(a)中的 ANSI31 可以用来填充砖材料，图(b)中的 AR－CONC 是混凝土材料。

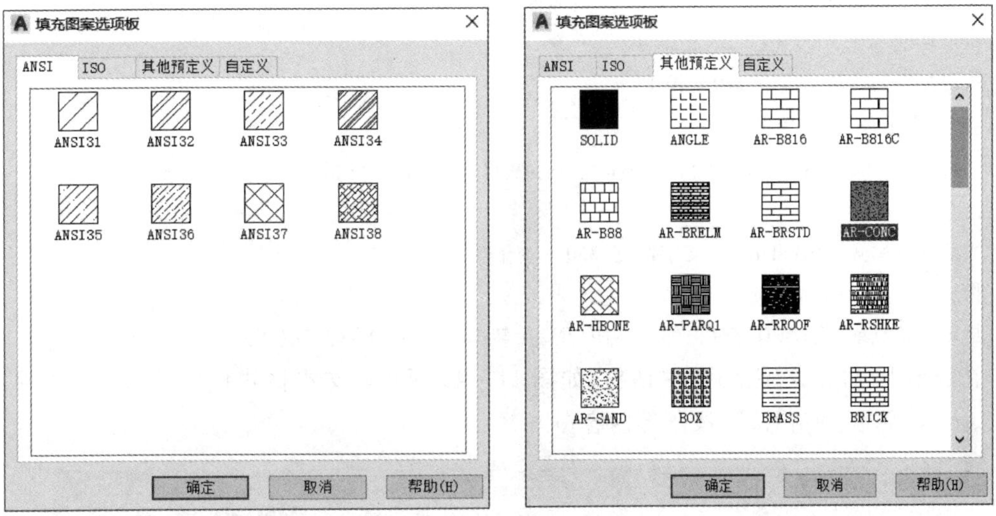

(a) ANSI　　　　(b) 其他预定义

图 11－42　“填充图案选项板”对话框

图案填充需要选择图案，设置角度和比例，然后选择要填充的对象。

(1)比例(scale)：通过在“比例(scale)”编辑框内输入相应的数值，可以放大或缩小选中的图案。

(2)角度(angle)：通过在“角度(angle)”编辑框内输入一定的数值，可以使图案旋转相应角度。注意：45°剖面线的角度应设置为 0，不能设置成 45°，否则图案会变成垂直线。

(3)确定填充剖面线的区域

有两种方法可以在屏幕上拾取应用图案填充的区域。

(1)选择对象：在图 11－41 对话框中单击“选择对象(select objects)”按钮，将暂时关闭该对话框，此时用户可用鼠标在屏幕上拾取作为图案边界的实体，回车后返回图 11－41 对话框，单击“确定”按钮，所拾取实体区域内将画出图案。

(2)拾取点：在图 11－41 对话框中单击“拾取点(pick points)”按钮，将暂时关闭该对话框，此时用户可用鼠标在图形的封闭区域内任意拾取一点，回车后返回图 11－41 对话框，单击“确定”按钮，所拾取实体区域内将画出图案。

渐变色填充与图案填充步骤类似。

有时执行图案填充之后无法显示填充的图案，有多种可能：所填充的图形未封闭；图案比例过大；图 11－4 中的“应用实体填充”未勾选。

5. 文本输入

文本的输入方式分为：“单行文本(text)输入”和“多行文本(mtext)输入”。

(1)单行文本(text)：执行 text 命令，按照命令提示行进行以下操作。

命令:_text

当前文字样式:“standard”　文字高度:2.5000　注释性:否　对正:左

指定文字的起点 或[对正(J)/样式(S)]:屏幕指定

指定高度 <2.5000>:回车

指定文字的旋转角度 <270>:0 回车

在屏幕上输入文字即可。

(2)多行文本(mtext):执行 mtext 命令,按照命令提示行进行以下操作。

命令:_mtext

当前文字样式:"Standard"　文字高度:350　注释性:否

指定第一角点:屏幕指定

指定对角点或[高度(H)/对正(J)/行距(L)/旋转(R)/样式(S)/宽度(W)/栏(C)]:屏幕指定

在屏幕上弹出“文字格式”对话框,如图 11-43 所示。文本格式栏里可以修改当前文字样式、字体、字号、对齐样式、段落等内容。

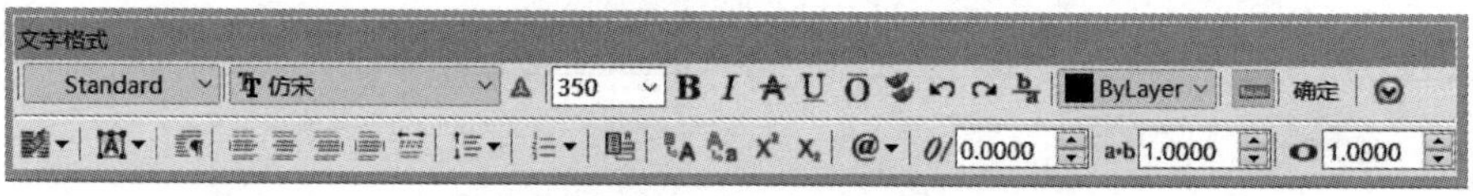

图 11-43　文字格式

(3)常用的控制码:一些特殊字符不能在键盘上直接输入,AutoCAD 用控制码实现。常用的控制码如下:% % d 表示“°”,如“% % d45”表示“45°”;% % p 表示“±”,如“% % p 0.01”表示“±0.01”;% % c 表示“φ”,如“% % c40”表示“φ40”。

在图 11-43“文字格式”对话框中点击“@”按钮,可调出更多控制码,如图 11-44 所示。

6. 图块

在制图过程中,有时常需要插入某些特殊符号供图形中使用,此时就需要运用到图块及图块属性功能。利用图块与属性功能绘图,可以有效地提高作图效率与绘图质量,也是绘制复杂图形的重要组成部分。

与图块有关的命令有:创建块 block,写块 wblock,块插入 insert,属性 attdef。下面以标高属性块为例进行说明。

操作实例:画出图 11-45 所示立面图的标高符号,并生成带标高数字的属性块,插入标高属性块,标注 2.900 和 5.800 两个标高,生成外部块。

(1)绘制块的图形:细实线图层下,极轴追踪角设置为 45°,执行直线命令,画一条高度为 3 的垂直线,利用对象捕捉和极轴追踪画出三角形,再画出 15 和 10 两条水平线。

(2)定义属性(attdef):命令行输入 attdef 命令,弹出图 11-46(a)所示对话框。属性栏按照图 11-46(a)所示填写,也可以填写成其他易识别文字,单击“确定”按钮。在屏幕上指定插入位置。插入完成后如图 11-46(b)所示。

(3)创建图块(block):执行 block 命令,弹出图 11-47(a)所示对话框,给图块取名为“立面图标高”。基点默认为(0,0,0),需要单击“拾取点”按钮,在屏幕上指定图 11-47(b)所示基点。弹出 10 －47(c)所示对话框，单击“选择对象”按钮，在屏幕上框选图 11 －46(b)所示的图形，弹出 10 －47(d)所示对话框，单击“确定”按钮。弹出 10 －47(e)所示对话框，在该对话框内出现图块的预览样式，单击“确定”按钮。图块创建完毕。

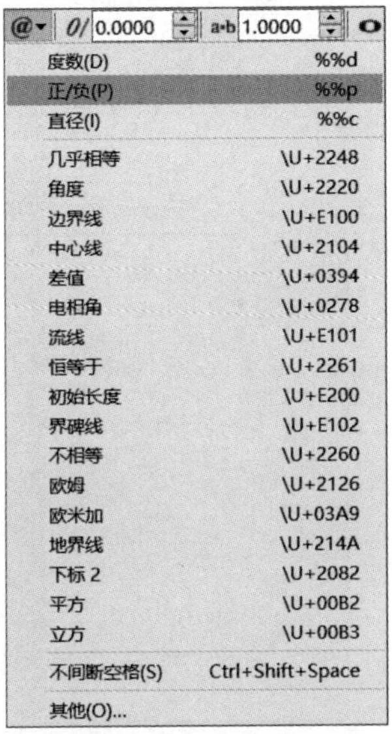

图 11 －44　控制码

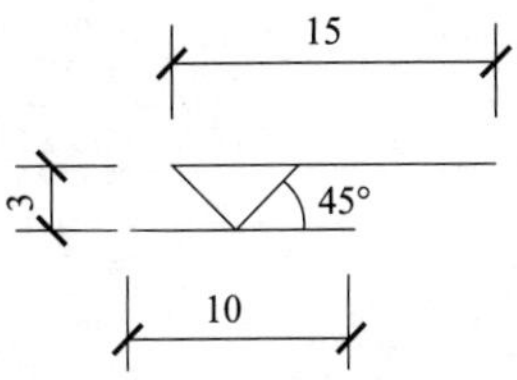

图 11 －45　标高符号

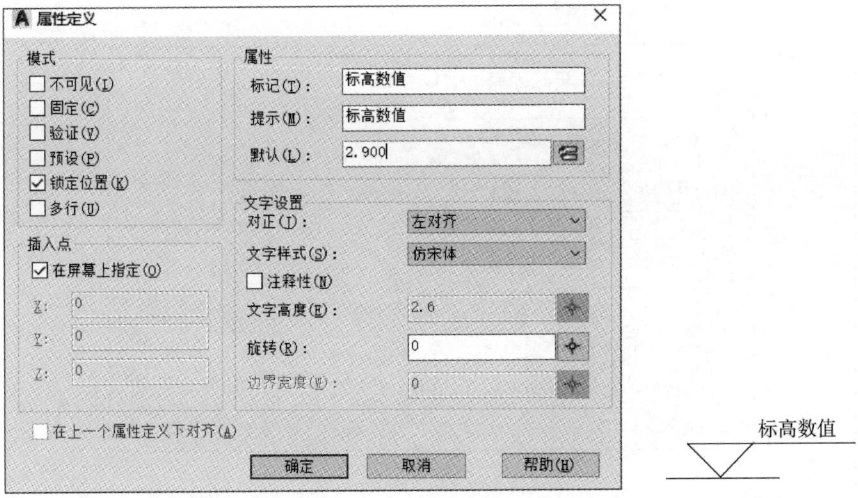

(a)　　(b)

图 11 －46　属性定义

(4)属性块的插入(insert)：执行 insert 命令，弹出图 11 －48(a)所示对话框，单击“确定”按钮。属性块与十字光标一起出现在屏幕上。具体操作步骤见如下命令行提示。

命令：_insert

指定插入点或[基点(B)/比例(S)/X/Y/Z/旋转(R)]：屏幕指定

输入属性值

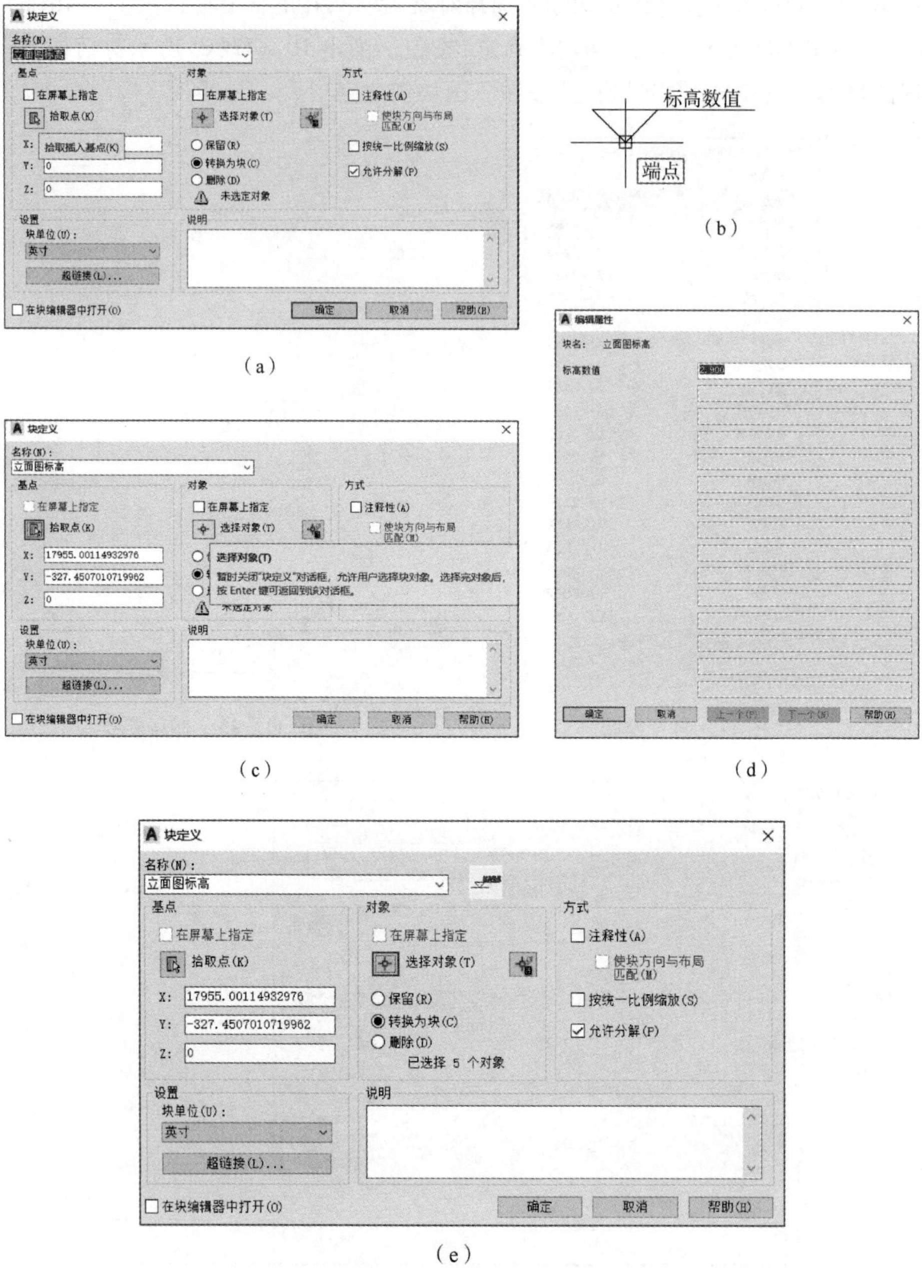

图 11－47　创建块

标高数值 <2.900>:回车

空格键重复上一个命令

命令:_Insert

指定插入点或[基点(B)/比例(S)/X/Y/Z/旋转(R)]:屏幕指定

输入属性值

标高数值 <2.900>:5.800 回车

图 11－48(b)所示为绘图区插入属性块的结果。

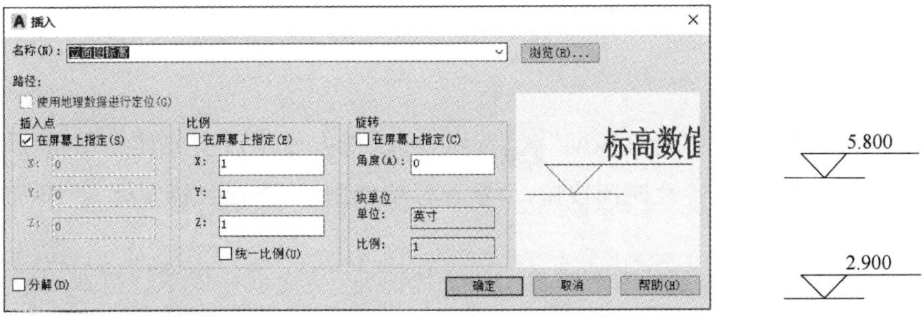

(a)　　(b)

图 11－48　插入块

(5)写块(wblock):执行 wblock 命令,弹出图 11－49 所示对话框,块源指定为“块”,在右侧找到立面图标高图块,修改文件名和路径为 C:\Users\crh\Desktop\立面图标高. dwg,单击“确定”按钮。立面图标高图块出现在桌面上,可以应用到其他文件中去。

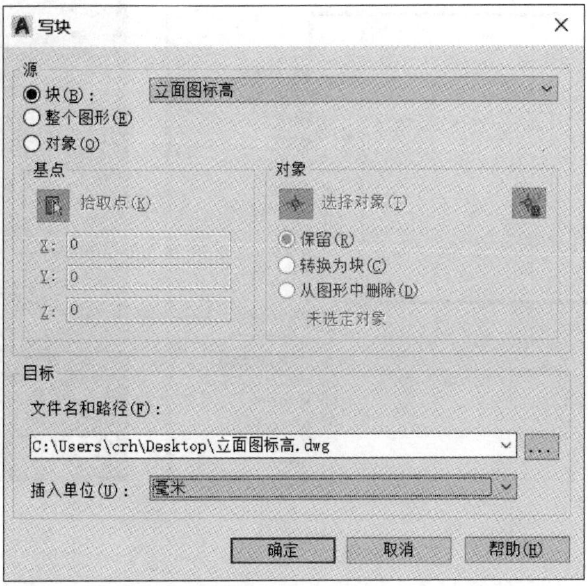

图 11－49　写块

11.1.4　二维绘图修改方法及常用命令

1. 选择实体的常用方法

(1)直接选择(单选):当光标形状变成拾取框后,移动鼠标直接拾取欲选择的对象即可。

(2)窗口方式:先在屏幕上空白处定一点,然后向右下角移动,屏幕上显示出一个实线矩形窗口,单击左键确认窗口的另一个角点,则完全被该窗口包围的实体均被选中(与窗口相交的实体不选中)。

(3)交叉窗口方式:若在确定窗口的第一点后,向左上角移动,此时屏幕上会显示出一个虚线矩形窗口,单击左键确认窗口的另一个角点,则完全在该窗口内的实体和与窗口相交的实体都被选中。

2. 特性匹配的应用

在标准工具条中有一个“特性匹配”按钮,可以很方便地改变实体的图层、线型、颜色和线宽。选中源实体,点击特性匹配按钮,十字光标变成刷子,选取目标实体,匹配完成。

3. 调整线型比例

绘图时,会出现虚线、点划线看起来像实线的情况,返是线型比例不合适造成的。在命令行输入 ltscale 命令,可以改变所有线型的比例。如果只改变某一个线型,需要鼠标左键单击该实体,单击鼠标右键,弹出快捷下拉菜单,如图 11 - 50(a)所示。选择“特性(S)”按钮,弹出 10 - 50(b)所示对话框,可以修改所选实体包括线型比例在内的各种参数。

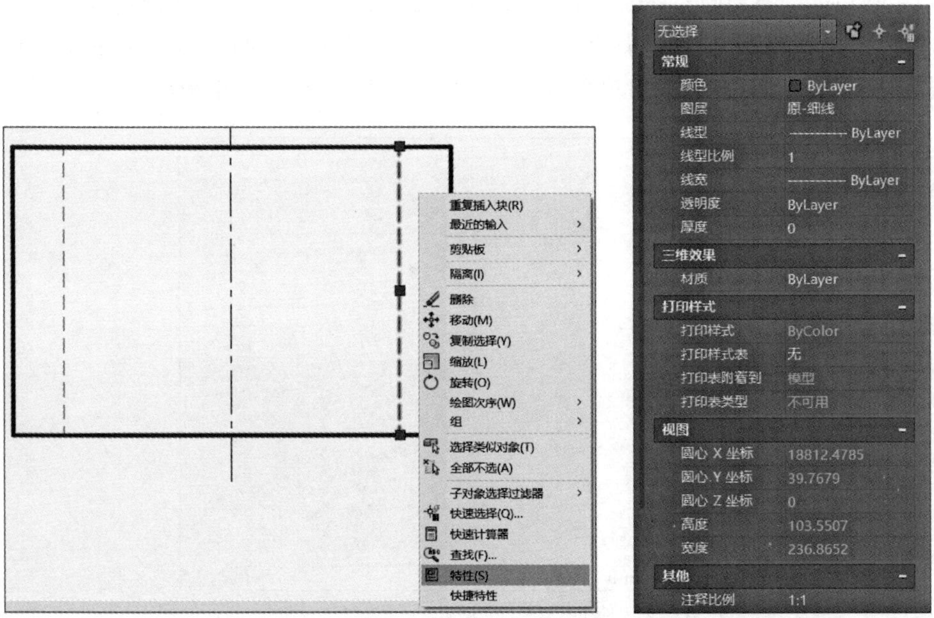

(a) (b)

图 11 - 50

4. 常用的二维修改命令

二维修改命令工具条如图 11 - 51 所示。

(1)删除(erase):启动 erase 命令后选择要删除的实体,然后单击鼠标右键或回车键。可以用窗口选取或者交叉窗口选取多个实体进行删除。

(2)复制(copy):用于复制图形实体,操作时需要提供复制基点和位移量。有基点法和相对位移法。按照命令行提示进行如下操作。

命令:_copy

选择对象:找到 1 个(屏幕选取)

选择对象:

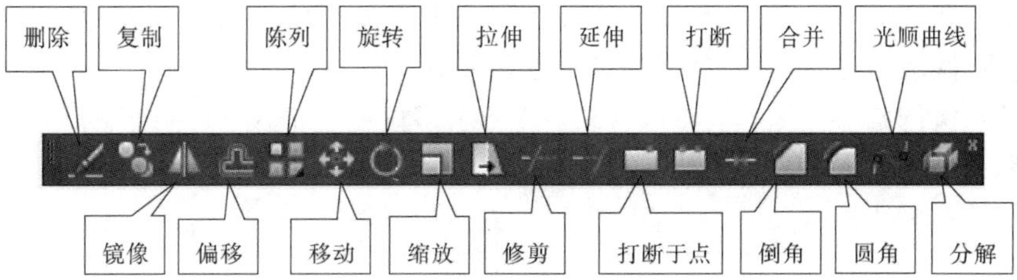

图 11－51　修改命令

当前设置:复制模式＝多个

指定基点或[位移(D)/模式(O)]<位移>:屏幕指定

指定第二个点或[阵列(A)]<使用第一个点作为位移>:30(向右追踪)回车

指定第二个点或[阵列(A)/退出(E)/放弃(U)]<退出>:回车

执行以上命令后,复制的实体在源实体右侧 30 mm 处。

(3)镜像(mirror):mirror 命令用于对选定的图形对象进行对称(镜像)变换。命令执行时,将提示用户选择对象并指定对称轴的位置以及是否要删除原对象。

操作举例:使用镜像命令将图 11－52(a)所示图形变成图 11－52(b)所示。按照以下命令提示执行操作。

命令:_mirror

选择对象:指定对角点:(屏幕上窗口选取图(a))空格找到 6 个空格回车

选择对象:

指定镜像线的第一点:屏幕上指定中心线的一个点

指定镜像线的第二点:屏幕上指定中心线的第二个点

要删除源对象吗?[是(Y)/否(N)]<否>:回车

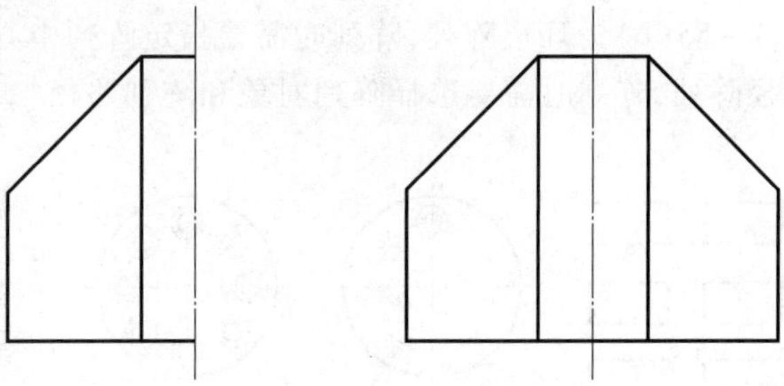

(a)　　(b)

图 11－52　镜像

注意:执行镜像命令时文字默认不镜像,如果需要镜像文字,命令行输入 mirrtext,将默认参数 0 改成 1。图 11－53 所示是两种镜像结果。

(a)参数为0　　(b)参数为1

图 11－53　镜像参数

(4)偏移(offset):offset 命令可创建其形状与选定对象形状平行的新对象。可偏移圆、圆弧、直线、椭圆、椭圆弧、二维多段线和样条曲线等实体。

操作实例:执行偏移命令,将图 11－54(a)所示多段线变成图 11－54(b)所示,偏移距离为 10。按照以下命令提示执行操作。

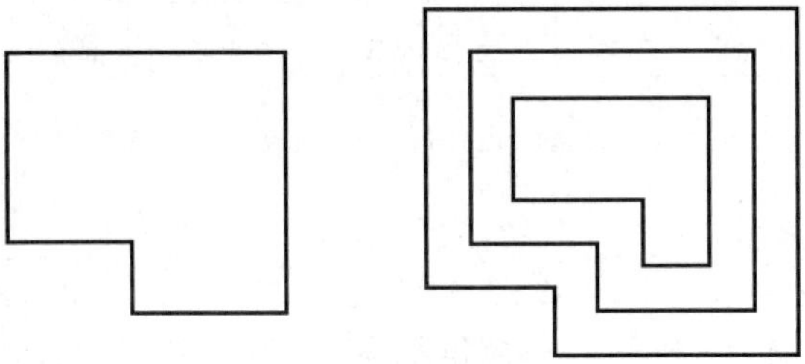

(a)　　(b)

图 11－54　偏移

命令:_offset

当前设置:删除源 = 否　图层 = 源　OFFSETGAPTYPE = 0

指定偏移距离或[通过(T)/删除(E)/图层(L)]<通过>:10 回车

选择要偏移的对象,或[退出(E)/放弃(U)]<退出>:屏幕上选取(a)图,右键确定

指定要偏移的那一侧上的点,或[退出(E)/多个(M)/放弃(U)]<退出>:指向源图形内部

选择要偏移的对象,或[退出(E)/放弃(U)]<退出>:选取源图形

指定要偏移的那一侧上的点,或[退出(E)/多个(M)/放弃(U)]<退出>:指向源图形外部部

选择要偏移的对象,或[退出(E)/放弃(U)]<退出>:回车

(5)阵列(array):array 命令用于对选定的图形对象进行有规律的多重复制,从而建立一个矩形或者环形的阵列;图 11－55(a)为矩形阵列,设置行间距和列间距时需要根据源图自定的参考点计算间距;图 11－55(b)为环形阵列,阵列时需要指定阵列中心、阵列角度;是否旋转等。图 11－55(c)为路径阵列,阵列时需要选择阵列对象和阵列路径。

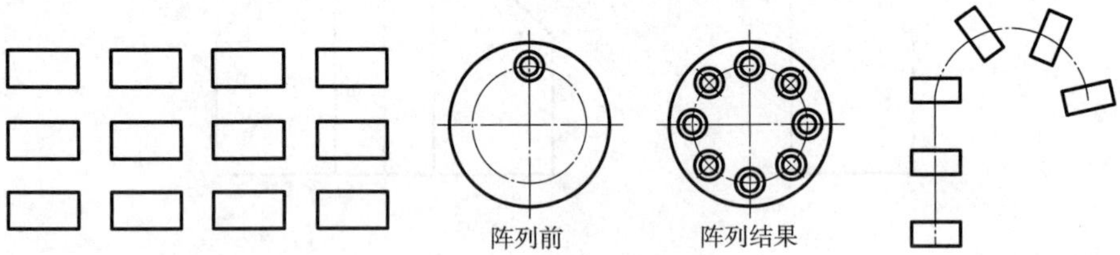

(a)矩形阵列　(b)环形阵列　(c)路径阵列

图 11－55　阵列

(6)移动(move):用于将选定的实体从当前位置平移到一个新的指定位置。有基点法和相对位移法。

(7)缩放(scale):将实体按照指定比例放大或者缩小。缩放命令需要选取缩放的基点。

(8)拉伸(stretch):拉伸命令用于拉伸所选定的图形对象。与其他命令不同的是,选择实体时,必须使用交叉窗口方式。

操作实例:使用拉伸命令将图 11－56(a)向右拉伸 20,得到图 11－56(b)。

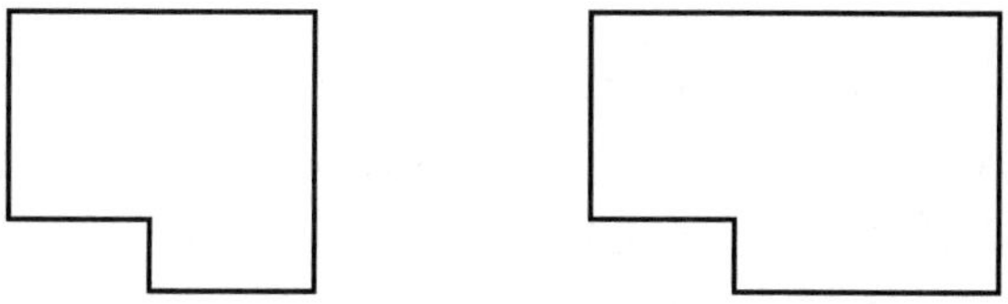

(a)　　　　　　(b)

图 11－56　拉伸

命令:_Stretch

以交叉窗口或交叉多边形选择要拉伸的对象

选择对象:(屏幕上选取)指定对角点:找到 1 个

选择对象:回车

指定基点或[位移(D)]<位移>:屏幕上指定右侧适当位置点

指定第二个点或 <使用第一个点作为位移>:20 回车

(9)修剪(Trim):修剪命令是用指定的切割边裁剪所选定的对象。切割边和被裁剪的对象可以是直线、圆弧、圆、多段线和样条曲线等,同一个对象既可以作为切割边,同时也可以作为被裁剪的对象。

操作举例:使用修剪命令将图 11－57(a)改成图 11－57(b)。按照以下命令提示行执行操作。

命令:_Trim

当前设置:投影 = UCS,边 = 无

选择剪切边...

窗口(W)套索　按空格键可循环浏览选项找到 3 个

窗口(W)套索　按空格键可循环浏览选项找到 3 个,总计 6 个

选择对象:找到 1 个,总计 7 个

选择对象:回车

选择要修剪的对象,或按住 Shift 键选择要延伸的对象,或

[栏选(F)/窗交(C)/投影(P)/边(E)/删除(R)/放弃(U)]:屏幕点击六段被裁剪对象

(10)延伸(extend):延伸命令用于将一条线延伸互另一条线。操作时先选择需要延伸到的边界,再选择延伸对象。注意:需要在靠近延伸边界那一侧单击延伸对象。

(11)倒角(chamfer):倒角命令用于在指定的两条直线之间或者在多段线之间产生倒角。

(12)圆角(fillet):圆角命令用于在指定的两条直线之间或者在多段线之间产生圆角。

倒角和圆角操作实例:使用倒角和圆角命令将图 11－58(a)修改为图 11－58(b),倒角距离为 5,圆角半径为 10。按照以下命令提示行执行操作。

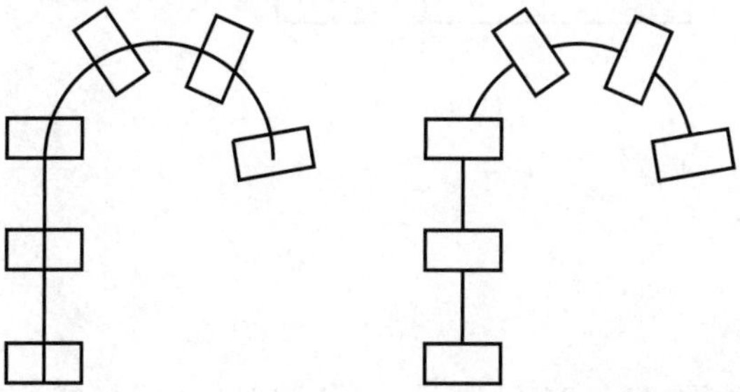

(a) 修改前　　　　(b) 修改后

图 11－57　修剪

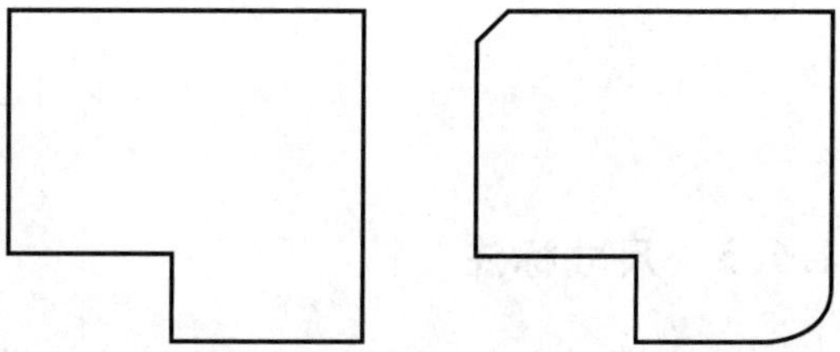

(a)　　　　　　(b)

图 11－58　倒角和圆角

命令:_chamfer

("修剪"模式)当前倒角距离 1 = 0.0000,距离 2 = 0.0000

选择第一条直线或[放弃(U)/多段线(P)/距离(D)/角度(A)/修剪(T)/方式(E)/多个(M)]:d 回车

指定 第一个 倒角距离 <0.0000>:5 回车

指定 第二个 倒角距离 <5.0000>:回车

选择第一条直线或[放弃(U)/多段线(P)/距离(D)/角度(A)/修剪(T)/方式(E)/多个(M)]:屏幕指定一条边

选择第二条直线,或按住 Shift 键选择直线以应用角点或[距离(D)/角度(A)/方法(M)]:屏幕指定第二条边 回车

命令:_Fillet

当前设置:模式 = 修剪,半径 = 0.0000

选择第一个对象或[放弃(U)/多段线(P)/半径(R)/修剪(T)/多个(M)]:r 回车

指定圆角半径 <0.0000>:10 回车

选择第一个对象或[放弃(U)/多段线(P)/半径(R)/修剪(T)/多个(M)]:屏幕指定一条边

选择第二个对象,或按住 Shift 键选择对象以应用角点或[半径(R)]:屏幕指定第二条边 回车

由以上两个操作过程可以看出,倒角和圆角命令可以修改裁剪模式、距离、角度等。

(13)分解(explode):分解命令用于分解图块,即将一个图元实体变成多个图元实体。例如,使用矩形命令绘制的图形为一个图元实体,执行分解命令后变成四个直线型图元实体。

(14)夹点编辑

选择对象时,在对象上出现的若干小正方形称为夹点。夹点是一种集成的编辑模式,有 3 种状态:冷态,温态和热态。夹点未激活时,为冷态;单击图元时,夹点为温态,如图 10 - 59(a)所示的三个小正方形为直线的三个夹点;鼠标移动到夹点时,夹点被激活为热态,此时可以拖动夹点进行编辑。如图 10 - 59(b)所示为拖动直线的右夹点得到的结果。

修改命令中还有打断、合并、光顺曲线等,在基础命令中使用较少,本节不作讨论。

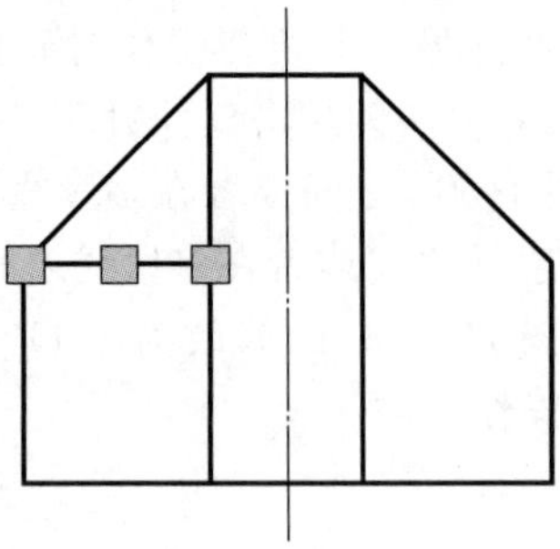

(a)

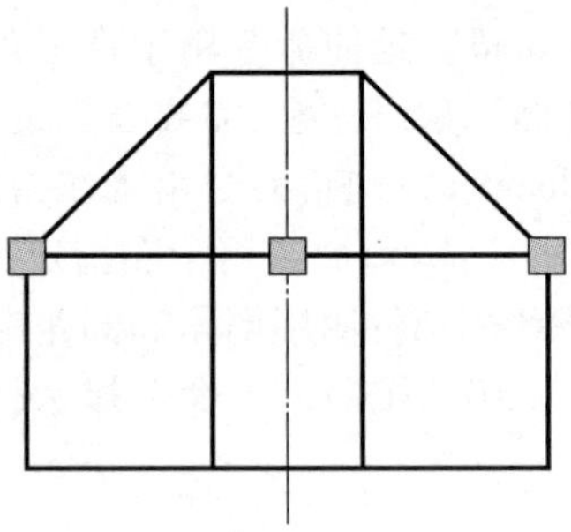

(b)

图 11 - 59 夹点

11.1.5 尺寸标注

在标注尺寸前,首先要设置标注尺寸的样式,图 11 - 24 设置了一个"建筑标注"样式,在此基础上新建一个角度标注样式,如图 11 - 60 所示,文字水平书写,箭头为实心闭合。

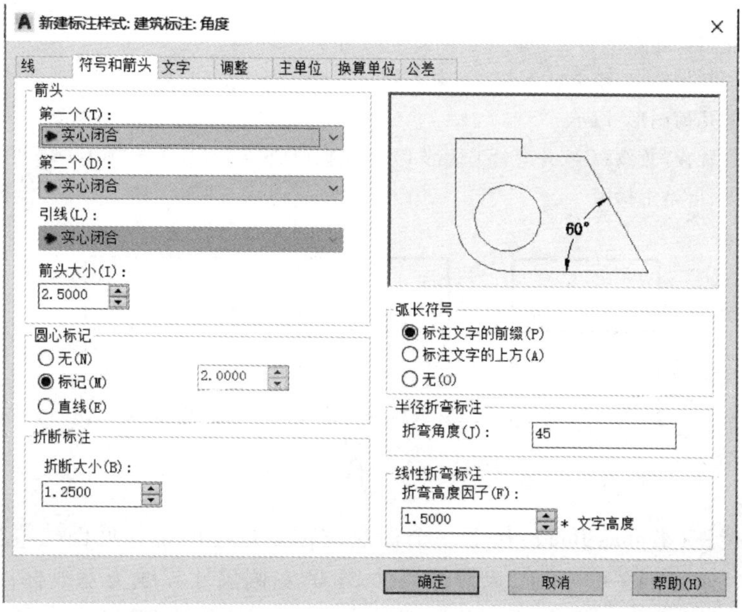

图 11－60　角度标注样式

AutoCAD2018 版的尺寸标注工具条如图 11－61 所示。本节学习常用的几种尺寸标注。

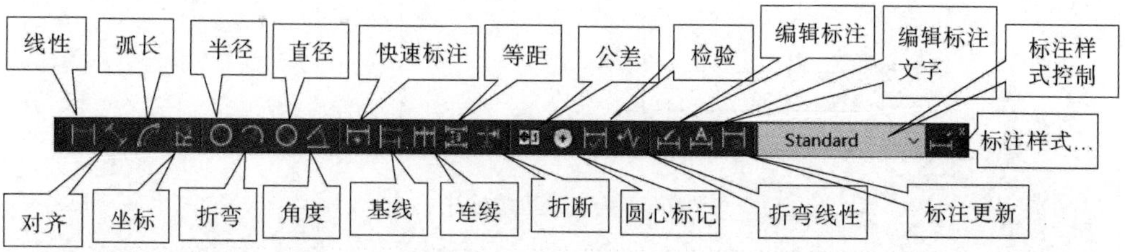

图 11－61　尺寸标注工具条

(1)线性标注(dimlinear):可进行水平和垂直尺寸标注。

(2)对齐标注(dimaligned):用于倾斜尺寸标注。

(3)弧长标注(dimarc):用于标注弧长。

(4)坐标标注(dimordinate):用于标注点的坐标。

(5)半径标注(dimradius):用于标注圆或者圆弧的半径。

(6)折弯标注(dimjogged):用于标注大圆弧的半径。

(7)直径标注(dimdiameter):用于标注圆或者圆弧的直径。

(8)角度标注(dimangular):用于标注圆、圆弧或者两条线之间的角度。

(9)快速标注(qdim):用于标注所选图形的尺寸。例如:选中圆,标注为圆的半径;选中一条直线,标注为该直线的线性尺寸;选中多个图形,标注为这些图形之间的线性尺寸。如图 11－62 所示为多个图形的快速标注结果,执行过程如下。

命令:_qdim

关联标注优先级 = 端点

选择要标注的几何图形:指定对角点:(屏幕上窗口选取三个图形)找到 7 个

选择要标注的几何图形:回车

指定尺寸线位置或[连续(C)/并列(S)/基线(B)/坐标(O)/半径(R)/直径(D)/基准点(P)/编辑(E)/设置(T)]<连续>:屏幕上指定

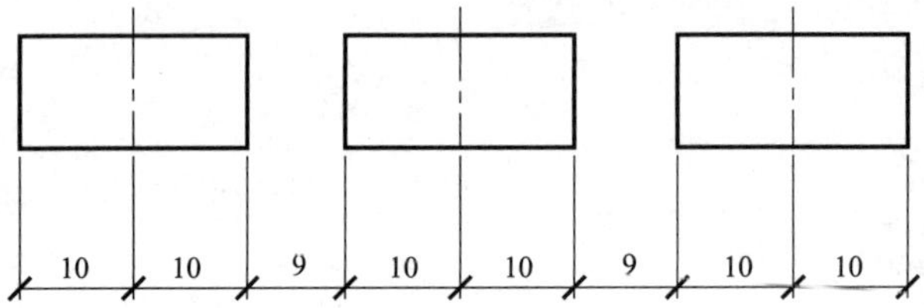

图 11-62　快速标注举例

(10)基线标注(dimbaseline):从上一个标注或选定标注的基线处创建线性标注、角度标注或坐标标注。如图 11-63 所示,以线性尺寸 21 的左侧尺寸界线为基线标注 30 和 60 两个尺寸。三个互相平行的尺寸线间距即基线间距,在尺寸标注样式中设置。

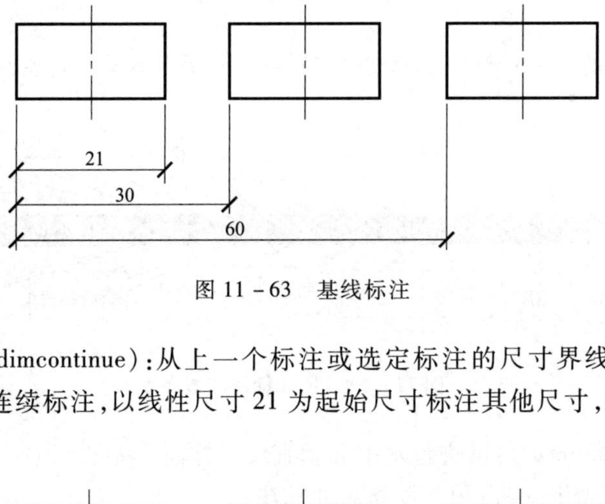

图 11-63　基线标注

(11)连续标注(dimcontinue):从上一个标注或选定标注的尺寸界线开始进行连续标注。如图 11-64 所示为连续标注,以线性尺寸 21 为起始尺寸标注其他尺寸,所有尺寸线在同一条水平线上。

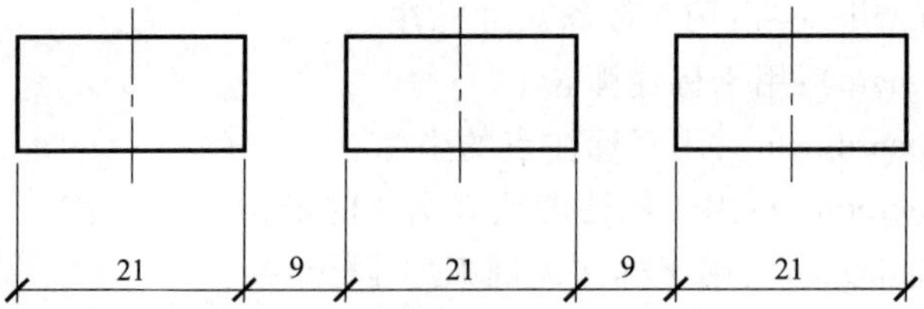

图 11-64　连续标注

(12)等距标注(dimspace):以一个尺寸为基准,根据输入值调节其他尺寸与基准尺寸之间的距离。

(13)折断标注(dimbreak):用于将已标注尺寸折断。

(14)公差标注(tolerance):用于标注机械制图中的公差。

(15)圆心标记(dimcenter):用于标记圆的圆心,标记符号可以在标注样式中设置。

(16)检验标注(diminspect):用于添加或删除与选定标注关联的检验信息。

(17)折弯线性(dimjogline):在线性或对齐标注上添加或删除折弯线。

(18)编辑标注(dimedit):用于编辑标注文字和延伸线。可以旋转、修改或恢复标注文字,更改尺寸界线的倾斜角,移动文字和尺寸线等。

(19)编辑标注文字(dimtedit):用于编辑标注文字,同 dimedit。

(20)标注更新(dimstyle):用于更新标注。

(21)标注样式控制下拉菜单:用于显示当前标注样式,可以更换标注样式。

(22)标注样式(dimstyle):可以打开图 11－18 所示“标注样式管理器”对话框。

11.1.6　二维绘图步骤

下面以图 11－65 为例说明二维绘图步骤。

1. 绘图环境设置

分析图 11－65 可知,需要建立粗实线、中实线、细实线、细单点划线、文字等五个图层。为了方便绘制其他图形时使用该 A3 图纸框,建议设置虚线图层。图层的颜色、线型、线宽等设置建议见表 11－1。

表 11－1　图层设置参考

图层名	颜色(RGB)	线型	线宽
粗实线	蓝色(0,0,255)	CONTINUOUS	0.5
中实线	绿色(0,255,0)	CONTINUOUS	0.3
细实线	洋红色(255,0,255)	CONTINUOUS	0.15
细虚线	黄色(255,255,0)	DASHED	0.15
细单点划线	红色(255,0,0)	CENTER	0.15
文字	黑色(0,0,0)	CONTINUOUS	0.15

其余绘图环境设置参见 11.1.1 节。

2. 绘图

(1)A3 图纸绘制:图纸外框尺寸(420,297),内框尺寸经过计算可知尺寸(390,287)。在细实线图层下执行矩形命令,在屏幕上适当位置点取左下角点,动态输入(420,297),回车。内框左下角点与外框左下角点差值为(25,5),可以用 UCS 用户坐标系将原点定在外框左下角点,在粗实线图层下执行矩形命令,左下角点需要在命令行中输入(25,5),右上角点动态输入(390,287),回车。

(2)标题栏绘制:图 11－65 中所示标题栏是学生用标题栏,参照尺寸并重复执行直线命令可以绘制。也可以绘制一条直线,利用修改命令中的偏移命令绘制其他直线。可以利用夹持点编辑修改线长,也可以用修剪命令裁剪多余的直线。注意每条线所在的图层。

标题栏中的文字:字体样式设置为长仿宋体,用多行文本命令便于修改字体的不同大小。将班级、学号、和姓名栏定义为文字属性,然后选中标题栏生成外部块。

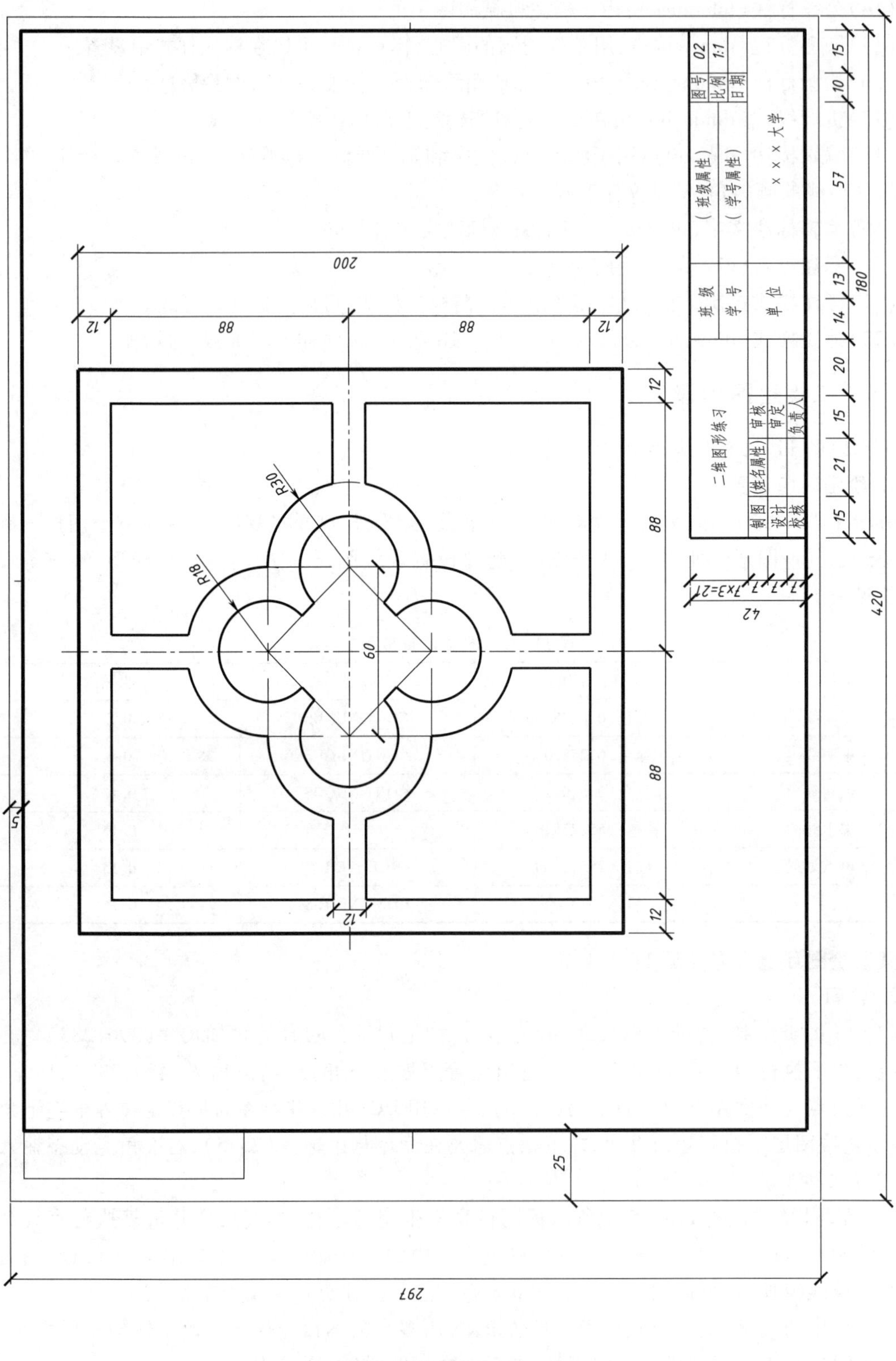

图 11-65　二维绘图综合练习

标题栏与 A3 图纸框可以另存为“.dwt”文件，便于随时调用。

(3)图形绘制：首先分析图形。如图 11－66 所示，此二维图形是一种窗棂，正方形轮廓，外部粗实线，内部中实线。外轮廓及花瓣图案成对称分布。

图 11－66　二维图形

绘图。粗实线图层下执行矩形命令，输入(200,200)，回车。中实线图层下执行偏移命令，选择正方形，向内偏移 12。中心线图层下执行直线命令，绘制图形的对称中心线。中心线交点处向左量取 30，作出同心圆的中心点，执行圆命令绘制两个同心圆，执行直线命令绘制左侧间距为 12 的两条直线，追踪角设置成 45°并通过圆心绘制两条 45°线，如图 11－67(a)所示，执行修剪命令。选中短直线和同心圆弧，进行环形阵列，阵列数量为 4，得到图(b)。修剪、补线之后得到图 11－66。

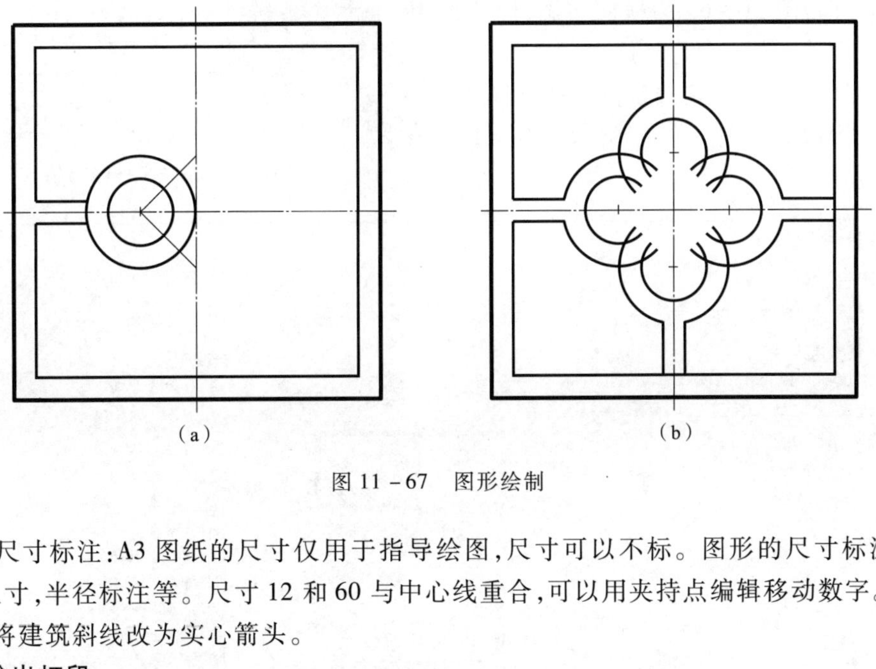

(a)　　(b)

图 11－67　图形绘制

(4)尺寸标注：A3 图纸的尺寸仅用于指导绘图，尺寸可以不标。图形的尺寸标注需要用到线性尺寸，半径标注等。尺寸 12 和 60 与中心线重合，可以用夹持点编辑移动数字。设置半径样式，将建筑斜线改为实心箭头。

3. 输出打印

(1)输出：AutoCAD 可以输出多种文件格式：DWF、DWFx、三维 DWF、PDF、DGN、FBX 等。如图 11－68 所示。

DWF 是一种不可编辑的安全的文件格式，不能替代原有的 CAD 格式，设计者仍然需要原始文件来编辑和更新设计数据。也不能通过 AutoCAD 打开，可以使用小型的 Express Viewer 等软件来查看这种类型文件。

(2)打印：选择图 11－68 所示的“打印”选项，弹出“打印－模型”对话框。按照图 11－69 提示进行设置后可以打印 PDF 文件，具体设置过程如下。

打印机/绘图仪：打印机类型有多种，可选择 DWG To PDF. pc3。

图纸尺寸：图纸尺寸有多种，可选择 ISO full bleed A3(420.00 mm × 297.00 mm)。

打印区域：默认为“显示”，选择窗口，提示指定两个角点，可选择 A3 图纸外框的左上角和右下角点。

打印偏移：选中“居中打印”选项。

打印比例：选择 1:1。

打印样式表、打印选项、图形方向未显示时，需要点击右下角的。

打印样式表：下拉列表中有多种打印样式，如果不修改打印样式，彩色图线较浅。可选 monochrome.ctb，此打印样式打印的图形为黑白色，不需要在图层中修改图形颜色。

图形方向：图 11 - 65 为横向布图，因此选用横向。

设置完成后单击确定按钮，填写保存路径，文件即打印为 PDF 文件。打印结果如图 11 - 70 所示。

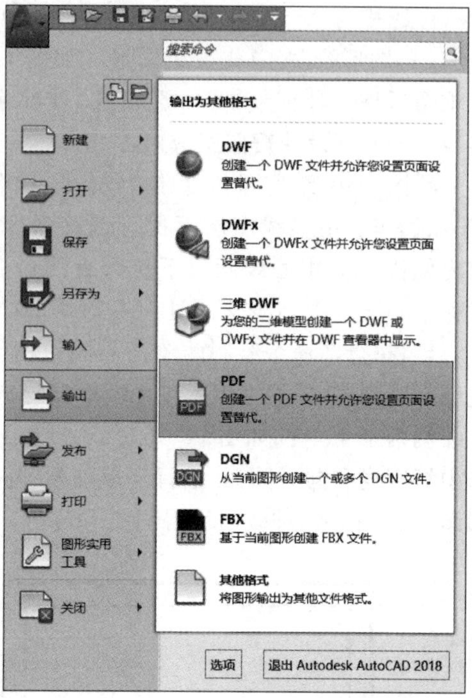

图 11 - 68 文件输出格式

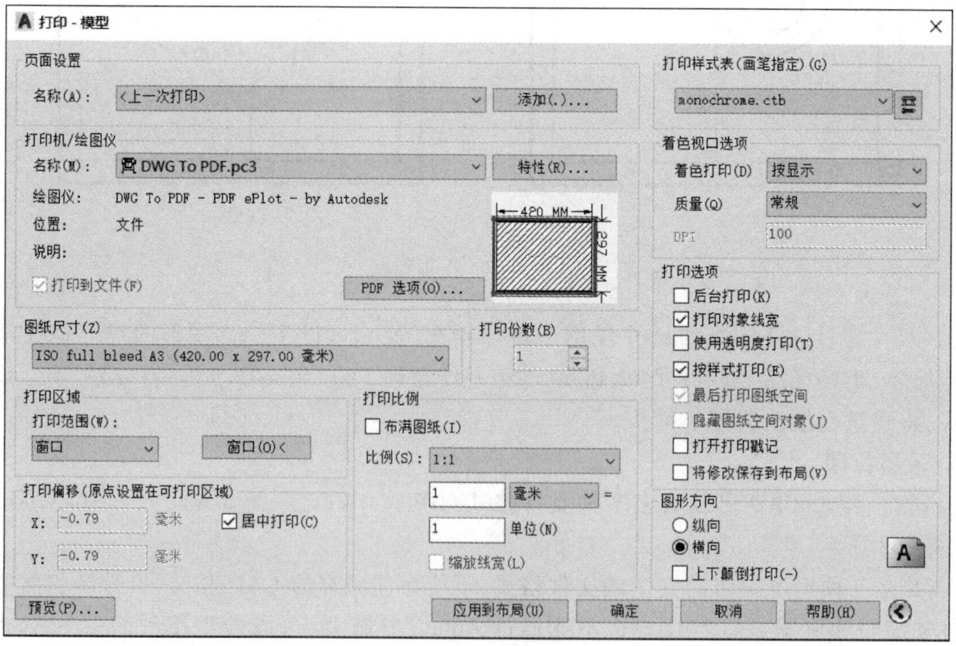

图 11 - 69 “打印 - 模型”对话框

因篇幅限制，本节中未涉及的 AutoCAD 命令可参阅附录 A 或其他资料。

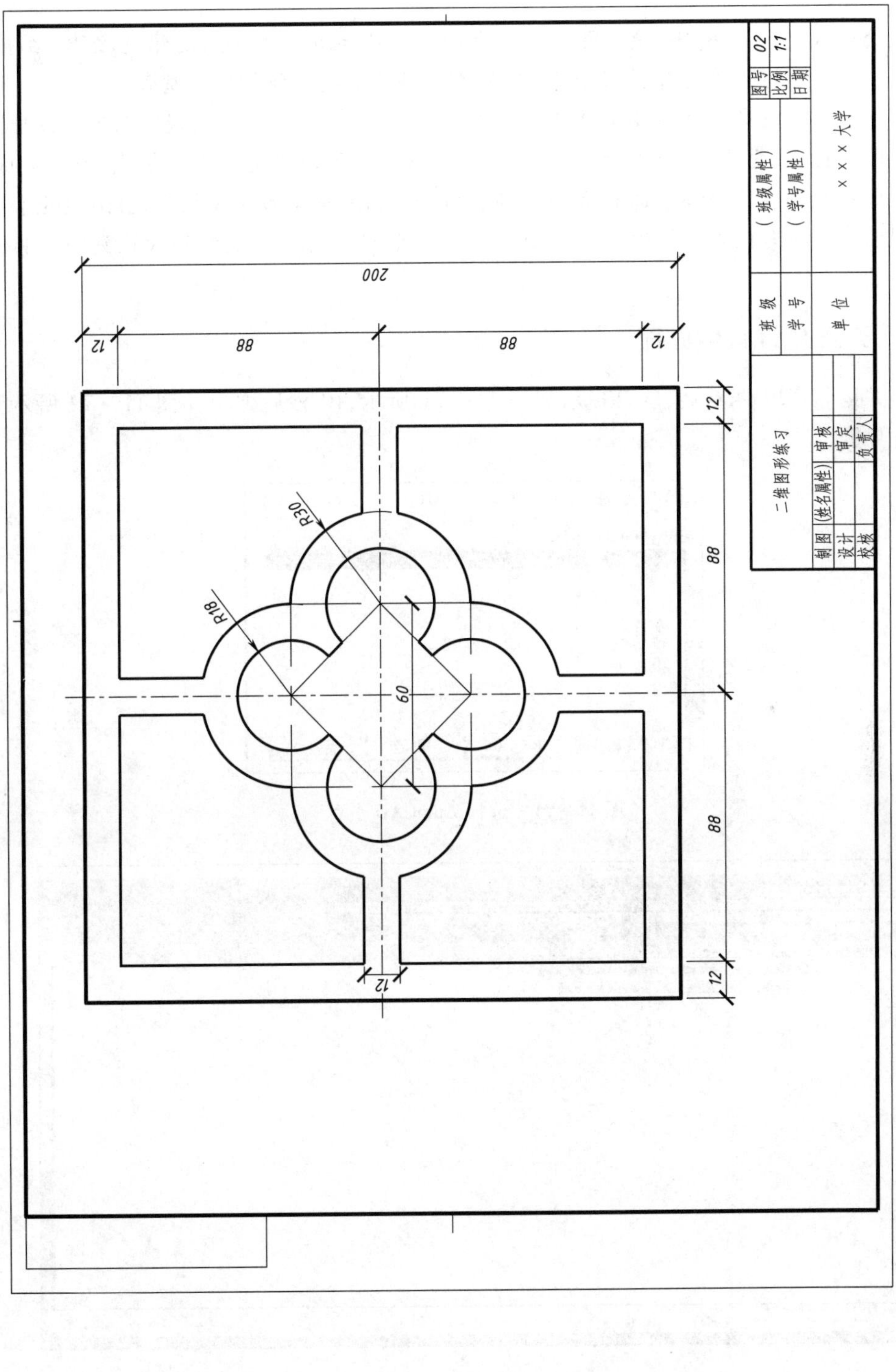

图 11-70　二维绘图综合练习

11.2 天正建筑软件

天正公司成立于1994年,至今已开发基于AutoCAD与revit双平台的建筑、结构、给排水、暖通、电气、节能、日照、采光等近30多款产品,在行业内具有广泛的应用基础。

天正建筑软件是利用AutoCAD图形平台开发的建筑软件,以先进的建筑对象概念服务于建筑施工图设计,成为建筑CAD的首选软件。T20天正建筑软件通过界面集成、数据集成、标准集成及天正系列软件内部联通和天正系列软件与Revit等外部软件联通,打造真正有效的BIM应用模式。具有植入数据信息,承载信息,扩展信息等特点。最新的天正建筑软件版本为T20V4.0。

11.2.1 天正建筑软件界面

安装并运行T20V4.0后,屏幕提示如图11-71所示,10秒后弹出如图11-72所示天正建筑软件界面。

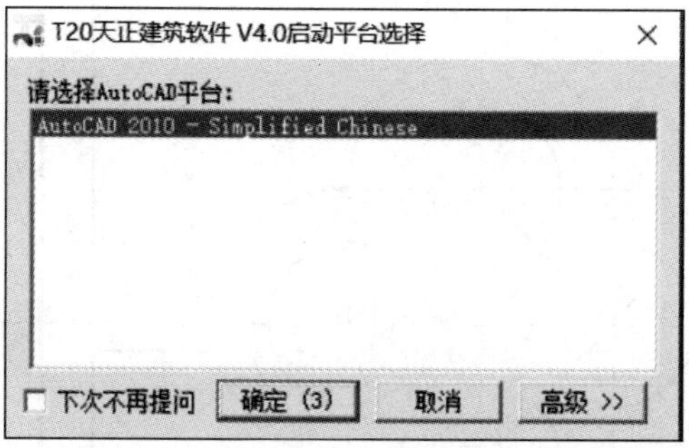

图11-71 选择AutoCAD平台

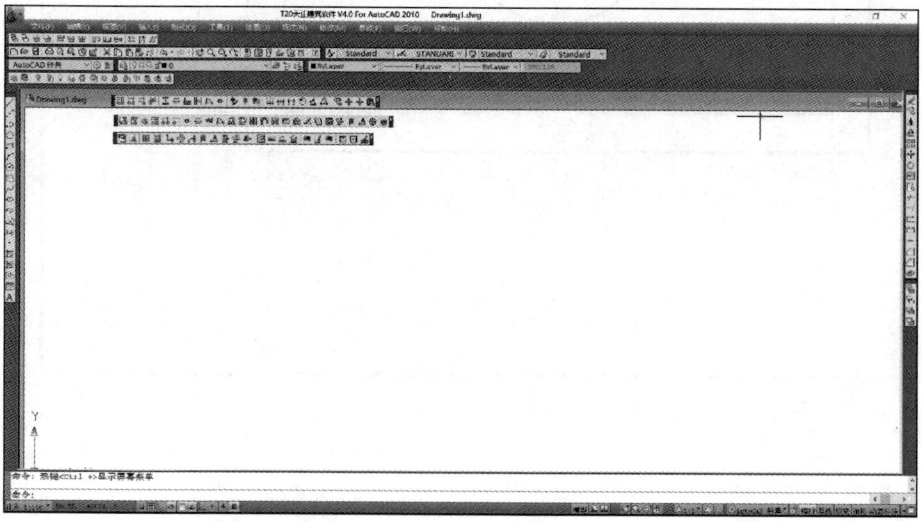

图11-72 初始界面

首先调出自定义对话框,进行初始化设置。命令行输入“ZDY”,弹出图 11－73 所示对话框。注意:天正建筑软件有很多快捷键,大多数以汉语拼音命名,详见附录 B。

如图 11－73 所示,选中“显示天正屏幕菜单”复选框,弹出图 11－74 所示天正屏幕菜单,菜单中包括 21 种分菜单,分别如图 11－75 所示。

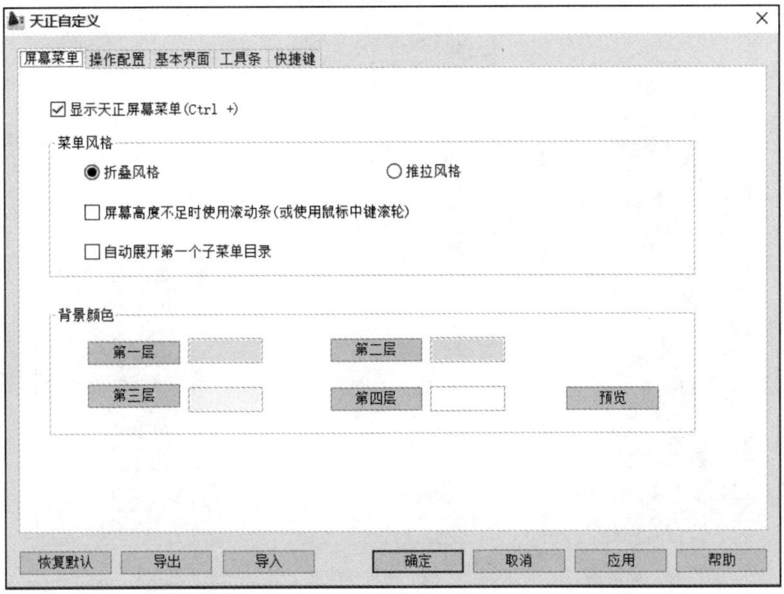

图 11－73　“天正自定义”对话框

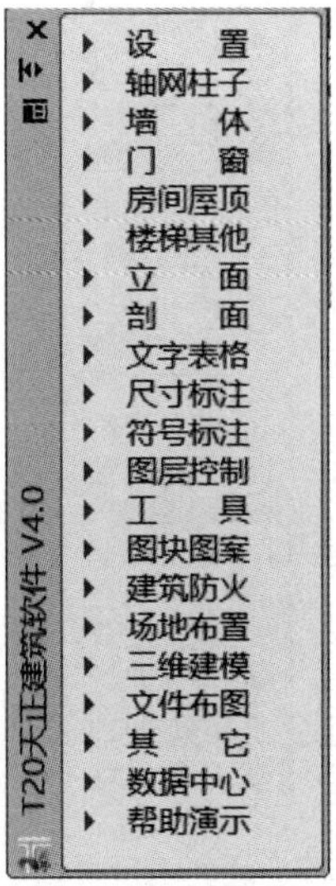

图 11－74　天正屏幕菜单

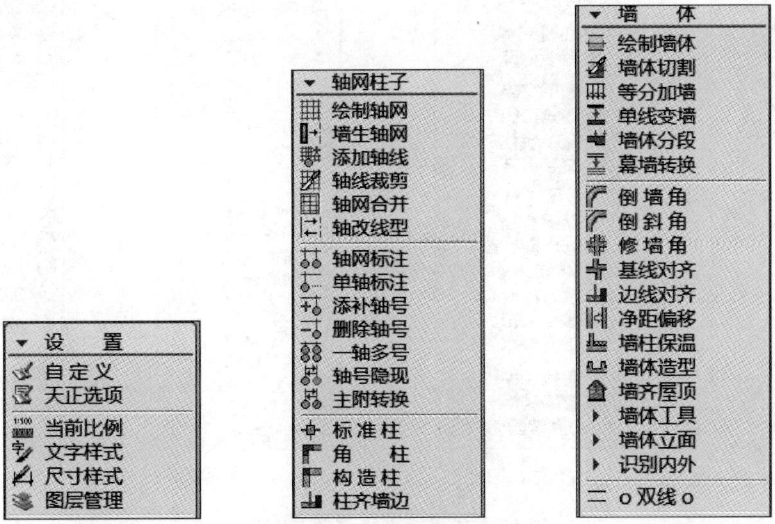

(a) 设置　　(b) 轴网柱子　　(c) 墙体

图 11－75　天正屏幕菜单

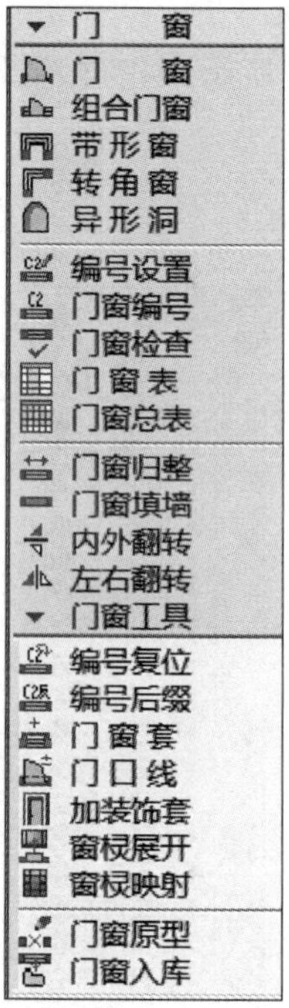

(d) 门窗

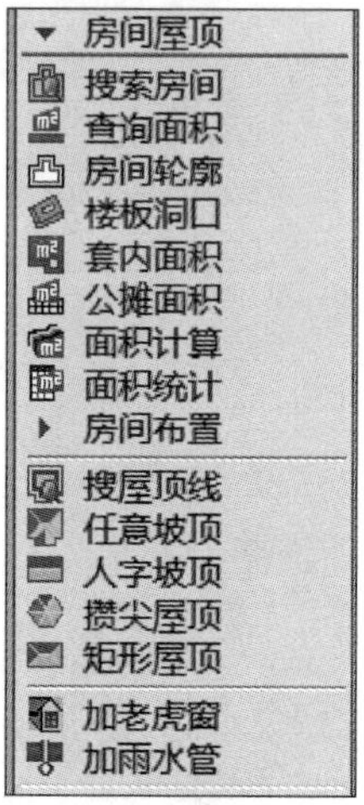

(e) 房间屋顶

(f) 楼梯其他

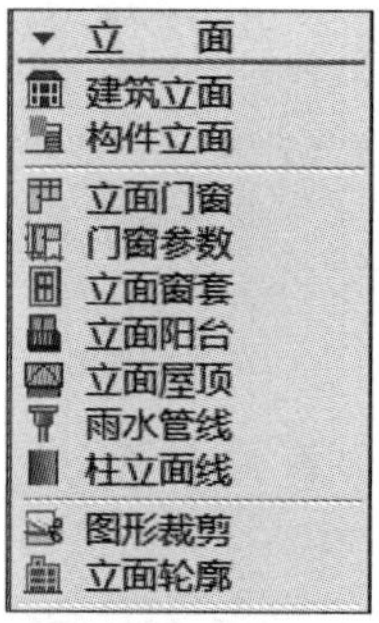

(g) 立面

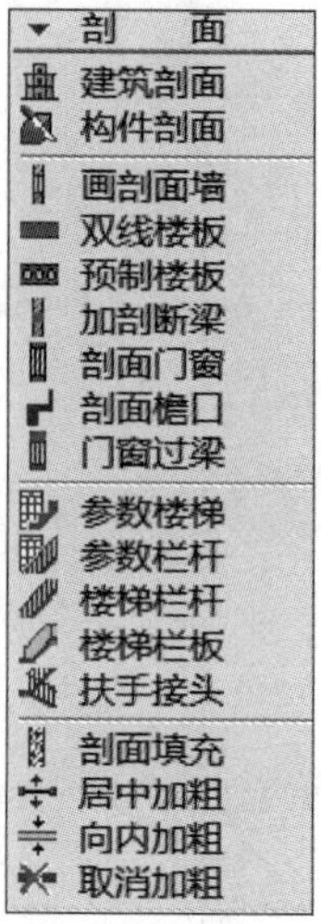

(h) 剖面

(j) 文字表格

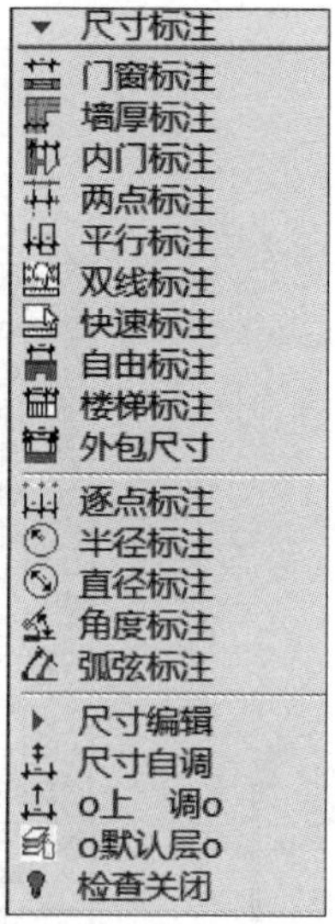

(k) 尺寸标注

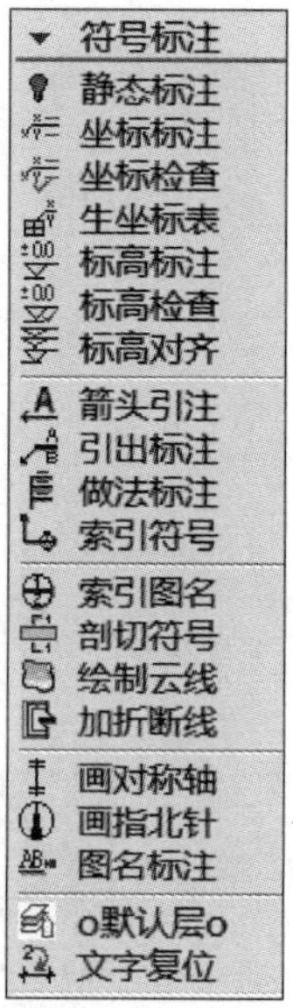

(l) 符号标注

图 11-75　天正屏幕菜单(续)

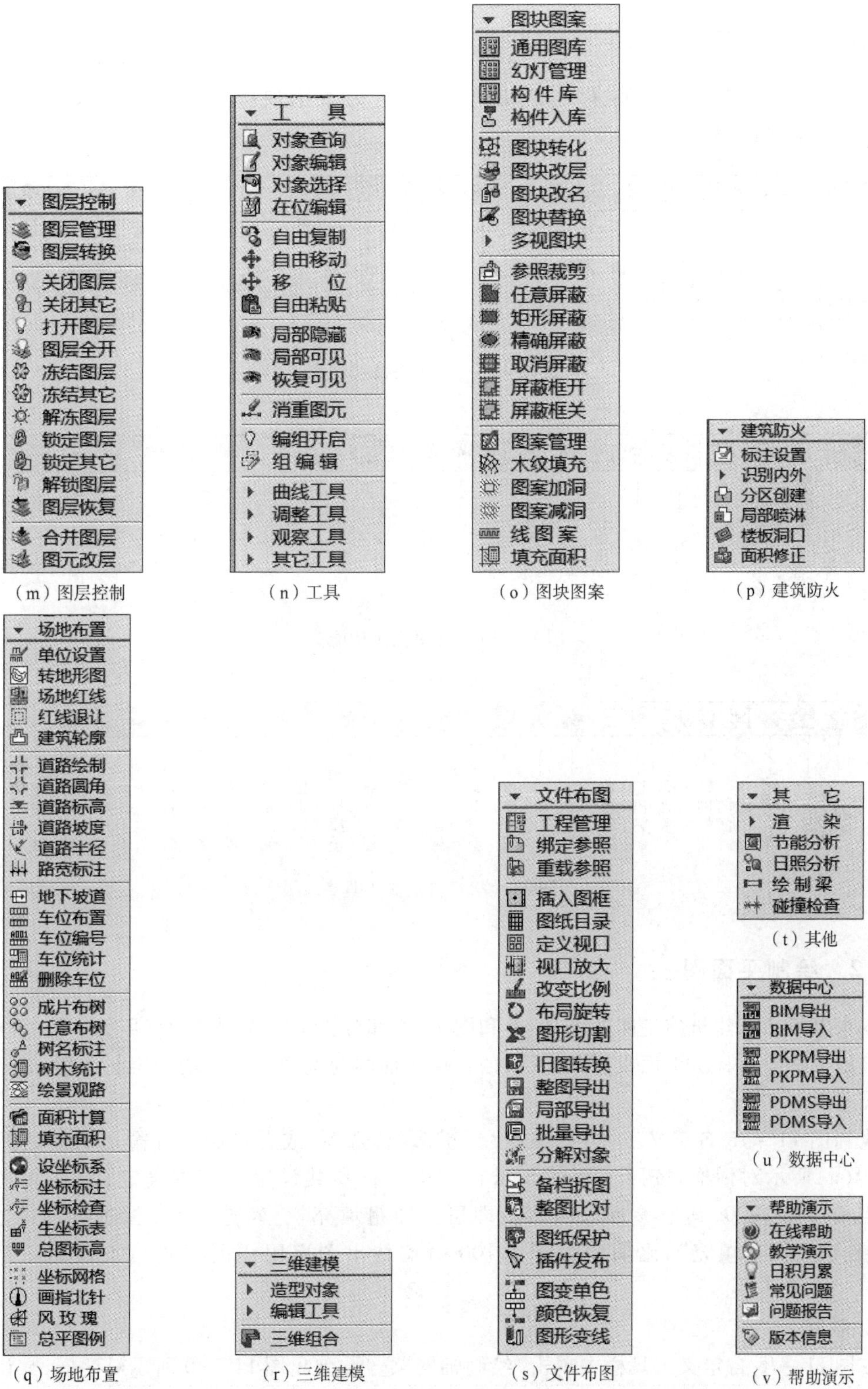

（m）图层控制　（n）工具　（o）图块图案　（p）建筑防火

（q）场地布置　（r）三维建模　（s）文件布图　（t）其他　（u）数据中心　（v）帮助演示

图 11 – 75　天正屏幕菜单（续）

11.2.2 常用的工具条

在图 11 -72 初始界面中有三个快捷工具条，为常用快捷功能和自定义工具栏，如图 11 -76 ~ 图 11 -78 所示。

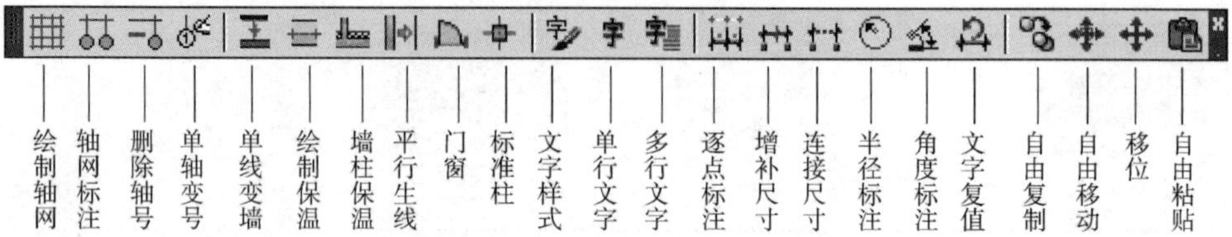

图 11 -76　常用快捷功能 1

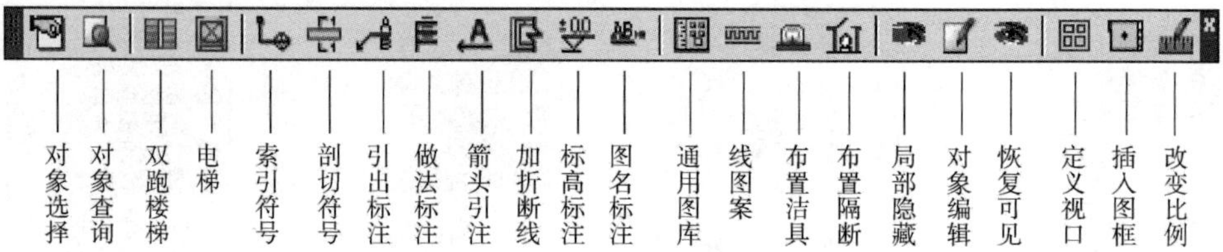

图 11 -77　常用快捷功能 2

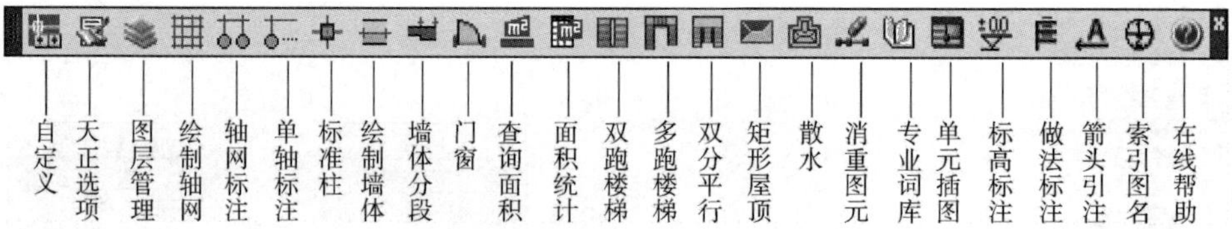

图 11 -78　自定义工具栏

11.2.2 绘制平面图

本章以第 7 章建筑施工图的图 7 -5 和图 7 -6 部分施工图为例说明使用天正建筑软件绘制建筑施工图的过程。下面以图 7 -5 中的首层平面图为例说明平面图的绘制过程。

1. 设定

找到图 11 -78 自定义工具栏，单击“天正选项”选项，或者在命令行输入 TZXX，弹出图 11 -79(a)所示对话框，按照工程的要求在其中进行参数设定。基本设定栏：对象比例为 100，当前层高 2900，其他参数取默认值即可。加粗填充栏：勾选“对墙柱进行向内加粗”“对墙柱进行图案填充”，比例为大于 1:100 时墙柱出图启用详图模式。如图 11 -79(b)所示。

2. 轴网

在图 11 -78 自定义工具栏中单击“绘制轴网”选项，弹出图 11 -80 所示对话框，默认为直线轴网，分别在“上开”“下开”、“左进”“右进”中输入轴线间距，可以在图 11 -80 右侧选取，也可以键盘输入。各轴线间数据如下。

(a)　　　　　　(b)

图 11 - 79　“天正选项”对话框

上开：2100　1200　2100　2400　3000　3000　3000　2400 2100 1200 2100

下开：4800 3000 4500 4500 3000 4800

左进：4500 2700 3900 1200

右进：1200 3600 1500 900 3300 1800

输入完成后在屏幕上指定轴网的插入位置。然后在图 11 - 78 自定义工具栏中单击“轴网标注”选项，或者在命令行输入“ZWBZ”，按照命令行提示进行如下操作。

命令：_tmultaxisdim

请选择起始轴线 <退出>：屏幕指定最左侧的数字轴线

请选择终止轴线 <退出>：屏幕指定最右侧的数字轴线

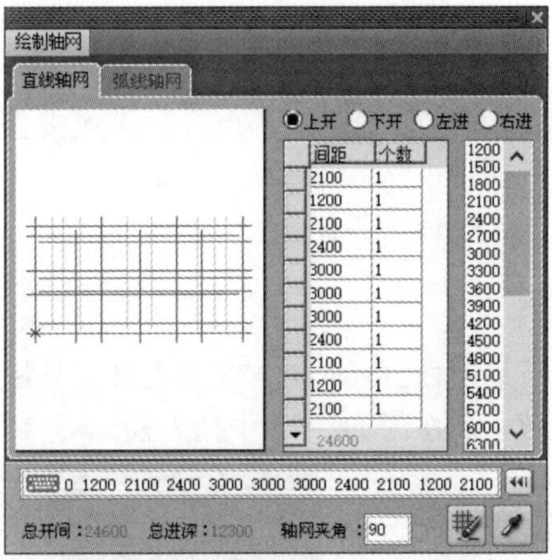

图 11 - 80　“绘制轴网”对话框

是否为该对象？[是(Y)/否(N)]<Y>：回车

请选择不需要标注的轴线：回车

请选择起始轴线<退出>：* 取消 *

执行完毕后标出① ~ ⑮轴线，重复上一个命令，继续标注Ⓐ ~ Ⓙ轴线，结果如图 11 - 81 所示。

注意：(1)Ⓐ轴线之前的附加轴线 1/OA，可以通过添加轴线命令绘制，也可以在输入轴网数据时输入 1 000，标注轴网时取消该轴的标注。

(2)图 11 - 81 中的尺寸不是平面图中的完成图，平面图结构画完后要使用尺寸编辑命令局部调整。

3. 墙体和柱

绘制墙体：在图 11 - 78 自定义工具栏中单击“绘制墙体”选项，弹出图 11 - 82 所示对话框。图 11 - 82 下方有直墙、弧墙、回形墙三种墙体，默认为直墙。外墙设置参数如图 11 - 82 所示。内墙参数为左宽 120、右宽 120。设置完成后在图 11 - 81 中绘制外墙和内墙。

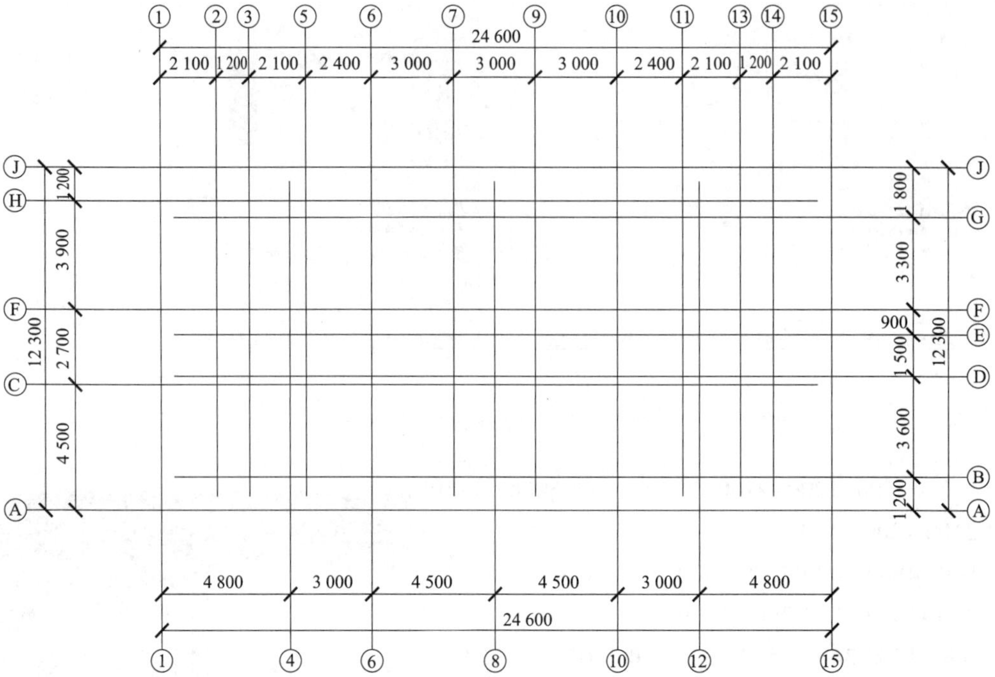

图 11－81　轴网及标注

绘制柱：在图 11－78 自定义工具栏中单击“标准柱”选项，弹出 11－83 所示对话框，修改参数之后在图 11－81 中插入柱。

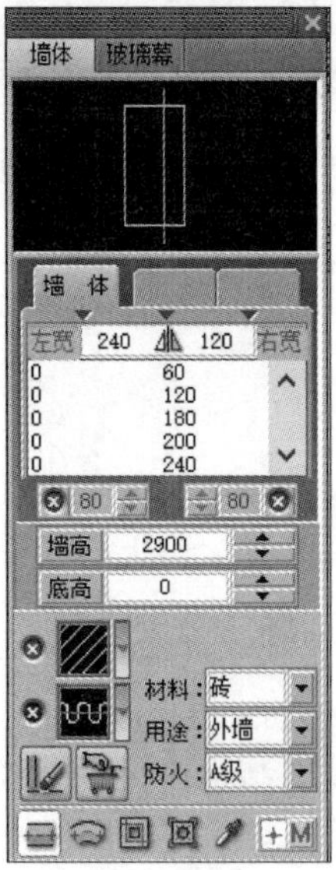

图 11－82　“墙体”对话框

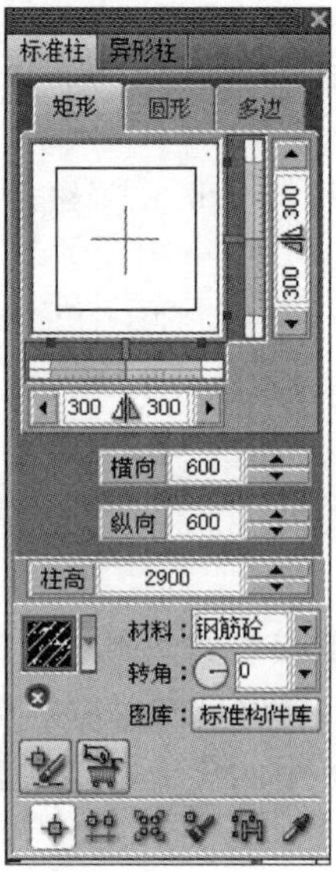

图 11－83　“标准柱”对话框

图 11－84 是墙体与柱绘制完成图。注：附加轴线的尺寸可以通过图 11－77 中的“增补尺寸”进行添加。

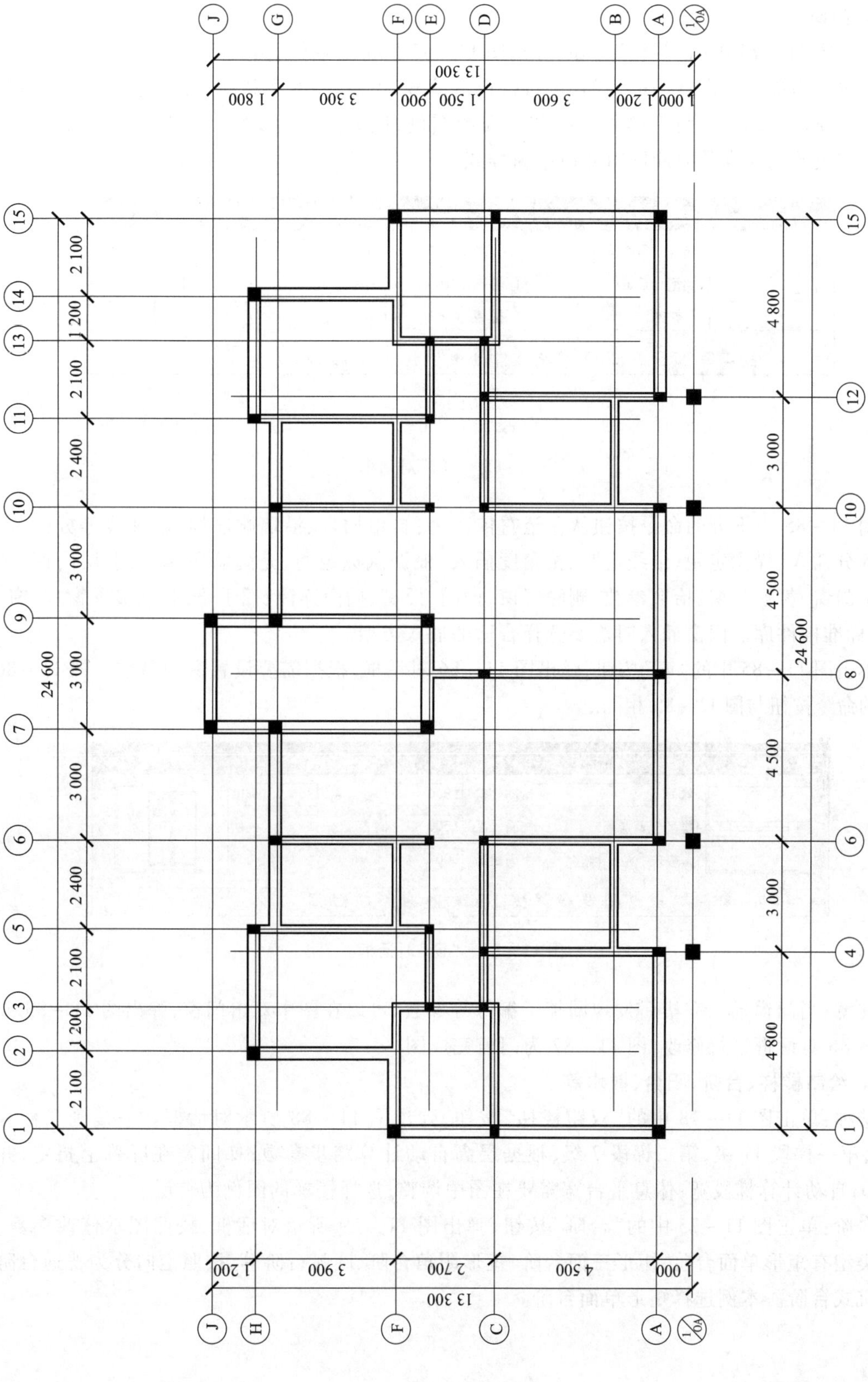

图 11-84　绘制墙体及柱

4. 门窗

点击图 11－78 中的“门窗”按钮，弹出图 11－85 所示对话框，插入门窗都需要在这个对话框中设置。当前图中默认为插入门，可自行设定编号、类型、门的宽和高、门槛高等参数。左右两个预览窗口分别是当前门的平面图和立面图图例，鼠标点击预览图片可以更换门的类型。在输入和更改门窗参数时应同时修改门窗样式。

图 11－85　“门”对话框

图 11－85 中下方的命令按钮从左至右依次为：自由插入、沿墙顺序插入、轴线等分插入、墙段等分插入、垛宽定距、轴线定距、按角度插入、根据鼠标定距、充满墙段、插入上层门窗、插入多个门窗、替换门窗、拾取参数、删除门窗、插门、插窗、插门连窗、插子母门、插弧形窗、凸窗、插洞、标准构件库。门窗插入时需要选择合适的插入类型。

单击图 11－85 中的“窗”按钮，弹出图 11－86 对话框，根据需要设置窗的参数。图 11－86 下方的命令按钮与图 11－85 相同。

图 11－86　“窗”对话框

注意：当门窗插入完毕后发现漏掉了编号等参数，可以在图中双击门窗，弹出图 11－85 或图 11－86 对话框进行修改，图 11－87 为门窗完成图。

5. 绘制楼梯、台阶、阳台、散水等

楼梯：单击图 11－78 中的“双跑楼梯”按钮，弹出图 11－88 所示对话框。一楼到二楼有 18 级，第一梯段 11 级，第二梯段 7 级，根据层高自动计算踏步参数；梯间宽在屏幕上指定，井宽为 0，自动计算梯段宽；休息平台宽需要在图中调整；选择楼梯的图例为首层。

台阶：单击图 11－75 中的“台阶”按钮，弹出图 11－89 所示对话框，按照图示修改参数。台阶类型有矩形单面台阶、矩形三面台阶、矩形阴角台阶、圆弧台阶等，按照走向分为普通台阶和下沉式台阶。本例选择矩形单面台阶。

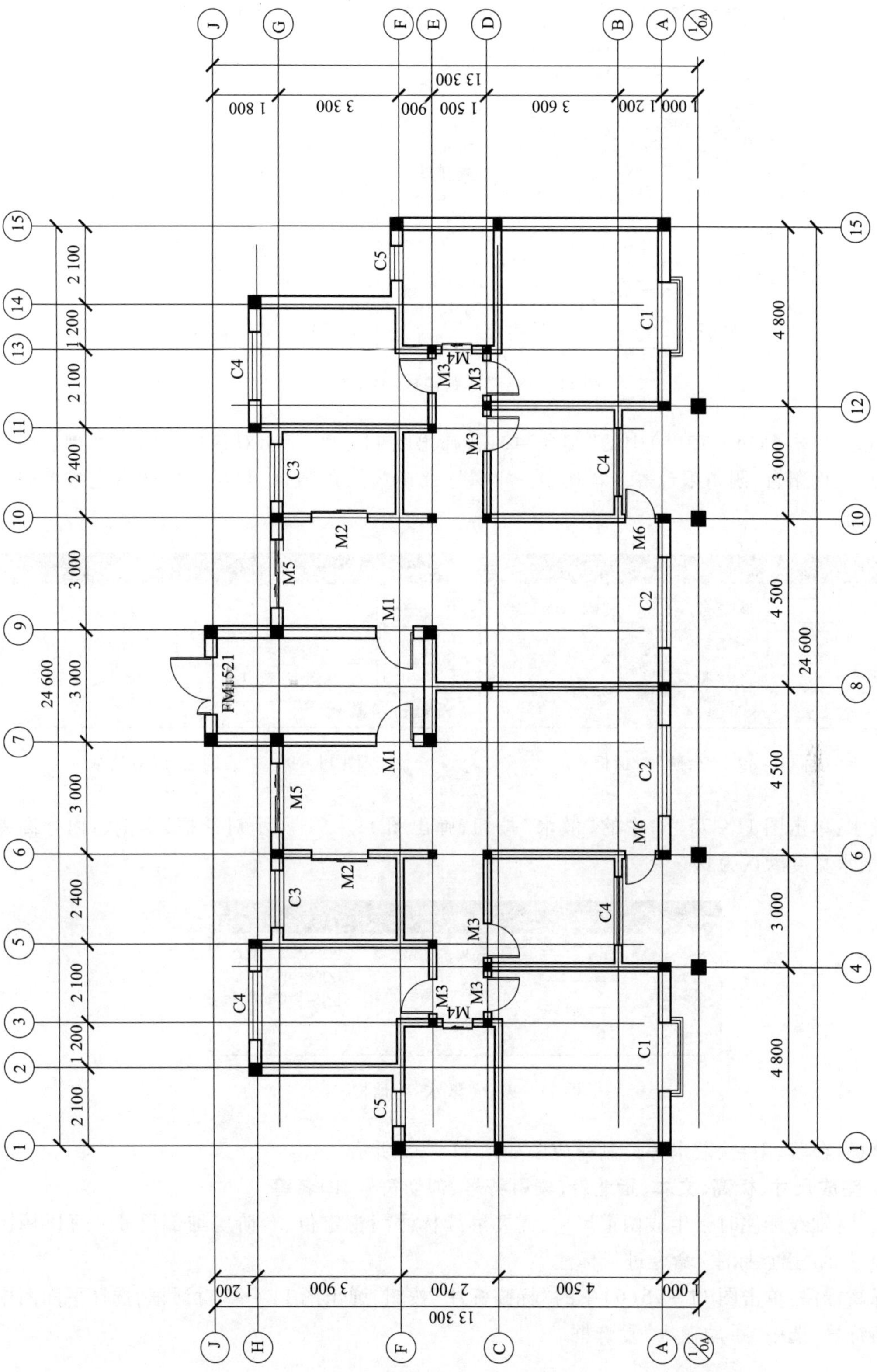
FM1521
M1
M2
M3
M4
M5
M6
C1
C2
C3
C4
C5
24 600
13 300
4 800
3 000
4 500
2 100
1 200
2 400
1 800
3 300
900
1 500
3 600
1 000
3 900
2 700
4 500

图 11-87　门窗完成图

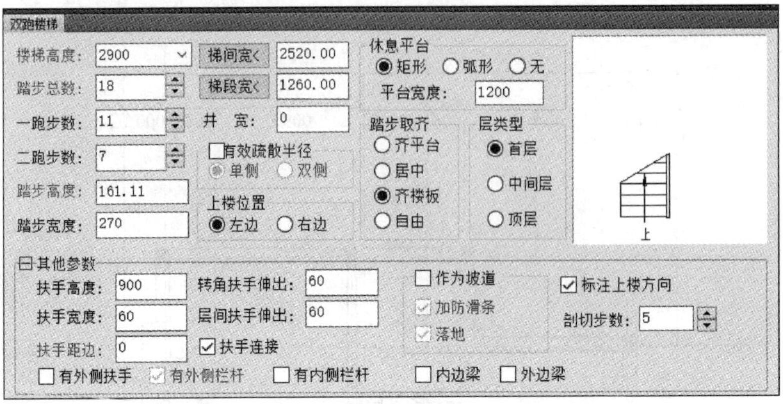

图 11－88 “双跑楼梯”对话框

阳台:单击图 11－75(5)中的“阳台”按钮,弹出图 11－90 所示对话框。阳台类型有凹阳台,矩形三面阳台,阴角阳台等。本例中一楼餐厅北侧为阴角阳台,厨房外的露台也按照阴角阳台绘制。

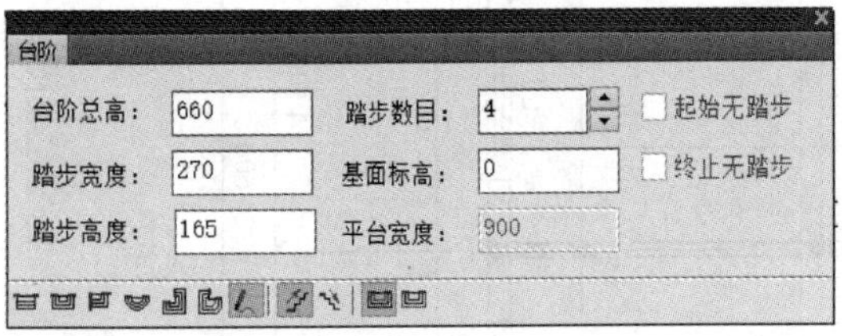

图 11－89 “台阶”对话框

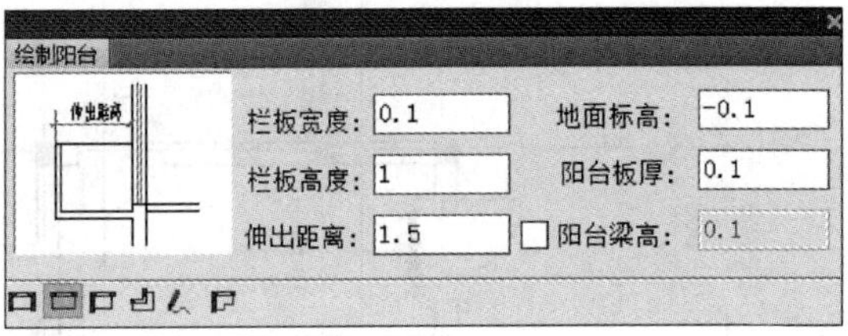

图 11－90 “绘制阳台”对话框

散水:单击图 11－75(5)中的“散水”按钮,弹出图 11－91 所示对话框,本例室内外高差 0.67,散水宽度默认为 0.6。

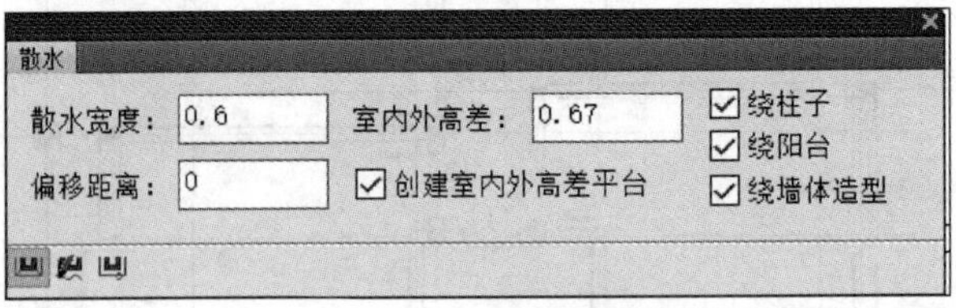

图 11－91 “散水”对话框

楼梯、台阶、阳台、散水等绘制完成图如图 11－92 所示。

6. 完成尺寸、标高、文本、指北针、索引符号、剖切符号、图名等

尺寸:轴线标注时已生成两道尺寸,需要继续标注门窗定位、台阶等细部尺寸。可以用图 11－76 中的“逐点标注”命令进行标注。

标高标注:单击图 11－75(6)中的“标高标注”按钮,弹出图 11－93 对话框,选择平面图中的标高符号,选中“手动输入”复选框。

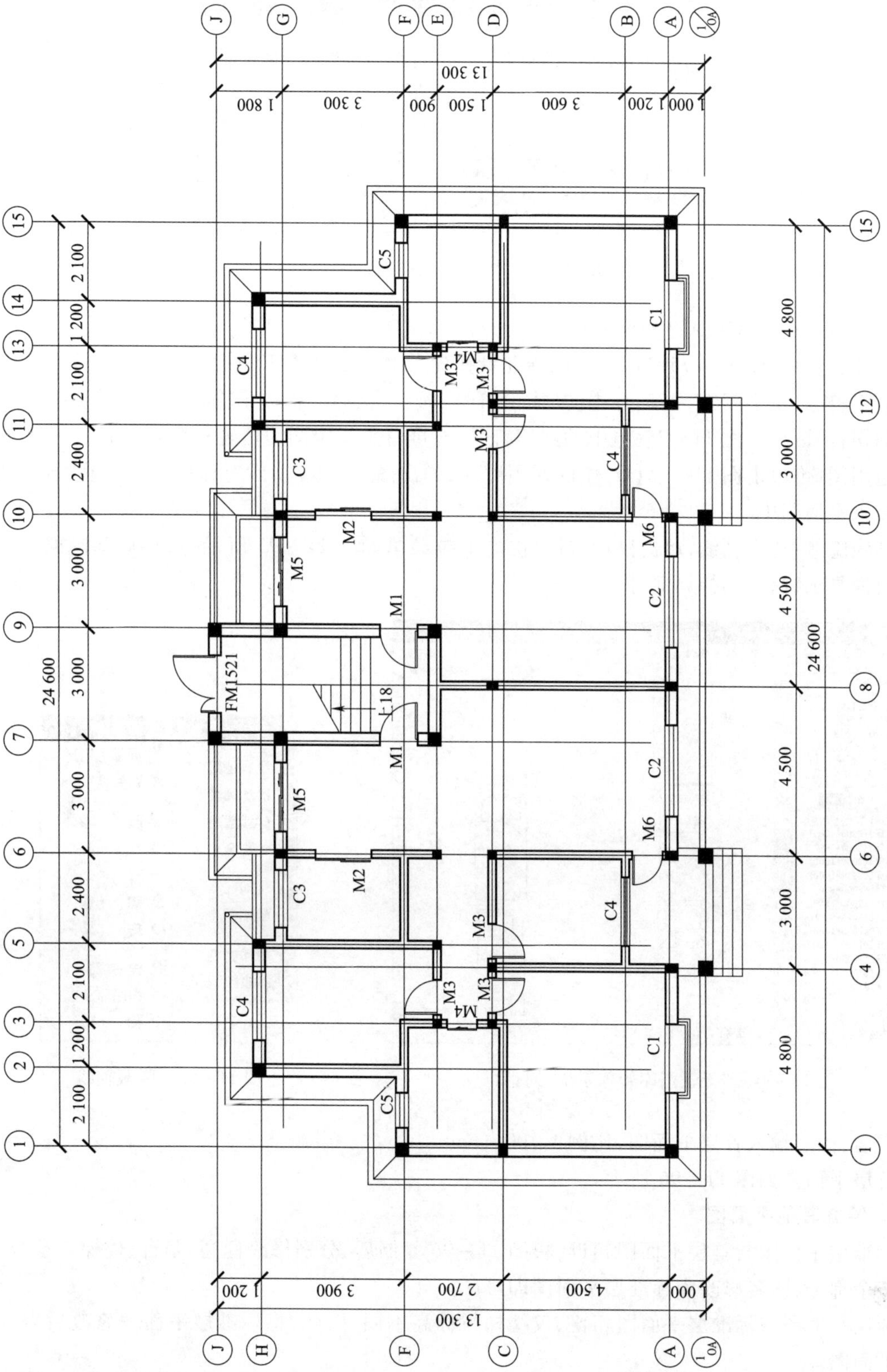

图 11-92　楼梯、台阶、阳台、散水完成图

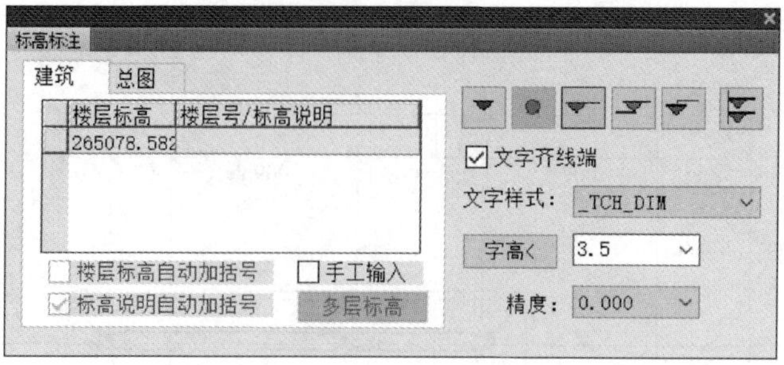

图 11－93　“标高标注”对话框

文本:用 AutoCAD 中的文本命令即可。

指北针:单击图 11－75(l)中的“画指北针按钮”,在平面图左下角插入指北针。

索引符号:单击图 11－75(l)中的“索引符号”按钮,按照屏幕提示输入相关参数。

剖切符号:单击图 11－75(l)中的剖切符号,在屏幕上指定剖切位置和投射方向。

通用图库:单击图 11－75(O)中的通用图库,弹出图 11－94 所示对话框,可以选取合适的图例插入平面图中。

轴线隐藏:选择轴线,单击鼠标右键,快捷下拉菜单如图 11－95 所示,选择局部隐藏。如果需要恢复轴线,可选择局部可见。

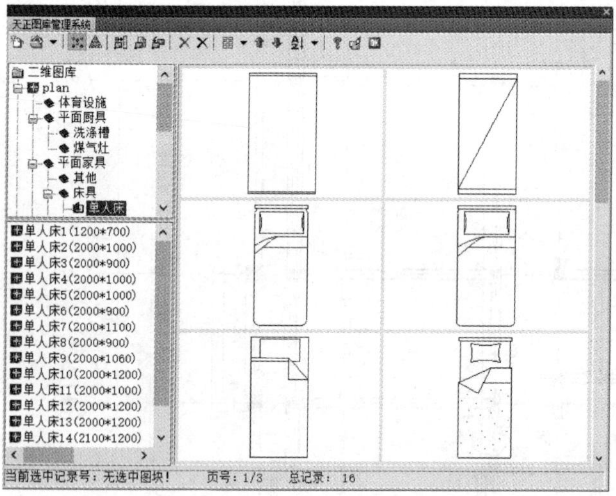

图 11－94　“天正图库管理系统”对话框

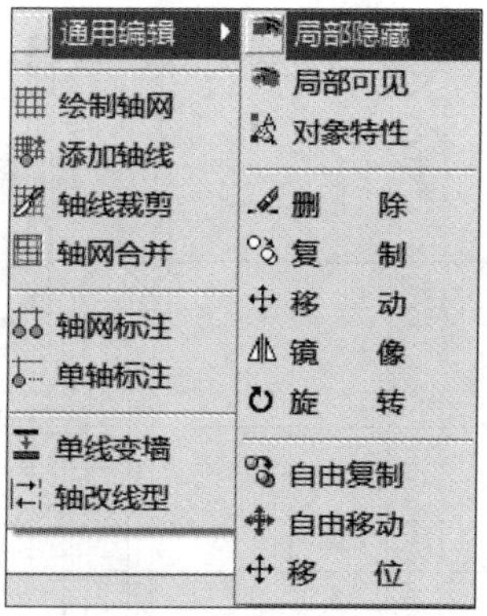

图 11－95　隐藏轴线

图名:图名输入首层平面图,比例 1:100。

首层平面图如图 11－96 所示。

7. 绘制其他平面图

标准层平面图与首层平面图相近,将图 11－96 复制后,分别修改标高、阳台、楼梯等参数,删除多余部分,图名修改为标准层平面图即可。

顶层平面图与标准层平面图相比,仅楼梯与标高不同,因此,将标准层平面图修改后得到顶层平面图。

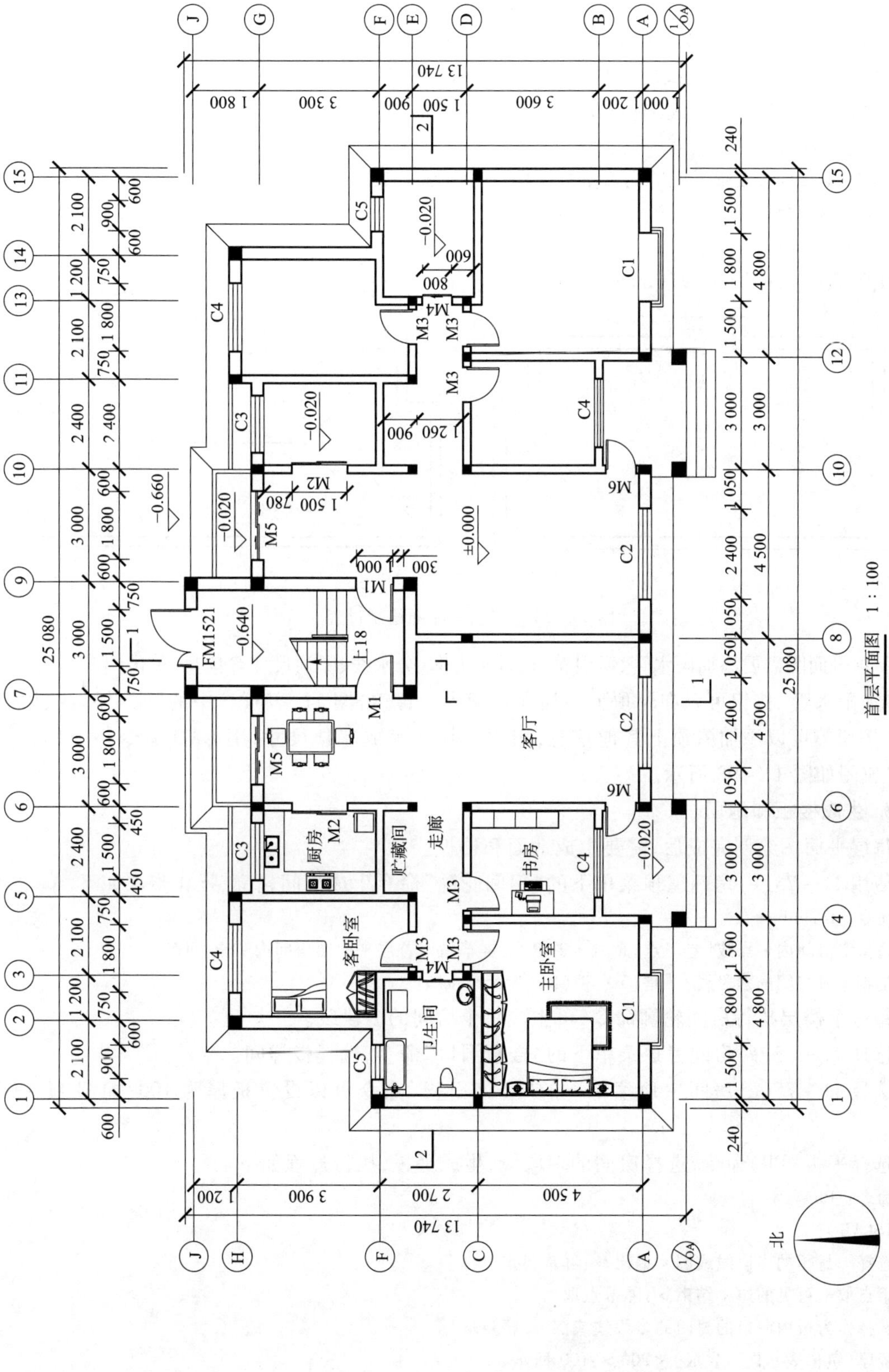

图 11-96　首层平面图完成图

屋顶平面图:屋顶平面图需要依据楼层平面图绘制。

首先利用 AutoCAD 命令中的多段线命令沿首层平面图外墙线绘制多段线,利用 AutoCAD 命令中的偏移命令将多段线向外偏移 600,如图 11 - 97(a)所示。

单击图 11 - 75(e)中的“任意坡顶”按钮,按照命令提示行执行下述操作。

命令:_tsloperoof

选择一封闭的多段线 <退出>:选择 11 - 97(a)中外部多段线

请输入坡度角 <30>:回车

出檐长 <1>:600 回车

执行完毕,如图 11 - 97(b)所示。

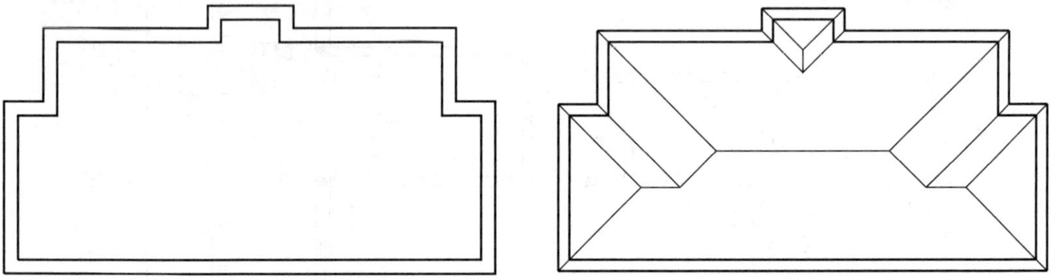

(a)　　　　(b)

图 11 - 97　屋顶平面图绘制过程

屋顶平面图需要添加雨水管、索引符号、排水方向、分水线、屋顶尺寸等信息,单击图 11 - 75(e)中的“加雨水管”按钮可以在屋顶上添加雨水管入口;点击图 11 - 75(l)中的“索引标注、引出标注”按钮等可以添加屋顶上其他信息;用逐点标注完成屋顶尺寸,用 CAD 命令补全其它信息,完成图如图 11 - 98 所示。

8. 生成楼板和地面

每层平面图绘制完成后,需要生成地面和楼板。

使用 11 - 75(e)房间屋顶菜单下的“房间轮廓”命令生成房间轮廓,操作步骤如下。

命令:_tspoutline

请指定房间内一点或[参考点(R)] <退出>:屏幕指定首层平面图房间内一点 回车

是否生成封闭的多段线? [是(Y)/否(N)] <Y>:回车

每一个楼层执行房间轮廓命令,可生成每个房间的多段线。

选择 11 - 75(e)房间屋顶菜单下的“楼板洞口”命令,选择楼梯间。

选择 11 - 75(e)房间屋顶菜单下的“查询面积”命令可以设置板厚为 100,如图 11 - 99 所示。

选择平板(PB)命令,选择房间的多段线,生成平板,执行过程如下。

命令:_PB

TSLAB

选择一封闭的多段线或圆 <退出>:屏幕指定

请点取不可见的边 <结束>:屏幕点取

选择作为板内洞口的封闭的多段线或圆:屏幕点取

板厚(负值表示向下生成) <200>:100 回车

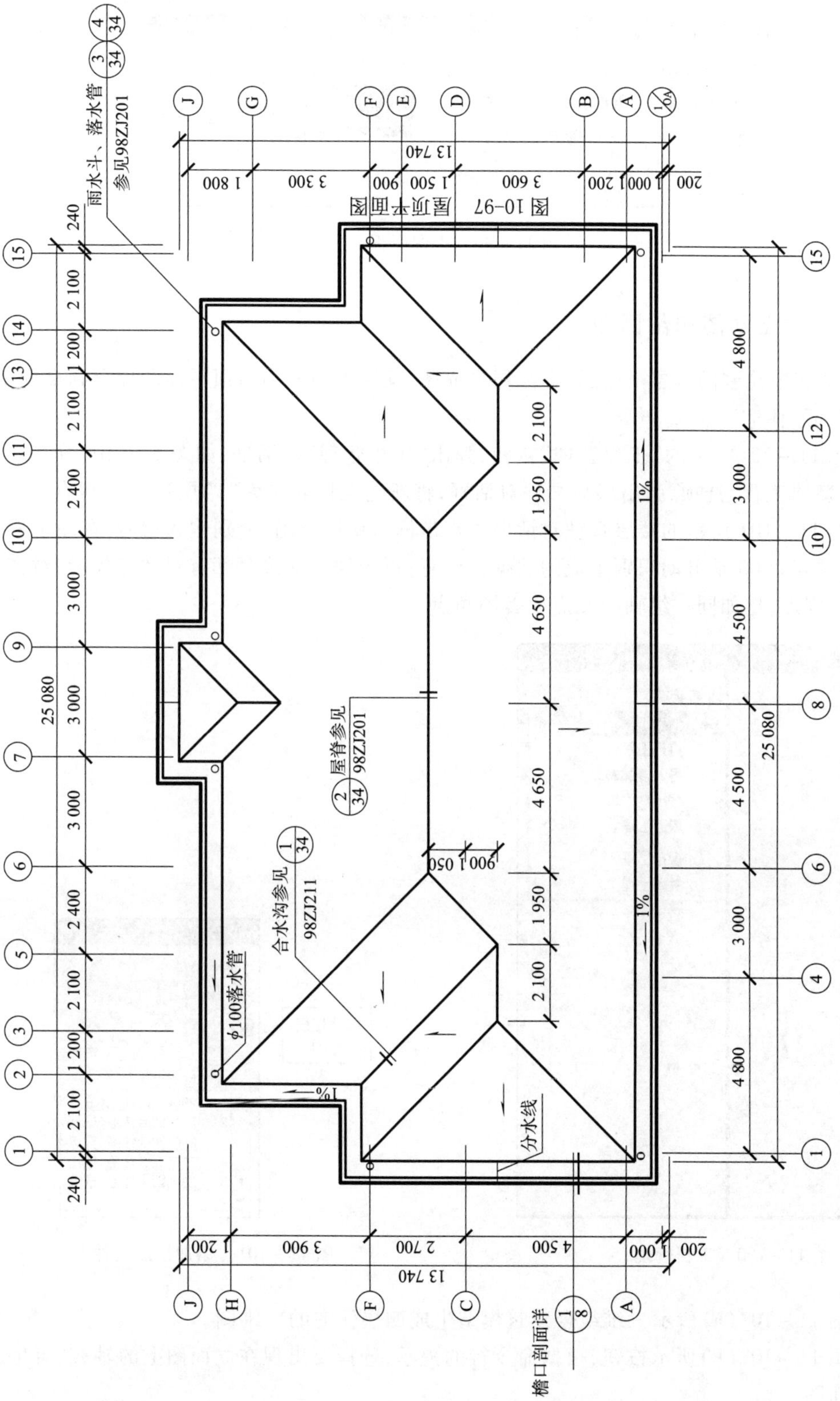

屋顶平面图　1 : 100

图 11-98　屋顶平面图

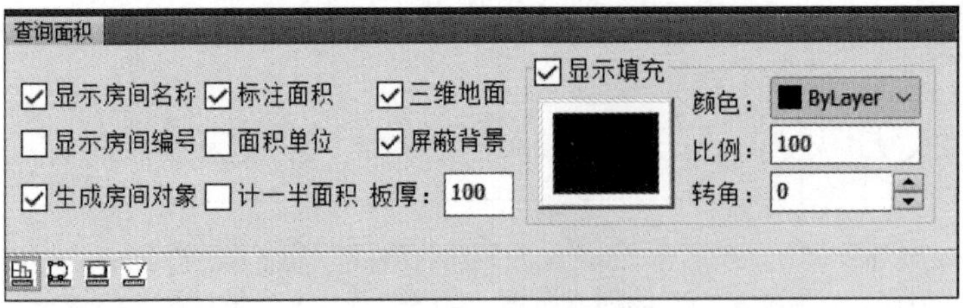

图 11-99 查询面积

11.2.3 生成立面图和剖面图

将 11.2.2 中绘制的首层平面图、标准层平面图、顶层平面图和屋顶平面图保存到桌面上，文件名为“四层住宅”。

单击图 11-75(s)中的“工程管理”按钮，弹出“工程管理”对话框，如图 11-100 所示。

单击“新建工程”选项，弹出保存文件对话框，将新建工程取名为“四层住宅”，保存为 .tpr 文件。在图 11-101 所示的楼层管理对话框中点击框选楼层范围，分别输入层号，在图中框选每个楼层，层高 2900 是自动识别生成的数据。注意：每个楼层框选时都有对齐点提示，对齐点必须选易识别点，比如同一组轴线交点或者墙角点。

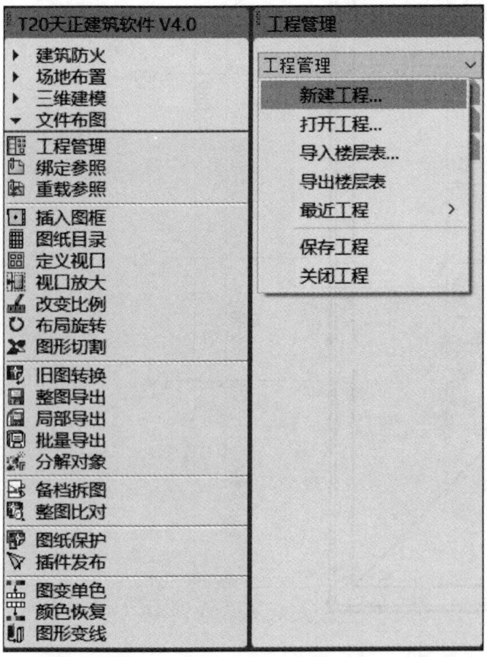

图 11-100 工程管理

层号	层高	文件
1	290(	四层住宅<框选>
2	290(	四层住宅<框选>
3	290(	四层住宅<框选>
4	290(	四层住宅<框选>
5	290(	四层住宅<框选>

图 11-101 添加楼层文件

单击图 11-102(a)所示三维组合建筑模型生成四层住宅的三维图。

单击图 11-102(b)所示按钮，根据命令行的提示，选择要出现在立面图上的轴线，可生成相应的立面图。

单击图 11 - 102(c)所示按钮,根据命令行提示选择剖切符号,再选择要出现在剖面图上的轴线,可生成相应的剖面图。

(a) (b) (c)

图 11 - 102 生成模型及立面图、剖面图

注意:生成立面图和剖面图后,需要使用 AutoCAD 命令完善一些细节,如立面图中的墙面分割线、阳台的栏杆、饰面图案等。

图纸完成后,单击图 11 - 75(4)中的门窗总表,选择所有平面图,可生成门窗表,见表 11 - 2。

表 11 - 2 门窗表

类型	设计编号	洞口尺寸(mm)	数量						图集选用			备注
			1	2	3	4	5	合计	图集名称	页次	选用型号	
普通门	M1	1000 × 2100	2	2	2	2		8				
	M2	1500 × 2100	2	2	2	2		8				
	M3	900 × 2100	6	6	6	6		24				
	M4	800 × 2100	2	2	2	2		8				
	M5	1800 × 2100	2	2	2	2		8				
	M6	800 × 2100	2	2	2	2		8				
双级防火大门	FM1521	1500 × 2100	1					1				
普通窗	C1	1800 × 1500	2	2	2	2		8				
	C2	2400 × 1500	2				2	2	2		8	
	C3	1500 × 1500	2	2	2	2		8				
	C4	1800 × 1500	4	4	4	4		16				
	C5	900 × 1500	2	2	2	2		8				
	C6	1500 × 1200	1	1	1	1		3				

11.2.4 天正建筑施工图文件输出

当图纸提供方与接收方环境不同时,可能会导致图形信息丢失,需要将文件另存为 T3 文件。

单击图 11 - 75(s)中的"整图导出"选项,弹出图 11 - 103 所示对话框,文件取名后单击"保存"按钮即可在没有天正建筑软件的 AutoCAD 环境下查看与编辑该文件。

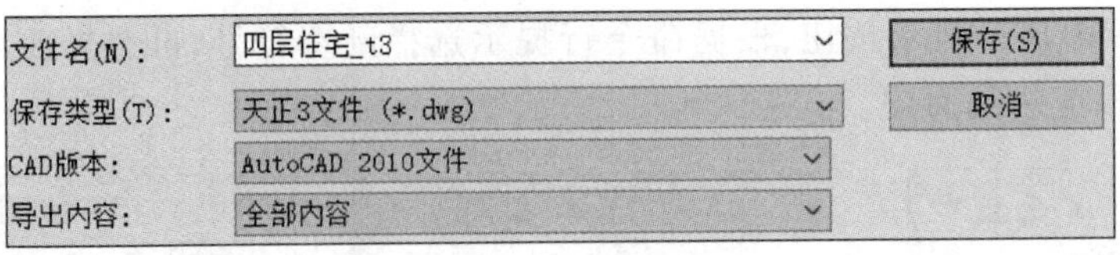

图 11－103　导出 T3 文件

施工图的打印出图参见 11.1 节中 AutoCAD 文件打印输出。

因篇幅限制，本节中未涉及的天正建筑命令可参阅附录 H 或其他资料。

思　考　题

1. 用 AutoCAD 高版本绘制的文件如何在低版本下打开？

2. 一张图纸上怎样布置两个不同比例的施工图？

3. 打印 PDF 文件的步骤是什么？

4. 使用天正建筑软件绘制的施工图，如何在没有天正建筑软件的电脑上打开？

5. 使用命令按钮和使用快捷键画图哪个更快？请将快捷键使用熟练以后用两种方式绘制同一张图纸，将绘图时间做一下比较。

第 11 章重点难点概要

第12章　建筑制图课程设计

12.1　概　　述

建筑制图课程设计是一个实践教学环节,用于检验学习者掌握制图的投影基本知识和国家制图标准的程度,掌握手工绘图和计算机绘图的程度,培养读图和独立绘图的能力。设置建筑制图课程设计环节可以为后续专业课程打下良好的基础。

课程设计的任务、组织形式与要求需要遵从以人为中心的教学理念,建议遵循以下两点:

(1)以学习者为中心:以学习者为中心的课程设计是以人为中心的哲学思想的产物。强调课程的组织形式要产生于学习者的需要、兴趣和目的。

(2)以解决问题为主:以问题解决为主的设计强调集体的作用,把重点放在个人与社会生存的问题之上。包括生活领域核心和社会问题核心设计。

为了使学习者更好地完成建筑制图课程设计,培养创新思维能力,本章引入建筑概念设计知识。建筑的成熟性、经验背景、专业知识等是后续专业课程需要深入学习的内容。

12.2　建筑概念设计

12.2.1　概念设计

概念设计是由分析用户需求到生成概念产品的一系列有序的、可组织的、有目标的设计活动,概念设计是创造性思维的一种体现,需要用到创造性方法族。

创造性方法族属于未来导向技术分析研究方法,常用的方法有TRIZ、创造技法等。了解这些方法,可以帮助我们扩展思路。

1. TRIZ

TRIZ是发明问题解决理论,是前苏联发明家G. S. Altshuller(根里奇·阿奇舒勒)和他的研究团队,通过分析大量专利和创新案例总结出来的。该理论主要有八大进化法则,这些法则可以作为解决难题,预测技术系统,产生并加强创造性问题的解决工具。这八大法则是:①技术系统的S曲线进化法则;②提高理想度法则;③子系统的不均衡进化法则;④动态性和可控性进化法则;⑤增加集成度再进行简化的法则;⑥子系统协调性进化法则;⑦向微观级和增加场应用的法则;⑧减少人工介入的进化法则。TRIZ系列有多种工具,如冲突矩阵、76标准解答、ARIZ、AFD、物质-场分析、ISQ、DE、8种演化类型、科学效应、40个创新原理,39个工程技术特性,物理学、化学、几何学等工程学原理知识库等。由于法则和工具较多,本节仅罗列40个创新原理,见表12-1。

表 12-1 40 个创新原理

序号	创新原理	序号	创新原理	序号	创新原理	序号	创新原理
1	分割	11	事先防范	21	减少有害作用的时间	31	多孔材料
2	抽取	12	等势	22	变害为利	32	颜色改变
3	局部质量	13	反向作用	23	反馈	33	均质性
4	增加不对称性	14	曲面化	24	借助中介物	34	抛弃或再生
5	组合	15	动态特性	25	自服务	35	物理或化学参数改变
6	多用性	16	未达到或过度的作用	26	复制	36	相变
7	嵌套	17	空间维数变化	27	廉价替代品	37	热膨胀
8	重量补偿	18	机械振动	28	机械系统替代	38	强氧化剂
9	预先反作用	19	周期性作用	29	气压和液压结构	39	惰性环境
10	预先作用	20	有效作用的连续性	30	柔性壳体或薄膜	40	复合材料

40 个创新原理的具体解释：

（1）分割：将系统划分为多个彼此独立的部件；使系统可分解；提高系统被分割的程度。

（2）抽取：将影响系统正常功能的部件或功能挑出并隔离；将系统中唯一有用或必要的功能或属性挑出并隔离。

（3）局部质量：将系统结构由一致改为不一致，将外部环境或外部作用由一致改为不一致；使系统各部件在最适于其运作的条件下发挥功能；使系统各部件实现的功能有差异且有用。

（4）增加不对称性：如果对称无法满足系统功能要求，将对称改为非对称；对于非对称的系统，则提高非对称的程度。

（5）组合：将相同或相似的物体结合或合并，将相同或相似的部件集合起来执行并行的操作；使操作相邻或并行，并及时相结合。

（6）多用性：使同一部件或系统实现多个功能，减少部件数。

（7）嵌套：将一个物体放入另一物体，依次将各物体放入另一物体；使一个部件穿过另一个部件的腔体。

（8）重量补偿：为补偿一个物体带来的重量增加，将它与可提供升力的物体合并；为补偿一个物体带来的增重，使它与环境发生作用，产生空气动力、水动力、浮力及其他力。

（9）预先反作用：若有必要采取兼具有用和有害作用的行为，应在其后用相反的行为替代该行为，以控制有害作用；提前在物体内施加压力，以平衡其后会出现的不希望的工作压力。

（10）预先作用：将所要求的行动全部或至少部分地预先进行；将物体组织起来，使物体运作时从最方便的位置出发，运作过程中避免因等待而浪费时间。

（11）事先防范：为补偿物体相对低的可靠性，提前准备应对措施。

（12）等势：在潜在的场中限制物体的位置改变（如，在重力场中改变物体的操作环境，以避免升降物体带来的矛盾）。

（13）反向作用：实施与问题的要求相反的行动；使系统中原静止部件运动，原运动部件静止；将系统颠倒。

(14)曲面化:用带曲线的结构取代直线型的结构表面,将平面改为曲面,将平面体改为球形结构;使用滚筒、球体、螺旋及圆顶;将线性运动改为旋转运动,使用离心力。

(15)动态特性:不断改变系统或其环境的参数,使之始终处于最适合各个工作循环的状态;将系统划分为几个可做相对运动的部件;如果系统是静止的,使之运动或可转化。

(16)未达到或过度的作用:如果采用一种解决方法难以达到百分之百的效果,则用该方法实现稍差一点或稍过头一点的效果,使问题的解决变得容易。

(17)空间维数变化:将物体在 1 维空间的问题转移到 2 维空间解决,将物体在 2 维空间的问题转移到 3 维空间解决;将层次单一的系统转变为多层次的系统;将物体转动、倾斜;把问题转移到物体的相邻区域或反面上。

(18)机械振动:使物体震荡或振动;增加频率(甚至到超声波波段);采用物体共振频率;用压电振荡器替代机械振荡器;使用组合的超声与电磁振动。

(19)有效作用的连续性:用周期性或规律性的行为取代连续的行为;如行动已经是周期性的,则改变周期的振幅与频率;充分利用周期间隔执行其他操作。

(20)有用行为的持续性原则:使物体的所有零部件在所有时间满负荷地持续工作;取消工作中的无用及不连贯行为。

(21)减少有害作用的时间:快速通过特定的过程或阶段(如破坏性的、有害的域、危险的操作)。

(22)变害为利:利用有害因素(如环境与周围事物的有害作用)达到积极的效果;为消除主要的有害行为而将其加入另一个有害的行为;将有害因素扩展到不再有害的程度。

(23)反馈:引入反馈以改进过程或行动;若反馈已存在,则改变其大小与影响。

(24)借助中介物:引入中间过程或使用媒介物;将物体与其他易于移动的物体暂时结合。

(25)自服务:使物体实施有益的辅助功能,自我服务;利用浪费的材料、能量或物质。

(26)复制:用简化而便宜的复制品取代不易得到、昂贵、易碎的物品;若已运用了可视的光学复制品,则转用红外或紫外复制品。

(27)廉价替代品:用多个廉价、具有一定质量的产品取代一个昂贵的产品。

(28)机械系统替代:将机械系统转变为光学、声学或嗅觉系统;在机械系统中运用电场、磁场或电磁场;用其他场来替代;

(29)气压和液压结构:在系统中引入气体或液体零部件取代固体零部件。

(30)柔性壳体或薄膜:用柔性外壳及薄膜取代 3 维结构;用柔性外壳及薄膜将物体与外部环境隔离。

(31)多孔材料:使物体多孔或加入多孔成分;若物体是多孔的,则利用孔结构引入新物质或功能。

(32)颜色改变:改变物体或其环境的颜色;改变物体或其环境的透明度;使用带色添加剂,以观察难以看清的物体或过程;若此类添加剂已经使用,则采用发光轨迹或示踪元素。

(33)均质性:使物体与给定的由相同材料(或属性相同的材料)构成的其他物体相互作用。

(34)抛弃或再生:抛弃系统中已履行了功能的部分或在操作中直接修正它们;相反地,在操作中直接存储物体的可消耗部分。

(35)物理或化学参数改变:改变物体的物理状态(如变为气态、液态或固态),改变浓度或密度,改变柔性,改变温度。

(36)相变:利用相位转变中发生的现象,如容积改变、吸热或放热等。

(37)热膨胀:利用材料的热膨胀效应或收缩效应;若已利用了热膨胀原理,则利用膨胀系数不同的多种材料。

(38)强氧化剂:用富氧空气取代一般空气;用纯氧取代富氧空气;将空气或氧气暴露在电离环境;使用电离的氧气。

(39)惰性环境:将物体置于惰性气体环境;在系统中加入中性或惰性部件。

(40)复合材料:用复合材料替代由同一性质的物质组成的材料。

TRIZ 理论中的这些创造性思维方法一方面能够有效地打破我们的思维定势,扩展我们的创新思维能力,同时又提供了科学的问题分析方法,保证我们按照合理的途径寻求问题的创新性解决办法。

2. 创造技法

创造技法包括头脑风暴法,列举法,设问法,组合法,联想法等。

头脑风暴法:是由现代创造学的创始人、美国学者阿历克斯·奥斯本于 1938 年首次提出,最初用于广告设计,是一种集体开发创造性思维的方法。在组织头脑风暴活动时遵循的原则:①自由畅想;②延迟批判;③以量求质;④综合改善;⑤限时限人。

列举法:遵循一定的规则,罗列研究对象有关方面的各种性质,进而诱发创造性设想。有缺点列举法、属性列举法等。

设问法:通过多角度提出问题,从问题中寻找思路,进而作出选择,并深入开发创造性设想。主要类型有检核表法、5W2H 法、和田 12 动词法等。

组合法:组合法是指按照一定的科学原理或功能、目的,将现有的科学技术原理或方法、现象、物品作适当的组合或重新排列,从而获得具有统一整体功能的新技术、新产品、新形象的创造方法。

联想法:联想法是由甲事物想到乙事物的心理过程。具体的说,是借助想象,把形似的、相连的、相对的、相关的或某一点上有相通之处的事物,选取其沟通点加以连接。有相近联想、相似联想、相反联想、自由联想、强制联想等多种方法。

使用创造性方法族有助于打破惯性思维,激发使用者的灵感,本节未展开介绍,学习者可参阅其他资料。

12.2.2 建筑概念设计

1. 建筑选址

建筑是建筑物与构筑物的总称,是人们为了满足社会生活需要,利用所掌握的物质技术手段,并运用一定的科学规律和美学法则创造的人工环境。需要充分考虑空间使用者对空间环境的生理要求和心理要求,以及社会性需求和精神文化需求。

选址是指在建筑设计之前对地址进行论证和决策的过程。首先是指设置的区域以及区域的环境和应达到的基本要求;其次是指设在具体的哪个地点、哪个方位。需要考虑地区经济、区域规划、文化环境、消费时尚、可见度和形象特征等多个因素。

举例说明:居住类建筑“我心中的房子”选址。地形地貌、风土人情都可以作为建筑选址的参考。如图 12－1(a)～(d)所示为不同的选址举例。

(a)塔西提岛

(b)佛蒙特森林

(c)安徽村落

(d)撒哈拉沙漠

图 12－1　建筑选址

2. 整体概念设计

(1)基本体与建筑　第 3 章中学习了棱柱、棱锥、圆柱、圆锥、球体等基本体的画图与读图,建筑的整体形状可以认为是基本体演变而成的。

图 12－2 所示为棱柱形建筑,图 12－3 棱锥形建筑,图 12－4 为圆柱形建筑,图 12－5 为圆锥形建筑,图 12－6 为球形建筑。

(a)多边形直线拉伸

(b)多边形折线拉伸

(c)多边形曲线拉伸

图 12－2　棱柱形建筑

(2)叠加体与建筑　第 3 章中的叠加体是将基本体组合而成的形体,也是建筑整体造型中常见的形式。图 12－7 为叠加形建筑举例。

图 12－3　棱锥形建筑

图 12－4　圆柱形建筑

图 12－5　圆锥形建筑

图 12－6　球形建筑

（a）棱柱叠加　　（b）多种基本体叠加

图 12－7　叠加形建筑

（3）创造技法构思整体形状　如 12.2.1 所述，创造技法有很多种类型，本节仅以联想法和 5W2H 法为例进行介绍。

①联想法。建筑设计中的模拟法、类比法属于相似联想。

模拟法:分为形态模拟——形态相似(形状、颜色、质感),结构模拟——结构相似;功能模拟——需要具备哪些功能。

形态模拟:自然界中有大量的生物形态可以作为建筑整体形状的参考源,比如花、河流、水滴、种子、海洋生物等。图 12－8 所示为澳大利亚的悉尼歌剧院,建筑造型和外部纹理与海中的贝壳相似。

图 12－8　悉尼歌剧院

结构模拟:图 12－9 是芝加哥的马利纳城,其结构及外形会让人联想到玉米。

功能模拟:图 12－10 所示为蜂巢式建筑,在功能与结构上与蜂巢类似。

使用形态模拟法设计的建筑因外形的别致让人记忆深刻。

图 12－9　马利纳城

图 12－10　蜂巢建筑

②5W2H 法。设计者用五个以 W 开头的英语单词和两个以 H 开头的英语单词进行设问,发现解决问题的线索,寻找思路,进行设计构思。

Where:什么地方? 建筑建在哪儿,地理位置什么样?

What:做什么? 建筑用来干什么,是居住类建筑还是公共场所?

Who:何人? 什么人使用这个建筑? 有什么特殊需求?

When:何时?什么时代的建筑?什么时候使用?

Why:为什么?为什么要建这样的建筑?建筑立意是什么?

How:如何做?如何实现建筑的立意?

How much:多少个这样的建筑?做到什么程度?质量水平如何?

注意:建筑立意包括具体性立意、主观性立意、哲理性立意和客观性立意,在制图课程设计环节只需要有所了解,后续专业课可以进一步学习。

3. 空间功能分割

整体造型与空间功能分割之间需要互相协调,需要考虑尺度、对比、韵律、均衡等。

功能设计的尺度需要遵循第 7 章所述住宅设计规范和住宅建筑规范。

功能空间的划分需要考虑流通空间与滞留空间、公共空间和私密空间的合理性。

功能空间的组织形式可以通过并列、序列、主从关系等多方面考虑。

12.3 建筑概念的表现

建筑构思立意的表现过程:意念的文字表达——意象的草图表现——意象的模型表现——手工或计算机绘制施工图。

意念的文字表达:将建筑选址、建筑立意、建筑的整体与空间功能等用文字形式表示。意象的草图表现:通过绘制草图表达建筑的雏形。

意象的模型表现:通过制作虚拟模型或实物展示建筑整体与空间分割等;

手工或计算机绘制施工图:用制图知识表现建筑。

下面以实物模型制作和计算机绘图为例说明建筑概念的表现形式。

12.3.1 实物模型制作

建筑实物模型介于平面图纸与实际立体空间之间,它把两者有机的联系在一起,是一种三维的立体模式,有助于设计创作的推敲,可以直观地体现设计意图,弥补图纸在表现上的局限性,以其特有的形象表现出设计方案的空间效果。

工具:裁纸刀、圆规、铁尺、三角板、胶水(双面胶、502 胶)。

材料:瓦楞纸、雪弗板、硬卡纸、木头等。

图 12-11 为学生课程设计环节的模型范例。

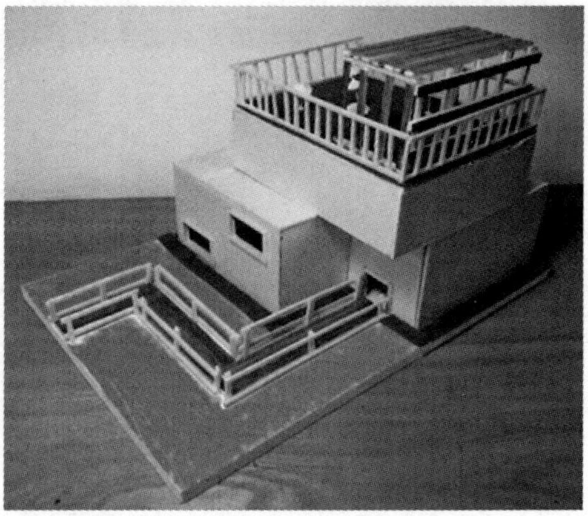

图 12-11 阡陌阁(价 162 班 王锐)

12.3.2 计算机绘图

第 11 章学习了计算机绘图,可以利用所学知识进行建筑施工图的绘制。

除了天正建筑软件之外,绘制虚拟三维模型的其他建筑软件有:Sketch up 草图大师,3DS max,Revit 等。每个软件各有特点,其中 Revit 是建筑信息化模型(BIM)技术常用的软件之一。

使用三维软件建模之后,可以增加一些外部环境,使之更具美感。上述软件配有渲染器,可以对模型进行渲染,渲染对电脑的配置要求较高。

建筑可视化软件 Lumion 可以快速地进行渲染和场景创建,支持 SKP、DAE、FBX、MAX、3DS、OBJ、DXF 等多种格式的文件,可以导出 TGA、DDS、PSD、JPG、BMP、HDR 和 PNG 图像。Lumion 本身包含了一个庞大而丰富的内容库,里面有建筑、汽车、人物、动物、街道、街饰、地表、石头等数百种素材,有动画人物、动画树木、动画植物、动画草木、动画动物等。

12.4　建筑制图课程设计组织形式

建筑制图课程设计是为培养学生创造性思维能力、动手能力、绘制和阅读建筑施工图的能力和计算机表达模型信息的能力而设计的。可以是个人独立设计,也可以以小组形式进行团队设计。

作业考核形式建议包括以下项目:

(1)手工模型。

(2)虚拟模型。

(3)施工图:根据模型生成施工图。以建筑施工图中的平面图、立面图、剖面图为主,可包括详图。施工图的绘制应符合第 7 章中的相关规定。也可包括设备施工图。结构施工图部分建议学习后续专业课程之后进行完善。

(4)效果图及 VR:可以使用 12.3.2 中的相关软件进行展示设计。

(5)答辩:答辩是培养学生语言组织能力和沟通能力的重要环节。

思　考　题

1. 你的家乡的建筑有什么特点?家乡的历史文化对建筑的发展有何影响?

2. 通过学习概念设计方法,对你的建筑制图课程设计内容有何启发?对你看待生活中的其他方面有何启发?

3. 你的电脑上安装了哪些与完成课程设计有关的软件?它们将用于课程设计哪个环节?每个软件有何优点?

4. 你以前做过手工吗?准备用什么材料和工具制作课程设计的模型?

5. 如果设计内容无法达到老师的要求,你准备通过什么方式去改善它?

第 12 章重点难点概要

附录

附录A 螺　　纹

表 A－1　普通螺纹基本尺寸(GB/T 196—2003 摘录)　　mm

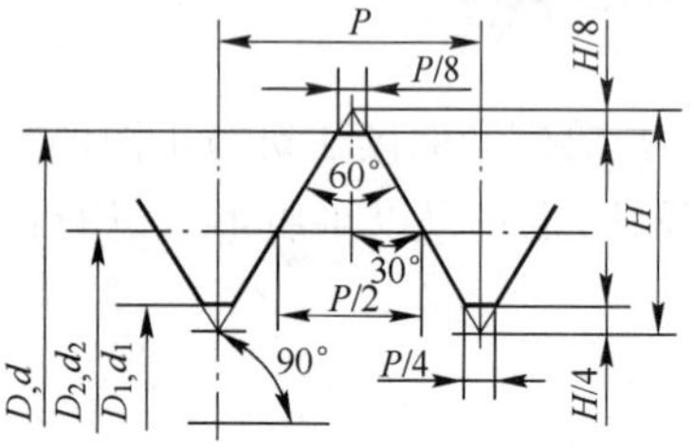

$H=0.866P$

$d_2=d-0.6495P$

$d_1=d-1.0825P$

D,d——内、外螺纹大径

D_2,d_2——内、外螺纹中径

D_1,d_1——内、外螺纹小径

P——螺距

标记示例：

M20—6H(公称直径 20 粗牙右旋内螺纹，中径和大径的公差带均为 6H)

M20—6g(公称直径 20 粗牙右旋外螺纹，中径和大径的公差带均为 6g)

M20—6H/6g(上述规格的螺纹副)

M20×2 左－5g6g－S(公称直径 20，螺距 2 的细牙左旋外螺纹，中径，大径的公差带分别为 5g、6g，短旋合长度)

公称直径 D,d 第一系列	公称直径 D,d 第二系列	螺距 P	中径 D_2,d_2	小径 D_1,d_1
3		0.5	2.675	2.459
		0.35	2.773	2.621
	3.5	(0.6)	3.110	2.850
		0.35	3.273	3.121
4		0.7	3.545	3.242
		0.5	3.675	3.459
	4.5	(0.75)	4.013	3.688
		0.5	4.175	3.959
5		0.8	4.480	4.134
		0.5	4.675	4.459
6		1	5.350	4.917
		0.75	5.513	5.188
8		1.25	7.188	6.647
		1	7.350	6.917
		0.75	7.513	7.188
10		1.5	9.026	8.376
		1.25	9.188	8.674
		1	9.350	8.917
		0.75	9.513	9.188
12		1.75	10.863	10.106
		1.5	11.026	10.376
		1.25	11.188	10.647
		1	11.350	10.917
	14	2	12.701	11.835
		1.5	13.026	12.376
		1	13.350	12.917
16		2	14.701	13.835
		1.5	15.026	14.376
		1	15.350	14.917
	18	2.5	16.376	15.294
		2	16.701	15.835

公称直径 D,d 第一系列	公称直径 D,d 第二系列	螺距 P	中径 D_2,d_2	小径 D_1,d_1
	18	1.5	17.026	16.376
		1	17.350	16.917
20		2.5	18.376	17.294
		2	18.701	17.835
		1.5	19.026	18.376
		1	19.350	18.917
	22	2.5	20.376	19.294
		2	20.701	19.835
		1.5	21.026	20.376
		1	21.350	20.917
24		3	22.051	20.752
		2	22.701	21.835
		1.5	23.026	22.376
		1	23.350	22.917
	27	3	25.051	23.752
		2	25.701	24.835
		1.5	26.026	25.376
		1	26.350	25.917
30		3.5	27.727	26.211
		2	28.701	27.835
		1.5	29.026	28.376
		1	29.350	28.917
	33	3.5	30.727	29.211
		2	31.707	30.835
		1.5	32.026	31.376
36		4	33.402	31.670
		3	34.051	32.752
		2	34.701	33.835
		1.5	35.026	34.376
	39	4	36.402	34.670
		3	37.051	35.752

公称直径 D,d 第一系列	公称直径 D,d 第二系列	螺距 P	中径 D_2,d_2	小径 D_1,d_1
	39	2	37.701	36.835
		1.5	38.026	37.376
42		4.5	39.077	37.129
		3	40.051	38.752
		2	40.701	39.835
		1.5	41.026	40.376
	45	4.5	42.077	40.129
		3	43.051	41.752
		2	43.701	42.853
		1.5	44.026	43.376
48		5	44.752	42.587
		3	46.051	44.752
		2	46.701	45.835
		1.5	47.026	46.376
	52	5	48.752	46.587
		3	50.051	48.752
		2	50.701	49.835
		1.5	51.026	50.376
56		5.5	52.428	50.046
		4	53.402	51.670
		3	54.051	52.752
		2	54.701	53.835
		1.5	55.026	54.376
	60	(5.5)	56.428	54.046
		4	47.402	55.670
		3	58.051	56.752
		2	58.701	57.835
		1.5	59.026	58.376
64		6	60.103	57.505
		4	61.402	59.670
		3	62.051	60.752

注：1. “螺矩 P”栏中第一个数值(黑体字)为粗牙螺距，其余为细牙螺距。
2. 优先选用第一系列，其次是第二系列，第三系列(表中未列出)尽可能不用。
3. 括号内尺寸尽可能不用。

附录 B　非密封管螺纹

表 B－1　55°非密封管螺纹(GB/T 7307—2001)

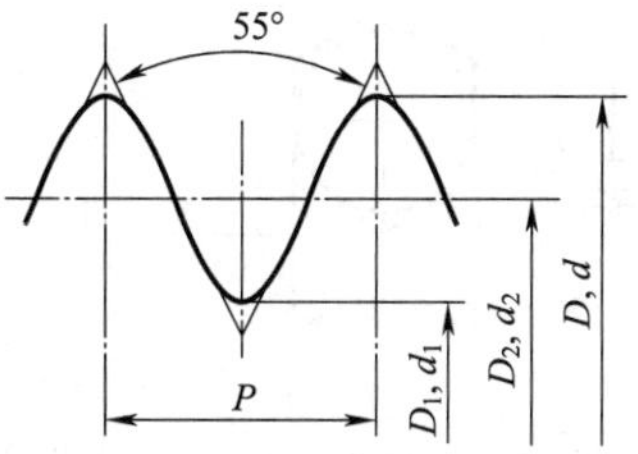

标记示例

尺寸代号 1½，右旋内螺纹：G1½

尺寸代号 1½，A 级右旋外螺纹：G1½A

尺寸代号 1½，B 级左旋外螺纹：G1½B-LH

mm

尺寸代号	每 25.4 mm 内的牙数 n	螺距 P	基本直径		
			大径 $d=D$	中径 $d_2=D_2$	小径 $d_3=D_1$
1/8	28	0.907	9.728	9.147	8.566
1/4	19	1.337	13.157	12.301	11.445
3/8			16.662	15.806	14.950
1/2	14	1.814	20.955	19.793	18.631
3/4			26.441	25.279	24.117
1	11	2.309	33.249	31.770	30.291
1⅛			37.897	36.418	34.939
1¼			41.910	40.431	38.952
1½			47.803	46.324	44.845
1¾			53.746	52.267	50.788
2			59.614	58.135	56.656
2¼			65.710	64.231	62.752
2½			75.184	73.705	72.226
2¾			81.534	80.055	78.576
3			87.884	86.405	84.926
3½			100.330	98.851	97.372
4			113.030	111.551	110.072
5			138.430	136.951	135.472
6			163.830	162.351	160.872

注：本标准适用于管接头，旋塞、阀门及其附件。

附录 C　六角头螺栓

表 C-1　六角头铰制孔用螺栓-A 和 B(GB/T 27—1988 摘录)　　mm

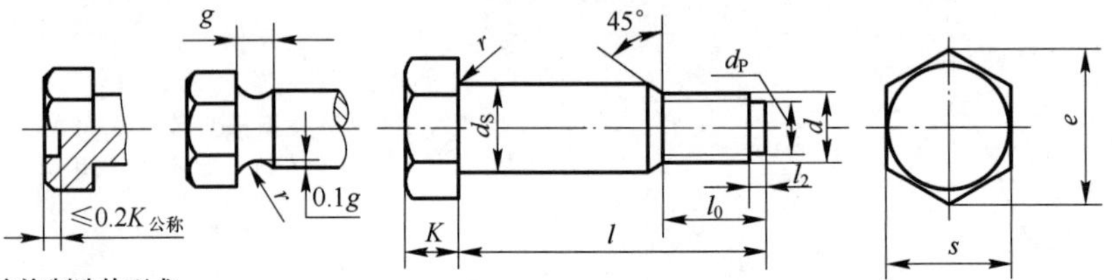

允许制造的型式

标记示例：

螺纹规格 d = M12，d_s尺寸按表 11-6 规定，公称长度 l = 80 mm，性能等级 8.8 级，表面氧化处理，A 级的六角头铰制孔用螺栓　　螺栓 GB/T 27　M12 × 80

当 d_s按 m6 制造时　　螺栓 GB/T 27　M12 × m6 × 80

螺纹规格 d		M6	M8	M10	M12	(M14)	M16	(M18)	M20	(M22)	M24	(M27)	M30	M36
d_s(h9)	max	7	9	11	13	15	17	19	21	23	25	28	32	38
s	max	10	13	16	18	21	24	27	30	34	36	41	46	55
K	公称	4	5	6	7	8	9	10	11	12	13	15	17	20
r	min	0.25	0.4	0.4	0.6	0.6	0.6	0.6	0.8	0.8	0.8	1	1	1
d_p		4	5.5	7	8.5	10	12	13	15	17	18	21	23	28
l_2		1.5		2		3			4			5		6
e_{min}	A	11.05	14.38	17.77	20.03	23.35	26.75	30.14	33.53	37.72	39.98	—	—	—
	B	10.89	14.20	17.59	19.85	22.78	26.17	29.56	32.95	37.29	39.55	45.2	50.85	60.79
g		2.5				3.5					5			
l_0		12	15	18	22	25	28	30	32	35	38	42	50	55
l范围		25 ~ 65	25 ~ 80	30 ~ 120	35 ~ 180	40 ~ 180	45 ~ 200	50 ~ 200	55 ~ 200	60 ~ 200	65 ~ 200	75 ~ 200	80 ~ 230	90 ~ 300
l系列		25，(28)，30，(32)，35，(38)，40，45，50，(55)，60，(65)，70，(75)，80，85，90，(95)，100 ~ 260（10 进位），280，300												

注：1. 技术条件见表 11-5。

2. 尽可能不采用括号内的规格。

附录D 六 角 螺 母

表 D－1 Ⅰ型六角螺母—A 和 B 级（GB/T 6170—2000 摘录）

六角薄螺母—A 和 B 级倒角（GB/T 6172. 1—2000 摘录）

mm

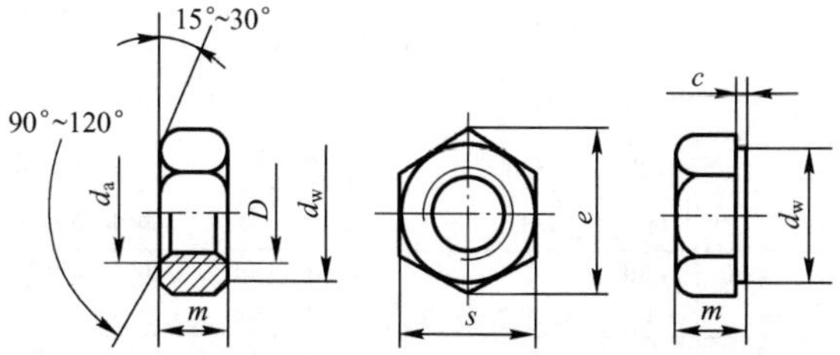

标记示例：

螺纹规格 D = M12、性能等级为 8 级、不经表面处理、A 级的Ⅰ型六角螺母

螺母 GB/T 6170 M12

螺纹规格 D = M12、性能等级为 04 级、不经表面处理、A 级的六角薄螺母

螺母 GB/T 6172. 1 M12

允许制造形式（GB/T 6170）

螺纹规格 D		M3	M4	M5	M6	M8	M10	M12	(M14)	M16	(M18)	M20	(M22)	M24	(M27)	M30	M36
d_a	max	3. 45	4. 6	5. 75	6. 75	8. 75	10. 8	13	15. 1	17. 30	19. 5	21. 6	23. 7	25. 9	29. 1	32. 4	38. 9
d_w	min	4. 6	5. 9	6. 9	8. 9	11. 6	14. 6	16. 6	19. 6	22. 5	24. 9	27. 7	31. 4	33. 3	38	42. 8	51. 1
e	min	6. 01	7. 66	8. 79	11. 05	14. 38	17. 77	20. 03	23. 36	26. 75	29. 56	32. 95	37. 29	39. 55	45. 2	50. 85	60. 79
s	max	5. 5	7	8	10	13	16	18	21	24	27	30	34	36	41	46	55
c	max	0. 4	0. 4	0. 5	0. 5	0. 6	0. 6	0. 6	0. 6	0. 8	0. 8	0. 8	0. 8	0. 8	0. 8	0. 8	0. 8
m (max)	六角螺母	2. 4	3. 2	4. 7	5. 2	6. 8	8. 4	10. 8	12. 8	14. 8	15. 8	18	19. 4	21. 5	23. 8	25. 6	31
	薄螺母	1. 8	2. 2	2. 7	3. 2	4	5	6	7	8	9	10	11	12	13. 5	15	18

技术条件	材料	性能等级	螺纹公差	表面处理	公差产品等级
	钢	六角螺母 6，8，10 薄螺母 04、05	6H	不经处理或 镀锌钝化	A 级用于 $D \leqslant$ M16 B 级用于 $D >$ M16

注：尽可能不采用括号内的规格。

附录 E　轴的极限偏差

表 E－1　轴的极限偏差（GB/T 1800.2—2009 摘录）　　μm

公称尺寸/mm		公差带														
		a		b			c					d				
大于	至	10	11*	10	11*	12*	8	9*	10*	▲11	12	7	8*	▲9	10*	11*
—	3	－270 －310	－270 －330	－140 －180	－140 －200	－140 －240	－60 －74	－60 －85	－60 －100	－60 －120	－60 －160	－20 －30	－20 －34	－20 －45	－20 －60	－20 －80
3	6	－270 －318	－270 －345	－140 －188	－140 －215	－140 －260	－70 －88	－70 －100	－70 118	－70 －145	－70 －190	－30 －42	－30 －48	－30 －60	－30 －78	－30 －105
6	10	－280 －338	－280 －370	－150 －208	－150 －240	－150 －300	－80 －102	－80 －116	－80 －138	－80 －170	－80 －230	－40 －55	－40 －62	－40 －76	－40 －98	－40 －130
10	14	－290 －360	－290 －400	－150 －220	－150 －260	－150 －330	－95 －122	－95 －138	－95 －165	－95 －205	－95 －275	－50 －68	－50 －77	－50 －93	－50 －120	－50 －160
14	18															
18	24	－300 －384	－300 －430	－160 －244	－160 －290	－160 －370	－110 －143	－110 －162	－110 －194	－110 －240	－110 －320	－65 －86	－65 －98	－65 －117	－65 －149	－65 －195
24	30															
30	40	－310 －410	－310 －470	－170 －270	－170 －330	－170 －420	－120 －159	－120 －182	－120 －220	－120 －280	－120 －370	－80 －105	－80 －119	－80 －142	－80 －180	－80 －240
40	50	－320 －420	－320 －480	－180 －280	－180 －340	－180 －430	－130 －169	－130 －192	－130 －230	－130 －290	－130 －380					
50	65	－340 －460	－340 －530	－190 －310	－190 －380	－190 －490	－140 －186	－140 －214	－140 －260	－140 －330	－140 －440	－100 －130	－100 －146	－100 －174	－100 －220	－100 －290
65	80	－360 －480	－360 －550	－200 －320	－200 －390	－200 －500	－150 －196	－150 －224	－150 －270	－150 －340	－150 －450					
80	100	－380 －520	－380 －600	－220 －360	－220 －440	－220 －570	－170 －224	－170 －257	－170 －310	－170 －390	－170 －520	－120 －155	－120 －174	－120 －207	－120 －260	－120 －340
100	120	－410 －550	－410 －630	－240 －380	－240 －460	－240 －590	－180 －234	－180 －267	－180 －320	－180 －400	－180 －530					
120	140	－460 －620	－460 －710	－260 －420	－260 －510	－260 －660	－200 －263	－200 －300	－200 －360	－200 －450	－200 －600	－145 －185	－145 －208	－145 －245	－145 －305	－145 －395
140	160	－520 －680	－520 －770	－280 －440	－280 －530	－280 －680	－210 －273	－210 －310	－210 －370	－210 －460	－210 －610					
160	180	－580 －740	－580 －830	－310 －470	－310 －560	－310 －710	－230 －293	－230 －330	－230 －390	－230 －480	－230 －630					
180	200	－660 －845	－660 －950	－340 －525	－340 －630	－340 －800	－240 －312	－240 －355	－240 －425	－240 －530	－240 －700	－170 －216	－170 －242	－170 －285	－170 －355	－170 －460
200	225	－740 －925	－740 －1 030	－380 －565	－380 －670	－380 －840	－260 －332	－260 －375	－260 －445	－260 －550	－260 －720					
225	250	－820 －1 005	－820 －1 110	－420 －605	－420 －710	－420 －880	－280 －352	－280 －395	－280 －465	－280 －570	－280 －740					
250	280	－920 －1 130	－920 －1 240	－480 －690	－480 －800	－480 －1 000	－300 －381	－300 －430	－300 －510	－300 －620	－300 －820	－190 －242	－190 －271	－190 －320	－190 －400	－190 －510
280	315	－1 050 －1 260	－1 050 －1 370	－540 －750	－540 －860	－540 －1 060	－330 －411	－330 －460	－330 －540	－330 －650	－330 －850					
315	355	－1 200 －1 430	－1 200 －1 560	－600 －830	－600 －960	－600 －1 170	－360 －449	－360 －500	－360 －590	－360 －720	－360 －930	－210 －267	－210 －299	－210 －350	－210 －440	－210 －570
355	400	－1 350 －1 580	－1 350 －1 710	－680 －910	－680 －1 040	－680 －1 250	－400 －489	－400 －540	－400 －630	－400 －760	－400 －970					
400	450	－1 500 －1 750	－1 500 －1 900	－760 －1 010	－760 －1 160	－760 －1 390	－440 －537	－440 －595	－440 －690	－440 －840	－440 －1 070	－230 －293	－230 －327	－230 －385	－230 －480	－230 －630
450	500	－1 650 －1 900	－1 650 －2 050	－840 －1 090	－840 －1 240	－840 －1 470	－480 －577	－480 －635	－480 －730	－480 －880	－480 －1 110					

续表

公称尺寸/mm		公差带																
		f	g	h							j			js				
大于	至	7	6	▲7	8*	▲9	10*	▲11	12*	13	5	6	7	5*	6*	7*	8	9
—	3	-6 -16	-2 -8	0 -10	0 -14	0 -25	0 -40	0 -60	0 -100	0 -140	±2	+4 -2	+6 -4	±2	±3	±5	±7	±12
3	6	-10 -22	-4 -12	0 -12	0 -18	0 -30	0 -48	0 -75	0 -120	0 -180	+3 -2	+6 -2	+8 -4	±2.5	±4	±6	±9	±15
6	10	-13 -28	-5 -14	0 -15	0 -22	0 -36	0 -58	0 -90	0 -150	0 -220	+4 -2	+7 -2	+10 -5	±3	±4.5	±7	±11	±18
10	14	-16 -34	-6 -17	0 -18	0 -27	0 -43	0 -70	0 -110	0 -180	0 -270	+5 -3	+8 -3	+12 -6	±4	±5.5	±9	±13	±21
14	18																	
18	24	-20 -41	-7 -20	0 -21	0 -33	0 -52	0 -84	0 -130	0 -210	0 -330	+5 -4	+9 -4	+13 -8	±4.5	±6.5	±10	±16	±26
24	30																	
30	40	-25 -50	-9 -25	0 -25	0 -39	0 -62	0 -100	0 -160	0 -250	0 -390	+6 -5	+11 -5	+15 -10	±5.5	±8	±12	±19	±31
40	50																	
50	65	-30 -60	-9 -25	0 -30	0 -46	0 -74	0 -120	0 -190	0 -300	0 -460	+6 -7	+12 -7	+18 -12	±6.5	±9.5	±15	±23	±37
65	80																	
80	100	-36 -71	-12 -34	0 -35	0 -54	0 -87	0 -140	0 -220	0 -350	0 -540	+6 -9	+13 -9	+20 -15	±7.5	±11	±17	±27	±43
100	120																	
120	140	-43 -83	-14 -39	0 -40	0 -63	0 -100	0 -160	0 -250	0 -400	0 -630	+7 -11	+14 -11	+22 -18	±9	±12.5	±20	±31	±50
140	160																	
160	180																	
180	200	-50 -96	-15 -44	0 -46	0 -72	0 -115	0 -185	0 -290	0 -460	0 -720	+7 -13	+16 -13	+25 -21	±10	±14.5	±23	±36	±57
200	225																	
225	250																	
250	280	-56 -108	-17 -49	0 -52	0 -81	0 -130	0 -210	0 -320	0 -520	0 -810	+7 -16	±16	±26	±11.5	±16	±26	±40	±65
280	315																	
315	355	-62 -119	-18 -54	0 -57	0 -89	0 -140	0 -230	0 -360	0 -570	0 -890	+7 -18	±18	+29 -28	±12.5	±18	±28	±44	±70
355	400																	
400	450	-68 -131	-20 -60	0 -63	0 -97	0 -155	0 -250	0 -400	0 -630	0 -970	+7 -20	±20	+31 -32	±13.5	±20	±31	±48	±77
450	500																	

续表

公称尺寸/mm		公差带														
		js	k			m			n			p			r	
大于	至	10	5*	▲6	7*	5*	6*	7*	5*	▲6	7*	5*	▲6	7*	5*	6*
—	3	±20	+4 0	+6 0	+10 0	+6 +2	+8 +2	+12 +2	+8 +4	+10 +4	+14 +4	+10 +6	+12 +6	+16 +6	+14 +10	+16 +10
3	6	±24	+6 +1	+9 +1	+13 +1	+9 +4	+12 +4	+16 +4	+13 +8	+16 +8	+20 +8	+17 +12	+20 +12	+24 +12	+20 +15	+23 +15
6	10	±29	+7 +1	+10 +1	+16 +1	+12 +6	+15 +6	+21 +6	+16 +10	+19 +10	+25 +10	+21 +15	+24 +15	+30 +15	+25 +19	+28 +19
10	14	±35	+9 +1	+12 +1	+19 +1	+15 +7	+18 +7	+25 +7	+20 +12	+23 +12	+30 +12	+26 +18	+29 +18	+36 +18	+31 +23	+34 +23
14	18															
18	24	±42	+11 +2	+15 +2	+23 +2	+17 +8	+21 +8	+29 +8	+24 +15	+28 +15	+36 +15	+31 +22	+35 +22	+43 +22	+37 +28	+41 +28
24	30															
30	40	±50	+13 +2	+18 +2	+27 +2	+20 +9	+25 +9	+34 +9	+28 +17	+33 +17	+42 +17	+37 +26	+42 +26	+51 +26	+45 +34	+50 +34
40	50															
50	65	±60	+15 +2	+21 +2	+32 +2	+24 +11	+30 +11	+41 +11	+33 +20	+39 +20	+50 +20	+45 +32	+51 +32	+62 +32	+54 +41	+60 +41
65	80														+56 +43	+62 +43
80	100	±70	+18 +3	+25 +3	+38 +3	+28 +13	+35 +13	+48 +13	+38 +23	+45 +23	+58 +23	+52 +37	+59 +37	+72 +37	+66 +51	+73 +51
100	120														+69 +54	+76 +54
120	140	±80	+21 +3	+28 +3	+43 +3	+33 +15	+40 +15	+55 +15	+45 +27	+52 +27	+67 +27	+61 +43	+68 +43	+83 +43	+81 +63	+88 +63
140	160														+83 +65	+90 +65
160	180														+86 +68	+93 +68
180	200	±92	+24 +4	+33 +4	+50 +4	+37 +17	+46 +17	+63 +17	+51 +31	+60 +31	+77 +31	+70 +50	+79 +50	+96 +50	+97 +77	+106 +77
200	225														+100 +80	+109 +80
225	250														+104 +84	+113 +84
250	280	±105	+27 +4	+36 +4	+56 +4	+43 +20	+52 +20	+72 +20	+57 +34	+66 +34	+86 +34	+79 +56	+88 +56	+108 +56	+117 +94	+126 +94
280	315														+121 +98	+130 +98
315	355	±115	+29 +4	+40 +4	+61 +4	+46 +21	+57 +21	+78 +21	+62 +37	+73 +37	+94 +37	+87 +62	+98 +62	+119 +62	+133 +108	+144 +108
355	400														+139 +114	+150 +114
400	450	±125	+32 +5	+45 +5	+68 +5	+50 +23	+63 +23	+86 +23	+67 +40	+80 +40	+103 +40	+95 +68	+108 +68	+131 +68	+153 +126	+166 +126
450	500														+159 +132	+172 +132

续表

公称尺寸/mm		公差带														
		r	s			t			u				v	x	y	z
大于	至	7*	5*	▲6	7*	5*	6*	7*	5	▲6	7*	8	6*	6*	6*	6*
—	3	+20 +10	+18 +14	+20 +14	+24 +14	—	—	—	+22 +18	+24 +18	+28 +18	+32 +18	—	+26 +20	—	+32 +26
3	6	+27 +15	+24 +19	+27 +19	+31 +19	—	—	—	+28 +23	+31 +23	+35 +23	+41 +23	—	+36 +28	—	+43 +35
6	10	+34 +19	+29 +23	+32 +23	+38 +23	—	—	—	+34 +28	+37 +28	+43 +28	+50 +28	—	+43 +34	—	+51 +42
10	14	+41 +23	+36 +28	+39 +28	+46 +28	—	—	—	+41 +33	+44 +33	+51 +33	+60 +33	—	+51 +40	—	+61 +50
14	18					—	—	—					+50 +39	+56 +45	—	+71 +60
18	24	+49 +28	+44 +35	+48 +35	+56 +35	—	—	—	+50 +41	+54 +41	+62 +41	+74 +41	+60 +47	+67 +54	+76 +63	+86 +73
24	30					+50 +41	+54 +41	+62 +41	+57 +48	+61 +48	+69 +48	+81 +48	+68 +55	+77 +64	+88 +75	+101 +88
30	40	+59 +34	+54 +43	+59 +43	+68 +43	+59 +48	+64 +48	+73 +48	+71 +60	+76 +60	+85 +60	+99 +60	+84 +68	+96 +80	+110 +94	+128 +112
40	50					+65 +54	+70 +54	+79 +54	+81 +70	+86 +70	+95 +70	+109 +70	+97 +81	+113 +97	+130 +114	+152 +136
50	65	+71 +41	+66 +53	+72 +53	+83 +53	+79 +66	+85 +66	+96 +66	+100 +87	+106 +87	+117 +87	+133 +87	+121 +102	+141 +122	+163 +144	+191 +172
65	80	+72 +43	+72 +59	+78 +59	+89 +59	+88 +75	+94 +75	+105 +75	+115 +102	+121 +102	+132 +102	+148 +102	+139 +120	+165 +146	+193 +174	+229 +210
80	100	+86 +51	+86 +71	+93 +71	+106 +71	+106 +91	+113 +91	+126 +91	+139 +124	+146 +124	+159 +124	+178 +124	+168 +146	+200 +178	+236 +214	+280 +258
100	120	+89 +54	+94 +79	+101 +79	+114 +79	+119 +104	+126 +104	+139 +104	+159 +144	+166 +144	+179 +144	+198 +144	+194 +172	+232 +210	+276 +254	+332 +310
120	140	+103 +63	+110 +92	+117 +92	+132 +92	+140 +122	+147 +122	+162 +122	+188 +170	+195 +170	+210 +170	+233 +170	+227 +202	+273 +248	+325 +300	+390 +365
140	160	+105 +65	+118 +100	+125 +100	+140 +100	+152 +134	+159 +134	+174 +134	+208 +190	+215 +190	+230 +190	+253 +190	+253 +228	+305 +280	+365 +340	+440 +415
160	180	+108 +68	+126 +108	+133 +108	+148 +108	+164 +146	+171 +146	+186 +146	+228 +210	+235 +210	+250 +210	+273 +210	+277 +252	+335 +310	+405 +380	+490 +465
180	200	+123 +77	+142 +122	+151 +122	+168 +122	+186 +166	+195 +166	+212 +166	+256 +236	+265 +236	+282 +236	+308 +236	+313 +284	+379 +350	+454 +425	+549 +520
200	225	+126 +180	+150 +130	+159 +130	+176 +130	+200 +180	+209 +180	+226 +180	+278 +258	+287 +258	+304 +258	+330 +258	+339 +310	+414 +385	+499 +470	+604 +575
225	250	+130 +84	+160 +140	+169 +140	+186 +140	+216 +196	+225 +196	+242 +196	+304 +284	+313 +284	+330 +284	+356 +284	+369 +340	+454 +425	+549 +520	+669 +640
250	280	+146 +94	+181 +158	+190 +158	+210 +158	+241 +218	+250 +218	+270 +218	+338 +315	+347 +315	+367 +315	+396 +315	+417 +385	+507 +475	+612 +580	+742 +710
280	315	+150 +98	+193 +170	+202 +170	+222 +170	+263 +240	+272 +240	+292 +240	+373 +350	+382 +350	+402 +350	+431 +350	+457 +425	+557 +525	+682 +650	+822 +790
315	355	+165 +108	+215 +190	+226 +190	+247 +190	+293 +268	+304 +268	+325 +268	+415 +390	+426 +390	+447 +390	+479 +390	+511 +475	+626 +590	+766 +730	+936 +900
355	400	+171 +114	+233 +208	+244 +208	+265 +208	+319 +294	+330 +294	+351 +294	+460 +435	+471 +435	+492 +435	+524 +435	+566 +530	+696 +660	+850 +820	+1 036 +1 000
400	450	+189 +126	+259 +232	+272 +232	+295 +232	+357 +330	+370 +330	+393 +330	+517 +490	+530 +490	+553 +490	+587 +490	+635 +595	+780 +740	+960 +920	+1 140 +1 100
450	500	+195 +132	+279 +252	+292 +252	+315 +252	+387 +360	+400 +360	+423 +360	+567 +540	+580 +540	+603 +540	+637 +540	+700 +660	+860 +820	+1 040 +1 000	+1 290 +1 250

注：1. 公称尺寸小于 1 mm 时，各级的 a 和 b 均不采用。

2. ▲为优先公差带，* 为常用公差带，其余为一般用途公差带。

附录F 孔的极限偏差

表 F-1 孔的极限偏差（GB/T 1800.1—2009 摘录） μm

公称尺寸/mm		公差带														
		A	B		C			D					E		F	
大于	至	11*	11*	12*	10	▲11	12	7	8*	▲9	10*	11*	8*	9*	10	6*
—	3	+330 +270	+200 +140	+240 +140	+100 +60	+120 +60	+160 +60	+30 +20	+34 +20	+45 +20	+60 +20	+80 +20	+28 +14	+39 +14	+54 +14	+12 +6
3	6	+345 +270	+215 +140	+260 +140	+118 +70	+145 +70	+190 +70	+42 +30	+48 +30	+60 +30	+78 +30	+105 +30	+38 +20	+50 +20	+68 +20	+18 +10
6	10	+370 +280	+240 +150	+300 +150	+138 +80	+170 +80	+230 +80	+55 +40	+62 +40	+76 +40	+98 +40	+130 +40	+47 +25	+61 +25	+83 +25	+22 +13
10 14	14 18	+400 +290	+260 +150	+330 +150	+165 +95	+205 +95	+275 +95	+68 +50	+77 +50	+93 +50	+120 +50	+160 +50	+59 +32	+75 +32	+102 +32	+27 +16
18 24	24 30	+430 +300	+290 +160	+370 +160	+194 +110	+240 +110	+320 +110	+86 +65	+98 +65	+117 +65	+149 +65	+195 +65	+73 +40	+92 +40	+124 +40	+33 +20
30	40	+470 +310	+330 +170	+420 +170	+220 +120	+280 +120	+370 +120	+105 +80	+119 +80	+142 +80	+180 +80	+240 +80	+89 +50	+112 +50	+150 +50	+41 +25
40	50	+480 +320	+340 +180	+430 +180	+230 +130	+290 +130	+380 +130									
50	65	+530 +340	+380 +190	+490 +190	+260 +140	+330 +140	+440 +140	+130 +100	+146 +100	+174 +100	+220 +100	+290 +100	+106 +60	+134 +60	+180 +60	+49 +30
65	80	+550 +360	+390 +200	+500 +200	+270 +150	+340 +150	+450 +150									
80	100	+600 +380	+440 +220	+570 +220	+310 +170	+390 +170	+520 +170	+155 +120	+174 +120	+207 +120	+260 +120	+340 +120	+126 +72	+159 +72	+212 +72	+58 +36
100	120	+630 +410	+460 +240	+590 +240	+320 +180	+400 +180	+530 +180									
120	140	+710 +460	+510 +260	+660 +260	+360 +200	+450 +200	+600 +200	+185 +145	+208 +145	+245 +145	+305 +145	+395 +145	+148 +85	+185 +85	+245 +85	+68 +43
140	160	+770 +520	+530 +280	+680 +280	+370 +210	+460 +210	+610 +210									
160	180	+830 +580	+560 +310	+710 +310	+390 +230	+480 +230	+630 +230									
180	200	+950 +660	+630 +340	+800 +340	+425 +240	+530 +240	+700 +240	+216 +170	+242 +170	+285 +170	+355 +170	+460 +170	+172 +100	+215 +100	+285 +100	+79 +50
200	225	+1 030 +740	+670 +380	+840 +380	+445 +260	+550 +260	+720 +260									
225	250	+1 110 +820	+710 +420	+880 +420	+465 +280	+570 +280	+740 +280									
250	280	+1 240 +920	+800 +480	+1 000 +480	+510 +300	+620 +300	+820 +300	+242 +190	+271 +190	+320 +190	+400 +190	+510 +190	+191 +110	+240 +110	+320 +110	+88 +56
280	315	+1 370 +1 050	+860 +540	+1 060 +540	+540 +330	+650 +330	+850 +330									
315	355	+1 560 +1 200	+960 +600	+1 170 +600	+590 +360	+720 +360	+930 +360	+267 +210	+299 +210	+350 +210	+440 +210	+570 +210	+214 +125	+265 +125	+355 +125	+98 +62
355	400	+1 710 +1 350	+1 040 +680	+1 250 +680	+630 +400	+760 +400	+970 +400									
400	450	+1 900 +1 500	+1 160 +760	+1 390 +760	+690 +440	+840 +440	+1 070 +440	+293 +230	+327 +230	+385 +230	+480 +230	+630 +230	+232 +135	+290 +135	+385 +135	+108 +68
450	500	+2 050 +1 650	+1 240 +840	+1 470 +840	+730 +480	+880 +480	+1 110 +480									

续表

公称尺寸/mm		公差带														
		F			G			H								
大于	至	7 *	▲8	9 *	5	6 *	▲7	5	6 *	▲7	▲8	▲9	10 *	▲11	12 *	13
—	3	+16 +6	+20 +6	+31 +6	+6 +2	+8 +2	+12 +2	+4 0	+6 0	+10 0	+14 0	+25 0	+40 0	+60 0	+100 0	+140 0
3	6	+22 +10	+28 +10	+40 +10	+9 +4	+12 +4	+16 +4	+5 0	+8 0	+12 0	+18 0	+30 0	+48 0	+75 0	+120 0	+180 0
6	10	+28 +13	+35 +13	+49 +13	+11 +5	+14 +5	+20 +5	+6 0	+9 0	+15 0	+22 0	+36 0	+58 0	+90 0	+150 0	+220 0
10	14	+34 +16	+43 +16	+59 +16	+14 +6	+17 +6	+24 +6	+8 0	+11 0	+18 0	+27 0	+43 0	+70 0	+110 0	+180 0	+270 0
14	18															
18	24	+41 +20	+53 +20	+72 +20	+16 +7	+20 +7	+28 +7	+9 0	+13 0	+21 0	+33 0	+52 0	+84 0	+130 0	+210 0	+330 0
24	30															
30	40	+50 +25	+64 +25	+87 +25	+20 +9	+25 +9	+34 +9	+11 0	+16 0	+25 0	+39 0	+62 0	+100 0	+160 0	+250 0	+390 0
40	50															
50	65	+60 +30	+76 +30	+104 +30	+23 +10	+29 +10	+40 +10	+13 0	+19 0	+30 0	+46 0	+74 0	+120 0	+190 0	+300 0	+460 0
65	80															
80	100	+71 +36	+90 +36	+123 +36	+27 +12	+34 +12	+47 +12	+15 0	+22 0	+35 0	+54 0	+87 0	+140 0	+220 0	+350 0	+540 0
100	120															
120	140	+83 +43	+106 +43	+143 +43	+32 +14	+39 +14	+54 +14	+18 0	+25 0	+40 0	+63 0	+100 0	+160 0	+250 0	+400 0	+630 0
140	160															
160	180															
180	200	+96 +50	+122 +50	+165 +50	+35 +15	+44 +15	+61 +15	+20 0	+29 0	+46 0	+72 0	+115 0	+185 0	+290 0	+460 0	+720 0
200	225															
225	250															
250	280	+108 +56	+137 +56	+186 +56	+40 +17	+49 +17	+69 +17	+23 0	+32 0	+52 0	+81 0	+130 0	+210 0	+320 0	+520 0	+810 0
280	315															
315	355	+119 +62	+151 +62	+202 +62	+43 +18	+54 +18	+75 +18	+25 0	+36 0	+57 0	+89 0	+140 0	+230 0	+360 0	+570 0	+890 0
355	400															
400	450	+131 +68	+165 +68	+223 +68	+47 +20	+60 +20	+83 +20	+27 0	+40 0	+63 0	+97 0	+155 0	+250 0	+400 0	+630 0	+970 0
450	500															

续表

公称尺寸/mm		公差带														
		J			JS						K			M		
大于	至	6	7	8	5	6*	7*	8*	9	10	6*	▲7	8*	6*	7*	8*
—	3	+2 -4	+4 -6	+6 -8	±2	±3	±5	±7	±12	±20	0 -6	0 -10	0 -14	-2 -8	-2 -12	-2 -16
3	6	+5 -3	±6	+10 -8	±2.5	±4	±6	±9	±15	±24	+2 -6	+3 -9	+5 -13	-1 -9	0 -12	+2 -16
6	10	+5 -4	+8 -7	+12 -10	±3	±4.5	±7	±11	±18	±29	+2 -7	+5 -10	+6 -16	-3 -12	0 -15	+1 -21
10 14	14 18	+6 -5	+10 -8	+15 -12	±4	±5.5	±9	±13	±21	±36	+2 -9	+6 -12	+8 -19	-4 -15	0 -18	+2 -25
18 24	24 30	+8 -5	+12 -9	+20 -13	±4.5	±6.5	±10	±16	±26	±42	+2 -11	+6 -15	+10 -23	-4 -17	0 -21	+4 -29
30 40	40 50	+10 -6	+14 -11	+24 -15	±5.5	±8	±12	±19	±31	±50	+3 -13	+7 -18	+12 -27	-4 -20	0 -25	+5 -34
50 65	65 80	+13 -6	+18 -12	+28 -18	±6.5	±9.5	±15	±23	±37	±60	+4 -15	+9 -21	+14 -32	-5 -24	0 -30	+5 -41
80 100	100 120	+16 -6	+22 -13	+34 -20	±7.5	±11	±17	±27	±43	±70	+4 -18	+10 -25	+16 -38	-6 -28	0 -35	+6 -48
120 140 160	140 160 180	+18 -7	+26 -14	+41 -22	±9	±12.5	±20	±31	±50	±80	+4 -21	+12 -28	+20 -43	-8 -33	0 -40	+8 -55
180 200 225	200 225 250	+22 -7	+30 -16	+47 -25	±10	±14.5	±23	±36	±57	±92	+5 -24	+13 -33	+22 -50	-8 -37	0 -46	+9 -63
250 280	280 315	+25 -7	+36 -16	+55 -26	±11.5	±16	±26	±40	±65	±105	+5 -27	+16 -36	+25 -56	-9 -41	0 -52	+9 -72
315 355	355 400	+29 -7	+39 -18	+60 -29	±12.5	±18	±28	±44	±70	+115	+7 -29	+17 -40	+28 -61	-10 -46	0 -57	+11 -78
400 450	450 500	+33 -7	+43 -20	+66 -31	±13.5	±20	±31	±48	±77	±125	+8 -32	+18 -45	+29 -68	-10 -50	0 -63	+11 -86

续表

公称尺寸/mm		公差带														
		N			P				R			S		T		U
大于	至	6*	▲7	8*	6*	▲7	8	9	6*	7*	8	6*	▲7	6*	7*	▲7
—	3	-4 -10	-4 -14	-4 -18	-6 -12	-6 -16	-6 -20	-6 -31	-10 -16	-10 -20	-10 -24	-14 -20	-14 -24	—	—	-18 -28
3	6	-5 -13	-4 -16	-2 -20	-9 -17	-8 -20	-12 -30	-12 -42	-12 -20	-11 -23	-15 -33	-16 -24	-15 -27	—	—	-19 -31
6	10	-7 -16	-4 -19	-3 -25	-12 -21	-9 -24	-15 -37	-15 -51	-16 -25	-13 -28	-19 -41	-20 -29	-17 -32	—	—	-22 -37
10	14	-9 -20	-5 -23	-3 -30	-15 -26	-11 -29	-18 -45	-18 -61	-20 -31	-16 -34	-23 -50	-25 -36	-21 -39	—	—	-26 -44
14	18															
18	24	-11 -24	-7 -28	-3 -36	-18 -31	-14 -35	-22 -55	-22 -74	-24 -37	-20 -41	-28 -61	-31 -44	-27 -48	—	—	-33 -54
24	30													-37 -50	-33 -54	-40 61
30	40	-12 -28	-8 -33	-3 -42	-21 -37	-17 -42	-26 -65	-26 -88	-29 -45	-25 -50	-34 -73	-38 -54	-34 -59	-43 -59	-39 -64	-51 -76
40	50													-49 -65	-45 -70	-61 -86
50	65	-14 -33	-9 -39	-4 -50	-26 -45	-21 -51	-32 -78	-32 -106	-35 -54	-30 -60	-41 -87	-47 -66	-42 -72	-60 -79	-55 -85	-76 -106
65	80								-37 -56	-32 -62	-43 -89	-53 -72	-48 -78	-69 -88	-64 -94	-91 -121
80	100	-16 -38	-10 -45	-4 -58	-30 -52	-24 -59	-37 -91	-37 -124	-44 -66	-38 -73	-51 -105	-64 -86	-58 -93	-84 -106	-78 -113	-111 -146
100	120								-47 -69	-41 -76	-54 -108	-72 -94	-66 -101	-97 -119	-91 -126	-131 -166
120	140	-20 -45	-12 -52	-4 -67	-36 -61	-28 -68	-43 -106	-43 -143	-56 -81	-48 -88	-63 -126	-85 -110	-77 -117	-115 -140	-107 -147	-155 -195
140	160								-58 -83	-50 -90	-65 -128	-93 -118	-85 -125	-127 -152	-119 -159	-175 -215
160	180								-61 -86	-53 -93	-68 -131	-101 -126	-93 -133	-139 -164	-131 -171	-195 -235
180	200	-22 -51	-14 -60	-5 -77	-41 -70	-33 -79	-50 -122	-50 -165	-68 -97	-60 -106	-77 -149	-113 -142	-105 -151	-157 -186	-149 -195	-219 -265
200	225								-71 -100	-63 -109	-80 -152	-121 -150	-113 -159	-171 -200	-163 -209	-241 -287
225	250								-75 -104	-67 -113	-84 -156	-131 -160	-123 -169	-187 -216	-179 -225	-267 -313
250	280	-25 -57	-14 -66	-5 -86	-47 -79	-36 -88	-56 -137	-56 -186	-85 -117	-74 -126	-94 -175	-149 -181	-138 -190	-209 -241	-198 -250	-295 -347
280	315								-89 -121	-78 -130	-98 -179	-161 -193	-150 -202	-231 -263	-220 -272	-330 -382
315	355	-26 -62	-16 -73	-5 -94	-51 -87	-41 -98	-62 -151	-62 -202	-97 -133	-87 -144	-108 -197	-179 -215	-169 -226	-257 -293	-247 -304	-369 -426
355	400								-103 -139	-93 -150	-114 203	-197 -233	-187 -244	-283 -319	-273 -330	-414 -471
400	450	-27 -67	-17 -80	-6 -103	-55 -95	-45 -108	-68 -165	-68 -223	-113 -153	-103 -166	-126 -223	-219 -259	-209 -272	-317 -357	-307 -370	-467 -530
450	500								-119 -159	-109 -172	-132 -229	-239 -279	-229 -292	-347 -387	-337 -400	-517 -580

注：1. 公称尺寸小于 1 mm 时，各级的 A 和 B 均不采用；

2. ▲为优先公差带，* 为常用公差带，其余为一般用途公差带。

附录 G　AutoCAD 快捷键

序号	快捷键		序号	快捷键	
第一类	修改命令		第二类	绘图命令	
1	删除	E	15	多行文字	T
2	复制	CO	16	单行文字	DT
3	镜像	MI	17	创建块	B
4	偏移	O	18	写块	W
5	阵列	AR	19	点	PO
6	移动	M	20	图案填充	H
7	旋转	RO	21	面域	REG
8	缩放	SC	第三类	标准工具条	
9	拉伸	S	1	新建文件	NEW
10	修剪	TR	2	打印	Ctrl + P
11	延伸	EX	3	保存文件	SAVE
B12	打断	BR	4	复制	Ctrl + C
13	倒角	CHA	5	剪切	Ctrl + X
14	圆角	F	6	粘贴	Ctrl + V
15	分解	X	7	打开文件	OPEN
第二类	绘图命令		8	打印预览	PRINT/PLOT
1	直线	L	9	特性管理器	Crtl + 1
2	构造线	XL	10	平移	P
3	多线	ML	11	缩放	Z
4	多段线	PL	第四类	功能键	
5	正多边形	POL	1	帮助	F1
6	矩形	REC	2	文本窗口	F2
7	圆弧	A	3	对象捕捉	F3
8	椭圆弧	ELLIPSE	4	等轴测平面切换	F5
9	插入块	I	5	栅格	F7
10	圆	C	6	正交	F8
11	修订云线	REVCLOUD	7	捕捉	F9
12	样条曲线	SPL	8	极轴	F10
13	编辑样条曲线	SPE	9	对象捕捉追踪	F11
14	椭圆	EL	10	动态输入	F12

续表

序号	快捷键		序号	快捷键	
第五类	组合控制键		第六类	尺寸标注	
1	全部选择	CTRL + A	8	编辑标注	DED
2	复制	CTRL + C	9	线性标注	DLI
3	坐标	CTRL + D	10	坐标标注	DOR
4	选择不同的等轴测平面	CTRL + E	11	标注替换	DOV
5	系统变量	CTRL + H	12	半径标注	DRA
6	超级链接	CTRL + K	13	折弯线性	DJL
7	新建	CTRL + N	第七类	三维命令	
8	打开	CTRL + O	1	三维旋转	ROTATE 3D
9	打印	CTRL + P	2	三维镜像	MIRROR 3D
10	退出	CTRL + Q	3	三维阵列	3DARRAY（3A）
11	保存	CTRL + S	4	剖切	SLICE（SL）
12	数字化仪初始化	CTRL + T	5	并集	UNION（UNI）
13	粘贴	CTRL + V	6	干涉	INTERFERE（INF）
14	剪切	CTRL + X	7	交集	INTERSECT（IN）
15	重做	CTRL + Y	8	差集	SUBTRACT（SU）
16	放弃	CTRL + Z	9	旋转曲面	REVSRRF
第六类	尺寸标注		10	长方体	BOX
1	标注样式	DST	11	球体	SPHERE
2	对齐标注	DAL	12	圆柱体	CYLINDER
3	角度标注	DAN	13	圆锥体	CONE
4	基线标注	DBA	14	楔体	WEDGE（WE）
5	圆心标记	DCE	15	拉伸	EXTRUDE（EXT）
6	连续标注	DCO	16	旋转	REVOLVE（REV）
7	直径标注	DDI	17	消隐	HI

附录H　天正建筑软件常用快捷键

序号	快捷键	
第一类	轴网菜单	
1	重排轴号	CPZH
2	倒排轴号	DPZH
3	墙生轴网	QSZW
4	删除轴号	SCZH
5	添补轴号	TBZH
6	添加轴线	TJZX
7	绘制轴网	HZZW
8	逐点标轴	ZDBZ
9	轴线裁剪	ZXCJ
第二类	柱子菜单	
1	标准柱	BZZ
2	构造柱	GZZ
3	角柱	JZ
4	异形柱	YXZ
5	柱齐墙边	ZQQB
第三类	墙体菜单	
1	边线对齐	BXDQ
2	单线变墙	DXBQ
3	倒墙角	DQJ
4	等分加墙	DFJQ
5	改高度	GGD
6	改墙厚	GQH
7	改外墙高	GWQG
8	改外墙厚	GWQH
9	绘制墙体	HZQT
10	矩形立面	JXLM
11	净距偏移	JJPY
12	基线对齐	JXDQ
13	平行生线	PXSX
14	墙端封口	QDFK

序号	快捷键	
第三类	墙体菜单	
15	墙体造型	QTZX
16	墙齐屋顶	QQWD
17	识别内外	SBNW
18	修墙角	XQJ
19	异型立面	YXLM
20	指定内墙	ZDNQ
21	指定外墙	ZDWQ
第四类	门窗菜单	
1	编号复位	BHFW
2	编号后缀	BHHZ
3	带形窗	DXC
4	窗棂展开	CLZK
5	窗棂映射	CLYS
6	门窗套	MCT
7	加装饰套	JZST
8	门口线	MKX
9	门窗	MC
10	门窗表	MCB
11	门窗编号	MCBH
12	门窗检查	MCJC
13	门窗原型	MCYX
14	门窗入库	MCRK
15	门窗总表	MCZB
16	内外翻转	NWFZ
17	异形洞	YXD
18	转角窗	ZJC
19	组合门窗	ZHMC
20	左右翻转	ZYFZ
第五类	房间屋顶	
1	布置隔板	BZGB

续表

序号	快捷键		序号	快捷键	
第五类	房间屋顶		第七类	立面菜单	
2	布置隔断	BZGD	7	立面阳台	LMYT
3	布置洁具	BZJJ	8	门窗参数	MCCS
4	查询面积	CXMJ	9	图形裁剪	TXCJ
5	房间轮廓	FJLK	10	雨水管线	YSGX
6	加老虎窗	JLHC	11	柱立面线	ZLMX
7	加雨水管	JYSG	第八类	剖面菜单	
8	加踢脚线	JTJX	1	参数栏杆	CSLG
9	任意坡顶	RYPD	2	参数楼梯	CSLT
10	人字坡顶	RZPD	3	扶手接头	FSJT
11	搜索房间	SSFJ	4	构件剖面	GJPM
12	搜屋顶线	SWDX	5	画剖面墙	HPMQ
13	套内面积	TNMJ	6	加剖断梁	JPDL
14	攒尖屋顶	CJWD	7	建筑剖面	JZPM
第六类	楼梯其他		8	居中加粗	JZJC
1	电梯	DT	9	楼梯拦板	LTLB
2	多跑楼梯	DPLT	10	楼梯栏杆	LTLG
3	连接扶手	LJFS	11	门窗过梁	MCGL
4	坡道	PD	12	剖面门窗	PMMC
5	任意梯段	RYTD	13	剖面填充	PMTC
6	散水	SS	14	剖面檐口	PMYK
7	双跑楼梯	SPLT	15	取消加粗	QXJC
8	台阶	TJ	16	双线楼板	SXLB
9	添加扶手	TJFS	17	向内加粗	XNJC
10	阳台	YT	18	预制楼板	YZLB
11	圆弧梯段	YHTD	第九类	文字表格	
12	直线梯段	ZXTD	1	表列编辑	BLBJ
13	自动扶梯	ZDFT	2	表行编辑	BHBJ
第七类	立面菜单		3	查找替换	CZTH
1	构件立面	GJLM	4	单行文字	DHWZ
2	立面窗套	LMCC	5	单元编辑	DYBJ
3	建筑立面	JZLM	6	单元合并	DYHB
4	立面轮廓	LMLK	7	单元递增	DYDZ
5	立面门窗	LMMC	8	单元复制	DYFZ
6	立面屋顶	LMWD	9	单元累加	DYLJ

续表

序号	快捷键		序号	快捷键	
第九类	文字表格		第十类	尺寸标注	
10	撤销合并	CXHB	18	墙中标注	QZBZ
11	多行文字	MTEXT	19	切换角标	QHJB
12	繁简转换	FJZH	20	取消尺寸	QXCC
13	曲线文字	QXWZ	21	文字复位	WZFW
14	全屏编辑	QPBJ	22	文字复值	WZFZ
15	文字合并	WZHB	23	外包尺寸	WBCC
16	文字样式	WZYS	24	增补尺寸	ZBCC
17	文字转化	WZZH	25	直径标注	ZJBZ
18	新建表格	XJBG	26	逐点标注	ZDBZ
19	拆分表格	CFBG	第十一类	符号标注	
20	合并表格	HBBG	1	标高标注	BGBZ
21	增加表行	ZJBH	2	标高检查	BGJC
22	删除表行	SCBH	3	断面剖切	DMPQ
23	统一字高	TYZG	4	画对称轴	HDCZ
24	转角自纠	ZJZJ	5	画指北针	HZBZ
25	专业词库	ZYCK	6	加折断线	JZDX
第十类	尺寸标注		7	箭头引注	JTYZ
1	半径标注	BJBZ	8	剖面剖切	PMPQ
2	裁剪延伸	CJYS	9	索引符号	SYFH
3	尺寸转化	CCZH	10	索引图名	SYTM
4	尺寸自调	CCZT	11	图名标注	TMBZ
5	尺寸打断	CCDD	12	引出标注	YCBZ
6	等分区间	DFQJ	13	坐标标注	ZBBZ
7	等式标注	DSBZ	14	作法标注	ZFBZ
8	对齐标注	DQBZ	15	坐标检查	ZBJC
9	快速标注	KSBZ	第十二类	工具	
10	弧长标注	HCBZ	1	对象编辑	DXBJ
11	合并区间	HBQJ	2	对象查询	DXCX
12	角度标注	JDBZ	3	对象选择	DXXZ
13	连接尺寸	LJCC	4	恢复可见	HFKJ
14	两点标注	LDBZ	5	局部隐藏	JBYC
15	门窗标注	MCBZ	6	局部可见	JBKJ
16	内门标注	NMBZ	7	在位编辑	ZWBJ
17	墙厚标注	QHBZ	8	移位	YW

续表

序号	快捷键		序号	快捷键	
第十二类	工具		第十六类	三维建模	
9	自由粘贴	ZYNT	9	通用图库	TYTK
10	自由复制	ZYFZ	10	图块转化	TKZH
11	自由移动	ZYYD	11	图块改层	TKGC
第十三类	曲线工具		12	图块替换	TKTH
1	布尔运算	BEYS	13	图案管理	TAGL
2	反向	FX	14	图案加洞/减洞	TAJD
3	交点打断	JDDD	15	线图案	XTA
4	加粗曲线	JCQX	第十七类	文件布图	
5	连接线段	LJXD	1	布局旋转	BJXZ
6	消除重线	XCCX	2	插入图框	CRTK
7	虚实变换	XSBH	3	插件发布	CJFB
8	线变复线	XBFX	4	图纸目录	TZML
第十四类	图层工具		5	图纸保护	TZBH
1	关闭图层	GBTC	6	定义视口	DYSK
2	冻结图层	DJTC	7	分解对象	FJDX
3	锁定图层	SDTC	8	改变比例	GBBL
4	图层恢复	TCHF	9	工程管理	GCGL
第十五类	其他工具		10	旧图转换	JTZH
1	统一标高	TYBG	11	图形导出	TXDC
2	搜索轮廓	SSLK	12	批量转旧	PLZJ
3	图形裁剪	TXCJ	13	视口放大	SKFD
4	图形切割	TXQG	14	图层转换	TCZH
5	矩形	JX	15	图形变线	TXBX
6	道路绘制	DLHZ	16	图变单色	TBDS
7	道路圆角	DLYJ	17	颜色恢复	YSHF
第十六类	三维建模		第十八类	其它	
1	变截面体	BJMT	1	光源	Light
2	等高建模	DGJM	2	渲染	Render
3	路径排列	LJPL	3	贴图坐标	SetUV
4	栏杆库	LGK	第十九类	设置	
5	路径曲面	LJQM	1	选项	OPtions
6	平板	PB	2	天正选项	TZXX
7	三维网架	SWWJ	3	高级选项	GJXX
8	竖板	SB	4	自定义	ZDY

续表

序号	快捷键		序号	快捷键	
第十九类	设置		第二十类	帮助	
5	当前比例	DQBL	3	教学演示	JXYS
6	图层管理	TCGL	4	日积月累	RJYL
第二十类	帮助		5	问题报告	WTBG
1	版本信息	BBXX	6	在线帮助	ZXBZ
2	常见问题	CJWT			

参 考 文 献

[1] 袁果，胡庆春，陈美华. 土木建筑工程图学 [M]. 3 版. 长沙：湖南大学出版社，2015. 8.

[2] 仝基斌. 工程图学基础 [M]. 北京：高等教育出版社，2014. 7.

[3] 仝基斌. 机械制图 [M]. 北京：人民邮电出版社，2015. 6.

[4] 王菊槐，林益平. 设计图学 [M]. 北京：国防工业出版社，2014. 1.

[5] 北京天正软件股份有限公司. T20 天正建筑软件 T20-Arch V1. 0 使用手册 [M]. 北京：中国建筑工业出版社，2015. 2.

[6] 魏文彪. 平法钢筋识图与算量实例教程 [M]. 武汉：华中科技大学出版社，2017. 3.

[7] 闫军. 给水排水与暖通强制性条文速查手册 [M]. 北京：中国建筑工业出版社，2013. 4.

[8] 王东涛. 建筑安装工程施工图集 1 消防 电梯 保温 水泵 风机工程 [M]. 2 版. 北京：中国建筑工业出版社，2002.

[9] 连添达. 建筑安装工程施工图集 2 冷库 通风 空调工程 [M]. 4 版. 北京：中国建筑工业出版社，2014. 6.

[10] 柳涌. 建筑安装工程施工图集 3 电气工程 上册 室内外布线 [M]. 4 版. 北京：中国建筑工业出版社，2015. 4.

[11] 吴俊奇，邢同春，张辉. 建筑安装工程施工图集 4 给水 排水 卫生 燃气工程 [M].. 4 版. 北京：中国建筑工业出版社，2013. 12.

[12] 袁国汀. 建筑安装工程施工图集 8 管道工程 [M]. 北京：中国建筑工业出版社，2002.

[13] 郑庆红. 建筑暖通空调 [M]. 北京：冶金工业出版社，2017. 10.

[14] 邵宗义. 建筑供热采暖工程设计图集 [M]. 北京：机械工业出版社，2004. 9.

[15] 梁瑶. 建筑电气工程施工图 [M]. 2 版. 武汉：华中科技大学出版社，2014. 9.

[16] 王凤宝. 一套图学会识读给水排水与暖通施工图 [M]. 武汉：华中科技大学出版社，2015. 11.

[17] 全国不安同空调技术信息网. 暖通空调新技术设计实例图集 [M]. 北京：中国建材工业出版社，2003. 10.

[18] 黄鲁成，李欣，吴菲菲. 技术未来分析理论方法与应用 [M]. 北京：科学出版社，2010.

[19] 罗玲玲. 建筑设计创造能力开发教程 [M]. 北京：中国建筑工业出版社，2003.

[20] 罗玲玲. 大学生创新方法 [M]. 北京：高等教育出版社，2018. 1.

[21] 赵敏. TRIZ 入门及实践 [M]. 北京：科学出版社 2009. 03 .

[22] 住宅电气设计规范（JGJ 242—2011）. 北京：中国建筑工业出版社，2011. 9.

[23] 住宅设计规范（GB 50096—2011）. 北京：中国建筑工业出版社，2011. 12.

[24] 建筑制图标准（GB/T 50104—2010）. 北京：中国计划出版社，2011. 2.

[25] 房屋建筑制图统一标准（GB/T 50001—2017）. 北京：中国建筑工业出版社，2017. 9.

[26] 建筑结构制图标准（GB/T 50105—2010）. 北京：中国建筑工业出版社，2010. 11.

[27] 混凝土结构设计规范（2015 版）（GB 50010—2010）. 北京：中国建筑工业出版社，2016. 7.

[28] 混凝土结构施工图平面整体表示方法制图规则和构造详图（16G101 系列）. 北京：中国计划出版社. 2016. 8